国家出版基金项目
NATIONAL PUBLICATION FOUNDATION

丛书

U0236679

动 物 疫 病 防 控 出 版 工 程

口蹄疫
FOOT AND MOUTH DISEASE

刘湘涛　张　强　郭建宏 | 主编

中国农业出版社

图书在版编目（CIP）数据

口蹄疫 / 刘湘涛，张强，郭建宏主编. —北京：
中国农业出版社，2015.10
（动物疫病防控出版工程 / 于康震主编）
ISBN 978-7-109-20884-1

Ⅰ.①口… Ⅱ.①刘…②张…③郭… Ⅲ.①动物疾
病－口蹄疫－防治 Ⅳ.①S855.3

中国版本图书馆CIP数据核字（2015）第208829号

中国农业出版社出版
（北京市朝阳区麦子店街18号楼）
（邮政编码100125）
策划编辑　黄向阳　邱利伟
责任编辑　邱利伟　张艳晶

北京通州皇家印刷厂印刷　　新华书店北京发行所发行
2015年12月第1版　　2015年12月北京第1次印刷

开本：710mm×1000mm　1/16　印张：34.75
字数：600千字
定价：150.00元
（凡本版图书出现印刷、装订错误，请向出版社发行部调换）

《动物疫病防控出版工程》编委会

本书编写人员

主编 刘湘涛　张　强　郭建宏

编者（按姓氏笔画排序）

王幼明　中国动物卫生与流行病学中心

朱元源　中国兽医药品监察所

朱紫祥　中国农业科学院兰州兽医研究所

刘　爽　中国动物卫生与流行病学中心

刘在新　中国农业科学院兰州兽医研究所

刘华南　中国农业科学院兰州兽医研究所

刘湘涛　中国农业科学院兰州兽医研究所

李　冬　中国农业科学院兰州兽医研究所

李秀峰　中国动物疫病预防控制中心

李晓成　中国动物卫生与流行病学中心

杨　帆　中国农业科学院兰州兽医研究所

杨　波　中国农业科学院兰州兽医研究所

杨　洋　中国农业科学院兰州兽医研究所

连凯琪　中国农业科学院兰州兽医研究所

吴　威　中国动物疫病预防控制中心

吴发兴　中国动物卫生与流行病学中心

吴国华　中国农业科学院兰州兽医研究所

何继军　中国农业科学院兰州兽医研究所

邹兴启　中国兽医药品监察所

张　志　中国动物卫生与流行病学中心

张　岩　中国农业科学院兰州兽医研究所

张　强　中国农业科学院兰州兽医研究所

张向乐　中国农业科学院兰州兽医研究所

张志东　中国农业科学院兰州兽医研究所

邵卫星　中国动物卫生与流行病学中心

邵军军　中国农业科学院兰州兽医研究所

范钦磊　中国动物卫生与流行病学中心

尚佑军　中国农业科学院兰州兽医研究所

郑海学　中国农业科学院兰州兽医研究所

赵志荀　中国农业科学院兰州兽医研究所

赵启祖　中国兽医药品监察所

高凤山　大连大学

郭建宏　中国农业科学院兰州兽医研究所

曹伟军　中国农业科学院兰州兽医研究所

审稿 (按姓氏笔画排序)

马军武　中国农业科学院兰州兽医研究所

王永录　中国农业科学院兰州兽医研究所

张永光　中国农业科学院兰州兽医研究所

常惠芸　中国农业科学院兰州兽医研究所

总　序

近年来，我国动物疫病防控工作取得重要成效，动物源性食品安全水平得到明显提升，公共卫生安全保障水平进一步提高。这得益于国家政策的大力支持，得益于广大动物防疫人员的辛勤工作，更得益于我国兽医科技不断进步所提供的强大支撑。

当前，我国正处于加快建设现代养殖业的历史新阶段，人民生活水平的提高，不仅要求我国保持世界最大规模的养殖总量，以满足动物产品供给；还要求我们不断提高养殖业的整体质量效益，不断提高动物产品的安全水平；更要求我们最大限度地减少养殖业给人类带来的疫病风险和环境压力。要解决这些问题，最根本的出路还是要依靠科技进步。

2012年5月，国务院审议通过了《国家中长期动物疫病防治规划（2012—2020年）》，这是新中国成立以来，国务院发布的第一个指导全国动物疫病防治工作的综合性规划，具有重要的标志性意义。为配合此规划的实施，及时总结、推广我国最新兽医科技创新成果，同时借鉴国外先进的研究成果和防控经验，我们通过顶层设计规划了《动物疫病防控出版工程》，以期通过系列专著出版，及时将研究成果转化和传播到疫病防控一线，全面提高从业人员素质，提高我国动物疫病防控能力和水平。

本出版工程站在我国动物疫病防控全局的高度，力求权威性、科学性、指导性和实用性相兼容，致力于将动物疫病防控成果整体规划实施，重点把国家优先防治和重点防范的动物疫病、人兽共患病和重大外来动物疫病纳入项目中。全套书共31分册，其中原创专著21部，是根据我国当前动物疫病防控工作的实际需要而规划，每本书的主编都是编委会反复酝酿选定的、有一定行业公认度的、长期在单个疫病研究领域有较高造诣的专家；同时引进世界兽医名著10本，以借鉴世界同行的先进技术，弥补我国在某些领域的不足。

　　本套出版工程得到国家出版基金的大力支持。相信这些专著的出版，将会有力地促进我国动物疫病防控水平的提升，推动我国兽医卫生事业的发展，并对兽医人才培养和兽医学科建设起到积极作用。

农业部副部长　于康震

口蹄疫是最具影响、最受关注的动物疫病之一。世界动物卫生组织（OIE）将口蹄疫列为法定报告的动物疫病，我国也将其列为一类动物疫病，该病是国际贸易中不可逾越的壁垒。每年世界各国都要投入大量的人力、物力控制口蹄疫或者防范口蹄疫的侵入。

口蹄疫也是当今世界上研究较为深入的动物疫病之一。1897年，德国科学家Loeffer和Frosch发现口蹄疫是由一种可以滤过的病原——口蹄疫病毒所引起，自此，人类对口蹄疫的研究和认识进入了一个快速发展的时期。百余年来，人类在了解和防控口蹄疫的进程中，借鉴了一切可以利用的先进技术，其研究方法和研究成果在一定程度上起到了先行和引领的作用；同时，口蹄疫的研究又与其他动物疫病的研究相互借鉴、相互促进、相互融合，促进了预防兽医学的发展。可以说，口蹄疫是能够反映世界动物疫病研究动态和防控水平的一个窗口，通过这个窗口，可以了解当前动物疫病防控技术取得的成就，感知动物疫病防控所面临的困难和挑战。

口蹄疫又是最难控制的动物疫病之一。口蹄疫病毒型多易变、宿主广泛、致病性强、传播方式和感染途径多而复杂，感染动物可长期带毒，而其免疫原性又相对较弱，致使防控十分困难。尽管人类在与口蹄疫的斗争中积累了大量的知识和丰富的经验，研发了许多防治技术和产品，有关口蹄疫的文献报道如潮水般涌现，但口蹄疫依然在世界多个区域发生和流行。实践表明，防控进而根除口蹄疫是一个极其艰巨复杂的过程，既需要科技的进步，又需要先进的管理，更是对一个国家和地区综合实力的考验。

　　基于上述原因，编排本书内容是一件困难的事情。尽管如此，作者还是想通过此书展现口蹄疫基础理论和防控技术最新研究成果，同时又希望此书能成为口蹄疫基层防控技术人员的案头参考手册。

　　本书共分九章，每章指定1～2名该领域权威专家负责组稿。第一章内容口蹄疫概述由刘湘涛研究员和郭建宏博士组稿，第二章内容口蹄疫病毒由赵启祖研究员组稿，第三章内容口蹄疫病毒感染免疫由郑海学研究员负责组稿，第四章内容口蹄疫生态与流行病学由张强研究员组稿，第五章内容口蹄疫分子流行病学由何继军、尚佑军博士组稿，第六章内容口蹄疫诊断由张志东研究员组稿，第七章内容口蹄疫流行病学调查与监测由李晓成研究员组稿，第八章内容口蹄疫疫苗研究及应用由刘在新研究员组稿，第九章内容口蹄疫预防与控制由李秀峰研究员负责组稿。附录部分由郭建宏博士收集整理。

　　衷心感谢全体作者和审稿专家。本书的作者和审稿专家都是相关领域极具理论知识和实践经验的专家，他们中间有在世界口蹄疫参考实验室供职多年回国工作的"千人计划"学者，有长期在国家口蹄疫参考实验室从事科学研究的一线专家和青年才俊，有专门从事口蹄疫流行病学调查、区域化管理和兽药评价的专家，也有致力于口蹄疫控制政策研究和制定的管理专家。他们将其丰富的知识和经验凝结到本书中，使本书融汇了基础理论研究进展、防控技术历史现状和具有实用价值的参考资料。本书还得到了"中国农业科学院兰州兽医研究所，家畜疫病病原生物学国家重点实验室，OIE/国家口蹄疫参考实验室"的支持出版。借此机会，我们还要向那些为人类认识口蹄疫作出贡献的学者们致以崇高敬意，衷心感谢那些为防控口蹄疫开路奠基的前辈先驱。

　　由于口蹄疫的研究日新月异，本书付梓之时，或许一些内容已不再是最新。另外，由于时间紧迫，水平所限，书中难免存在疏漏和错误之处，欢迎读者批评指正，也欢迎读者就书中的问题与我们进行探讨。

刘湘涛　张　强　郭建宏

2015年6月

目　录

第一章

口蹄疫概述

第一节　口蹄疫的定义

　　口蹄疫（Foot and Mouth Disease，FMD）是由口蹄疫病毒（Foot and Mouth Disease Virus，FMDV）引起的一种急性、热性、高度接触传染性和可快速远距离传播的动物疫病。侵染对象是猪、牛、羊等主要畜种及其他家养和野生偶蹄动物，易感动物多达70余种。发病动物的主要症状是精神沉郁、流涎、跛行、卧地，近查可见口、鼻、蹄和母畜乳头等无毛部位发生水疱，或水疱破损后形成的溃疡或斑痂。口蹄疫的发病率高，但大部分成年家畜可以康复。幼畜则经常不见症状而猝死，死亡率因病毒株而异，严重时可达100%。

　　口蹄疫可造成巨大经济损失和社会影响。该病是世界动物卫生组织（World Organization for Animal Health，OIE）法定报告的动物传染病之一。2005年5月24日，中国农业部发布的《动物病原微生物分类名录》（农业部令第53号）中，将口蹄疫病毒列为一类动物病原微生物。口蹄疫也是《中华人民共和国进境动物一、二类传染病、寄生虫病名录》中进境动物必须检疫的一类传染病〔（1992）农（检疫）字第12号〕。依据《中华人民共和国动物防疫法》第四条，口蹄疫分类为一类疫病。这些都充分显示了国内外对口蹄疫的关注程度。

　　口蹄疫在全球范围广泛存在，至今难以得到有效控制，是由该病的特点决定的：

　　第一，口蹄疫的易感动物种类繁多。重要家畜如猪、牛、羊等都易感，牛最易感，发病率几乎达100%；其次是猪；再次是绵羊、山羊及20多科70多个种的野生动物。

　　第二，口蹄疫病原变异性极强。口蹄疫病毒有7个血清型，型间不能产生交叉免疫，免疫防治等于面对7种不同的传染病。同型内不同病毒株的抗原性也有不同，而新毒株又不断出现，每出现一种新毒株，疫情就出现一次新高潮。

　　第三，口蹄疫病毒的感染性和致病力特别强。例如，牛只要吸入10个感染单位的病毒就可发病，而病畜的排毒量又特别大，一头病猪每天仅从呼吸道排出的病毒就高达10^8个感染单位。一头病猪一天呼出的病毒如果全被牛吸入，可使1 000万头牛发病。

　　第四，口蹄疫有多种传播方式和感染途径。该病不但可通过与病畜接触传播，还可通过含毒空气传播。气象条件合适时，病毒可向下风方向传播几十千米甚至上百千米的距离。

第五，口蹄疫的潜伏期短，发病急，动物感染口蹄疫病毒后最快十几小时就可发病排毒，处于潜伏期的动物、发病动物及持续感染动物均可引起易感动物发病。

第六，动物机体对口蹄疫病毒的免疫应答程度较低。免疫注射动物，甚至发病后康复动物，再次受到同源病毒攻击时只能保持不再发病，其免疫系统不能完全阻断病毒感染。

（郭建宏）

第二节 流行历史与现状

一、口蹄疫的地理分布

口蹄疫病毒有O、A、C、亚洲一型（Asia1）、南非一型（SAT1）、南非二型（SAT2）、南非三型（SAT3）共7个血清型和多种亚型，其流行具有明显的地域性，其中A、O两型流行区域广泛，主要流行于欧洲、亚洲、非洲、南美洲；Asia1型主要流行于亚洲；SAT1、SAT2、SAT3三型以前仅流行于非洲，但近年SAT1、SAT2两型已经跨越了其地理界线，在中东地区出现。C型主要分布于南美和亚洲的印度、哈萨克斯坦等国，且流行频率不高并趋于消亡，2004年以后，全球无C型口蹄疫疫情报告。由于在欠发达地区的流行病学监测和疫情报告力度不够，只能根据家畜分布等信息分析、预测流行情况。近年来，口蹄疫暴发较多，比较明显的是世界动物卫生组织已公布的无口蹄疫国家或地区又再次发生口蹄疫，如2005年巴西和2006年阿根廷的O型口蹄疫、2006年博茨瓦纳的SAT2型口蹄疫。在口蹄疫流行地区也出现了一些新的情况，如中东地区出现A型口蹄疫、不同谱系的Asia1型口蹄疫在亚洲地区流行、A型口蹄疫入侵亚撒哈拉地区的埃及、非洲大湖地区暴发O型口蹄疫等。20世纪90年代末，O型泛亚毒株引起的口蹄疫遍布于中东、欧洲、北亚、南亚、东南亚，而且一些免疫或非免疫无口蹄疫国家如日本（2000）、英国（2001）、法国（2001）、荷兰（2001）、韩国（2002）等也相继发生由O

型泛亚毒株引起的口蹄疫疫情。2006年秋季，伊朗发生高致病性O型口蹄疫，遗传学分析发现是由新泛亚谱系毒株引起。新泛亚毒株于2001年在印度首次报道，向东传至其邻国，在2006年和2007年间导致中东地区的10个国家发生口蹄疫，2007年中亚地区的哈萨克斯坦、吉尔吉斯斯坦也未能幸免。

　　为推动和加强全球口蹄疫防控合作与协调，根据口蹄疫分布与流行区域、血清型和拓扑型分布，世界动物卫生组织将全球口蹄疫病毒流行区域分为7个口蹄疫区域病毒池，即流行池（pool），每个池之间有交叉，同池内含有多个血清型，但拓扑型相对固定，每个池需运用特殊的防控策略和疫苗。流行池代表口蹄疫病毒基因型在该区域内独立进化和循环，流行池内病毒的流行常影响多个国家。流行池1（pool 1）位于东亚及东南亚地区，包括O型、A型和Asia1型病毒；流行池2（pool 2）位于印度次大陆，包括O型、A型和Asia1型病毒；流行池3（pool 3）位于中东及欧亚交界地区，包括O型、A型、Asia1型和SAT2型病毒；流行池4（pool 4）位于东非，包括O型、A型和SAT1、SAT2、SAT3型病毒；流行池5（pool 5）位于西非，包括O型、A型和SAT1、SAT2型病毒；流行池6（pool 6）位于南部非洲地区，包括SAT1、SAT2和SAT3型病毒；流行池7（pool 7）位于南美，包括O型、A型病毒。目前全球口蹄疫主要在亚洲（pool 1～3）、非洲（pool 4～6）和南美北部（pool 7）流行，其中pool 1～3主要流行O型、A型和Asia1型，pool 4～6主要流行O型、A型和南非型（以SAT2型为主），pool 7主要流行O型、A型。一般发生流行池特有拓扑型或谱系病毒跨池流行时，则认为是比较严重的大流行。流行池分布见图1-1。

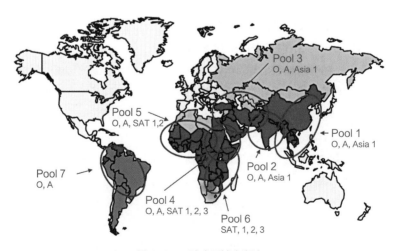

图1-1　口蹄疫区域病毒池

（引自 OIE/FAO. 2008. FMD Reference Laboratory Network Annual Report）

值得关注的是，近年来各流行区域之间的融合趋势和异域毒株跨区域流行现象更加常见。如SAT2型口蹄疫，最初主要在非洲南部流行，近年来有向北扩散的趋势。2012年年初，埃及、利比亚等国发生SAT2型口蹄疫，引起人们高度关注。Asia1型口蹄疫主要在亚洲流行，近年来也有向西扩散、逼近欧亚大陆向欧洲蔓延的趋势。

据世界动物卫生组织2014年公布的"无口蹄疫成员"名单，全世界无口蹄疫的国家和地区共有80多个，分为四种类型，第一类为"非免疫无口蹄疫国家"，包括阿尔巴尼亚、澳大利亚、新西兰、奥地利、比利时、保加利亚、加拿大、智利、丹麦、法国、德国、希腊、冰岛、意大利、墨西哥、荷兰等66个国家；第二类为"非免疫、部分地区无口蹄疫国家"，有阿根廷、博茨瓦纳、巴西、哥伦比亚、马来西亚、纳米比亚、菲律宾、玻利维亚、秘鲁、菲律宾、南非共11个国家；第三类为"免疫、部分地区无口蹄疫国家"，有阿根廷、玻利维亚、巴西、哥伦比亚等7个国家；第四类为"免疫无口蹄疫国家或地区"，如韩国和乌拉圭。但是，口蹄疫流行和无疫状态或地位不是固定不变的。

2001—2002年，长期无疫的日本、韩国、英国、法国、荷兰等国和中国台湾又暴发了口蹄疫，但这些国家或地区在短期内扑灭或控制了疫情。2007年9月，在英国的萨里郡和伯克郡发生了O型口蹄疫。2009年2月，中国台湾云林县与彰化县两家养猪场发现了感染口蹄疫的病猪，近700头有疑似口蹄疫症状的猪全部被扑杀，这是台湾时隔12年以来再度发生猪口蹄疫疫情。总体上看，亚洲、非洲大多数地区依然是口蹄疫的重疫区。因此，尽管口蹄疫流行态势有所变化，但总的格局依然如故，即发达国家继续享受无口蹄疫地位，发展中国家未摆脱口蹄疫的危害。

二、流行历史及现状

口蹄疫很可能不是一种很古老的疫病，因为对该病第一次较为确切的记载于1514年才出现，作者Hieronymus Fractastorius描述了此次牛发病情况，发生地点位于现在的意大利。17—19世纪欧洲曾多次流行口蹄疫，1839年传入英国，但直至1880年口蹄疫泛滥成灾时才引起科学家和官方的注意，此后欧洲经历了漫长的口蹄疫控制与消灭过程，直到1991年才基本上消灭了口蹄疫。期间共有过1901—1912年、1919—1921年、1937—1939年、1950—1952年四次严重流行。1780年，Le Vaillant描述了一起在南非发生的类似口蹄疫的疫情，但非洲正式报告的口蹄疫流行出现于1892年。1903年南非再次暴发口蹄疫，怀疑是因从阿根廷海运活牛而引起的。从1931年后口蹄疫复发至今，非洲口蹄疫流行从未间断，有人认为是水牛将口蹄疫病毒保存下来的，也有人认为是通过商贸进口的，也可能两者兼有。美国1932年以前发生过9次口蹄疫，加拿大西部1951—1952年发生口蹄疫，墨西哥1946和1954年发生口蹄疫，并引起美国的关注，为此启动了北美联防计划，此后北美再没有口蹄疫发生。历史上南美的口蹄疫流行与西欧是同步的，从1871年开始，阿根廷、巴西、智利、乌拉圭等国先后发生口蹄疫。澳大利亚1872年发生最后一次口蹄疫流行，新西兰是世界上唯一从未发生过口蹄疫的国家。亚洲与欧洲接壤，疫情互传，但早期正式记载资料较少，仅印度尼西亚确认1887年最早发生了口蹄疫。

（一）欧洲的口蹄疫

欧洲国家经济发达，交通运输便利，贸易往来频繁，曾因牲畜及畜产品流通而相互传播疫情，引起过口蹄疫大流行。首次确切记载类似口蹄疫的症状出现于1514年的意大利。17—19世纪，欧洲曾多次流行口蹄疫，德国、法国、瑞士、意大利、奥地利等均有流行记载。1839年，口蹄疫传入英国，根据Henderson记载，当年8月Stratford和伦敦的牛群发生口蹄疫，同月又感染了Islington的一家大型奶牛场，年末疫情扩展到英格兰的大部分和苏格兰部分地区。但在当时，可能是由于牛瘟等其他疫病的掩盖，直至1880年口蹄疫泛滥成灾时才引起科学家和官方的注意，此后欧洲经历了漫长的口蹄疫控制与消灭过程，但最初收效甚微。20世纪初，口蹄疫在欧洲仍然广泛流行，如1910年口蹄疫疫情由东向西迅速传播，两年内波及所有欧洲国家。第一次世界大战期间，许多欧洲国家出现程度不同的疫情蔓延。1919年末，南欧和西欧发生新一轮大流行，疫情异常猛烈，给整个西欧和中欧造成严重损失。1937年，北非疫情传入法国，短时间内传遍法国全境并蔓延至东南欧各国，本次疫情历时10年，给许多国家留下疫点和余波，如1944—1946年，在法国、比利时、德国、荷兰、丹麦、挪威、瑞典、罗马尼亚、意大利、西班牙、葡萄牙和希腊仍断断续续出现不同规模的口蹄疫流行。

虽然早在1922年法国学者就发现了口蹄疫病毒的多血清型特性，并命名为O型和A型口蹄疫病毒，但当时各国对口蹄疫病毒血清型的鉴定工作基本为空白，直至1942年以后，欧洲国家开始了真正意义上的口蹄疫病毒分型鉴定。1942—1943年，西班牙发生口蹄疫，其流行呈双波浪形，即在同一畜群先后出现两次发病高峰，两次采集的发病牛病料经豚鼠继代、补体结合试验和牛体交叉免疫试验等证实分别为O型和A型口蹄疫病毒。1944—1945年，在西班牙和葡萄牙毗邻边境地区流行的口蹄疫疫情为C型口蹄疫。1948—1949年，德国口蹄疫流行期间，从340份送检病料中分离出158份O型口蹄疫病毒和99份A型口蹄疫病毒，并鉴定出O_1、O_2和A_4等病毒亚型。1952年，西班牙口蹄疫由A_5亚型引起。1951—1952年，丹麦有26 500个疫点，O、A、C三型病毒均有。1960年，芬兰发生"温和型"口蹄疫，经实验室鉴定为O型。

口蹄疫病毒分型鉴定为人类利用疫苗防治口蹄疫奠定了基础。就在欧洲口蹄疫第三次（1937—1939）、第四次（1950—1952）大流行期间，口蹄疫疫苗研制取得了突破性进展，德国Riems岛兽医研究所首先制造了用福尔马林灭活口蹄疫病毒的感染性，用氢氧化铝作为吸附剂的疫苗，并立即运用于口蹄疫防控工作中。德国1949年以后的口蹄疫暴发中，几乎都使用疫苗，并逐步使用本地田间分离毒株生产出双价、三价疫苗，成为扑灭疫情和预防疫病的有效武器，德国、法国、苏联、荷兰、南斯拉夫等国家和地区都曾利用疫苗免疫技术有效控制了口蹄疫的大流行。法国的口蹄疫疫情在欧洲国家中较为严重，几乎在欧洲的每次流行中都首当其冲或身陷其中。据不完全统计，1952—1960年，法国共发生口蹄疫45万次（疫点）以上，1957年，开始使用疫苗，1960年，疫苗免疫牲畜近1 000万头，占全国牲畜总数的一半以上，1961年，对全国6月龄以上牲畜全部强制免疫接种，实施该项措施后，法国疫情逐年减少，口蹄疫防控取得了显著成绩。苏联在1940—1946年口蹄疫大流行后，1951—1953年再次暴发，主要病毒型为O_2和A_4亚型，某些地区还有C型，其对口蹄疫防治策略倾向于免疫接种，对易感牲畜包括牛、绵羊和猪普遍进行疫苗免疫，如1954年疫苗免疫动物头数为70万，1959年疫苗免疫动物超过80万头，效果令人满意，不仅控制了疫情，还消灭了某些地区（如吉尔吉斯）的口蹄疫。

20世纪70—80年代，欧洲口蹄疫流行形势发生了变化，多呈地方性小范围流行。主要疫情有：1972年，在匈牙利、南斯拉夫、苏联和罗马尼亚等地发生的C型口蹄疫；1974年9—10月，西德在保持18个月无疫后出现的新病例；1975年12月，意大利由于疫苗免疫感染出现的牛、猪疫情；1979年，法国诺曼底地区一猪场发生口蹄疫，并扩散至4个猪场共24个疫点；1981年，英国和法国相继发生4次口蹄疫，经分析这4次疫情由同一毒株引起，流行毒株与疫苗毒株无丝毫差别，认为疫情是由实验室逃逸或疫苗灭活不彻底引起；1984年，意大利在经过3年无疫后，分别发生由A_5、C、A_5引起的3次疫情，持续至1987年7月，波及全国3/4以上的地区；1984—1988年，西德巴伐利亚、Hannover等地区相继出现口蹄疫，发病动物及同群牲畜全部被销毁处理。

20世纪末，随着对口蹄疫病原结构和特性的深入研究，在经历了多次不同方式的流行之后，人类对口蹄疫的认识也逐步深入，采取了更加有效的防控措施，如疫情报告、禁止感染牲畜迁移、消毒、屠宰、检疫等措施，使口蹄疫疫情在欧洲的发生范围和频度逐渐减少，到1991年基本上控制并在大多数欧洲国家消灭了口蹄疫。自1991年以来，欧洲发生口蹄疫的国家（时间）为：意大利（1991年、1993年），希腊（1994年、1996年），保加利亚（1991年、1993年、1996年），俄罗斯（1995年），格鲁吉亚（1996年），阿塞拜疆（1996年），阿尔巴尼亚（1996年），马其顿（1996年），前南斯拉夫科索沃（1996年），亚美尼亚（1996年、1997年）。

2001年2月，平静了近20年的英国再次暴发口蹄疫，截至2001年12月13日，英国已确认发生2 030病例，为了控制疫情，593万头动物被扑杀，本次流行给英国造成的直接和间接损失达200亿英镑。为了防止口蹄疫在欧洲蔓延，欧盟成员国法国、荷兰、西班牙、德国等全力以赴处理近期从英国进口的各类牲畜，但是，疫情很快波及法国、荷兰、爱尔兰、比利时等国，造成37万头动物被扑杀，其中法国6万头、荷兰25万头、爱尔兰6万头。这次欧洲大陆的口蹄疫疫情给欧洲经济带来巨大的损失，欧盟委员会决定重新审视现行的口蹄疫疫苗接种政策。2007年9月，在英国萨里郡和伯克郡又发生O型口蹄疫，发生原因可能与实验室散毒有关，英国对涉疫动物全部进行了扑杀和无害化处理，同时改变了以往不进行免疫接种的传统，采取了扑杀和免疫接种相结合的措施。俄罗斯从2004年4月至2006年1月，在与中国接壤的边疆地区和滨海边疆区、赤塔州Kalgansky地区共发生了14起Asia1型和2起O型口蹄疫疫情，对中国边境地区口蹄疫防控产生了巨大的威胁。

欧洲自20世纪90年代以来实行了口蹄疫非免疫政策，因此欧洲国家有两种口蹄疫状态，一是"非免疫无口蹄疫国家"，这类国家主要包括英国、俄罗斯联邦以西的大部分欧洲国家、巴尔干地区的波斯尼亚和黑塞哥维那、马其顿、塞尔维亚等地；第二类国家由于未能成功地向世界动物卫生组织提交申请（如摩尔多瓦）或受到周边国家口蹄疫的威胁而未获得"非免疫无口蹄疫国家"。欧洲跨高加索山的国家大部分是无口蹄疫国家，但受土耳其和伊朗口蹄疫的威胁，所以欧洲口蹄疫防控委员会在欧洲邻近高加索地区和中东实施了口蹄疫监测方案，确保不受外来口蹄疫的侵害。在土耳其，口蹄疫呈地方性流行，主要存在于安纳托利亚东部和东南部，安纳托利亚以西地区主要由于东部和东南部牲畜的迁移而呈散发。俄罗斯联邦成员国的口蹄疫发生情况比较少。

（二）非洲的口蹄疫

1780年，Le Vaillant首次描述了一次在南非发生的类似口蹄疫，非洲正式报告的口蹄疫流行出现于1892年。1903年南非再次暴发口蹄疫，怀疑是从阿根廷海运活牛引起的。非洲口蹄疫从未间断，目前依然是口蹄疫流行严重地区。有人认为是水牛将口蹄疫病毒保存下来的，也有人认为是通过商贸进口的，也可能两者兼有。非洲口蹄疫有其独特的特点：首先，毒型众多，有O、A等血清型，还有主要流行于非洲南部地区的SAT1、SAT2和SAT3型；其次，非洲地区易感动物种类繁多，尤其包含许多易感野生动物，这使得非洲口蹄疫的防治更加复杂。1948年，博茨瓦纳首次使用了丹麦制造的O-A二型结晶紫灭活疫苗，但毫无免疫保护作用，其原因是疫苗毒株的抗原性与流行毒株不同。1959—1962年，英国使用在津巴布韦分离的两个毒株（SAT1、SAT2）制备的豚鼠继代致弱活毒疫苗先后在南非、纳米比亚、肯尼亚等地区注射84万头牛，有效控制了这些地区口蹄疫的发生。

非洲口蹄疫病毒型分布与地理位置关系密切，如北非与欧洲相邻地区以O型为主，南非主要流行3个南非型口蹄疫，东非和西非兼有欧洲型和南非型。

20世纪50年代，口蹄疫在埃及呈地方性局部流行，发生季节与鸟类迁徙相应，病毒型主要是O型和A型，也曾检出SAT2型。利比亚于1964年首次报道发生口蹄疫，1982—1983年又发生O型口蹄疫。阿尔及利亚常年也有口蹄疫发生。地处西北非的摩洛哥在20年无口蹄疫后于1977年1—6月发生严重流行，感染1.25万头牛，同年7月开始使用同源疫苗免疫接种，本次疫情后来经证实是从南美进口肉类引发，病毒株为南美特有的新的A亚型。突尼斯在1965、1967和1969年发生C型口蹄疫。利比亚和埃及在1999—2006年曾受到亚撒哈拉地区口蹄疫的侵袭，主要为A、O和SAT2型。2012年2—3月，SAT2型口蹄疫病毒侵袭埃及，导致4 600头动物被扑杀。苏丹2005—2006年多次发生O型口蹄疫，血清学调查表明，该国也有南非型口蹄疫发生。大湖地区的口蹄疫疫情比较复杂，该区家畜和野生动物中有多种血清型流行，该区的乌干达、卢旺达、刚果多次发生O型口蹄疫，2005年刚果发生口蹄疫，病毒定型结果为SAT1、SAT2、SAT3和A型。该区的流行复杂性为多种因素所致，如动物免疫不严格、频繁的跨边界交易、气候干旱、难民迁移（如2006年坦桑尼亚难民赶着家畜向乌干达南部迁移，导致乌干达、卢旺达、刚果发生O型口蹄疫）等。2011—2012年年初，北非国家（如埃及等）发生SAT2型口蹄疫，造成了严重的经济损失，并波及周边国家和地区，甚至亚洲地区的巴勒斯坦和巴林岛也发现SAT2型疫情。

东非的苏丹口蹄疫流行较为严重，1965年鉴定的毒型主要为O型和A型。1966—1967年，在苏丹分离到A型和SAT1型毒株，其中A型毒株与中东A_{22}关系密切，SAT1型毒株与肯尼亚疫苗毒株有相关性，但与南非疫苗毒株不同。其后在1979—1983年，苏丹由于自由放牧和缺乏免疫接种，口蹄疫时有大流行，病毒型有O、A、SAT1和SAT2型，给国家经济造成重大损失。索马里、乌干达、肯尼亚等东非国家口蹄疫流行基本无季节性和地域性差别，O、A、SAT1和SAT2型口蹄疫交错发生，且常见于牛发病，绵羊极少发病。1957年10月，肯尼亚检出C型口蹄疫病毒，为全非洲首例。东非地区主要流行4个血清型。SAT3型曾只在乌干达出现（1990年，1997年）。C型口蹄疫曾于1971年在衣索比亚、1970年和1971年在乌干达，1960年、1962—1966年、1969—1970年、2000年在肯尼亚出现。肯尼亚、乌干达、坦桑尼亚，病毒血清型比较复杂，O型、A型、SAT1型、SAT2型近年都有发生。乌干达的口蹄疫历史可追溯至1953年，此后口蹄疫多次在该国暴发，涵盖了除Asia1型以外的所有口蹄疫病毒血清型。2001—2010年，乌干达牛群中主要流行O

型、A型、SAT1型、SAT2型口蹄疫病毒，虽然该国在近10年之内采取了疫苗接种、动物转运限制等措施，但口蹄疫防治效果并不理想。坦桑尼亚曾在2004年发生口蹄疫，遍及该国121个地区中的68个，共发生56 610例，涉及O型、SAT1型、SAT2型。分子流行病学证实东非地区的南非型口蹄疫通常由野生动物引起，而O、A型主要是由于家畜持续感染所致。世界口蹄疫参考实验室对该区口蹄疫病毒定型结果是：SAT1型占46.2%，其次为O型占26.4%、A型占14.1%、SAT2型占11.3%。在厄立特里亚，1996年和2004年发生O型口蹄疫，1997—1998和2006—2009年发生A型口蹄疫，1998年又检测到SAT2型口蹄疫病毒，C型、SAT1、SAT3型口蹄疫病毒以前未曾报道，而2013年的口蹄疫流行病学结果显示，O型口蹄疫病毒是该区的主导血清型，其次为A型、SAT1型及SAT2型，这一结果提示对外来血清型口蹄疫病毒的监测预警必不可少。

南部非洲口蹄疫流行大多在纬度4°以南。赞比亚中部和南部流行SAT1和SAT2型，与坦桑尼亚毗邻的东北部有O型口蹄疫。马拉维在1957—1975年发生8次口蹄疫，从1969年开始实施预防性免疫接种和封锁隔离措施，有效地控制了疫情发生。西南非洲纳米比亚1958年5月曾暴发A型口蹄疫，下半年再次发生并传入安哥拉，在1961年又首次发现SAT1型口蹄疫，由于采取了消毒、野生动物围栏、免疫接种等措施，于1962年底扑灭了疫情。博茨瓦纳多次发生口蹄疫疫情，主要是SAT1和SAT3型，1951年建立围栏以切断野生动物传播口蹄疫的途径。1970年6—7月，在博茨瓦纳2个地区4个地点采集非洲水牛、黑羚羊、南非大羚羊等7种动物119份OP液（Oesophageal–Pharyngeal Fluid，食道–咽部液体）和血清样品，检验结果显示不同地区的非洲水牛有不同水平的血清抗体，并从OP液中分离出SAT各型病毒，而其他动物隐匿口蹄疫病毒的可能性小。1948—1970年，博茨瓦纳发生8次疫情，几乎每次疫情都因非洲水牛接近家养牛群而引发。J.B.Condy和R.S.Hedger在津巴布韦进行的非洲水牛携带口蹄疫病毒持续感染试验也有力地说明了非洲水牛在口蹄疫暴发中的作用。莫桑比克、津巴布韦、南非共和国连年都有口蹄疫发生。津巴布韦在2004和2005年口蹄疫发生期间，共有300多个疫点。南非共和国克鲁格国家公园区域经常发生家畜与非洲水牛、黑斑羚等野生动物接触，促进了口蹄疫病毒的传播，该区域邻近地区的免疫缓冲带于2000—2006年共发生5起口蹄疫，但未影响到其他地区"非免疫无口蹄疫"地位。

在西非，主要存在O型、A型、SAT1型和SAT2型口蹄疫，该地区的游牧方式在口蹄疫的传播中起到了重要作用，据报道，A、O、SAT2型口蹄疫的一次暴发通常会波及两个或两个以上的西非国家。2006年，西非的O型口蹄疫病毒分离株为西非拓扑型，而SAT2型与北非地区利比亚2003年分离株、中非喀麦隆2000年分离株相似性很高。

从2003年1月至2008年8月，非洲共有13个国家发生口蹄疫，分别是博茨瓦纳、厄立特里亚、马拉维、利比亚、津巴布韦、南非、莫桑比克、赞比亚、尼日利亚、刚果、埃及、几内亚、纳米比亚。这些国家以流行SAT2型口蹄疫病毒为主，还有SAT1、SAT3、O、A等血清型。其中大部分是通过放牧、饮水或与野生动物接触而导致感染的，所以控制野生动物宿主对于这些国家的口蹄疫防控具有非常重要的作用。从历史流行情况来看，这些国家口蹄疫疫情从未停止过，虽然采取了相应的疫病控制措施，但是效果并不理想，可能与上述国家特殊的自然环境、卫生条件、财力和综合国力有关。

印度洋岛国马达加斯加、毛里求斯、塞舌尔是"非免疫无口蹄疫国家"，南非发展共同体（SADC）南方成员国斯威士兰、莱索托、南非共和国、博茨瓦纳和纳米比亚都有大量的非洲水牛存在，SAT型口蹄疫病毒可在群体内持续存在，这些国家采取设置屏障、免疫缓冲带等措施控制了口蹄疫在家畜中的发生，实现了国家或地区性的"免疫无口蹄疫"。南非发展共同体北方成员国津巴布韦、赞比亚、莫桑比克、马拉维、坦桑尼亚南部在20世纪70—80年代通过广泛免疫和限制家畜的迁移控制了口蹄疫。津巴布韦在2002年以前国内家畜感染情况很少，其牛肉还可出口到包括非洲在内的国际市场，直至2002年屏障被洪水破坏，导致SAT1和SAT2型口蹄疫在国内流行，并在2002—2004年传播到邻国莫桑比克、马拉维和赞比亚。非洲大湖地区的东非共同体（EAC）成员国如坦桑尼亚、乌干达、肯尼亚、卢旺达、布隆迪和刚果西部地区具有大量的家畜及野生动物，该地区的饲养方式多为放牧，牲畜迁移比较频繁，另外，刚果从乌干达、坦桑尼亚、卢旺达、布隆迪进口家畜，因此该地区可能是世界口蹄疫疫情最复杂的地区，共有O、A、C、SAT1、SAT2这5种血清型流行，乌干达在1970年从非洲水牛中还曾分离到SAT3型口蹄疫病毒。在非洲政府间发展组织（IGAD）成员国如苏丹、厄立特里亚、埃塞俄比亚、索马里、吉布提和肯尼亚北部、乌干达北部组成一流行群。该区的埃塞俄比亚、苏丹具有非洲最大的牛群，这一地区还向中东地区出口牛和小反刍动物。非洲苏丹/撒赫勒地区流行群主要存在于苏丹西部、乍得、布基纳法索、马里、尼日利亚北部、塞内加尔、毛里塔尼亚，该区饲养方式主要为放牧，以牲畜随季节长距离迁移为特征。这一地区可能是连接IGAD与西非流行群，以及连接西非和北非流行群的枢纽，如1999年北非的阿尔及利亚流行的O型口蹄疫西非拓扑型可能与该地区的放牧方式有关，这一地区的放牧方式还与早期的牛瘟流行密切相关。北非流行群主要存在于摩洛哥、阿尔及利亚、突尼斯、利比亚、埃及等国家，2003年，该区利比亚发生的SAT2型口蹄疫，可能由从亚撒哈拉地区引进动物所致。2006年，埃及发生A型口蹄疫，与东非分离株密切相关。埃及的口蹄疫历史远至1950年，A型、SAT2型曾在1953、1958、1960年发生，此后在家畜间流行的主要是O型口蹄疫病毒。2006年以前，埃及对于大反刍动物仅免疫O型口蹄疫疫苗，该国也从未向世界动物卫生组织上报过O型口蹄疫疫情。2006年1月，埃及尼罗河三角洲地带暴发口蹄疫，持续数天，定型结果显示病毒为A型口蹄疫病毒非洲拓扑型，与埃塞俄比亚的厄立特里亚省及东非肯尼亚的老毒株相似，同年2月、3月，疫情广泛传播引起了非洲水牛等牛发病，直至3月以后，发病才逐渐消退。联合国粮食及农业组织建议邻国在边界采取防控措施并取得成效，在埃及邻国并未发生A/Egypt/06毒株导致的口蹄疫。2007、2008年，埃及又有O型口蹄疫病毒导致的口蹄疫发生。至2010年，流行病学分析显示该区O型口蹄疫病毒为主导血清型，其次为A型。2012年，SAT2型口蹄疫病毒在埃及和利比亚死灰复燃，给欧洲地中海地区及世界其他地区带来潜在威胁。

就整个非洲而言，口蹄疫的流行情况非常复杂，该区除了Asia1型口蹄疫外，其余型均有流行，O型口蹄疫在赤道以北的大部分非洲国家呈地方性流行，主要为东非拓扑型、西非拓扑型、欧洲-南美型，另外，O型泛亚株曾于2000年入侵南非共和国。A型口蹄疫在非洲主要分布于北非，其他地区主要为散发，A型口蹄疫在西非地区主要为非洲拓扑型，北非的阿尔及利亚、摩洛哥、突尼斯、利比亚，以及南非的安哥拉、马拉维的A型口蹄疫主要为欧洲-南美拓扑型。C型曾流行于东非的乌干达、衣索比亚、肯尼亚和南非的安哥拉。SAT1～3型是南非特有的血清型，在亚撒哈拉地区占有重要的地位，南非地区1931—1990年的350次口蹄疫暴发中，南非型占73%。历史上，SAT1型曾入侵北非、中东。SAT2型也在1990年、2006年入侵中东地区。南非型口蹄疫病毒可在野生动物尤其是非洲水牛中生存。在牛的南非型口蹄疫中，SAT1型占36%，SAT2型占48%，SAT3型占16%。目前，除C型外，该地区每个血清型均具有多个拓扑型，抗原差异较大，给疫苗免疫造成很大困难，另外动物迁移也未得到严格控制，使得非洲口蹄疫控制非常不利。通过实施对野生动物设置屏障、设置疫苗免疫缓冲带的方案，目前只有南非共和国、博茨瓦纳、纳米比亚、斯威士兰和莱索托这些国家的部分地区获得了"非免疫无口蹄疫"地位。

（三）亚洲的口蹄疫

亚洲与欧洲接壤，疫情互传，口蹄疫在亚洲地区流行已有百余年之久，但早期正式记载资料较少，仅印度尼西亚确认1887年最早发生口蹄疫。据联合国粮食及农业组织和世界动物卫生组织发表的《家畜卫生年鉴》资料表明，在20世纪50—70年代末，亚洲有34个国家或地区发生口蹄疫，其中29个国家发生O型占85.3%，有22个国家发生A型占64.7%，有16个国家发生过Asia1型占47%，有9个国家发生过C型占26.5%，有5个国家发生过SAT1型占14.7%。

亚洲口蹄疫流行形势仅次于非洲。日本、朝鲜半岛、新加坡、文莱、印度尼西亚、马来西亚等岛国在控制口蹄疫方面成效显著，印度、泰国、越南和一些中东国家口蹄疫流行形势十分严峻。1960—2000年，所有中东国家都有数次疫情发生，主要流行O型。SAT1型由非洲羊的贸易引发，1960年扩散到西北部的伊拉克、约旦、以色列和叙利亚，1962年到达伊朗和土耳其，1962年9月越过博斯普鲁斯海峡到达欧洲的希腊边境。中东的疫情主要是通过反刍动物从东向西扩散。2005年，土耳其发生了口蹄疫。以色列于2008年暴发了口蹄疫。2009年，联合国综合区域信息网证实伊拉克南部巴士拉地区也有疫情发生。

1996—2000年，东南亚大部分国家有疫情，分离到三株O型口蹄疫病毒，分别是东南亚拓扑型、CATHAY拓扑型、中东–南亚拓扑型。2005年，缅甸发生了Asia1型口蹄疫。越南2007年出现口蹄疫省市多达13个，2008年增至14个，2009年年初又有两省暴发口蹄疫。1997—2000年，亚洲发生大规模的O型口蹄疫，打破了中国台湾地区68年、日本92年、韩国66年无口蹄疫疫情的形势。1997年分离到中国台湾地区的猪源病毒属于CATHAY拓扑型，1999年从中国台湾黄牛中分离到的毒株属于PanAsia谱系。2001年，蒙古、菲律宾、老挝、缅甸相继暴发口蹄疫。2005、2006年蒙古再次暴发口蹄疫。据2009年2月新华网报道，中国台湾云林县与彰化县两家养猪场发现了感染口蹄疫的病猪，这是中国台湾时隔12年以来再度发生猪口蹄疫疫情。泰国口蹄疫流行近60年，1953年首次暴发，病毒为A_{15}，1954年暴发Asia1型口蹄疫，1957年暴发O型，目前在泰国主要流行A、O、Asia1型口蹄疫。越南口蹄疫发生的重点疫区在越南南部，主要流行A、O、Asia1型3个型。

1. 中东地区　中东地区主要流行A、O两型口蹄疫，尤其是O型，在大部分中东国家呈地方性流行。该区的以色列严格实行疫苗免疫政策，但还是在2005年12月和2007年1月发生了O型口蹄疫。2006年1月，巴勒斯坦地区内的希布伦、加沙和耶路撒冷发生了O型口蹄疫。对中东地区影响比较大的是SAT1、SAT2型口蹄疫的出现和伊朗的A型口蹄疫，另外，O型泛亚毒株在2006年冬季入侵，造成土耳其、约旦、伊朗、巴勒斯坦地区发生口蹄疫。SAT1型口蹄疫曾于1962年1月在巴林王国出现，然后在近东、中东地区迅速蔓延，北至土耳其，此次暴发在1963年达到高潮，疫情蔓延至希腊和保加利亚边境，严重威胁到欧洲其他国家，欧洲口蹄疫防控委员会不得不在希腊、保加利亚、土耳其欧洲部分边境进行紧急免疫。SAT2型曾在中东地区多次出现，最近一次为2006年11月苏丹发生的口蹄疫，样品经世界口蹄疫参考实验室检测，分离出了A型和SAT2型口蹄疫病毒。伊朗A型口蹄疫（A/Iran–05）发生于2005年中期，并迅速蔓延，而且当地的疫苗免疫动物都不能获得保护。疫情于当年秋季传入土耳其，导致了12月的口蹄疫暴发，紧急免疫效果收效甚微，至2006年2月，疫情蔓延至全国各地，包括与欧洲非免疫地区接壤的Thrace地区，严重威胁到希腊和保加利亚，此外还导致巴基斯坦、沙特阿拉伯、约旦发生口蹄疫。联合国粮食及农业组织从欧洲疫苗库紧急调集250万头份疫苗进行紧急免疫，使该地疫情得到缓解，但是疫情还是蔓延至安纳托利亚，导致了该区在2006年前10个月内至少发生了800起疫情，是15年来最严重的口蹄疫疫情。不仅如此，随后沙特阿拉伯、巴基斯坦、约旦也发生了A型口蹄疫，证实了该毒株传播能力之强，其成因为该毒株的抗原变异突破了常规免疫动物的免疫屏障，这种情况在该地区出现的间隔大概为10年。为了应对这种威胁，在高加索山南部的格鲁吉亚、亚美尼亚、阿塞拜疆边境建立免疫缓冲带，取得了显著成效。

世界口蹄疫参考实验室的分析表明，土耳其、伊朗的口蹄疫病毒分离株与阿富汗、巴基斯坦、沙特阿拉伯的分离株亲缘关系较近，揭示了口蹄疫可能由中亚、南亚向西传至中东这一流行线路。波斯湾和阿拉伯半岛地区主要从亚洲的巴基斯坦、伊朗进口反刍动物从而带入O、A和Asia1型口蹄疫，目前中东地区主要流行A/Iran−05毒株、O/PanAsia−2毒株和Asia1型巴基斯坦2010毒株等毒株。该区还从非洲的埃塞俄比亚、索马里、苏丹、吉布提进口反刍动物，从而引入SAT1、SAT2型口蹄疫。中东地区的大部分国家都严格实行疫苗免疫政策，但是其疫苗毒株的选择不能实时适应口蹄疫疫情的变化，而且该区还从西亚、非洲进口家畜，因而受到口蹄疫的威胁较大。因此，欧洲口蹄疫防控委员会制定了在伊朗，进而在西亚、中东进行口蹄疫流行监测的计划。

2. 东南亚、南亚、西亚、中亚、东北亚地区　口蹄疫在东南亚地区的柬埔寨、老挝、缅甸、菲律宾、泰国、越南呈地方性流行，以O型为优势血清型，A型和Asia1型次之，另外，1976—1994年，菲律宾报道发生C型口蹄疫。该区的文莱、印度尼西亚、新加坡已获得"非免疫无口蹄疫"地位。菲律宾的部分地区（棉南老岛、未狮耶、巴拉望、玛斯贝特）和马来西亚的部分地区（沙巴州、沙捞越）也已获得"非免疫无口蹄疫"地位。东亚的日本、韩国、中国台湾获得了"免疫无口蹄疫"地位。自1934年以来的66年里，韩国保持着无口蹄疫状态，然而2000年、2002年发生了O型口蹄疫，病毒与日本、泰国、新加坡、老挝、英国、法国、南美等地的分离株相近。2010年，韩国发生A型口蹄疫，病毒与老挝分离株密切相关。2000—2009年，东南亚流行的O型口蹄疫病毒主要为3个拓扑型，即东南亚拓扑型、中东−南亚拓扑型和CATHAY拓扑型。东南亚谱系之一的Mya−98毒株在马来西亚及周边国家一直存在，而另一谱系Cam−94存在时间较短（1989—2003）。A型口蹄疫病毒在马来西亚也偶见报道（2002，2009）。

2005—2006年，越南至少发生800起口蹄疫疫情，主要由O型东南亚拓扑型引起，但同时分离出中东−南亚拓扑型病毒。2006年，柬埔寨由于从越南进口猪而导致O型口蹄疫的发生，拓扑型与越南口蹄疫相同。越南北部和南部的部分省份发生Asia1型口蹄疫，越南南部向柬埔寨出口猪用于育肥，口蹄疫可能随之传播并最终传至泰国。2007和2008

年越南口蹄疫病毒的主导血清型分别为O型、Asia1和O型、A型。2008年，越南共发生153起口蹄疫，波及14个省的128个公社。2009年1—2月，越南共发生38起口蹄疫，感染动物遍及5省11区36个公社。老挝在2006年末发生A型口蹄疫，可能由泰国传入。2004—2006年间，马来西亚、菲律宾、柬埔寨、越南的口蹄疫主要为A型和O型，主要集中于湄公河流域地区，这一地区的动物交易在口蹄疫流行病学中起到了重要作用，另外，洪水等自然灾害造成高密度的动物聚集，在口蹄疫的传播中不容忽视。在老挝，还存在交易口蹄疫发病牛的现象。

2010年，缅甸、泰国、越南同时流行A型和O型口蹄疫，而柬埔寨、老挝、马来西亚流行O型口蹄疫，毒株主要是Mya-98。A型主要流行ASIA拓扑型，泰国2009—2010年报告的A型口蹄疫疫情，其毒株与中国、韩国毒株高度同源；缅甸2010年10月发生的A型口蹄疫，毒株与印度2000年毒株同源性高；马来西亚（2003年）、越南（2004年）首次报告A型疫情，越南2010年仍然有A型疫情发生；柬埔寨、老挝（2003—2006年）散发A型，但非主要流行毒株。2009年以后未见Asia1型口蹄疫发生的报告。

东南亚地区的口蹄疫可能起源于南亚，孟加拉国、巴基斯坦、尼泊尔在该区的口蹄疫流行中起了重要作用。例如，孟加拉国西部的印度牛时常进入马来西亚市场，马来西亚主要从印度进口水牛肉，C型口蹄疫可能随之引入。尼泊尔的牛肉大部分出口到中东、远东地区，1996年间的A型口蹄疫，起始于阿尔巴尼亚，传播至马其顿、保加利亚、土耳其，可能与南亚地区的牛肉出口有关。巴基斯坦的牛、水牛存栏量约为450万头，羊为1亿只，巴基斯坦国内的奶牛群每年都有口蹄疫发生，根据巴基斯坦官方公布的口蹄疫情况，其流行血清型为A、O、Asia1型，奶牛群中持续存在的口蹄疫病毒为感染的主要来源。2005—2009年，巴基斯坦的口蹄疫病毒流行情况为：O型占62.3%，A型占19.9%，Asia1型占13.8%。巴基斯坦的水牛大部分在阿富汗屠宰，在运输过程中，疫情在巴基斯坦境内迅速蔓延。阿富汗与巴基斯坦存在着季节性放牧、动物交易、动物育肥机构等多方面的生态学上的联系，口蹄疫在两国之间的传播时常发生。在阿富汗，口蹄疫呈地方性流行，血清型同样为A、O、Asia1型。

南亚地区也是口蹄疫流行严重区域，常年流行O型、A型和Asia1型。2013年在印度等国家流行的O型中东-南亚拓扑型Ind-2001毒株已传播至北非利比亚等国。Asia1型口蹄疫主要存在于南亚地区，主要为东西方向传播，在亚欧大陆西部远至希腊（2000年），其传播时间比较短暂，但引起疫情的严重程度却不容忽视，如1999—2002年土耳其暴发的口蹄疫。2005—2006年，越南、缅甸、蒙古、俄罗斯、中国、伊拉克、伊朗、巴基斯坦、印度、阿富汗、塔吉克斯坦都报道发生了Asia1型口蹄疫。近几年分离的Asia1型口蹄疫病毒主要分布于印度、西/中亚、南亚、东亚这几个不同的地理区域，已不属于同一拓扑型。2004年，巴基斯坦的Asia1型口蹄疫扩散至塔吉克斯坦，随后中国香港、俄罗斯、蒙古也发生该型口蹄疫。遗传分析发现，越南两株Asia1型分离株（Asia1/VIT/15、Asia1/VIT/16）与泰国1998年分离株及缅甸2005年分离株密切相关，与中国、印度、巴基斯坦、蒙古、俄罗斯的Asia1型口蹄疫病毒不同，这一拓扑型口蹄疫病毒可能只流行于东南亚地区。东南亚地区历史上以流行A型和O型口蹄疫为主，在Asia1流行期间也未能停歇。

西亚和中亚是口蹄疫流行严重地区，主要流行毒株有O型PanAsia-2、A型Iran-05、Asia1型Sindh-08等。中亚地区的5个独联体国家，即哈萨克斯坦、吉尔吉斯斯坦、塔吉克斯坦、土库曼斯坦、乌兹别克斯坦，以前由于苏联的口蹄疫控制措施而无口蹄疫，苏联解体后，这些国家的兽医机构无法应对日益增多的动物交易，O型、Asia1型口蹄疫也因此在该区发生。乌兹别克斯坦、土库曼斯坦、塔吉克斯坦分别自1991、2001、2004年以来不再报道口蹄疫发生情况，因此相关信息比较少。阿富汗无官方兽医机构，主要流行O型、A型口蹄疫，阿富汗的小反刍动物时常由于价格因素在塔吉克斯坦、哈萨克斯坦进行交易，疫病时常由于动物交易传入这两个国家。

东北亚地区主要包括朝鲜、韩国、日本、蒙古、俄罗斯远东地区等国家和地区。韩国、日本原为无口蹄疫区，2010年后相继发生口蹄疫疫情，损失惨重。蒙古、朝鲜和俄罗斯远东地区，一直为口蹄疫的流行区域，但疫情报道较少，2010年，Mya-98毒株大面积在亚洲流行以后，这些国家和地区相继报道发生多起疫情，从公布的数量来看，疫情十分严重。

朝鲜：口蹄疫防控力量薄弱，经费有限，对中国的威胁较大。朝鲜官方分别于2011年2月7日和2月14日向世界动物卫生组织报告O型疫情135（46＋89）起，发病动物包括猪、牛、羊，发病地区覆盖平壤市、黄海道、江原道、永安道、慈江道等地区，疫情流行传播速度极快。流行毒株对猪表现为高发病率、高死亡率和高致死率，朝鲜毒株对猪的"三高"特点，对于中国的威胁是毋庸置疑的。朝鲜第一次报告的发病率、死亡率和致死率分别为45.98%、43.04%和93.61%，第二次报告的发病率、死亡率和致死率分别为67.54%、51.48%和76.22%，引发疫情的毒株为O型Mya-98毒株。

韩国：2010年1月2日，京畿道一农场发生牛A型口蹄疫，毒株与中国2009年以来发生的A型毒株高度同源。A型疫情结束后，4月8日又在仁川江华郡韩牛农场发生O型口蹄疫，其后疫情登陆，在京畿道金浦市奶牛场发生口蹄疫，4月22日，病毒突破封锁圈，在距始发点136公里的韩国交通中心区域忠清北道忠州市的一个千头猪场发生疫情，并呈蔓延全国之势。至5月10日，共计报告11起疫情，扑杀5 701头动物（牛和猪），其中发病病例31例。据世界口蹄疫参考实验室分子流行病学报告，韩国O型口蹄疫病毒株为Mya-98，与中国香港2010年年初流行的Mya-98毒株同源性在99%左右。经过扑灭计划，2010年9月27日，世界动物卫生组织恢复了韩国无口蹄疫地区资格。但重获无口蹄疫地区资格后不久，2010年11月29日，韩国农林水产食品部报道，位于韩国东南部的庆尚北道安东市于11月26日又发生了口蹄疫疫情。韩国2014年7月23日再次发生口蹄疫，毒株为O型Mya-98。

日本：2010年4月7日，日本宫崎县一奶牛场突然发生口蹄疫（4月20日确诊），截至5月19日，日本共报告131起O型口蹄疫疫情，口蹄疫感染和疑似病例合计为116 030头，发病动物284例，发病动物包括猪、牛、羊、水牛，共扑杀动物116 030头。据世界口蹄疫参考实验室分子流行病学报告，日本宫崎县暴发的猪、牛口蹄疫病毒株为O型Mya-98株，与中国香港2010年毒株同源性为99.22%，与韩国O型毒株同源性为98.59%。其后日本政府启动扑杀和紧急免疫政策，共计免疫1 066个农场的125 668头动物，6月5日以后再未出现新的疫情。

蒙古：2010年4月21日，蒙古东方省哈勒赫高勒县发生牛口蹄疫，4月26日确诊为O型，毒株为Mya-98株，牛感染率为31.68%，同群易感畜还包括3 000多只羊、骆驼等，514头牛被销毁。随后该省分别于5月14日、6月14日、9月2日向世界动物卫生组织报告了O型疫情。8月26日，与中国内蒙古自治区接壤的苏赫巴托尔省苏赫巴托尔县羊发生O型口蹄疫，易感动物数量达8 893头，发病病例592头。至9月14日，苏赫巴托尔省疫区的8万多头牲畜中已有5 000多头确诊感染口蹄疫。至10月1日，蒙古东部地区的东方省和苏赫巴托尔省口蹄疫疫情日益加重，14个县已出现口蹄疫疫情，共有606户牧民的近25万头牲畜染病。2013年7月，蒙古巴彦乌勒盖省的2家农场，2014年2月苏赫巴托尔省的3家农场发生A型口蹄疫。

俄罗斯：2010年7月5日，俄罗斯Abagaytuy、ZABAJKAL'SKIJ KRAY地区发生牛、猪O型口蹄疫，其中牛112/2 256头发病，猪4/50发病，羊0/821发病。疫点距离中国东北边境12公里，病毒株为Mya-98株，与中国香港、日本流行毒株同源性达99%，2011—2014年报道了多次疫情，病毒株为O型和A型。

（四）美洲的口蹄疫

巴拿马、中美和北美国家是世界上较早消灭口蹄疫的地区。美国1932年以前发生过9次口蹄疫，其中3次发生在19世纪，1900—1926年发生6次。加拿大西部1951—1952年发生口蹄疫。墨西哥1946年和1954年发生口蹄疫，并引起美国的关注，为此启动了北美联防计划，此后北美再没有口蹄疫发生。

历史上南美的口蹄疫流行与西欧是同步的，从1871年开始，先后在阿根廷、巴西、智利、乌拉圭等国出现口蹄疫。1964年，南美国家开始组成联合力量防治口蹄疫。为此，包括在阿根廷、智利、巴拉圭、秘鲁、乌拉圭和委内瑞拉整个领地以及玻利维亚、巴西、哥伦比亚和厄瓜多尔的部分地区有组织接种70%以上的牛，并进行专业培训、扩大口蹄疫疫苗生产（如1975年生产5亿头份）、争取中美发展银行（IDB）支持等措施，1975年，整个南美口蹄疫呈降低趋势，至1975年9月，智利已经2年无口蹄疫发生。1980年后，南美开始使用油佐剂疫苗，使免疫持续期提高到8个月左右，大大降低了疫病的发生率。

自1997年南美国家签订消灭口蹄疫的区域计划后，临床病例大幅下降。20世纪90年代末期，国际免疫学会承认阿根廷、智利、圭亚那、乌拉圭为非免疫国家。到2001年春季，口蹄疫疫情又在南美出现。先是阿根廷暴发口蹄疫，后波及乌拉圭，使乌拉圭畜牧业受到严重打击，损失近8亿美元。2004年巴西、哥伦比亚、秘鲁相继发生了口蹄疫。2005年口蹄疫又让巴西牛肉出口损失5亿美元。2006年巴西再次暴发口蹄疫，阿根廷随后也出现了口蹄疫。2007年玻利维亚3个地区暴发疫情。

南美洲口蹄疫大约在1870年首先发生于阿根廷布宜诺斯艾利斯省，由从欧洲引进家畜所致。疫情随后传播至智利中部、乌拉圭、巴西南部。20世纪上叶，口蹄疫进一步传播至秘鲁（1910年）、玻利维亚（1910年）、巴拉圭、牙买加（1922年），并于20世纪50年代传播至委内瑞拉、哥伦比亚，于1961年传播至厄瓜多尔。20世纪60—70年代、1998—2009年的南美口蹄疫根除计划，取得了一定成效。2010年，南美又实施了2011—2020年根除计划，其目标为至2020年在南美地区根除口蹄疫。

南美洲流行的口蹄疫只有O、A、C型。在安第斯山脉国家地区，C型口蹄疫历史上只发生过3次，即1967、1970年哥伦比亚发生的口蹄疫和1980年秘鲁发生的口蹄疫，与疫苗未充分灭活有关。该地区O、A型口蹄疫比较常见，如2003年厄瓜多尔发生O型口蹄疫，委内瑞拉时常发生O型口蹄疫，A型口蹄疫在其与哥伦比亚毗邻的边境更为普遍。近几年，南美洲的口蹄疫疫情有所缓和，但口蹄疫病毒可能持续感染某些地区的家畜，尤其是巴西亚马逊河地区，该区可能是其他无口蹄疫地区的疫源地。如2005年10月，巴西马托格罗索地区的O型口蹄疫发生可能与亚马逊河地区的口蹄疫有关。2005年，巴西共发生O型口蹄疫43起、A型口蹄疫2起。目前，智利、圭亚那、阿根廷巴塔哥尼亚地区、秘鲁南部和中部地区、哥伦比亚乌拉瓦地区已获得"非免疫无口蹄疫"地位。另外，大部分其他南美家畜生产地区也获得了"免疫无口蹄疫"地位。

（郭建宏）

第三节 口蹄疫的危害

在数百年的广泛流行中，口蹄疫给世界各国带来了巨大的损失，全世界每年因此病造成的直接经济损失高达数百亿美元。口蹄疫暴发可使农场破产，发病地区和国家的畜牧业乃至整个国民经济遭受巨大打击。

口蹄疫造成的经济损失由直接损失和间接损失两部分构成。直接损失包括病畜死亡、生产能力下降（平均丧失生产能力30%）造成的损失和扑灭疫情财政支出。直接损失的大小与疫情发现早晚和采取什么样的措施有关。1967—1968年，英国暴发口蹄疫，政府采取扑灭措施，直接经济损失为5千万美元（当时币值）。间接损失包括口蹄疫对国内外畜产品市场和相关产业的影响，以及取得和维持无口蹄疫国家或地区地位的费用。间接损失比直接损失要大得多，往往是直接损失的数十倍至数百倍。Krystnak（1987）披露了1951年加拿大发生口蹄疫时政府的支出情况：扑灭疫情花费100万加元，维持市场牛价补贴7 000万加元，疫情暴发后3个月内存栏家畜降值6.54亿加元。在全球经济一体化程度极大提高的今天，发生口蹄疫，其经济损失远不止这个数字了。1997年，中国台湾地区在享受了多年无口蹄疫地区地位后，暴发了猪口蹄疫。疫情波及6 000个养猪场，紧急处理病猪和易感动物400万头，并实行强制疫苗接种等措施，直接损失不超过10亿美元。但间接损失十分惊人：日本停止当年进口猪肉订单14.3亿美元，第一大农业产业养猪业及相关产业倒闭，国民生产总值下降1.4个百分点，70万人失业，总损失达80亿美元。2000年，韩国、日本相继暴发猪、牛、羊O型口蹄疫，经济损失达20亿美元。2001年2月，英国结束了自1968年以来33年无大规模流行的历史，暴发了全国性口蹄疫，并迅速波及法国、荷兰、爱尔兰、苏格兰等地，当时发病动物仅有4 500头，但紧急处理动物多达450万头，这次口蹄疫暴发给英国造成直接经济损失27亿英镑，有人估计间接经济损失达200亿英镑，相当于英国国内生产总值的2.5%。Blackwell（1984）曾引用一个经济分析报告称：如果畜牧业十分发达的美国发生口蹄疫，当年的直接损失和间接损失将分别是40亿和400亿美元。

中国是世界上猪、牛、羊养殖大国，据国家统计局数据，2013年，中国肉类总产量为8 535万t，居世界第一位；奶类总产量3 650万t，居世界第三位；猪、牛、羊和奶牛年末存栏量分别为4.74亿头、1.04亿头、2.9亿只和1 441万头。如果口蹄疫传入中国并发生流行，除口蹄疫本身引起的动物高发病率和死亡、种畜失去种用价值、患病期间肉和奶生产量降低、国家财政拨付大量资金补贴宰杀疫区动物、发病地区的畜牧业面临崩溃的危险外，还会引起其他间接损失，包括对肉品加工业、冷冻冷藏业、饲料业、轻纺业、皮革加工业、油脂加工业等相关产业造成巨大冲击，餐饮、乳品、化学、药品、饮料、香料、运输、外贸等150种行业的发展将受到影响。由此引起的畜牧业停滞、企业破产、相关产业受到冲击会造成大批工人失业。同时，还会因扑杀并销毁动物，导致肉类短缺，引起社会不安，生活秩序紊乱。口蹄疫已成为动物及其产品国际贸易的主要障碍，一旦发生口蹄疫，许多国家将对中国的动物及其产品的进口实施限制和禁运、退运、销毁，从而影响正常的国际贸易。如果口蹄疫病毒扩散到野生动物，将对生态平衡产生影响。总之，一旦发生大面积的口蹄疫流行，对中国在经济政治社会的影响比全世界任何一个国家都严重。

口蹄疫造成的经济损失的大小，以及直接和间接损失之间的相互关系，都与一个国家和地区的农业经济状况和扑灭控制疫情的措施有关。一般来说，畜牧业越发达，外销量越大，总损失越大。疫情控制扑灭措施越严格，直接损失会增大，但间接损失和长期影响会变小。其间的利弊关系，投入与产出比例需经济专家进行科学分析。

（郭建宏）

第四节　口蹄疫研究科技进程

一、国外口蹄疫研究主要进展

（一）1897年确定病原因子

1897年Loeffler和Frosch发表了有关口蹄疫研究里程碑式的文章，确定口蹄疫是由滤过性病原因子引起的，并能被康复动物的血清"中和"。病原因子的确定不仅对口蹄疫研究具有历史性的重大意义，更因为它是第一个被发现的动物病毒。

（二）1920—1951年间建立口蹄疫病毒实验室感染动物模型

证实豚鼠能被口蹄疫病毒试验性感染，豚鼠的病损类似于自然易感动物。此外，可用于疫苗的检验，制备高免血清供血清学试验。1951年Skinner发现，吮乳小鼠（乳鼠）接种病毒后也能被感染，并在滴定病毒时与牛一样灵敏。口蹄疫实验动物模型的建立，具有特别重要的意义，直至今日有些实验室还用其分离病毒和进行疫苗效力试验。

（三）1922—1954年间对病毒抗原性变异的研究

最早于1920年发现口蹄疫病毒有O、A、C三个血清型，后来发现在这些血清型内还存在着显著的变异。1946—1954年，墨西哥口蹄疫大暴发中发现了一个问题，即用1932年从英国分离的A型口蹄疫病毒制备的非常有效的疫苗对此次墨西哥流行的A型疫情却无效，20世纪50年代大规模用于西欧的O型口蹄疫疫苗对南美洲的O型疫情也是无效的。这些观察研究的结果导致了准种理论的产生。1948年，Pirbright实验室报告发现了口蹄疫病毒的三个南非血清型，即SAT1、SAT2和SAT3。1954年又发现Asia1型，显示口蹄疫病毒具有多样性。应用分子生物学核酸序列分析，有可能准确追踪病毒毒株在不同国家之间迁移的轨迹。2001年英国暴发O型口蹄疫时就对病毒的迁移进行了分析研究。这类信息资料将有助于全球口蹄疫的防控。

（四）抗口蹄疫疫苗的研制与应用

自从确定口蹄疫是由病毒引起的，人们的研究目标就是参照Pasteur和Koch在炭疽、狂犬病等疫病上卓有成效的免疫学研究结果，进行抗口蹄疫疫苗的研究。但关于研制口蹄疫疫苗的报道直到1925年才发表，Vallee、Carre和Rinjard报告，感染了病毒的犊牛上皮组织经甲醛处理可产生抗病毒攻击的保护作用。德国Waldmann等人应用该方法研制疫苗，并在灭活病毒中加入氢氧化铝作为佐剂。1948年，Rosenbusch等人用这种方法研制的疫苗对阿根廷200万头牛和约10万头绵羊成功地进行了免疫接种，但免疫接种的猪未获得满意结果。1947年，Frenkel证实口蹄疫病毒能在牛舌上皮细胞中生长，增殖的病毒数量足可以满足大规模计划免疫接种的需要。1952年，抗口蹄疫的全面免疫接种得以首次实施。在荷兰、法国和德国实施Frenkel疫苗免疫计划后，效果十分显著（图1-2）。用猪肾或幼仓鼠肾单层或悬浮培养细胞系替代舌上皮，生产的病毒数量足以提供每年万亿剂量的疫苗。

20世纪50年代中期开始进行口蹄疫免疫接种，用甲醛灭活病毒引发了一些意外事故。1948年，Moosbrugger首先质疑，他认为甲醛不能完全灭活口蹄疫病毒，后来

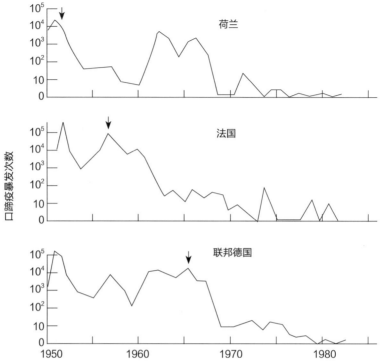

图 1-2　群体免疫接种对西欧三国口蹄疫暴发次数的影响（箭头表示免疫接种开始时间）

（引自《口蹄疫现状与未来》.朱彩珠，张强，卢永干，译.）

Wesslen和Dinter（1957），Graves（1963）和Brown（1963）也证实了这一观点。虽然当时有了这些证据，但甲醛仍然继续用于疫苗生产，直到证实1981年暴发的口蹄疫与疫苗灭活不彻底有关。对西欧1970—1980年分离的病毒进行分子生物学分析，更进一步证实了甲醛作为口蹄疫病毒的灭活剂是不可靠的。

20世纪60年代，Wellcome实验室（Pirbright）用N–乙酰基乙烯亚胺灭活病毒，该试剂及其他亚胺类已成为20世纪80年代以来用于口蹄疫疫苗生产的唯一一类灭活剂。Broo等对亚胺灭活病毒的作用原理进行研究，亚胺主要作用于RNA病毒的核酸，对病毒蛋白的作用不大。Brown和Crick研究证实，感染性病毒粒子经适当灭活，可诱导产生高水平的保护性中和抗体，而在超速离心后不沉积的成分不具有这种特性。后来的研究结果表明，病毒空衣壳可诱导产生保护水平的中和抗体，开启了可能利用不含感染性成分的病毒粒子制备疫苗的设想。

弱毒疫苗的研究。20世纪20年代和50年代分别成功研制出黄热病和小儿麻痹症（脊髓灰质炎）弱毒疫苗，从此，为研制相似的口蹄疫弱毒疫苗也作了许多尝试。根据经验将病毒通过外界宿主，例如，1日龄鸡、鸡胚、幼兔或鼠连续传代致弱。令人遗憾的是，这种病毒存在安全隐患，从而未扩大使用规模。

（五）分子生物学研究

1931—1935年早期分子生物学研究。第一个分子水平的研究是Elford和Galloway（1931）发表的关于感染性口蹄疫病毒粒子大小的论文，他们利用Gradocol膜滤过，计算病毒粒子的大小在8~12nm范围内，随后应用更复杂的蔗糖梯度离心的级分研究证明，病毒收获物中至少含有四种成分（表1-1）。

表1-1　口蹄疫病毒抗原组成

组成部分	沉降系数	构成
病毒粒子	146S	1分子ssRNA（$Mr = 2.6 \times 10^6$），各60个拷贝VP1~3（$Mr\ c.24 \times 10^3$），60个拷贝VP4（$Mr\ c.8 \times 10^3$）
中空粒子	75S	VP0[a]，VP1和VP3各60个拷贝
蛋白亚单位	12S	VP1~3五聚体
病毒感染相关抗原	3.8S	RNA聚合酶（$Mr\ c.56 \times 10^3$）

注：a. VP0由VP4和VP2共价连接构成。

20世纪50年代中期后，进行了大量的口蹄疫病毒分子生物学研究。Bachrach在美国、Bradish在英国分别应用电镜研究揭示，病毒是球形的，大小如脊髓灰质炎病毒。时隔不久，Wistar研究所证实脊髓灰质炎病毒含感染性RNA，英国Pirbright实验室的Brown，以及德国Tubingen实验室的Strohmaier也分别在口蹄疫病毒上得出了相似的结果。1963年获得了纯口蹄疫病毒粒子，并确定了它的特性及与病毒收获物中其他成分的关系。后来发现口蹄疫病毒在其RNA的5′末端附近有一段聚胞嘧啶核苷酸序列。脑心肌炎病毒也含有相似的序列，但其他病毒RNA都没有这样的序列。口蹄疫病毒的感染性及其病毒粒子自身在56℃加热或者pH低于7.0时就迅速丧失。利用放射性标记的纯病毒粒子进行细致研究分析，构成病毒衣壳的四种结构蛋白可转换成一个12S颗粒，是由VP1、VP2和VP3组成的五聚体。聚集的VP4可看作第4种结构蛋白。RNA是感染性成分。还隐藏有一拷贝蛋白，它构成RNA聚合酶，紧密地贴附于RNA。病毒粒子在pH7.0以下呈现不稳定的特性是pH的降低破坏了相邻五聚体之间的联系。Acharya等发现，在VP2和VP3之间的分界面上有高密度组氨酸残基，Twomey等鉴别了这类组氨酸中的两个，VP3~141和VP3~144。

口蹄疫病毒分子生物学研究促进了新型疫苗的研究。O型口蹄疫病毒经胰酶处理后，免疫原性降低至1%左右，四种衣壳蛋白中仅VP1被分解，该研究结果预示可利用非感染性的病毒颗粒制备疫苗。Laporte等证实VP1是唯一可诱导产生中和抗体的蛋白，利用大肠杆菌和其他表达系统表达这种蛋白，但无一具有良好的免疫原性。这个结果并不意外，因为在适当（温和）条件下（病毒裂解）形成的12S颗粒，也只具有微弱的免疫原性，虽然它是完整无缺的VP1，显然蛋白的构型十分重要。表达衣壳蛋白的整个区段则可获得强得多的中和抗体应答。病毒的空衣壳与灭活病毒颗粒一样诱导免疫应答。应用大肠杆菌、痘苗病毒、杆状病毒和人腺病毒Ⅴ型表达系统对VP1进行表达，腺病毒的靶标部位是上呼吸道和胃肠道，可诱导产生局部黏膜免疫应答，因此优于其他表达系统。还可将其他基因与VP1基因共同表达以获得更好的保护效果。

对肽的研究探索。大量研究表明，口蹄疫病毒VP1具有重要的免疫作用。Strohmaier等分析了经蛋白水解酶或溴化氰裂解的蛋白片段，并由此断定其免疫活性在氨基酸146～154和200～213两个区段。口蹄疫病毒高度易变，氨基酸序列不同，其抗原性就有差异。VP4中98%的序列是保守的，VP3和VP2中90%的序列是保守的，VP1中80%的序列是保守的。重要的易变序列主要出现在VP1的三个位点，即42～61，131～160和193～204区段。Geysen等（1984）报道，氨基酸序列146～152为潜在的免疫原性位点。大量的对VP1的研究工作表明，141～160肽段似乎包含大部分免疫原性位点，美国联合生物医药公司（UBI）用表达的肽段免疫猪取得成功。

表1-2是按年代顺序排列，在口蹄疫研究历史进程中可作为里程碑的事件和成就。

表1-2 口蹄疫研究历史上的里程碑

年份	成就
1546	描述（记载）口蹄疫（Fracastorius）
1897	确认病原因子（Loeffler 和 Frosch）；首例由病毒（口蹄疫病毒）引发的动物疫病
1920	证实豚鼠对口蹄疫病毒易感；第一种被用于口蹄疫研究的实验小动物（Waldmann 和 Pape）
1922—1926	确认口蹄疫病毒三个截然不同的血清型，O、A、C（Vallee 和 Carre, Waldmann 和 Trautwein）
1925	第一次抗口蹄疫免疫接种（Vallee 等）
1927	确认血清型内的抗原性变异（Bedson, Waldmann 和 Trautwein）
1930	在动物体外培养病毒（Hecke, Maitland 和 Maitland）
1931	第一次计算病毒的大小（Galloway 和 Elford）
1947	用舌组织块大规模培养病毒，可能实现畜群免疫接种（Frenkel，1949）
1948	确认南部非洲有与已知 O、A、C 不同的三个血清型（Galloway 等，1948）
1948	在阿根廷免疫接种 2×10^6 头动物（Rosenbusch 等）

（续）

年份	成　　就
1951	利用吮乳小白鼠（乳鼠）作为实验动物（Skinner，1951）
1952	利用体外培养病毒开始在荷兰大规模免疫接种
1954	确认第七个血清型，Asia1 型（Brooksby，1958）
1958	用电子显微镜观察研究病毒〔Bachrach 和 Breese，（Bradish 和 Brooksby，1960）〕
1958	明确 146S 颗粒的免疫作用（Brown 和 Crick，1959）；分离病毒的感染性核酸（Brown 等，1958）
1959	从带毒动物中分离出病毒（van Bekkum 等，1966）
1962—1964	用细胞系培养病毒（Capstick 等，1962；Mowat 和 Chapman，1962）
1963	提纯病毒粒子（Bachrach 和 Breese，1958；Brown 和 Cartwright，1963）
1965	证实病毒毒株之间的重组（Pringle，1965）
1966	用血清学方法确认病毒的聚合酶（Cowan 和 Graves，1966）
1969	测定病毒蛋白的成分（Wild 等，1969）
1973	证实单个分离的蛋白诱导产生中和抗体（Laporte 等，1973）
1977	绘制病毒基因组生化图谱（Sangar 等，1976）
1978	发现病毒自身的病毒 RNA 聚合酶（Denoya 等，1978）
1981	免疫原性蛋白在大肠杆菌中的表达（Kleid 等，1981）
1982	化学合成可形成保护应答的肽（Bittle 等，1982；Pfaff 等，1982）
1984	病毒粒子的第一次结晶（Fox 等，1987）
1989	2.9Å 分辨率下对病毒进行结构分析（Acharya 等，1989）
1990	发现感染性 cDNA（Zibert 等，1990）
1996—2003	确认易感细胞上的受体（Duque 和 Baxt，2003；Jackson 等，2003）
2005—2008	确认整联蛋白受体网格蛋白（clathrin）和硫酸乙酰肝素（HS）受体介导小窝蛋白（caveola）内吞（Berryman 等，2005；O'Donnell 等，2008）

二、中国口蹄疫研究主要进展

（一）分子流行病学研究与应用

1982年，中国开始了口蹄疫病毒主要抗原蛋白VP1基因的克隆与序列分析。20世纪90年代初建立了以核酸序列分析为核心的分子流行病学方法，建立了中国口蹄疫病毒O型、A型、Asia1型、猪水疱病毒及猪瘟病毒的系统发生关系树，基本查清了中国口蹄疫的来龙去脉，搞清了病毒之间的亲缘关系，建立的毒株认定和毒株间关系确定技术，对于深入开展口蹄疫和其他动物疫病病原学研究、发展防治技术产品、制定防控措施产生了广泛而深刻的影响。

应用分子流行病学技术分析表明，2005年以来引起中国口蹄疫流行的毒株均来自于境外，与中国历史毒株无直接遗传衍化关系。2005年，Asia1型GV群毒株（国家口蹄疫参考实验室命名为江苏05毒株）引起全国性口蹄疫大流行，该毒株与印度1980年前后流行的毒株（如IND/18/1980，IND/15/1981等）之间遗传关系非常密切，同源性在98%以上，属境外传入毒株。Asia1型江苏05毒株经过5年的流行，疫情次数逐年降低，防控效果明显。2009年年初，中国湖北、上海等地区突现A型口蹄疫疫情，通过分子流行病学研究证实该A型毒株（代表毒株A/WH/2009毒株）与2006—2009年东南亚等国家流行的A型毒株（A/Sea-97毒株）遗传关系密切，如与老挝2006年分离株同源性为95%，与马来西亚2006、2008年分离株同源性为96%，与泰国2007、2008年的分离株同源性高达98%以上，与越南2009年初的毒株同源性在99%以上属高度同源，而与中国历史毒株同源性在78%左右。表明A/WH/2009来源于东南亚国家。2010年，常年流行于东南亚国家的O型SEA拓扑型Mya-98毒株在中国广东省首次报道引发疫情，中国及时向世界动物卫生组织通报了该O型疫情，经国家口蹄疫参考实验室研究证实，该毒株源于东南亚等国家，这一结论与世界口蹄疫参考实验室研究结果一致，并明确了2010年以来引起中国、韩国、日本、俄罗斯、朝鲜等国家O型口蹄疫疫情的毒株均来自于东南亚国家。2013年，时隔2年零8个月，中国广东茂名再次发生猪A型口蹄疫疫情，代表毒株是A/GDMM/2013，该毒株与中国20世纪60年代历史流行毒株同源性为77%左右，与2009—2010年中国A型毒株同源性为90%左右，后经查明A/GDMM/2013毒株与2011—2012年泰国、越南A型毒株同源性为97.4%～99.2%，属高度同源，证实了中国2013—2014年流行的A型毒株属再次从东南亚国家传入的新毒株。这些研究结果为防控对策制定和防治产品研发提供了科学依据。

（二）口蹄疫病毒的感染与致病机理研究

对自然流行病毒进行田间监测发现，来自牛体的大部分口蹄疫病毒，其3A基因不缺失，而来自猪体的病毒3A基因几乎都缺失。同时实验室跨种传代研究，证实3A基因是牛源口蹄疫病毒向猪体适应性变异的分子标志，3A基因与病毒的宿主嗜性有关，这为认识口蹄疫病毒的自然衍化规律提供了新的线索。在测定和分析口蹄疫O、A、Asia1型病毒株全基因组序列的基础上，发现引发1999年口蹄疫大流行毒株的3B基因的第4位密码子与其他O型病毒不同，参与病毒复制的氨基酸发生了改变，有利于病毒的复制。这一发现找到了1999年口蹄疫猖獗流行的分子依据。研究还发现，口蹄疫病毒BHK细胞高代适应毒株除利用已知的两类细胞受体之外，可能还利用另一类未知的受体感染细胞，这一结果拓展了对口蹄疫病毒的受体认识和视野。

（三）反向遗传学技术研究及其应用

反向遗传学技术作为一项新技术，目前已广泛应用于生命科学的多个研究领域。该项技术针对生物的遗传物质进行操作，以阐述生物体发生和发展的本质规律。RNA病毒研究更需得益于此项技术，其核心是构建感染性克隆，目前国际上仅有为数不多的动物病毒成功构建了感染性克隆。口蹄疫病毒基因组中有一poly（C）片段，该片段从基因组上无法拷贝获得。2004年，中国农业科学院兰州兽医研究所研究人员人为引入了poly（C）片段，在国内率先构建了口蹄疫病毒的全长感染性cDNA克隆，获得了基因工程病毒，研究报告被《Virus Research》录用，《科学时报》在前沿版登载了题为"我国学者成功构建感染性口蹄疫病毒粒子"的报道，赶上了世界反向遗传学研究的步伐。随后，中国农业科学院兰州兽医研究所郑海学等建立了多种自主知识产权的动物RNA病毒真核反向遗传单质粒拯救系统，不仅可以直接在细胞上拯救病毒，还可以直接在模型动物、宿主动物体内拯救病毒，大大提升了口蹄疫病毒拯救系统的便捷性和效率。利用该拯救系统，开展了系列口蹄疫基础研究工作，阐明口蹄疫病毒抗原、毒力和宿主嗜性等变异的分子基础。

利用反向遗传操作技术构建疫苗种毒及成功研制疫苗，解决了田间毒株产量低、抗原不稳定、不适作为种毒的难题，显著提高了抗原产量。将Re-A/WH/09与Asia1型和O型疫苗种毒组合，研制出口蹄疫三价灭活疫苗，并实现了产业化，这是国内外第一例口蹄疫反向遗传构建毒株产业化生产，取得了重大的社会和经济效益。通过提升种毒性能，创新了口蹄疫疫苗种毒技术，解决了由于田间流行毒株自然属性导致的一些问题。病毒自然属性导致筛选出的种毒制备的常规疫苗存在系列问题：① 应答晚，持续期短，影响田间防控效果；② 抗原含有免疫抑制成分，影响免疫应答和效力；③ 难以区分免疫与感染，困扰疫情净化；④ 以强毒株为种毒存在安全隐患。以口蹄疫病毒免疫和致病机制为理论指导，中国农业科学院兰州兽医研究所研究人员通过进一步改良种毒来改善疫苗。降低和消除种毒致病性，消除了种毒安全隐患；拓宽抗原谱，提高了稳定性和抗原免疫原性；消除蛋白对宿主免疫的抑制，改善了免疫应答；开发缺失表位标识疫苗毒株，彻底解决了难以区分疫苗免疫与野毒感染等技术难题。从"种毒"这一源头克服常规疫苗种毒的技术缺陷，优化种毒的性状，显著提高免疫效力，并实现疫苗产业化。

（四）诊断技术研究

中国开展口蹄疫诊断技术研究始于20世纪50年代末期。相继发展了乳鼠（或敏感细胞培养物）病毒分离方法、中和试验、琼脂扩散试验、补体结合试验，反向血凝试验等多种病原学和血清学诊断技术。随着口蹄疫疫苗的推广应用，抗体检测技术得到了迅速发展，先后建立了结构蛋白抗体、VP1蛋白抗体及非结构蛋白抗体检测ELISA方法，从间接法、阻断法到竞争法，从液相法、固相法到金标法，口蹄疫抗体检测技术经历了从定性到定量，从实验室到现场快速检验这一发展过程，为动物群体免疫效果评价、免疫与感染鉴别提供了强有力的手段。近年，随着分子生物学技术的进步，一些口蹄疫新型诊断技术应运而生，尤其是基于PCR技术的口蹄疫分子诊断方法不断被发展和改进，从常规RT-PCR到多重RT-PCR、定型RT-PCR、荧光定量RT-PCR再到荧光定量分型PCR，不断提高了口蹄疫分子诊断方法的灵敏性、特异性、稳定性及简便快捷的性能。

1. 病原学诊断技术　1980—1983年建立了鉴定O、A、C、Asia1型口蹄疫与猪水疱病的反向间接血凝试验，用于病毒型别的诊断，并成功地向全国推广应用。基于微量细胞中和试验的r值测定技术是分析流行毒与疫苗毒抗原关系，进行疫苗种毒筛选的一项重要指标，时至今日仍在广泛应用。近年来，成功研制了与国际标准接轨的间接夹心ELISA方法，可用于口蹄疫和猪水疱病的抗原定型检测。由国家口蹄疫参考实验室研制的定型诊断胶体金试纸条已开始推广应用。

2. 血清抗体检测技术　中国早期建立的O型正向间接血凝试验因操作简便、试剂价格低廉，已应用近三十年，近年逐渐被新方法取代。2006年，国家口蹄疫参考实验室研制成功了世界动物卫生组织推荐的液相阻断ELISA方法并获得国家新兽药证书，该法可准确、灵敏地测定O型、Asia1型和A型抗体，在全国推广应用，在此基础上又建立了固相竞争ELISA方法。

动物免疫与自然感染鉴别诊断是血清流行病学调查和疫情监测的一项重要技术。国家口蹄疫参考实验室在国内率先建立了检测3ABC抗体的间接ELISA方法，并组装了试剂盒，技术指标达到或超过了国外同类技术产品，此后又建立了基于五种非结构蛋白抗体检测的斑点免疫印迹方法，2C-3AB抗体检测试纸条以及基于2B-3AB单抗的竞争ELISA方法。

3. 分子诊断技术　分子生物学技术的进步，推动了新型分子诊断技术的发展和应用。针对常规RT-PCR检出率低，重复性较差的问题，研制成功了可以同时扩增口蹄疫病毒多个基因片段的多重RT-PCR试剂盒，明显提高了检出率，使得OP液带毒动物的筛查更准确和有效。建立的定型RT-PCR可准确鉴别O、A、C和Asia1型口蹄疫病毒。为了实现对低微含毒量病料的快速诊断，建立了荧光定量RT-PCR方法，该法具有检测灵敏度高，特异性好，结果重现性好，检测时间短（可在3～5h内完成检测）的特点，达到了快速诊断的要求。在此基础上发展的荧光定量PCR定型诊断方法，可以区分O、A和Asia1型三个血清型。

（五）免疫技术研究

早在1958年，中国就开始了口蹄疫结晶紫甘油灭活疫苗的研究，并在同一时期开始了O型、Asia1型和A型口蹄疫病毒弱毒的培育工作，分别在鼠、兔和鸡胚上进行了病毒致弱的研究。其中O/Aks58牛舌皮毒的乳鼠传代致弱毒（OMII）用于制造活疫苗，于1960年进行区域性试验，1963年开始在全国6省推广应用。先后开展的其他疫苗研究项目还有：兔组织氢氧化铝甲醛灭活疫苗、O型和A型组织培养弱毒活疫苗、猪O型口蹄疫AEI 30℃灭活苗、猪O型口蹄疫温度敏感株活疫苗、O-A双价组织培养活疫苗、猪口蹄疫与猪水疱病灭活联苗、弱毒灭活苗等。1986年，中国研制成功"猪口蹄疫O型组织培养BEI灭活油佐剂疫苗"，在全国范围内推广应用，该成果于1987年荣获国家科技进步二等奖。随后，中国又相继研制成功了高效"牛口蹄疫O型、A型双价灭活疫苗""口蹄疫A型灭活疫苗（AF72株）""口蹄疫病毒O型、亚洲Ⅰ型二价灭活疫苗（ONXC-92＋AKT-03株）""口蹄疫亚洲Ⅰ型灭活疫苗（AKT03株）""口蹄疫O型、A型、亚洲Ⅰ型三价灭活疫苗（O/HB/HK/99株＋AF/72株＋Asia-Ⅰ/XJ/KLMY/04株）""口蹄疫O型、亚洲Ⅰ型和A型三价灭活疫苗（O/MYA98/BY2010株＋Asia1/JSL/ZK/06株＋Re-A/WH/09株）""猪口蹄疫O型灭活疫苗（O/MYA98/2010株）"等系列疫苗产品，均对易感动物安全，免疫效力达到或超过了国际通用标准。

口蹄疫基因工程疫苗的研究也一直是中国口蹄疫工作者关注的一项重要内容。2006年，由复旦大学、上海市农业科学院、浙江省农业科学院和中国农业科学院兰州兽医研究所经过近20年研究，共同研制的口蹄疫合成肽疫苗"抗猪O型口蹄疫基因工程疫苗"获得成功，并获得农业部颁发的一类"新兽药注册证书"。中国国家口蹄疫参考实验室在口蹄疫DNA疫苗研究，利用家蚕杆状病毒表达体系研制口蹄疫系列化空衣壳疫苗，基于口蹄疫病毒反向遗传系统的疫苗研究，转基因植物口蹄疫分子疫苗、标记疫苗、口蹄疫复合表位蛋白疫苗、亚单位疫苗等方面的研究形成了技术优势，这些技术平台的建立为口蹄疫等重要疫病分子疫苗的研制奠定了坚实的基础。

（六）疫情预警测报系统的建设

疫病预警技术是在环境科学、病原生态学、流行病学、病原监测技术、数学和计算机模拟技术的基础上逐渐发展起来的新技术，主要目的是掌握疫病发生发展规律、预测疫病的流行趋势、及时对疫病的发生做出预警预报，使防疫工作更加有的放矢，变被动制疫为主动防疫。中国农业科学院兰州兽医研究所国家口蹄疫参考实验室在前人工作的基础上，结合当前的形势，建立了口蹄疫、猪水疱病分子流行病学监测技术体系，建立了国内口蹄疫毒种库及国内外流行毒序列数据库和相应的查询系统，一旦有新毒株出现，可迅速定位，为防控措施的制定提供科学依据；初步建立了家畜及野生动物感染、免疫状况实时监测与评估技术体系；开发出了疫情信息空间管理系统及其数据库，形成集管理、分析预测和流行规律研究于一体的多功能信息平台。

（七）防控策略

对于口蹄疫的控制与根除，依据不同的国情和经济实力，目前国际上可归纳为两种模式，经济发达、已消灭了口蹄疫的国家大多采取强制扑杀、控制移动和疫情监测的果断扑灭根除策略，其余均采用以灭活疫苗计划免疫为主和扑杀相结合的温和措施。中国实行免疫控制策略，采用以免疫预防为主的综合防制措施，建立了从饲养、加工、流通到贸易等各环节的动物疫病监控制度，建立了免疫标识、疫情测报、疫情追溯、实验室生物安全等一系列的管理制度。

（郭建宏）

参考文献

埃斯特班·多明戈，弗朗西斯科·索布林那 . 2004. 口蹄疫现状与未来 [M]. 朱彩珠，张强，卢永干，译 . 北京：中国农业科学技术出版社 .

谢庆阁 . 2004. 口蹄疫 [M]. 北京：中国农业出版社 .

Acharya R, Fry E, Stuart D, et al. 1989. The three-dimensional structure of foot-and-mouth disease virus at 2.9 A resolution[J]. Nature, 337(6209): 709－716.

Aggarwal N, Barnett P V. 2002. Antigenic sites of foot-and-mouth disease virus (FMDV): an analysis of the specificities of anti-FMDV antibodies after vaccination of naturally susceptible host species[J]. Journal of General Virology, 83: 775－782.

Ahmed H A, Salem S A, Habashi A R, et al. 2012. Emergence of foot-and-mouth disease virus SAT 2 in Egypt during 2012[J]. TransboundEmerg Dis, 59(6): 476－481.

Alexandersen S, Brotherhood I, Donaldson A I. 2002. Natural aerosol transmission of foot-and-mouth disease virus to pigs: minimal infectious dose for strain O1 Lausanne[J]. Epidemiol Infect, 128(2): 301－312.

Alexandersen S, Kitching R P, Mansley L M, et al. 2003. Clinical and laboratory investigations of five outbreaks of foot-and-mouth disease during the 2001 epidemic in the United Kingdom[J]. Vet Rec, 152(16): 489－496.

Alexandersen S, Quan M, Murphy C, et al. 2003. Studies of quantitative parameters of virus excretion and transmission in pigs and cattle experimentally infected with foot-and-mouth disease virus[J]. J Comp Pathol, 129(4): 268－282.

Alexandersen S, Zhang Z, Donaldson A I. 2002. Aspects of the persistence of foot-and-mouth disease virus in animals--the carrier problem[J]. Microbes Infect, 4(10): 1099－1110.

Alexandersen S, Zhang Z, Donaldson A I, et al. 2003. The pathogenesis and diagnosis of foot-and-mouth disease[J]. J Comp Pathol, 129(1): 1－36.

Alexandersen S, Zhang Z, Reid S M, et al. 2002. Quantities of infectious virus and viral RNA recovered from sheep and cattle experimentally infected with foot-and-mouth disease virus O UK 2001 [J]. J Gen Virol, 83(Pt8): 1915－1923.

Armstrong R, Davie J, Hedger R S. 1967. Foot-and-mouth disease in man[J]. Br Med J, 4(5578): 529－530.

Bachrach H L, Breese S S, JR. 1958. Purification and electron microscopy of foot-and-mouth disease virus[J]. Proc Soc Exp Biol Med, 97(3): 659－665.

Bahnemann H G. 1975. Binary ethylenimine as an inactivant for foot-and-mouth disease virus and its application for vaccine production[J]. Arch Virol, 47(1): 47－56.

Bao H F, Li D, Guo J H, et al. 2008. A highly sensitive and specific multiplex RT-PCR to detect foot-and-mouth disease virus in tissue and food samples[J]. Arch Virol, 153(1): 205－209.

Bauer K. 1997. Foot- and-mouth disease as zoonosis[J]. Arch Virol Suppl, 13: 95－97.

Beck E, Strohmaier K. 1987. Subtyping of European foot-and-mouth disease virus strains by nucleotide sequence determination[J]. J Virol, 61(5): 1621－1629.

Berryman S, Clark S, Monaghan P, et al. 2005. Early events in integrin alphavbeta6-mediated cell entry of foot-and-mouth disease virus[J]. J Virol, 79(13): 8519－8534.

Bittle J L, Houghten R A, Alexander H, et al. 1982. Protection against foot-and-mouth disease by immunization with a chemically synthesized peptide predicted from the viral nucleotide sequence[J]. Nature, 298(5869): 30－33.

Blackwell J H. 1984. Foreign animal disease agent survival in animal products: recent developments[J]. J Am Vet Med Assoc, 184(6): 674－679.

Bradish C J, Brooksby J B. 1960. Complement-fixation studies of the specificity of the interactions between components of the virus system of foot-and-mouth disease and its antibodies [J]. J Gen Microbiol, 22: 405－415.

Broo K, Wei J, Marshall D, et al. 2001. Viral capsid mobility: a dynamic conduit for inactivation[J]. Proc Natl Acad Sci U S A, 98(5): 2274－2277.

Brooksby J B. 1958. The virus of foot-and-mouth disease[J]. Adv Virus Res, 5: 1－37.

Brooksby J B. 1982. Portraits of viruses: foot-and-mouth disease virus[J]. Intervirology, 18(1－2): 1－23.

Brown F. 2001. Inactivation of viruses by aziridines[J]. Vaccine, 20(3–4): 322–327.

Brown F, Cartwright B. 1963. Purification of Radioactive Foot-and-Mouth Disease Virus[J]. Nature, 199: 1168–1170.

Brown F, Crick J. 1959. Application of agar-gel diffusion analysis to a study of the antigenic structure of inactivated vaccines prepared from the virus of foot-and-mouth disease[J]. J Immunol, 82(5): 444–447.

Brown F, Sellers R F, Stewart D L. 1958. Infectivity of ribonucleic acid from mice and tissue culture infected with the virus of foot-and-mouth disease[J]. Nature, 182(4634): 535–536.

Cao Y, Lu Z, Li D, et al. 2014. Evaluation of cross-protection against three topotypes of serotype O foot-and-mouth disease virus in pigs vaccinated with multi-epitope protein vaccine incorporated with poly(I: C) [J]. Vet Microbiol, 168(2–4): 294–301.

Cao Y, Lu Z, Li Y, et al. 2013. Poly(I: C) combined with multi-epitope protein vaccine completely protects against virulent foot-and-mouth disease virus challenge in pigs[J]. Antiviral Res, 97(2): 145–153.

Capstick P B, Telling R C, Chapman W G, et al. 1962. Growth of a cloned strain of hamster kidney cells in suspended cultures and their susceptibility to the virus of foot-and-mouth disease[J]. Nature, 195: 1163–1164.

Cassagne M H. 2002. Managing compensation for economic losses in areas surrounding foot and mouth disease outbreaks: the response of France[J]. Rev Sci Tech, 21(3): 823–829, 815–822.

Cowan K M, Graves J H. 1966. A third antigenic component associated with foot-and-mouth disease infection [J]. Virology, 30(3): 528–540.

De Klerk P F. 2002. Carcass disposal: lessons from The Netherlands after the foot and mouth disease outbreak of 2001[J]. Rev Sci Tech, 21(3): 789–796.

Denoya C D, Scodeller E A, Vasquez C, et al. 1978. Foot and mouth disease virus. II . Endoribonuclease activity within purified virions[J]. Virology, 89(1): 67–74.

Domingo E, Escarmis C, Baranowski E, et al. 2003. Evolution of foot-and-mouth disease virus[J]. Virus Res, 91(1): 47–63.

Donaldson A, Knowles N. 2001. Foot-and-mouth disease in man[J]. Vet Rec, 148(10): 319.

Donaldson A I, Alexandersen S. 2001. Relative resistance of pigs to infection by natural aerosols of FMD virus[J]. Vet Rec, 148(19): 600–602.

Donaldson A I, Ferris N P, Wells G A. 1984. Experimental foot-and-mouth disease in fattening pigs, sows and piglets in relation to outbreaks in the field[J]. Vet Rec, 115(20): 509–512.

Donaldson A I, gibson C F, oliver R, et al. 1987. Infection of cattle by airborne foot-and-mouth disease virus: minimal doses with O1 and SAT 2 strains[J]. Res Vet Sci, 43(3): 339–346.

Duque H, baxt b. 2003. Foot-and-mouth disease virus receptors: comparison of bovine alpha(V) integrin utilization by type A and O viruses[J]. J Virol, 77(4): 2500－2511.

Fox G, stuart D, acharya K R, et al. 1987. Crystallization and preliminary X-ray diffraction analysis of foot-and-mouth disease virus[J]. J Mol Biol, 196(3): 591－597.

Francis M J, BLACK L. 1983. Antibody response in pig nasal fluid and serum following foot-and-mouth disease infection or vaccination[J]. J Hyg (Lond), 91(2): 329－334.

Frenkel H S. 1949. Histologic changes in explanted bovine epithelial tongue tissue infected with the virus of foot-and-mouth disease[J]. Am J Vet Res, 10(35): 142－145.

Fu Y, Lu Z, Cao Y, et al. 2008. Purification and reactivity of foot-and-mouth disease virus non-structural protein 3A, 3B and 2C expressed in E. coli [J]. Wei Sheng Wu Xue Bao, 48(6): 790－795.

Galloway I A, Henderson W M, Brooksby J B. 1948. Strains of the virus of foot-and-mouth disease recovered from outbreaks in Mexico[J]. Proc Soc Exp Biol Med, 69(1): 57－63.

Geysen H M, Meloen R H, Barteling S J. 1984. Use of peptide synthesis to probe viral antigens for epitopes to a resolution of a single amino acid[J]. Proc Natl Acad Sci U S A, 81(13): 3998－4002.

Gloster J, Blackall R M, Sellers R F, et al. 1981. Forecasting the airborne spread of foot-and-mouth disease[J]. Vet Rec, 108(17): 370－374.

Gloster J, Freshwater A, Sellers R F, et al. 2005. Re-assessing the likelihood of airborne spread of foot-and-mouth disease at the start of the 1967－1968 UK foot-and-mouth disease epidemic[J]. Epidemiol Infect, 133(5): 767－783.

Gloster J, Sellers R F, Donaldson A I. 1982. Long distance transport of foot-and-mouth disease virus over the sea[J]. Vet Rec, 110(3): 47－52.

Grubman M J. 2003. New approaches to rapidly control foot-and-mouth disease outbreaks[J]. Expert Rev Anti Infect Ther, 1(4): 579－586.

Guo H, Liu Z, Sun S, et al. 2005. Immune response in guinea pigs vaccinated with DNA vaccine of foot-and-mouth disease virus O/China99[J]. Vaccine, 23(25): 3236－3242.

Guo H C, Liu Z X, Sun S Q, et al. 2004. The effect of bovine IFN-alpha on the immune response in guinea pigs vaccinated with DNA vaccine of foot-and-mouth disease virus[J]. Acta Biochim Biophys Sin (Shanghai), 36(10): 701－706.

Hess E. 1967. Epizootiology of foot-and-mouth disease[J]. Schweiz Arch Tierheilkd, 109(6): 324－331.

Jackson T, King A M, Stuart D I, et al. 2003. Structure and receptor binding[J]. Virus Res, 91(1): 33－46.

Jbara K, Stewart I. 1982. Granulated metrial gland cells in the uterus and labyrinthine placenta of inbred and outbred pregnancies in mice[J]. J Anat(Pt2), 135: 311－317.

Jinding C, Mingqiu Z, Hui K H, et al. 2006. Molecular characterization of foot-and-mouth disease virus in Hong Kong during 2001－2002[J]. Virus Genes, 32(2): 139－143.

King A M, Underwood B O, Mccahon D, et al. 1981. Biochemical identification of viruses causing the

1981 outbreaks of foot and mouth disease in the UK[J]. Nature, 293(5832): 479－480.

Kitching R P. 1998. A recent history of foot-and-mouth disease[J]. J Comp Pathol, 118(2): 89－108.

Kitching R P, Knowles N J, Samuel A R, et al. 1989. Development of foot-and-mouth disease virus strain characterisation—a review[J]. Trop Anim Health Prod, 21(3): 153－166.

Kleid D G, Yansura D, Small B, et al. 1981. Cloned viral protein vaccine for foot-and-mouth disease: responses in cattle and swine[J]. Science, 214(4525): 1125－1129.

Knowles N J, Samuel A R. 2003. Molecular epidemiology of foot-and-mouth disease virus[J]. Virus Res, 91(1): 65－80.

Knowles N J, Samuel A R, Davies P R, et al. 2005. Pandemic strain of foot-and-mouth disease virus serotype O[J]. Emerg Infect Dis, 11(12): 1887－1893.

Laporte J, Grosclaude J, Wantyghem J, et al. 1973. Neutralization of the infective power of the foot-and-mouth disease virus in cell culture by using serums from pigs immunized with a purified viral protein[J]. C R Acad Sci HebdSeances Acad Sci D, 276(25): 3399－3401.

Laurence C J. 2002. Animal welfare consequences in England and Wales of the 2001 epidemic of foot and mouth disease[J]. Rev Sci Tech, 21(3): 863－868; discussion 869－876.

Li P, Bai X, Sun P, et al. 2012. Evaluation of a genetically modified foot-and-mouth disease virus vaccine candidate generated by reverse genetics[J]. BMC Vet Res, 8: 57.

Li P, Lu Z, Bai X, et al. 2014. Evaluation of a 3A-truncated foot-and-mouth disease virus in pigs for its potential as a marker vaccine[J]. Vet Res, 45(1): 51.

Li Z, Yi Y, Yin X, et al. 2012. Development of a foot-and-mouth disease virus serotype A empty capsid subunit vaccine using silkworm (Bombyx mori) pupae[J]. PLoS ONE, 7(8): e43849.

Li Z, Yi Y, Yin X, et al. 2008. Expression of foot-and-mouth disease virus capsid proteins in silkworm-baculovirus expression system and its utilization as a subunit vaccine[J]. PLoS ONE, 3(5): e2273.

Liu G, Liu Z, Xie Q, et al. 2004. Generation of an infectious cDNA clone of an FMDV strain isolated from swine[J]. Virus Res, 104(2): 157－164.

Lu Z, Cao Y, Guo J, et al. 2007. Development and validation of a 3ABC indirect ELISA for differentiation of foot-and-mouth disease virus infected from vaccinated animals[J]. Vet Microbiol, 125(1－2): 157－169.

Lu Z, Zhang X, Fu Y, et al. 2010. Expression of the major epitope regions of 2C integrated with the 3AB non-structural protein of foot-and-mouth disease virus and its potential for differentiating infected from vaccinated animals[J]. J Virol Methods, 170(1－2): 128－133.

Ma X, Li P, Bai X, et al. 2014. Sequences outside that of residues 93－102 of 3A protein can contribute to the ability of foot-and-mouth disease virus (FMDV) to replicate in bovine-derived cells[J]. Virus Research, 191(0): 161－171.

Martinez-salas E, Regalado M P, Domingo E. 1996. Identification of an essential region for internal initiation of translation in the aphthovirus internal ribosome entry site and implications for viral evolution[J]. J Virol, 70(2): 992–998.

Mccullough K C, Bruckner L, Schaffner R, et al. 1992. Relationship between the anti-FMD virus antibody reaction as measured by different assays, and protection in vivo against challenge infection[J]. Vet Microbiol, 30(2–3): 99–112.

Mcvicar J W, SUTMOLLER P. 1969. The epizootiological importance of foot-and-mouth disease carriers. Ⅱ. The carrier status of cattle exposed to foot-and-mouth disease following vaccination with an oil adjuvant inactivated virus vaccine[J]. Arch GesamteVirusforsch, 26(3): 217–224.

Mcvicar J W, Sutmoller P. 1974. Neutralizing activity in the serum and oesophageal-pharyngeal fluid of cattle after exposure to foot-and-mouth disease virus and subsequent re-exposure[J]. Arch GesamteVirusforsch, 44(2): 173–176.

Mcvicar J W, Sutmoller P. 1976. Growth of foot-and-mouth disease virus in the upper respiratory tract of non-immunized, vaccinated, and recovered cattle after intranasal inoculation[J]. J Hyg (Lond), 76(3): 467–481.

Mowat G N, Chapman W G. 1962. Growth of foot-and-mouth disease virus in a fibroblastic cell line derived from hamster kidneys[J]. Nature, 194: 253–255.

Newman J F, Brown F. 1997. Foot-and-mouth disease virus and poliovirus particles contain proteins of the replication complex[J]. J Virol, 71(10): 7657–7662.

OIE/FAO. 2010. FMD Reference Laboratory Network Annual Report[R].

OIE/FAO. 2008. FMD Reference Laboratory Network Annual Report[R].

Pan L, Zhang Y, Wang Y, et al. 2008. Foliar extracts from transgenic tomato plants expressing the structural polyprotein, P1–2A, and protease, 3C, from foot-and-mouth disease virus elicit a protective response in guinea pigs[J]. Vet Immunol Immunopathol, 121(1–2): 83–90.

Pan L, Zhang Y G, Wang Y L, et al. 2006. Protective immune response of guinea pigs against challenge with foot and mouth disease virus by immunization with foliar extracts from transgenic tomato plants expressing the FMDV structural protein VP1[J]. Wei Sheng Wu Xue Bao, 46(5): 796–801.

Paton D J, Sumption K J, Charleston B. 2009. Options for control of foot-and-mouth disease: knowledge, capability and policy[J]. Philos Trans R Soc Lond B Biol Sci, 364(1530): 2657–2667.

Pfaff E, Mussgay M, Bohm H O, et al. 1982. Antibodies against a preselected peptide recognize and neutralize foot and mouth disease virus[J]. EMBO J, 1(7): 869–874.

Pringle C R. 1965. Evidence of Genetic Recombination in Foot-and-Mouth Disease Virus[J]. Virology, 25: 48–54.

Randrup A. 1954. On the stability of bovine foot-and-mouth disease virus dependent on pH; investigations on the complement fixing and the immunizing antigen as well as on the infective agent[J]. Acta Pathol Microbiol Scand, 35(4): 388–395.

Rieder E, Bunch T, Brown F, et al. 1993. Genetically engineered foot-and-mouth disease viruses with poly(C) tracts of two nucleotides are virulent in mice[J]. J Virol, 67(9): 5139–5145.

Sakamoto K, Kanno T, Yamakawa M, et al. 2002. Isolation of foot-and-mouth disease virus from Japanese black cattle in Miyazaki Prefecture, Japan, 2000[J]. J Vet Med Sci, 64(1): 91–94.

Samuel A R, Knowles N J. 2001. Foot-and-mouth disease virus: cause of the recent crisis for the UK livestock industry[J]. Trends Genet, 17(8): 421–424.

Sangar D V, Rowlands D J, Cavanagh D, et al. 1976. Characterization of the minor polypeptides in the foot-and-mouth disease particle[J]. J Gen Virol, 31(1): 35–46.

Saravanan P, Sreenivasa B P, Selvan R P T, et al. 2015. Protective immune response to liposome adjuvanted high potency foot-and-mouth disease vaccine in Indian cattle[J]. Vaccine, 33(5): 670–677.

Sellers R F, Herniman K A, Donaldson A I. 1971. The effects of killing or removal of animals affected with foot-and-mouth disease on the amounts of airborne virus present in looseboxes[J]. Br Vet J, 127(8): 358–365.

Seo I-H, Lee I-B, Hong S-W, et al. 2015. Web-based forecasting system for the airborne spread of livestock infectious disease using computational fluid dynamics[J]. Biosystems Engineering, 129(0): 169–184.

Shao J J, Wong C K, Lin T, et al. 2011. Promising multiple-epitope recombinant vaccine against foot-and-mouth disease virus type O in swine[J]. Clin Vaccine Immunol, 18(1): 143–149

Skinner H H. 1951. Propagation of strains of foot-and-mouth disease virus in unweaned white mice[J]. Proc R Soc Med, 44(12): 1041–1044.

Sorensen J H, Mackay D K, Jensen C O, et al. 2000. An integrated model to predict the atmospheric spread of foot-and-mouth disease virus[J]. Epidemiol Infect, 124(3): 577–590.

SPIER R E. 2001. FMD in the UK–the 2001 outbreak; what if...? [J]. Vaccine, 19(31): 4339–4341.

Strohmaier K, Franze R, Adam K H. 1982. Location and characterization of the antigenic portion of the FMDV immunizing protein[J]. J Gen Virol, 59(Pt2): 295–306.

Sutmoller P, Barteling S S, Olascoaga R C, et al. 2003. Control and eradication of foot-and-mouth disease[J]. Virus Res, 91(1): 101–144.

Thompson D, Muriel P, Russell D, et al. 2002. Economic costs of the foot and mouth disease outbreak in the United Kingdom in 2001[J]. Rev Sci Tech, 21(3): 675–687.

Twomey T, France L L, Hassard S, et al. 1995. Characterization of an acid-resistant mutant of foot-and-mouth disease virus[J]. Virology, 206(1): 69–75.

Van bekkum J G, Straver P J, Bool P H, et al. 1966. Further information on the persistence of infective foot-and-mouth disease virus in cattle exposed to virulent virus strains[J]. Bull Off Int Epizoot, 65(11): 1949–1965.

Wee S H, Yoon H, More S J, et al. 2008. Epidemiological characteristics of the 2002 outbreak of foot-and-mouth disease in the Republic of Korea[J]. TransboundEmerg Dis, 55(8): 360 – 368.

Wild T F, Burroughs J N, Brown F. 1969. Surface structure of foot-and-mouth disease virus[J]. J Gen Virol, 4(3): 313 – 320.

Wu L, Jiang T, Lu Z J, et al. 2011. Development and validation of a prokaryotically expressed foot-and-mouth disease virus non-structural protein 2C'3AB-based immunochromatographic strip to differentiate between infected and vaccinated animals[J]. Virol J, 8: 186.

Zheng H, Guo J, Jin Y, et al. 2013. Engineering foot-and-mouth disease viruses with improved growth properties for vaccine development[J]. PLoS ONE, 8(1): e55228.

Zheng H, Tian H, Jin Y, et al. 2009. Development of a hamster kidney cell line expressing stably T7 RNA polymerase using retroviral gene transfer technology for efficient rescue of infectious foot-and-mouth disease virus[J]. J Virol Methods, 156(1 – 2): 129 – 137.

Zibert A, Maass G, Strebel K, et al. 1990. Infectious foot-and-mouth disease virus derived from a cloned full-length cDNA[J]. J Virol, 64(6): 2467 – 2473.

第二章

口蹄疫病毒

第一节 **分类**

口蹄疫病毒属微RNA病毒科（Picornaviridae），微RNA病毒科包括46个种，分属于26个属，即肠病毒属（*Enterovirus*）、肝病毒属（*Hepatovirus*）、心病毒属（*Cardiovirus*）、口疮病毒属（*Aphthovirus*）、副肠孤病毒属（*Parechovirus*）、马鼻病毒属（*Erbovirus*）、崎病毒属（*Kobuvirus*）、捷申病毒属（*Teschovirus*）、猴禽猪肠病毒属（*Sapelovirus*）、塞内卡病毒属（*Senecavirus*）、震颤病毒属（*Tremovirus*）、禽肝炎病毒属（*Avihepatovirus*）、*Aquamavirus*、*Avisivirus*、*Cosavirus*、*Dicipivirus*、*Gallivirus*、*Hunnivirus*、*Megrivirus*、*Mischivirus*、*Mosavirus*、*Oscivirus*、*Pasivirus*、*Passerivirus*、*Rosavirus*、*Salivirus*。2014年又向国际病毒分类委员会推荐了3个属*Kunsagivirus*、*Sakobuvirus*、*Sicinivirus*。其中口疮病毒属（*Aphthovirus*，aphtha–来自希腊文口疮，口腔中的水疱），包括4种病毒，即牛鼻病毒A、牛鼻病毒B、马鼻病毒A和口蹄疫病毒，口蹄疫病毒为典型代表毒株。是人类确认的第一个动物病毒病原，开创了病毒学新纪元，是研究最深入的动物病毒之一。

血清型（serotype）：口蹄疫病毒有7个血清型，即O、A、C、SAT1、SAT2、SAT3和Asia1型。1922年，法国学者Vallee和Carre用牛和豚鼠分别进行交叉感染接种，通过田间重复感染现象的观察和交叉免疫试验发现，当时在法国流行的毒株和新从德国传入的毒株是两个不能交叉免疫的血清型，一个来自法国Osie山谷地区，故以"O"命名，一个来自德国Allemagne地区，故以"A"命名。1926年，德国学者Waldmann和Trautwein不但证实了法国学者的发现，还在德国发现了第3个血清型，命名为"C"型，德国学者将法国学者的"O"和"A"按顺序命名为"A"和"B"型，为此在发表论文的病毒标名方面引发了口蹄疫研究史上最早的学术争论和混乱，这个问题最后通过讨论得以解决：3个血清型分别命名为Vallee O、Vallee A和Waldmann C，也就是今天共知的O、A（取地名）和C（排序得名）血清型，此命名一直延续至今。英国学者Brooksby领导的小组对1931—1937年来自非洲的样品进行了艰苦的分型研究，直到1948年分离鉴定出SAT1型、SAT2型和SAT3型。最后一个血清型，Asia1型是1954年发现的，但病料来自1953年巴基斯坦的疫区，发现者仍是英国学者Brooksby。

血清亚型（subtype）：口蹄疫病毒遗传变异的重要表型之一是抗原变异，早在20世纪初期，动物交叉感染保护试验发现口蹄疫病毒有7个血清型，不同血清型之间互不交叉保护，即使是同一血清型，不同分离毒株抗原性也有差异，为了反映这一差异，可以将同一血清型抗原性有差异的毒株分为不同的血清亚型，亚型鉴定的经典方法是补体结合反应（CFT），国际公认的标准是50%溶血终点的补体结合反应，$R=（r1 \times r2）^{1/2} \times 100\%$，（$r1=$A毒株血清＋B毒株/A毒株血清＋A毒株；$r2=$ B毒株血清＋A毒株/B毒株血清＋B毒株），$R \geqslant 70\%$为同一亚型，R界于10%～32%为不同亚型，R<10%时毒株差异更大。至20世纪80年代后期已经确定了70～80多个亚型，其中O型有10～11个血清亚型，A型大约有32个血清亚型，C型有5个血清亚型，Asia1型有3个血清亚型。随着新毒株的不断出现，亚型分类越来越混乱，现已放弃亚型分类。

拓扑型（topotype）：在Rico-Hesse脊髓灰质炎病毒基因分型的基础上，根据变异度最大的VP1核苷酸序列，将同一血清型中关系密切的一组病毒分为不同拓扑型，拓扑型毒株具有明显的地域性。

口蹄疫病毒血清O型抗原性变异较小，疫苗毒株可以抵抗大多数田间流行毒株，但核苷酸序列变异比较大，以核苷酸序列差异15%为标准，可以将O型口蹄疫病毒分为10个拓扑型，即欧洲-南美拓扑型（Euro-SA）、中东-南亚拓扑型（ME-SA）、东南亚拓扑型（SEA）、古典中国拓扑型（CATHAY）、印度尼西亚-1拓扑型（ISA-1）、印度尼西亚-2拓扑型（ISA-2）、西非拓扑型（WA）、东非-1拓扑型（EA-1）、东非-2拓扑型（EA-2）、东非-3拓扑型（EA-3）。

血清A型，抗原性变异最大的一个血清型，依据VP1序列分为3个具有地域局限性的拓扑型，欧洲-南美拓扑型（Euro-SA）、亚洲拓扑型（ASIA）和非洲拓扑型（AFRIC）。

血清C型，历史上分布于各大洲，按照O型拓扑型分类标准，所有C型病毒可归为一个欧洲-南美拓扑型（Euro-SA）。进一步比较分析部分VP1序列可以将C型分为8个拓扑型：欧洲-南美拓扑型（Euro-SA）、安哥拉拓扑型（Angola）、菲律宾拓扑型（Philippines）、中东-南亚拓扑型（ME-SA）、斯里兰卡拓扑型（Sri Lanka）、东非拓扑型（EA）、塔吉克斯坦拓扑型（Tadjikistan）和C-菲律宾拓扑型（C-Philippines）。但在欧洲自1989年、亚洲自1996年、非洲自1996年没有C型病例发生，该病毒目前似乎消失了，虽然不清楚消失的原因，但可以作为全球消灭口蹄疫的代表毒株，研究口蹄疫病毒消失的机理。

Asia1型，与O、A和C型相比抗原性是变异最小的一个血清型，仅有3个血清亚型。VP1序列分析可以分为2个明显的基因亚型，但其序列同源性大于85%，所有Asia1型病毒均属一个拓扑型。Asia1型口蹄疫病毒在印度次大陆（阿富汗、印度、巴基斯坦、不丹和尼泊尔）呈地方性流行，其他地区偶有散发，但近年来向中亚、中国、蒙古、朝鲜、俄罗斯东部传播流行，2003年以后分离毒株进一步序列测定分析可以将Asia1型病毒分为6个群（group），值得引起注意的是在中国流行范围较大的Ⅴ群病毒与印度1976—1981年分离的一流行毒株关系密切。

SAT1～3型，主要流行于撒哈拉沙漠以南的非洲地区，非洲水牛为天然宿主，偶尔也传到中东等其他地区，但得到了有效控制和扑灭，以VP1序列差异20%的标准进行拓扑型分类。SAT1型至少可以分为三个拓扑型，拓扑型Ⅰ或SEZ（发生于津巴布韦东南、南非）；拓扑型Ⅱ或WZ（发生于津巴布韦西部、博茨瓦纳和纳米比亚）；拓扑型Ⅲ或NWZ（发生于津巴布韦西北部、赞比亚、马拉维）。SAT2型在饲养牛和水牛群中比较常见，序列分析没有明显的地域界限，不同于SAT1和SAT3型，SAT2型拓扑型分类不明显，但也可以至少分为2个拓扑型，一个拓扑型主要是1981—1991年津巴布韦分离毒株；另一个拓扑型主要是从南部非洲国家以及延伸到东非和中东地区分离毒株。SAT3型与SAT1型相似，有3个拓扑型，拓扑型Ⅰ或SEZ、拓扑型Ⅱ或WZ和拓扑型Ⅲ或NWZ，另外在乌干达水牛中发现第4个拓扑型。

口蹄疫病毒采用血清学交叉保护试验确定为7个不同的血清型，采用系统发育分析法（phylogenetic analysis）将每个血清型分为不同的拓扑型，再将同一血清型不同拓扑型病毒进一步分为不同的谱系（lineage），是口蹄疫分子流行病学的重要基础，为口蹄疫预防控制疫源追踪提供技术支持（详见分子流行病学有关章节）。

（赵启祖，郭建宏）

第二节　形态结构和理化性质

电子显微镜观察，口蹄疫病毒颗粒呈圆形，表面光滑，直径为27～30nm（图2－1h）。病毒粒子无囊膜，呈二十面体对称，由蛋白衣壳包裹基因组RNA组成核衣壳。采用X线晶体衍射技术对多个血清型病毒衣壳的精细结构进行了解析，衣壳由60个VP1、VP2、VP3和VP4分子组成，其中VP1～3位于病毒粒子表面，VP4位于内部，并有一个十四烷基基团共价键连接到其氨基端。表面结构蛋白VP1、VP2和VP3立体结构相似，是由8个链状β折叠桶（βB、βC、βD、βE、βF、βG、βH、βI）组成（图2-1a），β折叠桶之间，由表面环（surface loops）结构所连接，表面环含有病毒重要的表位（epitope）。例如，VP1的βG和βH之间的GH环（G-H loop）含有口蹄疫病毒最重要的抗原位点和识别整合素（integrin）受体的RGD基序。VP1、VP2、VP3和VP4各一个分子组成一个原粒（protomer）（图2-1 b，e），相对沉降系数为5S，分子量约为8 000u，5个原粒组成一个五聚体（pentamer）（图2-1 c，f），相对沉降系数为14S，浮密度为1.5g/mL，分子量为3.8×10^6u，12个五聚体构成完整病毒衣壳（capsid），自然培养或采用基因工程方法可以获得口蹄疫病毒空衣壳，不含核酸RNA，由VP1、VP3和VP0（VP2和VP4前体）组成，沉降系数为75S，分子量为4.7×10^6u。病毒基因组由大约8 400个核苷酸碱基组成，为正链单股RNA分子。病毒衣壳和基因组共同组成完整病毒粒子（virion）（图2-1 d，g），其表面不像其他微RNA病毒科成员有许多参与病毒-受体结合的沟或谷，而是相对比较光滑的球面，表面有一些细小的环状或纤突突起，五重轴中心点有一个小孔，可以允许小分子进入病毒颗粒，如二乙烯亚胺（BEI）、氯化铯等分子可以进入病毒颗粒。完整病毒粒子蔗糖密度梯度中的相对沉降系数为146S，分子量为8.08×10^6u，完整病毒颗粒146S或75S空衣壳在酸性、碱性或一定温度条件下降解为12S和5S粒子，降解后小分子无免疫原性。

　　口蹄疫病毒理化特性，氯化铯浮密度是微RNA病毒分类的重要参数，脊髓灰质炎病毒、肠道病毒等氯化铯浮密度为1.34g/mL，人鼻病毒为1.40g/mL，马鼻病毒为

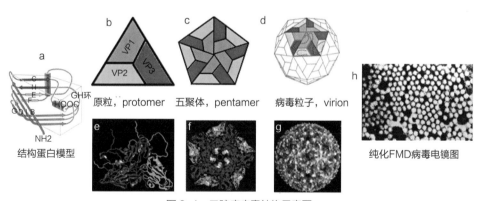

图2-1　口蹄疫病毒结构示意图

a. 病毒表面结构蛋白结构示意图；b、e. VP1、VP2、VP3 和 VP4 分子组成的原粒，其中 VP4 位于内部；c、f. 五个原粒组成的五聚体；d、g. 十二个五聚体组成病毒粒子衣壳；h. 纯化口蹄疫病毒粒子电子显微镜图。〔a、d 引自 Flint SJ, Principles of Virology, second edition；f 引自 Zhao, Q（2003）；g 引自 Acharya R（1989）；h 引自 USDA, PIADC。〕

1.45g/mL，而口蹄疫病毒粒子的氯化铯浮密度为1.43g/mL，所以口蹄疫病毒的浮力密度要比大多数微RNA病毒高。微RNA病毒中浮密度小的病毒对pH稳定（肠病毒可以耐受pH4），浮密度大的病毒对pH敏感。口蹄疫病毒对pH较敏感，在pH6.5时口蹄疫病毒就不稳定。

不同血清型病毒基因组RNA组成差异不大，RNA在甲醛处理后沉降系数为17S，RNA分子量2.7×10^6u，腺苷酸（A）占25.5%～26.8%，胞嘧啶（C）占27.8%～29.1%，鸟嘧啶（G）占23.6%～24.9%，尿苷酸（U）占20.7%～22.3%，G+C含量约为52%，RNA在含0.1mol/L醋酸和0.1% SDS的蔗糖溶液中相对沉降系数为35S。

口蹄疫病毒无囊膜，由衣壳蛋白包裹核酸组成，所以对脂溶性有机溶剂不敏感，对紫外线、蛋白酶和蛋白凝固剂有一定抗性，但对pH比较敏感，pH大于9、小于6将迅速灭活病毒。屠宰动物尸体酸化可以杀灭肌肉中病毒，但淋巴结、骨髓等部位病毒不受影响。常用口蹄疫病毒灭活剂为2%醋酸或食醋，0.2%柠檬酸，2%氢氧化钠，4%碳酸氢钠。值得注意的是口蹄疫病毒在含有有机质的环境中对碘制剂、季铵盐类、次氯酸和酚制剂有一定的抵抗力，实际工作中应根据病毒理化特性选择正确的消毒剂。

（赵启祖，邹兴启，朱元源）

第三节　基因组结构与功能

口蹄疫病毒基因组与其他微RNA病毒基因组结构相似，为正链单股RNA，完整的基因组RNA具有感染性，进入细胞之后可以复制出感染性病毒。基因组长度为8 046～8 214个碱基，除了部分蛋白（L^{pro}蛋白、VP2、VP3、VP1和3A）编码区有插入或缺失造成长度不一致外，基因组长度的差异主要是由于非编码区缺失或插入造成的。基因组由5′非编码区、编码区和3′非编码区构成，5′末端连接一个23～24个氨基酸组成的基因组连接蛋白VPg（3B），基因组含有一个开放读码框架（ORF），但有两个翻译起始位点，相距约28个氨基酸，编码区编码一个聚蛋白，经逐级降解，产生多个中间体和约12个成熟蛋白，3′端连接多聚腺苷酸尾巴（图2-2）。随着核苷酸序列测定技术的不断进步，越来越多的口蹄疫病毒全基因组序列测定完成，其中O型约130株，A型约60株，

Asia1型35株，SAT1型9株，SAT2型4株，SAT3型3株。

　　5′UTR：5′非编码区或非翻译区（5′UTR）约有1 300个核苷酸，由5个功能区组成，在病毒聚蛋白翻译起始和病毒基因组复制中起着重要作用，不同分离毒株的5′非翻译区的短片段（S-5′UTR）和长片段（L-5′UTR）仅有12%和33%碱基是不变的，但在配对比较中，序列同源性分别为80%和85%，表明不同口蹄疫分离株之间5′非翻译区比较保守。最前端的短片段，由350～380个核苷酸组成，折叠成一个长的茎环结构（图2-2 S片段），其功能尚不清楚，但根据微RNA病毒科有类似结构病毒功能推测，S片段可能参与维持细胞内病毒基因组的稳定。S片段之后为多聚胞嘧啶〔poly（C）〕，长为100～420个核苷酸，有少量的A和U，C占90%以上。poly（C）的长度是否与毒力有关尚未定论，SAT1型强毒株比致弱毒株的poly（C）长，而C型毒株对牛的致病性与poly（C）的长度无关。持续感染细胞分离毒株，poly（C）长度达420bp，比母源毒株长145bp，但对牛和乳鼠毒力显著降低。基因工程心病毒（cardioviruses）poly（C）的长度小于30个核苷酸时，对小鼠毒力显著下降。田间分离毒株或基因工程病毒，细胞培养时poly（C）的长度可逐渐加长。基因工程口蹄疫病毒poly（C）的长度影响病毒体外复制，但不影响对乳鼠的致病性。口蹄疫病毒基因组中poly（C）的确切作用仍然不明确，脊髓灰质炎病毒和EV71病毒研究发现poly（C）与poly（C）结合蛋白（PCBP）宿主蛋白相互作用调控病毒的复制和翻译，因此推测口蹄疫病毒poly（C）也可能通过PCBP调节病毒复制。poly（C）之后为3～4个串联的假结节（pseudeknots，PKs），其功能不详，但在自然分离或人工构建病毒中发现只有2个PKs病毒仍然能够存活。PKs之后是一个发卡状结构，含有顺式复制元件（cre），该元件在多种微RNA病毒上分离鉴定，大多位于读码框架内，而口蹄疫病毒位于5′UTR，其结构为环上含有AAACA保守序列的茎环结构，保守序列点突变研究表明该结构与病毒复制有关，但不影响基因组蛋白翻译。

　　虽然微RNA病毒基因组5′UTR较长，但缺少与翻译起始相关的甲基化帽结构，研究发现在5′UTR含有内部核糖体进入位点（IRES），根据保守的二级、三级结构可将IRES分为3个型，口蹄疫病毒为Ⅱ型IRES，位于cre和ORF之间，长约450bp，包括cre有5个结构保守的结构域（domain）（图2-2），不同的Ⅱ型IRES之间核苷酸序列同源性大约为50%，但其中维持功能性结构域的关键序列保持稳定。多种宿主细胞蛋白与结构域结合，调控病毒蛋白的翻译。结构域1为一茎环结构，含有cre结构。结构域2含有UUUC基序，是PTBP（polypyrimidine tract-binding protein）蛋白结合位点。结构域3（图2-2）由基底区和尖顶区组成，基底区为一长的内环结构，尖顶区含有多个四通结构，结构域3是维护IRES三级结构稳定和发挥IRES功能的核心区域。该区域含有2个保守基序，GNRA和RAAA基序。GNRA（N为任何核苷酸，R为A或G）四碱基环形基序在折叠RNA

中比较常见，环–螺旋相互作用和碱基配对共同作用维持RNA分子的稳定与结构。IRES结构域3中GNRA基序位于茎环结构的顶点，是IRES的核心功能区，该基序的突变可以大幅度影响IRES的翻译效率。研究表明RAAA基序也可以通过远距离立体RNA–RNA结合提高IRES的活性。Y型的结构域4含有2个发卡样的茎环结构，富含A碱基，可能与翻译起始因子eIF4G相互作用。结构域5为一稳定的发卡结构，可与宿主翻译起始因子eIF4B和eIF3结合。IRES距蛋白合成第一个起始点有22个碱基的距离，为嘧啶丰富区，不同毒株间变异较大，第二个起始位点距第一个起始点还有84个碱基，微RNA病毒使用第二个蛋白合成起始密码子，受到比邻序列及IRES序列的影响，口蹄疫病毒不同于脊髓灰质炎病毒，使用第二个起始点的频率要高于使用第一个起始点，大约是2倍。约90%内部核糖体进入发生在第一个AUG（LabAUG），而第二个AUG（Lb位点）的翻译起始是由于核糖体从第一个进入位点滑行至该起始点的，两个翻译起始位点之间的序列与结构决定了为什么第二个起始点的使用频率高。根据RNA结构合成耐RNA酶的2′O甲基化反义寡核苷酸（2′OMe AONs）研究病毒RNA的翻译，结果表明2′OMe AON互补到第二个AUG对病毒复制效率的抑制作用显著高于第一个AUG，发现互补到结构域3和结构域5的4个AON对病毒复制有显著影响。多个AON同时研究表明2′OMe AON针对IRES不同区域对病毒RNA的作用在细胞培养中和无细胞翻译系统中差异明显，应加强对活细胞中RNA抑制作用的研究，以进一步了解IRES的功能。

ORF：开放读码框架区（ORF，open reading frame）编码一个多聚蛋白，依次为L[pro]蛋白编码区、P1区、P2区和P3区。L区、P2区和P3区编码非结构蛋白，P1区编码结构蛋白。全基因组序列分析表明，ORF保守核苷酸碱基（invariant）约46%，核苷酸转换与颠换率（transition/transversion，Ts/Tv）为2.4，核苷酸同义和非同义替代率（syn/nonsyn）为2.1。P1区结构蛋白编码序列中，除VP4比较保守外，其他结构蛋白的Ts/Tv和syn/nonsyn比其他编码蛋白区明显偏低，其中VP1编码基因变异度最大，保守核苷酸碱基最少约21%，Ts/Tv和syn/nonsyn分别为1.55和1.03为最低。不同分离病毒株之间，非结构蛋白区保守碱基数、Ts/Tv和syn/nonsyn均较高，其中最保守的区域为2B和3C编码区，保守碱基数分别为61%和59%，非结构蛋白中L、3A和3B编码区变异最大。

3′UTR：病毒基因组ORF终止密码子开始至poly（A）之间一段长度变化比较大，长度为85～101碱基，二级结构呈Y形的序列为3′UTR（图2–2）。Y形结构是维持其功能必不可少的，功能基序位于Y形结构的顶点36～61核苷酸处。研究发现多种参与病毒基因组复制相关的蛋白与3′UTR结合，感染细胞中3′UTR与互补链结合后并不影响蛋白翻译，但抑制病毒基因组的复制，表明3′UTR在病毒基因组复制中起着重要作用。此外，研究表明删除3′UTR降低翻译效率，删除或用其他病毒，如肠病毒、SVDV的3′UTR替

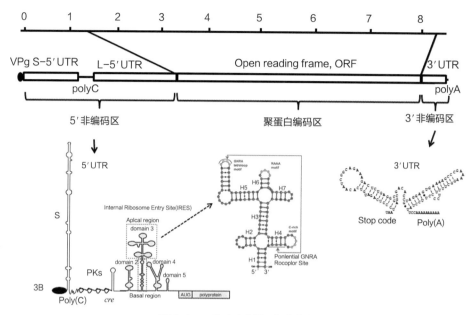

图 2-2 口蹄疫病毒基因组的结构
（引自 Mason 等，2003. 并作了适当修改）

换都无法获得活病毒，证明微RNA病毒的3′UTR具有特异性。病毒基因poly（A）与细胞mRNA的poly（A）相似，在病毒RNA翻译和复制中发挥着重要作用，poly（A）可与一种PABP结合并与5′UTR结合形成一个桥。poly（A）也可以与5′端的3B–pU–pU结合合成病毒负链RNA。

（赵启祖，邹兴启，朱元源）

第四节 蛋白质组成与功能

　　口蹄疫病毒基因组含有一个大的开放读码框架，编码一个聚蛋白，蛋白翻译过程中，由病毒自身蛋白酶和宿主细胞蛋白酶作用逐级降解，形成多种中间体及成熟的12种病毒蛋白，包括VP4（1A）、VP2（1B）、VP3（1C）和VP1（1D）4种结构蛋白、L^{pro}蛋白、2A、2B、2C、3A、3B、3C和3D共8种非结构蛋白（图2-3）。本节将按照基因组编码顺序逐一介绍各种口蹄疫病毒蛋白的结构与功能。

L^{pro}蛋白：是由ORF 5′编码的，编码区有2个翻译起始密码子，之间相隔84个碱基（SAT1～3型为78nt）形成稳定发卡结构，是IRES活性关键结构，使用不同起始密码子翻译出2个异构体L蛋白，长的Lab和短的Lb，在病毒感染细胞中均可以检测到，其中Lb含量高。此外突变第一个起始密码（ATG）可以获得活病毒，而第二个起始密码（ATG）突变是致死性的，表明体内病毒翻译主要使用第二个起始密码（ATG）。L蛋白异构体的功能没有差异，具有蛋白酶催化活性和调控宿主干扰素应答。L蛋白没有大段缺失或插入，长度约为201个氨基酸，SAT1～3型病毒Lab前段少2个氨基酸，氨基酸序列变异比较大（保守氨基酸占44%），但一些关键点氨基酸还是比较保守，变异主要集中在末端，其二级结构始终保持稳定。L蛋白是病毒翻译的第一个蛋白，它能自动从聚蛋白上解离，L蛋白羧基端的正电荷氨基酸R/K，和VP4氨基端的三个氨基酸（GAG）是保守的，解离位点（R）K*GAG。此外，参与L蛋白催化活性、自动催化反应和eIF4G切割等功能的重要氨基酸相对保守。

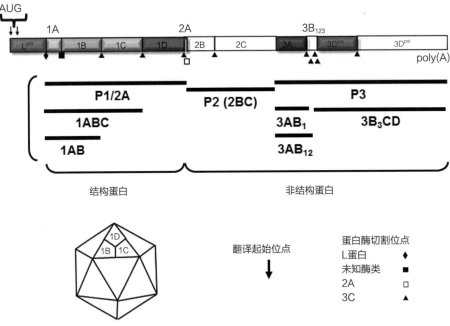

图2-3　口蹄疫病毒编码蛋白的组成与加工

（引自 Mason 等，2003. 并作了适当修改）

L蛋白能在其羧基端自动从翻译中的聚蛋白上切割，并降解宿主细胞翻译起始因子eIF4G。序列比较、蛋白酶抑制试验以及X线晶体衍射研究证明L蛋白为一种木瓜蛋白酶样蛋白酶（papain-like proteinase），为二聚体晶体结构反式蛋白酶（trans-proteinase）。L蛋白能够切割eIF4G为氨基端的eIF4E，羧基端的eIF4A和eIF3，关闭了宿主帽依赖mRNA的翻译，将口蹄疫病毒IRES翻译无法利用的eIF4G转变为可以利用的eIF4E、eIF4A和eIF3形式，参与翻译起始复合物的构成和蛋白质翻译。

L蛋白是重要的病毒毒力因子。研究证明第二个翻译起始密码子利用频率较高，保留两个翻译起始密码子，从第二个密码子开始删除L蛋白编码基因，构建基因工程L蛋白缺失病毒，与野生病毒比较，拯救病毒在BHK细胞中复制力下降，蚀斑变小，病毒产量降低约10倍。L蛋白缺失病毒对牛致病力显著降低，而对乳鼠致病力未减弱，将O型病毒衣壳嵌合至L蛋白缺失病毒，接种猪仍维持中等程度致病力。进一步研究发现L蛋白缺失病毒在细胞、乳鼠、牛和猪致病力的变化与宿主天然免疫应答有关。病毒感染宿主后，诱导干扰素表达与分泌，干扰素结合到比邻细胞通过系列信号传导途径启动机体防御功能抑制和清除入侵病毒。野生型或L蛋白缺失病毒感染牛或猪源细胞，均可以检测到Ⅰ型干扰素的mRNA，但仅能在L蛋白缺失病毒感染细胞中检测到干扰素活性，表明野生型病毒L蛋白降解eIF4G关闭了干扰素mRNA的翻译从而抑制了宿主天然免疫系统，导致病理变化出现。此外，L蛋白缺失病毒对乳鼠毒力没有变化是由于乳鼠天然免疫系统尚未成熟，L蛋白缺失病毒在BHK细胞上可以增殖，而在其他口蹄疫易感的原代或传代细胞上不增殖，由于大多数实验室所使用的BHK细胞为INF缺陷型细胞，利用这些特性有可能构建L蛋白缺失病毒用于口蹄疫灭活疫苗生产，降低疫苗生产中使用强毒株所带来的生物安全风险。

口蹄疫病毒结构蛋白负责组装病毒衣壳，维持病毒稳定，结合细胞，决定抗原特异性，影响着病毒感染与免疫的方方面面。每种结构蛋白VP1、VP2、VP3和VP4各60个组成病毒的衣壳。

VP4（1A）：由84个氨基酸组成，是最保守的口蹄疫病毒蛋白，81%的氨基酸保持不变，包括氨基端十四烷基化位点、T细胞表位（1A20～35位）。是高度疏水和肉豆蔻酰基化蛋白，具有增强内涵体膜通透性和病毒RNA释放的功能。

VP2（1B）：是一个218或219个氨基酸组成的蛋白，在病毒粒子稳定和成熟中起着关键作用。氨基端约30个氨基酸相当保守，3个T细胞表位48～68位氨基酸、114～132位氨基酸、179～187位氨基酸保守，而羧基端变异比较大。VP4和VP2之间切割位点为ALLA*DKKT，不同分离毒株之间比较保守。

VP3（1C）：219～221个氨基酸蛋白，含有重要的构象型表位，在维持衣壳稳定中起着重要作用，VP3变异比较大，仅有39%的氨基酸保守，大多数氨基酸替代集中在55~88位氨基酸、130~140位氨基酸、176~186位氨基酸、196~208位氨基酸这4个区域，前两个区域有缺失或插入现象，第二区域有鉴定的T细胞表位。VP2和VP3之间切割位点在O、A、C和Asia1型病毒当中比较保守，为PSKE*GIFP，而在南非三个型之间变化比较大。

VP1（1D）：VP1与病毒吸附、侵入、保护性免疫应答和血清型特异性有关，是研究最多的结构蛋白，由213~221个氨基酸组成，最容易发生变异，仅有26%氨基酸保守，发生插入或缺失的部位常见于140~150位氨基酸、166~170位氨基酸。VP1上有一个重要的RGD基序，是细胞受体整合素（integrin）的识别位点，但也分离到大约17株病毒不含RGD，其中包括中国分离的O型Akesu/58株，该毒株牛舌皮传代病毒或乳鼠传代病毒表现为SGD，适应细胞即变为RGD（赵启祖，未发表资料）。其他微RNA病毒氨基端约10个氨基酸比较保守，为病毒进入细胞的关键氨基酸，但在口蹄疫病毒并未发现该氨基端基序，表明这两种病毒采用不同机制侵入细胞。不同血清型VP3和VP1之间切割位点差异比较大，XXXQ*TTXX（X代表不同氨基酸），但Q*TT基序相对保守。

酸不稳定性不是微RNA病毒的共同特性，肠道病毒属病毒是极度耐酸的，仅有口蹄疫病毒、心病毒和鼻病毒，病毒颗粒的衣壳对酸极不稳定，pH稍低于中性即被灭活。口蹄疫病毒对pH敏感的特性，是病毒感染细胞，进入酸化内涵体，衣壳解离释放RNA所必需，VP3蛋白的第142位组氨酸是病毒粒子解离成五聚体的关键氨基酸。随着耐酸性毒株的分离鉴定，发现C型病毒和O型VP1蛋白的N17D突变病毒耐酸能力增强，VP2的H145Y突变有助于提高病毒耐酸能力，研究结果将有助于提高病毒的稳定性，改进疫苗生产和疫苗效力，但有可能意外释放田间，造成更难消毒处理的流行毒株。此外，耐酸性变异的研究也有助于研究病毒衣壳解离和释放RNA启动病毒复制机理的研究。

2A：FMDV 2A为18个氨基酸的小肽，不同血清型病毒2A氨基酸序列同源性很高，平均约89%，其中有14个氨基酸在大于98%的毒株中保持稳定，包括DVEXNPG基序，该基序为脑心肌炎病毒2A活性所必需的。2A以P1/2A形式存在，2A不含任何蛋白酶基序，但解离效力很高，几乎检测不到2A/2B的存在。此外，原核细胞中不会发生2A/2B解离，说明2A在翻译过程中核糖体内迅速解离。2A常作为真核表达中融合蛋白解离元件使用。

2B：定位于由内质网派生而来的用于病毒基因组复制的囊泡之中，在其他微RNA病毒中，2B具有提高膜透性、封闭蛋白分泌通路、抑制细胞内钙平衡导致细胞凋亡功能，并导致细胞病变。2B蛋白是由154个氨基酸组成的膜蛋白，120~140位氨基酸是一个保守的跨膜决定簇。

2C：口蹄疫病毒2C和脊髓灰质炎病毒2C同源，为一种ATP酶，由318个氨基酸组成，大约有72%的氨基酸比较保守，由110~116、160~163、243~246位的氨基酸可能组成一个ATP/GTP结合域。主要位于膜相关的病毒复制复合体中，与负链RNA合成有关，其前体2BC参与细胞质中囊泡形成，阻止高尔基体-内质网分泌通路，但口蹄疫病毒感染细胞中2BC很快解离为单体，感染细胞的蛋白质转运被封闭，这时2C位于高尔基体，蛋白转运封闭，同时表达2B时和2C融合于内质网，封闭内质网的转运，表明口蹄疫病毒封闭蛋白转运是2B和2C共同作用的结果，2C决定转运封闭的位置。2C蛋白和Beclin1反应调节病毒复制。2C与宿主蛋白波形蛋白（vimentin）相互作用影响病毒繁殖，如果突变2C结合波形蛋白的关键氨基酸则破坏了他们的结合，病毒就无法复制，表明2C-波形蛋白反应调节宿主细胞内环境有利于病毒复制。

　　3A：与其他微RNA病毒3A类似，口蹄疫病毒3A与病毒复制、毒力和宿主范围有关，是变异最大的非结构蛋白，143～153氨基酸，比其他微RNA病毒的3A稍长，常常在70～110和130～150位发生插入或缺失，NMR结构推测3A的氨基端含有2个α螺旋，之间有一个环连接，常以二聚体形式存在，对Q44位的突变影响二聚体形成和病毒感染性。3A Q44R变异与豚鼠致病性有关。3A上可能含有T细胞表位，位于21～35位氨基酸。O Taiwan/97分离株病毒3A有10个氨基酸的缺失，该病毒对牛致病力下降，而对猪的嗜性显著提高。同样用鸡胚传代病毒（O₁和C型）对牛致病性下降，O₁ Campos和C₃Resende株3A编码区有57个核苷酸和60个核苷酸缺失，在3A羧基端有19和20个氨基酸的缺失，但仍然没有直接证据表明3A的缺失与牛致病力减弱直接有关。口蹄疫病毒强毒O₁ Campos，构建基因工程病毒使其3A缺失87～106位20个氨基酸，结果表明3A缺失与病毒对牛致病性下降有直接关系。进一步研究表明3A特异性与宿主蛋白DCTN3结合，DCTN3与细胞内细胞器的转运有关，3A和DCTN3相互作用影响病毒复制，从而影响病毒对牛的致病力。逐渐截短3A的研究表明，3A截短以后影响细胞中病毒RNA的复制，3A常以3AB或3ABB形式存在，作为3D的协同因子参与病毒RNA的复制。

　　3B：微RNA病毒中口蹄疫是唯一表达3个B蛋白的病毒，3B1含22个氨基酸，3B2含24个氨基酸，3B3含24个氨基酸，几乎所有的口蹄疫病毒3B的氨基端都有一个GPYXGP基序，羧基端变化比较大，但3B3相对保守，是病毒存活所必需的，3B1和3B2可能影响病毒的毒力和宿主范围，所以常以3AB或3ABB形式出现。脊髓灰质炎病毒中类似的3B作为病毒基因组复制的引物引导RNA合成，有一个保守的Y3残基将3B与病毒基因组5′端相连。

　　3C：3C^{pro}是由213个氨基酸组成的蛋白酶，是一种糜蛋白酶样半胱氨酸蛋白酶，催化活性部位关键氨基酸为C163、H46和D84，参与蛋白折叠的关键氨基酸为D84和Y136。比较发现口蹄疫3C^{pro}中有一段保守序列VKGQDMLSDAALMVLH，但其功能尚未证明。口蹄疫病毒除了L蛋白自己从P1上解离，P1/2A从P2解离，VP4和VP2（VP0）的解离外，3C^{pro}参与所有病毒蛋白，约10个解离位点的降解。同脊髓灰质炎病毒3C^{pro}仅切割Gln-Gly位点不同，口蹄疫病毒3C^{pro}切割点不专一，可以切割Gln-Gly、Glu-Gly、Gln-Leu和Glu-Ser位点。研究发现位于多肽结合裂缝的β带折叠与底物识别有关，用不同的氨基酸取代β带顶端的C142明显影响酶活性，侧链疏水性越强酶活性越高。β带在口蹄疫病毒3C^{pro}中表现非常无序，表明这个环状结构具有很强的柔韧性，柔韧性的增加使3C^{pro}识别更多的底物多肽切割较多的位点。3C^{pro}除降解病毒蛋白外，还能像L蛋白有解离eIF4G的功能，3C^{pro}能降解具有RNA解旋酶功能的帽结合复合物组成成分之一的eIF4A，在病毒感染的后期3C^{pro}也可以降解eIF4G，和L蛋白降解eIF4G不同，它可能是对病毒RNA翻译进行负调控。此外，3C^{pro}可能以某种机制作用于组蛋白H3，影响宿主细胞转录功能。酶降解功能都是成熟蛋白发挥作用，但在口蹄疫感染细胞中常见到3CD前体，不同血清型病毒3CD的量差异较大，3CD参与形成核糖核蛋白复合体影响基因复制或翻译，3C^{pro}具有RNA复制调控功能，正链RNA合成时，以负链RNA为模板，VPg在Cis、3CD或3D作用下形成VPg-pU-pU前体，启动正链RNA合成。

3D：3D是最早认识并鉴定的非结构蛋白，称之为病毒感染相关抗原（VIA），用于诊断口蹄疫感染和感染康复动物。由于3D抗体可以抑制依赖RNA的RNA聚合酶的活性，才确定3D是一种依赖RNA的RNA聚合酶，由469个氨基酸组成，是口蹄疫病毒最保守的蛋白，负责RNA负链、正链的合成，聚合酶活性位点包括一个YGDD保守序列，此外，D245、N307和G295是维持功能完整性所必需的氨基酸。3D和多种宿主细胞蛋白（PABP、PCBP等），以及口蹄疫病毒5′UTR、3′UTR共同参与病毒RNA的复制，但其详细机制尚不清楚。

（赵启祖，邹兴启，朱元源）

第五节　复制周期

口蹄疫病毒感染宿主细胞，需要经过识别细胞表面受体，与表面受体发生反应，侵入细胞，衣壳与核酸分离，病毒基因组翻译，病毒基因组复制，蛋白的成熟，病毒颗粒装配与成熟，复制出新一代病毒颗粒等一系列过程，完成生活周期。口蹄疫病毒在细胞培养时复制周期非常短，最快可在3h内复制出完整病毒颗粒，对细胞造成致死性病变，常造成宿主细胞发生变圆、脱落和崩解等形态学变化，称之为细胞病变（CPE）。

一、受体与吸附

口蹄疫病毒主要感染牛、猪、羊等偶蹄动物，引起口腔、蹄冠、鼻镜、乳头等上皮组织产生水疱。细胞培养时，病毒可以感染牛、羊和猪源细胞、BHK–21细胞等易感细胞，而不感染灵长类动物源细胞，可见病毒感染具有明显的细胞嗜性，这一特性与病毒和细胞受体相互识别和作用有关。早期研究发现将病毒接种细胞，病毒迅速结合细胞，每个细胞可以结合$10^3 \sim 10^4$个病毒，而且不同血清型的病毒竞争相同的细胞受体。采用胰蛋白酶处理病毒，会破坏病毒G–H环，病毒失去感染性，表明病毒感染细胞与病毒表面的G–H环有关。人们在研究纤连蛋白（fibronectin）与细胞相互作用时发现，纤连蛋白上的RGD与细胞表面的受体结合，细胞表面的纤连蛋白受体是一个大的糖蛋白家族，属于I型膜糖蛋白，称之为整合素（intergrin），由α亚基和β亚基组成，与细胞黏附、迁移、血栓形成、淋巴细胞相互作用等有关，能够通过RGD三肽结合到其配体的整合素有$\alpha v\beta1$、$\alpha v\beta3$、$\alpha v\beta5$、$\alpha v\beta6$、$\alpha v\beta8$和$\alpha5\beta1$。口蹄疫病毒G–H环上也有保守的RGD基序，特别是VP1是口蹄疫病毒编码蛋白中变异度最大的蛋白，但RGD基序始终保持稳定。采用人工合成含有RGD序列的小肽可以抑制病毒吸附细胞，或采用基因工程方法突变或缺失RGD，获取基因工程病毒，不能吸附感染易感细胞，也不感染易感动物，从而证明了G–H环上的RGD基序参与病毒受体反应。人肠病毒CAV9，VP1上含有RGD序列，而且在细胞培养中参与病毒与细胞的结合，并证明该病毒受体为$\alpha v\beta3$。CAV9和抗$\alpha v\beta3$抗体可以抑制口蹄疫病毒结合到VERO细胞，首次证明整合素是口蹄疫病毒的受体，也创建了口蹄疫病毒受体研究的模型，即用人源或牛源整合素表达基因转染不表达整合素的非口蹄疫病毒易感细胞研究口蹄疫病毒与受体的相互关系。采用该模型证明整合素家族中αv亚群中4个受体$\alpha v\beta1$、$\alpha v\beta3$、$\alpha v\beta6$和$\alpha v\beta8$，通过病毒VP1上保守的RGD序列与口蹄疫病毒结合而启动感染，但$\alpha v\beta5$和$\alpha5\beta1$并不是口蹄疫病毒的受体。比较发现$\alpha v\beta6$对病毒的亲和性显著高于$\alpha v\beta3$对病毒的亲和性。此外，细胞培养中A型口蹄疫病毒可以利用$\alpha v\beta3$和$\alpha v\beta6$为受体，而O型病毒则对$\alpha v\beta6$亲和性更高。越来越多的研究表明，口蹄疫病毒RGD基序周围序列（RGD＋1和＋4位），对口蹄疫病毒受体识别具有重要作用，特别发现DLXXL可能是$\alpha v\beta6$的配体，所以RGD＋1和RGD＋4位亮氨酸（L）的保守程度对$\alpha v\beta6$受体影响要比对$\alpha v\beta3$的影响明显。

口蹄疫病毒除利用整合素作为受体外，也可以利用黏多糖硫酸乙酰肝素（HS）作为受体。HS是一种广泛存在的蛋白配体，带有高负电荷的硫酸基团，赋予HS高密度的阴离子特征。最初发现HS可作为特定O型口蹄疫病毒结合整合素的辅助受体，随后发现其他血清型病毒A、C、Asia1和SAT1型病毒也可利用HS为受体，这些病毒都是高度细胞培养适应毒株，在获得利用HS受体的同时，降低了对宿主动物毒力。口蹄疫病毒衣壳个别氨基酸的突变为正电荷氨基酸，就可以获得利用HS受体的能力，O型口蹄疫病毒VP3的56位氨基酸由H−R的改变获得了在无整合素受体细胞上利用HS感染细胞的能力。X线晶体衍射技术确定了病毒粒子与HS的相互反应。

此外，口蹄疫病毒也可以利用Fc受体介导吸附病毒抗体复合体而感染细胞，或人工构建含抗口蹄疫病毒单克隆抗体单链的ICAM−1而感染细胞。

将田间分离毒株适应于细胞，往往导致病毒采用其他细胞受体感染细胞，细胞适应毒株常选择HS受体，而不用整合素受体感染细胞，结果导致细胞适应毒株对培养细胞毒力增强，可感染细胞谱变宽。研究发现O型和C型口蹄疫病毒细胞适应毒株可以利用非整合素非HS受体感染细胞，这些病毒无RGD基序，利用一种目前尚未鉴定的受体感染HS表达缺陷细胞，O型病毒VP1上位于五重轴周围的氨基酸（83、172、108、174位）突变组成了一个新的未知受体的结合位点，但C型病毒的关键氨基酸尚未确定。口蹄疫病毒衣壳五重轴单个氨基酸VP1 Q110K改变，可以使病毒不利用整合素和HS感染CHO细胞，而且VP1 Q110K可以增强病毒与$\alpha v\beta 6$的反应性，并可以使替代了RGD的KGE病毒利用$\alpha v\beta 6$为受体。在疫苗生产过程中，如果病毒适应细胞困难，可以考虑改造VP1上109和110位的氨基酸电荷，辅助病毒适应细胞。

在体内，口蹄疫病毒对上皮细胞有明显的嗜性，可能与$\alpha v\beta 6$局限于在上皮细胞中表达有关，而$\alpha v\beta 6$受体是田间病毒启动感染的主要受体，但该受体在致病机制中的作用尚不清楚。此外，关于猪源细胞感染中，口蹄疫病毒与受体相互作用的研究寥寥无几，应加强该领域研究，认识猪口蹄疫病毒致病机制，为防疫提供技术支持。

二、侵入途径

动物病毒侵入途径是指病毒基因组脱衣壳和将基因组通过细胞膜运输到病毒复制的位置。病毒基因组可以直接通过细胞质膜进入细胞，或通过特殊内化途径将病毒吞噬进细胞。已鉴定出多种不同的内吞途径，通常作为运输膜元件，受体相关的配体和细胞内不同位置的可溶性分子，通过受体和其他膜蛋白的循环，调节膜的组成。内吞途径包括网格蛋白依赖内吞（clathrin−dependent endocytosis），受体介导内吞（receptor−mediated endocytosis）、小窝依赖内吞（caveola−dependent endocytosis）、巨胞饮（macropinocytosis）

吞噬（phagocytosis），以及尚未确定的途径。受体和配体通过网格蛋白依赖内吞作用进入细胞，转运到早期内涵体。内涵体为酸性环境，将配体从受体分子解离，许多配体从这里转送到其他内涵体、溶酶体，并进一步发生降解。而内化的受体进入不同转运途径，有的可能与配体一同转运到其他内涵体、溶酶体，有的则通过早期内涵体或回收内涵体直接返回到细胞膜。微RNA病毒结合到细胞受体后，通常通过网格蛋白介导、小窝介导或脂质筏依赖的内吞途径进入细胞。受体不同决定了病毒进入细胞方式的不同，艾柯病毒1（α2β1受体）采用小窝介导途径进入细胞，HPEV–1病毒（αvβ3或αvβ1）采用网格蛋白介导途径进入细胞，CAV9以αvβ3为受体，葡萄糖调节蛋白78为协同受体，通过脂质筏依赖的内吞途径进入细胞。口蹄疫病毒和大多数微RNA病毒不同，其衣壳对酸极度敏感，pH稍偏酸（pH6.5）就会发生解离，病毒衣壳五聚体VP3–142位组氨酸之间在内涵体酸性环境下解离病毒衣壳释放RNA。同时口蹄疫病毒以αv亚群整合素为受体，研究证明口蹄疫病毒A型、O型及C型都是通过网格蛋白介导的内吞途径进入细胞，经早期内涵体转运到回收内涵体，在酸化内涵体内衣壳迅速崩解成五聚体12S亚单位和VP4 RNA，再将病毒RNA释放到细胞质。

此外，采用HS结合病毒和小窝蛋白–1共同定位的方法研究发现，以HS为受体的病毒通过小窝介导途径进入细胞。进一步证明口蹄疫病毒进入细胞的途径与病毒结合的受体有关。

三、蛋白翻译

病毒识别受体，并与特异受体结合，经网格蛋白介导途径进入细胞，经早期内涵体转运到回收内涵体，在酸化内涵体内裂解，将RNA释放到细胞质，病毒基因组开始翻译蛋白，为基因组复制提供所需要的病毒蛋白。一般感染后30min宿主蛋白合成完全关闭，病毒基因组翻译需要RNA模板，复制也需要RNA模板，核糖体结合RNA开始翻译则阻止了RNA复制，似乎两者不能同时进行，关于翻译与复制相互切换的机制尚不清楚。

黄病毒通过5′和3′非翻译区（NTRs）将正单股RNA环化，终止了翻译，启动了RNA复制。脊髓灰质炎病毒借助一些细胞或病毒蛋白结合到非翻译区，形成桥将基因组环化，如病毒编码3CD前体蛋白以及细胞PCBP2和PABP等蛋白。近来研究发现，未结合细胞或病毒蛋白的口蹄疫病毒5′和3′非翻译区，在体外与细胞提取物混合相互反应，不同的NTRs可以协同沉淀四种分子量大小不同的蛋白，其中p45和p70分别为PCBP和PABP，而另外两个，p120和p30/34则不详。

口蹄疫病毒基因组为非帽化RNA，翻译依赖于基因组5′UTR的IRES，该IRES属于

Ⅱ型IRES，有两个翻译起始位点，相距84碱基。口蹄疫病毒中大约40%蛋白合成始于第一个起始位点（Lab点），大部分蛋白质合成始于第二个起始位点（Lb点）。口蹄疫病毒通过IRES启动蛋白质翻译，同时由于L蛋白降解真核翻译起始因子eIF4G，下调了宿主细胞蛋白翻译。微RNA病毒IRES通过细胞RNA结合蛋白，结合核糖体组成翻译起始复合体开始蛋白翻译。细胞RNA结合蛋白包括所有真核翻译起始因子（eIFs），但不包括帽结合蛋白（CBP）eIF4E。这些起始因子多结合于IRES的Y形第四结构域，如eIF4B、eIF4G和eIF4A。同时也包括一些宿主蛋白，如57kD的PTBP，45kD的IRES反式作用因子（ITAF45）及PCBP等，共同参与构成80S起始复合物启动蛋白质翻译。

起始复合物沿着RNA移动，到达起始密码子AUG，开始蛋白质链的合成和延伸。病毒RNA翻译属于多核糖体型，一条RNA上可以同时启动多个甚至数十个核糖体同时翻译蛋白质链。蛋白质链在翻译的同时会发生解离，首先发生L蛋白（L和P1之间）和2A（P1-2A和2B之间）的自我解离，其中L蛋白的解离将进一步降解eIF4G，释放出参与病毒翻译的eIF4G羧基端部分，抑制了宿主细胞蛋白质翻译，加速了病毒蛋白翻译。同时翻译聚蛋白在宿主蛋白酶的作用下将聚蛋白裂解为不同的前体蛋白和最重要的病毒裂解蛋白酶3C，经过逐级裂解，将聚蛋白裂解为不同的结构蛋白和非结构蛋白，为病毒基因组复制和病毒颗粒装配准备了必需的元件、酶及辅助因子。

四、核酸复制

正单股病毒RNA基因组在细胞的膜结构上复制，大多数微RNA病毒基因组复制的膜是如何形成的还不清楚，研究表明肠病毒属病毒是利用早期分泌通路（early secretory pathway）膜进行复制的。早期分泌通路是由内质网（ER）、内质网高尔基体中间体（ERGIC）和高尔基体，以及他们之间穿梭的运输小泡组成。ERGIC是内质网之后，作为蛋白质首先进行排序的第一个隔间（first compartment）。高尔基体是一组囊泡，包括顺式、介导和反式高尔基网络，作为将大分子进行分类、包装并传递到内涵体、质膜和细胞外的中心。早期分泌通路的囊泡运输是经两个不同的膜外壳复合体COPⅡ（外壳蛋白Ⅱ，coat proteinⅡ）和COPI连续传递，在Sar1、Arf1和Rab蛋白的协同作用下完成。ER和ERGIC之间运输是由COPⅡ-衣壳化囊泡介导，在ER上形成一个离散点，称之为ER退出站点（ERESs）。COPⅡ形成需要小的GTP酶Sar1，为特异鸟嘌呤核苷酸交换因子（GEF），由Sec12在ERES识别和激活，活化的Sar1启动囊泡形成，通过吸收内COPⅡ衣壳成分Sec23和Sec24，再吸收外衣壳成分（Sec13/Sec31），成为成熟的衣壳化囊泡，并从内质网出芽。Sec23是Sar1的GTP酶活化蛋白（GAP），因此，Sar1转变为无活性GDP

结合形式，COPⅡ衣壳快速从囊泡解离，然后获得COPI，这个过程称之为COPⅡ/COPI交换，融合到ERGIC。COPI衣壳化囊泡介导分泌小泡从ERGIC运输到高尔基体。这一过程也能从高尔基体、ERGIC到ER逆向运输。COPI衣壳形成需要GTP酶ADP–核糖基化因子1（Arf1），Arf1由两个相关GEFs，GBF1和BIGs组成，在高尔基体激活。GBF1是唯一已知位于顺式高尔基体的ARF1–GEF，是ER和高尔基体之间运输囊泡转运所需要的。而BIGs负责吸附Arf1到反式高尔基体。Rab也通过分泌途径调节膜转运，并在囊泡形成、转运、锚定、膜融合，以及分泌细胞器结构维持中起作用。例如，Rab1异构体定位在高尔基体膜，参与ER到高尔基体运输。

近来研究表明，脊髓灰质炎病毒（PV）和柯萨奇病毒（CV）并不利用Arf1依赖COP1囊泡形成产生复制所需的膜结构。PV的3A蛋白结合到GBF1，调节磷脂酰肌醇4–激酶（PI4K）取代Arf1组成COPI，新形成的膜缺少COPI，但富含PI4K，PI4K促进膜结合病毒依赖RNA的RNA聚合酶并构成病毒复制复合体。而BFA（brefeldin A GBF1抑制剂），Arf1或GBF1干扰RNA（siRNA）可以抑制肠道病毒的复制。口蹄疫病毒和肠道病毒在早期分泌通路中的表现有两点明显不同，首先口蹄疫病毒和PV采用不同机制抑制蛋白分泌，PV 3A抑制蛋白分泌，而口蹄疫病毒是2B和2C而不是3A封闭分泌，第二是BFA抑制PV但不抑制口蹄疫病毒复制，表明口蹄疫病毒在不依赖于GBF1和Arf1过程修饰的细胞膜中复制。口蹄疫病毒感染细胞后，首先破坏ERGIC和高尔基体，而对内质网破坏较晚，BFA破坏ERGIC和高尔基体，不是口蹄疫病毒感染所必需的结构完整的细胞器，因此，BFA不会导致口蹄疫感染显著增加。

口蹄疫病毒复制膜来源于早期分泌途径的前高尔基体间隔（pre–Golgi compartments）。首先，表达DN–Sar1突变体或Sar1消耗试验抑制Sar1，导致从内质网到ERGIC再到高尔基体的膜流抑制，口蹄疫病毒感染下降，表明复制中有Sar1依赖过程。其次，DA–Sar1a破坏ERGIC，口蹄疫病毒感染不被抑制。DA突变支持COPⅡ衣壳化囊泡形成，但阻止COPⅡ衣壳解离妨碍了进一步转运，表明口蹄疫病毒是直接利用COPⅡ或通过COPⅡ装配成的变形膜促进感染。最后，BFA、DN突变Arf1和Rab1a，这些已知封闭在前高尔基体节段早期分泌途径，破坏IBRS–2细胞高尔基体，增加口蹄疫病毒感染性。目前尚不清楚这些成分如何增加口蹄疫病毒感染性，但是已知抑制早期分泌途径相同的阶段（即COPⅡ囊泡出芽时）通过限制向ERGIC和高尔基体的膜流动，从而为病毒复制复合体形成提供更多的膜结构。

RNA复制时基因组末端相互反应形成核蛋白复合物，5′端三叶草样结构与宿主蛋白反应（PABD）再结合3′端的poly（A），将病毒RNA环化，同时病毒编码依赖RNA的RNA聚合酶（RdRPs）即3D，3D催化将UMP共价键连接到小蛋白3B（VPg）的酪氨酸上，尿苷酸化的VPg作为起始RNA合成的蛋白质引物。RNA复制启动时，有大量病毒或宿主蛋白作用于RdRP，引物蛋白VPg结合到3D的中心裂缝，聚合酶不进行大的结构重排，VPg轻微的二级结构改变就可以适应到扩展的结构中，N末端位于近NTP通路，突出关键残基Tyr3的侧链活性部位。

病毒基因组末端环化后，在依赖RNA的RNA聚合酶作用下，以RNA为模板，尿苷酸化的VPg蛋白质引物引导下，复制负链RNA，再以负链RNA为模板合成正股RNA链，在该过程中常形成双股RNA的复制中间体（RI）。以负链（cRNA）为模板合成多股正链RNA，此时合成速度加快，部分正链RNA用于病毒蛋白翻译，部分进行RNA复制，随着病毒正链RNA和病毒蛋白的积累，包装之后形成子代病毒。

五、病毒粒子装配与成熟

随着病毒感染细胞胞浆中病毒蛋白和囊泡中RNA的积累，病毒蛋白的加工和部分细胞元件的积累，病毒粒子开始装配和成熟。衣壳装配首先要将P1-2A聚蛋白裂解并组成原粒，原粒是由VP0、VP3和VP1经蛋白之间氢键或二硫键等弱化学键结合而成，五个原粒聚集形成五聚体，聚蛋白氨基端的十四烷基化、VP4的存在与否和五聚体的形成和稳定有一定的关系，病毒感染细胞中常发现12个五聚体构成75S空衣壳，十四烷基化不完全的五聚体。装配过程中可以用密度梯度离心法检测到不同的装配中间体，5S衣壳前体（单体）、12S五聚体、75S空衣壳和146S完整病毒粒子，但目前尚不清楚病毒RNA是在五聚体形成衣壳过程中包裹进去的，还是通过75S空衣壳五重轴孔进入衣壳内部，由于所有微RNA病毒感染细胞时均检测到空衣壳，所以有人认为病毒的装配是将病毒RNA装入预制的衣壳之中。关于病毒基因组和衣壳分子之间相互作用机制仍需进一步研究。羧基端的2A对病毒装配影响不明显。12个五聚体和一分子RNA装配成前病毒粒子（provirion），前病毒粒子无感染性，前病毒粒子进一步VP0裂解为VP2和VP4成熟，为具有感染性的病毒粒子，细胞破裂释放出子代病毒。VP0裂解为VP2和VP4标记病毒成熟，稳定了病毒颗粒，并使病毒获得感染性。VP0点突变研究表明，A85F/D86K突变病毒或D86C突变病毒由于VP0不能裂解，仅获得无感染性的前病毒粒子，前病毒粒子仍然具有和野生病毒一样的识别结合细胞和酸敏感的特性，但疏水性改变，无裂解VP4影响到了病毒基因组的释放。从病毒识别、侵入、翻译、复制、装配、成熟和释放，完成一个完整的病毒复制周期一般需要数小时（5~10h），典型病毒为8h，快时3h可以完成一个复制周期（图2-4）。

微RNA病毒感染通过多种机制诱导细胞膜通透性改变和核膜运输特性改变，这些病

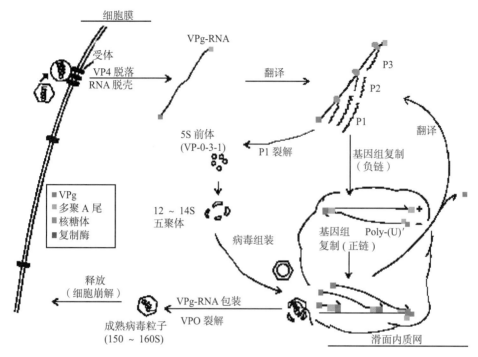

图 2-4　口蹄疫病毒生活周期

（引自 http：// www.microbiologybytes.com/ virology/ Picornaviruses.html）

毒的关键作用也要求特殊核蛋白重新分布进入细胞质，用于病毒复制。宿主蛋白核外排不是特殊的重新分布，而仅仅是通过某种机制使部分蛋白特异性的重新定位，翻译修饰蛋白直接或经病毒编码蛋白切割，蛋白和核膜孔通透性改变而发生重新定位。RNA结合蛋白，如La自身抗原（RNA 5′–NTR结合蛋白，对RNA的翻译起始活动具有关键的调节作用）、核仁素（nucleolin，又称c23，调控核糖体的生物合成与成熟）、Poly（C）结合蛋白、RNA解旋酶A和Sam68，参与一些微RNA的生活周期，或在病毒感染时有类似的重新定位。早期研究表明，未感染细胞RHA保留在细胞核是由于RHA羧基端多个重复RG和RGG的非对称二甲基化。最近研究表明，口蹄疫病毒诱导RHA重新定位于细胞质与非甲基化水平增高有关。不是口蹄疫病毒感染导致新合成甲基化RHA减少，而是使甲基化RHA去甲基化。去甲基化过程与JMJD6（Jumonji C–domain containing protein）活性有关。

（赵启祖，邹兴启，朱元源）

第六节　遗传变异

　　口蹄疫病毒高度变异，有7个血清型，血清型之间互不交叉保护，有多个亚型和变异毒株，以及不计其数的新分离毒株。抗原多样性使得口蹄疫免疫预防越来越困难，世界各地采用有限的疫苗毒株防疫大量的田间流行病毒。免疫效果不佳是预防易变RNA病毒病的最大挑战。口蹄疫病毒作为RNA病毒，没有独立自主的繁衍增殖体系，必须依赖宿主，利用宿主细胞部分功能复制繁衍，病毒自身核酸物质不断产生新的子代病毒，但自身复制所依赖的RNA聚合酶没有自我修复维持遗传稳定的功能，所以病毒快速大量繁殖，在生存环境中优胜劣汰，从而决定了病毒的遗传变异多样性。

一、准种的概念

　　准种（quasispecies）是由Eigen等于20世纪70年代初提出，用以解释能够自我复制的简单RNA或类RNA分子的自我组装和适应能力的一种数学模型。从物理学角度看，准种是序列空间中的"云"，即病毒基因组全部核苷酸，在序列空间高度联通促使病毒突变获得适应力。从化学角度看，准种是相关但不相同的基因组的额定分布。在生物学上，准种是群体水平上而不是单个基因水平的选择，强调突变的产生和同一种群突变的相互作用。病毒学家研究认为，病毒准种是经过连续遗传变异、竞争和选择所产生的密切相关的突变和重组病毒基因组的动态分布，这一理论为认识RNA病毒的适应性和致病机制，制定防控病毒性疾病新策略奠定理论基础。

二、口蹄疫病毒遗传变异的分子基础与研究方法

　　口蹄疫病毒具有显著的准种特性，病毒基因组RNA没有单一明确的核苷酸序列，而是以群的形式存在。基因组为单股RNA，以RNA为模板，利用依赖RNA的RNA聚合酶（RdRp）合成RNA，但该酶缺乏校对功能和复制后的修复功能。RNA复制转录期间，每个核苷酸平均突变率为$10^{-5} \sim 10^{-3}$，还可以发生同源或非同源重组，以及基因片段混合，从而造成病毒基因组的多样性和适应性。近来采用核苷酸突变异构体筛选出高保真RdRp

突变体，经反向遗传学技术和毒力测定证明了高保真RdRp突变体与毒力的关系，为口蹄疫病毒准种和新型弱毒疫苗研究提供了重要数据。尽管所有微RNA病毒的突变率均在$10^{-5} \sim 10^{-3}$范围，但对病毒抗原变异，及其导致疫苗免疫效力的影响程度不同。例如，Mengo病毒有1个血清型，脊髓灰质炎病毒有3个血清型，口蹄疫有7个血清型，人鼻病毒则有100多个血清型。表明即使病毒基因组组成和病毒粒子结构相似，其抗原多样性变异程度也不同，但造成这些差异的分子基础尚不清楚，需要生物化学家和进化生物学家沟通与共同研究。

随着科学技术的发展，分子克隆技术、高通量序列测定技术等现代分子生物学技术成功地应用于口蹄疫病毒遗传变异研究。首先，采用统计学技术进行病毒感染动物分离株优势序列的系统发生分析，创建了全新的基因型分类，逐渐取代了血清学方法的传统分类法，系统发生树研究有助于暴发疫情的疫源追踪和口蹄疫流行病学研究。根据核苷酸序列绘制系统发生树的常用算法有最大似然法（maximum likelihood）、基于距离的最小进化法（minimum evolution）和基于性状的最大简约法（maximum parsimony）等，无论何种方法都要进行统计置信度检验，如自举检验法（bootstrap test）、刀切检验法（Jackknife test）、似然比检验（likelihood ratio test）和贝叶斯法（Bayesian）等，常采用的生物信息学软件有CLUSTALW系列、BioEdit、MEGA（molecular evolutionary genetics analysis）系列、BEAST、SPREAD、PHYLIP、PAUP（phylogenetic analysis using parsimony）、PAL（phylogenetic analysis library）、Bionumetrics、TurboTree、GeneTree、ODEN、fastDNAml、MOLPHY、PAML等。其次，采用生物或分子克隆技术和快速核苷酸序列测定技术可以实现在准种水平研究病毒基因组的结构与组成。病毒在感染宿主或细胞复制过程中组成遗传种群，研究该种群的大小和遗传异质性对于认识病毒致病机制具有重要意义。口蹄疫病毒细胞培养时可以形成单一蚀斑（理论上是由单个病毒颗粒感染引起），通过分子克隆测序技术分析单个感染基因的子代，该子代是由大量复制突变体构成的种群或基因组群池，为适应环境变化，某一种群可能成为优势种群。采用新型快速高通量测序技术，可进一步掌握病毒在细胞、感染机体中快速增殖、选择、适应构成的准种。口蹄疫病毒发生遗传变异最终的主要表现形式是：① 致病性发生变化，导致对动物的毒力增强或减弱，或对某种特定动物的毒力发生变化，造成新的大流行；② 抗原性发生变化，导致免疫预防失败。

三、口蹄疫病毒抗原变异

抗原匹配性是口蹄疫病毒遗传变异研究的重要内容，及时掌握病毒抗原变异与疫苗抗原匹配性是口蹄疫免疫防控措施成败的关键。目前采用VP1核苷酸序列差异进行口蹄疫病毒分离株遗传关系分析和疫源追踪，在分子流行病学中发挥了重要作用，人们试图采用测定核苷酸序列推导氨基酸序列，比较分析并推测抗原性，但研究结果表明仅采用全部结构蛋白质氨基酸序列分析流行毒株与疫苗的匹配性是不可靠的。由于补体结合试验r值测定进行亚型鉴定逐渐被基因型分类所取代，新分离毒株抗原性的分析应有适合的方法。应用比较广泛而且被人们所接受的方法主要是r值测定法，r值可以采用中和试验或液相阻断ELISA进行测定，r=（免疫血清＋被检病毒）/（免疫血清＋疫苗毒株），免疫血清为疫苗免疫牛21d分离的血清或免疫猪28d分离的血清。r值是单向关系值，反映了一个毒株的抗血清对另一个毒株抗原的交叉反应程度。在中和试验中，r值大于0.3表明疫苗毒株与田间流行毒株抗原相似，其疫苗可以保护田间流行毒株的攻击，r值小于0.3表明它们之间抗原差异明显，疫苗不能保护流行毒株的攻击，建议选择流行毒株更换疫苗种毒。如使用ELISA测定法，r值为0.4～1，田间分离毒株与疫苗毒株抗原关系密切，r值为0.2～0.39，田间分离毒株与疫苗毒株抗原有相关性，但其疫苗为了获得较好保护率，应加强免疫，r值小于0.2表明毒株差异明显，其疫苗无保护力，建议选择流行毒株更换疫苗种毒。

将分析抗原变异的r值测定与用于流行病学疫源追踪的序列分析法结合分析流行毒株与疫苗毒株关系的方法，称之为抗原图谱法（antigenic cartography），用以改进疫苗毒株匹配试验，提高疫苗免疫效果。比较病毒衣壳蛋白P1编码序列推测抗原差异，结果发现中东使用最普遍的A型口蹄疫病毒疫苗毒株A_{22}/IRQ/24/64，与抗原性不匹配的流行毒株存在一个关键氨基酸VP1第149位突变的差异。研究发现仅采用遗传序列数据或结合毒株分布流行数据来预测抗原性还不够确切，在同一个地区遗传数据极为相似的2个流行毒株之间，其抗原性仍有显著差异。将5株A型口蹄疫病毒分别制备疫苗免疫，每个疫苗免疫5头牛，制备免疫血清，再采用不同方法测定r值，结果采用ROC进行统计分析，发现采用ELISA测定的r值具有统计学意义，可靠性较高。

四、口蹄疫病毒致病性变异

口蹄疫病毒可以感染70多种偶蹄动物，但感染每种动物临床症状的严重程度不同，家畜中牛和猪临床症状严重，而羊临床症状轻微，1997年中国台湾发现仅感染猪的口蹄疫病毒，即所谓嗜猪毒株，口蹄疫病毒在细胞或其他非易感动物上连续传代后会降低对本动物的致病性，这些现象表明口蹄疫病毒的致病性会发生变异。口蹄疫病毒的致病性是指病毒感染动物后引起病症的能力，取决于病毒的感染力和毒力，病毒侵入宿主动物越多，并能在宿主体内大量增殖造成严重的临床症状，表明毒株致病性越强。

细胞培养中的变异：细胞培养的口蹄疫病毒是研究微RNA病毒准种特性的最佳试验材料，Domingo等利用细胞培养的病毒在口蹄疫病毒遗传变异方面做了大量工作，为RNA病毒准种概念提供了大量的试验数据。准种是在高突变率、RNA复制特性及选择压力下竞争性适应中不断进行复杂的平衡。这一属性反映了RNA病毒的高度变异性和高度适应性。克隆纯化病毒在急性或持续感染细胞培养中进行有限代次的增殖，即可观察到高突变率口蹄疫病毒种群的遗传异质性和抗原异质性。克隆病毒进行扩增分离到大量单克隆抗体突变株病毒，显示了口蹄疫病毒种群的抗原异质性。疫苗生产和检验一般要求对毒株进行连续传代，虽然疫苗是有效的，在没有免疫压力下繁殖病毒也会出现抗原变异毒株。口蹄疫病毒持续感染BHK-21细胞连续传代病毒，有核苷酸替换和异质现象的逐渐积累，最后导致表型发生变化。持续感染中病毒和细胞可协同进化，感染初期，病毒对细胞的毒力强，细胞对病毒的抵抗力也强，随着感染的延续逐渐达到平衡。在稳定的细胞培养环境中适应并增殖了数代的病毒，分析病毒种群发现，连续传代的病毒种群的大小影响病毒的适应性和变异。O型口蹄疫病毒经细胞连续传代，VP3第56位氨基酸发生突变，由组氨酸变为精氨酸，感染细胞利用的受体由整合素变为硫酸乙酰肝素，由于乙酰肝素是比较普遍存在的细胞表面分子，所以连续传代的病毒获得了感染更多细胞的能力。研究发现中国的一株制苗毒株，经细胞传代后该毒株对乳鼠的致病力下降，LD_{50}由8.0降低到6.0左右，但对BHK-21的感染能力增强，$TCID_{50}$由7.5提高到9.0，比较该毒株变异前后发现由于VP1上4个氨基酸的突变造成病毒所识别的受体发生了改变，造成病毒对乳鼠和BHK-21细胞致病性发生变化，同样这种变异也造成该病毒宿主范围扩大，可以在多种正常情况下口蹄疫病毒不能感染的哺乳类动物细胞上生长。口蹄疫病毒细胞培养研究模型中发现病毒准种有进化记忆的功能，并以一种突变谱的形式储存记忆，将对持续感染机制研究有重要意义。

宿主动物中的变异：每一种病毒均有其易感宿主，口蹄疫病毒的易感动物为牛、羊、猪等偶蹄动物，将病毒接种其他非易感动物，将造成病毒变异，并以此特性研制弱毒疫苗，20世纪50—60年代采用小鼠、兔、鸡胚、鸭胚等致弱口蹄疫病毒，造成病毒变异，病毒对不同种类易感动物感染性发生改变，或病毒基因组发生改变。用克隆纯化的病毒感染动物，从单个动物个体分离病毒，发现分离病毒的序列有差异，即具有遗传不均一性。蚀斑纯化病毒感染猪分离病毒群有明显的遗传物质和表型的不均一性，从持续感染牛上分离的病毒分析同样也有病毒种群的不均一性，突变率高达$0.9 \times 10^{-2} \sim 7.4 \times 10^{-2} s/s/yr$。田间暴发疫情中也存在大量VP1等结构蛋白基因的突变，以及抗原性和免疫性选择突变毒株。牛合成肽疫苗研究中发现，合成肽免疫后用强毒攻击的

29头发病牛中，12头发病牛的分离病毒含有针对合成肽抗原位点A的氨基酸突变病毒，表明病毒可在动物体内快速发生选择性抗原变异。小儿麻痹症是由微RNA病毒科的脊髓灰质炎病毒引起的，已成功地利用弱毒疫苗控制和消灭了该病。属于同一科的口蹄疫病毒能否研究出弱毒疫苗，在世界各地相继开展了弱毒疫苗的研制，南美培育成功了O型和C型鸡胚致弱毒株，该毒株对牛致病力显著减弱。中国培育出O型乳鼠传代毒株。但口蹄疫不同于脊髓灰质炎病毒，很难将一种动物致弱毒株适应于其他动物。1997年中国台湾发生以感染猪为主的O型口蹄疫，该毒株20世纪70年代出现在中国香港，90年代出现在菲律宾。以感染猪、不感染牛为主要特征，核苷酸序列分析发现该毒株非结构蛋白3A编码区缺少30个核苷酸。有学者将缺失10个氨基酸的3A替换到O_1 Campos强毒株，结果发现3A显著改变了O_1 Campos强毒株对牛的致病性。同样对南美O型和C型鸡胚致弱毒株序列测定发现，该毒株3A分别缺失19个和20个氨基酸，3A的缺失和牛的致病力有关，但对猪却有很强的致病力，结果表明口蹄疫病毒在动物体内发生遗传物质和适应性变异。

五、口蹄疫病毒流行毒株变异

田间分离毒株核苷酸序列分析表明口蹄疫病毒基因组包括ORF和非编码区均可以发生突变，但有选择压力的基因组更容易发生突变积累，特别是结构蛋白VP1，该蛋白为主要抗原蛋白，在G-H环上和羧基端含有重要的抗原位点和受体识别位点，所以VP1蛋白编码基因是口蹄疫病毒遗传变异研究和分子流行病学研究的目标基因。口蹄疫病毒G-H环上主要抗原位点变异的机理是氨基酸替换的逐渐积累和个别关键氨基酸的突然改变，类似于流感病毒的抗原漂移（draft）和抗原迁移（shift）。大量田间分离毒株和单克隆抗体突变毒株的分析研究发现，病毒结构蛋白表面分布着不同抗原位点，有线性表位，也有构象性表位，凸显于病毒粒子表面，均有关键氨基酸，暴露于病毒粒子的抗原位点会优先发生替换，但事实上变化是有限的。此外，对C型病毒60年的演化历程分析，尽管有同义核苷酸替换积累，但很少造成氨基酸的替换，说明维持结构的稳定，反而约束了表面氨基酸的变化。除结构蛋白编码基因的改变外，其他部分包括非结构蛋白编码基因，甚至非编码区基因也会发生改变，例如，5′ UTR Poly（C）的长短可能与病毒毒力有关，3A的缺失可能与对牛的致病力强弱有关。

虽然分析核苷酸序列，特别是结构蛋白编码序列，并不能反映出田间分离病毒的抗原性和相互的抗原关系，但分析田间分离病毒的全基因组序列或最易变的VP1蛋白编码序列已广泛应用于口蹄疫病毒遗传变异分析、疫源追踪和疫情预测预报，正在为口蹄疫防控发挥着重要的作用。

（一）A型口蹄疫病毒的变异

A型口蹄疫病毒是7个血清型中抗原性变异最大的血清型，不同毒株之间交叉保护力差。A型口蹄疫病毒在非洲、亚洲、欧洲和美洲均有流行，可分为3个拓扑型，26个基因型，除个别基因型在不同的大陆有流行外，大部分基因型病毒有一定的地域分布规律。毒株的分布可能与人、动物及产品流动，疫苗的使用以及免疫造成的免疫压力等有关。A型口蹄疫病毒亚洲拓扑型毒株最活跃，变异最大，采用单一疫苗毒株制备疫苗，免疫动物不能完全保护所有同型流行毒株，已鉴定出A型口蹄疫病毒结构蛋白VP1～3上有36个与抗原性有关的关键氨基酸（VP2：72，79，80，132，133，196；VP3：58，59，61，70，136，139，175，178，195；VP1：83，137，139，141，143，145，147～154，159，170，173，199，201，205和209）。

目前，中东地区主要流行基因型26，A/Iran-05谱系毒株，该地区使用最广的疫苗毒株为A_{22}/IRQ/24/64，以及匹配性更强的A/Iran-96和A/Iran-99毒株，A/Iran-05毒株2003年首先在伊朗出现，疫苗毒株随即更换为A/Iran-05谱系毒株，后来又更替为A/TUR/2006，但近年来分离毒株与A/TUR/2006的匹配性又发生改变，由此可见A型口蹄疫病毒抗原变异之活跃。对1996—2011年中东地区分离毒株与疫苗毒株A_{22}/IRQ/24/64和A/TUR/2006进行r值测定分析，同时进行结构蛋白P1区序列比较分析，抗原位点1、2和4的氨基酸变异参与抗原变异，A/Iran-05谱系毒株P1区序列核苷酸取代率为1.06×10^{-2} s/s/yr，在中东地区每5～10年病毒抗原性就会发生更替，出现新变异毒株。

印度在1986年前流行基因型2，1990年前流行基因型4，1990—2001年基因型16和18共同流行，自2001年主要流行基因型18。基因型16和18，不仅核苷酸序列有差异，抗原性也有差异，2009年采用基因型18的IND40/2000为疫苗毒株，代替了传统疫苗毒株基因型16的IND17/1982。目前流行的基因型18毒株VP3-59缺失毒株分别造成2002—2003年和2007—2008年大流行，可能由于免疫压力下，蛋白VP3关键氨基酸发生选择性跳跃突变。传统的r值测定分析，IND40/2000可以保护大多数田间流行的基因型18毒株，但对新出现的部分VP3-59缺失毒株r值比较小。对基因型18 VP3-59缺失和VP3-59不缺失的田间分离毒株、疫苗毒株IND40/2000和IND17/1982进行核苷酸序列分析比较及与代表毒株r值测定分析，基因型18存在明显的两个组（VP3第59位氨基酸缺失组和不缺失组），进一步又可以分为不同亚谱系18a、18b和18c，表明A型病毒仍然处于不断进化之中，虽然IND40/2000疫苗毒株可以覆盖2002—2009年的大部分离株，并使用IND281/2003毒株和IND195/2007株作为VP3-59缺失组和未缺失组的代表毒株补充IND40/2000疫苗毒株的不足，但也无法确保能覆盖未来不断变化和出现的流行毒株。

东南亚主要流行亚洲拓扑型Sea-97谱系毒株，东南亚地区使用的疫苗种毒株为A/MAY 97和A_{22}/Iraq，泰国A型口蹄疫抗原变异分析，1997年后期推荐使用A/Sakol/97疫苗毒株，2001年开始使用A/Thailand 118/87毒株，近年来（2010—2012）分析发现A型病毒抗原性发生变异，2010年年底又推荐使用A/Sakol/97疫苗毒株。其中A/Sakol/97等同于国际疫苗中的A/MAY/97。20世纪50—60年代中国北方与苏联交界边境地区发生过A型口蹄疫，这些毒株大多属于A_{22}系列毒株。此后无大规模A型口蹄疫的发生，但在2009年和2013年在武汉等地发生A型口蹄疫疫情，分离毒株为亚洲拓扑型Sea-97谱系毒株。

口蹄疫病毒A型非洲拓扑型，有8个基因型，例如，肯尼亚1952年首次报道A型口蹄疫，曾经使用2个疫苗毒株（K18/66和K179/71）进行A型口蹄疫免疫预防，目前则使用另外2株疫苗毒株（K5/1980和K35/1980）。对该国1964—2013年分离的A型病毒遗传变异分析研究，A型非洲拓扑型的4个基因型（G-Ⅰ、G-Ⅲ、G-Ⅶ和G-Ⅷ），以及由G-Ⅰ衍化而来的第5个谱系的病毒在肯尼亚流行。G-Ⅲ和G-Ⅷ首次出现在1964年，但现已经消失，G-Ⅶ已于2005年消失，而G-Ⅰ（包括新谱系）目前在肯尼亚广泛流行。2003—2013年，G-Ⅰ基因型的G-Id病毒和含有疫苗毒株K5/1980G-Ib簇之间核苷酸变异率为14%，估计核苷酸取代率为4.22×10^{-3} s/s/yr，比中东地区流行广泛的亚洲拓扑型A-Lran05谱系毒株VP1的突变率（1.25×10^{-2} s/s/yr）低，但比当地流行的其他血清型SAT2型2.42×10^{-3} s/s/yr，O型2.7×10^{-3} s/s/yr高，表明肯尼亚A型病毒遗传变异速度快，所以防疫中采用多株疫苗毒株。

（二）Asia1型口蹄疫变异

Asia1型口蹄疫是鉴定最晚的一个血清型的口蹄疫病毒，是从20世纪50年代初期印度、巴基斯坦等地分离病毒株中鉴定分类的。Asia1型病毒主要限于亚洲地区流行，常流行于印度次大陆，包括阿富汗、印度、巴基斯坦、不丹和尼泊尔等国家，东南亚及中东地区呈散发流行，偶尔经中东传入欧洲大陆，从未传至非洲和南美洲。目前认为是口蹄疫病毒中抗原变异最小的血清型，国际上主要推荐使用的疫苗毒株为Asia1/Shamir株。单克隆抗体诱导突变株研究发现Asia1型病毒有4个抗原位点，位点Ⅰ位于VP1，G-H环的RGD基序附近，关键氨基酸为第142位；位点Ⅱ位于VP2，B-C环由多个氨基酸组成，关键氨基酸为67～79位；位点Ⅳ位于VP3，58位或59位氨基酸并于B-B结节形成立体构象有关；位点Ⅴ位于VP3，关键氨基酸为VP3羧基端的218位。采用生物信息学和免疫印迹、ELISA和序列测定等分子生物学方法，确定Asia1型口蹄疫病毒有6个B细胞表位，其中位于VP1上有3个，VP2、VP3和VP4上各有一个，分别为：VP1-1 TTTTGESADPVT 12、VP1-17 NYGGETQTARRLH 29、VP1-194 TTQDRRKQEIIAPEKQTL 211、VP2-40

EDAVSGPNTSG50、VP3-26 YGKVSNPPRTSFPG 39、VP4-30 YQNSMDTQLGDN 41。对南亚分离的47株病毒VP1序列结合三维结构预测Asia1型口蹄疫病毒的抗原位点，通过氨基酸变异系数和序列变异分析病毒遗传变异。结果发现两个B细胞位点和上述研究发现的位置一致，即VP1-16 ENYGGETQSARR 28和VP1-193 TTHDRRKQEIIA 205，同时也发现了另外两个B细胞表位，分别位于E-F环和E-F与F-G环区域。主要抗原位点位于G-H环，是所有位点中变异度最大的位点。极少数个别氨基酸的突变可以造成免疫逃逸突变。田间流行毒株抗原位点变异较少，与Asia1型病毒抗原性相对稳定表象一致。

Asia1型病毒2000—2005年在亚洲地区发生大流行，对VP1序列遗传变异分析研究发现，Asia1型病毒分为3个群、I、IV、V组为一群，IV组病毒株变异比较大，曾流行东南亚缅甸、泰国等地，可能由印度传入缅甸引发疫情。2005年从中国、俄罗斯、蒙古，2007年从朝鲜分离的毒株，均属于V组，在中国的分离株称之为Asia1型病毒"江苏毒株"，该毒株和印度1976年和1980—1981年分离毒株关系相近，VP1核苷酸序列同源性大于95%，但与印度2003—2004年流行毒株同源性仅为85.3%～87.2%，该毒株在中国大陆造成多次流行，对畜牧业造成巨大损失，流行毒株来源值得重视和反思。该毒株与印度南部1976、1980和1981年分离毒株遗传关系密切，而且和印度其他分离毒株属不同簇，与谱系B毒株有共同的祖先，核苷酸同源性大于88%，可能因某种未知进化机制，导致病毒进化速度放慢而维持了30多年，但也不排除实验室或疫苗生产厂发生病毒泄露造成大流行。II、VI为一群，该群病毒中的第II组病毒，2001年最早发现于阿富汗和伊朗分离物中，随后发生于巴基斯坦、2003年开始见于乌兹别克斯坦、塔吉克斯坦、哈萨克斯坦，2005年从中国香港分离到，特别是2003—2005年分离毒株VP1核苷酸序列同源性大于97%，随后该毒株消失，再未造成区域性流行。VI组病毒20世纪70—80年代开始在巴基斯坦周边传播，甚至传播到中东和部分欧洲国家，特别发现相距5～7年间分离的病毒株，核苷酸同源性高达99.7%～100%，推测可能和实验室病毒逃逸有关。

口蹄疫Asia1型病毒在印度是仅次于O型口蹄疫病毒的主要流行病毒，造成多次大流行，对印度48年来所收集的219个分离毒株采用贝叶斯方法（Bayesian）进行遗传变异分析，将口蹄疫病毒Asia1型分为2个基因型，基因型I（B谱系）主要流行于1964—2000年，基因型II（C和D谱系），自1979年流行至今。综合分析全球Asia1型病毒分离毒株，可以分为8个组，印度主要流行VIII组病毒。印度Asia1型病毒进化率为5.87×10^{-3} s/s/yr，按照时间顺序分析，印度流行的Asia1型口蹄疫病毒株来自77年前的共同祖先。基因型II出现在1962—1978年，同期开始使用基因I（IND63/1972）疫苗，所以不排除基因II病毒是在免疫压力下出现的突变病毒株，自2003年开始使用Asia1 WBN 117/85株或Asia1 IND 63/72株作为疫苗生产毒株。

（三）O型口蹄疫病毒变异

O型口蹄疫病毒广泛分布于世界口蹄疫流行区，只要有口蹄疫的地方就会有O型口蹄疫流行，全世界口蹄疫疫情80%以上由O型造成，近年来世界多起在无疫国家或地区暴发的口蹄疫大多由O型口蹄疫病毒引起。O型口蹄疫病毒是遗传变异度最大、抗原变异性相对较小的一个血清型，也是抗原性最弱、最难防控的口蹄疫病毒。单克隆抗体逃逸突变研究发现，O型口蹄疫病毒表面至少有5个抗原位点：位于VP1 G–H环和VP1羧基端的线性表位构成的主要抗原位点1；位点2位于VP2三重轴附近，由多个表位组成；位点3位于五重轴周围VP1的B–C环上；位点4位于五重轴附近VP3的βB结节上；位点5位于VP1 G–H环上，关键氨基酸为149位。

O型口蹄疫病毒有10个拓扑型，欧洲南美拓扑型主要流行于欧洲南美，多年流行毒株遗传变异分析表明，类似毒株在循环，大多与灭活疫苗的使用不当有关。在欧洲和部分南美偶发O型口蹄疫疫情，经抗原性分析，抗原维持相对稳定，疫苗毒株为O_1 Campos、O_1 BFS、O_1 Manisa等，维持多年未改变。

非洲主要流行西非（WA）拓扑型和东非1–4（EA1–4）拓扑型，共5个拓扑型，特别是2005年的分离毒株和其他分离毒株核苷酸序列差异较大，为14%～16%，独立构成一个新拓扑型EA4，但EA4分离毒株与疫苗毒株O_1 Manisa和O_1 Lausanne中和试验，r值分别为0.42和0.32。O_1 Manisa株和2株EA3毒株的r值分别为0.63和0.52，由此可见，虽然非洲分离毒株核苷酸序列差异较大，可以分为不同的拓扑型，但抗原性相对稳定，采用O_1 Manisa制苗种毒制备的疫苗仍然具有良好的免疫保护作用。

亚洲地区，包括印度、印度次大陆、南亚、东亚、中亚、中东，以及亚欧和亚非交界地区，是口蹄疫流行的重灾区，主要流行O型口蹄疫，主要包括中东南亚拓扑型（ME–SA）、古典中国拓扑型（CATHAY）、东南亚拓扑型（SEA）和比较稀少的2个印度尼西亚拓扑型，田间流行毒株具有变异度大、变异频率高的特点，新的毒株不断涌现，可谓"层出不穷"，是世界口蹄疫控制与扑灭计划的"坚堡"。主要感染猪的嗜猪性口蹄疫病毒、泛亚毒株及Mya–98毒株的流行为世界口蹄疫防控史留下了重重的一笔。

印度主要流行南亚–中东拓扑型（ME–SA）病毒。对1962—2001年近40年的分离毒株遗传变异分析，印度流行的O型病毒可以分为A、B和C3个分支，4个疫苗毒株属A和B分支，C分支进一步可以分为4个组，包括了大部分1982—2001年分离毒株，其中第IV组属于泛亚毒株，而第Ⅲ组是新出现的变异毒株。此后根据分离毒株遗传变异情况进一步分为Ind–2001、泛亚和泛亚–2等3个不同谱系。Ind–2001流行最广泛，核苷酸变异率为2%～14%，平均约9%，用疫苗种毒O/IND/R2/75株制备免疫血清进行r值测定，24个不同的分离毒株r值在0.4～1范围，表明该毒株具有较广的抗原谱。Ind-2001谱系毒株最初在2001年发现于印度，偶尔造成发病，直到2008年再次出现并逐渐取代泛亚毒株，成为印度O型主流毒株。对2001年以来10年的分离毒株分析，可以将Ind-2001分为a和b 2个亚谱系，病毒遗传变异突变率为6.58×10^{-3}（s/nt/yr），至2011年印度南部发现变异达到9%的新毒株，称之为Ind-2011，仅VP1和VP2上发生氨基酸变异，疫苗毒株仍然有很好的交叉保护，表明O型病毒遗传变异较大，但抗原性相对稳定。巴基斯坦和阿富汗1997—2009年分离的O型口蹄疫病毒遗传变异研究表明，该地域流行的ME-SA拓扑型病毒变异较大，可进一步分为Pak-98、Iran-2001和泛亚谱系，泛亚谱系病毒又可进一步分为泛亚、泛亚-2和泛亚-3。

泛亚（PanAsia）谱系病毒值得人们关注，在2001年前后，该病毒曾造成亚洲包括日本、韩国、中国、蒙古、俄罗斯远东以及欧洲的英国、法国、荷兰，非洲的南非等国家发病，呈全球性口蹄疫流行。研究发现该谱系病毒最早出现于1982年的印度，1996年达到流行顶峰，截至2001年，印度17个邦流行泛亚毒株，该毒株向东西两个方向传播造成世界口蹄疫大流行。印度对流行初期泛亚毒株突变率的研究发现，泛亚毒株的进化率为2.8×10^{-3}（s/nt/yr），和O型病毒的进化率2.0×10^{-3}（s/nt/yr）相似。随着泛亚毒株的扩散传播，除印度在2001年出现的Ind-2001外，Ind-2001谱系毒株可能是泛亚毒株流行初期的一个变异分支，目前仍在印度流行，是印度的主流毒株。泛亚毒株发生了明显的变异，在巴基斯坦、阿富汗、尼泊尔和中东地区，甚至到中亚和欧洲部分地区，如塔吉克斯坦、乌兹别克斯坦、土耳其、保加利亚等，出现了泛亚-2谱系毒株（PanAsia-2），成为该地区O型的主流毒株。2009年在伊朗出现新的病毒群称之为泛亚-3（PanAsia-3），也有文献将其分为泛亚-2的不同亚群，分析显示泛亚-2和泛亚-3病毒的进化率分别为6.647×10^{-3}（s/nt/yr）和7.806×10^{-3}（s/nt/yr），明显比泛亚毒株最初2.8×10^{-3}（s/nt/yr）的突变率快。此外，泛亚病毒向东传播，在东南亚地区仍在流行，但其变异方向并未演化为泛亚-2毒株方向，仍然称之为泛亚毒株，但核苷酸序列差异明显，与2001年英国分离毒株的同源性达到92%以上，而与泛亚-2、Ind-2001等系谱毒株核苷酸序列差异小于90%，有意义的是个别发病猪上分离毒株又发生了新的变异。

因此，O型口蹄疫病毒泛亚毒株，从1982年分离材料中鉴定出以来，逐渐在印度流行，20世纪90年代成为主流毒株，随后向东西两个方向传播演化变异，向西传播变异出现泛亚-2，进一步变异为不同的谱系，成为中东、土耳其等一带的主流毒株。向东传播，虽然仍然称之为泛亚毒株，但其核苷酸序列同源性逐渐减低，并成为东南亚O型口蹄疫病毒的主流毒株之一。该地区养殖动物种类复杂，从个别国家猪体分离的泛亚毒株发生了变异。泛亚毒株2001年以尚未查实的原因传入英国，造成饲喂泔水的猪发病，经羊传播造成英国、爱尔兰、法国和荷兰等国牛羊发病，造成了近代史上最大的口蹄疫暴发。泛亚毒株是最好的研究口蹄疫病毒遗传变异的试验材料之一，Garabed等采用数理统计学方法分析了147株泛亚毒株VP1核苷酸序列，对分离宿主（牛、羊、水牛和猪）和分离地区（中东、南亚、东亚、东南亚和欧洲）进行综合分析研究泛亚毒株的遗传变异与宿主免疫选择压力、流行病学、环境因素等的相互关系（2009）。

在东南亚地区猪群中主要流行O型口蹄疫病毒，最初引起人们注意是1997年中国台湾暴发猪口蹄疫，中国台湾60多年未发生口蹄疫，突然于1997年3月暴发口蹄疫。由于兽医部门和养殖场准备不足，对突如其来的疫情毫无防备，导致疫情误诊，且防疫物资，特别是疫苗匮乏，加之猪养殖密度高，使疫情迅速扩大，短短5个月造成24.2%猪场感染，扑杀约400多万头猪，损失高达60多亿美元，几乎摧毁了养猪业。造成本次大暴发的是一株嗜猪性O型口蹄疫病毒，世界口蹄疫参考实验室和美国外来病实验室测定，该毒株仅感染猪而不感染牛，也是造成早期误诊的原因之一。该病毒特性震惊了世界口蹄疫学术界，成为口蹄疫病毒研究的"未解之谜"，目前将该病毒称之为O型口蹄疫古典中国拓扑型病毒（CATHAY topotype）。分离病毒以不感染牛仅感染猪，非结构蛋白3A缺失10个氨基酸（93~102 nt）为特征。文献报道古典中国拓扑型病毒最早分离毒株为1970年从中国香港病猪样品中分离的毒株，HKN/21/70（GeneBank登录号AJ294911），在中国香港常有该拓扑型病毒分离，在中国大陆仅有零星报道。但在东南亚的越南、泰国、马来西亚和菲律宾都曾发生过该毒株引发的疫情。在亚洲以外鲜有该病毒引发疫情报道，1981年奥地利、1982年德国和1995年俄罗斯发生孤立疫情均未造成大流行。

1994年菲律宾黎萨尔省（Rizal）散养猪中首次分离到该拓扑型病毒，吕宋岛疫情最严重，扩散到27个省，对养猪业造成了严重损失，1996年菲律宾政府启动了口蹄疫扑灭计划，最后一起该病毒造成的疫情是2005年12月的奎松省疫情，最终在2011年6月宣布无口蹄疫。对1994—2005年从菲律宾22个省分离的古典中国拓扑型病毒112株，结合世界口蹄疫参考实验室收集的210株来自奥地利、中国大陆及台湾、香港地区、德国、马来西亚、俄罗斯、泰国和越南的分离株，进行VP1核苷酸序列遗传变异分析研究。菲律宾1994年流行毒株可能来源于HKN/12/91，同源性达到99.2%，1994年分离毒株和2005年毒株比较，VP1上最多有58个碱基的差异，古典中国拓扑型菲律宾谱系病毒VP1序列年变异率大约为1.5%，分子进化率（分子时钟速率）为1.25×10^{-2}（s/nt/yr）。综合分析古典中国拓扑型病毒分离株遗传进化，分子进化率（分子时钟速率）为1.06×10^{-2}（s/nt/yr）。中国香港、中国台湾和菲律宾分离毒株属于3个不同的亚谱系，但具有一个共同的来源。随着菲律宾疫情的消灭和中国台湾疫情控制，近10年来病毒变异显著变慢，但世界口蹄疫参考实验室每年对中国香港猪群的检测，仍然能发现古典拓扑型病毒在该地区的流行。此外，2010年东南亚拓扑型的缅甸98谱系传入中国香港也导致O型古典中国拓扑型病毒变异减缓。文献认为O型古典中国拓扑型病毒在中国香港特有的生态环境中维持并流行，并在1994年传入菲律宾，1997年传入越南。俄罗斯1995年疫情可能与中国猪肉有关，而较早的奥地利、德国疫情可能与俄罗斯有关。中国香港最早报道口蹄疫是1954年，20世纪50年代随着养牛业转移至内地，中国香港主要进行高密度养猪，猪群中猪瘟、流感和口蹄疫比较普遍。2001—2010年中国香港猪群中分离的70株口蹄疫病毒VP1比较分析研究发现，63个分离株为O型古典中国拓扑型病毒，与其他国家地区分离毒株比较可以分为HK-A、HK-B、TW（中国台湾）和PHI（菲律宾）谱系。HK-A包括早期分离病毒（1970—1993），其来源不同于HK-B、TW和PHI，而在1987年前后，由一个共同的来源分化出了HK-B、WT和PHI谱系，以及越南毒株，直至2014年3月中国香港仍然有古典中国拓扑型病毒分离。虽然在2010年传入了东南亚拓扑型的Mya-98毒株，但目前仍然不清楚中国香港猪群中是Mya-98取代了古典中国毒株，还是两个拓扑型病毒共同流行，免疫预防是中国香港防控的重要措施，使用疫苗主要为O/Manisa/Turkey/69（属于ME-SA拓扑型）疫苗，也有少量O/Brazil/O$_1$Campos/1958（Euro-SA拓扑型）疫苗。位于泰国的OIE东南亚口蹄疫参考实验室，分析了2006—2011年流行毒株与疫苗毒株O/Taiwan 98、O/3039、O/4625和Thailand 189/87的遗传变异关系，发现SEA和CATHAY拓扑型病毒之间交叉保护较弱，因此，应继续监测古典中国拓扑型病毒在东南亚地区的流行动态和变异规律，为CATHAY拓扑型病毒造成猪群口蹄疫的预防控制提供技术支持。

东南亚（SEA）拓扑型病毒，主要流行于泰国、越南、缅甸、柬埔寨、老挝一带，其中Mya-98毒株于2010年前后传入中国大陆。Mya-98毒株大流行是继2001年泛亚毒株大流行之后，在10年之内世界上最严重的口蹄疫流行事件。造成本次大流行的毒株是O型东南亚拓扑型Mya-98谱系的口蹄疫病毒，该毒株最早于1998年出现在缅甸，经VP1核苷酸序列系统树分析，命名为O型东南亚拓扑型（SEA Topotype）Mya-98基因型或毒株，病毒株对牛和猪均具有很强的致病性，可以在猪群或牛群中流行。该毒株初期在南亚诸国流行，随后向北向东传播，使日本、韩国、中国、蒙古、俄罗斯等国家暴发疫情，造成了巨大损失。

（四）SAT1～3型病毒变异

SAT1～3型主要集中流行于非洲大陆，2000—2010年非洲41%的疫情由SAT2型引起，19%的疫情由SAT1型引起。SAT血清型病毒偶尔传到中东地区，如1961—1965年和1970年SAT1型传入中东，1990年、2000年和2012年SAT2型传入中东。SAT3型仅局限于南部非洲，主要在非洲野水牛中储留，偶尔感染家畜。与其他血清型相比，SAT各血清型病毒之间遗传性和抗原性变异较大，同一血清型不同地域分离毒株之间遗传性和抗原性也存在巨大差异。对1974—2002年28年间分离的48株病毒结构蛋白编码区（P1）序列分析研究发现，SAT各血清型病毒分属3个簇，而且与血清学结果一致。SAT1、SAT2和SAT3型间P1区核苷酸变异分别为47.3%、48.9%和39.5%，比A、O、C（小于18%）型内变异高。SAT1型P1区核苷酸长度为2 232nt，编码744个氨基酸（除拓扑型8为2 229nt）；SAT2型P1区核苷酸长度为2 220nt，编码740个氨基酸（除拓扑型Ⅵ为2 217nt）；SAT3型P1区核苷酸长度变异大，为2 214～2 223nt，编码738～741个氨基酸。同一血清型内核苷酸序列比较，最大差异分别为SAT1型26.1%、SAT2型25.1%、SAT3型27.74%，同义突变分别占53.6%、55.7%和57%，非同义突变分别为9.4%、9.2%和11.2%，所以SAT1、2、3型口蹄疫病毒同义突变与非同义突变的比率约为6∶1。

疫苗毒株SAR/09/81和KNP/196/91以及SAT1/NIG/05/81株康复血清，r值测定抗原变异性分析研究发现，70%～75% SAT1型分离毒株r值在0.2～0.39，高效疫苗仍然可以提供免疫保护，但也有少数分离株不能保护。疫苗毒株ZIM/07/83和KNP/19/89免疫血清，ERI/12/89和RWA/02/01康复血清，r值测定结果表明疫苗毒株血清不能交叉保护大多数分离毒株，KNP/19/89仅保护16%的分离毒株（r大于0.2），ERI/12/89和RWA/02/01康复血清交叉保护20%的分离毒株。结果表明SAT2型抗原变异大于SAT1型的抗原变异。结合氨基酸比较和结构分析，SAT1和SAT2型表面环状结构是抗原易变区域，1B的βB$-\beta$C环、βE$-\beta$F环，1C的βB$-\beta$C环、βE$-\beta$F环，1D的氨基端、βB$-\beta$C环、βG$-\beta$H、βH$-\beta$I环和羧基端，SAT2型1C的βB$-\beta$C环变异不大，但1D的βD$-\beta$E环、βF$-\beta$G环变异较大。采用该方法确定主要抗原变异位点，快速分析田间流行毒株变异，为选择有效疫苗毒株提供了新技术方法。

（五）C型口蹄疫病毒变异与消失

C型口蹄疫病毒的遗传变异相对其他型比较缓慢，该病毒自确定以来曾经在非洲、亚洲、欧洲和南美洲都有流行。最早血清型分类可以分为C_1～C_5 5个血清亚型，部分VP1序列分析可以将其分为8个拓扑型。世界口蹄疫参考实验室对100多株分离病毒遗传变异分析研究发现，全球C型口蹄疫病毒可以分为4个主要谱系。谱系Ⅰ主要包括欧洲1953—1989年分离毒株，属于血清C_1和C_2亚型，最早分离鉴定代表毒株C_1/Loupoigne/Belgium/53，也是欧洲疫苗毒株，欧洲C型口蹄疫控制后期，多次疫情与疫苗毒株有关。其中有2株欧洲以外分离毒株与20世纪50年代以色列鸡胚弱毒疫苗有关。此外包括1944年、1966年南美分离毒株以及1953—1964年欧洲分离毒株，代表毒株和疫苗毒株为C_2/Pando /Uruguay /44，西班牙分离毒株与该毒株有一定关系，但C_2样病毒并没有在南

美田间造成流行。谱系Ⅱ包括南美（1971—1993年）分离的C₃血清亚型病毒株和一株
非洲安哥拉分离毒，这些毒株遗传学上分为2个组，疫苗毒株为C₃/ Indaial/ Brazil/71和
C₃/ARG/85，其中1993年阿根廷的一起疫情与疫苗毒株有关。南美最后一起C型口蹄疫疫
情分离毒株抗原分析为典型C₃病毒，但遗传序列分析则介于该谱系两个组之间。谱系Ⅲ
包括南美1955—1983年、欧洲/中东1969—1970年和菲律宾1976—1979年分离毒株，属于
C₃/C₅血清亚型，巴西疫苗毒株为C₃/Resende/Brazil/55，该毒株与巴西1984年的一起疫情
有关。也包括菲律宾1984—1994年分离毒株，该病毒VP1和2A上氨基酸的变化和菲律宾
早期流行病毒相同，所以确认该病毒从菲律宾早期流行演化而来。谱系Ⅳ包括来自亚洲
（孟加拉、不丹、印度、科威特、尼泊尔、沙特阿拉伯、斯里兰卡和塔吉克斯坦等国）
1967—1996年和非洲（俄塞俄比亚、肯尼亚和乌干达等国）1967—2004年分离毒株。该
谱系病毒未进行血清亚型的鉴定，所有印度次大陆分离毒株集中在该谱系，该毒株偶尔
传入中东地区，1982年传入科威特，1984年传入沙特阿拉伯。C型病毒最早于1957年传
入非洲，在肯尼亚流行到1988年，埃塞俄比亚在20世纪70—80年代流行，乌干达1970—
1988年有C型口蹄疫散发。非洲地区流行毒株比较集中，其来源比较单一，病毒变异度
不大，而且多起疫情与使用的疫苗毒株（K267/67）有关。

　　C型口蹄疫自1995年全世界报告疫情未超过10起，实验室确认最后发生疫情，欧洲
1989年（意大利），南美2004年（巴西），亚洲1995年（印度和菲律宾）、1996年（尼泊
尔），非洲2004年（肯尼亚）。巴基斯坦2004年发生疑似疫情，实验室未确定，零星发生
的疫情大多与疫苗的不当使用或疫苗生产企业泄露有关。自2004年全球再未发生C型口
蹄疫疫情，似乎该型病毒消失了。欧洲和南美免疫和综合防控措施的实施在C型口蹄疫
的消灭中发挥了重要作用，但在其他国家和地区该病毒的消失机理不详，病毒如何从田
间消失，对研究其他血清型病毒扑灭策略是否有帮助，病毒是否仍然在田间存在，是否
有天然储存宿主等问题值得科研人员探索研究。

（赵启祖，邹兴启，朱元源）

参考文献

Acharya R, Fry E, Stuart D, et al. 1989. The three-dimensional structure of foot-and-mouth disease virus at 2.9 A resolution[J]. Nature, 337(6209): 709–716.

Adams M J, King A M, Carstens E B. 2013. Ratification vote on taxonomic proposals to the International Committee on Taxonomy of Viruses (2013) [J]. Arch Virol, 158(9): 2023–2030.

Alam S M, Amin R, Rahman M Z, et al. 2013. Antigenic heterogeneity of capsid protein VP1 in foot-and-mouth disease virus (FMDV) serotype Asia1[J]. Adv Appl Bioinform Chem, 6: 37–46.

Baranowski E, Ruiz-jarabo C M, Sevilla N, et al. 2000. Cell recognition by foot-and-mouth disease virus that lacks the RGD integrin-binding motif: flexibility in aphthovirus receptor usage[J]. J Virol, 74(4): 1641–1647.

Barnett P V, Samuel A R, Statham R J. 2001. The suitability of the 'emergency' foot-and-mouth disease antigens held by the International Vaccine Bank within a global context[J]. Vaccine, 19(15–16): 2107–2117.

Beard C W, Mason P W. 2000. Genetic determinants of altered virulence of Taiwanese foot-and-mouth disease virus[J]. J Virol, 74(2): 987–991.

Belsham G J. 2013. Influence of the Leader protein coding region of foot-and-mouth disease virus on virus replication[J]. J Gen Virol, 94(Pt7): 1486–1495.

Bentham M, Holmes K, FORREST S, et al. 2012. Formation of higher-order foot-and-mouth disease virus 3D(pol) complexes is dependent on elongation activity[J]. J Virol, 86(4): 2371–2374.

Berryman S, Clark S, Kakker N K, et al. 2013. Positively charged residues at the five-fold symmetry axis of cell culture-adapted foot-and-mouth disease virus permit novel receptor interactions[J]. J Virol, 87(15): 8735–8744.

Birtley J R, Knox S R, Jaulent A M, et al. 2005. Crystal structure of foot-and-mouth disease virus 3C protease. New insights into catalytic mechanism and cleavage specificity[J]. J Biol Chem, 280(12): 11520–11527.

Brooksby J B. 1958. The virus of foot-and-mouth disease[J]. Adv Virus Res, 5: 1–37.

Brooksby J B. 1982. Portraits of viruses: foot-and-mouth disease virus[J]. Intervirology, 18(1–2): 1–23.

Brown F. 2003. The history of research in foot-and-mouth disease[J]. Virus Res, 91(1): 3–7.

Carrillo C, Plana J, Mascarella R, et al. 1990. Genetic and phenotypic variability during replication of foot-and-mouth disease virus in swine[J]. Virology, 179(2): 890–892.

Carrillo C, Tulman E R, Delhon G, et al. 2005. Comparative genomics of foot-and-mouth disease virus[J]. J Virol, 79(10): 6487–6504.

Curry S, Roque-rosell N, Zunszain P A, et al. 2007. Foot-and-mouth disease virus 3C protease: recent structural and functional insights into an antiviral target[J]. Int J Biochem Cell Biol, 39(1): 1–6.

Dinardo A, Knowles N J, Wadsworth J, et al. 2014. Phylodynamic reconstruction of O CATHAY topotype foot-and-mouth disease virus epidemics in the Philippines[J]. Vet Res, 45(1): 90.

Domingo E, Escarmis C, Lazaro E, et al. 2005. Quasispecies dynamics and RNA virus extinction[J]. Virus Res, 107(2): 129–139.

Duque H, Larocco M, Golde W T, et al. 2004. Interactions of foot-and-mouth disease virus with soluble bovine alphaVbeta3 and alphaVbeta6 integrins[J]. J Virol, 78(18): 9773–9781.

Fajardo T, JR., Rosas M F, Sobrino F, et al. 2012. Exploring IRES region accessibility by interference of foot-and-mouth disease virus infectivity[J]. PLoS ONE, 7(7): e41382.

Ferrer-orta C, Agudo R, Domingo E, et al. 2009. Structural insights into replication initiation and elongation processes by the FMDV RNA-dependent RNA polymerase[J]. Curr Opin Struct Biol, 19(6): 752－758.

Ferris N P, Donaldson A I. 1992. The World Reference Laboratory for Foot and Mouth Disease: a review of thirty-three years of activity (1958－1991) [J]. Rev Sci Tech, 11(3): 657－684.

Fry E E, Lea S M, Jackson T, et al. 1999. The structure and function of a foot-and-mouth disease virus-oligosaccharide receptor complex[J]. EMBO J, 18(3): 543－554.

Fry E E, Stuart D I, Rowlands D J. 2005. The structure of foot-and-mouth disease virus[J]. Curr Top Microbiol Immunol, 288: 71－101.

Garabed R B, Johnson W O, Thurmond M C. 2009. Analytical epidemiology of genomic variation among Pan Asia strains of foot-and-mouth disease virus[J]. TransboundEmerg Dis, 56(4): 142－156.

Gebauer F, De la torre J C, Gomes I, et al. 1988. Rapid selection of genetic and antigenic variants of foot-and-mouth disease virus during persistence in cattle[J]. J Virol, 62(6): 2041－2049.

Giraudo A T, Beck E, Strebel K, et al. 1990. Identification of a nucleotide deletion in parts of polypeptide 3A in two independent attenuated aphthovirus strains[J]. Virology, 177(2): 780－783.

Gladue D P, O'donnell V, Baker-bransetter R, et al. 2014. Interaction of Foot-and-Mouth Disease Virus Nonstructural Protein 3A with Host Protein DCTN3 Is Important for Viral Virulence in Cattle[J]. J Virol, 88(5): 2737－2747.

Gonzalez-magaldi M, Postigo R, De la torre B G, et al. 2012. Mutations that hamper dimerization of foot-and-mouth disease virus 3A protein are detrimental for infectivity[J]. J Virol, 86(20): 11013－11023.

Huang C C, Jong M H, Lin S Y. 2000. Characteristics of foot and mouth disease virus in Taiwan[J]. J Vet Med Sci, 62(7): 677－679.

Hui R K, Leung F C. 2012. Evolutionary trend of foot-and-mouth disease virus in Hong Kong[J]. Vet Microbiol, 159(1－2): 221－229.

Jackson T, King A M, Stuart D I, et al. 2003. Structure and receptor binding[J]. Virus Res, 91(1): 33－46.

Jackson T, Sheppard D, Denyer M, et al. 2000. The Epithelial Integrin alpha vbeta 6 Is a Receptor for Foot-and-Mouth Disease Virus[J]. J. Virol., 74(11): 4949－4956.

Knowles N, Hovi T, Hyypi T, et al. 2012. Picornaviridae. [M] //A. M. Q. KING, M. J.

Adams, E. B. Carstens, et al., Virus Taxonomy: Classification and Nomenclature of Viruses: Ninth Report of the International Committee on Taxonomy of Viruses. Elsevier, San Diego: 855－880.

Knowles N J, Nazem shirazi M H, Wadsworth J, et al. 2009. Recent spread of a new strain (A-Iran-05) of foot-and-mouth disease virus type A in the Middle East[J]. TransboundEmerg Dis, 56(5): 157 – 169.

Knowles N J, Samuel A R. 2003. Molecular epidemiology of foot-and-mouth disease virus [J]. Virus Res, 91(1): 65 – 80.

Larocco M, Krug P W, Kramer E, et al. 2013. A continuous bovine kidney cell line constitutively expressing bovine alphavbeta6 integrin has increased susceptibility to foot-and-mouth disease virus[J]. J Clin Microbiol, 51(6): 1714 – 1720.

Liang T, Yang D, Liu M, et al. 2014. Selection and characterization of an acid-resistant mutant of serotype O foot-and-mouth disease virus[J]. Arch Virol, 159(4): 657 – 667.

Loeffler F, Frosch P. 1898. Report of the Commission for research on foot-and-mouth disease [J]. Zent. Bakt. Parasitkde. Abt. I, 23: 371 – 391.

Logan G, Freimanis G L, King D J, et al. 2014. A universal protocol to generate consensus level genome sequences for foot-and-mouth disease virus and other positive-sense polyadenylated RNA viruses using the IlluminaMiSeq[J]. BMC Genomics, 15: 828.

Ludi A B, Horton D L, Li Y, et al. 2014. Antigenic variation of foot-and-mouth disease virus serotype A[J]. J Gen Virol, 95(Pt2): 384 – 392.

Maree F F, Blignaut B, Esterhuysen J J, et al. 2011. Predicting antigenic sites on the foot-and-mouth disease virus capsid of the South African Territories types using virus neutralization data[J]. J Gen Virol, 92(Pt10): 2297 – 2309.

Mason P W, Bezborodova S V, Henry T M. 2002. Identification and characterization of a cis-acting replication element (cre) adjacent to the internal ribosome entry site of foot-and-mouth disease virus[J]. J Virol, 76(19): 9686 – 9694.

Mason P W, Grubman M J, Baxt B. 2003. Molecular basis of pathogenesis of FMDV[J]. Virus Res, 91(1): 9 – 32.

Mohapatra J K, Subramaniam S, Pandey L K, et al. 2011. Phylogenetic structure of serotype A foot-and-mouth disease virus: global diversity and the Indian perspective[J]. J Gen Virol, 92(Pt4): 873 – 879.

Nayak A, Goodfellow I G, Woolaway K E, et al. 2006. Role of RNA structure and RNA binding activity of foot-and-mouth disease virus 3C protein in VPguridylylation and virus replication[J]. J Virol, 80(19): 9865 – 9875.

Newman J F, Rowlands D J, Brown F. 1973. A physico-chemical sub-grouping of the mammalian picornaviruses[J]. J Gen Virol, 18(2): 171 – 180.

Nunez J I, Baranowski E, Molina N, et al. 2001. A single amino acid substitution in nonstructural protein 3A can mediate adaptation of foot-and-mouth disease virus to the guinea pig[J]. J Virol, 75(8): 3977 – 3983.

O'donnell V, Larocco M, Baxt B. 2008. Heparan sulfate-binding foot-and-mouth disease virus enters cells via caveola-mediated endocytosis[J]. J Virol, 82(18): 9075 – 9085.

O'donnell V, Larocco M, Duque H, et al. 2005. Analysis of foot-and-mouth disease virus internalization events in cultured cells[J]. J Virol, 79(13): 8506 – 8518.

Pacheco J M, Piccone M E, Rieder E, et al. 2010. Domain disruptions of individual 3B proteins of foot-and-mouth disease virus do not alter growth in cell culture or virulence in cattle[J]. Virology, 405(1): 149 – 156.

Rico-hesse R, Pallansch M A, Nottay B K, et al. 1987. Geographic distribution of wild poliovirus type 1 genotypes[J]. Virology, 160(2): 311 – 322.

Rieder E, Bunch T, Brown F, et al. 1993. Genetically engineered foot-and-mouth disease viruses with poly(C) tracts of two nucleotides are virulent in mice[J]. J Virol, 67(9): 5139 – 5145.

Rudreshappa A G, Sanyal A, Mohapatra J K, et al. 2012. Emergence of antigenic variants with in serotype A foot and mouth disease virus in India and evaluation of a new vaccine candidate panel[J]. Vet Microbiol, 158(3 – 4): 405 – 409.

Ruiz-jarabo C M, Arias A, Molina-paris C, et al. 2002. Duration and fitness dependence of quasispecies memory[J]. J Mol Biol, 315(3): 285 – 296.

Ruiz-jarabo C M, Miller E, Gomez-mariano G, et al. 2003. Synchronous loss of quasispecies memory in parallel viral lineages: a deterministic feature of viral quasispecies[J]. J Mol Biol, 333(3): 553 – 563.

Ruiz-jarabo C M, Pariente N, Baranowski E, et al. 2004. Expansion of host-cell tropism of foot-and-mouth disease virus despite replication in a constant environment[J]. J Gen Virol, 85(Pt8): 2289 – 2297.

Rweyemamu M M. 1984. Antigenic variation in foot-and-mouth disease: studies based on the virus neutralization reaction[J]. J Biol Stand, 12(3): 323 – 337.

Sa-carvalho D, Rieder E, Baxt B, et al. 1997. Tissue culture adaptation of foot-and-mouth disease virus selects viruses that bind to heparin and are attenuated in cattle[J]. J Virol, 71(7): 5115 – 5123.

Song Y, Tzima E, Ochs K, et al. 2005. Evidence for an RNA chaperone function of polypyrimidine tract-binding protein in picornavirus translation[J]. RNA, 11(12): 1809 – 1824.

Strong R, Belsham G J. 2004. Sequential modification of translation initiation factor eIF4GI by two different foot-and-mouth disease virus proteases within infected baby hamster kidney cells: identification of the 3Cpro cleavage site[J]. J Gen Virol, 85(Pt10): 2953 – 2962.

Subramaniam S, Mohapatra J K, Sharma G K, et al. 2013. Phylogeny and genetic diversity of foot and mouth disease virus serotype Asia1 in India during 1964 – 2012[J]. Vet Microbiol, 167(3 – 4): 280 – 288.

Taboga O, Tami C, Carrillo E, et al. 1997. A large-scale evaluation of peptide vaccines against foot-and-mouth disease: lack of solid protection in cattle and isolation of escape mutants[J]. J Virol, 71(4): 2606 – 2614.

Tekleghiorghis T, Weerdmeester K, Van Hemert-kluitenberg F, et al. 2014. Comparison of test methodologies for foot-and-mouth disease virus serotype A vaccine matching[J]. Clin Vaccine Immunol, 21(5): 674 – 683.

Upadhyaya S, Ayelet G, Paul G, et al. 2014. Genetic basis of antigenic variation in foot-and-mouth disease serotype A viruses from the Middle East[J]. Vaccine, 32(5): 631 – 638.

Valarcher J F, Knowles N J, Zakharov V, et al. 2009. Multiple origins of foot-and-mouth disease virus serotype Asia 1 outbreaks, 2003 – 2007[J]. Emerg Infect Dis, 15(7): 1046 – 1051.

Vazquez-calvo A, Caridi F, Sobrino F, et al. 2014. An increase in acid resistance of foot-and-mouth disease virus capsid is mediated by a tyrosine replacement of the VP2 histidine previously associated with VP0 cleavage[J]. J Virol, 88(5): 3039 – 3042.

Waldmann O A T, K. 1926. Experimentelle Untersuchungen ueber die Pluraiitet des Maul-und-Klauenseuche Virus[J]. Berl.Tieratztl.Wschr. 42: 569 – 571.

Yang P C, Chu R M, Chung W B, et al. 1999. Epidemiological characteristics and financial costs of the 1997 foot-and-mouth disease epidemic in Taiwan[J]. Veterinary Record, 145: 731 – 734.

Zeng J, Wang H, Xie X, et al. 2014. Ribavirin-resistant variants of foot-and-mouth disease virus: the effect of restricted quasispecies diversity on viral virulence[J]. J Virol, 88(8): 4008 – 4020.

Zeng J, Wang H, Xie X, et al. 2013. An increased replication fidelity mutant of foot-and-mouth disease virus retains fitness in vitro and virulence in vivo[J]. Antiviral Res, 100(1): 1 – 7.

Zhang Z W, Zhang Y G, Wang Y L, et al. 2010. Screening and identification of B cell epitopes of structural proteins of foot-and-mouth disease virus serotype Asia1[J]. Vet Microbiol, 140(1 – 2): 25 – 33.

Zhao Q, Pacheco J M, Mason P W. 2003. Evaluation of genetically engineered derivatives of a Chinese strain of foot-and-mouth disease virus reveals a novel cell-binding site which functions in cell culture and in animals[J]. J Virol, 77(5): 3269 – 3280.

第三章

口蹄疫病毒
感染免疫

第一节　**感染与致病性**

　　口蹄疫病毒感染多种家养或野生的偶蹄动物，能够经过多种途径进行传播和感染，侵入细胞或宿主后，感染多种部位，产生一系列的生理和病理变化，诱导多种宿主应答，最终形成病毒的致病特征。

一、宿主的感染

　　牛的感染　一般通过颗粒物携带的病毒，经呼吸道或破损的皮肤及黏膜发生感染，但是感染的效率很低。病毒可以通过奶牛的乳汁、公牛的精液、尿液和粪便排泄到体外，并且小牛能够通过吃母牛的乳汁而被感染。感染的牛释放大量带有病毒颗粒的分泌物，继续感染其他易感动物。研究表明，肺和咽部是病毒复制起始的位点，通过单核细胞和巨噬细胞来进行调控，病毒迅速扩散到口或蹄部的上皮。通过空气传播可以感染牛，原位杂交检测分析，在24h内，病毒在呼吸道支气管的上皮细胞和肺部的空隙处出现，72h后在舌头的上皮细胞，包括软腭、蹄、扁桃体和支气管的淋巴结中都出现了病变。也有试验证明，病毒感染的牛，最初的复制起始位点在咽部，不是肺部。关于在呼吸道区域病毒感染起始位点相互矛盾的结论，可能与牛暴露于空气中所含有的尘粒有关，有很多影响因素，包括浮质颗粒的大小、病毒株特征，以及尘粒来源等，导致最初的感染位点不同。病灶能够在多部位产生，一般在蹄部和舌头，并且通常伴随有发热症状。严重的损伤通常发生在容易遭受外伤或者物理压迫的地方，并且伴有毒血症。病毒的潜伏期根据感染剂量和感染的途径不同，一般在2～14d不等。

　　猪的感染　通常是因为吃了口蹄疫病毒污染的饲料、直接和患病动物接触，或者被放置在口蹄疫病毒污染的地方。然而，它们对于带有病毒尘粒的感染要比牛的易感性差，但是猪要比牛和绵羊向外排出的毒量大。潜伏期是根据感染病毒的量和感染的路径而定，通常只有2d或多一些的时间。对于猪，蹄部出现病灶是最为常见的，其次是鼻镜部位，而其他部位很少发生。舌部的病灶一般比牛的小且不明显。仔猪由于心肌炎

（也称虎斑心）会出现死亡。病毒的初始复制点在病毒进入机体的入口，然后快速扩散到动物的许多上皮部位。病毒能够在病灶部位及没有病灶的其他许多部位被发现。猪能向外界大量排毒，目前的证据表明，更多的病毒复制发生在鼻黏膜内，而不是肺部。

羊的感染　羊的口蹄疫临床症状非常不明显，临床诊断是非常困难的。通过空气感染途径，羊对病毒有很高的感染性，并且能够向外界排出经空气传播的病毒。在疫情暴发期间，它们主要通过和患病动物的接触而感染。羊的蹄部和口部的损伤及发热和病毒血症等临床症状是典型的。然而，据报道，高达25%或更高比例感染的羊可能不会出现病灶，并且另外20%可能仅仅会出现一个病灶。

口蹄疫病毒还能够感染多种野生动物，通过野生动物传播的风险较大。

二、病毒识别与侵入

口蹄疫病毒通过受体介导的内吞作用进入细胞，在该过程中，病毒首先与细胞表面的受体结合。一旦病毒进入细胞内，细胞内的低pH引发病毒基因组脱衣壳，然后基因组通过胞内体膜进入细胞质。病毒通过受体结合位点与细胞表面受体相互作用是RNA病毒起始感染的第一步，是病毒侵入宿主的关键步骤，决定着病毒的感染力、致病性、组织嗜性和宿主范围等。病毒受体及其识别路径的鉴定是深入阐明病毒感染、传播和致病机制的前提和基础，具有重要科学意义。

（一）病毒识别

病毒首先通过识别宿主细胞表面的受体，才能进一步启动感染过程。目前已知的口蹄疫病毒受体包括与病毒结构蛋白VP1的G-H环上RGD基序结合的四种整联蛋白受体，与口蹄疫病毒结构蛋白VP3上第56位精氨酸相互作用的HS受体，以及一种仍未被鉴定的第三受体。口蹄疫病毒必须通过与其中的一种或多种受体分子相互作用感染宿主或细胞。

1. 口蹄疫病毒与整联蛋白受体的识别　整联蛋白是一类很重要的蛋白质，广泛地分布在各种哺乳动物细胞上。已经发现的整联蛋白有24种，其中能够与RGD基序相互作用的有8种，已经鉴定作为口蹄疫病毒受体的有4种（$\alpha v\beta 3$、$\alpha v\beta 6$、$\alpha v\beta 1$和$\alpha v\beta 8$）。整联蛋白$\alpha v\beta 3$首先被证明作为口蹄疫病毒的受体，用编码αv和$\beta 3$蛋白的表达质粒转染人的K562细胞，制备表达整联蛋白$\alpha v\beta 3$的细胞系，然后用A_{12}和O_1 BFS口蹄疫病毒毒株进行感染，结果表明整联蛋白$\alpha v\beta 3$介导A_{12}和O_1 BFS毒株感染。Jackson等研究认为整联蛋白$\alpha v\beta 6$作为口蹄疫病毒受体的候选者，因为它在上皮细胞中被表达，并与病毒的组织趋向性有关。他们证明来自于人结肠癌的SW480细胞通常对口蹄疫病毒是不易感的，在转染了整联蛋白$\beta 6$亚单位后，在细胞表面$\alpha v\beta 6$被表达，则变成了易感的细胞。在$\beta 6$转染的细胞中整联蛋白$\alpha v\beta 6$是病毒吸附的主要位点，结合$\alpha v\beta 6$有助于增加病毒进入这些细胞的概率。在这个研究中，病毒结合被单克隆抗体抑制90%以上，单克隆抗体特异性地识别$\alpha v\beta 6$，也抑制它的自然配体的结合。口蹄疫病毒对$\beta 6$转染的细胞的感染可以被同样的单抗抑制99%以上。病毒感染$\alpha v\beta 6$细胞系，能够通过RGD依赖的相互作用被调节。Jackson等证明，在转染的CHOB2细胞中作为人和仓鼠异质二聚体表达的整联蛋白$\alpha v\beta 1$可以作为口蹄疫病毒的受体。在转染的CHOB2细胞中，病毒结合几乎100%地被特异性识别人αv的功能阻断性单克隆抗体抑制；而最终转染细胞的感染也被同样的抗体抑制98%以上。此外，含RGD的肽被证明特异性地抑制由$\alpha v\beta 1$介导的病毒吸附和感染。$\beta 1$的嵌合体与整联蛋白αv亚单位具有和野生型$\alpha v\beta 1$一样的配体结合特异性，它们能够结合并调节口蹄疫病毒的感染，因此为$\alpha v\beta 1$作为受体提供了进一步的证据。Jackson等证明$\alpha v\beta 8$也可以作为口蹄疫病毒的受体。用通常对口蹄疫病毒不易感的SW480细胞系，用人的$\beta 8$ cDNA转染后，在细胞表面表达$\beta 8$，此时该细胞变得易感了。$\beta 8$在感染中的作用通过证明病毒吸附转染的细胞被$\alpha v\beta 8$异质二聚体或αv的特异性功能阻断单克隆抗体抑制来确证。

2. **除整联蛋白以外的受体**　除了整联蛋白以外，作为口蹄疫病毒细胞表面选择性受体的是硫酸乙酰肝素。1996年Jackson等报道，除了整联蛋白结合位点以外，O型口蹄疫病毒毒株和$\alpha v\beta 3$的自然配体共享对硫酸乙酰肝素的特异性吸附，硫酸乙酰肝素的结合是病毒进入细胞的起始阶段，并对体外感染是必要的。O型口蹄疫病毒通过病毒粒子表面的一个浅凹处结合糖胺聚糖（GAG），该浅凹处位于三个主要的衣壳蛋白VP1、VP2和VP3的连接处。两个预成型的硫酸结合位点控制着这个受体的特异性，且病毒中的一个精氨酸，是VP3第56位的一个残基，形成两个位点的关键成分。Stephen Berryman等证实，当A/Turkey/2/2006毒株VP1第110位上Q突变成K时，该毒株可以感染HS缺失的CHO细胞，即利用第三受体路径感染细胞。关于存在第三受体的现象也得到赵启祖等的数据证实。但目前仍然不清楚该受体具体是哪种蛋白和路径。

3. **受体结合位点**　当前关于受体结合位点的研究主要集中在整联蛋白受体结合位点RGD基序和硫酸乙酰肝素受体结合位点。Baxt和Jackson等所做的一系列的试验证明，HS能够在体外作为口蹄疫病毒感染的替代受体，并利用与O_1 BFS和O_1 Kaufbueren相似的O_1 Campos毒株的反向遗传学，证明了RGD序列在体内感染的重要性。通过O_1 Campos病毒的组织培养适应性，筛选出了在VP3的第56位残基上带正电荷的精氨酸（Arg）（被命名为3056R），并且能在CHO细胞上生长的变异株，从而也证实了这些似乎是相反的发现。病毒蛋白通过自身带正电的氨基酸残基与带负电荷的HS结合。肝素能够抑制这种病毒蚀斑的形成，但对在VP3第56位残基上带负电荷的组氨酸（His）的毒株（3056H）没有影响。把这两株病毒的核衣壳的cDNA编码区替换到A$_{12}$型病毒全长感染性cDNA对应部分，以其拯救出来的病毒与这两株病毒的表型一样。2012年Borca等利用反向遗传技术证明：第56位为R时具有稳定性，能够对宿主具有典型的致病性，为H时不具有稳定性，不能形成典型的症状。在VP1 G-H环中不仅RGD基序是保守的，其他的氨基酸也是相对保守的，但有突变成RDD、RSD、SGD和KGE等的报道，Barry Baxt等拯救了含有SGD的A型毒株。也有研究表明，RGD基序后+1位和+4位的氨基酸也是保守的，如果发生突变，将会影响该毒株对整联蛋白受体的利用效率。关于硫酸乙酰肝素受体结合位点的研究较少，如果VP3上第56位的残基是精氨酸时，该病毒则获得了利用HS的能力，如果变成负电荷的氨基酸，就失去了利用这种受体的能力，表明口蹄疫病毒利用HS受体是通过正负电荷间的相互作用启动识别的。

（二）病毒侵入

病毒进入细胞的途径主要包括注射式侵入、细胞内吞、膜融合以及其他特殊的侵入方式。而口蹄疫病毒就是利用细胞内吞（自噬）路径感染宿主的。自噬是一个细胞内路径，通过将病毒递呈给溶酶体进行降解来发挥先天性抗病毒免疫作用，或者通过提供特殊的病毒复制膜有利于病毒的复制。该动态过程涉及膜的形成和融合，包括自噬体的形成、自噬体–溶酶体的融合、通过溶酶体酶降解自噬内容物。

1. 口蹄疫病毒利用整联蛋白受体的侵入路径　口蹄疫病毒利用不同的整联蛋白作为受体（$\alpha v\beta 1$、$\alpha v\beta 3$、$\alpha v\beta 6$、$\alpha v\beta 8$）起始感染。$\alpha v\beta 6$调节的感染是由网格蛋白（clathrin）介导的内吞调节的，并依赖胞内体（endosome）中的pH。在内化过程中，病毒很快就在早期胞内体（early endosome，EE）中被检测出来，并随后出现在细胞核周围的循环核内体中（PNRE），但是没有在晚期核内体中发现。Helen L Johns等研究表明，$\alpha v\beta 8$调节的口蹄疫病毒感染同样依赖网格蛋白调节的内吞以及核内体中的酸性pH。Vivian O'Donnell等利用共聚焦显微镜来分析O型和A型口蹄疫病毒在细胞表面与整联蛋白结合之后的进入过程，结果表明口蹄疫病毒利用clathrin调节的内吞来感染细胞，病毒复制开始于酸化的内吞囊泡，通过一个尚未知的机制引起病毒衣壳结构的破裂并释放基因组。肠道病毒与受体的结合引起病毒粒子结构重排，导致VP4的释放以及VP1 N末端的延长，从而形成病毒A颗粒。该颗粒通过与膜相互作用进一步降解为80S颗粒，并释放RNA基因组。口蹄疫病毒与受体相互作用不能导致病毒粒子结构改变，口蹄疫病毒粒子改变发生在病毒的内化过程中，在该过程中病毒降解为12S五聚体亚结构并释放RNA。口蹄疫病毒与细胞表面的整联蛋白相互作用，是利用网格蛋白介导的内吞途径感染细胞的。当病毒侵入细胞后，146S粒子裂解形成12S的五聚体，从而释放出RNA。这种裂解作用并未发生在病毒与细胞表面吸附的过程中，因为从细胞中仍可以抽提到具有感染性的146S病毒颗粒。

2. 口蹄疫病毒用HS受体的侵入路径　口蹄疫病毒对于易感动物具有毒力，通过四种整联蛋白受体感染细胞。与此不同，一些组织培养适应的口蹄疫病毒毒株失去了对动物的致病力，同时也失去了利用整联蛋白作为受体的能力，这些变异毒株利用硫酸乙酰肝素（HS）作为受体感染细胞。与整联蛋白受体结合的口蹄疫病毒利用clathrin调节的机制进入早期胞内体，核内体的酸性环境导致病毒衣壳的破坏，释放RNA，通过尚不清楚的机制进入细胞质。有证据表明HS结合配体通过小窝蛋白（caveola）调节的机制进入细胞，这对分析HS与口蹄疫病毒结合之后进入细胞提供了依据。Stephen Berryman等研究了可以同时利用整联蛋白和HS作为受体的基因工程变异株O_1Campos（O_1C3056R）和只能利用HS作为受体的O_1C3056R-KGE变异株，用共聚焦显微镜来示踪这些病毒进入的过程，结果表明HS结合的口蹄疫病毒通过小窝蛋白调节的内吞进入细胞，并且在此过程中小窝蛋白和胞内体相互作用。这些结果进一步表明口蹄疫病毒进入细胞的路径只与病毒受体相关。

3. 口蹄疫病毒入侵时与宿主的相互作用　微RNA病毒感染细胞表现出细胞形态以及质膜的重排，这对于病毒的复制很重要。Hannah Armer等利用共聚焦免疫荧光显微镜和电镜检测口蹄疫病毒感染的细胞形态的改变，包括微管分布及丝状体的改变，结果表明，在感染细胞中一直存在中心体，但是微管中心区域却丧失了束缚微管的能力，而且在微管中心区没有发现标记物γ-微管蛋白（γ-tubulin），但是存在中心粒周蛋白，这表明3C束缚γ-微管蛋白，而不是对整个微管中心区的破坏。口蹄疫病毒3C蛋白是仅有的对γ-微管蛋白从微管中心区缺失及微管系统丧失完整性负责的蛋白。Gladue等用酵母双杂交方法确定与口蹄疫病毒2C相互作用的宿主蛋白，结果表明，细胞内的Beclin1是宿主内与2C相结合的特殊的伴侣。Beclin1是自噬路径中的关键分子，口蹄疫病毒的复制需要自噬路径。2C和Beclin1的相互作用在口蹄疫病毒感染细胞时，用免疫共沉淀和共聚焦显微镜得到进一步的确认。过表达Beclin1或者另一重要的自噬因子Bcl-2会强烈的影响培养细胞的病毒产量。在口蹄疫病毒感染过程中没有发现溶酶体和包含有病毒蛋白的自噬体的融合现象；可是在口蹄疫病毒感染细胞时，过表达Beclin1会导致自噬体和溶酶体的融合，这表明2C会与Beclin1结合以阻止溶酶体和自噬体的融合，从而使病毒得以生存。用反向遗传学证明2C上氨基酸的修饰对于和Beclin1的相互作用很重要，同时对于病毒的复制也很关键。这些结果表明口蹄疫病毒2C和宿主蛋白Beclin1相互作用对于病毒的复制是必需的。

三、受体在口蹄疫病毒致病性和宿主嗜性中的作用

口蹄疫病毒感染宿主或细胞，识别细胞表面受体并侵入细胞是非常重要的环节。对口蹄疫病毒而言，侵入路径也是由受体路径决定的，利用哪种受体就决定了利用哪种侵入路径，所以受体在口蹄疫病毒的致病机制中起着重要的作用。整联蛋白受体在口蹄疫病毒致病机制中起着重要作用的第一证据是：VP1 G-H环RGD序列发生突变或者删除的病毒，在培养细胞中不复制，或者不引起动物发病。利用O_1 Campos变异毒株的研究证明病毒-整联蛋白在体内相互作用的重要性。以HS结合3056R变异毒株，或者整联蛋白结合3056H变异毒株接种牛的试验揭示，3056H病毒对牛是高致病性的，而3056R病毒对牛的致病力至少弱十万倍。更有意义的是，注射大量HS结合病毒的两头牛最后出现了口蹄疫症状，但是从这两头牛分离的病毒失去了在CHO细胞上复制及在体外与HS相互作用的能力，并且其VP3的第56位残基（R变成C）或VP2的第134位残基（K变成E）出现氨基酸置换。这种变化使病毒粒子表面失去了阳性电荷，这些数据表明，病毒基因中受体结合位点的突变导致病毒利用受体的类型发生变化，进而会导致侵入细胞的路径发生变化，从而引起不同的致病表型。口蹄疫病毒对四种整联蛋白受体的利用率也不同，野生型受体结合位点RGD的变化会导致对整联蛋白利用能力的丧失，或者对同一整联蛋白的利用产生明显的变化。研究表明，RGD附近氨基酸的突变也会造成对整联蛋白利用发生变化，例如，RGD+4的氨基酸突变。总之，这些与受体相关的致病机制的改变在口蹄疫病毒或者其他病毒中起着至关重要的作用。

口蹄疫病毒受体种类的多样性决定了受体在宿主范围和细胞嗜性中起着关键性作用。在病毒颗粒表面一个或者一些氨基酸的改变可以导致受体识别和利用的替换，该病毒或许需要借助替代受体才能进入细胞，口蹄疫病毒就是这种情况。口蹄疫病毒适应细胞导致在核衣壳表面的关键性位点发生选择性突变，VP3第56位氨基酸突变成带正电荷的精氨酸，使该病毒具备结合HS的能力，进而以其为受体进入细胞。经过在BHK-21细胞上致细胞病变性感染或延长感染时间，使口蹄疫病毒的生物克隆株C-S8c1欧洲口蹄疫病毒C_1株的代表株核衣壳表面的氨基酸发生替换，该毒株对BHK-21细胞的致病力较强，并且能够感染原来并不易感的CHO细胞和人的红白血病K562细胞。相对于O型口蹄疫病毒，这株被修饰的毒株不要求利用HS去增强病毒毒力和扩展宿主细胞的嗜性，对HS缺陷型的CHO细胞进行感染，其感染力和对正常的CHO细胞一样。在具有受体识别和抗体结合的核衣壳蛋白VP1的G-H环中RGD被置换，表明RGD序列不是该病毒感染所必需的。替换RGD序列，导致被修饰的口蹄疫病毒在培养细胞中存活，而其亲本毒则不能

存活。从多次传代的口蹄疫病毒准种中能够筛选出缺乏HS结合能力的突变株，该毒株将再次利用整联蛋白介导的感染路径，并可以通过合成针对VP1 G-H环的肽来抑制病毒进入。因此，C-S8c1毒株至少有三种进入细胞的路径：整联蛋白、硫酸乙酰肝素或目前仍未知的第三路径，这就导致C-S8c1毒株对多种细胞具有感染嗜性。

关于口蹄疫病毒受体对其毒力、宿主范围和致病机制的作用，还应当深入研究：不同的血清型对不同的整联蛋白的利用效率；在发病的各个阶段，从接触病毒到病毒散播，从组织病理变化到最后的确诊，病毒可能利用的不同受体；疾病的发展过程被病毒与整联蛋白的相互作用的调节；以及与病毒相互作用的受体除了允许病毒进入和感染细胞外，是否会导致其他病理学现象；病毒的培养条件与受体的替代、宿主变化和扩展的关系等。这些问题的研究，将为口蹄疫病毒致病机制的研究提供了很好的切入点，并且为控制和消灭口蹄疫病毒提供有力的判断和合适的策略。

四、口蹄疫病毒的致病

基因工程技术的飞速发展，病毒的RNA结构、基因编码产物的成熟与加工、病毒的复制过程、表达调控机制的研究，为口蹄疫病毒致病的分子机制研究奠定了基础。

（一）5′非编码区

1. **口蹄疫病毒基因组包含一个蛋白质帽子**   在微RNA病毒基因组化学结构的研究中，人们发现微RNA病毒的基因组并不含有对信使RNA（mRNA）的翻译起关键作用的帽子结构，而是在微RNA病毒基因组的5′末端共价连接一个小的由病毒基因组本身编码的蛋白（3B），这个现象首先是在脊髓灰质炎病毒中发现。1977年Sangar等发现口蹄疫病毒的基因组也具有这一特征。随后的研究还表明与基因组相连接的蛋白在复制过程中存在于新生的正链和负链基因拷贝中，这提示3B的共价连接在起始RNA的复制方面起一定作用。而且与口蹄疫病毒基因相连接的蛋白质并不止一种，据Forss和Schaller认为存在有三种不同的3B拷贝，它们的核苷酸序列是基本一致的，并且以几乎相同的分子数存在于病毒基因组中，这三个3B以串联形式存在并且表现出序列的高度保守性，这些序列的第3个残基都是酪氨酸，它通过磷酸二酯键与病毒RNA相连接。

口蹄疫病毒能编码多拷贝3B，这在微RNA病毒中是独一无二的。迄今为止还没有发现在自然界分离的毒株少于三个3B编码区，表明有一个强的选择性压力来维持这种状况的存在。尽管在所有的自然野毒株中都含有三个保守的3B序列，但是通过遗传基因工程技术可以得到缺少一个或两个3B序列的病毒。这些含有单一3B序列的病毒虽然能在BHK

细胞和猪肾细胞中良好生长，但在胎牛肾细胞中复制能力有所降低，因此，3B拷贝数可能与口蹄疫病毒潜在的致病性和广泛的宿主谱有关。

2. S片段，poly（C），假结节和顺式复制元件　20世纪80年代初期对微RNA病毒基因组序列的研究结果表明，微RNA病毒基因组具有一些特征性的结构。包括5′端含有一个长非编码区，对于口蹄疫病毒而言，其5′非编码区（5′UTR）长度超过1 300个碱基，远比其他微RNA病毒，如肠道病毒、PV（740碱基）、心肌炎病毒、脑心肌炎病毒（EMCV 850碱基）都要长。口蹄疫病毒的5′UTR包含一个短的S片段和一段含有约90% C碱基的poly（C）序列。随后是一段长约700个碱基的非编码区，该区段能形成多个高度保守的二级结构，包括重复的假结节（PK），一个顺式作用元件和一个起始翻译的结构，即内部核糖体进入位点（IRES）。虽然有一些结构在心肌炎病毒的5′UTR中也存在，但是有些元件是口蹄疫病毒唯一的。S片段，poly（C）和PK结构占据口蹄疫基因组中开始的600个碱基，然而在PV的5′端是一个短三叶草结构（长度少于100碱基）。该结构被证明与一些微RNA病毒的复制有关，如此看来S片段，poly（C）和PK结构在口蹄疫病毒基因复制中也具有类似的角色。

S片段大约有360个碱基，能够折叠形成一个长的茎环结构。这一结构可以使基因组避免来自于宿主细胞中核酸酶的消化，因此PV 5′端的结构对于基因组的稳定起重要的作用。此外，在基因组复制过程中，PV的5′端能与负链的3′端形成互补结构。表明S片段可能对基因的复制起一定作用。也可能影响病毒的致病性及其宿主谱。然而，通过比较野生型、人工致弱毒和细胞毒的S片段序列发现，只有少数碱基发生改变，而且这些改变并不能影响其二级结构的形成。

早期的研究发现不同的口蹄疫病毒毒株含有不同长度的poly（C），并且认为poly（C）与病毒的致病性有很大关系，Harris等（1977）通过比较强、弱毒株，表明poly（C）的长度与病毒的毒力有关。然而，与此相矛盾的是基因组其他区域的改变也能很容易地解释不同病毒毒力的差异。此外，Giomi等通过比较具有不同长度poly（C）的分离株，认为poly（C）序列的长度与毒力无关。Zibert则证明保持一定长度的poly（C）序列是维持病毒的毒力所必需的。Rieder通过构建基因工程毒证明，poly（C）只含有2C时，仍可以稳定的繁殖，但是其感染的剂量要比含有长poly（C）序列的病毒高几个数量级。这些研究结果与心肌炎病毒形成鲜明的对比，因为这类病毒的poly（C）长度非常稳定，而且poly（C）的长度对病毒的致病性非常重要。一些研究学者发现细胞中的poly（C）结合蛋白质（PCBP）有助于细胞蛋白质结合到PV 5′端的三叶草结构上，最近的研究结果进一步表明PCBP通过与宿主和病毒蛋白相连接，可以把PV基因组的5′端和3′端连接在一起，形成一种结构，这种结构在病毒的生长周期中来调节转录翻译和复制之间的转换。

因此，人们推测口蹄疫病毒poly（C）序列通过与PCBP的相互作用，在口蹄疫病毒基因组的环化过程中起重要作用。

口蹄疫病毒poly（C）序列之后有3~4个RNA假结节（PK），关于这些假结节的功能还不清楚。在PK结构之间有一个发夹-环状结构，似乎是口蹄疫病毒基因组顺式复制元件（CRE），这类元件最先是在人鼻病毒14（HRV14）的基因组中被发现的。该元件是一种茎-环结构，其环部有保守的AAACA基序，它是微RNA病毒基因组复制所必需的。CRE在不同的病毒中所处的位置不同，HRV 14的CRE在1D编码区；心肌炎病毒的CRE在1B编码区；PV的CRE在2C编码区；HRV2的CRE在2A编码区；而口蹄疫病毒的CRE则被发现存在于PKs和IRES之间的非编码区内。这与其他小RAN病毒有明显的不同。

3. 内部核糖体进入位点（IRES） 20世纪80年代后期对PV和EMCV的研究结果表明，微RNA病毒不具备帽子结构，从基因组的5′端到起始密码子之间有一段长非编码区。Jang等的研究证明在PV和EMCV的5′ UTR中有一段序列，能为核糖体所识别并结合，从而起始基因组的翻译过程，该段序列被称为内部核糖体进入位点。Kuhn等也发现口蹄疫病毒的基因组上也存在内部核糖体进入位点，这样的元件在其他的微RNA病毒和细胞mRNA中也陆续被发现。

根据其高级结构的差异，可以将微RNA病毒的IRES元件分为三种类型。肠道病毒和鼻病毒为Ⅰ型，口疮病毒和心肌炎病毒为Ⅱ型，肝炎病毒为Ⅲ型。在各型中，IRES的二级结构都比其一级结构的保守性要高，而且所有微RNA病毒的IRES的3′端富含嘧啶区。对于口蹄疫病毒而言，在L蛋白的两个起始密码子上游都有富含嘧啶的区域。

口蹄疫病毒的IRES元件位于CRE元件之后，长约450碱基。通过与已经发表的微RNA病毒的核苷酸序列进行比较，对口蹄疫病毒的IRES进行生化分析，Pilipenko将口蹄疫病毒IRES归类于Ⅱ型IRES。已经确认该模型具有五个结构域，其中的某些结构域可能参与病毒翻译的调控。最近的研究表明，口蹄疫病毒IRES的结构域可以与许多细胞因子［如真核起始因子（eIFs）］及一些未知的蛋白相互作用。另外，这些结构域通过一些保守的基序，如GNRA（N代表任一核苷酸，R代表嘌呤碱基）参与大范围的RNA-RNA间的相互作用，这种作用对于维持IRES的三级结构很重要。

Luz和Beck首先发现了一个57 kD的细胞蛋白（p57）能与口蹄疫病毒IRES的5′和3′端相互作用，这种作用有一定的生物学相关性，因为无论缺失IRES的5′或3′端都会降低p57的结合力，在体外翻译过程中，如果缺失IRES的5′端会部分抑制病毒的翻译过程，如果缺失IRES的3′端会几乎完全抑制体外翻译的进行。p57结合位点唯一保守的基序是UUUC，该基序是IRES 5′端结合位点的关键元件，即使只发生单个的嘧啶-嘌呤的颠换都会抑制p57的结合。这种p57蛋白也可以与PV、EMCV和HRV等微RNA病毒的IRES相互作用。另外，还有一种多聚嘧啶区结合蛋白（PTBP）可以与IRES相结合，PTBP也参与mRNA前体的剪接。Pilipenko最近的研究表明在口蹄疫病毒的IRES上存在数个PTBP结合位点。同时他还发现了另外一种蛋白质对口蹄疫病毒的IRES依赖性翻译十分重要，但对于EMCV的翻译却并非必需。他将这个45 kD的蛋白质命名为IRES特异性反式作用因子（$ITAF_{45}$），研究还表明它与以前发现的一种细胞增殖相关性蛋白有关。PTBP和$ITAF_{45}$都是口蹄疫病毒48S起始复合体形成所必需的因子，而且人们推测这两种蛋白质可能是RNA的分子伴侣，有助于IRES的功能性折叠。

在IRES介导病毒的翻译过程中，有可能涉及一些真核起始因子eIF，这些eIF是细胞mRNA翻译所必需的。这些eIF有的可与EMCV IRES直接作用，有些因子则通过帮助形成48S起始复合体来促进非帽子结构依赖性的翻译。对口蹄疫病毒而言，L蛋白切割eIF4G所产生的C末端，能结合于IRES的第四结构域，并和eIF4A和eIF3互相作用，但该片段不能与帽子结合蛋白质和eIF4E相结合。Meyer的研究发现，eIF4B能与口蹄疫病毒IRES的第4、5结构域相互作用，并且在48S和80S核糖体起始复合物中与IRES交叉连接。但是Lopez de Quinto等的研究表明eIF4G与IRES的相互作用对翻译活性的重要性，比eIF4B的结合更为重要。

eIF4G直接与IRES的作用解释了微RNA病毒的蛋白酶是如何关闭宿主细胞的蛋白质合成系统，而不削弱自身基因组的翻译过程。对于有帽子结构的mRNAs而言，起始因子eIF4G是作为一个桥梁将mRNA（通过eIF4E）与核糖体的小亚基（通过eIF3）连接到一起的。因此，口蹄疫病毒通过L蛋白对eIF4G的裂解可以阻抑宿主mRNAs与核糖体小亚基的结合，但是eIF4G裂解的部分保持它的活性，eIF4G结合到IRES上促使进一步与其他的因子如PTBP和ITAF45的结合，这些都有助于IRES的正确折叠，促进病毒mRNA的高效的转译。

IRES元件的主要作用是介导病毒RNA的有效翻译，表明IRES在病毒的致病性方面可能起一定的作用。支持这一假说的证据来自于Sabin PV疫苗株的分析，研究证明对三株Sabin PV的IRES元件实施突变可以降低病毒的神经性毒力，这可能是由于基因突变导致了IRES的二级结构发生改变。Martinez-Salas等将口蹄疫病毒在BHK-21传代细胞系上连续传代100次后，收获病毒并对IRES的核酸序列进行测定，结果发现与其祖代毒相比，该区有2个关键的点突变，这种突变可以说明从BHK-21细胞中分离的口蹄疫病毒的毒力有可能增加。

（二）前导蛋白酶（L^{pro}）

1. L^{pro}负责关闭宿主的蛋白合成系统　L^{pro}由ORF的5′端序列编码，口蹄疫病毒的7

种血清型中L^{pro}的编码区都有2个起始密码子，编码产物分别为Lab和Lb。虽然无论是在体外或感染细胞中都能检测到这2种蛋白，但Cao等的研究表明Lb（从第二个AUG开始编码）是体外翻译的主要产物，突变第一个起始密码子后，可以得到活病毒，但是如果突变第二个起始密码子则得不到这种结果。

L^{pro}是一种木瓜蛋白酶样蛋白酶，以二聚体形式存在。L^{pro}可以将其自身从正在合成的多肽链上裂解下来，当它从病毒多聚蛋白中释放出来以后，能降解宿主细胞的翻译起始因子eIF4G。口蹄疫病毒L^{pro}（以及肠道病毒或鼻病毒的$2A^{pro}$）对宿主细胞eIF4G的裂解可导致宿主mRNA翻译起始的关闭。由于口蹄疫病毒RNA的翻译起始过程不依赖于帽子结构，并不需要完整的eIF4G，通过IRES的介导就可以完成，因此病毒可以自由利用宿主的蛋白质合成系统来合成自身的蛋白。

L^{pro}的自身裂解发生在其羧基端的Lys– Gly之间。它对eIF4G的裂解发生在Gly_{479}–Arg_{480}之间，然而HRV及柯萨奇病毒$2A^{pro}$裂解eIF4G的位点是Arg_{486}–Gly_{487}。但是无论是在哪个部位裂解都会造成eIF4G N端与C端的分离，据报道eIF4G的N端主要结合eIF4E，C端部分结合eIF4A和eIF3。另外还有报道说L^{pro}也可能裂解宿主的细胞周期蛋白，但是裂解这些细胞周期蛋白对口蹄疫病毒的感染有什么重要作用还不清楚。

2. L^{pro}是口蹄疫病毒的一个毒力决定性因素　Piccone等通过基因工程技术得到了缺失L^{pro}的病毒（A12–LLV2）。将第二个起始密码子AUG放到1A蛋白第一个密码子的上游可以很容易产生活病毒，但是如果将第一个起始密码子AUG放到同一位置，则不能产生有活性的病毒。因此可以推断在病毒复制中病毒偏爱使用第二个AUG，同时也表明在两个起始密码子的序列中可能存在能与一些调节因子相互作用的元件，以帮助识别起始密码子。

因为L^{pro}可以通过裂解eIF4G关闭宿主蛋白质的合成，所以缺失L^{pro}的病毒对细胞的致病性应该比自然病毒要低，但事实上缺失L的病毒在BHK–21细胞中的复制速率只比自然病毒稍微慢些，其生成蚀斑的数量比自然病毒低10倍，蚀斑稍微变小。二者对乳鼠的致病性也没有太大的差异。值得注意的是，在进行牛舌面接种时，缺失L的病毒使牛舌发生病变的能力要比自然病毒低10万倍，而且不能引起牛发病。给牛或猪大剂量接种缺失L的病毒时，与其同居的对照组动物并不发病，表明这种基因工程毒不能从接种动物传播给其他动物。但自然病毒却会使同居动物发生典型的口蹄疫症状。所有这些结果都表明口蹄疫病毒的毒力与L^{pro}有关，而且L^{pro}是口蹄疫病毒引起发病与传播的一个重要基因。

Brown等将牛暴露于含有高滴度的自然毒或缺失L的基因工程毒的气雾中。结果发现，72h后暴露于自然毒的牛发生了典型的口蹄疫临床症状，而暴露于缺失L的基因工程毒的牛却不发病。组织病理学检测的结果表明，暴露于自然毒气雾中的动物于24h后呼吸性细支气管发生组织学变化，应用原位杂交技术能检测到特定的病毒，72h后在上皮细胞的原位杂交检测结果呈阳性，并伴有可见的病理变化。相比之下，暴露于缺失L的基因工程毒气雾的动物在肺部并没有可见的组织病理变化，在24h和72h分别进行原位杂交检测，肺部呼吸性细支气管有较弱的杂交信号，而上皮组织没有可见病变和杂交信号。由此可见，缺失L的基因工程毒感染只局限于肺部的一定区域，并不能向病毒嗜好的组织器官扩散。然而，用强毒株O_1构建的缺失L的基因工程毒能使猪发生温和性的口蹄疫，所以这种缺失L的基因工程毒并不能作为基因工程致弱疫苗。

虽然这种缺失L的基因工程毒的毒力发生了很大的变化，但宿主动物能对它的感染产生应答。宿主对病毒感染的应答之一是产生Ⅰ型干扰素（IFN-Ⅰ）。IFN-Ⅰ分泌出来后能结合临近的基质细胞，通过信号转导途径合成多种基因产物，这些产物能在病毒复制的各个阶段发挥抑制作用。口蹄疫病毒的复制可被IFN-Ⅰ抑制。用自然毒或缺失L的基因工程毒来感染牛和猪的细胞都能产生Ⅰ型IFN mRNA，但是IFN的活性只能在感染缺失L的基因工程毒的细胞中检测到。其原因是在自然毒感染的细胞中，由于L^{pro}关闭了INF mRNAs的翻译就没有IFN的产生，所以在动物中只有自然毒从肺部扩散，而缺失L的基因工程毒由于IFN mRNA在感染细胞中的翻译阻止了它在全身范围内的扩散。

由于BHK-21细胞对于IFN的反应性有缺陷，所以缺失L的基因工程毒在BHK细胞中生长良好，并产生与自然毒相似的滴度。同样乳鼠也缺乏Ⅰ型IFN系统，这与缺失L的基因工程毒不能在这种动物模型中致弱的事实相一致。

3. L^{pro}是口蹄疫病毒的一个天然免疫抑制蛋白　L蛋白被认为是口蹄疫病毒颉颃宿主天然免疫反应最为重要的蛋白，因为其可以直接裂解多种天然免疫通路的节点分子而发挥免疫抑制作用。L蛋白可以通过裂解NF-κB蛋白而抑制由NF-κB调控的相关细胞因子和趋化因子的表达，为病毒复制提供有利的复制和增殖条件与环境。L蛋白同样可以通过裂解干扰素调节因子3（interferon-regulated factor，IRF）和IRF7而颉颃Ⅰ型干扰素的表达，进而极大程度地抑制宿主抗病毒蛋白的表达，促进病毒的复制。L蛋白被报道具有去泛素化的功能，其可以抑制RIG-I、TBK1等Ⅰ型干扰素通路的重要节点分子同样抑制IFN-I的产生，从而发挥免疫抑制作用。L蛋白被报道具有抑制抗病毒蛋白RANTES的表达，而发挥颉颃效应。而L基因缺失的口蹄疫病毒对宿主干扰素诱导水平、NF-κB的表达水平及相关抗病毒蛋白的表达水平的抑制能力则明显下降，病毒复制水平也显著降低。进一步研究表明，L^{pro}作为去泛素化蛋白酶，通过抑制RIG-I、TBKI、TRAF6和TRAF3的泛素化，从而抑制IFN-I信号的传导。L^{pro}还能通过SAP结构作用抑制NF-κB的活性以及下调IRF-3/7的表达来抑制IFN-β转录。由此可见，L蛋白通过多种途径发挥免疫抑制作用，有利促进和保障口蹄疫病毒的快速复制。

（三）结构蛋白

同其他微RNA病毒一样，口蹄疫病毒的衣壳由4种结构蛋白1A、1B、1C和1D各60个拷贝组成。病毒子的这种三维结构利于暴露其抗原位点。除此之外，这些结构介导病毒与细胞受体结合，以便于病毒基因组进入到细胞内，并决定了了衣壳蛋白在环境中的稳定性。1B、1C和1D的空间结构十分相似，都是由一个8折的β折叠桶和几个大小不同的loop及β片层组成核心结构。1A包埋于病毒子里面，其结构类似于1C和1D的N−端部分，是烷基化的，因此整个病毒衣壳的表面是被1B、1C和1D覆盖。与其他微RNA病毒不同的是，口蹄疫病毒对低pH敏感（pH在6.5以下可被裂解）。研究表明在五聚体中1B/1C的结合处有一富含组氨酸区域，与病毒在酸性环境易分解有关，因为在酸性条件下，组氨酸残基的质子化可以生产足够大的排斥力量以解开病毒衣壳的结构。无疑这对病毒的致病性及其在环境中的传播有很大影响。

1. 衣壳的装配　结构蛋白质由基因组P1区编码，P1/2A前体被$3C^{pro}$的裂解形成一个原聚体，包含有1AB、1C和1D。五个原聚体组装成一个五聚体，十二个五聚体再组装成一个容纳RNA的粒子，称为前病毒粒子（provirion），或者组装成一个不含有RNA的空衣壳。这两种组装机制现在还不清楚。我们知道PV只有囊膜化的基因组RNA才与3B共价连接，并且知道RNA病毒的包装只有在RNA的复制过程中完成。另外，1AB的十四烷基化是衣壳蛋白有效装配所必需的。目前有两种假设可解释这种五聚体是如何装配成病毒前体的，一种是假定五聚体先装配成空衣壳，然后RNA再插入其中形成病毒前体，另一种假设是五聚体直接与RNA互相作用形成病毒前体，而无需形成空衣壳中间体。支持第一种假设的根据来自于在口蹄疫病毒感染细胞过程中，在病毒粒子装配过程中用放射性标记追踪，五聚体组装成空衣壳，空衣壳再与RNA形成病毒粒子的。脊髓灰质炎病毒（PV）的五聚体在体外可以在没有病毒RNA存在的情况下可自我装配成空衣壳。但在体外产生的空衣壳与从体内分离的空衣壳具有不同的物理特性。虽然许多研究证明在病毒前体装配过程中要经过空衣壳中间体，但最近的研究表明，只有五聚体而非空衣壳才能与新生成的病毒RNA相作用形成病毒粒子。说明五聚体是PV病毒粒子形成的前体，而空衣壳可能只是装配过程中的一种终产物。这些空衣壳结构有可能是五聚体的一种存储方式。这一事实有助于来解释第二种假说。作为形成传染性病毒粒子前的最后一个结构，病毒前体是由1AB、1C和1D构成的，并包含有RNA，尽管在PV、A型肝炎病毒和牛的肠病毒感染的细胞中都发现了病毒前体，但在口蹄疫病毒自然感染的细胞中却没有发现病毒前体。在病毒前体转变为成熟病毒粒子前的最后一步，1AB蛋白质以一种尚不清楚的机制裂解为1A和1B，这一裂解过程依赖于基因组RNA的存在。据报道在空衣壳蛋白中口蹄疫病毒1AB蛋白也可以裂解，然而这种裂解是发生在非正常位点，表明RNA是正常病毒前体成熟所必需的，还有研究表明这种成熟机制涉及1B中保守的His残基，它容易使周围的水分子对易断的键进行亲核攻击，从而造成1AB的裂解。在其他微RNA病毒中可能也具有类似的模型，因为RNA的存在或RNA-金属离子复合物都能增加亲核反应的效率。不管1AB成熟裂解的精确机制是什么，但有一点是清楚的，即这是一种自发裂解过程，而且该过程是产生感染性病毒粒子所需要的。在口蹄疫病毒前体转变为成熟病毒粒子的过程中，对1AB裂解位点附近的核苷酸碱基进行突变，结果表明病毒能忍受一些突变而不影响1AB的成熟裂解，但在裂解位点发生突变后，1AB就不发生裂解，而且所产生的病毒前体没有感染性。

2. 抗原结构和受体结合　对口蹄疫病毒抗原结构的研究主要是为了弄清疫苗的免疫机制和研制新型疫苗，研究表明纯化的1D或其中的某些肽段能诱导产生中和性抗体，并能保护动物免受病毒的攻击。这些1D片段包含一个突出于病毒表面的$\beta G-\beta H$（G-H环）。对不同血清型口蹄疫病毒的研究结果表明，1D G-H环包含重要的抗原决定簇。

已经有多种方法可阐明口蹄疫病毒与细胞受体结合的分子基础，对完整的A_{12}病毒用胰酶部分消化导致了1D蛋白质在Arg_{144}残基处水解，后来表明这个区段是G-H环的一部分。从该位点水解的不完整病毒子没有感染性，也不能结合到细胞上，这表明1D的G-H环可直接与细胞表面蛋白质互相作用。Pierschbacher等的研究也证实1D在与细胞的结合中起重要作用，并且发现Arg-Gly-Asp（RGD）三肽序列在与细胞结合中发挥与G-H环同等的作用，RGD序列可通过网状纤维素与细胞受体结合。在口蹄疫病毒的各个型与亚型中，RGD都是非常保守的，破坏RGD基序可以抑制病毒与细胞的结合。在有感染性的cDNA中通过直接突变或删除RGD序列，证明这种病毒没有感染性而且也不能致病，说明RGD在病毒与细胞结合中有重要作用。随后发现整联蛋白$\alpha v\beta_3$和$\alpha v\beta_6$都有可能是口蹄疫病毒的细胞受体。口蹄疫病毒通过Fc受体介导的吸附也能感染细胞，或者是通过人工受体再与细胞结合，这个人工受体含有与ICAM-1融合的单链口蹄疫病毒单克隆抗体。因为多克隆抗体能引起抗体介导的感染，这种单链融和单抗受体能够介导缺失RGD序列病毒的感染，说明口蹄疫病毒的细胞受体除了1D的G-H环以外还能利用病毒的其他区段。

Jackson等发表的一项研究表明黏多糖、硫酸乙酰肝素（HS）可以作为O型口蹄疫病毒的联合受体。这与口蹄疫病毒具有高亲和力的、高拷贝数的细胞受体观点相一致，但与早期的研究结果A型口蹄疫病毒不能与CHO细胞相结合（细胞表面高水平表达的HS）的观点相悖。对此的解释是，O型口蹄疫病毒可以利用的其他受体不能为A型口蹄疫病毒所利用。组织培养物的适应毒株O_1 Campos在1C蛋白的第56个氨基酸残基为带正电的Arg

残基，能与HS结合，因而该毒株能在CHO细胞中生长，但对牛没有致病性。该结论佐证了以上解释。与此相反的是对牛有致病性的O_1 Campos第56个氨基酸残基为His而非Arg，因而不能与硫酸乙酰肝素结合，也不能在CHO细胞上繁殖。后来的研究又证明对于以硫酸乙酰肝素为受体的病毒来说，RGD并非必需的细胞吸附位点。用X线衍射技术也证明病毒1C蛋白的第56位Arg残基在与HS结合中的重要性。组织适应性C型口蹄疫病毒也可选择在其表面带有正电荷的病毒粒子，利用RGD与整联蛋白依赖性吸附细胞的方式，并在组织培养物中复制。

学者们对微RNA病毒的五聚体及其脱衣壳过程都进行了很详细的研究。在进入细胞前，肠道病毒发生受体诱导性的构象变化，可产生一个含有RNA的粒子，称为A粒子，它缺少内部的1A蛋白。与肠道病毒不同的是，口蹄疫病毒与敏感细胞相互作用并不产生A粒子。不管在其他微RNA病毒感染过程中A粒子的形成具有什么作用，口蹄疫病毒感染缺乏A粒子说明口蹄疫病毒采取了完全不同的方式与受体及易感的细胞相互作用。这些差异也和口蹄疫病毒的相对不稳定性有关，如对酸敏感，具有较薄的衣壳，能利用多种受体，特殊的粒子表面使得口蹄疫病毒与受体的亲和力比其他微RNA病毒要小。暴露于口蹄疫病毒表面的细胞结合位点（如RGD和HS识别位点）与其他的微RNA病毒是有差异的。作为口蹄疫病毒的靶组织，口鼻或呼吸器官的上皮很容易被口蹄疫病毒侵入，病毒保持一个不稳定的衣壳，从而使得病毒更容易脱衣壳。这些推测对口蹄疫病毒能利用多种受体相一致。并且一些生物化学证据也表明病毒粒子进入酸性核内体可引发口蹄疫病毒的脱衣壳过程。因此，在口蹄疫病毒感染过程中脱衣壳相对简单反映了病毒粒子对酸的敏感性。然而，病毒粒子在酸性核内体中的崩溃对病毒的感染是必要条件，但不是充要条件。因为含有RNA的非感染性病毒前体（其结构中的1AB未裂解）和成熟病毒粒子一样对酸敏感。

（四）非结构蛋白

微RNA病毒的非结构蛋白由基因组的P2和P3区编码，它们参与RNA的复制、结构蛋白的折叠与装配等。许多有关复制的研究在PV上取得了很大进展，这些研究成果同样适用于口蹄疫病毒。早期关于微RNA病毒介导细胞破坏的研究，认为细胞内膜的增殖是病毒感染细胞的一个标志。就脊髓灰质炎病毒感染细胞而言，改变了的膜似乎包含一些来自于内质网和高尔基体的成分，也含有P2、P3区编码的非结构蛋白。RNA复制复合体和膜结构的交互作用似乎是由非结构蛋白2C和3A来完成的，因为2C和3A具有膜亲和性。

1. 2A/B/C　微RNA病毒的多聚蛋白P2部分能裂解形成3个成熟的多肽2A、2B和2C。口蹄疫病毒2B和2C同其他微RNA病毒具有同源性。2A是一个只有18个氨基酸的多肽，在多聚蛋白初级裂解后，2A仍与P1连接在一起，在以后的裂解过程中，2A能从P1–2A上将自身裂解下来，3C^{pro}或3CD^{pro}也能从P1–2A上将2A裂解下来。类似的裂解现象在心肌炎病毒中也存在，虽然心肌炎病毒的2A含有大约150个氨基酸，但在心肌炎病毒和肠道病毒的2A2B的连接处都有一段保守的序列。事实证明在人工多聚蛋白系统中口蹄疫病毒的2A、心肌炎病毒2A蛋白C末端的19个氨基酸，以及2B蛋白质的第一个氨基酸都可以介导多聚蛋白的裂解。但是，口蹄疫病毒2A介导人工多聚蛋白裂解的过程在原核系统中却不能发生。对这种现象的进一步研究表明，在这种人工系统中，2A上游序列蛋白的合成超过了其下游序列蛋白的合成，这个发现导致这样一个假说的产生，即2A–2B的裂解不是一种蛋白裂解事件，而是2A蛋白对翻译机制的一种修饰作用，这使得2A蛋白可以从核糖体上释放下来，同时也允许其下游蛋白的合成继续进行。虽然该假设可以解释2A裂解反应中的一些反常现象，但还有待于进一步的证实。

已经证明微RNA病毒的2B和2C蛋白能诱导细胞产生病变，其中2B蛋白能提高膜的通透性和阻断蛋白的分泌途径，2B和2C能停留于来自内质网外层表面的囊泡中，这里是基因组进行复制的地方。在口蹄疫病毒感染的细胞中，通过免疫荧光发现2C蛋白聚集在细胞的周边，与膜结合复制复合体共存。

用抗病毒的复合物盐酸胍可直接证明口蹄疫病毒2C蛋白质的作用，盐酸胍这种复合物在微RNA病毒感染细胞中能抑制病毒RNA的合成，它与口蹄疫病毒作用首先表现出抗胍突变株2C蛋白质物理上的改变（改变了等电点）。通过基因组的分析，生化和应用经典的方法对重组病毒分析，2C突变的重要性被证实。研究表明2C蛋白是PV起始负链RNA的合成所必需的。所有微RNA病毒的2C蛋白都具有保守的三磷酸核苷结合位点和螺旋酶基序，虽然还没有证明2C蛋白具有螺旋酶活性，但已经证明它具有ATPase和GTPase活性。既然微RNA病毒的2C蛋白是高度保守的，那么我们可以推测口蹄疫病毒的2C也应该具有以上酶的活性。其中2C的34～318位是ATPase的活性和结合区域，关键位点有3个区域，进行A（K116A）、B（D160A）和C（N207A）三区域突变，该酶失去活性。2C蛋白还能够与细胞的Beclin1蛋白结合，调控自噬路径，是病毒复制必需的，并促进病毒复制。2C蛋白与N–myc和STAT蛋白作用，通过诱导细胞凋亡，进而调控病毒在细胞内的复制。

2. 3A/B　与其他微RNA病毒不同的是，口蹄疫病毒具有一个较长的3A蛋白（长达153 aa，而PV的3A蛋白只有87 aa）和三个拷贝的3B蛋白。早期对两株不同的口蹄疫病毒进行了研究，发现口蹄疫病毒在鸡胚上连续传代后能被致弱，可作为疫苗用毒株，聚丙烯酰胺凝胶分析结果显示口蹄疫病毒3A的大小发生明显改变。后来发现，这些变化是3A蛋白的C末端发生19～20个密码子的缺失所致。类似的缺失现象也出现在O/TAW/97分离株中，该毒株只感染猪而不感染牛。这3株在3A发生缺失现象的口蹄疫病毒有一个共同点，即这些缺失降低了病毒对牛的致病性以及病毒在牛源细胞中生长的能力。O/TAW/97株的3A蛋白发生了10个氨基酸的缺失，用反向遗传学技术证明这种缺失与病毒对牛的致病力减弱有一定关系。在遗传学上有明显差异的亚洲的O型口蹄疫病毒3A区也会发生一些部位稍微不同的缺失现象，但是没有直接证据表明这种缺失与病毒对牛的致病力减弱有关。

人们发现利用基因工程技术制造的含有缩短了3A的基因工程毒O/TAW/97株在牛细胞中仅能产生少量的RNA。而且这种病毒在BHK-21细胞和猪细胞中RNA的合成量也有一定程度的减少，这暗示虽然这类病毒对猪具有较高的致病力，但它们在所有类型细胞中的RNA复制都受到损害。虽然口蹄疫病毒3A对RNA合成的影响不足以阐明O/TAW/97株口蹄疫病毒的致弱是由于3A干扰RNA的复制所致，但其他微RNA病毒却提供了3A与RNA的复制装置共同存在的充分证据，已有研究证明口蹄疫病毒的3A是与作为微RNA病毒复制标志的内膜系统共同存在的。Nunez等通过改变3A的一个氨基酸就可以改变病毒的表型适应性，证明了3A在口蹄疫病毒对豚鼠的适应性上的重要性。然而这个突变的位置与鸡胚适应毒株或O/TAW/97株的3A缺失部分不同，提示我们可能存在一种可变的宿主转换机制。

3A能形成一部分稳定的中间体，包括3AB和3ABB。对于PV而言，其3AB能结合于基因组5′端的三叶草结构，还能作为3D^{pol}的一个辅助因子与3D^{pol}直接结合而发挥作用。此外，3A的改变与PV体外宿主谱的改变以及HAV对细胞培养的适应性有关。根据亲水性图可预测口蹄疫病毒的3A具有一定的膜结合活性。Weber等也证明大肠杆菌表达的口蹄疫病毒3A能结合于细菌的细胞膜上。这些结果与3A和3AB可作为RAN复制的关键因子相一致。最近，研究表明，3A的86～106缺失病毒对牛的致病性减弱，3A与宿主马达蛋白DCTN3结合，是对牛具有致病性的重要作用。

3. 3C蛋白酶（3C^{pro}）

（1）病毒的多聚蛋白的裂解主要由3C^{pro}完成　口蹄疫病毒的3C蛋白也是一种蛋白酶，与其他微RAN病毒的类似，它承担了对病毒多聚蛋白的主要裂解功能。除了L^{pro}的自我裂解、2A对P1-P2的裂解和1AB自身裂解外，其他所有的裂解过程都是由3C^{pro}或含有3C^{pro}的前体来完成。口蹄疫病毒的多聚蛋白中存在10个有效的3C^{pro}裂解位点，这些裂解位点主要是Gln-Gly、Glu-Gly、Gln-Leu和Glu-Se。微RNA病毒的3C^{pro}是一种巯基蛋白酶，序列分析结果表明3C^{pro}羧基端的1/3区段较为保守，在该区段含有Cys和His残基。Bazan等认为3C^{pro}在结构上与胰蛋白酶家族相近。用大肠杆菌对3C^{pro}及病毒多聚蛋白前体进行表达，并检测3C^{pro}对其底物的裂解活性，结果显示P1-2A的裂解速度比P2的裂解速度要快。另外，用

*E.coli*表达的突变体3C^pro，表明Cys_{163}、His_{46}和Asp_{84}构成酶的活性中心。

（2）3C^pro也裂解一些宿主细胞的蛋白　病毒所编码的蛋白酶主要执行对病毒前体蛋白的裂解功能，但是在某些情况下它们对宿主细胞的蛋白也有裂解作用。如上文所言，口蹄疫病毒的L^pro和肠道病毒、鼻病毒的2A^pro可以裂解eIF4G导致宿主细胞蛋白翻译的关闭。研究表明，口蹄疫病毒3C^pro也能裂解eIF4A，eIF4A是帽子结合复合物的一个成分，具有RNA解旋酶功能。在病毒感染的后期，3C^pro也能裂解eIF4G，比L^pro裂解eIF4G要晚，人们推测这种现象可能对病毒RNA的翻译不利。微RNA病毒的感染也影响宿主细胞的转录过程，但是其详细的抑制机制还不太清楚。PV的3C^pro与一些特殊转录因子的裂解有关，这些转录因子参与RNA聚合酶Ⅱ介导的转录过程。Grigera等发现在口蹄疫病毒感染的早期组蛋白H3被裂解，但仍然与染色体结合。后来Tesar等证明3C^pro与组蛋白H3的裂解有关，它将组蛋白H3 N末端的20个氨基酸裂解下来。将已知的3C^pro裂解位点与它裂解组蛋白H3的位点相比较，表明如果组蛋白H3的裂解是3C^pro直接催化的结果，那么该裂解位点将是3C^pro的一个不同寻常的裂解位点。但是PV和EMCV的感染却不会引起组蛋白H3的裂解，因此，口蹄疫病毒在进化过程中可能形成了一种不同于其他微RNA病毒的抑制宿主转录的机制。

（3）3C^pro的非蛋白裂解酶活性　在肠道病毒和鼻病毒感染的细胞中，3CD^pro是主要的中间体，与成熟的3C^pro相比，它具有不同的特殊裂解位点。另外，3CD参与核糖体复合体的形成，人们认为3CD与RNA结合可能影响复制和翻译过程。在口蹄疫病毒感染的细胞中，3CD的水平随病毒血清型的不同而发生变化。然而，在口蹄疫病毒A_{12}感染的细胞中，3CD的加工相对较快，因此对其他的微RNA病毒来说，这种3CD^pro介导的活性在口蹄疫病毒中可能是由3C^pro或3D^pol来执行。

（4）3C^pro的抑制天然免疫作用　3C蛋白是口蹄疫病毒发挥免疫抑制作用的另外一个关键蛋白。3C蛋白在结构上几乎与丝氨酸蛋白酶原体糜蛋白酶一致。3C蛋白的主要功能是对病毒多聚前体蛋白进行剪切加工，形成成熟蛋白，而且其在感染的宿主细胞中可以发挥剪切宿主蛋白的功能。其可以切除组蛋白H3的N末端20个氨基酸，促进病毒复制。L蛋白被报道可以剪切eIF4G阻断宿主细胞蛋白合成，但也有报道在口蹄疫病毒感染晚期，3C蛋白能够剪切eIF4G和eIF4A，发挥颉颃作用。3C蛋白可以裂解NF－κB调节蛋白NEMO（nuclear transcription factor kappa B essential modulator），并抑制NEMO介导的Ⅰ型干扰素产生，从而发挥免疫抑制功能，促进病毒复制。3C蛋白还可以通过颉颃JAK－STAT通路发挥免疫抑制作用。其具体机制为3C蛋白通过蛋白酶体和caspase非依赖途径降解KPNA1蛋白的表达水平，由于KPNA1是STAT1的核定位信号受体，因此KPN1的下降，直接阻断了STAT1/STAT2的入核，STAT1/ STAT2的核定位被阻断后，直接导致了大量抗病毒蛋白的表达，从而促进了病毒的复制。

4. 3D聚合酶（3D^{pol}） 同其他微RNA病毒一样，口蹄疫病毒3D蛋白是病毒编码的RNA聚合酶，40年前，就已经在口蹄疫病毒感染的细胞中发现了该酶的存在。最初将其称为口蹄疫病毒感染性相关抗原（FMD-VIAA），因为它可以从口蹄疫病毒感染的康复动物的血清中检测到，后来发现这种康复动物的血清在体外能抑制RNA聚合酶的活性，而且当用FMD-VIAA吸附血清时，这种抑制大大减弱。针对纯化的FMD-VIAA的抗血清，不能直接与病毒的结构蛋白发生反应。后来就发现FMD-VIAA中包含有RNA聚合酶。在口蹄疫病毒不同的血清型或亚型中，3D^{pol}核苷酸序列和氨基酸序列都高度保守。

在所有的微RNA病毒感染中，在RNA复制的第一步首先是合成负链RNA分子，就PV感染细胞而言，负链RNA合成的起始机制还不清楚，据推测可能有3D^{pol}的前体3CD蛋白、病毒蛋白及宿主细胞蛋白参与。口蹄疫病毒3D^{pol}的前体是否参与了负链RNA的合成起始也不清楚。PV新生RNA链的延伸是通过3D^{pol}的催化来完成的，PV RNA的复制发生在一个膜状的复制复合体中，该复合体含有非结构蛋白和RNA。在口蹄疫病毒感染的细胞中，也发现了类似的复合物。

对PV 3D^{pol}的晶体结构进行分析，有助于我们了解3D^{pol}在催化RNA的合成中所发挥的功能。3D^{pol}的总体结构与其他三种聚合酶（DNA-DNA、RNA-DNA、DNA-RNA）的右手螺旋结构相似，由"掌形""指形"和"拇指形"三种亚结构域组成。PV的3D^{pol}中还含有一些其他聚合酶所没有的一些结构元件，这些元件在3D^{pol}中的功能还不清楚。"掌形"结构域具有类似于其他聚合酶的核心结构，3D^{pol}的折叠方式与某些蛋白相似，它们参与RNA的剪接和翻译过程。3D^{pol}的活性位点含有保守的YGDD序列和高度保守的D残基。"指形"和"拇指形"亚结构域的细微结构与其他的聚合酶不同，它们的结构更倾向于RNA-依赖性DNA聚合酶，而不同于DNA-依赖性DNA聚合酶。

纯化的PV的3D^{pol}在与RNA结合和模板活性方面展现出高度的协调性，表明这个聚合酶以一种高度有序的寡聚结构发挥功能。PV 3D^{pol}的晶体结构揭示出聚合酶与聚合酶的相互作用是发生在交界面处的，在体（内）外应用基因工程技术和生物化学手段分析突变的3D^{pol}证明了这种相互作用对其功能的重要性。3D^{pol}的寡聚结构对其上述的活性是必需的，也有利于它与病毒或宿主细胞的其他因子发生多重相互作用。对口蹄疫病毒感染的细胞中RNA的复制了解的还不多，但是我们知道5′和3′UTRs的一些元件一定参与了这些过程，5′UTR含有具有高级结构的S片段，PKs，CRE和poly（C）片段，所有的这些元件都可能是口蹄疫病毒基因组复制所必需的。同样也有更多的证据表明口蹄疫病毒3′UTR在复制中也起重要作用，在体外用反义RNA与口蹄疫病毒3′UTR进行杂交虽然并不影响病毒的翻译，但是却能阻断RNA在细胞中的复制。如果缺失3′UTR的大部分区段或完整的poly（A）序列，都将完全抑制病毒的复制，这一结果与心肌炎病毒缺失3′UTR的结果一致。但是缺失肠道病毒或鼻病毒的3′UTR，并不能完全阻断病毒的复制。PV的3′UTR能与3CD结合，心肌炎病毒的3′UTR则能直接与$3D^{pol}$结合。另外，在肠道病毒间交换$3D^{pol}$导致RNA的缺陷性复制。这些现象在口蹄疫病毒中不存在，SVDV的3′UTR也不能用口蹄疫病毒的3′UTR来替换，表明口蹄疫病毒的$3D^{pol}$与其基因组RNA之间在复制过程中存在一种特殊的相互作用关系。

（五）3′非编码区

微RNA病毒的3′UTR包括两部分，一部分位于$3D^{pol}$编码区之后，能形成特殊的高级结构，另一部分是poly（A）尾巴结构，该结构不是转录完成后加上的，而是由基因组编码的。微RNA病毒的poly（A）在RNA复制中起重要的作用，该结构能结合PABP，在没有其他病毒或宿主蛋白存在的情况下，有助于形成一座桥梁与基因的5′端结合。另外，末端的A残基可作为模板与作为引物的3B–pUpU杂交，以合成病毒基因组的负链RNA。

Rohll等证明PV的3′UTR对基因组的有效复制是很重要的，Todd等获得了缺失$3D^{pol}$编码区与poly（A）尾巴之间序列的人工微RNA病毒，表明poly（A）可能是3′UTR中唯一的负责忠实起始负链RNA合成的顺式元件。这种现象很令人迷惑，因为最近的研究表明基因组通过PABP环化后，可能把其他的一些顺式作用元件带到复制起始的位置，尽管这些发现具有争议性，但3′UTR有缺失的病毒在细胞中不能良好生长。还有一些生化证据表明PV的3′UTR能结合非结构蛋白质3AB，而且它与3AB/3CD的相互作用对病毒的复制很重要。但这些从其他微RNA病毒发现的现象却并不都适于口蹄疫病毒，最近的研究表明，将OⅠK 3′UTR缺失74个碱基后，并不能重新获得该病毒，同样也不能得到用SVDV的3′UTR替换口蹄疫病毒3′UTR的嵌合病毒。因此，口蹄疫病毒的3′UTR可能存在一些对复制的起始起重要作用的顺式作用元件，也表明口蹄疫病毒3′UTR与病毒的致弱没有必然联系。

近年来，关于微RNA病毒分子生物学的研究成果日益增多，这些新的信息有助于澄清100多年来困惑人们的一些病毒生物学的问题。随着研究的深入，一些问题被解决，一些新的问题又在不断地出现，尤其是病原和宿主之间的相互作用、口蹄疫病毒受体的选择和利用、病毒衣壳的稳定性、病毒复制的嗜性靶组织等都还有待进一步深入研究。

（郑海学，连凯琪，曹伟军，杨帆）

第二节 口蹄疫免疫学机制

一、天然免疫应答

（一）模式识别受体

模式识别受体（pattern recognition receptors，PRRs）是机体抵抗病原微生物感染，启动机体先天性免疫的重要组成部分。病原微生物感染细胞后，PRRs通过识别病原的病原相关分子模式（pathogen-associated molecular patterns，PAMPs）与损伤相关分子模式（damage-associated molecular patterns，DAMPs），促进下游干扰素和细胞因子的分泌，激活一些抗菌或抗病毒蛋白的表达，启动先天性免疫应答。PAMPs为病原微生物所特有，是病原微生物及其产物共有的一些非特异性和高度保守的分子结构，可被非特异性免疫细胞所识别。关于模式识别受体介导的抗病毒机制的研究，对了解机体发挥先天性免疫抵抗病毒感染具有重要意义。

按照天然免疫中不同模式识别受体的结构特点，迄今为止已知的模式识别受体主要分为以下五类：Toll-like receptors（TLRs）、Retinoic acid-inducible gene Ⅰ-like helicases receptors（RIG-Ⅰ-like receptors，RLRs）、C-type lectin receptors（CLRs）、NOD-like receptors（NLRs）和AIM2-like receptors（ALRs）。这些分子分工明确，相互协调，调控机体免疫反应，发挥抗感染作用。近年来，关于TLRs和RLRs介导的抗口蹄疫病毒的天然免疫反应机制研究逐渐深入，为深入了解口蹄疫病毒与宿主相互作用的分子机制奠定了基础。

（二）口蹄疫病毒启动天然免疫反应

模式识别受体是天然免疫系统的"开关"，当口蹄疫病毒感染宿主后，其对口蹄疫病毒的病原相关分子模式进行识别，通过信号转导及其级联放大效应激活细胞的天然免疫系统，发挥先天性抗病毒反应。

近些年，许多模式识别受体被发现参与着双链RNA病毒的识别，包括RIG-Ⅰ样模式识别受体和TLR模式识别受体。能够潜在识别口蹄疫病毒双链RNA（dsRNA）的模式识别受体包括RLRs家族的MDA5，TLRs家族的TLR2、TLR3、TLR7和TLR8。MDA5被报道可以识别微RNA病毒科的脑心肌炎病毒（EMCV）dsRNA，而且其对口蹄疫病毒干扰诱导I型干扰素的产生是不可缺少的；而树突状细胞中的TLR3基本可以识别胞浆中所有的病原dsRNA，TLR7和TLR8则识别病原单链RNA。

（三）口蹄疫病毒与TLRs

TLRs广泛表达于机体各类组织和细胞中，在免疫细胞、上皮细胞和内皮细胞中均有表达。至今已经在哺乳动物中发现了10多种TLRs。虽然TLRs在免疫系统中广泛分布，但是其在不同组织中和细胞中的表达量存在着一定的差异。在不同细胞中，发挥病原识别的TLRs不尽相同，如巨噬细胞和中性粒细胞可以表达各类TLRs，但不表达TLR3。B细胞中也可以表达多种TLRs，但不表达TLR3和TLR8，不同的细胞中其识别病原微生物的过程可能存在着一定的差异。TLRs被证实在病毒感染过程中发挥着非常重要的识别作用。

口蹄疫病毒感染牛的外周血单核细胞（PBMCs）可以引起TLR2、TLR3和TLR4转录水平表达量的上升和TLR9表达量的下降，而用含有口蹄疫病毒P1基因的DNA疫苗去处理牛的PBMCs，则只能上调TLR2的表达。这表明TLRs在口蹄疫病毒感染和DNA疫苗免疫过程中发挥着重要作用。TLR2主要分布于细胞表面，主要识别脂蛋白、类脂类分子和多糖分子，口蹄疫病毒感染引起TLR2上调表达的生物学意义是什么至今还不清楚。口蹄疫病毒DNA疫苗转染细胞亦可以上调表达TLR2，这表明并非是由于口蹄疫病毒的dsRNA而引起TLR2表达水平的上升。而后续研究进一步证实TLR2识别口蹄疫病毒蛋白，而并非其dsRNA。利用灭活的口蹄疫病毒刺激293T细胞可以激活NF－κB通路的活化，诱导IL-6的大量表达，而在这个过程中TLR2的存在是必不可少的。通过基因敲除的方法缺失TLR2后，利用灭活的口蹄疫病毒刺激293T细胞并不能激活NF－κB通路的活化。进一步的研究发现口蹄疫病毒的VP1和VP3蛋白能够与TLR2结合而诱导相关炎性因子的产生。而VP4和VP2并不参与对TLR2活化的过程。同时发现TLR6和CD14可能是TLR2与VP1和VP3结合的协同蛋白，其可以促进VP1和VP3与TLR2的结合。由于TLR2可以活化NF－κB而调节大量细胞因子的产生，因此口蹄疫病毒感染后，TLR2的上调表达可以显著诱导有效的抗病毒免疫效应而发挥抗病毒作用。

TLR3广泛存在于内皮细胞、上皮细胞、T细胞等多种细胞胞浆中，可以识别外源dsRNA、poly（I：C）与poly（A：U）等配体。口蹄疫病毒感染后，TLR3的上调表达表明了TLR3可以识别口蹄疫病毒的dsRNA。TLR3可以通过与IFN-βTIR结构域衔接蛋白（TIR-domain-containing adapter-inducing interferon-β，TRIF）相互作用而启动下游信号转导，使得IRF3和IRF7形成同源或异源二聚体，诱导Ⅰ型干扰素的表达（图3-1）。

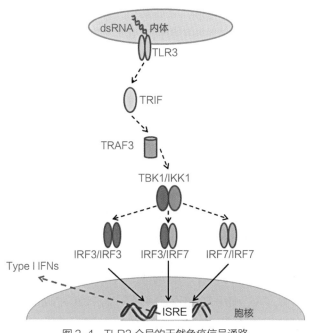

图3-1　TLR3介导的天然免疫信号通路

利用poly（Ⅰ∶C）作为佐剂与口蹄疫病毒146S疫苗进行免疫可以显著提高疫苗的保护效率，在该过程中TLR3被证实发挥着重要的作用。在口蹄疫病毒感染诱导Ⅰ型干扰产生过程中，TLR7也被证实发挥着重要的作用。在口蹄疫病毒感染类浆样树突状细胞（pDC）诱导抗病毒免疫过程中，通过TLR7的特异性抑制剂处理细胞，可以显著抑制Ⅰ型干扰素的产生及其下游抗病毒蛋白的表达，这表明口蹄疫病毒感染pDC是通过TLR7依赖的通路来启动抗病毒反应的。TLR4可以识别蛋白、多糖和肽聚糖等配体，口蹄疫病毒感染牛后，其鼻部附近的淋巴组织中TLR4表达水平显著高于未感染牛的TLR4表达水平。TLR9可以识别非甲基化的CpG基序。关于TLR4和TLR9是否同样参与宿主细胞对口蹄疫病毒PAMPs的识别还不清楚，有待于进一步研究。

（四）口蹄疫病毒与RLRs

RIG-Ⅰ样受体（RLRs）为模式识别受体中极为重要的一类分子，其通过RLR级联信号诱导Ⅰ型干扰素和炎症因子的产生，在抗病毒天然免疫中起着非常重要的作用。RIG-Ⅰ样受体分子结构由三部分组成：位于N端两个串联的半胱天冬酶招募区（caspase recruitment domains，CARDs）、中间的ATPase与解旋酶结构域（DEAD box helicase/ATPase domain），以及C端的RNA调节结构域（C-terminal regulatory domain，RD）。该家族成员至今发现有RIG-Ⅰ、MDA5和LGP2三个成员。在这三种分子中，RIG-Ⅰ与MDA5均包含有两个串联的半胱天冬酶招募区（CARDs），而LGP2则缺少CARDs区，仅由后两部分结构组成。

虽然RLRs家族分子具有类似的结构，但三个分子识别病毒RNA的方式却不尽相同。RIG-Ⅰ可以识别5′三磷酸末端结构和短的dsRNA片段，MDA5识别长的dsRNA片段，

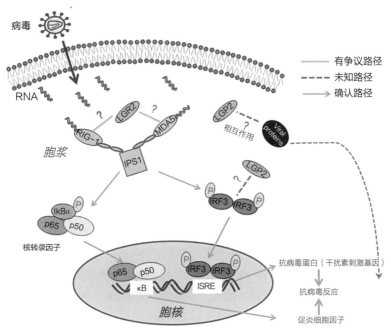

图 3-2　RLRs 信号转导通路及 LGP2 可能存在的调控方式

（引自朱紫祥等，BioMed research international，2014）

LGP2既可以识别短的dsRNA片段和5′三磷酸末端结构，也可以识别长的dsRNA片段。口蹄疫病毒感染可以被MDA5识别，而RIG－Ⅰ则可能不能识别。因为口蹄疫病毒VPg蛋白与其5′UTR的结合使得口蹄疫病毒RNA不具备RIG－Ⅰ识别的5′三磷酸末端结构。口蹄疫病毒编码一个长的mRNA，研究发现其能够被MDA5识别。通过干扰RNA方法下调RIG－Ⅰ并不影响口蹄疫病毒对IFN–β的诱导能力；而下调MDA5后，口蹄疫病毒感染诱导的IFN–β产生水平显著下降。通过对微RNA病毒科EMCV的研究也证明微RNA病毒主要利用MDA5诱导IFN–β的产生，而RIG－Ⅰ并不能显著影响病毒感染所诱导的IFN–β产生水平。

　　关于LGP2是否能够识别口蹄疫病毒至今未见报道。LGP2针对不同病毒发挥着不同的功能，其被报道可以促进一些病毒的复制，也可以抑制一些病毒的复制。因此对于LGP2的研究具有一定的争议性。LGP2和RIG－Ⅰ及MDA5在RLRs通路中发挥的作用和机制也不同（图3–2）。据报道，LGP2可以促进新城疫病毒和VSV的复制，但是却抑制EMCV和门戈（mengo）病毒的复制。Takashi Satoh等报道LGP2基因敲除型小鼠极易被EMCV和门戈病毒感染，而野生型小鼠的感染率则明显偏低，而且LGP2对病毒感染后Ⅰ

型干扰素的产生有着非常大的影响，这表明LGP2有可能对微RNA病毒启动的先天性免疫反应具有重要作用。Safa Deddouche等证实了LGP2与EMCV的dsRNA结合，MDA5也可以与EMCV的dsRNA结合，EMCV的L基因可以与LGP2结合然后进一步与MDA5结合启动天然免疫应答反应。EMCV在激活天然免疫应答中既需要LGP2，也需要MDA5，在下调表达任意一者的情况下，Ⅰ型干扰素的产生就会受到限制。口蹄疫病毒与LGP2之间的关系是否和EMCV涉及的机制相同，将来的研究应该进一步对其予以确认。

（五）口蹄疫病毒诱导的基因表达调控和抗病毒天然免疫

口蹄疫病毒感染可以被模式识别受体识别而启动信号级联反应，激活转录因子，进而诱导特定的细胞因子的表达，其中Ⅰ型干扰素是最重要的一种细胞因子。Ⅰ型干扰素的产生主要受到干扰素调节因子（interferon-regulated factor，IRF）和核转录因子（nuclear factor-κB，NF-κB），以及AP1（转录激活因子ATF-2和c-Jun的异源二聚体）的调控。口蹄疫病毒感染诱导IRF3和NF-κB的激活，导致Ⅰ型干扰素的表达；Ⅰ型干扰素的产生进一步促进了模式识别受体通路的活化，产生级联放大效应，而产生的Ⅰ型干扰素通过活化JAK-STAT通路，最终诱导大量抗病毒基因的表达，发挥直接抗病毒效应。除了Ⅰ型干扰素，近期发现Ⅲ型干扰素也可以抑制口蹄疫病毒的复制。这些细胞因子通过相互协同作用，在机体内发挥着重要的抗病毒作用。

Ⅰ型干扰素通过结合IFNAR受体而激活JAK-STAT通路，调控数百个干扰素刺激基因（interferon-stimulated genes，ISGs）的表达，正是由于大量ISGs的表达，才能使得机体可以抵抗病毒的感染。因此，利用IFN-α或IFN-β预处理细胞可以显著抑制口蹄疫病毒的复制水平。在检测干扰素诱导的效应因子时，发现依赖双链RNA的蛋白激酶（double-stranded RNA-dependent protein kinase，PKR）在抗口蹄疫病毒复制过程中发挥着重要作用。PKR的激活可以磷酸化翻译起始因子eIF2，从而抑制蛋白的翻译，最终发挥控制细胞复制和抑制病毒感染的效应。利用PKR的特异性抑制剂2-氨基嘌呤处理猪和牛的细胞后，口蹄疫病毒的复制水平相比正常细胞可以上升8～12倍。这直接表明了PKR对口蹄疫病毒的抑制作用。另一个干扰素诱导蛋白RNase L也具有抑制口蹄疫病毒复制的能力，RNase L基因敲除的细胞对口蹄疫病毒的易感性显著增加。RNase L是天然免疫中重要的抗病毒分子，病毒感染后，其可以降解细胞内所有的RNA，包括病毒RNA，当细胞无法抵御病毒感染时，其直接诱导细胞发生凋亡而抑制病毒复制。

口蹄疫感染除了可以诱导PKR和RNase L，还可以诱发多种ISGs的表达，诸如ISG15、GBP1、ISG54、viperin、OAS1和MxA等多种抗病毒蛋白。这些抗病毒蛋白的大量表达也协同发挥着抗病毒效应。口蹄疫病毒感染可以引起ISG15的上调表达，而用L基因缺失的口蹄疫病毒感染时，ISG15的表达量上升水平则没有野生型毒株诱导的水平高。这揭示了ISG15可能也发挥着抑制口蹄疫病毒复制的功能，而且其表达水平受到精密的调控。ISG15是由干扰素诱导激活产生的一种类泛素样蛋白分子，分子量大小约为15kD。ISG15可以抑制多种DNA病毒和RNA病毒的增殖，现已证明ISG15在抗辛德毕斯病毒、Ⅰ型HIV病毒、埃博拉病毒、甲型流感病毒、乙型流感病毒、水疱性口炎病毒、乙肝病毒、Ⅰ型疱疹病毒、日本脑炎病毒、人乳头瘤病毒、鼠γ疱疹病毒、呼吸道合胞病毒和淋巴细胞性脉络丛脑膜炎病毒等多种病毒的过程中起着重要作用。可见ISG15在抗病毒免疫中的地位不容忽视。ISG15是如何发挥抗口蹄疫病毒的分子机制有待于深入研究。

鸟苷酸结合蛋白1（guanylate-binding protein 1，GBP1）为一种干扰素诱导蛋白，其属于鸟苷酸结合蛋白家族的一员。GBP1在抗病原微生物与抗肿瘤等多种生物学反应中发挥着重要作用。人的GBP1（hGBP1）最早被报道具有抑制负链RNA弹状病毒、水疱性口炎病毒及微RNA病毒科的EMCV复制的作用。而小鼠的GBP1（mGBP1）也被发现具有同样的抗病毒效应。鉴于GBP1的具有抗病毒效力，其被认为是一个重要的干扰素诱导蛋白。GBP1具有抑制EMCV复制的能力，而口蹄疫病毒感染牛的细胞可以引起GBP1表达水平的上升，这也表明GBP1可能发挥着抑制口蹄疫病毒复制的能力。

干扰素诱导基因56（interferon-stimulated gene 56，ISG56）家族成员在细胞抵御病毒入侵时发挥着重要的作用，但其功能机制一直不清楚。早期的报道认为ISG56家族成员ISG54和ISG56可以通过抑制翻译起始复合物的形成来发挥抗病毒功能。随后有研究发现该家族成员还影响一些细胞因子的表达。近来的研究结果表明ISG54和ISG56可以识别病毒mRNA从而行使抗病毒功能，尽管这些结果为ISG56家族成员的抗病毒功能提出可能的机制，但是无法解释其细胞功能机制。ISG54蛋白C末端具有一个螺旋结构，当该螺旋结构关键位点发生突变后，ISG54则丧失与病毒RNA结合的能力，而且因此会丧失抗病毒能力。另外，ISG54被报道具有促进细胞凋亡发生的作用，这也是其发挥抗病毒作用的一种机制。口蹄疫病毒感染后，宿主细胞中ISG54的表达水平显著上升，因此可以推断，ISG54可能通过与口蹄疫病毒RNA结合而抑制口蹄疫病毒的复制。同时ISG54可以通过促进细胞凋亡发生而抑制口蹄疫病毒的复制。

Viperin是一种由干扰素诱导产生的在进化上高度保守的抗病毒蛋白，已被证实可以抑制人巨细胞病毒、丙肝病毒、登革热病毒、西尼罗病毒、流感病毒和艾滋病病毒等多种病毒的复制。Viperin可以通过影响丙肝病毒和流感病毒非结构蛋白与细胞膜脂筏的关联，限制病毒的出壳，从而直接抑制病毒的复制，Viperin还可以通过直接与丙肝病

NS5A蛋白结合而抑制病毒的组装。Viperin可以影响内质网的定位，并且可以抑制蛋白的修饰加工。口蹄疫病毒感染后，宿主Veprin蛋白表达量显著上升，由此推断Veprin在宿主抵御口蹄疫病毒感染过程中也发挥着重要的作用。

2′–5′寡腺苷酸合成酶1（oligoadenylate synthetase，OSA1）是干扰素诱导的一类重要抗病毒蛋白，其在病毒或dsRNA的刺激下，构象发生变化而被活化，然后催化RNase L活化，使得RNase L具有核糖核酸内切酶的活性，可以剪切单链RNA，调控细胞本身和外源蛋白转录水平的表达，抑制蛋白合成，从而发挥抗病毒作用。而RNase L被报道在抗口蹄疫病毒感染过程中发挥着重要作用，口蹄疫病毒感染可以引起OAS1的上调表达，这表明OAS1在宿主抵御口蹄疫病毒感染过程中也发挥着极为重要的作用。

MXA是由I型干扰素诱导细胞所产生的78 kD抗病毒蛋白，该蛋白质具有GTP酶活性，具有广谱抗病毒作用。MXA对流感病毒、水疱性口炎病毒、柯萨奇病毒、脊髓灰质炎病毒及乙肝病毒等均有抑制作用。MXA分布于细胞的胞浆内，可以与病毒的核糖核蛋白结合，发挥对病毒核衣壳的水解作用和组织病毒对细胞的吸附与穿入。MXA在流感病毒感染过程中还发挥着抑制病毒早期转录的作用。MXA具有抑制脊髓灰质炎病毒的复制能力，并且和手足口病病毒EV71的复制有着密切联系。口蹄疫病毒感染宿主MXA上调表达，这揭示了MXA的抗口蹄疫病毒能力。

二、口蹄疫病毒免疫抑制

（一）口蹄疫病毒对NK细胞的免疫抑制

自然杀伤细胞（natural killer cells，NK cells）是机体重要的免疫细胞，是一群异质性多功能的淋巴细胞，其在抗病毒免疫反应过程中发挥着重要作用。NK细胞可以通过细胞应急信号识别被病毒感染的细胞，并且能激发细胞产生毒性而抑制病毒的复制，同时，NK细胞分泌IFN-γ也是其发挥抗病毒作用的一种方式。而病毒为了自身复制，往往会攻击NK细胞，将NK细胞作为其攻破免疫性防御的一个靶标。

口蹄疫病毒感染NK细胞后，会导致NK细胞的功能异常。感染口蹄疫病毒的猪的NK细胞反应活性在感染前期的2~3天里会发生明显下降，猪NK细胞的杀伤活性的下降与血清中的病毒滴度呈现正相关关系。这表明NK细胞在抑制口蹄疫病毒过程中发挥着重要作用。口蹄疫病毒可以通过抑制细胞受体的激活而抑制细胞免疫反应，可以通过病毒粒子或者病毒蛋白与NK细胞相结合而抑制NK细胞产生抗病毒细胞因子。口蹄疫病毒感染猪后，感染的猪体内分离的NK细胞不能分泌IFN-γ，这可能就是口蹄疫病毒蛋白通过交联到NK细胞受体而介导的免疫抑制。此外，口蹄疫病毒编码的一些蛋白能通过阻断某些细胞活化因子（如IFN-α、IL-12、IL-15和IL-18等）的产生，来干扰NK细胞通过受体识别病毒感染的细胞。但是目前为止，口蹄疫病毒破坏NK细胞功能的具体分子机制尚不清楚。

（二）口蹄疫病毒对DC细胞的免疫抑制

树突状细胞（dendritic cells，DCs）是机体内功能最强的专职抗原递呈细胞，能高效地摄取、加工处理和递呈抗原。除了抗原递呈作用，有很多亚类的DC细胞在抵抗病原体的天然免疫过程中发挥着重要作用。这些DC细胞对非特异性病毒感染反应的早期调节和通过激活辅助性T细胞过渡而诱导高度特异性免疫反应的过程中起重要的作用。猪外周血来源的DC细胞主要包括骨髓来源的单核细胞衍生DC（monocyte-derived DC，MoDC）和浆细胞来源的DC细胞（plasmacytoid DC，pDC）。pDCs能够大量分泌IFN-α，从而抵抗病毒的感染。研究发现pDCs只能在抗口蹄疫免疫血清存在的情况下抵抗口蹄疫病毒，表明pDCs不能有效抵抗口蹄疫病毒的早期感染。在口蹄疫病毒感染的过程中，MoDCs也能分泌少量Ⅰ型干扰素，其产生的量相比双链RNA模拟物的刺激则要少得多，但分泌的Ⅰ型干扰素可以抵抗口蹄疫病毒的感染。从猪上皮中分离到的DC主要为郎罕氏细胞（Langerhan cell，LC），在体外利用口蹄疫病毒感染LC时，LC能够分泌一定量的细胞因子，这一发现，表明了LC在口蹄疫病毒感染中的显著作用。

在口蹄疫病毒感染的急性期，外周血来源的MoDCs分泌IFN-α的能力被短暂的抑制，特别是在感染后48h，这种现象最为明显。从口蹄疫病毒感染的猪体内分离到的LC很少或根本没有IFN-α分泌。由于LC中IFN-α分泌的抑制，使得后续的感染更持久。尽管血液中存在高滴度的病毒，但还没有从口蹄疫病毒感染猪的DC细胞中分离到活病毒，也没有任何证据表明体外口蹄疫病毒感染了LC。口蹄疫病毒抑制DC产生IFN-α的机制至今也不清楚。

（三）口蹄疫病毒对淋巴细胞的免疫抑制

通常意义上的淋巴细胞包括T淋巴细胞和B淋巴细胞，在机体的获得性免疫中发挥着重要作用。很多口蹄疫病毒毒株感染猪后，能够引起机体外周血淋巴细胞出现急性短暂地减少，并伴随有严重的病毒血症。在这其中，CD3$^+$、CD4$^+$及CD8$^+$T细胞的相对含量在感染期间没有显著变化，而只有在观测所有淋巴细胞的数量时，才会发现这种淋巴细胞急性短暂的减少。研究发现淋巴细胞的减少与口蹄疫病毒血症的高峰出现具有一定关联。严重的病毒血症以及淋巴细胞的减少会导致T细胞受到破坏。这类功能缺陷的T细胞不能有效扩增，其分泌IFN-γ的能力也明显受到抑制。尽管淋巴细胞的数量在口蹄疫病毒感染4d后便快速恢复，但受损的T细胞在感染后7d依然存在。口蹄疫病毒对T细胞的快速破坏很可能造成了一个短暂的免疫抑制状态，产生了一个免疫抑制的临时性环境，为口蹄疫病毒在体内的快速复制和传播提供了绝佳的机会和环境，从而保证了病毒的传播以及逃避机体的免疫反应。

（四）口蹄疫病毒蛋白抑制天然免疫的分子机制

宿主通过模式识别受体来启动天然免疫系统，通过级联放大效应，激活干扰素及多个抗病毒相关信号通路，最终发挥抗病毒效应，抵御病毒感染，清除体内病毒。而病毒在长期进化过程中不断地与机体免疫系统进行着抗衡和斗争，由此进化出了一系列非常精细的颉颃和逃逸策略，来维持病毒种群的繁衍。口蹄疫病毒已经存在有数百年的历史，至今仍在世界各地广泛分布。由此可见，口蹄疫病毒在长期的进化过程中，已经进化出了对抗宿主免疫系统的策略，使得口蹄疫病毒在与机体免疫系统长期斗争的过程中存活了下来。

口蹄疫病毒感染宿主必须突破天然免疫应答才能够使得病毒在机体内大量复制、繁殖和传播，为达到这一目的口蹄疫病毒要利用多种途径来抗衡甚至破坏宿主细胞天然免疫应答。已经发现口蹄疫病毒的多个蛋白参与着颉颃宿主天然免疫反应的过程，这些蛋白通过抑制和干扰机体天然免疫系统的功能来促进口蹄疫病毒的复制。口蹄疫病毒L蛋白和3C蛋白在抑制宿主天然免疫反应中发挥着极为重要的作用。

病毒为了阻断模式识别受体对病毒PAMPs的识别，颉颃模式识别受体信号通路的激活，进化出了非常精细的对抗策略。主要分为：躲避、伪装和攻击三种策略。躲避是指病毒在入侵过程中，为了阻止细胞中模式识别受体对病毒PAMPs的识别，而形成囊泡等形式的隔离层，或者隐藏在模式识别受体无法识别的位置而进行复制的方式。口蹄疫病毒在感染过程中病毒dsRNA是否能够形成一定特殊的结构而躲避模式识别受体对其的识别还有待于深入研究。伪装是指病毒为了阻止宿主细胞将其识别为外来病原或异物，通过病毒自身蛋白对其PAMPs进行特定的修饰，使得模式识别受体无法识别其结构，从而有利于病毒自身的复制。口蹄疫病毒L蛋白或许具有这种功能，因为L蛋白具有去泛素化功能，可能会保护口蹄疫病毒的部分PAMPs免遭细胞免疫系统的识别。而攻击是指病毒直接通过其某些蛋白来抑制、裂解或阻断某些模式识别受体通路的节点分子而阻断其信号传导的过程，从而颉颃细胞发挥的抗病毒反应。这种攻击策略在口蹄疫病毒中表现得非常明显，尤其是L蛋白和3C蛋白，这两种蛋白可以通过攻击的方式直接阻断天然免疫系统的激活。

　　L蛋白为口蹄疫病毒的一个非结构蛋白，在口蹄疫病毒发挥免疫抑制方面起着极为重要的作用。口蹄疫病毒感染宿主后，病毒RNA编码表达出一个完整的多聚蛋白，其中编码的三种非结构蛋白L^{pro}、2A和3C均具有蛋白酶活性，发挥着剪切多聚前体蛋白形成成熟蛋白的功能，同时也在颉颃宿主天然免疫反应过程中发挥着重要作用。L蛋白具有类似木瓜蛋白酶的功能，其从多聚蛋白前体上进行自我切割裂解下来，然后可以通过切割宿主的翻译起始因子eIF4G，从而切断宿主依赖性帽子mRNA的翻译，间接促进病毒对宿主细胞内复制原料的摄取，加快病毒的复制。L蛋白被认为是口蹄疫病毒颉颃宿主天然免疫反应最为重要的蛋白，因为其可以直接裂解多种天然免疫通路的节点分子而发挥免疫抑制作用。L蛋白可以通过裂解NF-κB蛋白而抑制由NF-κB调控的相关细胞因子和趋化因子的表达，为病毒复制提供有利的复制和增殖条件与环境。L蛋白同样可以通过裂解IRF3和IRF7而颉颃I型干扰素的表达，进而极大程度地抑制宿主抗病毒蛋白的表达，促进病毒的复制。L蛋白还具有去泛素化酶的功能，可以抑制RIG-I、TBK1等I型干扰素通路的重要节点分子，抑制I型干扰素的产生，从而发挥免疫抑制作用。据报道L蛋白还具有抑制抗病毒蛋白RANTES的表达，而发挥颉颃效应。而L基因缺失的口蹄疫病毒对宿主干扰素诱导水平、NF-κB的表达水平以及相关抗病毒蛋白的表达水平的抑制能力则明显下降，病毒复制水平也显著降低。由此可见，L蛋白通过多种途径发挥免疫抑制作用，有利促进和保障口蹄疫病毒的快速复制。

　　3C蛋白是口蹄疫病毒发挥免疫抑制作用的另外一个关键蛋白。3C蛋白在结构上几乎与丝氨酸蛋白酶原糜蛋白酶一致。3C蛋白的主要功能是对病毒多聚前体蛋白进行剪切加工，形成成熟蛋白，在感染的宿主细胞中可以发挥剪切宿主蛋白的功能。3C蛋白可以切除组蛋白H3的N末端20个氨基酸，促进病毒复制，能够剪切eIF4G和eIF4A发挥颉颃作用。3C蛋白可以裂解NF-κB调节蛋白NEMO，并抑制NEMO介导的I型干扰素产生，从而发挥免疫抑制功能，促进病毒复制。3C蛋白还可以通过颉颃JAK-STAT通路发挥免疫抑制作用。其具体机制为3C蛋白通过蛋白酶体和caspase非依赖途径降解KPNA1蛋白的表达水平，由于KPNA1是STAT1的核定位信号受体，因此KPNA1的下降直接阻断了STAT1/STAT2的入核，STAT1/STAT2的核定位被阻断后，直接导致了大量抗病毒蛋白的表达，从而促进了病毒的复制。

　　除了L蛋白和3C蛋白，口蹄疫病毒2C蛋白也在免疫抑制方面发挥着颉颃作用，其可以抑制天然免疫到获得性免疫的过渡，并且可以与beclin蛋白结合，阻止溶酶体与自噬小泡的融合，使得病毒能够存活下来进行进一步的复制繁殖。口蹄疫病毒的多种蛋白都具有抑制天然免疫系统功能的作用，而且其抑制机制多种多样，许多机制至今还不是很清楚，有待于将来进一步深入研究。

三、特异性免疫应答

动物机体在抵抗口蹄疫病毒感染时，依据免疫的进程分为特异性免疫和非特异性免疫。特异性免疫分为体液免疫和细胞免疫。体液免疫中起主要作用的是病毒中和抗体，它可使病毒对敏感细胞的吸附和穿透能力丧失，特异性抗体通过中和病毒及调理细胞吞噬功能和杀伤功能发挥作用，动物机体内口蹄疫病毒特异性抗体在浓度比较高时，抗体通过其中和作用导致病毒子的结构发生不可逆的变化，而在浓度比较低时通过发挥调理作用增强对病毒粒子的吞噬作用；细胞免疫是T淋巴细胞识别MHC-抗原复合物后被活化、增殖、分化为效应性T淋巴细胞并执行杀伤靶细胞的生理过程，又称为细胞介导的免疫应答，主要是由CD4$^+$T和CD8$^+$T参与执行。它们在抵抗口蹄疫病毒感染中起着关键作用。非特异性免疫包括皮肤、黏膜，血脑和胎盘屏障，以及吞噬细胞及组织和体液中的物质如补体、溶菌酶、乙型溶素、干扰素等。

（一）病毒介导的特异性免疫应答

1. 抗原递呈细胞 抗原刺激B细胞后，需要辅助T细胞（Th）直接接触B细胞才能使其活化，这类抗原称为胸腺依赖性抗原（thymus-dependent antigen，TD）。TD抗原活化B细胞时需要Th细胞直接接触才能使B细胞活化。B细胞活化过程需要两种最基本的信号刺激，一种是抗原结合B细胞受体（B-cell receptor，BCR）产生的第一刺激信号，另一种是Th细胞膜上的CD40L与B细胞膜上的CD40$^+$相结合产生的第二刺激信号。第一信号产生后，B细胞上调表达MHCⅡ类分子和B7共刺激分子，成为抗原递呈细胞（antigen presenting cell，APC）。

抗原递呈功能最强大的为树突状细胞（dendritic cell，DC），它能摄取、加工处理和递呈抗原，也是唯一能激活初始T细胞的APC，因而成为适应性免疫应答的启动者。同时，DC还能够诱导免疫耐受，调节T细胞介导的免疫应答类型，在固有免疫应答中作为效应细胞抵抗微生物感染。DC成为连接固有免疫和适应性免疫的桥梁，在机体免疫应答中发挥重要的调节作用。DC的来源有两条途径：① 髓样干细胞在GM-CSF的刺激下分化为DC，称为髓样DC（myeliod dendritic cells，MDC），也称为DC1，与单核细胞和粒细胞有共同的前体细胞；② 来源于淋巴样干细胞，称为淋巴样DC（lymophiod dendritic cells，LDC）或浆细胞样DC（plasmacytoid DC，pDC），即为DC2，与T细胞和NK细胞有共同的前体细胞。

来源于骨髓或胸腺的MDC和LDC均为未成熟DC，摄取抗原后转变为成熟DC。成熟的DC将抗原递呈给CD4$^+$的Th细胞，激活T细胞、B细胞、巨噬细胞和自然杀伤细胞，进行特异性的免疫应答。抗原递呈细胞中，主要是巨噬细胞和树突状细胞对口蹄疫病毒进行吞噬或巨噬胞饮。

2. 抗原加工和递呈　抗原递呈细胞可以将抗原分子降解并加工处理成小肽，与MHC分子识别结合并表达于抗原递呈细胞表面，供T细胞识别。根据MHC-抗原肽复合物的类型不同，活化不同的T细胞。若辅助性T细胞（Th）活化，会进一步活化B淋巴细胞产生特异性抗体，介导体液免疫反应，若活化其他T细胞，则介导机体产生特异性细胞免疫应答。根据来源，抗原可以分为两类，一类是外源性抗原，如细菌、蛋白质抗原等；一类是内源性抗原，是在细胞内合成的抗原，如病毒侵染细胞后合成的蛋白以及肿瘤细胞内合成的抗原等。外源性抗原在APC内与MHC Ⅱ类分子相结合，并稳定表达于细胞表面，递呈给CD4$^+$T细胞使之活化；内源性抗原在所有有核细胞内被蛋白酶体降解，在抗原加工相关转运体TAP的作用下转移至内质网膜与新组装的MHC I类分子相结合，再经高尔基体转运到细胞膜上，递呈给CD8$^+$细胞毒性T细胞使之活化，活化过程中需要多种分子的参与。CD4$^+$及CD8$^+$分子与MHC分子结合，细胞表面黏附分子如ICAM及其配体LFA加强靶细胞与T细胞的接触，防止解离，共刺激分子B7.1、B7.2，使T细胞有效活化，防止失能，细胞因子IL-2和IL-2R促进T细胞分裂。

在未成熟的DC加工抗原就是将抗原降解成肽段，这些进行着"加工"的核内体从早期核内体成熟为晚期核内体结构，在此期间酶的活性改变了。然后，含抗原的结构与含MHC Ⅱ类分子专门化后期核内体结构融合，即所谓MHC Ⅱ类富区室（MHC Ⅱ C）。就是在该MHC中的肽与能"识别"特定肽氨基酸序列的MHC Ⅱ类分子的V形凹口的肽相互作用。然后这些负载于MHC Ⅱ类分子的肽被转移到细胞表面。这种负载于MHC Ⅱ类分子的肽在DC表面稳定表达是mDC（成熟DC）的特性。没有负载肽的MHC Ⅱ类分子在细胞表面不被稳定表达，但是在表面和MHC Ⅱ类分子之间连续地反复循环，或者被溶酶体降解。对于mDC来说，负载于MHC Ⅱ类分子的肽的稳定表达对该反复循环过程有影响，即内部的MHC Ⅱ类分子消耗了，被原来在细胞表面的MHC Ⅱ类分子替代。因此，MHC Ⅱ类分子/肽复合物被DC递呈给Th淋巴细胞上的T细胞受体（TCR），是刺激后者的必要条件。

MHC I类分子也结合细胞内的肽，并将它们转移到细胞表面，但在这种情况下将肽递呈给细胞毒性T淋巴细胞（Tc）。该过程对于细胞内病原，如病毒的防御有重要意义。病毒蛋白在胞质液内被称为蛋白酶体的结构降解成病毒肽，这些肽由抗原加工相关的转移蛋白（TAP）转移到内质网。在此，这些肽与MHC I类分子结合。这些复合物迁移到高尔基体，然后到细胞表面与Tc淋巴细胞的T细胞受体（TCR）反应。虽然认为树突状细胞的功能主要是作为T淋巴细胞的抗原递呈细胞，但它也与B淋巴细胞相互作用。在此情况下，抗原不经加工，被完整地利用，没有MHC介入，虽然也需树突状细胞，如属于BAFF和APRIL的分子。和B细胞的相互作用可看作是抗原"递送"，比"递呈"更恰当。至今尚不清楚这其中包括多少树突状细胞和B淋巴细胞同类的相互作用，抗原在细胞之间被转移多少次。总之，同类的相互作用是存在的。树突状细胞和B细胞相互作用的另一种意义是：树突状细胞能刺激B细胞分化为产生抗体的细胞，而不需要T细胞协助。这不是永恒不变的，似乎与树突状细胞负载递送的抗原有关。在高抗原负载时更容易识别不依赖T细胞的应答。然而，当抗原负载低到一定界限，树突状细胞必须要有T细胞协助。当递送疫苗（抗原）时，处于较低抗原负载的状况，因此是T细胞依赖状态。MHC-肽相互作用的条件限制着可被抗原APC递呈的经加工过的肽的数量，这是因为该递呈取决于编码MHCⅠ或MHCⅡ的抗原APC结合位点的等位基因。拥有不同等位基因的个体，由于肽的MHC分子"识别"方面的差异，他们的肽的识别模式各不相同，这就是所谓MHC限制。MHCⅡ类分子的这种位点的多态性导致CD4$^+$T淋巴细胞有效识别口蹄疫病毒肽的全部种属特异和个体特异性。

3. T淋巴细胞的应答　口蹄疫病毒VP1蛋白上的G-H环是诱导中和抗体产生的中和位点。研究发现，将含有O型口蹄疫病毒结构蛋白VP1上G-H的多肽疫苗注射小鼠，并没有诱导产生有效的中和抗体，但是加入外源T细胞表位后，小鼠体内就可以诱导产生高水平的中和抗体。在多肽的设计中，这个外源的T细胞表位是线性表位，可以被T淋巴细胞识别，而不是B淋巴细胞。随后的研究也证实了这一点，抗口蹄疫病毒特异性抗体的产生是T淋巴细胞依赖性的。虽然小鼠体内也可以产生不依赖T细胞的免疫应答，但是这需要大剂量的抗原刺激，并可能主要依赖于DC对B细胞直接的抗原递呈，只有大剂量的抗原才能使DC不依赖于T细胞而直接将抗原递呈给B细胞。在抗原剂量低的情况下，T细胞依赖性免疫应答占主体地位。动物机体B细胞的有效活化及抗体的产生需要T细胞辅助。当然，不同动物之间在对T细胞表位的识别方面是有差异的，这与特定的T细胞表位的限制识别是一致的，是由于MHC分子多态性的原因。只有某些特定的表位序列可以被MHC单型识别和递呈。虽然许多T细胞表位局限于单型识别，但是通用型T细胞表位仍然存在，通用型T细胞表位可以被种属之间的很多单型所识别，目前研究人员已经在口蹄疫病毒VP4蛋白上发现了这种通用型T细胞表位。

口蹄疫病毒体液免疫受病毒血清型的限制，尤其是中和抗体，通常是血清型特异的，称之为同型应答。相比之下，T细胞免疫应答则不局限于同型应答。因此，接种了某一血清型口蹄疫病毒疫苗的动物，其T淋巴细胞在不同血清型的病毒粒子或病毒蛋白的再次刺激后依然可以进行增殖。对感染牛和猪的细胞研究分析显示，口蹄疫病毒非结构蛋白可以引起异型T细胞应答反应。

这些对病毒粒子、空衣壳、非结构蛋白和合成肽的T淋巴细胞增殖反应很显然是T细胞的天性。最明显的证据就是其敏感性可以被抗CD4$^+$单抗所抑制。当然，不仅是Th细胞表达CD4$^+$分子，干扰素产生细胞或浆细胞、树突状细胞表面同样表达CD4$^+$分子。抗MHC-Ⅱ类分子的单抗可以抑制单核细胞与T淋巴细胞的反应，证明了单核细胞与T淋巴细胞反应的事实。对增殖的细胞进行多重染色，可以确定增殖的细胞的确是Th细胞，因为活化的细胞上调CD25$^+$，主要是CD4$^+$、SWC3细胞，这表明增殖的细胞是T细胞而不是单核细胞。这些CD25$^+$细胞上CD8$^+$分子的存在表明这些细胞是记忆和活化Th细胞，CD4$^+$、CD8$^+$猪T细胞亚群包含记忆和活化细胞。

很多关于口蹄疫病毒T细胞表位的信息来自于对肽类疫苗和表位图谱的研究。总的来说，可以被T淋巴细胞识别的表位序列是由若干连续的氨基酸组成，分散在整个口蹄疫病毒蛋白上。主要存在于VP1，还有其他结构蛋白如VP4和非结构蛋白上。不同的Th淋巴细胞克隆可以识别特定的多肽序列，这种现象正好与Collen等的试验结果相吻合：只有37%的免疫动物可以识别多肽，而89%的免疫动物识别整个病毒粒子。后者可能被抗原递呈细胞所递呈，产生的若干肽段可以刺激很多T淋巴细胞克隆。

以前对于口蹄疫病毒T淋巴细胞表位的研究主要针对VP1，后来扩展到其他结构蛋白和非结构蛋白。将T细胞表位和B细胞表位结合起来研究，是T细胞表位鉴定的一种有效方法，这样可以诱导产生抗体，而抗体无疑是抗口蹄疫病毒保护性免疫的重要因素。很多研究将注意力集中在衣壳蛋白VP1的G-H环上，因为在此区域存在一个连续的、起主导作用的B细胞表位。以VP1 G-H环为基础的合成肽可以激活不同宿主种类的T细胞。G-H环内的氨基酸序列在不同的口蹄疫病毒血清型间差异很大，甚至在亚型之间也有差异。这种差异性可以影响T淋巴细胞对其的识别。口蹄疫病毒T细胞表位对肽类疫苗免疫原性的增强作用至关重要，Collen等将VP1上的T细胞表位（第20~40位）与VP1 G-H环线性连接，免疫牛产生高效的抗体，并在攻毒试验中产生保护，说明T淋巴细胞确实对G-H环产生应答。随后的研究表明口蹄疫病毒非结构蛋白上的T细胞表位可以被T淋巴细胞有效识别。

保守的T细胞表位对疫苗的设计很有价值，在不同的口蹄疫病毒株中那些序列保守的，并且可以被不同宿主种类的MHC Ⅱ类分子识别的T细胞表位对疫苗的设计非常有意义，结构蛋白VP4在口蹄疫病毒各血清型之间以及其他微RNA病毒之间非常保守，其氨基酸序列第20~34位具有种间MHC限制性，此外，在非结构蛋白3D、3A、3B和3C上都发现有保守的T细胞表位。这些T细胞表位都具有一个优势：可以被不同动物的T细胞以异型方式识别。当VP4和3A上的T细胞表位与G-H环作为一个线性多肽免疫动物后，可以在体外诱导产生特异性免疫应答，主要由CD4$^+$ T淋巴细胞和B细胞介导，B细胞的介导体现在动物体内诱导产生了高滴度的中和抗体。

4. B淋巴细胞的应答　B淋巴细胞表位和抗原位点位于口蹄疫病毒粒子上的特定区域，可以被抗口蹄疫病毒的特异性抗体识别，这些位点的B细胞受体就是免疫球蛋白。在抗口蹄疫病毒的保护性免疫中，最重要的是能够中和病毒粒子对组织细胞感染的抗体。中和抗体不仅可以干扰病毒对敏感细胞的侵染，还可以介导抗体的调理作用（antibody-dependent cell-mediated cytotoxicity，ADCC），调理作用有助于巨噬细胞对口蹄疫病毒的吞噬和杀伤。能够被中和抗体识别的表位和抗原位点大多位于病毒粒子的表面。

在口蹄疫病毒自然感染或免疫接种时诱导产生的中和抗体是针对许多分散在病毒粒子表面的抗原位点，这些位点是具有免疫优势的B细胞位点，可以被B细胞有效识别，使B细胞活化并分泌特异性抗体。当然，针对一种B细胞表位的抗体的产生和存在会导致进化过程中口蹄疫病毒某些氨基酸的选择性变异，这种"宿主免疫压力"可以导致大范围的病毒抗原性和免疫原性的变异。当中和抗体滴度和亲和力偏低的时候，尤其在初次免疫反应的初期，抗体与抗原位点刚刚结合、但结合不稳定时，这种抗体抗性的突变体会更加容易产生。此外，如果产生只针对一种抗原位点的中和抗体，可以使病毒有更多机会逃避宿主体内抗体的中和作用，当宿主产生针对许多抗原位点的中和抗体，可以逃避抗体中和作用的病毒变异株明显减少。

5. 记忆免疫　动物机体在再次遇到初次致敏的口蹄疫病毒时，会出现一个二次增强性应答，包括体液免疫和细胞免疫。该应答由记忆性淋巴细胞承担，记忆细胞的形成和维持是产生免疫记忆的关键，记忆细胞来自抗原选择下发生扩增的淋巴细胞克隆。对于抗体应答，保护性记忆（protective memeory）直接由留存的抗体或浆细胞介导，后者立即发挥效应作用或迅速分泌抗体；反应性记忆（reactive memory）由记忆B细胞介导，该细胞二次遭遇口蹄疫病毒时，重新增殖和分化为浆细胞并产生抗体。对于T细胞应答，保护性记忆由效应性记忆T细胞（TEM）介导，该细胞迁移至外周炎症组织，显示速发性效应功能；反应性记忆则由中枢性记忆T细胞（TCM）介导，该细胞定居在外周淋巴器官的T细胞区，不直接行驶效应功能，在抗原再次刺激时重新分化为效应细胞。

6. 细胞因子　细胞因子为糖蛋白，以单体形式存在，少数细胞因子以二聚体、三聚体或四聚体的形式发挥生物学作用，细胞因子是由细胞产生的小分子可溶性蛋白质，能影响这些细胞及其他细胞的行为和特征。细胞因子主要调节机体的免疫应答、造血功能和炎症反应等，可分为：① 白细胞介素：由淋巴细胞、单核细胞及其他非单个核细胞产生的细胞因子，在细胞间相互作用、免疫调节、造血以及炎症过程中起重要作用。

② 集落刺激因子（colony-stimulating factor，CSF），根据其刺激造血干细胞或不同分化阶段的造血祖细胞在半固体培养基中形成不同细胞集落的特性，分为粒细胞集落刺激因子（G-CSF）、巨噬细胞集落刺激因子（M-CSF）、粒细胞-巨噬细胞集落刺激因子（GM-CSF）和多重集落刺激因子（multi-CSF、IL-3）、干细胞因子（SCF）、红细胞生成素（erythropoietin，EPO）、血小板生成素（thrombopiotin，TPO）等，CSF不仅可以刺激不同发育阶段造血干细胞和祖母细胞的增殖和分化，有的还可促进成熟细胞的功能。③ 干扰素（IFN），是具有抗病毒、抗肿瘤和免疫调节等作用的一类物质，分为IFN-α、IFN-β和IFN-γ。④ 肿瘤坏死因子（TNF），根据其产生来源和结构不同，可分为TNF-α、TNF-β（LT-α）和LT-B三类，TNF-α由单核巨噬细胞产生，LT-α又名淋巴毒素（lymphotoxin，LT）由活化T细胞产生。⑤ 转化生长因子β。⑥ 趋化因子。

　　自然感染或疫苗接种会激发机体产生IFN-γ、IL-6、IL-8及IL-12等细胞因子，且其表达量依赖于感染程度或免疫的抗原量。IFN-γ可诱导巨噬细胞、B细胞等MHC-Ⅱ类分子和协同刺激分子的表达，提高抗原递呈能力，诱导Th1型免疫应答，在免疫调节、抗病毒感染等方面起着非常重要的作用。IFN-γ是由先天性免疫系统的NK细胞产生，将Th1型CD4$^+$和CD8$^+$ T细胞激活，调节免疫系统。IFN-γ的产生以出现CD4$^+$T细胞反应为特征，是衡量口蹄疫疫苗能否预防亚临床感染的重要指标。IL-6、IL-8及IL-12虽然与保护反应无关，但它们可激发单核细胞活性，从而调动先天性免疫防御。I型IFN-α/β是机体抵抗病毒感染的第一道防线，病毒感染后，机体立即表达和分泌IFN-α/β，邻近细胞组成局部抵抗系统。而这是由于一系列IFN-α/β刺激因子（IFN-α/β-stimulated genes，ISG）被激活的结果。

（二）口蹄疫病毒特异性免疫应答

　　当病毒等致病微生物突破机体的第一道防线（天然免疫应答）后，机体就会通过一系列机制产生特异性免疫应答，其主要包括细胞免疫和体液免疫，细胞免疫系统针对被感染的细胞，体液免疫系统针对病毒等抗原。机体的特异性免疫应答具有特异性和记忆性等特点，具有分辨自身和非己的能力，是机体免疫系统进化的高级形式。

　　1. 口蹄疫病毒抗原表位　抗原表位（epitope）又称为抗原决定簇（determinant），是抗原分子表面具有特殊结构和免疫活性的化学基团，能与TCR/BCR或抗体Fab部分特异性结合，是引起免疫应答的物质基础。由于抗原分子的结构复杂性不同，形成抗原表位的类型也不相同，根据结构分为线性表位和构象表位。线性表位（sequence determinant）是由顺序相连续的氨基酸肽段构成的决定簇；构象表位（cinformational determinant）是由分子空间构象形成的决定簇，在序列上呈不连续性。根据功能，抗原决定簇又分为隐蔽性决定簇和功能性决定簇，隐蔽性决定簇是指存在于抗原内部的决定簇，功能性决定簇是指能被B细胞识别或与抗体结合的决定簇。根据其结合受体细胞的不同，又可分为T细胞表位和B细胞表位，T细胞表位为线性表位，而B细胞表位既包含线性表位，也包含构象表位。

（1）T细胞表位　T细胞表位是抗原经过APC加工后，由MHC分子递呈给TCR的短肽，可分为内源性抗原T表位和外源性抗原T表位。内源性抗原主要为各种途径进入机体的非己成分，主要包括内源性病毒、肿瘤抗原等自身抗原，这些抗原在细胞质内被运送到巨大多功能蛋白酶体（large multifunctional proteasome，LMP），在此经泛素-蛋白酶体途径（ubiquitin-proteosome pathway）降解为小肽，之后经抗原加工相关转运物（transporter associated with antigen processing，TAP）转运进入内质网，并与HSP70结合，并被转运到内质网膜，与HSP90结合并进入高尔基体，经过糖基化修饰后，结合到MHC I类分子的凹槽中，通过胞吐空泡被转运到细胞表面，之后被CD8⁺ CTL细胞上的TCR结合，介导T细胞毒性应答（T cell-mediated immunity）。外源性抗原侵入机体后首先要被APC捕获，转运至溶酶体中，并在此裂解为小肽，在HLA-DM（human leukocyte antigen）分子的辅助下，消除由Ii链引导进入溶酶体的MHC II类分子上的CLIP（class2-associated invariant chain peptide），之后T细胞表位结合到空出的MHC II类分子的凹槽中，运送到细胞膜上，由MHC II类分子递呈给CD4⁺ Th细胞，激活Th细胞辅助B细胞产生抗体，同时产生一些细胞因子，介导NK细胞等免疫细胞产生的细胞应答。

（2）B细胞表位　B细胞表位是抗原中可被BCR或抗体特异性识别并相互结合的线性氨基酸片段或氨基酸构象结构，主要介导体液免疫应答。B细胞识别抗原后启动的信号转导和T细胞相似，同时B细胞对蛋白质抗原的应答需要T细胞的协助。B细胞通过BCR结合抗原中的B细胞表位，并发生胞吞（endocytosis）摄入BCR-Ag复合物，在抗原加工区室C IIV中，抗原被降解为肽段，之后小肽被MHC II类分子结合，表达于B细胞表面，并递呈给CD4⁺ T细胞，激活Th细胞辅助B细胞产生抗体。在此识别过程中包括两

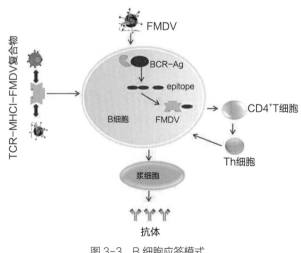

图3-3　B细胞应答模式

个信号转导：B细胞表位与BCR结合传递B细胞活化的第一信号，使其CD40与细胞因子受体的表达增加，并使B细胞加工递呈抗原和表达少量B7分子；B细胞作为APC将带有T表位的抗原肽递呈给CD4$^+$T细胞，活化的T细胞表达CD40L分子，与B细胞表面的CD40结合，从而提供第二信号。同时，活化的B细胞表达B7分子与CD28结合为T细胞，提供第二信号，进一步活化的T细胞表达更多CD40L和分泌细胞因子，如IL-4与B细胞表面的IL-4R结合，促进B细胞进一步分化。激活的B细胞一部分在T细胞区和B细胞区交界处增殖分化为浆细胞（plasmocyte），并产生IgM抗体，另一部分B细胞与Th2细胞迁移至B细胞区的次级淋巴滤泡（secondary lymphoid follicle），在此增殖形成生发中心（germinal center），在此环境中经过体细胞高频突变与亲和力成熟、Ig类别转变、抗原受体修正等过程，最终分化为浆细胞及记忆B细胞。

（3）口蹄疫病毒细胞表位　在口蹄疫病毒的7个血清型中，关于抗原位点的研究以O、A、Asia1、C型较多，主要鉴定的B表位集中在结构蛋白上，具体位置和重要位点见表3-1至表3-4。

表3-1　O型口蹄疫病毒抗原表位

	位置	构型	胰酶敏感	区　段	关键氨基酸位点
位点1	VP1	线性	敏感	βG-βH（G-H）环和C-末端	144、148、154、208
位点2	VP2	线性、构象	不敏感	70~73, 75, 77, 131	—
位点3	VP1	构象	不敏感	βB-βC的43, 44	43、44
位点4	VP3	构象	不敏感	—	56、58
位点5	VP1	构象	不敏感	149和G-H环	149

表3-2　A型口蹄疫病毒抗原表位

	位置	构型	胰酶敏感	区　段	关键氨基酸位点
位点1	VP1	线性	敏感	βG-βH（G-H）环	140-160
位点2	VP3	线性、构象	不敏感	58~70, 136~139, 196	
位点3	VP1	线性	不敏感	C-端	204
位点4	VP1	构象	不敏感	—	169

表3-3 Asia1型口蹄疫病毒抗原表位

	位置	构型	胰酶敏感	区 段	关键氨基酸位点
位点1	VP1	线性	敏感	βG-βH（G-H）环	147~152
位点2	VP2	线性	不敏感	βB-βC	—
位点3	VP3	线性	不敏感	B-B结节	—
位点4	VP2	线性	敏感	N-端	—

表3-4 C型口蹄疫病毒抗原表位

	位置	构型	胰酶敏感	区 段	关键氨基酸位点
位点1	VP1	线性	敏感	βG-βH（G-H）环	RGD
位点2	VP2	线性、构象	不敏感	衣壳蛋白五重轴	VP1（βB-C）和（βH-I）
位点3	VP1	线性	不敏感	C-末端	—
位点4	VP1-VP3	线性、构象	不敏感	衣壳蛋白三重轴	VP1、VP2（B-C环），VP3（B-B结节）

注："—"代表没有详细报道。

2. 口蹄疫病毒诱导的细胞免疫　口蹄疫病毒侵入动物体后，其主要的抗原表位经上述途径形成TCR-CD3-MHC-epitope，在第二信号CD28和B7分子的共刺激作用下，诱导一系列的细胞因子和受体的表达，其中IL-2R和IL-2结合后通过信号转导，激活T细胞的活化，产生的CD4[+]T细胞通过多种机制清除抗原，CD8[+]T细胞参与靶细胞的凋亡和裂解作用。CD4[+]T细胞进入外周免疫器官后，被抗原肽-MHC Ⅱ复合物激活，分化为辅助性T细胞（Th），Th细胞是有效实施庞大的特异免疫应答的基础。CD8[+]T细胞则被抗原肽-MHC Ⅰ复合物激活形成细胞毒性T细胞（CTL）（图3-4）。

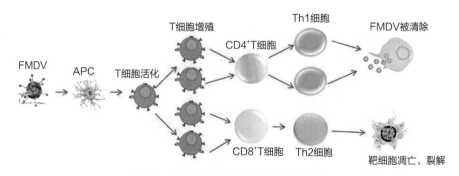

图3-4 口蹄疫病毒诱导T细胞分化示意图

在口蹄疫病毒感染的初期，T细胞亚群包括主要的CD4$^+$、CD8$^+$和CD4$^+$/CD8$^+$表现出明显的下降，此现象并不是病毒感染外周血单核细胞（peripheral blood mononuclear cell，PBMC）所致，研究者发现感染初期外周血T细胞分裂素——刀豆素A（ConA）明显减少，甚至消失，而在感染的动物体内ConA水平恢复后，机体才会产生强烈的T细胞应答，因此ConA可能在口蹄疫病毒诱导细胞免疫应答中占据重要作用。

之前关于口蹄疫病毒病毒粒子、衣壳蛋白、合成多肽刺激机体产生T细胞应答的研究中，几乎全部都是以衣壳蛋白中的抗原表位进行研究，需要指出的是，根据对口蹄疫病毒感染牛和猪的研究结果表明，口蹄疫病毒非结构蛋白也能引发T细胞应答。T细胞应答的类型不同于体液应答，在口蹄疫病毒感染后，T细胞应答不受血清型的限制，是同型和异型应答的混合，不同动物物种间的T细胞表位也不同，这可能是由MHC分子的多态性所致。

3. 口蹄疫病毒诱导的体液免疫　口蹄疫病毒感染后的动物，产生特异的抗体应答，也就是体液免疫，其受到口蹄疫病毒血清型的限制，型间抗体对口蹄疫病毒无中和作用，这也正是口蹄疫疫苗型间无交叉保护力的原因。口蹄疫病毒感染动物后，由B细胞介导体液免疫应答，但B细胞的应答需要T细胞的辅助，细胞在识别口蹄疫病毒的T表位和B表位时，需要Th2细胞的辅助，之后B细胞在外周淋巴组织和B细胞区及生发中心，分化为浆细胞，产生抗体，同时发生抗体的转换和亲和力的成熟，产生记忆性应答。

早在1969年，Sobko等人就用7种不同的口蹄疫病毒免疫公牛，诱导其产生特异抗体，并采集感染后10～30d的牛血清，之后在乳鼠模型上进行血清交叉免疫保护试验，从而对不同的口蹄疫病毒进行分型。1982年，Bittle等人通过试验提出，口蹄疫病毒中VP1的141～160氨基酸肽段免疫牛、豚鼠、兔即可产生体液免疫应答，并提供一定的免疫保护，这是在口蹄疫的免疫学研究中，第一次将抗原延伸到合成肽段水平。1986年，Meloen等人发现O型口蹄疫病毒VP1的C末端200～210位氨基酸可以诱导猪体产生中和抗体，并提供部分的攻毒保护，此段也就是现在所熟知的抗原位点1。1990年，Doel等巧妙的设计试验，人工串联合成包括O、A、C型口蹄疫病毒的主要抗原表位区段Cys-Cys（200-213）-Pro-Pro-Ser-（141-158）-Pro-Cys-Gly，用其免疫猪和牛，该合成肽能诱导猪和牛产生体液应答，抗体具有交叉保护性，免疫后的猪能抵抗O、A型口蹄疫病毒的攻毒，且部分保护C型口蹄疫病毒攻毒。之后研究者在口蹄疫病毒的体液应答方面做了大量的工作，主要针对通过特殊载体介导、新型佐剂的使用、对病毒刺激机体产生抗体应答路径的调控，对病毒及其受体的修饰等操作来促使机体产生快速的体液应答，从而试图在口蹄疫病毒感染的初期对机体提供有效保护。

4. 口蹄疫病毒诱导的黏膜免疫　研究表明，世界上大多数传染病都是通过黏膜传染的。黏膜免疫系统由免疫分子、免疫细胞和淋巴组织构成，是机体抵抗病原体感染的第一道免疫屏障，在机体免疫系统中占据重要地位。

口蹄疫病毒侵染机体后，病毒蛋白接触黏膜淋巴组织（mucosa-associated lymphoid tissue，MALT）的M细胞，并与之发生结合，之后抗原被M细胞的吞饮泡摄入，吞饮泡被转送到细胞内，在此未经

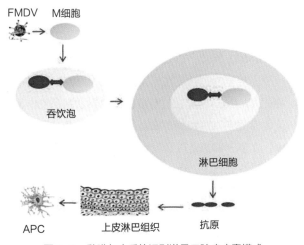

图3-5　黏膜免疫系统识别递呈口蹄疫病毒模式

降解的抗原释放至上皮淋巴组织，被APC递呈（图3-5），将黏膜淋巴组织内的T细胞和B细胞致敏。致敏的T细胞和B细胞通过淋巴导管系统离开黏膜结合淋巴组织，通过胸导管进入血液循环，到达消化道、呼吸道等处的黏膜固有层和腺体。B细胞在此处稳定后，在抗原、T细胞和细胞因子的刺激下增殖变为成熟的IgA浆细胞。IgA在浆细胞内产生，由J链（含胱氨酸较多的酸性蛋白）连接成双聚体分泌出来。当IgA通过黏膜或浆膜上皮细胞向外分泌时，与上皮细胞产生的分泌片连接成完整的SIgA，释放到分泌液中，与上皮细胞紧密结合在一起，分布在黏膜或浆膜表面发挥免疫作用。IgA在体内可以抑制口蹄疫病毒对细胞的黏附，并同时具有中和降解作用。

5. 巨噬细胞　巨噬细胞是一种位于组织内的白细胞，源自单核细胞，单核细胞又来源于骨髓中的前体细胞（precursor cell）。巨噬细胞和单核细胞皆为吞噬细胞，在脊椎动物体内参与天然免疫和特异免疫。在口蹄疫病毒侵入机体后，巨噬细胞可直接吞噬并清除一定的口蹄疫病毒粒子，同时也可产生细胞因子，这些细胞因子直接参与T细胞和B细胞应答过程，并且有些因子如干扰素则直接具有抗病毒的作用，在口蹄疫的紧急免疫中，在免疫后4d产生的保护可能和此作用有关。巨噬细胞和口蹄疫病毒的结合是通过其上的Fc受体（FcR分子）实现的，其具有两种形式FcγRⅡ（CD32）和FcγRⅢ（CD16），当这两种分子在同一口蹄疫病毒-抗体复合物中交联时，FcR发生构象改变，导致细胞质发出信号传递给细胞质末端的免疫受体酪氨酸活化基序（ITAMs），ITAMs促使酪氨酸激酶（tyrosine kinase）活化，诱导GTP酶依赖的复合物转化为具有吞噬作用的吞噬体，从而发挥吞噬作用。在吞噬的过程中，巨噬细胞进行快速的呼吸功能，从而大量的产生氧自由基和活性氧（ROS）83，这些ROS的代谢产物在局部形成炎性反应，对吞噬过程具

有重要的功能。

6. 口蹄疫病毒抗体产生动力学

（1）自然感染 自然感染口蹄疫病毒的家畜或野生动物，感染3d即可产生特异性抗体，此时抗体的主要类型为IgM，此类抗体无记忆性，且不具备中和能力，但其作为抗体的前体形式，具有较强的激发补体系统的能力。之后随着B细胞的进一步分化，伴随抗体的转型，在10d后主要以IgG的形式存在，其为中和抗体的主要形式，在感染后21d左右达到峰值，之后维持较长时间，可长达数年，且具有免疫记忆。

（2）人工免疫 人工免疫主要指人工对家畜或者野生动物免疫灭活口蹄疫疫苗或者亚单位等疫苗后，诱导机体产生的特异性免疫。与自然感染相比，此类免疫抗体产生较晚，在第7天开始产生抗体，在28d左右达到峰值，持续期较短，一般仅能持续4~6个月。因此在临床中，商品化口蹄疫疫苗的免疫程序为2~3次/年。

（3）母源抗体 新生的幼畜通过进食母乳可以获得对口蹄疫病毒的抗体，此抗体即为母源抗体，其抗体水平和母体中口蹄疫病毒抗体水平呈正相关。新生家畜在吸食母乳后数小时即可产生母源抗体，在1~3d达到峰值，其半衰期为21~23d，在体内存留时间约为2个月。新生的幼畜机体的免疫器官还没有完全成熟，免疫系统还不够完善，此时母源抗体对于保护幼畜免受病原的侵染提供很好的保障，但值得注意的是，母源抗体的存在对人工免疫存在一定的干扰，因此在临床生产和特殊试验中，对动物进行人工疫苗免疫时，应注意避开母源抗体的周期。

7. 口蹄疫病毒抗体中和作用 在体液免疫应答中，B细胞产生的中和抗体主要以中和作用和调理作用破坏口蹄疫病毒，其与病毒感染性或病毒稳定性相关的特定部位结合，使病毒不能吸附细胞，从而丧失感染能力。中和抗体的作用机制是改变病毒表面构型，阻止病毒吸附于易感细胞，使病毒不能穿入胞内进行增殖。病毒与中和抗体形成的免疫复合物，易被巨噬细胞吞噬清除，其主要有两种作用方式：① 结合病毒粒子，使其结构发生不可逆变化，病毒RNA伴随衣壳发生降解；② 结合了病毒的抗体分子启动补体系统参与对病毒的杀伤。关于口蹄疫病毒中和抗体的保护性免疫早已得到试验证明，此方面的研究已经从病毒粒子、单个病毒蛋白，延伸到单一细胞表位诱导的中和抗体的免疫保护作用，且其均能在口蹄疫病毒的天然宿主和模式动物体内降低或者清除病毒血症。中和抗体的产生和组织中病毒血症的清除具有一定的相关性，尽管在病毒的清除过程中，也有细胞免疫等其他免疫方式的参与，但试验证明，中和抗体在此过程中发挥着重要的作用。试验数据证明，口蹄疫病毒与中和抗体于37℃混合30s，病毒形态结构发生变化，作用30min，病毒RNA释放，作用2h后，口蹄疫病毒彻底失去感染能力。

8. 口蹄疫病毒抗体与免疫保护 动物是否能抵抗口蹄疫病毒感染与其体内的抗体

水平直接相关，但口蹄疫病毒抗体水平和保护率并不是绝对的正相关，在临床中，高水平抗体应答不一定就能完全保护动物免受口蹄疫病毒的感染。目前关于口蹄疫病毒抗体和免疫保护的详细机理还不是很清楚，研究者推测，可能有以下几方面原因：① 口蹄疫病毒是高度易变的病毒，其基因组中单个或多个氨基酸的变异就会导致其滴度、宿主嗜性的差异。流行毒株和疫苗毒株间的变异，会导致抗体水平的差异和保护水平的下降。② 动物间存在个体差异，在临床试验中，时常发生低抗体水平动物攻毒后不发病的案例，此现象可能和机体的天然免疫机制有关。③ 抗体检测的灰色区，关于口蹄疫病毒抗体水平的检测，目前均以LB-ELISA血清学检测手段为标准，但抗体效价的血清学检测存在灰色区，处于这种灰色区的动物，无法确定其是否具有抗口蹄疫病毒感染的能力。同时，基于血清学方法检测的抗体水平，实际上是口蹄疫病毒的中和抗体水平，并不能代表机体内部针对口蹄疫病毒感染的复杂的抗体应答水平，但基于目前的检测和研究阶段，中和抗体仍是衡量口蹄疫免疫保护的最重要的一项指标。

　　当前，疫苗免疫仍是控制口蹄疫的重要技术手段。口蹄疫病毒诱导机体产生的中和抗体在口蹄疫的免疫中占据重要的地位，是目前衡量动物是否能抵抗口蹄疫病毒感染的标准，但由于受到病毒抗原的限制，中和抗体具有型间的特异性，加之RNA病毒基因组的高度易变性，给口蹄疫的防控工作带来了巨大的困难，口蹄疫病毒中和抗体的水平和动物免疫保护之间的关系还没有被阐明清楚。口蹄疫病毒诱导的机体细胞和体液免疫的详细机制和影响因素，仍需要被进一步阐明。

（郑海学，朱紫祥，刘华南，曹伟军）

第三节　口蹄疫病毒改造及反向疫苗研究

一、口蹄疫病毒改造的技术需求

　　2012年，联合国粮食及农业组织（FAO）和世界动物卫生组织（OIE）联合要求各成员国采取逐步控制路径（progressive control pathway-FMD，PCP-FMD）进行全球口蹄疫控制，通过病原监测和免疫预防来控制疫情，逐步到免疫无疫，最终实现无疫认定。

2012年5月，中国发布《国家中长期动物疫病防治规划（2012—2020年）》，明确将口蹄疫列为优先防控的疫病，将疫苗免疫作为防控和净化的核心技术手段。

通过提高畜群整体的免疫水平，可有效降低疫病的流行水平和范围，结合鉴别疫苗免疫和野毒感染及净化技术手段，进而实现国家疫病净化和根除的目标。然而，由于口蹄疫病毒生物学自然属性的原因，口蹄疫病毒具有强致病性导致疫苗生产存在巨大生物安全隐患；口蹄疫病毒具有免疫抑制特性、抗原不稳定、抗原性差、免疫应答晚和免疫持续期短等缺陷，制约常规疫苗的效力提升，严重影响疫苗的田间应用效果。而目前难以鉴别免疫动物和自然感染动物，也给疫情净化带来困扰。如何从疫苗的"源头"种毒上解决上述问题，具体技术需求分析如下。

1. 种毒自然属性的缺陷是限制常规疫苗技术生产高效疫苗的瓶颈问题　动物疫苗制品关键技术涉及疫苗毒种、抗原生产工艺、浓缩纯化、佐剂以及生产过程中的质量控制等，其中疫苗种毒是决定疫苗研制是否成功的核心技术环节。世界动物卫生组织通行的常规疫苗种毒筛选的技术要求：一是抗原匹配性好，可对当前流行毒株有效保护；二是免疫原性强，可诱导动物产生足够强的免疫应答反应，产生坚强的免疫力；三是生产性能好，疫苗候选毒株具有病变时间短、滴度高和病变稳定等较好的生产性能，可用于工业化生产。从流行毒株筛选疫苗种毒是最常见和最能快速见效的一种方法，直接解决了抗原匹配性的要求，但对另外两个要求，仍然要试验来证明。而现实情况是因为流行毒株生物学自然属性的原因，导致生产性能或免疫原性往往不符合要求，前功尽弃。

2. 常规疫苗效力不高，影响疫苗田间免疫效果　通过提高疫苗免疫效力，建立坚强的免疫力，可以有效阻断疫情蔓延和变异，也可以有效防止境外毒株传入。保证免疫控制效果的核心是疫苗效力。免疫不足和效力不强，不仅不能限制病毒传播，反而会加速其变异。口蹄疫田间防控效果不好，有以下原因：① 口蹄疫病毒能够抑制宿主免疫，形成免疫逃避，导致流行毒株难以防控。② 目前使用的疫苗是灭活疫苗，含有抑制宿主免疫的蛋白，不能产生很好的细胞免疫。而且抗原容易降解，抗原分解为五聚体亚基，2~8℃冷链运输和保存，仍然有较快的降解速度，导致疫苗免疫有效成分降低。疫苗抗体产生慢，免疫持续期短（一般4~6月），容易有免疫空白期，这导致疫苗田间的免疫效果有限，不能有效控制和阻止毒株循环蔓延。③ 口蹄疫毒株有多个拓扑型和谱系，疫苗种毒的抗原谱与流行毒株不匹配。

3. 疫苗生产种毒为强毒株，存在巨大的生物安全隐患　常规疫苗生产通过扩繁大量的强毒株生产抗原，这些毒株对宿主具有很强的毒力和致病性，大量病毒的生产和储藏很容易造成散毒事件，带来很大的生物安全威胁。如2007年的英国、1970—1980年欧洲和1977—1994年阿根廷暴发的口蹄疫都属于散毒事件。尽管通过提高硬件设施级别和加强规范管理可以降低散毒和生物安全性风险，但这种隐患仍然没有解除。要想从根本上消除疫苗生产的生物安全威胁，必须对疫苗毒株进行改造，从种毒"源头"解决生物安全隐患问题。

4. 疫苗免疫无法区分自然感染和免疫动物，没有净化根除的技术支撑　常规灭活疫苗免疫后很难实现感染动物与免疫动物的鉴别诊断，给疫病净化带来困难。多次免疫的动物，特别是反复免疫的种畜，都能产生非结构蛋白抗体。反刍动物（包括免疫的反刍动物）发生口蹄疫或者被感染都会形成带毒（持续感染）。目前的鉴别诊断和常规疫苗很难支撑实施口蹄疫净化政策。因此，需要在疫苗种毒上进行改造，研究标记疫苗等新型疫苗，从而在疫苗株上彻底解决上述问题的困扰。

二、口蹄疫病毒的反向疫苗研究进展

反向疫苗学在口蹄疫病毒中的应用为解决上述问题提供了可能，通过反向遗传技术实现对病毒基因的改造和修饰，可获得预期生物特性的毒株，以及提高生产性能、抗原匹配性、免疫应答能力和生物安全性等特征的疫苗种毒，并与周边或其他国家流行而中国未流行的毒株迅速配型，也可以尽量减少和避免流行毒株驯化环节带来的负面影响，这种技术制备的疫苗称为反向疫苗。这种技术改变了疫苗毒筛选驯化技术受病毒自然属性制约大、费时费力、成功率低的缺陷，可以实现更为主动有效的疫苗毒株构造和改良，实现了口蹄疫灭活疫苗毒种制备工艺的革新，对整体提升疫苗品质和效力具有重大意义。

（一）提高生产性能

流行毒株驯化成疫苗株需要满足许多条件，并不是每个流行毒株都能够驯化成疫苗株，有许多流行毒株不能够驯化成疫苗株，一个重要的原因是毒株效价低，不能满足疫苗生产性能要求。Rodriguez等的研究发现O型口蹄疫病毒的复制与病毒RNA 3′端非编码区（3′UTR）的茎环结构有关。经试验也发现多株3′UTR颈环突变株，为了验证SL结构的突变在口蹄疫病毒中发挥的作用，在O/CHA/99毒株中引入SL突变并构建了相关的重组毒株，结果发现SL1突变的重组毒株在BHK细胞中生长缓慢，表明SL1结构对病毒的复制有重要的作用。2009年中国发生A型口蹄疫，其毒株A/WH/09在BHK细胞上复制效果不理想，滴度低，不能满足作为疫苗候选株的条件。因此实验室选取SL结构并没有突变的O/CHA/09感染性全长cDNA作为骨架构建重组质粒rA/P1–口蹄疫病毒。研究表明重组质粒转染细胞后得到的病毒在BHK细胞中生长特性与O/CHA/99相似，而且也缩短了重组毒株在细胞中的病变时间，更重要的是重组病毒在BHK细胞的病毒滴度与流行毒A/WH/09相比有明显的提高，通过替换P1基因，获得的重组毒与流行毒株有很好的抗原匹配性。测序比较第5代到30代之间的重组毒株序列，结果显示它们具有很高的同源性，而且几乎没有氨基酸差异，表明该重组毒株具有稳定的遗传特性。该研究为提高疫苗生产性能具有重要作用。

（二）提高抗原匹配性

1. 抗原匹配性是保障疫苗效力的一个最为重要的技术指标　P1是口蹄疫病毒的结构基因，含有1A、1B、1C和1D四个基因，并分别编码VP4、VP2、VP3和VP1四种结构蛋白，口蹄疫不同血清型也是通过比较P1序列的差异来定型的。由于口蹄疫南非型病毒在不同地域有明显的遗传和广泛的抗原变异性，因此对于口蹄疫疫苗的应用是比较困难的。Belinda Blignaut等通过在SAT1型病毒株KNP/196/91的感染性cDNA克隆中编码外部衣壳蛋白的区域（1B-1D/2A）替换SAT2型疫苗株ZIM/7/83相应位点，构建了型交叉的嵌合病毒vKNP/SAT2。该嵌合的病毒vKNP/SAT2与亲本毒株KNP/196/91相比具有相似的感染性动力学、病毒粒子的稳定性和抗原性，表明了各型之间衣壳具有的功能是比较容易替换的，并获得了稳定而且具有高滴度嵌合病毒。将亲本毒和嵌合毒制备的疫苗分别接种豚鼠后诱导产生相似的抗体反应，之后又用该嵌合病毒接种猪后也能够产生中和抗体，并能抵抗同源口蹄疫病毒的侵袭。2013年，中国国家口蹄疫参考实验室利用反向遗传技术将流行毒株A/WH/09的P1基因替换疫苗株O/CHA/99相应片段后构建的重组毒株rA/P1-口蹄疫病毒表现为一步生长曲线与O/CHA/99相似，而且它的滴度比流行毒株A/WH/09要高。将该灭活的毒株免疫接种牛后大多数在第7天产生体液免疫，并且使用2μg免疫接种28d后，实验动物能够得到全保护。

2. 口蹄疫病毒的结构蛋白VP1是决定病毒抗原性的主要成分　VP1的141~160位和200~213位的氨基酸残基区是口蹄疫病毒的主要抗原区，这些位点不仅能够诱导动物产生中和抗体，也是决定病毒抗原性的高变区。对口蹄疫型与型及亚型间VP1的分析，对口蹄疫流行病学的研究以及新型疫苗的研制都是很重要的。2008年，Fowler等将O_1BFS和C_3RES的VP1 G-H的130~157位点替换A_{12}毒株相应区域，并制备了单价的标记疫苗，结果显示该嵌合病毒制的灭活苗能够对牛产生完全保护，免疫猪后发现有同样的效果，并在免疫后21d仍可完全保护动物免受口蹄疫病毒的攻击。2012年，李平花等以O/HN/93疫苗毒株的感染性克隆为骨架，用新猪毒系病毒的部分VP3和VP1基因（主要是VP1蛋白上的B-C环和G-H环）替换疫苗毒株的相应部分，构建了嵌合的口蹄疫病毒全长cDNA克隆。该嵌合病毒的成功拯救为口蹄疫嵌合疫苗的研制奠定了基础。

（三）改善抗原稳定性

1. 热稳定性疫苗　目前有很多因素影响着口蹄疫疫苗的效力，其中一个因素是疫苗的不耐热性，中温就可导致疫苗分解为五聚体亚基，使疫苗免疫原性丧失。因此，疫苗生产工艺中昂贵的冷链条件是必需的，但是气候和社会经济因素通常会影响冷链系统。基于此，科学家通过反向遗传操作技术试图制造具有耐热性的口蹄疫疫苗，在不改变当前使用生产程序的条件下降低对冷链的需求。2008年，Roberto Mateo等通过反向遗传技术改造的口蹄疫病毒粒子在不破坏感染性所需生物学功能的前提下，提高了病毒粒子抵抗热分解为五聚体亚基的稳定性。将位于衣壳亚基间对感染性非必需的氨基酸用其他氨基酸替换有利于在亚基间形成新的二硫键或静电相互作用力，实验室获得的两株重组毒（A2065H或D3069E/T2188A）不仅具有感染性、遗传稳定性，而且与亲本毒相比具有相似的抗原性，更重要的是重组毒提高了病毒不可逆分解的稳定性，这为当前生产口蹄疫疫苗减少了冷链的依赖。2013年，Claudine Porta等将口蹄疫病毒空衣壳上位于毗邻正二十面体二重对称轴93位的组氨酸突变为半胱氨酸（H2093C），以便在五聚体间有利于形成二硫键。通过热处理表明该重组衣壳提高了热稳定性，且通过X线晶体衍射证明重组与野生型的空衣壳具有和完整病毒基本一样的结构。用重组衣壳接种牛后具有持续性病毒中和抗体的存在，且在免疫后34周获得保护。这种疫苗抗原生产既降低生产成本，又减少感染的风险并提高产物的热稳定性。

2. 酸稳定疫苗　口蹄疫病毒微粒在稍低于中性pH的条件下会分解从而失去感染性。这种酸依赖的分解过程会导致病毒RNA在胞体中的释放。为了研究病毒对酸诱导分解作用的分子机理，Miguel A. Martín-Acebes等获得了六株能够增强对酸失活的突变株，并将这些突变株转染细胞后发现它们与亲本毒C-S8c1相比对提高胞内pH的药物更敏感，证实了提高耐酸性与低pH时病毒的脱衣壳有关。在六株突变株中都发现了病毒VP1衣壳蛋白N端17位的N替换为D，这些突变株能够抵抗酸诱导失活的原因是阻止了衣壳分解为五聚体的亚单位。有意思的是，N突变为D的位点靠近五聚体的接口处，这些突变株表明了口蹄疫病毒突变株不同的pH敏感性，并阐明了病毒准种对pH的变化具有适当的灵活性。

（四）提高免疫应答能力

提高机体的免疫应答能力对宿主抵抗病毒的侵袭具有至关重要的作用。口蹄疫病毒的前导蛋白（L[pro]）是一种木瓜蛋白酶，它不仅能将自身从多聚蛋白上切割下来，还能裂解宿主细胞的翻译起始因子eIF4G从而关闭宿主mRNA帽依赖性翻译，最终导致干扰素蛋白表达水平下降；L^{pro}作为去泛素化蛋白酶，通过抑制RIG-I、TBKI、TRAF6和TRAF3的泛素化，从而抑制I型干扰素信号的传导。口蹄疫病毒的L蛋白是能抑制机体天然免疫的重要蛋白，通过对L蛋白的缺失或突变将会激发机体的天然免疫，从而抵抗口蹄疫病毒的侵袭。FaynaDiaz-San Segundo等利用反向遗传技术构建的SAP突变株就能够激活宿主的天然免疫，进而表现为重组毒对猪和牛没有临床症状，并且能够保护动物机体免受口蹄疫病毒的入侵。Rodriguez Pulido M等利用反向遗传技术构建的RNA疫苗株免疫猪后产生特异性体液和细胞免疫反应，提高了机体的免疫应答能力。

（五）提高生物安全性

1. **减毒或弱毒活疫苗株** 减毒或弱毒活疫苗株是指利用反向遗传技术敲除病毒的一些位点或核苷酸等致病基因，使其失去对宿主的致病力，但仍保留免疫原性及复制能力。精氨酸-甘氨酸-天冬氨酸（RGD）基序是口蹄疫病毒细胞吸附相关位点，Mckenna等在A$_{12}$株感染性分子克隆的基础上拯救出了缺失RGD受体结合基序的重组口蹄疫病毒，用其免疫牛后能够免受强毒的攻击。2010年，Fowler等构建了缺失VP1 G-H 13个氨基酸和RGD受体结合位点的重组毒，发现该重组毒免疫牛以后可以免受亲本毒的侵袭。1995年，Piccone等构建了缺失L蛋白的A$_{12}$-LLV2病毒，之后证实了这株病毒对牛和猪都具有致弱的作用，可以作为口蹄疫病毒的致弱疫苗。2012年，Sabena Uddowla等通过在缺失L^{pro} A$_{24}$LL株的基础上拯救出了安全有效的标记疫苗，研究表明该毒株可以作为一种安全的减毒疫苗候选株，并且可以作为标记疫苗来区分感染与免疫的动物。

2. **对宿主无致病性株** SAP是L^{pro}中一段假定的区域，L^{pro}可通过SAP结构作用抑制NF-κB的活性以及下调IRF3/7的表达来抑制IFN-β的转录进而影响宿主的天然免疫。2011年，FaynaDiaz-San Segundo等利用反向遗传技术构建的SAP突变株表现对BHK-21细胞较高的滴度，而对猪没有临床症状、无毒血症和无排毒等现象。SAP突变株接种动物引起较强的中和抗体反应，能够产生早期免疫的全保护，具有发展为无致病疫苗株的潜力。在此基础上，实验室通过改变受体结合位点（RGD突变为RSD），制备出Asia1-SAP-RSD的毒株不仅对猪、牛没有表现出临床症状、无毒血症和无排毒现象，而且在BHK细胞及乳鼠中都具有很高的滴度（约10^{-8}），在接种48h后就能够产生较早的抗体应答和免疫保护，具有发展为疫苗毒株的潜力。

（六）区分自然感染和免疫的标记疫苗株

对于RNA病毒作为表达载体主要的障碍就是它们固有的遗传不稳定性，尤其是病毒在细胞培养时在复制期间表达的较大外源蛋白容易部分或全部丢失。这种倾向可以简单的解释为插入外源序列后对病毒复制效率的有害作用。目前将口蹄疫病毒作为载体的研究不是很多，因为在口蹄疫病毒基因组鉴定出的可插入外源基因的位点插入外源基因后能拯救出活病毒是比较困难的。近年的研究发现口蹄疫病毒的L蛋白、3A蛋白、3B蛋白以及VP1蛋白处可以插入外源基因或表位标签，从而为标记疫苗方面的应用提供有效的平台。利用反向遗传技术插入外源标签不仅在研究病毒致病机制有重要的作用，而且对标记疫苗的制备也是相当重要的。我们将从以下插入位点对口蹄疫病毒标记疫苗作以详细的描述。

1. L蛋白　L蛋白通过调控宿主的天然免疫反应在口蹄疫病毒毒力方面有着重要的作用。口蹄疫病毒的前导蛋白L有两种形式Lab和Lb，它们的起始密码子AUG相距84nt，这两个AUG密码子在口蹄疫病毒的所有七个型中都存在。较小的Lb蛋白由第二个功能性的AUG起始合成，而相对Lab，尽管Lb在下游，但在体外翻译和感染细胞中的合成要过量。之前的研究显示每个起始位点依赖于它们周围的核苷酸序列以及起始AUG上下游的RNA结构。Cao等已经验证了第二个AUG起始位点对口蹄疫病毒的复制有重要的作用，现在还不清楚的是在口蹄疫病毒的感染过程中为什么需要合成两种形式的L蛋白。特别要指出的是L蛋白中最易发生变化的区间是两个AUG之间的区域。Piccone等研究表明AUG之间的区域可以插入57个nt，利用反向遗传技术获得的重组毒株pA$_{24}$-L1123在细胞中的复制水平比野毒稍低些，而且对牛的致病性有明显的减弱。在此基础上Piccone又引入了两个表位标签（HA和Flag）和一段较小的tc基序。HA和Flag标签都有利于免疫反应试验，而tc基序利于在活细胞中观察动力学过程。是不是L蛋白的两种形式都在病毒的复制和发病机制中发挥重要作用，目前还不是很清楚。因为Lab和Lb仅仅是氨基末端不同，多克隆抗L蛋白的抗血清不能够区分它们。两个AUG之间区域的疏水性使它很难产生特异性抗体。在L蛋白上的标记不仅可以研究L蛋白在病毒翻译和复制中的功能性作用，而且还可以作为标记疫苗的标记位点。

2. 3A蛋白　3A蛋白具有膜相关性，它被认为是微RNA病毒复制复合体与膜结构结合的锚定蛋白，与病毒诱导的细胞病理效应和阻断宿主细胞内蛋白的分泌有关。通过对不同口蹄疫病毒分离株3A蛋白的遗传比较显示编码N端亲水性的3A区域的前半部分是高度保守的，而后半部分区域（C端区域）是可变区并且天然存在不同位置的缺失（包括85～102，93～102和133～143残基处的缺失）。3A蛋白93～102位的缺失使病毒对牛的致病性弱化而对猪保持较高致病性。研究表明表达全长3A蛋白的口蹄疫病毒可以允许93～102位氨基酸的缺失而不影响病毒在体外复制的能力。表明3A蛋白的85～102和133～143位点对于口蹄疫病毒的复制是非必需的区域，并且是操纵插入外源表位合适的靶位点，如O/HN/CHA/93株的缺失发生在3A蛋白的93～102aa位点处。Li等选用3A蛋白的两个位点（85～92和133～143）分别作为不同外源标签的插入位点来研究口蹄疫病毒表达表位标签的能力。使用一段8个氨基酸的FLAG表位和11个氨基酸的HSV表位来分别替换3A蛋白原有的85～92和133～143的氨基酸序列，这并没有增长基因组的长度。利用反向遗传操作技术将FLAG和HSV标签分别引入到3A蛋白的85～92和133～143的位点，然后将构建的质粒转染到BSR/T7细胞系中拯救出了病毒，表明口蹄疫病毒3A蛋白允许外源表位引入到C端并维持口蹄疫病毒的复制功能。通过蛋白免疫印迹和序列分析表明3A蛋白标记的病毒在BHK–21细胞上连续传11代后仍可稳定表达外源表位，蚀斑和生长曲线结果表明重组毒和亲本毒具有相似性。将重组毒感染昆明小鼠4周后，发现接种标记3A蛋白病毒的小鼠能够诱导抗标签和抗3ABC抗体的产生，而感染亲本毒的另外一些小鼠仅产生了抗3ABC抗体。血清学结果显示3A标记的病毒能诱导特异性抗体应答反应以区分亲本毒产生的抗体应答。因此，3A标记的病毒可以作为能在血清学水平上区分免疫接种与自然感染动物的市场化疫苗。

3. 3B蛋白　3B蛋白共价结合在病毒基因组5′端。口蹄疫病毒的3B蛋白不同于其他微RNA病毒，它具有三个相似但不相同的拷贝3B1（VPg1）、3B2（VPg2）、3B3（VPg3），分别由23、34、24个氨基酸组成，它们在基因组中呈串联式排列。口蹄疫病毒3B的三个拷贝对维持病毒感染性不都是必需的，也没有报道过田间的口蹄疫病毒毒株有少于三个拷贝的，表明了口蹄疫病毒在维持这种冗余方面具有很强的选择压力。这是一个不寻常的发现，因为口蹄疫病毒很容易通过同源重组去除冗余的基因。研究表明对3B蛋白拷贝数的部分缺失或插入外源基因序列可以拯救到活的病毒。仅编码VPg3的口蹄疫病毒对细胞具有感染性，表明VPg的一种拷贝可能足以完成病毒复制的循环。仅编码VPg1或VPg2的口蹄疫病毒而缺失VPg3蛋白是拯救不到病毒的，表明了VPg3对口蹄疫病毒的感染性是重要的。2010年Armando Arias等构建了仅编码一种VPg的四种口蹄疫病毒重组毒：VPg1、VPg3以及两种包含部分VPg1和VPg3的嵌合型，结果显示除仅表达VPg1以外的都可以拯救到病毒。2010年Pacheco J M等在三株不同拷贝的3B蛋白中分别随意插入19个氨基酸，另外又构建了两株3B蛋白的部分缺失。试验表明五株重组毒与亲本毒具有相似的生长特性，相似的病毒复制动力曲线以及相似的蚀斑形态。将五株重组毒通过气溶胶感染方式接种牛，出现了与亲本毒相似的临床症状，表明在不同拷贝的3B蛋白中引入突变后不会对病毒产生显著的影响。2012年，Sabena Uddowla等通过在3B基因中氨基酸的突变拯救出了安全有效的标记疫苗。综上所述，口蹄疫病毒的3B基因可以插入外源基因，并可作为标记疫苗的插入位点。

4. 3D蛋白　3D蛋白是口蹄疫的非结构蛋白，高度保守的口蹄疫病毒3D聚合酶长期被认为是感染口蹄疫的主要决定因素。Newman和Brown的研究表明口蹄疫病毒纯化的14S颗粒含有少量的3D^{pol}，这是由于注射多剂量的灭活口蹄疫疫苗产生的。2012年，Sabena Uddowla等构建的含有一个或两个部位的突变在3D聚合酶和3B非结构蛋白中形成阴性抗原标记，在3D^{pol} H27Y、N31R和3BRQKP9-12→PVKV替代的突变株中止了单克隆抗体靶向3D^{pol}和3B的反应。亲本的A$_{24}$WT病毒、突变株A$_{24}$LL3DYR和A$_{24}$LL3BPVKV3DYR通过自然气溶胶或直接舌部注射接种牛后，被标记毒力减弱。而且用A$_{24}$LL3DYR活病毒在蹄球部接种猪没表现有临床症状。

5. VP1蛋白　VP1是口蹄疫病毒诱导机体产生中和抗体的主要蛋白。为了在口蹄疫病毒衣壳蛋白上寻找插入或替换位点，科学家们想到了各种衣壳蛋白表面暴露的区域。考虑到超变区G-H环的灵活性，Paul Lawrence等在病毒衣壳上的RGD基序的上游序列插入了外源标签。他们设计并构建了在VP1 G-H环RGD上游嵌入FLAG标签的重组口蹄疫病毒，结果显示插入FLAG标签后的重组毒与野株具有相似的复制水平。2013年，Julian Seago等利用反向遗传技术在VP1与2A之间构建了表达荧光标记蛋白iLOV的重组口蹄疫病毒。对感染性重组iLOV-FMDV生物学特性分析表明重组毒与亲本毒具有相似的生长特性，通过流式细胞术可以很容易将感染重组毒iLOV-FMDV的细胞与正常细胞区分。重组毒iLOV-FMDV的成功拯救为研究口蹄疫病毒的体外感染提供了一种依据。

（七）核酸疫苗

天然免疫反应是抵御入侵病原体的第一道防线，并依赖于一些传感器及信号通路。口蹄疫病毒对干扰素（IFN）是高度灵敏的。2011年，Miguel Rodríguez Pulido等研究表明口蹄疫病毒基因组的5′端和3′端非编码区在猪肾细胞和幼鼠中能够引发IFN-α/β的反应，在体外产生的RNAs，能刺激IFN-β的转录并在SK-6细胞中诱导产生抗病毒反应，表明病毒RNA能够激发机体的天然免疫反应。2009年，Miguel Rodríguez Pulido等利用反向遗传技术来研发RNA疫苗，SL1和SL2是口蹄疫病毒RNA 3′端非编码区的两个茎环结构，作者以O Ⅰ K感染性克隆为基础构建了SL1、SL2分别缺失的毒株，结果表明SL2的缺失对病毒在细胞中的感染性是致命的，而SL1缺失的病毒复制水平降低，在细胞上生长缓慢，具有减弱病毒毒力的作用。他们将构建的缺失SL1的全长质粒（VP3 56位的Arg突变为His）在体外转录为RNA后，接种猪体内，可以诱导猪产生特异性免疫反应，包括了体液免疫和细胞免疫反应，该试验证明了可以利用口蹄疫病毒反向遗传学技术来研发口蹄疫病毒RNA疫苗的潜力。2010年，Miguel Rodríguez Pulido等的研究表明RNA的免疫可以保护鼠抵抗口蹄疫病毒的感染。实验室利用单质粒拯救系统，对抑制天然免疫基因进行突变、对感染路径RGD进行缺失，获得了DNA质粒免疫猪，能够产生与灭活疫苗相当的保护率。

　　传统的灭活疫苗在口蹄疫的防控中发挥了重要的作用，但存在诸多问题，反向遗传技术提供了解决这些问题的办法，对口蹄疫新型疫苗和高效疫苗的研制有重要的指导和推进作用。随着反向疫苗的逐步实现产业化，将为口蹄疫防控提供重要技术支撑。但应该清楚认识到病毒基因改造可能带来的生物安全风险问题，应在病毒改造的源头避免毒力返强，在改造方案设计的时候，就避免生物安全风险问题，才能保证反向疫苗健康与良性发展。

（郑海学，杨波，张岩，杨帆）

参考文献

Acharya R, Fry E, Stuart D, et al. 1989. The three-dimensional structure of foot-and-mouth disease virus at 2.9 A resolution[J]. Nature, 337(6209): 709 – 716.

Aggarwal N, Barnett P V. 2002. Antigenic sites of foot-and-mouth disease virus (FMDV): an analysis of the specificities of anti-FMDV antibodies after vaccination of naturally susceptible host species[J]. Journal of General Virology, 83(Pt 4): 775 – 782.

Ahl R, Rump A. 1976. Assay of bovine interferons in cultures of the porcine cell line IB-RS-2[J]. Infect Immun, 14(3): 603 – 606.

Akira S, Uematsu S, Takeuchi O. 2006. Pathogen recognition and innate immunity[J]. Cell, 124(4): 783 – 801.

Al-masri A N, Heidenreich F, Walter G F. 2009. Interferon-induced Mx proteins in brain tissue of multiple sclerosis patients[J]. Eur J Neurol, 16(6): 721 – 726.

Alexandersen S, Oleksiewicz M B, Donaldson A I. 2001. The early pathogenesis of foot-and-mouth disease in pigs infected by contact: a quantitative time-course study using TaqMan RT – PCR[J]. Journal of General Virology, 82(4): 747 – 755.

Ali S, Afzal M, Hammed A. 1993. Transfer of maternal antibodies in Buffalo calves against Pasteurella multocida and foot and mouth disease virus[J]. Buffalo Jour, 9(2): 143 – 148.

Almeida M R, Rieder E, Chinsangaram J, et al. 1998. Construction and evaluation of an attenuated vaccine for foot-and-mouth disease: difficulty adapting the leader proteinase-deleted strategy to the serotype O1 virus[J], . Virus research 55(1): 49 – 60.

Anderson S L, Carton J M, Lou J, et al. 1999. Interferon-induced guanylate binding protein-1 (GBP-1) mediates an antiviral effect against vesicular stomatitis virus and encephalomyocarditis virus[J]. Virology, 256(1): 8 – 14.

Andino R, Rieckhof G E, Baltimore D. 1990. A functional ribonucleoprotein complex forms around the 5' end of poliovirus RNA[J]. Cell, 63(2): 369–380.

Ansardi D C, Porter D C, Anderson M J, et al. 1996. Poliovirus assembly and encapsidation of genomic RNA[J]. Adv Virus Res, 46: 1–68.

Ansardi D C, Porter D C, Morrow C D. 1992. Myristylation of poliovirus capsid precursor P1 is required for assembly of subviral particles[J]. Journal of Virology, 66(7): 4556–4563.

Argos P, Kamer G, Nicklin M J, et al. 1984. Similarity in gene organization and homology between proteins of animal picornaviruses and a plant comovirus suggest common ancestry of these virus families[J]. Nucleic Acids Res, 12(18): 7251–7267.

Arias A, Perales C, Escarmis C, et al. 2010. Deletion mutants of VPg reveal new cytopathology determinants in a picornavirus[J]. Plos One, 5(5): e10735.

Armer H, Moffat K, Wileman T, et al. 2008. Foot-and-mouth disease virus, but not bovine enterovirus, targets the host cell cytoskeleton via the nonstructural protein 3Cpro[J]. Journal of Virology, 82(21): 10556–10566.

Arnold E, Luo M, Vriend G, et al. 1987. Implications of the picornavirus capsid structure for polyprotein processing[J]. Proc Natl Acad Sci U S A, 84(1): 21–25.

Bablanian G M, Grubman M J. 1993. Characterization of the foot-and-mouth disease virus 3C protease expressed in Escherichia coli[J]. Virology, 197(1): 320–327.

Bachrach H L, Moore D M, Mckercher P D, et al. 1975. Immune and antibody responses to an isolated capsid protein of foot-and-mouth disease virus[J]. J Immunol, 115(6): 1636–1641.

Banerjee R, Echeverri A, Dasgupta A 1997. Poliovirus-encoded 2C polypeptide specifically binds to the 3'-terminal sequences of viral negative-strand RNA[J]. Journal of Virology, 71(12): 9570–9578.

Baranowski E, Ruiz-jarabo C M, Lim F, et al. 2001. Foot-and-mouth disease virus lacking the VP1 G-H loop: the mutant spectrum uncovers interactions among antigenic sites for fitness gain[J]. Virology, 288(2): 192–202.

Baranowski E, Ruiz-jarabo C M, Sevilla N, et al. 2000. Cell recognition by foot-and-mouth disease virus that lacks the RGD integrin-binding motif: flexibility in aphthovirus receptor usage[J]. Journal of Virology, 74(4): 1641–1647.

Barin J G, Rose N R, Cihakova D. 2012. Macrophage diversity in cardiac inflammation: A review[J]. Immunobiology, 217(5): 468–475.

Barton D J, Flanegan J B 1997. Synchronous replication of poliovirus RNA: initiation of negative-strand RNA synthesis requires the guanidine-inhibited activity of protein 2C [J]. Journal of Virology, 71(11): 8482–8489.

Barton D J, O'donnell B .J, Flanegan J B. 2001. 5' cloverleaf in poliovirus RNA is a cis-acting replication element required for negative-strand synthesis[J]. EMBO J, 20(6): 1439–1448.

Bautista E M, Ferman G S, Golde W T. 2003. Induction of lymphopenia and inhibition of T cell function during acute infection of swine with foot and mouth disease virus (FMDV) [J]. Vet Immunol Immunopathol, 92(1–2): 61–73.

Bautista E M, Nfon C, Ferman G S, et al. 2007. IL-13 replaces IL-4 in development of monocyte derived dendritic cells (MoDC) of swine[J]. Vet Immunol Immunopathol, 115(1–2): 56–67.

Baxt B 1987. Effect of lysosomotropic compounds on early events in foot-and-mouth disease virus replication[J]. Virus Res, 7(3): 257–271.

Baxt B, Bachrach H L. 1980. Early interactions of foot-and-mouth disease virus with cultured cells[J]. Virology, 104(1): 42–55.

Baxt B, Mason P W. 1995. Foot-and-mouth disease virus undergoes restricted replication in macrophage cell cultures following Fc receptor-mediated adsorption[J]. Virology, 207(2): 503–509.

Baxt B, Vakharia V, Moore D M, et al. 1989. Analysis of neutralizing antigenic sites on the surface of type A12 foot-and-mouth disease virus[J]. Journal of Virology, 63(5): 2143–2151.

Bazan J F, Fletterick R J. 1988. Viral cysteine proteases are homologous to the trypsin-like family of serine proteases: structural and functional implications[J]. Proc Natl Acad Sci U S A, 85(21): 7872–7876.

Beard C W, Mason P W. 2000. Genetic determinants of altered virulence of Taiwanese foot-and-mouth disease virus[J]. Journal of Virology, 74(2): 987–991.

Becker Y. 1994. Need for cellular and humoral immune responses in bovines to ensure protection from foot-and-mouth disease virus (FMDV)--a point of view[J]. Virus Genes, 8(3): 199–214.

Beckman M T, Kirkegaard K. 1998. Site size of cooperative single-stranded RNA binding by poliovirus RNA-dependent RNA polymerase[J]. J Biol Chem, 273(12): 6724–6730.

Belnap D M, Filman D J, Trus B L, et al. 2000. Molecular tectonic model of virus structural transitions: the putative cell entry states of poliovirus[J]. Journal of Virology, 74(3): 1342–1354.

Belsham G J, Mcinerney G M, Ross-smith N. 2000. Foot-and-mouth disease virus 3C protease induces cleavage of translation initiation factors eIF4A and eIF4G within infected cells[J]. Journal of Virology, 74(1): 272–280.

Berryman S, Clark S, Kakker N K, et al. 2013. Positively Charged Residues at the Five-Fold Symmetry Axis of Cell Culture-Adapted Foot-and-Mouth Disease Virus Permit Novel Receptor Interactions[J]. Journal of Virology, 87(15): 8735–8744.

Berryman S, Clark S, Monaghan P, et al. 2005. Early events in integrin alphavbeta6-mediated cell entry of foot-and-mouth disease virus[J]. Journal of Virology, 79(13): 8519–8534.

Bienz K, Egger D, Pasamontes L. 1987. Association of polioviral proteins of the P2 genomic region with the viral replication complex and virus-induced membrane synthesis as visualized by electron microscopic immunocytochemistry and autoradiography[J]. Virology, 160(1): 220–226.

Bienz K, Egger D, Rasser Y, et al. 1983. Intracellular distribution of poliovirus proteins and the induction of virus-specific cytoplasmic structures[J]. Virology, 131(1): 39－48.

BIRON C A 2001. Interferons alpha and beta as immune regulators--a new look[J]. Immunity, 14(6): 661－664.

Bishop N E, Anderson D A. 1997. Hepatitis A virus subviral particles: purification, accumulation, and relative infectivity of virions, provirions and procapsids[J]. Arch Virol, 142(11): 2147－2160.

Bittle J L, Houghten R A, Alexander H, et al. 1982. Protection against foot-and-mouth disease by immunization with a chemically synthesized peptide predicted from the viral nucleotide sequence[J]. Nature, 298(5869): 30－33.

Blanco E, Garcia-briones M, Sanz-parra A, et al. 2001. Identification of T-cell epitopes in nonstructural proteins of foot-and-mouth disease virus[J]. Journal of Virology, 75(7): 3164－3174.

Blignaut B, Visser N, Theron J, et al. 2011. Custom-engineered chimeric foot-and-mouth disease vaccine elicits protective immune responses in pigs[J]. Journal of General Virology, 92(Pt 4): 849－859.

Borca M V, Pacheco J M, Holinka L G, et al. 2012. Role of arginine-56 within the structural protein VP3 of foot-and-mouth disease virus (FMDV) O1 Campos in virus virulence[J]. Virology, 422(1): 37－45.

Botner A, Kakker N K, Barbezange C, et al. 2011. Capsid proteins from field strains of foot-and- mouth disease virus confer a pathogenic phenotype in cattle on an attenuated, cell-culture-adapted virus[J]. Journal of General Virology, 92: 1141－1151.

Brown C C, Chinsangaram J, Grubman M J. 2000. Type I interferon production in cattle infected with 2 strains of foot-and-mouth disease virus, as determined by in situ hybridization[J]. Can J Vet Res, 64(2): 130－133.

Brown C C, Piccone M E, Mason P W, et al. 1996. Pathogenesis of wild-type and leaderless foot-and-mouth disease virus in cattle[J]. Journal of Virology, 70(8): 5638－5641.

Brown F 1995. Antibody recognition and neutralization of foot-and-mouth-disease virus[J]. Seminars in Virology, 6(4): 243－248.

Brown F, Newman J, Stott J, et al. 1974. Poly(C) in animal viral RNAs[J]. Nature, 251(5473): 342－344.

Bruns A M, Pollpeter D, Hadizadeh N, et al. 2013. ATP hydrolysis enhances RNA recognition and antiviral signal transduction by the innate immune sensor, laboratory of genetics and physiology 2 (LGP2) [J]. Journal of Biological Chemistry, 288(2): 938－946.

Burman A, Clark S, Abrescia N G A, et al. 2006. Specificity of the VP1 GH loop of foot-and-mouth disease virus for alpha v integrins[J]. Journal of Virology, 80(19): 9798－9810.

Cao X, Bergmann I E, Fullkrug R, et al. 1995. Functional analysis of the two alternative translation initiation sites of foot-and-mouth disease virus[J]. Journal of Virology, 69(1): 560－563.

Cao X M, Bergmann I E, Beck E. 1991. Comparison of the 5′ and 3′ untranslated genomic regions of virulent and attenuated foot-and-mouth disease viruses (strains O1 Campos and C3 Resende) [J]. Journal of General Virology, 72 (Pt 11): 2821–2825.

Carr B V, Lefevre E A, Windsor M A, et al. 2013. CD4 + T-cell responses to foot-and-mouth disease virus in vaccinated cattle[J]. Journal of General Virology, 94(Pt 1): 97–107.

Carrillo C, Tulman E R, Delhon G, et al. 2005. Comparative genomics of foot-and-mouth disease virus[J]. Journal of Virology, 79(10): 6487–6504.

Challa S, Szczepanek S M, Rood D, et al. 2011. Bacterial toxin fusion proteins elicit mucosal immunity against a foot-and-mouth disease virus antigen when administered intranasally to guinea pigs[J]. Advances in Virology, 2011: 713769-Article ID 713769.

Chang Y-C, Chen Y-P, Liang C-M, et al. 2011. The capsid protein of foot-and-mouth disease virus interacts with host toll-like receptor 2 to induce innate immunity[J]. The Journal of Immunology, 186: 154.114.

Chinsangaram J, Koster M, Grubman M J. 2001. Inhibition of L-deleted foot-and-mouth disease virus replication by alpha/beta interferon involves double-stranded RNA-dependent protein kinase[J]. Journal of Virology, 75(12): 5498–5503.

Chinsangaram J, Mason P W, Grubman M J. 1998. Protection of swine by live and inactivated vaccines prepared from a leader proteinase-deficient serotype A12 foot-and-mouth disease virus[J]. Vaccine, 16(16): 1516–1522.

Cho M W, Teterina N, Egger D, et al. 1994. Membrane rearrangement and vesicle induction by recombinant poliovirus 2C and 2BC in human cells[J]. Virology, 202(1): 129–145.

Chow M, Newman J F, Filman D, et al. 1987. Myristylation of picornavirus capsid protein VP4 and its structural significance[J]. Nature, 327(6122): 482–486.

Clark M E, Hammerle T, Wimmer E, et al. 1991. Poliovirus proteinase 3C converts an active form of transcription factor IIIC to an inactive form: a mechanism for inhibition of host cell polymerase III transcription by poliovirus[J]. EMBO J, 10(10): 2941–2947.

Clark M E, Lieberman P M, Berk A J, et al. 1993. Direct cleavage of human TATA-binding protein by poliovirus protease 3C in vivo and in vitro[J]. Mol Cell Biol, 13(2): 1232–1237.

Clarke B E, Brown A L, Currey K M, et al. 1987. Potential secondary and tertiary structure in the genomic RNA of foot and mouth disease virus[J]. Nucleic Acids Res, 15(17): 7067–7079.

Clarke B E, Sangar D V. 1988. Processing and assembly of foot-and-mouth disease virus proteins using subgenomic RNA[J]. Journal of General Virology, 69 (Pt 9): 2313–2325.

Clarke B E, Sangar D V, Burroughs J N, et al. 1985. Two initiation sites for foot-and-mouth disease virus polyprotein in vivo[J]. Journal of General Virology, 66 (Pt 12): 2615–2626.

Collen T, Dimarchi R, Doel T R. 1991. A T cell epitope in VP1 of foot-and-mouth disease virus is immunodominant for vaccinated cattle[J]. J Immunol, 146(2): 749 – 755.

Collen T, Pullen L, Doel T R. 1989. T cell-dependent induction of antibody against foot-and-mouth disease virus in a mouse model[J]. Journal of General Virology, 70 (Pt 2): 395 – 403.

Costa Giomi M P, Bergmann I E, Scodeller E A, et al. 1984. Heterogeneity of the polyribocytidylic acid tract in aphthovirus: biochemical and biological studies of viruses carrying polyribocytidylic acid tracts of different lengths[J]. Journal of Virology, 51(3): 799 – 805.

Curry S, Abrams C C, Fry E, et al. 1995. Viral RNA modulates the acid sensitivity of foot-and-mouth disease virus capsids[J]. Journal of Virology, 69(1): 430 – 438.

Curry S, Fry E, Blakemore W, et al. 1997. Dissecting the roles of VP0 cleavage and RNA packaging in picornavirus capsid stabilization: the structure of empty capsids of foot-and-mouth disease virus[J]. Journal of Virology, 71(12): 9743 – 9752.

De los santos T, Botton S D, Weiblen R, et al. 2006a. The leader proteinase of foot-and-mouth disease virus inhibits the induction of beta interferon mRNA and blocks the host innate immune response[J]. Journal of Virology, 80(4): 1906 – 1914.

De los santos T, De avila botton S, Weiblen R, et al. 2006b. The leader proteinase of foot-and-mouth disease virus inhibits the induction of beta interferon mRNA and blocks the host innate immune response[J]. Journal of Virology, 80(4): 1906 – 1914.

De los santos T, Diaz-san segundo F, Zhu J, et al. 2009. A Conserved Domain in the Leader Proteinase of Foot-and-Mouth Disease Virus Is Required for Proper Subcellular Localization and Function[J]. Journal of Virology, 83(4): 1800 – 1810.

De quinto S L, Martinez-salas E. 2000. Interaction of the eIF4G initiation factor with the aphthovirus IRES is essential for internal translation initiation in vivo[J]. Rna-a Publication of the Rna Society, 6(10): 1380 – 1392.

Deddouche S, Goubau D, Rehwinkel J, et al. 2014. Identification of an LGP2-associated MDA5 agonist in picornavirus-infected cells[J]. Elife, 3.

Devaney M A, Vakharia V N, Lloyd R E, et al. 1988. Leader protein of foot-and-mouth disease virus is required for cleavage of the p220 component of the cap-binding protein complex[J]. Journal of Virology, 62(11): 4407 – 4409.

Diaz-san segundo F, Salguero F J, De avila A, et al. 2006. Selective lymphocyte depletion during the early stage of the immune response to foot-and-mouth disease virus infection in swine[J]. Journal of Virology, 80(5): 2369 – 2379.

Diaz-san segundo F, Weiss M, Perez-martin E, et al. 2011. Antiviral activity of bovine type Ⅲ interferon against foot-and-mouth disease virus[J]. Virology, 413(2): 283 – 292.

Doel T R, Gale C, Do amaral C M C F, et al. 1990. Heterotypic protection induced by synthetic peptides corresponding to three serotypes of foot-and-mouth disease virus[J]. Journal of Virology, 64(5):

2260－2264.

Domingo E, Escarmis C, Baranowski E, et al. 2003. Evolution of foot-and-mouth disease virus [J]. Virus Res, 91(1): 47－63.

Donnelly M L, Gani D, Flint M, et al. 1997. The cleavage activities of aphthovirus and cardiovirus 2A proteins[J]. Journal of General Virology, 78 (Pt 1): 13－21.

Donnelly M L L, Hughes L E, Luke G, et al. 2001. The 'cleavage' activities of foot-and-mouth disease virus 2A site-directed mutants and naturally occurring '2A-like' sequences[J]. Journal of General Virology, 82: 1027－1041.

Dorsch-hasler K, Yogo Y, Wimmer E. 1975. Replication of picornaviruses. I. Evidence from in vitro RNA synthesis that poly(A) of the poliovirus genome is genetically coded[J]. Journal of Virology, 16(6): 1512－1517.

Du Y, Bi J, Liu J, et al. 2014. 3Cpro of foot-and-mouth disease virus antagonizes the interferon signaling pathway by blocking STAT1/STAT2 nuclear translocation[J]. Journal of Virology, 88(9): 4908－4920.

Duke G M, Palmenberg A C. 1989. Cloning and synthesis of infectious cardiovirus RNAs containing short, discrete poly(C) tracts[J]. Journal of Virology, 63(4): 1822－1826.

Dunn C S, Donaldson A I. 1997. Natural adaption to pigs of a Taiwanese isolate of foot-and-mouth disease virus[J]. Vet Rec, 141(7): 174－175.

Duque H, Larocco M, Golde W T, et al. 2004. Interactions of foot-and-mouth disease virus with soluble bovine alpha(V)beta(3) and alpha(V)beta(6) integrins[J]. Journal of Virology, 78(18): 9773－9781.

Duque H, Palmenberg A C. 2001. Phenotypic characterization of three phylogenetically conserved stem-loop motifs in the mengovirus 3′ untranslated region[J]. Journal of Virology, 75(7): 3111－3120.

Durk R C, Singh K, Cornelison C A, et al. 2010. Inhibitors of Foot and Mouth Disease Virus Targeting a Novel Pocket of the RNA-Dependent RNA Polymerase[J]. Plos One, 5(12).

Escarmis C, Toja M, Medina M, et al. 1992. Modifications of the 5′ untranslated region of foot-and-mouth disease virus after prolonged persistence in cell culture[J]. Virus Res, 26(2): 113－125.

Evans D M, Dunn G, Minor P D, et al. 1985. Increased neurovirulence associated with a single nucleotide change in a noncoding region of the Sabin type 3 poliovaccine genome[J]. Nature, 314(6011): 548－550.

Everaert L, Vrijsen R, Boeye A. 1989. Eclipse products of poliovirus after cold-synchronized infection of HeLa cells[J]. Virology, 171(1): 76－82.

Falk M M, Sobrino F, Beck E. 1992. VPg gene amplification correlates with infective particle formation in foot-and-mouth disease virus[J]. Journal of Virology, 66(4): 2251－2260.

Feng P, Moses A, Fruh K. 2013. Evasion of adaptive and innate immune response mechanisms by gamma-herpesviruses[J]. Curr Opin Virol, 3(3): 285－295.

Fensterl V, Sen G C. 2011. The ISG56/IFIT1 gene family. J Interferon Cytokine Res [J], 31(1): 71－78.

Flanegan J B, Baltimore D. 1977. Poliovirus-specific primer-dependent RNA polymerase able to copy poly(A) [J]. Proc Natl Acad Sci U S A, 74(9): 3677–3680.

Flo T H, Halaas O, Torp S, et al. 2001. Differential expression of Toll-like receptor 2 in human cells[J]. J Leukoc Biol, 69(3): 474–481.

Forss S, Schaller H. 1982. A tandem repeat gene in a picornavirus[J]. Nucleic Acids Res, 10(20): 6441–6450.

Forss S, Strebel K, Beck E, et al. 1984. Nucleotide sequence and genome organization of foot-and-mouth disease virus[J]. Nucleic Acids Res, 12(16): 6587–6601.

Fowler V L, Knowles N J, Paton D J, et al. 2010. Marker vaccine potential of a foot-and-mouth disease virus with a partial VP1 G-H loop deletion[J]. Vaccine, 28(19): 3428–3434.

Fowler V L, Paton D J, Rieder E, et al. 2008. Chimeric foot-and-mouth disease viruses: evaluation of their efficacy as potential marker vaccines in cattle[J]. Vaccine, 26(16): 1982–1989.

Francis M J, Hastings G Z, Syred A D, et al. 1987. Non-responsiveness to a foot-and-mouth disease virus peptide overcome by addition of foreign helper T-cell determinants[J]. Nature, 330(6144): 168–170.

Frings W, Dotzauer A. 2001. Adaptation of primate cell-adapted hepatitis A virus strain HM175 to growth in guinea pig cells is independent of mutations in the 5′ nontranslated region[J]. Journal of General Virology, 82(Pt 3): 597–602.

Fry E E, Lea S M, Jackson T, et al. 1999. The structure and function of a foot-and-mouth disease virus-oligosaccharide receptor complex[J]. EMBO J, 18(3): 543–554.

Gaikwad S, Kumar S, Prashanth T, et al. 2012. Transcriptional Expression Profile of Toll Like Receptor 1–10 mRNA in Bovine Peripheral Mononuclear Cells in Response to Foot and Mouth Disease Antigens[J]. Advances in Microbiology, 2: 417.

Gamarnik A V, Andino R. 1997. Two functional complexes formed by KH domain containing proteins with the 5′ noncoding region of poliovirus RNA[J]. Rna-a Publication of the Rna Society, 3(8): 882–892.

Garza K M, Lou Y H, Tung K S. 1998. Mechanism of ovarian autoimmunity: induction of T cell and antibody responses by T cell epitope mimicry and epitope spreading[J]. J Reprod Immunol, 37(2): 87–101.

George M, Venkataramanan R, Pattnaik B, et al. 2001. Sequence analysis of the RNA polymerase gene of foot-and-mouth disease virus serotype Asia1[J]. Virus Genes, 22(1): 21–26.

Gerber K, Wimmer E, Paul A V. 2001. Biochemical and genetic studies of the initiation of human rhinovirus 2 RNA replication: purification and enzymatic analysis of the RNA-dependent RNA polymerase 3D(pol) [J]. Journal of Virology, 75(22): 10969–10978.

Giraudo A T, Beck E, Strebel K, et al. 1990. Identification of a nucleotide deletion in parts of polypeptide 3A in two independent attenuated aphthovirus strains[J]. Virology, 177(2): 780–783.

Giraudo A T, Sagedahl A, Bergmann I E, et al. 1987. Isolation and characterization of recombinants between attenuated and virulent aphthovirus strains[J]. Journal of Virology, 61(2): 419–425.

Gladue D P, O'donnell V, Baker-bransetter R, et al. 2014. Interaction of Foot-and-Mouth Disease Virus Nonstructural Protein 3A with Host Protein DCTN3 Is Important for Viral Virulence in Cattle[J]. Journal of Virology, 88(5): 2737–2747.

Gladue D P, O'donnell V, Baker-branstetter R, et al. 2012. Foot-and-Mouth Disease Virus Nonstructural Protein 2C Interacts with Beclin1, Modulating Virus Replication[J]. Journal of Virology, 86(22): 12080–12090.

GOBARA F, ITAGAKI A, Ito Y, et al. 1977. Properties of virus isolated from an epidemic of hand-foot-and-mouth disease in 1973 in the city of Matsue. Comparison with Coxsackievirus group A type 16 prototype[J]. Microbiology and Immunology, 21(4): 207–217.

Grigera P R, Tisminetzky S G. 1984. Histone H3 modification in BHK cells infected with foot-and-mouth disease virus[J]. Virology, 136(1): 10–19.

Grubman M J. 1980. The 5′ end of foot-and-mouth disease virion RNA contains a protein covalently linked to the nucleotide pUp[J]. Arch Virol, 63(3–4): 311–315.

Grubman M J, Bachrach H L. 1979. Isolation of foot-and-mouth disease virus messenger RNA from membrane-bound polyribosomes and characterization of its 5′ and 3′ termini[J]. Virology, 98(2): 466–470.

Grubman M J, Baxt B. 2004. Foot-and-mouth disease[J]. Clin Microbiol Rev, 17(2): 465–493.

Grubman M J, Moraes M P, Segundo D S, et al. 2008. Evading the host immune response: how foot-and-mouth disease virus has become an effective pathogen[J]. FEMS Immunology & Medical Microbiology, 53(1): 8–17.

Grubman M J, Morgan D O, Kendall J, et al. 1985. Capsid intermediates assembled in a foot-and-mouth disease virus genome RNA-programmed cell-free translation system and in infected cells[J]. Journal of Virology, 56(1): 120–126.

Grubman M J, Robertson B H, Morgan D O, et al. 1984. Biochemical map of polypeptides specified by foot-and-mouth disease virus[J]. Journal of Virology, 50(2): 579–586.

Grubman M J, Zellner M, Bablanian G, et al. 1995. Identification of the active-site residues of the 3C proteinase of foot-and-mouth disease virus[J]. Virology, 213(2): 581–589.

Grubman M J, Zellner M, Wagner J. 1987. Antigenic comparison of the polypeptides of foot-and-mouth disease virus serotypes and other picornaviruses[J]. Virology, 158(1): 133–140.

Gutierrez A, Martinez-salas E, Pintado B, et al. 1994. Specific inhibition of aphthovirus infection by RNAs transcribed from both the 5′ and the 3′ noncoding regions[J]. Journal of Virology, 68(11): 7426–7432.

Guzylack-piriou L, Bergamin F, Gerber M, et al. 2006. Plasmacytoid dendritic cell activation by foot-and-mouth disease virus requires immune complexes[J]. Eur J Immunol, 36(7): 1674 – 1683.

H Sser L, Alves M P, Ruggli N, et al. 2011. Identification of the role of RIG-I, MDA-5 and TLR3 in sensing RNA viruses in porcine epithelial cells using lentivirus-driven RNA interference[J]. Virus research, 159(1): 9 – 16.

Haller O, Kochs G. 2002. Interferon-induced mx proteins: dynamin-like GTPases with antiviral activity[J]. Traffic, 3(10): 710 – 717.

Haller O, Stertz S, Kochs G. 2007. The Mx GTPase family of interferon-induced antiviral proteins[J]. Microbes Infect, 9(14 – 15): 1636 – 1643.

Hansen J L, Long A M, Schultz S C. 1997. Structure of the RNA-dependent RNA polymerase of poliovirus[J]. Structure, 5(8): 1109 – 1122.

Harber J J, Bradley J, Anderson C W, et al. 1991. Catalysis of poliovirus VP0 maturation cleavage is not mediated by serine 10 of VP2[J]. Journal of Virology, 65(1): 326 – 334.

Harris T J, Brown F. 1977. Biochemical analysis of a virulent and an avirulent strain of foot-and-mouth disease virus[J]. Journal of General Virology, 34(1): 87 – 105.

Helbig K J, Eyre N S, Yip E, et al. 2011. The antiviral protein viperin inhibits hepatitis C virus replication via interaction with nonstructural protein 5A[J]. Hepatology, 54(5): 1506 – 1517.

Hentze M W. 1997. Translation-eIF4G: A multipurpose ribosome adapter? [J]. Science, 275(5299): 500 – 501.

Hinson E R, Cresswell P. 2009. The N-terminal amphipathic alpha-helix of viperin mediates localization to the cytosolic face of the endoplasmic reticulum and inhibits protein secretion[J]. J Biol Chem, 284(7): 4705 – 4712.

Hobson S D, Rosenblum E S, Richards O C, et al. 2001. Oligomeric structures of poliovirus polymerase are important for function[J]. EMBO J, 20(5): 1153 – 1163.

Hope D A, Diamond S E, Kirkegaard K. 1997. Genetic dissection of interaction between poliovirus 3D polymerase and viral protein 3AB[J]. Journal of Virology, 71(12): 9490 – 9498.

Hornung V, Ellegast J, Kim S, et al. 2006. 5′ -Triphosphate RNA is the ligand for RIG-I[J]. Science, 314(5801): 994 – 997.

Jackson T, Clark S, Berryman S, et al. 2004. Integrin alphavbeta8 functions as a receptor for foot-and-mouth disease virus: role of the beta-chain cytodomain in integrin-mediated infection[J]. Journal of Virology, 78(9): 4533 – 4540.

Jackson T, Ellard F M, Ghazaleh R A, et al. 1996. Efficient infection of cells in culture by type O foot-and-mouth disease virus requires binding to cell surface heparan sulfate[J]. Journal of Virology, 70(8): 5282 – 5287.

Jackson T, Sheppard D, Denyer M, et al. 2000. The epithelial integrin alphavbeta6 is a receptor for foot-and-mouth disease virus[J]. Journal of Virology, 74(11): 4949 – 4956.

Jang S K, Krausslich H G, Nicklin M J, et al. 1988. A segment of the 5′ nontranslated region of encephalomyocarditis virus RNA directs internal entry of ribosomes during in vitro translation[J]. Journal of Virology, 62(8): 2636 – 2643.

Jarvik J W, Telmer C A. 1998. Epitope tagging [M] //A. CAMPBELL, Annual Review of Genetics: 601 – 618.

Johns H L, Berryman S, Monaghan P, et al. 2009. A Dominant-Negative Mutant of rab5 Inhibits Infection of Cells by Foot-and-Mouth Disease Virus: Implications for Virus Entry[J]. Journal of Virology, 83(12): 6247 – 6256.

Kato H, Takeuchi O, Sato S, et al. 2006. Differential roles of MDA5 and RIG-I helicases in the recognition of RNA viruses[J]. Nature, 441(7089): 101 – 105.

Kawai T, Akira S. 2006. Innate immune recognition of viral infection[J]. Nat Immunol, 7(2): 131 – 137.

Kawai T, Akira S. 2011. Toll-like receptors and their crosstalk with other innate receptors in infection and immunity[J]. Immunity, 34(5): 637 – 650.

King A M, Mccahon D, Slade W R, et al. 1982. Recombination in RNA[J]. Cell, 29(3): 921 – 928.

Kirchweger R, Ziegler E, Lamphear B J, et al. 1994. Foot-and-mouth disease virus leader proteinase: purification of the Lb form and determination of its cleavage site on eIF-4 gamma[J]. Journal of Virology, 68(9): 5677 – 5684.

KitamurA N, Semler B L, Rothberg P G, et al. 1981. Primary structure, gene organization and polypeptide expression of poliovirus RNA[J]. Nature, 291(5816): 547 – 553.

Klein M, Eggers H J, Nelsen-salz B. 1999. Echovirus 9 strain barty non-structural protein 2C has NTPase activity[J]. Virus Res, 65(2): 155 – 160.

Klump W, Marquardt O, Hofschneider P H. 1984. Biologically active protease of foot and mouth disease virus is expressed from cloned viral cDNA in Escherichia coli[J]. Proc Natl Acad Sci U S A, 81(11): 3351 – 3355.

Knipe T, Rieder E, Baxt B, et al. 1997. Characterization of synthetic foot-and-mouth disease virus provirions separates acid-mediated disassembly from infectivity[J]. Journal of Virology, 71(4): 2851 – 2856.

Knowles N J, Davies P R, Henry T, et al. 2001. Emergence in Asia of foot-and-mouth disease viruses with altered host range: characterization of alterations in the 3A protein[J]. Journal of Virology, 75(3): 1551 – 1556.

Kuhn R, Luz N, Beck E. 1990. Functional analysis of the internal translation initiation site of foot-and-mouth disease virus[J]. Journal of Virology, 64(10): 4625 – 4631.

Lama J, Sanz M A, Carrasco L. 1998. Genetic analysis of poliovirus protein 3A: characterization of a non-cytopathic mutant virus defective in killing Vero cells[J]. Journal of General Virology, 79:

1911 – 1921.

Lama J, Sanz M A, Rodriguez P L. 1995. A role for 3AB protein in poliovirus genome replication[J]. J Biol Chem, 270(24): 14430 – 14438.

Lamphear B J, Kirchweger R, Skern T, et al. 1995. Mapping of functional domains in eukaryotic protein synthesis initiation factor 4G (eIF4G) with picornaviral proteases. Implications for cap-dependent and cap-independent translational initiation[J]. J Biol Chem, 270(37): 21975 – 21983.

Lannes N, Python S, Summerfield A. 2012. Interplay of foot-and-mouth disease virus, antibodies and plasmacytoid dendritic cells: virus opsonization under non-neutralizing conditions results in enhanced interferon-alpha responses[J]. Vet Res, 43: 64.

Larche M, Haselden B M, Oldfield W L, et al. 2001. Mechanisms of T cell peptide epitope-dependent late asthmatic reactions[J]. Int Arch Allergy Immunol, 124(1 – 3): 272 – 275.

Lawrence P, Pacheco J M, Uddowla S, et al. 2012. Foot-and-mouth disease virus (FMDV) with a stable FLAG epitope in the VP1 G-H loop as a new tool for studying FMDV pathogenesis[J]. Virology.

Leonard J N, Ghirlando R, Askins J, et al. 2008. The TLR3 signaling complex forms by cooperative receptor dimerization[J]. Proc Natl Acad Sci U S A, 105(1): 258 – 263.

Leslie R G. 1985. Critical events in the irreversible uptake of soluble immune complexes by macrophages[J]. Immunol Lett, 11(3 – 4): 153 – 158.

Li P, Bai X, Cao Y, et al. 2012. Expression and stability of foreign epitopes introduced into 3A nonstructural protein of foot-and-mouth disease virus[J]. Plos One, 7(7): e41486.

Li p, Bai X, Lu Z, et al. 2012.Construction of a full-length infectious cDNA clone of inter-genotypic chimeric foot-and-mouth disease virus [J]. Wei Sheng Wu Xue Bao, 52(1): 114 – 119.

Li P, Lu Z, Bao H, et al. 2011. In-vitro and in-vivo phenotype of type Asia 1 foot-and-mouth disease viruses utilizing two non-RGD receptor recognition sites[J]. BMC Microbiol, 11: 154.

Liang S L, Quirk D, Zhou A. 2006. RNase L: its biological roles and regulation[J]. IUBMB Life, 58(9): 508 – 514.

Lisnic V J, Krmpotic A, Jonjic S. 2010. Modulation of natural killer cell activity by viruses[J]. Curr Opin Microbiol, 13(4): 530 – 539.

Litinskiy M B, Nardelli B, Hilbert D M, et al. 2002. DCs induce CD40-independent immunoglobulin class switching through BLyS and APRIL[J]. Nat Immunol, 3(9): 822 – 829.

Liu X S, Wang Y L, Zhang Y G, et al. 2011. Identification of H-2d restricted T cell epitope of foot-and-mouth disease virus structural protein VP1[J]. Virol J, 8: 426.

Lloyd R E, Grubman M J, Ehrenfeld E. 1988. Relationship of p220 cleavage during picornavirus infection to 2A proteinase sequencing[J]. Journal of Virology, 62(11): 4216 – 4223.

Lobert P E, Escriou N, Ruelle J, et al. 1999. A coding RNA sequence acts as a replication signal in cardioviruses[J]. Proc Natl Acad Sci U S A, 96(20): 11560 – 11565.

Loo Y-M, Fornek J, Crochet N, et al. 2008. Distinct RIG-I and MDA5 signaling by RNA viruses in innate immunity[J]. Journal of Virology, 82(1): 335–345.

Lopez DE'Quinto S, Martinez-salas E. 1997. Conserved structural motifs located in distal loops of aphthovirus internal ribosome entry site domain 3 are required for internal initiation of translation[J]. Journal of Virology, 71(5): 4171–4175.

Lowe P A, Brown F. 1981. Isolation of a soluble and template-dependent foot-and-mouth disease virus RNA polymerase[J]. Virology, 111(1): 23–32.

Lubroth J, Brown F. 1995. Identification of Native Foot-and-Mouth-Disease Virus Nonstructural Protein 2c as a Serological Indicator to Differentiate Infected from Vaccinated Livestock[J]. Research in Veterinary Science, 59(1): 70–78.

Luz N, Beck E. 1990. A cellular 57 kDa protein binds to two regions of the internal translation initiation site of foot-and-mouth disease virus[J]. FEBS Lett, 269(2): 311–314.

Luz N, Beck E. 1991. Interaction of a cellular 57-kilodalton protein with the internal translation initiation site of foot-and-mouth disease virus[J]. Journal of Virology, 65(12): 6486–6494.

Marongiu M E, Pani A, Corrias M V, et al. 1981. Poliovirus morphogenesis. I. Identification of 80S dissociable particles and evidence for the artifactual production of procapsids[J]. Journal of Virology, 39(2): 341–347.

Maroudam V, Nagendrakumar S B, Rangarajan P N, et al. 2010. Genetic characterization of Indian type O FMD virus 3A region in context with host cell preference[J]. Infect Genet Evol, 10(5): 703–709.

Marquardt O, Rahman M M, Freiberg B. 2000. Genetic and antigenic variance of foot-and-mouth disease virus type Asia1[J]. Arch Virol, 145(1): 149–157.

Martin-acebes M A, Vazquez-calvo A, Rincon V, et al. 2011. A single amino acid substitution in the capsid of foot-and-mouth disease virus can increase acid resistance[J]. Journal of Virology, 85(6): 2733–2740.

Martinez-Salas E, Ramos R, Lafuente E, et al. 2001. Functional interactions in internal translation initiation directed by viral and cellular IRES elements[J]. Journal of General Virology, 82: 973–984.

Martinez-salas E, Saiz J C, Davila M, et al. 1993. A single nucleotide substitution in the internal ribosome entry site of foot-and-mouth disease virus leads to enhanced cap-independent translation in vivo[J]. Journal of Virology, 67(7): 3748–3755.

Mason P W, Baxt B, Brown F, et al. 1993. Antibody-complexed foot-and-mouth disease virus, but not poliovirus, can infect normally insusceptible cells via the Fc receptor[J]. Virology, 192(2): 568–577.

Mason P W, Piccone M E, Mckenna T S C, et al. 1997. Evaluation of a live-attenuated foot-and-mouth disease virus as a vaccine candidate[J]. Virology, 227(1): 96–102.

Mateo R, Luna E, Rincon V, et al. 2008. Engineering viable foot-and-mouth disease viruses with increased thermostability as a step in the development of improved vaccines[J]. Journal of Virology,

82(24): 12232−12240.

Mateu M G. 1995. Antibody recognition of picornaviruses and escape from neutralization: a structural view[J]. Virus Res, 38(1): 1−24.

Mateu M G, Hernandez J, Martinez M A, et al. 1994. Antigenic heterogeneity of a foot-and-mouth disease virus serotype in the field is mediated by very limited sequence variation at several antigenic sites[J]. Journal of Virology, 68(3): 1407−1417.

Mattijssen S, Pruijn G J. 2012. Viperin, a key player in the antiviral response[J]. Microbes and Infection, 14(5): 419−426.

Mccullough K C, Bruckner L, Schaffner R, et al. 1992. Relationship between the anti-FMD virus antibody reaction as measured by different assays, and protection in vivo against challenge infection[J]. Vet Microbiol, 30(2−3): 99−112.

Mccullough K C, Smale C J, Carpenter W C, et al. 1987. Conformational alteration in foot-and-mouth disease virus virion capsid structure after complexing with monospecific antibody[J]. Immunology, 60(1): 75−82.

Mcdermott A J, Huffnagle G B. 2014. The microbiome and regulation of mucosal immunity[J]. Immunology, 142(1): 24−31.

Mckenna T S, Lubroth J, Rieder E, et al. 1995. Receptor binding site-deleted foot-and-mouth disease (FMD) virus protects cattle from FMD[J]. Journal of Virology, 69(9): 5787−5790.

Mcknight K L, Lemon S M. 1996. Capsid coding sequence is required for efficient replication of human rhinovirus 14 RNA[J]. Journal of Virology, 70(3): 1941−1952.

Mcknight K L, Lemon S M. 1998. The rhinovirus type 14 genome contains an internally located RNA structure that is required for viral replication[J]. Rna-a Publication of the Rna Society, 4(12): 1569−1584.

Meloen R H, Barteling S J. 1986. An epitope located at the C terminus of isolated VP1 of foot-and-mouth disease virus type O induces neutralizing activity but poor protection[J]. Journal of General Virology, 67(2): 289−294.

Meyer K, Petersen A, Niepmann M, et al. 1995. Interaction of Eukaryotic Initiation-Factor Eif-4b with a Picornavirus Internal Translation Initiation Site[J]. Journal of Virology, 69(5): 2819−2824.

Meyer R F, Knudsen R C 2001. Foot-and-mouth disease: A review of the virus and the symptoms[J]. Journal of Environmental Health, 64(4): 21−23.

Miller R T, Swanson P E, Wick M R. 2000. Fixation and epitope retrieval in diagnostic immunohistochemistry: a concise review with practical considerations[J]. Appl Immunohistochem Mol Morphol, 8(3): 228−235.

Moffat K, Knox C, Howell G, et al. 2007. Inhibition of the secretory pathway by foot-and-mouth disease virus 2BC protein is reproduced by coexpression of 2B with 2C, and the site of inhibition is determined by the subcellular location of 2C[J]. Journal of Virology, 81(3): 1129–1139.

Mogensen T H. 2009. Pathogen recognition and inflammatory signaling in innate immune defenses[J]. Clin Microbiol Rev, 22(2): 240–273, Table of Contents.

Monaghan P, Gold S, Simpson J, et al. 2005. The alpha v beta 6 integrin receptor for Foot-and-mouth disease virus is expressed constitutively on the epithelial cells targeted in cattle[J]. Journal of General Virology, 86: 2769–2780.

Moonen P, Schrijver R. 2000. Carriers of foot-and-mouth disease virus: A review[J]. Veterinary Quarterly, 22(4): 193–197.

Morgan D O, Moore D M, Mckercher P D. 1978. Purification of foot-and-mouth disease virus infection-associated antigen[J]. Proc Annu Meet U S Anim Health Assoc, (82): 277–283.

Moss E G, O'neill R E, Racaniello V R. 1989. Mapping of attenuating sequences of an avirulent poliovirus type 2 strain[J]. Journal of Virology, 63(5): 1884–1890.

Mueller S, Wimmer E. 1998. Expression of foreign proteins by poliovirus polyprotein fusion: analysis of genetic stability reveals rapid deletions and formation of cardioviruslike open reading frames[J]. Journal of Virology, 72(1): 20–31.

Neff S, Sa-carvalho D, Rieder E, et al. 1998. Foot-and-mouth disease virus virulent for cattle utilizes the integrin alpha(v)beta3 as its receptor[J]. Journal of Virology, 72(5): 3587–3594.

Newman J F, Brown F. 1997. Foot-and-mouth disease virus and poliovirus particles contain proteins of the replication complex[J]. Journal of Virology, 71(10): 7657–7662.

Newton S E, Carroll A R, Campbell R O, et al. 1985. The sequence of foot-and-mouth disease virus RNA to the 5′ side of the poly(C) tract[J]. Gene, 40(2–3): 331–336.

Nfon C K, Ferman G S, Toka F N, et al. 2008. Interferon-α production by swine dendritic cells is inhibited during acute infection with foot-and-mouth disease virus[J]. Viral immunology, 21(1): 68–77.

Nugent C I, Johnson K L, Sarnow P, et al. 1999. Functional coupling between replication and packaging of poliovirus replicon RNA[J]. Journal of Virology, 73(1): 427–435.

Nunez J I, Baranowski E, Molina N, et al. 2001. A single amino acid substitution in nonstructural protein 3A can mediate adaptation of foot-and-mouth disease virus to the guinea pig[J]. Journal of Virology, 75(8): 3977–3983.

Nurnberger T, Brunner F. 2002. Innate immunity in plants and animals: emerging parallels between the recognition of general elicitors and pathogen-associated molecular patterns[J]. Curr Opin Plant Biol, 5(4): 318–324.

Pacheco J M, Gladue D P, Holinka L G, et al. 2013. A partial deletion in non-structural protein 3A can attenuate foot-and-mouth disease virus in cattle[J]. Virology, 446(1–2): 260–267.

Pacheco J M, Henry T M, O'donnell V K, et al. 2003. Role of nonstructural proteins 3A and 3B in host range and pathogenicity of foot-and-mouth disease virus[J]. Journal of Virology, 77(24): 13017－13027.

Pacheco J M, Piccone M E, Rieder E, et al. 2010. Domain disruptions of individual 3B proteins of foot-and-mouth disease virus do not alter growth in cell culture or virulence in cattle[J]. Virology, 405(1): 149－156.

Palmenberg A C. 1990. Proteolytic processing of picornaviralpolyprotein[J]. Annu Rev Microbiol, 44: 603－623.

Palmenberg A C, Parks G D, Hall D J, et al. 1992. Proteolytic processing of the cardioviral P2 region: primary 2A/2B cleavage in clone-derived precursors[J]. Virology, 190(2): 754－762.

Papatriantafyllou M. 2011. Innate immunity: TLR9 mutations reveal a new level of self tolerance[J]. Nature Reviews Immunology, 12(1): 7－7.

Parida S, Oh Y, Reid S M, et al. 2006. Interferon-gamma production in vitro from whole blood of foot-and-mouth disease virus (FMDV) vaccinated and infected cattle after incubation with inactivated FMDV[J]. Vaccine, 24(7): 964－969.

Perez Filgueira M, Wigdorovitz A, Romera A, et al. 2000. Detection and characterization of functional T-cell epitopes on the structural proteins VP2, VP3, and VP4 of foot and mouth disease virus O1 campos[J]. Virology, 271(2): 234－239.

Pestova T V, Hellen C U T, Shatsky I N. 1996. Canonical eukaryotic initiation factors determine initiation of translation by internal ribosomal entry[J]. Mol Cell Biol, 16(12): 6859－6869.

Pestova T V, Shatsky I N, Hellen C U T. 1996. Functional dissection of eukaryotic initiation factor 4F: The 4A subunit and the central domain of the 4G subunit are sufficient to mediate internal entry of 43S preinitiation complexes[J]. Mol Cell Biol, 16(12): 6870－6878.

Pfister T, Wimmer E. 1999. Characterization of the nucleoside triphosphatase activity of poliovirus protein 2C reveals a mechanism by which guanidine inhibits poliovirus replication[J]. Journal of Biological Chemistry, 274(11): 6992－7001.

Piccone M E, Diaz-san segundo F, Kramer E, et al. 2011. Introduction of tag epitopes in the inter-AUG region of foot and mouth disease virus: effect on the L protein[J]. Virus Res, 155(1): 91－97.

Piccone M E, Rieder E, Mason P W, et al. 1995. The Foot-and-Mouth-Disease Virus Leader Proteinase Gene Is Not Required for Viral Replication[J]. Journal of Virology, 69(9): 5376－5382.

Pierschbacher M D, Ruoslahti E. 1984. Variants of the cell recognition site of fibronectin that retain attachment-promoting activity[J]. Proc Natl Acad Sci U S A, 81(19): 5985－5988.

Pike A F, Kramer N I, Blaauboer B J, et al. 2013. A novel hypothesis for an alkaline phosphatase 'rescue' mechanism in the hepatic acute phase immune response[J]. Biochimica et Biophysica Acta (BBA)-Molecular Basis of Disease, 1832(12): 2044－2056.

Pilipenko E V, Blinov V M, Chernov B K, et al. 1989. Conservation of the secondary structure elements of the 5′-untranslated region of cardio- and aphthovirus RNAs[J]. Nucleic Acids Res, 17(14): 5701–5711.

Pilipenko E V, Pestova T V, Kolupaeva V G, et al. 2000. A cell cycle-dependent protein serves as a template-specific translation initiation factor[J]. Genes Dev, 14(16): 2028–2045.

Podolskaya A, Stadermann M, Pilkington C, et al. 2008. B cell depletion therapy for 19 patients with refractory systemic lupus erythematosus[J]. Arch Dis Child, 93(5): 401–406.

Polatnick J. 1980. Isolation of a foot-and-mouth disease polyuridylic acid polymerase and its inhibition by antibody[J]. Journal of Virology, 33(2): 774–779.

Polatnick J, Arlinghaus R B. 1967. Foot-and-mouth disease virus-induced ribonucleic acid polymerase in baby hamster kidney cells[J]. Virology, 31(4): 601–608.

Polatnick J, Wool S H. 1983. Association of foot-and-mouth disease virus induced RNA polymerase with host cell organelles[J]. Comp Immunol Microbiol Infect Dis, 6(3): 265–272.

Porta C, Kotecha A, Burman A, et al. 2013. Rational engineering of recombinant picornavirus capsids to produce safe, protective vaccine antigen[J]. PLoSPathog, 9(3): e1003255.

Price B D, Rueckert R R, Ahlquist P. 1996. Complete replication of an animal virus and maintenance of expression vectors derived from it in Saccharomyces cerevisiae[J]. Proc Natl Acad Sci U S A, 93(18): 9465–9470.

Pulido M R, Sobrino F, Borrego B, et al. 2009. Attenuated Foot-and-Mouth Disease Virus RNA Carrying a Deletion in the 3′ Noncoding Region Can Elicit Immunity in Swine[J]. Journal of Virology, 83(8): 3475–3485.

Pulido M R, Sobrino F, Borrego B, et al. 2010. RNA immunization can protect mice against foot-and-mouth disease virus[J]. Antiviral Res, 85(3): 556–558.

Rieder E, Bunch T, Brown F, et al. 1993. Genetically engineered foot-and-mouth disease viruses with poly(C) tracts of two nucleotides are virulent in mice[J]. Journal of Virology, 67(9): 5139–5145.

Rieder E, Henry T, Duque H, et al. 2005. Analysis of a foot-and-mouth disease virus type A24 isolate containing an SGD receptor recognition site in vitro and its pathogenesis in cattle[J]. Journal of Virology, 79(20): 12989–12998.

Robertson B H, Grubman M J, Weddell G N, et al. 1985. Nucleotide and amino acid sequence coding for polypeptides of foot-and-mouth disease virus type A12[J]. Journal of Virology, 54(3): 651–660.

Robertson B H, Moore D M, Grubman M J, et al. 1983. Identification of an exposed region of the immunogenic capsid polypeptide VP1 on foot-and-mouth disease virus[J]. Journal of Virology, 46(1): 311–316.

Rodriguez-pulido M, Borrego B, Sobrino F, et al. 2011. RNA structural domains in noncoding regions of the foot-and-mouth disease virus genome trigger innate immunity in porcine cells and mice[J]. Journal of Virology, 85(13): 6492–6501.

Rodriguez Pulido M, Sobrino F, Borrego B, et al. 2009. Attenuated foot-and-mouth disease virus RNA carrying a deletion in the 3′ noncoding region can elicit immunity in swine[J]. Journal of Virology, 83(8): 3475 – 3485.

Rohll J B, Moon D H, Evans D J, et al. 1995. The 3′ untranslated region of picornavirus RNA: features required for efficient genome replication[J]. Journal of Virology, 69(12): 7835 – 7844.

Rohmann K, Tschernig T, Pabst R, et al. 2011. Innate immunity in the human lung: pathogen recognition and lung disease[J]. Cell Tissue Res, 343(1): 167 – 174.

Romano J, Balaguer L. 1991. Ultrastructural identification of Langerhans cells in normal swine epidermis[J]. J Anat, 179: 43 – 46.

Rubio D, Xu R H, Remakus S, et al. 2013. Crosstalk between the type 1 interferon and nuclear factor kappa B pathways confers resistance to a lethal virus infection[J]. Cell host & microbe, 13(6): 701 – 710.

Rueckert R R, Wimmer E. 1984. Systematic nomenclature of picornavirus proteins[J]. Journal of Virology, 50(3): 957 – 959.

Ryan M D, Belsham G J, King A M. 1989. Specificity of enzyme-substrate interactions in foot-and-mouth disease virus polyprotein processing[J]. Virology, 173(1): 35 – 45.

Sa-carvalho D, Rieder E, Baxt B, et al. 1997. Tissue culture adaptation of foot-and-mouth disease virus selects viruses that bind to heparin and are attenuated in cattle[J]. Journal of Virology, 71(7): 5115 – 5123.

Saiz M, Gomez S, Martinez-salas E, et al. 2001. Deletion or substitution of the aphthovirus 3′ NCR abrogates infectivity and virus replication[J]. Journal of General Virology, 82(Pt 1): 93 – 101.

Satoh T, Kato H, Kumagai Y, et al. 2010. LGP2 is a positive regulator of RIG-I – and MDA5-mediated antiviral responses[J]. Proceedings of the National Academy of Sciences, 107(4): 1512 – 1517.

Saunders K, King A M. 1982. Guanidine-resistant mutants of aphthovirus induce the synthesis of an altered nonstructural polypeptide, P34[J]. Journal of Virology, 42(2): 389 – 394.

Saunders K, King A M, Mccahon D, et al. 1985. Recombination and oligonucleotide analysis of guanidine-resistant foot-and-mouth disease virus mutants[J]. Journal of Virology, 56(3): 921 – 929.

Schaefer T M, Fahey J V, Wright J A, et al. 2005. Innate immunity in the human female reproductive tract: antiviral response of uterine epithelial cells to the TLR3 agonist poly(I: C) [J]. J Immunol, 174(2): 992 – 1002.

Seago J, Juleff N, Moffat K, et al. 2013. An infectious recombinant foot-and-mouth disease virus expressing a fluorescent marker protein[J]. Journal of General Virology, 94(Pt 7): 1517 – 1527.

Segundo F D, Weiss M, Perez-martin E, et al. 2012. Inoculation of swine with foot-and-mouth disease SAP-mutant virus induces early protection against disease[J]. Journal of Virology, 86(3): 1316 – 1327.

Shi H, Kokoeva M V, Inouye K, et al. 2006. TLR4 links innate immunity and fatty acid-induced insulin resistance[J]. J Clin Invest, 116(11): 3015−3025.

Skinner M A, Racaniello V R, Dunn G, et al. 1989. New model for the secondary structure of the 5′ non-coding RNA of poliovirus is supported by biochemical and genetic data that also show that RNA secondary structure is important in neurovirulence[J]. J Mol Biol, 207(2): 379−392.

Sobko A I, Chernyaev Y A. 1969. Serum protection test on unweaned mice for the identification of foot and mouth disease virus strains[J]. Veterinariya, (1): 26−29.

Sobrino F, Davila M, Ortin J, et al. 1983. Multiple genetic variants arise in the course of replication of foot-and-mouth disease virus in cell culture[J]. Virology, 128(2): 310−318.

Stawowczyk M, Van scoy S, Kumar K P, et al. 2011. The interferon stimulated gene 54 promotes apoptosis[J]. J Biol Chem, 286(9): 7257−7266.

Stenfeldt C, Heegaard P, Stockmarr A, et al. 2011. Analysis of the acute phase responses of Serum Amyloid A, Haptoglobin and Type 1 Interferon in cattle experimentally infected with foot-and-mouth disease virus serotype O[J]. Vet Res, 42(1): 66.

Stenfeldt C, Pacheco J, Rodriguez L, et al. 2014. Infection dynamics of foot-and-mouth disease virus in pigs using two novel simulated-natural inoculation methods[J]. Research in Veterinary Science, 96(2): 396−405.

Stewart S R, Semler B L. 1997. RNA determinants of picornavirus cap-independent translation initiation[J]. Seminars in Virology, 8(3): 242−255.

Suhy D A, Giddings T H, Kirkegaard K. 2000. Remodeling the endoplasmic reticulum by poliovirus infection and by individual viral proteins: an autophagy-like origin for virus-induced vesicles[J]. Journal of Virology, 74(19): 8953−8965.

Summerfield A, Guzylack-piriou L, Schaub A, et al. 2003. Porcine peripheral blood dendritic cells and natural interferon-producing cells[J]. Immunology, 110(4): 440−449.

Sumpter R, Loo y-m, Foy E, et al. 2005. Regulating intracellular antiviral defense and permissiveness to hepatitis C virus RNA replication through a cellular RNA helicase, RIG-I[J]. Journal of Virology, 79(5): 2689−2699.

Sun Y, Zheng H, Zhang Y, et al. 2012. Enhancement of CD8[+] T cell immune response of nonstructural protein of foot-and-mouth disease virus in the immunized guinea pigs[J]. Chinese Veterinary Science / Zhongguo Shouyi Kexue, 42(10): 1024−1030.

Takahasi K, Kumeta H, Tsuduki N, et al. 2009. Solution Structures of Cytosolic RNA Sensor MDA5 and LGP2 C-terminal Domains identification of the rna recognition loop in rig-i-like receptors[J]. Journal of Biological Chemistry, 284(26): 17465−17474.

Tanida I. 2011. Autophagy basics[J]. Microbiology and Immunology, 55(1): 1−11.

Tekleghiorghis T, Weerdmeester K, Van hemert-kluitenberg F, et al. 2014. Comparison of Test Methodologies for Foot-and-Mouth Disease Virus Serotype A Vaccine Matching[J]. Clinical and

Vaccine Immunology, 21(5): 674－683.

Tesar M, Marquardt O. 1990. Foot-and-mouth disease virus protease 3C inhibits cellular transcription and mediates cleavage of histone H3[J]. Virology, 174(2): 364－374.

Thomas A A, Woortmeijer R J, Puijk W, et al. 1988. Antigenic sites on foot-and-mouth disease virus type A10[J]. Journal of Virology, 62(8): 2782－2789.

Thompson M R, Kaminski J J, Kurt-jones E A, et al. 2011. Pattern recognition receptors and the innate immune response to viral infection[J]. Viruses, 3(6): 920－940.

Todd S, Towner J S, Brown D M, et al. 1997. Replication-competent picornaviruses with complete genomic RNA 3′ noncoding region deletions[J]. Journal of Virology, 71(11): 8868－8874.

Toka F N, Nfon C, Dawson H, et al. 2009. Natural killer cell dysfunction during acute infection with foot-and-mouth disease virus. Clin Vaccine Immunol [J], 16(12): 1738－1749.

Tosh C, Mittal M, Sanyal A, et al. 2004. Molecular phylogeny of leader proteinase gene of type A of Foot-and-mouth disease virus from India[J]. Arch Virol, 149(3): 523－536.

Uddowla S, Hollister J, Pacheco J M, et al. 2012. A Safe Foot-and-Mouth Disease Vaccine Platform with Two Negative Markers for Differentiating Infected from Vaccinated Animals[J]. Journal of Virology, 86(21): 11675－11685.

Vakharia V N, Devaney M A, Moore D M, et al. 1987. Proteolytic processing of foot-and-mouth disease virus polyproteins expressed in a cell-free system from clone-derived transcripts[J]. Journal of Virology, 61(10): 3199－3207.

Verdaguer N, Fita I, Domingo E, et al. 1997. Efficient neutralization of foot-and-mouth disease virus by monovalent antibody binding[J]. Journal of Virology, 71(12): 9813－9816.

Verlinden Y, Cuconati A, Wimmer E, et al. 2000. Cell-free synthesis of poliovirus: 14S subunits are the key intermediates in the encapsidation of poliovirus RNA[J]. Journal of General Virology, 81(Pt 11): 2751－2754.

Vestal D J, Jeyaratnam J A. 2011. The guanylate-binding proteins: emerging insights into the biochemical properties and functions of this family of large interferon-induced guanosine triphosphatase[J]. Journal of Interferon & Cytokine Research, 31(1): 89－97.

Wagner H. 2002. Interactions between bacterial CpG-DNA and TLR9 bridge innate and adaptive immunity[J]. Current opinion in microbiology, 5(1): 62－69.

Wang C L, Jiang P, Sand C, et al. 2012. Alanine Scanning of Poliovirus 2C(ATPase) Reveals New Genetic Evidence that Capsid Protein/2C(ATPase) Interactions Are Essential for Morphogenesis[J]. Journal of Virology, 86(18): 9964－9975.

Wang D, Fang L, Li K, et al. 2012. Foot-and-mouth disease virus 3C protease cleaves NEMO to impair innate immune signaling[J]. Journal of Virology, 86(17): 9311－9322.

Wang D, Fang L, Li P, et al. 2011. The leader proteinase of foot-and-mouth disease virus negatively regulates the type I interferon pathway by acting as a viral deubiquitinase[J]. Journal of Virology, 85(8): 3758 – 3766.

Wang D, Fang L, Luo R, et al. 2010. Foot-and-mouth disease virus leader proteinase inhibits dsRNA-induced type I interferon transcription by decreasing interferon regulatory factor 3/7 in protein levels[J]. Biochem Biophys Res Commun, 399(1): 72 – 78.

Wang D, Fang L R, Bi J, et al. 2011. Foot-and-mouth disease virus leader proteinase inhibits dsRNA-induced RANTES transcription in PK-15 cells[J]. Virus Genes, 42(3): 388 – 393.

Wang D, Fang L R, Liu L Z, et al. 2011. Foot-and-mouth disease virus (FMDV) leader proteinase negatively regulates the porcine interferon-lambda 1 pathway[J]. Molecular Immunology, 49(1 – 2): 407 – 412.

Wang J, Wang Y, Liu J, et al. 2012. A critical role of N-myc and STAT interactor (Nmi) in foot-and-mouth disease virus (FMDV) 2C-induced apoptosis[J]. Virus Res, 170(1 – 2): 59 – 65.

Wang X, Hinson E R, Cresswell P. 2007. The interferon-inducible protein viperin inhibits influenza virus release by perturbing lipid rafts[J]. Cell Host Microbe, 2(2): 96 – 105.

Wang X, Zhang X, Kang Y, et al. 2008. Interleukin-15 enhance DNA vaccine elicited mucosal and systemic immunity against foot and mouth disease virus[J]. Vaccine, 26(40): 5135 – 5144.

Weber S, Granzow H, Weiland F, et al. 1996. Intracellular membrane proliferation in E. coli induced by foot-and-mouth disease virus 3A gene products[J]. Virus Genes, 12(1): 5 – 14.

WEISS S 1997. A brief review on epitope screening [M].

Wimmer E. 1982. Genome-linked proteins of viruses[J]. Cell, 28(2): 199 – 201.

Wu M-H, Zhang P, Huang X. 2010. Toll-like receptors in innate immunity and infectious diseases[J]. Frontiers of medicine in China, 4(4): 385 – 393.

Xiang W K, Harris K S, Alexander L, et al. 1995b. Interaction between the 5′-Terminal Cloverleaf and 3ab/3cd(Pro) of Poliovirus Is Essential for RNA Replication[J]. Journal of Virology, 69(6): 3658 – 3667.

Xie G C, Duan Z J .2012. Signal transduction of innate immunity to virus infection [J]. Bing Du Xue Bao, 28(3): 303 – 310.

Yafal A G, Palma E L. 1979. Morphogenesis of foot-and-mouth disease virus. I. Role of procapsids as virion Precursors[J]. Journal of Virology, 30(3): 643 – 649.

Yang Z, Liang H, Zhou Q, et al. 2012. Crystal structure of ISG54 reveals a novel RNA binding structure and potential functional mechanisms[J]. Cell Res, 22(9): 1328 – 1338.

Yao B, Zheng D, Liang S, et al. 2013. Conformational B-cell epitope prediction on antigen protein structures: a review of current algorithms and comparison with common binding site prediction methods[J]. Plos One, 8(4): e62249.

Yoon S H, Park W, King D P, et al. 2011. Phylogenomics and molecular evolution of foot-and-mouth disease virus[J]. Mol Cells, 31(5): 413 – 421.

Zst R, Cervantes-barragan L, Habjan M, et al. 2011. Ribose 2 [prime]-O-methylation provides a molecular signature for the distinction of self and non-self mRNA dependent on the RNA sensor Mda5[J]. Nat Immunol, 12(2): 137 – 143.

Zhang L, Shi W, Zhang L, et al. 2012. CD8 + T lymphocyte response triggered by dendritic cells pulsed with inactivated foot-and-mouth disease virus[J]. Chinese Journal of Veterinary Science, 32(3): 415 – 419.

Zhang X, Xu H, Chen X, et al. 2014. Association of functional polymorphisms in the MxA gene with susceptibility to enterovirus 71 infection[J]. Hum Genet, 133(2): 187 – 197.

Zhang Z, Bashiruddin J, Doel C, et al. 2006. Cytokine and Toll-like receptor mRNAs in the nasal-associated lymphoid tissues of cattle during foot-and-mouth disease virus infection[J]. Journal of comparative pathology, 134(1): 56 – 62.

Zhao Q, Pacheco J M, Mason P W. 2003. Evaluation of genetically engineered derivatives of a Chinese strain of foot-and-mouth disease virus reveals a novel cell-binding site which functions in cell culture and in animals[J]. Journal of Virology, 77(5): 3269 – 3280.

Zhou C-X, Li D, Chen Y-L, et al. 2014. Resiquimod and polyinosinic-polycytidylic acid formulation with aluminum hydroxide as an adjuvant for foot-and-mouth disease vaccine[J]. BMC veterinary research, 10(1): 2.

Zhu J, Weiss M, Grubman M J, et al. 2010. Differential gene expression in bovine cells infected with wild type and leaderless foot-and-mouth disease virus[J]. Virology, 404(1): 32 – 40.

Zhu J J, Arzt J, Puckette M C, et al. 2013. Mechanisms of foot-and-mouth disease virus tropism inferred from differential tissue gene expression[J]. Plos One, 8(5): e64119.

Zhu Z, Zhang X, Wang G, et al. 2014. The Laboratory of Genetics and Physiology 2: Emerging Insights into the Controversial Functions of This RIG-I-Like Receptor[J]. BioMed research international.

Zibert A, Maass G, Strebel K, et al. 1990. Infectious foot-and-mouth disease virus derived from a cloned full-length cDNA[J]. Journal of Virology, 64(6): 2467 – 2473.

Ziegler E, Borman A M, Kirchweger R, et al. 1995. Foot-and-Mouth-Disease Virus Lb Proteinase Can Stimulate Rhinovirus and Enterovirus Ires-Driven Translation and Cleave Several Proteins of Cellular and Viral Origin[J]. Journal of Virology, 69(6): 3465 – 3474.

Zunszain P A, Knox S R, Sweeney T R, et al. 2010. Insights into cleavage specificity from the crystal structure of foot-and-mouth disease virus 3C protease complexed with a peptide substrate[J]. J Mol Biol, 395(2): 375 – 389.

第四章

口蹄疫生态与流行病学

第一节 传染源

任何生物的生存都不是孤立的，口蹄疫病毒也不例外。在世界各国都倾力防控的状态下，口蹄疫依然在各地发生和流行，这与口蹄疫病毒在自然环境下的存活能力，易感动物种类繁多，感染和传播途径多样，病原在自然环境压力和免疫压力下的变异和适应，以及口蹄疫病毒可在一些动物体内形成持续感染等生态学和生物学特性是相关的。

处于潜伏期和发病期的动物，几乎所有的组织、器官，以及分泌物、排泄物等中都含有口蹄疫病毒。病毒随同动物的乳汁、唾液、尿液、粪便、精液和呼出的空气等一起排放到外部环境中，造成环境严重污染，形成该病的传染源。

一、疫源地

疫源地是指传染源及其排出的口蹄疫病原体向四周播散所能波及的范围，即可能发生新病例或新感染的范围，它包括传染源停留的场所和传染源周围区域以及可能受到感染和威胁的动物。处在前驱期和症状明显期的发病动物是重要的传染源，它能够向外界排出大量的口蹄疫病原。死亡的病畜在一定时间里尸体内仍有大量的病原体生存，如果处理不当，可造成口蹄疫病原体散播。生产中，引入携带口蹄疫病原的猪、牛、羊等常常会给畜群带来新的感染，并在全群迅速传播。带毒动物可以间歇地排出病原体，所以要经过多次病原学检查为阴性，才能确认为非病原携带者。

（一）患病动物

口蹄疫传染性极强，少量的病毒粒子即可引起易感动物发病。口蹄疫的流行强度与病毒株、宿主、环境等多种因素有关。表现口蹄疫临床症状的动物是主要的传染源。动物感染后，通过不同的途径排出口蹄疫病毒，如经呼吸道随鼻液和唾液排出病原体；经消化道通过粪便向体外排出病原体；由水疱皮、乳、尿液和呼出的气体均可排出病毒。病猪排毒以破溃的蹄皮为最多，精液排毒可使受精的母畜感染发病。

感染的动物，在潜伏期体温升高过程中，所有的组织、器官及分泌物、排泄物中均含有病毒。1967—1968年，英国口蹄疫流行期间，一些感染牛在临床症状出现前33h就从牛奶中排出病毒了。潜伏期感染的动物，不仅从乳汁排出病毒，从唾液、呼出的气体、排泄的尿液和粪便、精液中也排出病毒。直接接触感染情况下，从第一次发现病毒到出现临床症状的间隔期一般为6～7d。

发现病毒的时间，因感染方式不同而差异很大。舌皮内试验感染的牛发现病毒的时间为：粪便5h，唾液9h，精液和尿12h，乳汁13h，呼出的气体18h，鼻腔24h。在接触感染的情况下，从感染到排毒的时间大大延长，乳汁和精液3～4d，唾液1～7d，咽部0～9d。猪、牛发病后排毒期一般为4～5d，而羊可长达7d。猪、牛在发病开始的急性期，即水疱刚开始形成时，达到排毒的高峰期，而羊则在临床症状出现前的1～2d就已经达到排毒高峰期。

感染动物排出病毒的数量与动物的种类、感染时间、发病的严重程度以及病毒毒株有直接关系。发病牛一昼夜排出的病毒量为：呼出的气体$10^{5.4}ID_{50}$，粪便$10^{9.7}～10^{10.2}ID_{50}$，尿液$10^{8.8}～10^{9.2}ID_{50}$，精液$10^{6.5}～10^{7.8}ID_{50}$。发病猪一昼夜排出的病毒量为：呼出的气体排出$10^{8.0}ID_{50}$，粪便$10^{5.5}～10^{6.5}ID_{50}$。发病绵羊一昼夜从呼出的气体排出病毒量为$10^{5.4}ID_{50}$，粪便排出病毒量为$10^{6.2}ID_{50}$。口腔、乳房等处的水疱上皮组织病毒滴度高达$10^{9.0}～10^{9.6}ID_{50}/g$，水疱液为$10^{10.0}ID_{50}/mL$，唾液为$10^{4.5}～10^{6.0}ID_{50}/mL$。

猪产生的气源性病毒滴度最高，牛、羊比猪低得多。同一毒株猪和牛羊的气源性含毒量相差千倍以上（表4-1）。但是，牛是产毒总量最大的动物，在感染发病的第一周中产生的毒量比猪和羊大得多，除了从呼出气体排出病毒，据估计从唾液、排泄的尿液和粪便、水疱皮和水疱液等排出的病毒可达100亿个IU（感染单位），甚至更多。

表4-1 动物感染口蹄疫病毒后高峰期24h内产生的气源性病毒量

动物品种	毒株	排毒量 LgTCID$_{50}$/24h
猪	C Noville	8.6
猪	O 英国 /2001	6.1
牛	O 英国 /2001	4.3
羊	O 英国 /2001	4.3

注：猪 90～100kg，绵羊 30～40kg，牛 200kg。

持续感染的动物虽不表现临床症状，但它们都具有向外界排毒的能力。如非洲水牛是SAT型口蹄疫病毒的主要携带者，有证据表明它能将口蹄疫病毒传播给水牛和黄牛。

（二）带毒动物

体内有口蹄疫病毒存在、生长和增殖并能排出体外，而无症状的动物，是危险的传染源。病原携带动物分为潜伏期带毒动物、恢复期带毒动物和健康带毒动物。

1. **潜伏期带毒动物**　在潜伏期内排出病原体的动物。患口蹄疫的动物出现水疱前1~3d，由咽喉黏液和乳汁中排出病毒，它们都可成为传染源。

2. **恢复期带毒动物**　主要症状消失后仍排出口蹄疫病原体的动物。口蹄疫恢复期动物在一定时期内能够通过咽喉黏液和乳汁中排出口蹄疫病毒而成为传染源。

3. **健康带毒动物**　隐性感染口蹄疫的动物能排出口蹄疫病毒。隐性感染在流行病学上起着重要作用。一方面作为健康带毒动物可成为传染源；另一方面隐性感染可刺激机体产生免疫应答，起到提高群体免疫水平、控制疫病流行的作用。带毒动物外表无症状，但能够携带和排出病毒。一般说来，它排出口蹄疫病毒的数量少于相应的患病动物。

（三）传染源性环境

口蹄疫可以在外界环境中长期存活。包括患病动物所处圈舍、牧场、集贸市场、展销场地和运输车辆等均可成为传染源，引起易感动物发病。牲畜流动、畜产品运输以及被病畜的分泌物、排泄物和畜产品（如毛皮、肉品等）污染的车辆、水源、牧地、用具、饲料以及来往人员和非易感动物（犬、马、野生动物、候鸟等）都是重要的传播媒介。

二、环境存活

（一）环境因子对口蹄疫病毒存活的影响

口蹄疫病毒对pH和温度的变化十分敏感。口蹄疫病毒存活的最佳pH范围为7.2~7.6之间。当pH小于5或大于11时，病毒会很快失活。当pH为7.5时，口蹄疫病毒在4℃时可存活8周，20℃时11d，37℃时21h，43℃时7h，49℃时1h，55℃时20s，61℃时3s。当pH为6时，90%的病毒在5min内失活，pH为4时，病毒在数秒钟内就会失去活性。

pH的变化会影响温度（热处理）对病毒的灭活效力。牛奶在72℃时，如果pH为6.7

时，17s就可减少其中的大量病毒量（$10^5 ID_{50}/mL$），但当pH为7.6时，要达到相同的效果，则需要55s。来自发病动物的牛奶偏碱性（平均pH为7.15），经72℃或80℃17s热处理（巴氏消毒），仍可分别检测出$10^{3.0} PFU/mL$和$10^{2.0} PFU/mL$的病毒。

温度对口蹄疫病毒的灭活作用，也受组织种类、样品中的带毒量以及病毒游离状态的影响。由于奶油中含有高浓度的奶微粒，对其中的病毒具有保护作用，即使经93℃处理16s后，仍带有活病毒。热处理可将牛奶中游离的病毒快速灭活，但对细胞或奶微粒中的病毒，灭活速度较慢。

湿度对口蹄疫病毒的存活也有较大的影响。当空气的湿度大于55%时，其中的病毒存活稳定。空气的干燥过程会灭活空气中的大部分病毒，但仍会有部分病毒存活。液体或有机物的干燥过程也会灭活其中的大部分病毒，但同样有一部分病毒不能被灭活。阳光对口蹄疫病毒的存活几乎无直接影响，其对病毒的灭活作用主要是由干燥过程和温度造成的。

口蹄疫病毒感染力的衰减曲线呈双相性，即在初始期呈直线衰减，随后呈缓慢衰减，即所谓的感染力拖尾现象。所残留的病毒抵抗力很强，可在恶劣环境条件下存活较长的时间。

（二）感染动物分泌物、排泄物中口蹄疫病毒的活力

病毒对外界环境的抵抗力很强。在温暖季节，口蹄疫病毒在粪便中毒力能保持29~33d，而在冬季结冻的粪便中可以越冬。病毒在厩舍墙壁和地板上的干燥分泌物中，可存活1个月（夏季）至2个月（冬季），具体见表4-2。

表4-2　感染动物分泌排泄物中口蹄疫病毒的活力

项目	存活时间	存活条件
猪粪便	灭活	pH5，每立方米粪便加 40 ~ 50L 5% 硫酸
猪粪便	灭活	pH8 以上，50℃或更高，至少48h
猪粪便	15 ~ 28d	春季、夏季，室内
猪粪便	35 ~ 68 d	秋季、冬季，室内
猪粪便	9 ~ 15 d	春季、夏季，室外
猪粪便	52 ~ 79 d	秋季、冬季，室外
牛唾液	0.01% 存活	55% 相对湿度 1h 后
牛唾液	0.1% 存活	70% 相对湿度 1h 后

（三）动物产品

1. **肉及肉制品中口蹄疫病毒的活力**　Stockman和Minett曾研究了正患口蹄疫的动物胴体中口蹄疫病毒的存活情况。试验证明，当胴体在4℃下产酸成熟时，肉的pH于72h内降至5.3～5.7，尸僵发生后肌肉中产生的酸度足以灭活肉中的病毒，并于数日内杀死病毒。冷藏的牛肉在保存1d，屠宰后立刻冷冻的牛肉在保存11d后仍可检测到病毒。在冷藏的条件下，淋巴结和骨髓在保存4个月后，分别可检测到$10^{1.2}$PFU/g和$10^{3.1}$PFU/g的病毒。肝脏在保存1d，肠保存6d，子宫保存8d，舌保存33d后仍可检测到病毒。在冷冻的条件下，淋巴结、肝脏、瘤胃、肾脏在分别保存5个月、4个月、5个月和7周后可检测到病毒。骨髓在保存7个月后，可检测到$10^{1.5}$PFU/g的病毒。冷藏或冷冻的血液在保存6周后仍可检测到病毒。另外，用于包装肉的纸板、木板、铁皮分别在398d、187d、57d后仍可检测到病毒。

（1）**猪肉及产品**　在冷藏的条件下，猪肉、舌、脾脏、肝脏、肾脏在保存1d后，肺脏、胃和肠保存30d后，仍可检测到病毒。在冷冻的条件下，病毒在肺、胃、肠、脾、肝和肾等内脏器官中至少可存活210d，但在舌中仅可存活10d。淋巴结经69℃热处理后可灭活病毒。在咸肉、猪肉香肠、火腿脂肪和加工好的肠衣中，病毒的存活时间分别为190、56、183和250d。

（2）**羊肉及产品**　冷冻的绵羊肉，其肌肉pH在动物死后降至5.5～6.0。通常在4℃下48h，足以将骨骼肌中的病毒灭活。但是，感染口蹄疫病毒O_1 Campos毒株的发病绵羊，在感染48～96h后（处于病毒血症期）屠宰，肌肉的pH未降至6.0以下，在肉中仍可查到病毒。目前尚无山羊肉带毒状况的研究报告，有关专家认为山羊肉中的带毒量与绵羊肉相似。

（3）**野生动物肉类产品**　在捕杀的跳羚中，其肌肉pH在动物死后10h之内降至6.0，12h后，pH可降至5.4～5.8，这足以将肌肉中的病毒灭活。但口蹄疫病毒南非一型SAR 9/81毒株感染的黑斑羚（impala）肉，在4℃下，pH为5.6时，保存72h，仍可查到病毒。病毒具体的存活时间见表4-3。

2. **内脏及其他组织中口蹄疫病毒的活力**　胴体产酸能杀死病毒，但淋巴结、脊髓和大血管中的血液凝块的酸性稍低，如肌肉pH为5.5时，附近淋巴结中的pH可能为6.6，病毒可能在淋巴结和骨髓中存活长达半年之久。J. H. Blackwell等测定了牛组织中口蹄疫病毒在蒸煮过程中的稳定性。经69℃加热2h，82℃1～2h，90℃15～30min后口蹄疫病毒仍残留在淋巴结组织内。具体的存活情况见表4-4。

表4-3　感染动物肉及肉制品中口蹄疫病毒的存活情况

项目	存活时间	存活条件
牛肌肉	少于3 d	4℃，pH5.3
牛肌肉	3 d	1～7℃
牛肌肉	小于72h	pH5.5～5.8，1℃或更高，加盐或不加
牛肌肉	60 d	pH6.0
牛肌肉	少于2 d	4℃
牛肌肉	少于10 d	冷冻
猪肌肉	少于10 d	4℃
猪肌肉	少于90 d	冷冻
牛腌肉（brasole）	不能存活	2～4℃，24d
猪火腿（caapocolli）	46 d	2～4℃，干腌40 d，然后冲洗，20～22℃干燥7 d，15℃存放
猪熏肚（mortadelle）	不能存活	70℃或更高，6h
猪火腿（parma）	120 d	标准处理过程
猪或牛肠（varsi）	少于2 d	在10～20℃制备，1～2℃存放
猪或牛香肠（milan）	接近4 d	20℃腌5d，相对湿度89%～90%，然后12℃直到湿度为77%～98%（香肠中含淋巴结）

表4-4　感染动物内脏及其他组织口蹄疫病毒的存活情况

项目	存活时间	存活条件
牛心脏	0 d	4℃或冷冻
猪心脏	0 d	4℃或冷冻
牛肝脏	少于2 d	4℃
牛肝脏	至少210 d	冷冻
牛脾脏	少于8 d	4℃
牛脾脏	大于60d，少于120 d	冷冻
猪脾脏	42d	1～7℃
猪脾脏	少于10 d	4℃
猪脾脏	至少210d	冷冻
牛肺脏	至少8d	4℃
牛肺脏	至少210d	冷冻
猪肺脏	42d	1～7℃
牛肾脏	少于8d	4℃
牛肾脏	至少210d	冷冻
猪肾脏	42d	1～7℃

（续）

项目	存活时间	存活条件
猪肾脏	少于 10d	4℃
猪肾脏	至少 210d	冷冻
牛肠	6d	1 ~ 7℃
牛肠	小于 2d	4℃
牛肠	大于 60d，小于 120d	冷冻
猪肠	至少 10d	4℃
猪肠	至少 210d	冷冻
绵羊肠	至少 14d	盐制
绵羊肠	0d	0.5% 乳酸或 0.5% 柠檬酸处理 5min
牛淋巴结	6 个月	10 ~ 20℃
牛淋巴结	至少 50d	pH6.1 ~ 6.9，1℃或更高，加盐或不加
牛淋巴结	至少 120d	pH6.7 ~ 7.1，1 ~ 4℃
猪淋巴结	70d	1 ~ 7℃
牛血淋巴结	120d	1 ~ 4℃
牛睾丸	0d	4℃
牛睾丸	大于 60d，小于 210d	冷冻
牛睾丸	存活，但少于 30d	2℃贮存
牛舌	至少 8d	4℃
牛舌	至少 14d	1 ~ 7℃
牛舌	33d	1 ~ 7℃
牛舌	至少 210d	冷冻
猪舌	至少 10d	4℃
猪舌	至少 210d	冷冻
猪骨	89d	无资料
牛骨	210d	4℃
牛皮革	90d	O、C 型口蹄疫病毒，加盐皮革，15℃，88% 相对湿度
牛皮革	352d	4℃罐中
牛皮革	28d	饱和 NaCl+500ppm 氯气处理 20h，然后 15℃，90% 相对湿度
牛皮革	42d	干燥 42d，20℃，40% 相对湿度
牛皮革	21d	15℃，90% 相对湿度下盐腌 7d，然后 20℃，40% 相对湿度下干燥，98% 盐，2% 碳酸钙盐
牛皮革	少于 28d	保持湿润
牛皮革	至少 49d	保持干燥

3. 牛乳及乳制品中口蹄疫病毒的活力　Burrows等分析发病母牛的牛奶，牛奶中的口蹄疫病毒不仅有来自乳房水疱皮、水疱液中的病毒，还有周围被污染环境中的病毒。在牛乳及乳制品中，口蹄疫病毒的存活率主要决定于酸形成的程度、速度和温度。在加工前，牛奶的收集过程会使病毒稀释。如果有10%的奶牛被感染，带毒牛奶在收集罐中被稀释10倍，在运输罐中被稀释5倍。在乳品厂，牛奶经过滤处理，病毒量减少10倍，然后经高温短时巴氏消毒，病毒量减少10^5倍。结果，每升牛奶中的病毒量降至$10^{1.9}$ ~ $10^{2.9}ID_{50}$。要引发一头猪或牛被感染（按最小感染量计算），需分别摄入125 ~ 1 250L或1250 ~ 12 500L这样的牛奶，这在生理上是不可能的。但是，如果牛在食入奶过程中吸入奶飞沫，就会增加被感染的可能性，因牛对空气传播非常敏感。乳及乳制品中病毒存活情况见表4-5。

表4-5　感染动物乳及乳制品中口蹄疫病毒的存活情况

项目	存活时间	存活条件
牛乳	9 ~ 12d	试验性污染
牛乳	35d	预灭菌乳，然后试验性污染
牛乳	存活	80℃ 17s，巴氏消毒72℃，15s
牛乳	存活率低于0.001%	乳56℃，30min时加病毒，pH7.0、7.3、7.6
牛乳	0d	来源于发病牛牛乳，148℃，3s或更长
牛乳	9 ~ 12d	试验性污染
脱黄油奶	14d	试验性污染
乳清	0d	来源于软干酪的甜乳清、来源于酪蛋白的酸乳清（pH4.7）、α-乳清蛋白、β-乳球蛋白或来源于甜乳清的乳糖
乳清（奶酪）	20 ~ 23h	试验性污染
奶油	10d	试验性污染
黄油	26 ~ 45d	普通的、加盐的黄油试验性污染
奶酪（casein）	至少42d	乳用HCl调成pH4.6，巴氏消毒，72℃，15s，20 ~ 25℃保存
奶酪（cheese）	大于60d，小于120d	乳没加热，pH5.0
奶酪（cheese）	大于1d，小于30d	乳加热37℃，10s
意大利干酪（mozarella）	0d	pH5.1
意大利干酪（mozarella）	0d	奶酪由以下乳制成：67℃，15s加热乳，63℃，15s加热乳
软干酪（lamember）	存活但少于30d	2℃贮存
软干酪（lamember）	大于60d，小于120d	未处理奶
软干酪（lamember）	大于21d，小于35d	pH5.2，4℃

牛奶：在pH6.7，56℃下6min、63℃ 1min、72℃ 17s或80℃少于5s，牛奶中99.9%的病毒被灭活。在pH7.6，56℃下30min、63℃ 2min、72℃ 55s、80℃或85℃下少于5s，99.9%的病毒被灭活。在收集后立刻冷藏未经其他处理的牛奶中，病毒在18℃下可存活7d，在4℃下可存活最多15d；未经巴氏消毒的瓶装牛奶含有$10^{4.0}$ID$_{50}$/ mL的病毒。经65℃消毒64min后，经牛传代，仍可检测到病毒。在经71.7℃高温短时（至少15s）消毒的牛中，可检测到病毒（$10^{3.0}$PFU/mL）。135℃超高温巴氏消毒瞬可完全灭活牛奶中的病毒。

奶油：在4℃下保存18h，再经93℃处理16s后，仍带有$10^{4.5}$PFU/mL的活病毒。用经上述方法处理的奶油制备的黄油（pH为5.4），在储藏45d后，经牛传代仍检测到病毒。

奶粉：用于生产奶粉的牛奶或脱脂牛奶，经80～90℃的温度处理可灭活大部分病毒，随后的滚筒或喷雾法干燥会进一步灭活残留的病毒。

奶酪：奶酪中的病毒量取决于所用的牛奶是否经过消毒及其制作工艺。用未消毒牛奶生产的奶酪（cheddar），在60d后经牛传代可检测到病毒，但在120d后未检测到病毒，这个时间已超出这类干酪的熟化时间。用巴氏消毒的牛奶（72℃，16s）生产的奶酪，在21d熟化后，经牛传代检出病毒，在35d后未检测到病毒。但用相同的巴氏消毒的牛奶所生产的Mozzarella奶酪中，未检测到病毒。因此，用某一种干酪的数据不能用来评估另一种干酪。在生产干酪的副产品甜味乳清中会带有病毒，但在酸性乳清中未检测到病毒。

酸乳：目前没有病毒在酸乳中存活的数据，但其较低的pH应该可将病毒灭活。

牛奶干酪素：用高温短时巴氏消毒牛奶生产的干酪素，经牛传代未检测到病毒。

（四）病毒污染物：皮毛、泔水、泥土、工具及人、非易感动物等

口蹄疫病毒的生存时间与含毒材料、病毒的浓度及环境状况有密切关系。在自然情况下，病毒在含毒组织、污染饲料、饲草、皮毛及土壤中可存活达数周至数月之久。

污染在牛毛上的口蹄疫病毒，在自然条件下可存活24d。脱落痂皮中能存活67d。Cailiunas和Cottral发现盐渍或干燥对牛皮里的口蹄疫病毒无作用，以4种通用的保存皮张的方法处理牛皮后，口蹄疫病毒仍能在皮张中继续存在，最短的病毒灭活期是21d，最长的是352d。污染于饲料中的病毒往往是引发疫病暴发的重要因素，英国1967年口蹄疫流行，最初是由喂泔水的猪引发的。2001年的口蹄疫暴发同样也是一个农场用泔水喂猪引起的。

Schoening发现，干燥于土壤颗粒上的病毒大约存活1个月，存在于土壤表面的病毒，秋季28d，夏季3d都能存活。据苏联（1969）报道，在西伯利亚，晚秋时污染在牧场上的病毒至少能存活184～195d，直到次年春季。严冬低温条件下（–36～0℃），污染在铁器上的口蹄疫病毒30d，污染在纱布、木板、干草上的口蹄疫病毒经受10d日晒，红

砖上日晒5d，仍有感染性。

人和非易感动物（如鸟类、蚯蚓）等也是重要的传染源。具体见表4-6。

表 4-6　病毒污染物中口蹄疫病毒的存活情况

项目	存活时间	存活条件
饲料	几个月	低温、干燥
混合饲料	52d	12～20℃
混合饲料	70d	2～5℃
混合饲料	124～196d	西伯利亚冬天
垃圾	21～28d	春天 pH5.6
垃圾	10～11d	夏末 pH5.6
垃圾	24h	pH5.6
湿草	6～18d	月平均温度 2～10℃，草堆内温度 40～60℃
湿草	至少34d	月平均温度 28℃，草堆内温度 24℃
湿草	少于33d	月平均温度 20～27℃，草堆内温度 20～24℃
湿草	204～232d	2℃冬季到秋天
西伯利亚草原	2～27d	潮湿暴晒
西伯利亚草原	184～195d	阴、秋、冬季
西伯利亚草原	37～74d	8～18℃，70%～79% 相对湿度
西伯利亚草原	至少262d	冬-春季
水	67d 以上	水中污染了感染上皮
硬纸板	35d	污染了感染血
木头、金属材料	55d	污染了感染血
包装材料	57d	污染了淋巴结组织
布料	至少46d	室温
牛毛	24d	自然条件下

（赵志荀，张强）

第二节　传播途径

一、传播方式

口蹄疫病毒传播方式分为接触传播和空气传播，接触传播又可分为直接接触和间接接触。常见而有效的传播途径是易感动物与发病动物直接接触。

（一）接触传播

病毒通过直接接触受感染的动物，或者通过被污染的畜舍或运输牲畜的货车传播给易感染动物。直接接触主要发生在同群动物之间，包括圈舍、牧场、集贸市场和运输车辆中动物的直接接触，通过发病动物和易感动物直接接触而传播，母牛可以通过公牛精液传染上口蹄疫。

间接接触主要指媒介物机械性带毒所造成的传播，包括无生命的媒介物和有生命的媒介物。动物管理人（如农场工人）的外衣或皮肤，动物接触过的水，未煮过的食物碎屑以及含感染动物产品的饲料添加剂都可能是病毒的携带源。

无生命媒介物包括病毒污染的圈舍、场地、水源和草场以及设备、器具、草料、粪便、垃圾、饲养员的衣物等。畜产品包括病畜的肉、骨、鲜乳及乳制品、脏器、血、皮、毛、下水等，都是无生命的媒介物，都可以传播病毒引起发病。英国从1939—1950年计有355次原始暴发，其中243次（69%）传染源是冻肉中的病毒。1958—1962年口蹄疫流行期，乌克兰的疫源约有36%的病例是由牛奶或肉食品加工企业的产品引起的。1924、1929年在美国暴发的口蹄疫，都发生在加利福尼亚州，且都是先从喂了船上的碎肉残羹的猪开始发病。

有生命的媒介物包括人和非易感动物（如鸟类、蚯蚓等）。人是传播本病的媒介之一，在如此众多的病毒携带者中，人的作用最重要。据报道，与病猪接触后28h的人鼻黏膜中分离到了口蹄疫病毒。由于病毒可在人鼻咽处存活，在衣服上可存活更长的时间，因此人在机械传播中充当了一个非常积极的角色。牧场的工作人员、看管病畜的饲养人员、到牧场参观访问的人员、人工授精技术人员及畜牧兽医人员等，他们与病畜接触后，在其衣服、鞋、帽、手和呼吸道等处带有来自病畜的病毒，这些带毒者可以携带病毒到任意距离的易感畜群。如1952年德国看护病畜的人去加拿大，结果将口蹄疫病毒带进该国。

在试验条件下，牛对牛的直接接触传播，其平均伏期为3.5d；羊对羊的平均伏期为2d；猪对猪的潜伏期为1～3d。牧场之间的直接接触传播，其潜伏期为2～14d。另一种直接传播途径是易感动物与来自发病动物的材料或产品的直接接触。例如，南非2000年和英国2001年口蹄疫暴发均源于给猪饲喂未经处理的带病毒食物。通过人、运输工具、污染物等，也会将病毒间接地传染给易感动物。例如，日本2000年口蹄疫暴发怀疑是由于给家畜饲喂了受污染的草料。此外，口蹄疫病毒还可通过空气间接地传染给易感动物。经不同感染途径引起牛、羊和猪发病的最小感染量见表4-7。表中的感染量为引发临床试验症状的最小感染量，用牛胸腺细胞测定的细胞半数感染量（$TCID_{50}$）表示。表中的数据不是绝对值，而是基于不同试验得来的估计值。

表4-7　不同动物的最小感染量（$TCID_{50}$）

动物	感染途径				
	吸入	皮下	肌肉	滴鼻	口腔
猪	10	100	10^4	10^4~10^5	10^5~10^6
牛	10	100	10^4	10^4~10^5	10^5~10^6
羊	>800	100	10^4	不详	10^4~10^5

研究证明，野生动物、鸟类、啮齿类、猫、犬、吸血蝙蝠、昆虫等均可传播此病。通过与病畜接触或者与病毒污染物接触，携带病毒机械地将病毒传到易感动物中。1932年，Cameron提出蚯蚓可能是其他动物致病微生物的保存宿主。Dhennin等（1963）用含口蹄疫病毒的土壤感染蚯蚓，几天后将蚯蚓组织制成匀浆、接种牛舌，使牛发生口蹄疫症状。1987年一些学者证明O型和A型口蹄疫病毒在蚯蚓体内至少可存活7～8d，回归到仔猪和乳鼠体内能使仔猪发生口蹄疫和引起乳鼠死亡，证实了蚯蚓在口蹄疫病毒保存和传播上有一定的作用，并可充当口蹄疫病毒有生命的媒介物。

（二）空气传播

口蹄疫病毒的气源传播方式，特别是对远距离的传播更具流行病学意义。早在1900年就有人提出，感染牛呼出的口蹄疫病毒与唾液形成很小的粒子后，可以由风来传播。德国某些农场发生口蹄疫，就是丹麦发生疫情后，口蹄疫病毒经空气传播的结果。丹麦、瑞士、瑞典兽医工作者，根据野外观察提供的数据作出如下结论：这些国家之所以暴发一系列口蹄疫疫情，其原因只能归结为口蹄疫病毒的气源性传播。英国1967、1968

年的口蹄疫流行，从原始疫点快速传播，空气扮演了重要角色。而且下风处动物经吸入感染的可能性要比经食入感染大得多。

英国Pirbright动物病毒研究所的研究人员证实，牛、绵羊、山羊每天呼出的病毒量为$5.2lgTCID_{50}$，而猪则为$8.6log_{10}TCID_{50}$，猪呼出的病毒量比牛、羊大3 000倍，因此，猪是口蹄疫空气传播的最主要的传染源。

空气中病毒的来源主要是病畜呼出的气体、圈舍粪尿溅洒、含毒污物、尘屑等经风吹可形成的含毒气溶胶。不同因素如：相对湿度、太阳辐射作用、空气的对流、风向和雨对病毒气溶胶的影响不同。如果相对湿度高于或等于60%，缺少或没有太阳辐射（夜间或有大雾），病毒在气溶胶中可以继续生存数小时，并且依赖对流和下风向可以把病毒携带到很远的距离。在风、沉降作用或者大雨的影响下，病毒下沉到与易感动物接触的高度及地面，最经常的方式是吸入具有传染性的气溶胶使动物感染，其次是易感动物食用了被气溶胶污染的饲草或饲料而发生感染。

对这种含毒气溶胶影响最大的是相对湿度（RH），RH高于55%以上，病毒的存活时间较长；低于55%很快失去活性。例如，用O_1 BFS组织培养液形成的气溶胶病毒，在相对湿度60%时，每小时浓度下降$10^{0.6}$滴度，而相对湿度在40%时，每小时浓度下降$10^{4.2}$个滴度。在70%的相对湿度和较低气温的情况下，病毒可能见于100km以外的地区。而在海上容易发生长距离的气源性传播。如法国（诺曼底1979年，布里塔尼1981年）发生了猪的口蹄疫，病毒形成气溶胶后，随气流横穿英吉利海峡，在英国的泽西和怀特岛登陆，引致口蹄疫的暴发。因此可以得出结论：微风、经海路（湿度大垂直温差小）最易传播。

地形对病毒气流的行径有明显影响。Steele（1979）试验证明，山丘和谷地影响风向。夜间大气状态稳定，风速低，对空气传播病毒有利。美国学者（1966）证明空气和灰尘能在不同畜舍的牛群之间传播口蹄疫后，英国学者（1969—1971）对气源性传播的问题作了进一步的研究。首先对英国1952—1967年间发生的几次疫情从气象学的角度作了分析，发现90%以上的继发性疫情都发生于原发地区的下风地带。对英国1967—1968年大流行的研究表明，一个气团顺风到50km以外还有足够的病毒能引起气源性感染。

二、传播途径

口蹄疫病毒可经吸入、摄入、外伤和人工授精等多种途径侵染易感动物。两种主要感染途径（吸入和摄入）在畜群中以近距离接触方式为主，因此气源性传播（吸入途径）最易发生；Sellers曾就各种易感动物经由不同接毒途径感染口蹄疫的最小剂量做了综述，并总结出有的途径即使接毒剂量很高也未必能感染。易感动物针对某一特定毒株所需的最低感染剂量因动物种类、接毒途径而不同，牛经舌上皮接毒仅1个IU就会被感染，而病毒气溶胶通过呼吸道感染则需10~100个IU。在猪的蹄跖部皮肤接种仅1~10个IU就可引起猪感染发病，然而通过鼻内接种则需1 000IU的感染剂量，通过口腔感染所需的病毒量是通过气源性感染所需病毒量的1 000倍。羊经由鼻内和气管内接种所需的感染剂量为10 000IU，羊自然感染最低剂量为8IU。

从最低感染剂量的角度来说，猪、牛、羊均很容易经吸入途径和摄入途径感染口蹄疫，但不可忽视其他可能的途径，如皮肤创伤、胚胎移植、人工授精和自然交配等。

口蹄疫病毒一旦接触到皮肤或结膜的破损处时，一方面可在创伤面初步增殖并产生原始水疱；另一方面病毒可进入血液直接到达咽部并大量增殖，导致病毒血症，病毒随血液到达全身各处造成继发性的病损（水疱）。病毒也可通过乳头管进入乳房，在乳腺柔软组织处局部增殖，随后病毒越过血乳屏障进入血液而感染。

在临床症状出现之前，公牛的精液里就存在着口蹄疫病毒，当用此精液给母牛授精时就完成了病毒的传播。胚胎移植也是传播病毒的有效方式之一，在奶牛的规模化繁殖过程将病毒传播到受体黄牛的概率大大增加。Bastos等在调查南非家养牛发生SAT型口蹄疫的疫源时发现，非洲水牛可能通过交配将病毒传播给家养牛。

治疗性传染不容忽视，被病毒污染的手未经消毒再去检查牛的舌头，是最容易传播病毒的接触性传染，通过注射器也会招致病毒传播。在治疗奶牛乳腺炎时，乳房内药物注射治疗操作也有可能传播口蹄疫病毒。

（赵志荀，张强）

第三节　易感动物

口蹄疫的易感动物种类繁多，各种家养和野生偶蹄动物都对口蹄疫病毒易感，包括哺乳类20个科近70种动物，马属动物不感染口蹄疫。根据动物感染病毒的过程和机体反应特性，分为自然易感动物和人工感染动物两种类型。其中易感家畜有黄牛、水牛、奶牛、牦牛、犏牛、山羊、绵羊、骆驼、鹿、猪等偶蹄动物；易感野生动物有野水牛、野牦牛、大额牛、野猪、野鹿、长颈鹿、野骆驼、黄羊、岩羊、驼羊、獐、黑斑羚羊、捻角羚羊、大角斑羚、大象、貘、犰狳、灰色大熊、刺猬、海狸鼠、大鼠、灰松鼠、黄鼬、褐家鼠、野灰兔等。人工感染的实验动物主要有家兔、豚鼠、仓鼠、小鼠和鸡胚等。

一、自然易感动物

（一）易感家畜

牛尤其是犊牛对口蹄疫病毒最易感，骆驼、绵羊、山羊次之，猪也可感染发病。猪、牛、羊等易感家畜的症状见第六章。

（二）其他易感动物

1. **鹿和羚羊（deer and antelopes）**　鹿和羚羊可以自然感染口蹄疫。根据1955年苏联在防控鹿口蹄疫时对临床症状方面的描述，鹿感染口蹄疫时，潜伏期为3～5d，最初表现为抑郁，然后体温升高到40～41℃，高温持续1～5d，病鹿委顿、拒食、反刍停止、躺卧。口腔黏膜主要是在上唇内侧表面，少见于舌和齿龈，出现赤豆粒大小的水疱，水疱经数小时破溃，留下糜烂面。当出现水疱期间病鹿跛行。蹄部的水疱不仅见于蹄冠，而且最常见于角质层和软组织之间。在罹病过程中往往并发坏死杆菌病，在这种情况下病鹿转归不良。

幼鹿比成年鹿病情严重，致死率可高达90%，在1～2日龄幼鹿和某些老鹿，常常呈无水疱口蹄疫病程，以死亡为结局。怀孕母驯鹿罹病时可发生早产。

2. **白尾鹿（white-tail deer）**　通过与患病动物直接接触感染，白尾鹿感染口蹄疫后的临床症状与牛、羊相似。

3. **黑斑羚（impala）**　在非洲观赏动物中，可表现口蹄疫临床症状的主要是黑斑羚。南非共和国的Kruger国家公园有几起黑斑羚暴发口蹄疫的记载。病变部位主要在牙床、舌背面及蹄部球节处。另外，在上、下唇，鼻孔，上颚、下颌内侧也发现过病变。牙床是最常发部位。蹄部病损可引起跛行，并导致蹄匣脱落。幼年动物致死率很高。

4. **山瞪羚（mountain gazelle）**　以色列1985年曾暴发了山瞪羚的口蹄疫，3 000只动物中，有50%死亡，主要是由心脏机能衰竭和舌部肌肉病变不能饮水所导致的脱水引起。许多动物的口部可以见到严重而典型的水疱性病损，有些病例在舌面上也出现病损，还有些病例，蹄匣脱落。

5. **大鼻羚羊（saiga antelope）** 俄罗斯和以色列均暴发过大鼻羚羊的口蹄疫。在俄罗斯，大鼻羚羊感染口蹄疫后，在口腔黏膜、唇部、舌面及上颚均形成数目众多的小水疱，大部分动物的蹄部也出现水疱性病损。

6. **大转角条纹羚羊（greater kudu）** 有报道称，大转角条纹羚羊感染口蹄疫后，症状严重，在舌部、口鼻部、蹄部可出现水疱性病损。

7. **非洲水牛（African buffalo）** 在南非粗放耕作的条件下，非洲水牛作为口蹄疫的特殊传染源之一，在家畜，尤其是牛口蹄疫的传播中起着十分重要的作用。水牛可携带口蹄疫病毒达5年之久，这些水牛感染口蹄疫后，不表现任何可见的临床症状。

8. **水牛（water buffalo）** 水牛对口蹄疫病毒的自然感染十分敏感，与牛相似，可以在口腔和蹄部形成严重的水疱性病损。小水牛的死亡率很高。

9. **牦牛（yak）** 牦牛对口蹄疫病毒非常敏感，其临床症状与牛相似。

10. **骆驼（camel）** 骆驼口蹄疫通常由绵羊或山羊传染。临床症状与牛无多大差异，仅是较少见到像牛那样蹄部罹患的复杂过程，这可能解释为条件不一样，因为骆驼主要是放牧于荒漠地带。哺乳的幼驼可能由于饮入病驼奶汁而感染，病情严重时，可能出现全身脓毒症。此外，常常发展为胃肠炎，多数以死亡结局。苏联中部乌兹别克斯坦曾报道过最急性经过的病例，常常是病驼不显症状突然倒毙。

11. **南非骆驼（South African camelids）** 南非骆驼对口蹄疫病毒的试验性感染敏感性很差。在阿根廷进行的一项试验显示，将骆驼与发病猪同居，30峰骆驼中仅3例感染阳性，而且只有2例出现了口腔病变；田间试验也表明，将骆驼与患病牛一同饲养，无一例感染。

12. **疣猪（warthog）、野猪（bush pig, wild boar）** 疣猪和野猪感染口蹄疫后，临床症状与家养猪相似。在以色列，一起暴发牛口蹄疫的事件中，野猪也发生了感染。在实验室条件下，野猪可以通过接触发病的家养猪而感染，并在蹄冠、蹄叉等部位出现水疱性病损，常看不到跛行。另外，感染野猪的口腔也会出现水疱性病损。

13. **非洲和欧洲豪猪（African and European hedgehog）** 一些小的哺乳动物如非洲和欧洲豪猪，对口蹄疫的接触感染十分敏感，并表现出临床症状。在英国的Norfolk地区，已经证实捕获的豪猪发生口蹄疫感染，当地正暴发牛口蹄疫。有些豪猪在舌面、鼻镜及蹄部有水疱性病损。在试验感染条件下，口蹄疫病毒可引起豪猪的致死性感染。

14. **印度大象（Indian elephant）** 尼泊尔的印度大象曾有自然感染口蹄疫的记载，通常在口腔和蹄部形成病损。

15. **非洲大象（African elephant）** 非洲大象对口蹄疫的试验性感染十分敏感，但未见自然感染病例。

16. 大袋鼠（tree kangaroo）　英国Pirbright FAO/OIE世界口蹄疫参考实验室就澳大利亚的野生动物对口蹄疫病毒的敏感性进行了试验研究。结果表明，所有感染了口蹄疫的野生动物，临床症状非常温和或者不表现临床症状。然而，大袋鼠却在舌部出现了病损。

17. 刺鼠（agouti）　一些小哺乳动物如刺鼠，对口蹄疫的接触感染也非常敏感，并且在舌面和口腔可形成水疱性病损。

18. 巨水鼠（coypu）　中南美洲巨水鼠，对口蹄疫的接触感染同样非常敏感。实验室感染可使其四蹄发生水疱性病损。

二、试验易感动物

1. 乳鼠　初生3～4日龄吮乳小鼠（乳鼠）对口蹄疫病毒非常敏感，但只有将病毒人工注射到皮下、肌肉或腹腔等部位，强迫感染才能发病。在颈背皮下接种处理的病料0.2mL，接种病毒后15h左右开始出现口蹄疫症状，首先表现出后腿运动障碍，麻痹，头部不能抬起，继而呼吸紧张，心肌麻痹死亡。解剖时，在心肌和后腿肌有可见白斑病变，膀胱积尿。乳鼠濒死或刚死时解剖，取胴体和心肌作病料待检，一般病毒滴度（LD_{50}）可达$10^{7.0}$左右。因乳鼠对口蹄疫病毒非常敏感，常用于实验室分离口蹄疫病毒。

2. 豚鼠　豚鼠也是实验室常用的分离和培养口蹄疫病毒的实验动物。选体重500g以上的健康豚鼠，将处理好的病毒材料取0.4mL接种于豚鼠后肢跖部皮内纵横穿制0.2mL，皮下0.2mL，于接种后48、72h开始形成水疱，水疱液和水疱皮病毒滴度（LD_{50}）可达$10^{6.0}$左右。一些豚鼠在感染病毒数天后会出现消化道症状，如厌食、腹泻、胃肠道充血。

3. 鸡胚　鸡胚在人工感染口蹄疫病毒后通常在2～6d死亡。

三、人感染口蹄疫

关于人感染口蹄疫的报道早有所闻。但对人口蹄疫的诊断主要根据特征性的临床症状，再结合当时当地的流行病学，与病畜或畜产品的接触史等做出的判断。据有关资料记载，每次口蹄疫大流行中，疫区总有数人甚至数十人的口腔、手、足患类似口蹄疫症候群疾病。感染人群主要是儿童、饲养员或屠宰工等，有饮用未经消毒或消毒不彻底的病畜乳汁，或在短期内接触病畜及畜产品的经历。患者主要症状是体温升高，口干喉痛，口腔黏膜潮红，口、舌、唇及手指、脚趾出现水疱、烂斑等。1939年，Paper等人将疑似患口蹄疫病人的水疱组织接种牛和豚鼠，动物呈现了典型口蹄疫症状。1965—1966

年，英国Pirbright动物病毒研究所报道，将可疑病人的上皮组织及淋巴液接种原代犊牛甲状腺细胞，48h出现口蹄疫病毒致细胞病变。另外一些科学家也做了类似的工作，但部分鉴定结果与同年当地口蹄疫流行病学记载相左。

由于口蹄疫病毒在跨种传播时有较大障碍，因此该病对人类健康的影响较小，该病由畜类传染给人类的致病条件仍不清楚。目前还没有人与人之间传播该病的报道。口蹄疫确能感染人的证据还需进一步发掘。需要指出的是，口蹄疫和人的手足口病（Hand-Foot-Mouth Disease）是两种完全不同的疫病，后者是由与口蹄疫病毒同一病毒科的肠道病毒感染引起的。

四、易感动物的感染途径

各种动物对口蹄疫病毒的易感性不同，同一种动物不同品种之间对病毒的易感性也有差别。口蹄疫病毒的致病力在型间和毒株间也有差异，有对牛致病力强而对猪致病力弱的毒株，也有对猪致病力强但对牛致病力弱的毒株。高度易感动物表现有临床症状，产生抗体并有免疫力；中等易感为无症状感染，动物产生抗体，可获得完全或部分免疫力；轻度易感动物机体感染过程没有伴随产生血清学和临床感染征候；不易感系指病毒在动物机体内不复制。

动物对口蹄疫病毒的易感性与动物的生理状态（妊娠、哺乳）、饲养条件和使役程度、免疫状况等因素也有关。易感动物卫生条件和营养状况也能影响流行的经过。畜群的免疫状态对流行的情况有决定性的影响。由于曾患过病畜群中的年老动物被新成长的后裔所代替，在数年之后又形成易感性的畜群，从而构成新的流行。畜群的免疫状态是影响流行特点的重要因素。长期无口蹄疫史、不免疫接种的国家或地区一旦传入，口蹄疫的烈性流行特点会充分表现出来，否则表现温和。但是，当流行毒株很强时，即使疫苗免疫过的动物，也可以产生很高的感染率和严重症状。

口蹄疫病毒感染大多数偶蹄动物并产生临床症状。包括病毒血症、发热和出现一些病灶（在舌面、口和蹄部产生水疱）。症状的严重性会根据动物品种和感染病毒的类型而有所不同。没有临床症状不一定意味着没有病毒感染和复制。在成年鼠病毒感染后未产生任何病灶和发热，但却有一个病毒血症阶段，在此期间可以从其循环血中分离到病毒。

易感动物通常经消化道感染，也就是污染的草料或饮水而感染，但病毒也可经皮肤或黏膜（口、鼻、眼等）侵入，近年来发现呼吸道感染更易发生，口蹄疫病毒对口、鼻、舌、蹄、乳房或乳头皮肤等上皮细胞表现出很强的嗜性，在许多上皮细胞中复制，首先在扁桃腺及咽喉处等部位增殖，同时进入肺部组织，在吞噬球、肺泡上皮或内皮细胞内生长。病毒在接种6h后就可在肺部出现，Brown等使用原位杂交方法发现病毒还出现于身体其他许多部位，包括舌头、眼睑、趾间、蹄部冠状沟，尤其是大量的病毒存在于后二者的棘细胞层细胞胞质内，时间上与病毒血症发生时机相同（接种24h以后，30h以内）。利用气管接种发现较多量的病毒出现于咽喉部位而非肺脏，可见肺脏并非此病毒在体内繁殖的原始部位。在疾病的发展过程中病毒进入淋巴及循环系统，广泛扩散到全身导致病毒血症，最后感染全身各部位的组织。但最近的研究表明，软上颚背部的上皮细胞是病毒最初感染的部位，在持续感染的动物中，也是病毒复制的场所。口蹄疫病毒侵入动物机体后迅速增殖，感染由鼻咽部开始。病毒通过淋巴流从鼻咽部进入全身循环，并在潜伏期阶段就扩散到全身。

（赵志菊，张强）

第四节 口蹄疫病毒持续感染

持续感染是指病毒在带毒者体内存在甚至终身带毒而不表现临床症状，但它们都具有向外界排毒的能力。一般将口蹄疫病毒感染28d后仍能从感染动物食道/咽部分离出病毒者称为带毒或持续感染动物。自1959年巴西的Van Bekkun首次从临床健康牛的食道/咽部液体（oesophageal pharyngeal fluid, OP液）中分离到口蹄疫病毒以来，反刍动物的持续感染（persistent infection）或隐性感染（inapprent infection）就成了口蹄疫流行病学研究的重要课题。多年来，科技人员对口蹄疫病毒持续感染的检测方法、带毒时间、病毒定位、持续感染机制、持续感染毒株在自然条件下传播的可能性及其生物学特性进行了大量的研究，取得了许多成果。

一、持续感染的提出与证实

20世纪初期，科学家就提出康复动物持续排泄病毒可能引发口蹄疫而具有流行病学的意义，报道的几次口蹄疫暴发都支持了这一观点。特别是在1922—1924年间英国流行口蹄疫，就出现因康复牛进入无疫病的农场引发疫情的事例。墨西哥和澳大利亚的一些口蹄疫暴发也被认为是由于带毒动物的入境而传播的。此后，虽然进行了许多在控制条件下的持续感染牛传递口蹄疫病毒的试验，但从未有成功的报道。1928年，Olitzky等从感染口蹄疫病毒后34d的肉牛蹄部分离出了口蹄疫病毒。1931年，Waldeman等报道病毒在康复牛的浓缩尿中存在数月。1959年，Van Bekkum等用食道探杯（probang cup）采集的康复牛和亚临床感染免疫牛的食道/咽部刮取物经细胞培养获得了感染性口蹄疫病毒。这个发现无可辩驳地证实了口蹄疫病毒带毒状态的存在，并证实口蹄疫病毒在牛的上呼吸道可持续滞留而不显示感染症状。

二、口蹄疫病毒滞留的部位

虽然在康复后较短时间内从许多器官和组织中也分离到感染性病毒，但Burrows和Van Bekkum认为，牛的口咽部特别是软腭背侧是口蹄疫病毒最偏好滞留的部位。带病毒绵羊扁桃体的病毒滴度最高，检出病毒的频率也最高。应用原位杂交技术证实，口蹄疫病毒RNA滞留在软腭背侧和咽部上皮的基底层。

三、口蹄疫持续感染的影响因素

（一）疫苗免疫接种

无论是免疫接种还是未免疫接种的牛，在亚临床和临床发病后都可能形成带毒状态。虽然免疫能使牛在感染后排泄病毒的滴度降低，造成其对易感牛的传染性降低，但没有明确的证据证明常规免疫接种可减少牛持续感染的形成及缩短病毒存留时间。

（二）病毒毒株

科研人员研究了几个不同口蹄疫病毒毒株在牛体内持续感染的情况，结果表明在特定的试验条件下，持续感染时间与病毒毒株没有直接相关性。

（三）攻毒剂量

一般认为，一定范围内口蹄疫病毒的攻毒剂量越大，越有可能在动物体内形成持续感染，从而在咽喉部检测到病毒。

（四）攻毒途径

有关攻毒途径影响口蹄疫持续感染形成的资料非常有限。任何途径感染后，只要临床发病，通常都有形成食道/咽部持续感染的可能。已经证实，几株口蹄疫病毒经鼻腔内途径感染山羊和绵羊，与发病动物直接接触同样有效地形成持续感染。

四、口蹄疫持续感染的持续期

宿主的动物种类和品种影响口蹄疫病毒持续感染的持续时间，而与宿主的年龄和性别无相关性。不同品种的非洲牛排泄口蹄疫病毒持续时间为2年半或3年，绵羊1年以上，山羊4个月以上，非洲水牛至少5年。持续感染通常只能检测到一种口蹄疫病毒血清型的病毒，至今未出现2个或多个血清型混合感染的情况，造成这种单一血清型持续感染的机制目前尚不清楚。

自从建立了检测食道/咽部口蹄疫病毒的探杯试验以来，进行了许多带毒状况的研究。在口蹄疫地方性流行的地区经常发现带毒动物，如在土耳其的安纳托利亚（Anatolia）的调研发现，18.4%的牛和16.8%的绵羊携带口蹄疫病毒；对博茨瓦纳自由放牧的水牛调查发现，病毒检出率可达55%～70%。持续感染动物排毒呈间歇性的特征，随着时间的增加，畜群中的病毒携带者比例趋于下降。在对博茨瓦纳牛的野外调查发现，在某次SAT1型口蹄疫暴发期间，开始时的感染比例为68%，6个月后下降至38%，12个月时降至5.4%。Hedger对博茨瓦纳STA3型病毒引发的牛口蹄疫的跟踪调查发现，7个月后带毒牛占全群的20%，12个月后带毒比例降至12%。

五、带毒动物在口蹄疫传播中的作用

从探杯采集的食道/咽部刮取物中分离出口蹄疫病毒可以确定带毒动物，探杯样品中的感染性病毒的滴度通常是很低的，口蹄疫病毒从带毒者向易感动物的成功传播概率很低，仅发生在特殊的情况下。在感染后最初3～4周的稳定期之后，即进入持续感染期，病毒滴度逐渐下降，降至低于可成功传染易感动物所需的程度。伴随着从食道/咽部分离感染性病毒的滴度和频率的降低，而非感染性病毒粒子增多，应用PCR和斑点印迹杂交可从探杯样品中检测出口蹄疫病毒的RNA片段，这种带毒状态与感染性的关系现在还不清楚。但是真正从口蹄疫病毒携带者传给易感动物的事件极为少见。在地方性流行口蹄疫的地区，带毒动物引发新疫情常常不可能得到确证，其原因是缺乏相关动物移动的记录，各次野外暴发的（动物）数量，缺少有关暴发毒株准确鉴定的资料。现有的研究表明，在试验条件下和在野外，带毒水牛可传递病毒给水牛犊和其他牛；与带毒母畜接触的猪和犊牛的血清可转为阳性，有的可从食道/咽部刮取样品中分离出病毒；也有关于绵羊的类似报告，即在与带毒绵羊长期接触后，易感绵羊偶尔出现血清转阳。带毒牛难以成功传递病毒的原因主要为：食道/咽部的病毒滴度低，在分泌液中有中和抗体，分泌在唾液中的病毒被稀释和吞食，改变了病毒的毒力和感染性。

六、口蹄疫持续感染机制

动物持续感染口蹄疫病毒的问题受到广泛关注。1993年，Salt提出病毒持续感染机制，他认为持续感染可能是病毒的某些变化引起的，如缺损干扰颗粒（defective interfering particles，DIP）的产生、温度敏感突变株的形成、基因重组及细胞免疫功能的改变，也可能由于病毒变异或缺乏病毒复制过程中所需的酶而造成的。总之，持续感染可能与免疫调节密切相关，其中涉及抗原调整诱导产生抗体、免疫选择、阻遏因子及干扰素的产生。

（一）体外持续感染

1. **病毒机制**　研究表明，病毒的裂解是通过DIP、温度敏感突变株的产生及干扰素的刺激共同作用而完成的。DIP的产生是黏病毒和弹状病毒持续感染的重要机制，1970年，几乎在所有的RNA病毒及DNA病毒中都发现了DIP，其中包括微RNA病毒。DIP是一种普遍存在的不完全病毒颗粒，具有以下特点：① 和完整的病毒相比，DIP基因组有部分缺失；② DIP和完整的病毒结构蛋白基本相同；③ DIP不能单独复制；④ 在长期传代过程中，DIP呈周期性变化，因此DIP和完整病毒比例经常变化，二者存在周期性交替，以维持持续感染。试验证明，用完整的水疱性口炎病毒（VSV）注入鼠脑，引起致死性脑炎；如给小鼠注入大量缺损水疱性口炎病毒和少量完整病毒，则可引起免疫而小鼠并不死亡；如注入大量完整的病毒和少量缺损病毒，动物发生缓慢进行性麻痹，最终死亡。

DIP不仅存在于RNA病毒中，而且存在于培养的细胞中，也曾在急性病毒性感染的动物体中发现，并且证实这种颗粒与完整的病毒粒子周期性消长有关，然而口蹄疫病毒持续感染中是否也存在DIP，目前还无报道。

持续感染细胞释放的病毒中还可能存在有温度敏感突变株，在较低温度下培养持续感染细胞可产生大量的细胞外温度敏感突变株。尽管母源毒株发生突变的机制尚不清楚，但可以肯定温度敏感突变株与野生型毒株间存在某种竞争性的选择。另外，口蹄疫病毒的持续性感染与细胞中干扰素的产生密切相关，由于干扰素的产生取决于细胞株及病毒未被完全消除而引起的感染，所以持续性感染可能是由于细胞本身发生了改变。同时大量试验也证明，持续感染细胞的表型随母源毒株的改变而改变。

2. 细胞机制　宿主细胞的多样性是造成口蹄疫病毒长期存在的一个重要原因。口蹄疫病毒持续感染的细胞机制主要包括病毒吸附作用受损、病毒粒子的侵入或脱壳受到抑制以及胞内阻遏的存在。体外研究表明，特异性阻断口蹄疫病毒的复制是尤为重要的。有关病毒增殖的胞内限制在其他微RNA病毒中已有报道，如猴细胞中的脑心肌炎病毒，但在口蹄疫病毒持续感染的研究中还未发现。这种特异性的胞内阻断主要限制口蹄疫病毒持续感染细胞在传代后期病毒RNA的量，由于抑制剂或某种宿主因子的缺失，RNA合成活性下降，直接导致RNA量减少，或者由于翻译受阻或胞内RNA降解也会间接导致RNA减少。

持续感染细胞的形成主要是由于病毒、细胞发生变异或两者共同作用的结果。在传代后期，细胞比病毒更具有抗性，而且只有排除阻遏因子作用的口蹄疫病毒变异株才可能被选择，因此易感细胞的基因可能通过突变修饰来抑制口蹄疫病毒复制。

在体外，DNA病毒、负链和正链RNA病毒均易形成持续感染，尤其是负链RNA病毒。目前，持续感染包括有4种类型，它们可以通过病毒与细胞间的特定关系加以区别：① 在被感染细胞中，持续感染细胞的比例很小，病毒裂解释放后，只有一小部分细胞被感染，通过加入抗病毒抗体可以使其恢复到"正常状态"。② 体外感染中的稳态是一种病毒和细胞在没有宿主细胞裂解的情况下增殖的状态，大多数细胞被感染，病毒不断的释放，即使增加抗病毒抗体，细胞也无法恢复正常。③ 病毒持续存在于细胞质内，通过细胞间的接触引发感染，这可能与胞质的结构密切相关，但在培养基中却未发现感染性病毒。④ 病毒基因组和细胞基因组在细胞核内存在有稳定关系，可能造成一种真正潜在的感染。在持续感染细胞的培养期间，总要经历一个"关键时刻"，主要以细胞裂解和病毒释放的突然增加为特点，然而一些细胞仍可以存活，并像正常细胞一样生长，这样就处于一种表面正常的持续感染状态。

目前，已能成功地培养出持续感染口蹄疫病毒的BHK-21细胞，该细胞的特点是能够利用同源病毒抑制再度感染。有报道称，持续感染细胞在传100代之后，会自行恢复到正常状态。如果其中只有少量的细胞被感染，还可通过高免血清使其恢复正常。在体外持续感染能够建立并得以维持，主要取决于病毒和细胞基因的变化。高突变率的病毒和细胞体系进行性的选择，导致了细胞和病毒的共同演化过程，同时氨基酸序列发生改变，小蚀斑变异，温度敏感突变株形成以及衣壳蛋白改变而形成不稳定的病毒粒子，因此细胞异质性和口蹄疫病毒的高突变率对于体外建立持续感染是至关重要的。

（二）体内持续感染

1. **病毒机制**　RNA病毒基因组高度不稳定，具有很高的变异潜能。口蹄疫病毒的突变与其他RNA病毒相似，在全基因组长度上经常发生，这是由于基因组错配复制和口蹄疫病毒基因组间在同种细胞内复制重组引起点突变的结果。Gebauer等（1988）在口蹄疫病毒C_3型对牛持续性感染的研究中发现，携带毒株发生许多核苷酸的替代，有59%造成氨基酸的变化，这些毒株与单克隆抗体的反应急剧下降。试验还表明即使相当低的突变率也会引起病毒的持续感染。例如，在Theiler's鼠脑脊髓炎病毒基因组中，仅一个氨基酸发生替换，就足以在鼠脑中构成持续感染。

Domingo等（1992）提出RNA病毒群以不完全相同但密切相关的基因组群的复杂分布而存在，即病毒准种。RNA病毒这种遗传上的极度异质性是高突变率的结果，每个核苷酸每一次复制中替换发生率为$10^{-5} \sim 10^{-3}$，因此在特定时间、特定环境下，RNA基因组中可含有确定的共同序列，但整个种群是由具有细微差别的个体基因组组成。此外，通过RNA指纹图谱从空斑纯化并在细胞中培养的口蹄疫病毒两种群的单个克隆中也能分离出许多变异株，这些具有异质性的病毒类群在传播、增殖的过程中，即使没有免疫选择压力的影响，也会有突变毒株产生，这些变异毒株可适应宿主的咽或食道上皮组织，进而在这些部位形成持续感染。

口蹄疫病毒还会出现一种基因伪装或跨膜包被的现象。在体外协同感染牛肠道病毒（bovine enterovirus，BEV）的细胞中就可看到包被蛋白包被口蹄疫病毒RNA。一些口蹄疫病毒攻击牛的潜伏期延长，认为是BEV刺激局部非特异免疫抑制了口蹄疫病毒感染，以后在BEV衣壳内的口蹄疫病毒RNA重新建立平衡，此时已产生足量的口蹄疫病毒感染颗粒而引起临床表现。Sutmoller等（1970）推测口蹄疫病毒与BEV的这种相互作用可造成携带牛慢性低水平的口蹄疫病毒感染。

在口蹄疫病毒基因组5′末端有400个未翻译的核苷酸，即Poly（C）片段，长度可在80～200个核苷酸之间变化，目前对其功能尚未了解，但可以肯定的是较长片段可产生大、中、小三类蚀斑，而短片段则不能产生较大蚀斑，在传代后期，由于表型的改变而产生小蚀斑，然而，继续传代，Poly（C）片段将会增加145个核苷酸。虽然片段大小和病毒毒力没有直接相关性，但这可能与病毒复制的效率有关，也就是说，较短的Poly（C）片段在复制时可能有较大的优势。最近，Escarmis等（1992）推测，任何偏离最佳Poly（C）片段大小的改变，或增加或减小都可能影响到病毒复制、表型改变，以及与毒力、持续感染相关的生物学功能。

2. **宿主机制**　引起持续感染的机体因素有很多，主要包括机体不能产生有效的免疫、抗体功能异常或引起靶细胞表面病毒抗原的改变、干扰素产生能力低下、细胞免疫应答低下以及宿主细胞遗传因素等。在宿主体内如果存在受损的免疫反应，就有可能引发持续感染。一般来说，口蹄疫病毒的个体动物带毒状态与原始抗体水平之间无相关性。无论是注苗动物、被动免疫动物还是首次用于试验的动物都可能在感染口蹄疫病毒后成为带毒者。田间证据表明，在较低的抗体水平下，带毒者的比例有升高的趋势。Matsumoto等（1978）认为在带毒动物中分泌抗体反应会持续更长的时间，并能达到更高的水平。

Sanz–Parra A等研究表明口蹄疫病毒在感染细胞后，对MHC I 表面的表达有调节作用，感染3h后，MHC I 下降到70%，6h后则下降到53%，这在很大程度上导致了口蹄疫病毒在宿主体内的持续性存在，因为口蹄疫病毒感染30min后，MHC I 类分子的装配受到抑制，感染2～3h后由口蹄疫病毒介导的宿主细胞的蛋白质合成系统被关闭，结果口蹄疫病毒感染宿主细胞后，它就迅速变得不能向MHC I 分子提供病毒肽，从而不能有效向T淋巴细胞递呈抗原，刺激免疫应答。这一机制有助于病毒逃脱宿主的免疫监控系统。同时，体液免疫和细胞免疫功能的损害也可以减缓或阻止病毒的清除，导致在感染组织中出现更多的突变株，从而产生持续感染。

七、口蹄疫病毒持续感染检测方法的应用及发展

准确的检测口蹄疫病毒持续感染是防治口蹄疫的重要环节。口蹄疫病毒持续感染的检测方法从最早的查毒试验，病毒中和试验（VNT）到现在推广应用的ELISA和PCR技术，以及核酸探针技术，生物技术的迅速发展和仪器设备的不断更新换代，为口蹄疫病毒持续感染的检测和研究提供了更敏感、更特异、更快速、更方便的技术。

1. **口蹄疫食道－咽部查毒试验**　查毒试验是研究口蹄疫病毒隐性带毒中最早的一种方法，利用特制的食道探杯刮取食道咽部黏液，加入等量pH7.2左右的PBS。由于OP液中含有低水平的中和抗体，可使病毒失活，因此采用三氯三氟乙烷（TTE）处理，使OP液中被抗体中和的病毒复活，然后接种于敏感细胞，观察是否产生致细胞病变效应（CPE）或接种乳鼠看是否出现口蹄疫的特征性症状。过去对于口蹄疫病毒增殖鉴定最成功的试验系统首推乳鼠、猪和牛肾细胞、小仓鼠肾细胞系。牛甲状腺细胞（BTY）和牛舌皮下注射所得到的病毒效价最高，它们比上述系统敏感100倍，甚至1 000倍，而且还可用于分离OP液中的极少量病毒。用牛甲状腺初代细胞的不足之处在于它对外部介质无特征性反应，所以有时被其他病毒污染在所难免，而且经过多次传代，它很快就丧失了对O、A、C型毒株的敏感性。1983年，中国农业科学院兰州兽医研究所卢永干等建立了查毒试验用于出入境检疫和口蹄疫流行病学调查工作。

2. **病毒中和试验（VNT）** 该方法利用血清中和抗体与病毒特异性的中和作用，使病毒失去吸附细胞的能力或抑制其侵入和脱衣壳，丧失对易感动物和敏感细胞感染力的原理上建立起来的。根据接种病毒血清混合物的动物发病死亡数或产生CPE的细胞管数来判定血清中所含抗体的量和型别。检测病毒血清混合物的方法有乳鼠中和试验、细胞中和试验、微量细胞中和试验、空斑减少中和试验。VNT既可鉴定抗原，又可对抗体定量测定，同时具有型特异性，因此是国际检疫条款规定的用于检测进出境动物是否感染或携带口蹄疫病毒的方法。

3. **酶联免疫吸附试验（ELISA）** 国际贸易中有关条款规定，口蹄疫血清学检查的目的是判定动物是否有传播病毒的危险。非结构蛋白抗体与持续感染有关，Bergman证明动物血清中非结构蛋白抗体阳性的维持时间不少于两年，这比探杯取样能够分离病毒的时间要长得多。但就动物而言，如果非结构蛋白抗体阴性，也并不能说明该动物没有受到过口蹄疫病毒的感染。

4. **聚合酶链反应（PCR）** RT-PCR在鉴定口蹄疫病毒方面要比组织培养分离病毒更加灵敏。A Donn（1994）报道，对试验条件下感染28～54d后的牛尸体进行解剖，取其扁桃体、喉咽部、食道等32份组织样品和13份OP液样品进行平行的VNT和PCR检测比较，发现只有2/32（15.6%）组织样品和11/13（84.6%）的OP液被VNT确定为阳性，但在PCR检测中它们各自的比例却高达17/32（53.1%）和12/13（92.3%）。PCR也特别适合感染后期的检测，这可能因为带毒动物携带大量无感染性的变异病毒株。Morrquarte等（1995）报道，在无临床症状的口蹄疫感染早期（试验中为感染后1d）或晚期（试验中为感染后180d），患病动物的鼻拭子样品及陈旧破溃的蹄疮样品更适合于PCR法，此时，PCR结果均为阳性，而VNT或ELISA为阴性。在PCR技术的基础上，结合核酸序列分析技术，可定量的比较持续感染动物携带的毒株与当前流行毒株以及与历史流行毒株之间的核酸序列同源性，依据众多毒株核酸同源性比较，绘制这些毒株的遗传系统发生树，用于疫源追踪、分析持续感染动物在疫病流行中的作用。

5. **原位杂交技术（ISH）** 原位杂交技术自1969年由Pordue创立以来，得到了广泛的应用和发展，现已成为研究口蹄疫病毒持续感染机理的重要技术手段。ISH主要用于病毒在组织细胞定位方面的研究，具有较高的灵敏性和特异性，但在低拷贝基因尤其是单拷贝基因的检测上却受到一定限制。2000年，张志东将原位杂交与酪胺信号放大结合（ISH-TSA），成功检测出在感染细胞中低拷贝口蹄疫病毒RNA，证实了ISH—TSA检测至少比ISH高出100倍。第二年他们用该法首次证实了在持续感染牛的软腭和咽部上皮细胞是口蹄疫病毒的存留点，而且认为该方法是检测持续感染牛口蹄疫病毒的快速灵敏特异的方法。近年来将原位杂交和PCR技术相结合发展成的ISPCR技术，兼有PCR和ISH的双重优点，其灵敏性比单独用PCR或ISH高出2个数量级，该方法开创了载玻片上用原位RT—PCR直接进行口蹄疫研究的先例，而且认为此方法可用于口蹄疫病毒持续感染的研究。2000年，Soren Alexandersen用RT–PCR、ISH、ELISA三者相结合的方法检测口蹄疫病毒RNA，结果显示，此种方法不仅可以快速、灵敏、特异的检出口蹄疫病毒RNA，而且还可进行血清学分型。

八、猪的口蹄疫病毒持续感染

口蹄疫病毒在反刍动物中能形成持续感染得到了一致的认可，可能的机制也正在得到阐明，但在猪体内是否也存在持续感染的情况存在巨大争议。迄今为止，尚无有效的技术手段来证实猪的咽喉部也能滞留口蹄疫病毒并形成持续感染。虽然在猪的扁桃体及淋巴结中能检测到口蹄疫病毒，但由于缺乏相关的资料和信息，无法确定这些部位是猪口蹄疫持续感染的部位；另外，尚无有效的方法来监测感染口蹄疫的康复猪是否排毒，所有这些都为研究猪口蹄疫的持续感染带来了困难，期待将来随着技术的更新和相关研究的深入，这一问题能得到逐步阐明。

（吴国华，张强）

第五节　**口蹄疫传播的数学模型**

早在20世纪初就有人提出了传染病传播的数学模型的概念，数学模型的出现使人类对许多传染病，如疟疾、麻疹、结核及艾滋病的流行病学有了新的认识，为了解疫病流行情况、制定防治计划做出了重大贡献。近年来，数学模型也用于动物传染病流行病学研究，如应用于牛海绵状脑病、古典猪瘟、羊痒病和多种野生动物传染病的流行病学分析。

数学模型是一种对传染病流行病学研究非常有用的技术手段，传染病具有复杂的动态变化，仅根据实践经验很难对传染病流行过程和防控措施的效果进行定量的判断，数学模型提供了各种准确、有效、定量的框架，可用数量关系来反映疫病流行过程中的复杂动态关系，因此，在良好的生物学基础上建立起

来的数学模型对分析传染病流行的状况具有非常重要的意义。英国学者在英国
2001年口蹄疫流行病学的报告中强调了数学模型的重要性，并且把定量模型确
定为制定流行病防控策略和评估防控措施效果的基本手段。学者们也建议数学
模型应更广泛地应用于兽医学领域，希望数学模型在将来对口蹄疫及其他动物
传染病的研究、防控计划的制订、突发疫情的处置等方面发挥更重要的作用。

一、数学模型的结构

（一）模型的种类

数学模型的建立有多种方式，因此数学模型有多种类型。

按照应用领域，可分为回顾模型和展望模型。回顾型模型的制作需要相应的对流行
病学数据进行定量处理的数学方程，这种方式将适合的流行病学数据模型用于检验选定
的事件，例如对于不同防控措施的实施，有时被称为"what-if"（如果…就…）模式。
而展望型模型有两种作用：一种是以现有资料为依据，预告正在流行中的疫情，即起预
告作用；另一种把注意力不放在特定事件上，而是制作疫病可能发生及流行范围的模
型，即起探索作用，这种模型常用于应急援助计划。

按是否考虑随机因素可分为确定性模型和随机性模型。确定性模型是对输入的已知
数据产生固定的结果，随机性模型是对输入的已知数据产生可变的结果。这两种模型可
以结合疫病流行过程中的具体情况应用，每一种模型产生不同的结果。确定性模型利用
典型的（确定性的）公式，用一套成对的有区别的方程式来代表不同感染状态的宿主子
集的相应动态。而随机性模型根据自身特点又分两种，一种是以一套成对的有差别的随
机方程为基础的模型，另一种是微型模拟或状态转换（跃迁）模型，它们分别代表群体
中各宿主的当前状态。随机性模型在数据的计算、对数据的适应性和阐述等方面比确定
性模型要难得多，但它可以较好地反映出疫病流行过程存在的不确定性。由于计算机领
域的飞速发展使随机性模型，特别是微型模拟，在流行病学研究中被更多地利用，并可
能在将来得到更广泛的发展和推广。

各种数学模型各有优缺点，没有哪种数学模型是万能的，而对于口蹄疫等传染病，
也不可能只有一种流行病学模型。要根据不同的研究目标，并综合考虑不同模型的优
缺点选用不同的模型，也可以同时运用多种模型。例如，英国在2001年口蹄疫流行过程
中，应用了4种不同的数学模型，结果模型之间密切相关，可以共同反映疫情的状态，
大大增强了研究者对多种模型使用的信心。

（二）宿主子集的划分

制作微生物（病毒、细菌或原虫）感染的流行病学模型的标准方法是将宿主群体分成若干不同的部分，即不同的子集。易感的，以"S"表示；潜伏的，即感染了但还未呈现感染症状的，以"L"表示；已感染并出现感染症状的，以"I"表示；康复（或清除）的，以"R"表示。然后，以一部分向另一部分迁移表示宿主的感染动态。通常将这种模型称为SLIR模型，或SEIR模型（"E"代表暴露状态）。如果涉及疫苗接种，再划分出一个"V"部分，代表已注苗的。

由于SLIR模型的结构具有显著的优点，因此被广泛应用，也曾用于口蹄疫感染分析，但由于口蹄疫传播的特点，在应用SLIR模型时常出现以下问题：① 根据SLIR模型划分易感、潜伏、感染和康复的方法不能准确地判断疫病在流行过程中的相应状态。尽管是否感染口蹄疫可通过检测病毒、检测抗体，或者根据出现的临床症状进行确诊，然而这些检测结果与宿主是否潜伏感染、感染或康复之间并不是简单地对应关系。例如，大多数被感染的动物在临床症状出现之前已被感染，有些动物特别是羊可能基本察觉不到临床症状，因此，在采用SLIR模型分析此类情况时应特别注意。② SLIR划分的子集是离散的，即单个宿主可以是易感的、潜伏的、感染的或者是康复的，并不是所有宿主都同样具有易感性，也都同样具有感染性。对于病毒血症，随着感染时间的推移，感染动物之间感染程度会产生多样的变化，抗体水平也产生多样复杂的变化，这时SLIR模型的作用就不能得到很好的发挥。动物接触的病毒量是影响动物感染过程和感染途径的一个重要因素，但在实际感染中病毒量也是高度多变的。这个问题可通过划分成更多的子集来解决，如再划分出亚临床感染动物或者部分免疫动物。通过定量而不是定性的方式来表示动物的状态是一种较为成熟的方法，但在计算方面需要确定函数关系，通过将数学分析与各宿主感染动态的试验研究相结合，可以使SLIR模型得到进一步的改进，使其更好的应用于口蹄疫研究与防治中。③ 有流行病学意义的单元不一定是单个动物。许多数学模型在应用时针对的是牧场整个畜群而不是动物个体。将牧场划分为易感、潜伏、感染或康复并不是困难，但如此划分后的各部分未必等同于单个动物个体。在流行病学过程中，涉及的时间梯度与自然特性不同，因此在大多数情况下必须按比例从动物水平扩大到牧场水平。例如，假设一个牧场从潜伏感染转变为感染，第一头被感染的动物转变成感染动物，那么该牧场的潜伏期水平就等同于该个体的潜伏期水平。但如果考虑到牧场之间的有效传播比单个动物之间的传播需要更多的病毒量，在不同的传播途径下，整个牧场的潜伏期水平应该更长些。那么就像动物个体之间感染的动态变化一样，分析暴发口蹄疫的各个牧场之间的动态变化将更为复杂。

虽然SLIR模型存在着局限性，但它在定量流行病学的研究和流行病感染防控方面具有重要的作用，该模型是流行病学模型的一种标准形式。

（三）参数和变量

SLIR模型按照划分的宿主（易感、潜伏、感染和康复）各部分数量（密度或成分）的变化来描述感染的动态变化。这些数量分别以变量S、L、I、R表示。各部分之间遵循一套数学公式以特定比率变动。在公式中，在一个特定的比率下易感变成感染，潜伏感染变成感染、感染（个体）变成康复或被清除（死亡或屠宰）。还有一些特定的变化，如易感的被免疫接种，或免疫个体失去保护作用。其中每一种变化都涉及一个或多个参数。确切的函数形式是反映模型构成的前提基础。通常以σL微分方程模型表示潜伏感染个体变成感染的比率。以常数σ表示潜伏状态，以恒定不变的比率变成感染的，其平均潜伏期为$1/\sigma$，而用统计学中众数表示的潜伏期则非常短。如果选择将潜伏期本身作为一个固定常数，那么就表示当经过一段时间动物感染时，全部的潜伏动物整体将从潜伏状态都变成感染状态。这种极端情况在实际感染过程中很难出现。在实际应用中，用适当的函数如γ-分布对状态加以描述，但因引入了更多的参数，使计算更加复杂和困难。因此，实际上通常采用恒定比率或恒定潜伏期，这样可简单清晰地比较两种模型，来分析它们产生的结果是否存在明显的差异。

模型中参数的数目仅受其所代表的生物学信息水平的影响。例如，要想描述各种不相同的传染途径，需要包括一个或多个与空气传播、直接接触、畜群迁移、传播媒介迁移等相关的参数。一种口蹄疫的微型模拟模型，处理过程中涉及的各种不同参数可能超过50个，涉及的参数越多，将会使模型更加符合实际，但却会给参数评价和模型应用造成麻烦。

（四）定量传播

流行病学模型的关键参数之一是基本传染数，是指单个初发病例把疫病传染给畜群中其他动物的平均数，基本传染数通常写成R0。如果R0>1，则表示传染病会以指数方式散布，成为流行病。如果R0<1，则被传染的病例数少于初发病例数，流行病将消失，可能构成较小规模的暴发，此时感染链可能仍然存在（图4-1）。

在流行的最早期过后，内在的因素，如易感动物的减少甚至消失，和外在的因素，如防控措施的实施，观察到的传染率降低为Rt，即由单个（初发）病例在t时间传染引发的二级病例的平均数，Rt≤R0。此时，Rt被称为病例再传染率（CRR）。对Rt的认知在研究流行病学中具有显著实用意义，如果Rt>1，表示流行正在扩展，可看作在t时间疫病失去控制，也表示应采取另外的防控措施；如果Rt<1，表示流行在下降，但并不意味着R0<1。

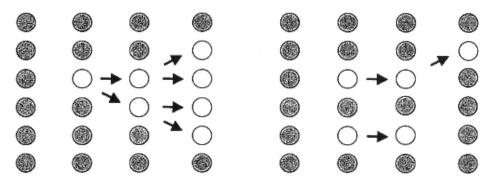

图 4-1　基本传染率 R0 的不同数值的影响后果
左图表示当 R0>1，各病例平均引发一个以上新病例，有可能大流行；
右图表示当 R0<1，则各病例平均引发不足一个新病例，不可能大流行。
即使 R0>1，因失去唯一的机会也可不造成流行；
而即使 R0<1，感染链的继续存在仍有可能形成小规模暴发。

　　另一个参数，即传播率（DR），这是一个经验值，通常用于牧场水平流行病学研究，其定义为：在7（某）d时间内病例数与此前7（某）d时间内病例数之比。这是Rt的一个近似值，因为7d接近于传染病传播一代的时间，是疫病从一个牧场传播到另一个牧场的平均间隔时间。

　　R0和Rt中的一个组成部分是每个已感染动物感染其他易感动物的比率，即每头的传染率，通常称为β。β是一个复合参数，与病毒、分泌物、已感染和未感染动物之间的接触，动物的易感性等密切相关。口蹄疫能通过多种途径传播，宿主之间的接触程度很难定量表示。

　　在分析一个特定地区流行病学状况时需要重点考虑传染与易感动物数量N是如何变化的，有两种情况：一种是当每个动物以一个固定的概率感染其他动物时，呈现为"频率依赖"传染；另一种是当感染其他动物的机会与动物的总体密度成比例时，呈现为"密度依赖"传染。若是频率依赖传染，则N增高而R0不改变；若是密度依赖传染，N增高则R0也升高。

　　在建立传播模型时，那些符合流行病学的特点和动物之间的接触特性，一直是各种动物传染病数学模型研究的主要课题。而在口蹄疫的相关研究上该问题尚未得到很好解决，因为口蹄疫可通过许多途径传播，净传染率和动物数量或密度之间的关系在各种传播途径中都不相同。实际上，口蹄疫的传染既是密度依赖型的又是频率依赖型的。在有限区域内高度混杂的空气传播，所有易感动物都可能被传染，在这样情况下属于密度依赖传染；而在一个相对宽广的地区或者牧场之间，通过与易感动物的接触而发生传染，这种情况又属于频率依赖传染。总之，建立口蹄疫传染模型时，要考虑传染途径和宿主之间的接触特点，模型的系统之间的关系很重要。

二、数学模型的多相性

（一）各种不同的宿主类型

建立一个群体传播的数学模型最简单的方式就是将整个动物群看作一个统一体，群体中的每一个个体都有相同的概率感染群体中其他个体。就如同上面SLIR模型所描述的，可看成一个"良好混合"系统。但在实际研究牧场之间的传播时，这种情况是一种理想状态，因为牧场组成以及各地点动物密度和分布是不同的，牲畜品种、年龄、免疫史和圈舍等状况也都不同。

为了评定流行病学上的多相性，通常采取观察研究的方法和应用数学模型，它们之间存在着差别：观察研究通常评估不同类型牧场发生感染的危险性，而数学模型不仅可评估发生感染的危险性，还可评估感染后传播感染的危险性。数学模型的评估可能涉及许多因素：如牲畜品种（尤其是牛场/绵羊场/猪场）、牲畜数量或密度、牧场类型（如奶牛/肉牛场）、分散程度（如牧场是连成一片还是分隔成多块地的）、生物安全水平及流行病学研究的其他方面。目前SLIR模型也由简单的变量和单个参数设定了多套变量，如S_x代表X类型易感染亚群，β_{xy}代表从Y类型的感染牧场向X类型的易感牧场的每头传播概率。

（二）空间效果

疫病的传播距离与传播机制有关，空气传播与距离有关，动物在牧场之间移动引起的传播则与距离无关，密切连接的交汇点（如牲畜市场）非常细微的变化都会对整个系统的动态产生巨大的影响。假设疫病在牧场之间的传播率与牧场距离之间有相应的函数关系，就要考虑这种函数关系的复杂性，一个牧场能向紧邻的牧场传播疫病，也能同样将疫病传播到数公里外的另一牧场。而在口蹄疫流行期间通常都会限制牲畜的移动，感染和扩散是在有限的区域内发生，要考虑空间因素对传播模型的影响。

数学模型中有多种方式代表空间结构。最简单明了的方法，就是用地理位图来表示每个牧场的位置，微型模拟模型即采用了这种方式。其中的一个关键问题就是定义传播率与传播距离相关性的函数，称为传播核心。如英国2001年暴发口蹄疫时，根据以往的经验通过追踪与感染动物接触的路径来确定这一函数，而这些输入信息就是该次疫情的微型模拟模型的关键数据。一个好的空间传播模型可以清晰地表示不同的传播途径和计算各种途径的传播率。这种模型需要更详细的基础信息数据，如公路网、牛奶运输车的通路、人行道、风速和风向等，这些资料都来源于地理信息系统。要对这些传播参数进行评估和验证，牧场之间的总传播率是不同途径的传播率之和，再加上已知危险因素的加权值。

目前有几种抽象的表示数学模型空间结构的方式。其中一种方式是渗透理论，通过研究几何点阵传播方式来研究随机感染，研究牧场的地形地貌特点如何影响口蹄疫的流行动态。另一种方式是采用一种"矩封闭"技术去扩展确定性SLIR构架，研究2～3个（或更多个）牧场的传播情况，这种方式近似地反映了疫病在局部地区扩散的情况。第三种方式是小型的世界网络模型，根据SLIR构架，将局部传播和长距离传播区分开。渗透理论相当复杂的，反映了多变的空间排列，因此，在具体事例的分析上往往采用空间清晰的微型模拟模型，但这种模型对计算数据的要求较高。

三、数学模型的建立

（一）参数评估

建立一个口蹄疫（或其他传染病）数学模型首先遇到的最大问题是如何对模型的参数进行评估。对模型参数评估的数据通常有两个来源：一种是根据先前掌握的知识，如来自以前的试验研究或者是早期流行病学资料的分析；第二种是正在用于制作模型的流行病学数据，这些数据要么直接来自已验证的资料，要么间接来自其他的数学模型。

理论上，利用掌握的过去的流行病数据来对参数进行评估是可行的，但在实际上，每次流行都有各自的独特之处，对于某些参数就要用到各自流行中获得的数据进行参数评估。如何选用和评估，关键是看资料数据的来源、有效性和质量，以及是否可合理地全面概括疫病流行情况。例如，潜伏期常常要单独确定，病毒毒株和牲畜品种之间的差异，很难将个体的潜伏期用于整个牧场的潜伏期，传播率是多变的，它取决于牧场的管理状况、气候条件、防控措施的效果及许多其他因素。

参数评估主要受三方面因素的影响：噪点（数据杂乱）、斜率（偏差）和非独立性。噪点的含义是生物学数据资料有时很难准确地测定，即数据杂乱程度。英国2001年口蹄疫暴发期间，报道的病例数量有明显的波动起伏，每天报道的病例数与前一天的病例数存在明显的变化。在流行末期病例数量少时，数据尤为重要，若没有准确的病例再发生率数据，将给下一步的预测带来困难。应尽量更准确地收集数据，使噪点降低。斜率的含意是：有用的数据趋向于高于或低于评估参数的值。如在2001年对英国一个种羊场发生的口蹄疫进行评估，由于羊口蹄疫的症状不明显，早期感染往往被忽视，感染的时间无法准确的计算，这种偏差（斜率）有时很难估计。非独立性是指两个或多个参数值的不确定性是相互关联的，例如，高估某个参数时另一参数将被低估，反之亦然。在这种情况下，对相关参数中任何一个进行单独的评估是最直接有效的解决办法。

可依靠适合的数学模型对参数进行间接评估。确定性模型适合于最小二乘法（最小平方方法）或最大概似法。随机性模型可能适合于多种方法，包括马丁格尔法、最大概似法和贝叶斯方法等。制作模型的系统和数据结构具有复杂性，因此非专业设计的模型通常不适用。

评估Rt值的另一种方法是利用非参数方法。有学者试图利用对感染动物接触的追踪和评估数据方面的信息，将此方法用于英国2001年口蹄疫流行研究中。应用这些数据需要考虑整个流行史，要有已感染牧场向其他牧场传播疫情的情况记录。某时某地每个疫点的病例数可直接读取，但感染来源不一定能通过流行病史来综合分析，需要围绕Rt值利用Boots-trapping方法形成基础概率和"可信限"。在该方法中数据被重复地作为样本，为了形成可信区间而每次替换后需要再计算Rt值。该方法适用于小规模流行。

对口蹄疫及其他传染病的评估，也可通过试验研究的方法进行。这种研究具有非常高的价值，但通常局限于小规模实验动物、有限的试验区域以及其他限定的试验条件，其结果不能直接反映试验以外的真实疫情。

（二）输入信息和初始参数

最简单的数学模型仅考虑内部的动态变化。较复杂的模型要考虑外部的变量，如气候条件或防控措施，这些因素在时间或空间上并不恒定。这些因素作为一套数据输入到模型中，会影响一个或多个参数值，如风速就对传播率有影响。其中动物数量和群体流行病学特点的数据信息往往起关键作用。

初始参数是一个易被忽视、但却非常重要的因素，即模型起始的运行条件。需要详细说明起始条件，当单个起始病例被引入到同源群体中：$S(0)=N-1$；$L(0)=1$；$I(0)=0$；$R(0)=0$。较复杂的模型需要详细说明亚群或感染的实际动物个体。现实中，对流行初期的认识往往是粗略的或不完全的，流行过程的早期与后期的重要性也极不同。例如，英国1967—1968年口蹄疫暴发初期只有2～3头病例，由空气传播引起了大规模流行，2001年暴发疫情时，初期传播发生在种羊交易市场，流行随后被立即终止。所以，在发现第一头动物感染后，就需要依据疫情的流行状态开始制作数学模型。

（三）灵敏度分析和验证

一旦模型构建起来，就需要对它的运行状况进行研究，主要包括两个方面。一方面是探究建模时各种假设的影响。例如，比较潜伏期与潜伏期动物变成感染动物比率的假设，或比较密度依赖或频率依赖传播假设。这些假设对模型的运行有很大影响，因此需要对假设进行尽可能细致的检测。另一方面是考察不同输入信息的影响：包括参数值、起始条件及外部变量。可利用灵敏度分析进行，最简单的运用灵敏度分析的方法是分别改变各输入值。传染病的动态特征很复杂，通过改变输入不同组合的信息来进行研究。可采取对特定因素进行直接设计，但当输入的信息量很大时，则难以操作。在这种情况下，可以选择利用Latin超立方（hypercube）取样法，该方法涉及的抽样是在没有概率分布情况下进行的，然后将模型的输出信息与输入信息的变化进行统计学比较，确定其中最显著的结果影响。实际上，许多情况下利用Latin超立方抽样来探究参数值或变量对不确定度方面的影响，该不确定度受数据的不完整、生物学的多样性两方面影响。对于任何病例，如果输入信息对结果有重大影响，都应进行细致的检验和监测。

流行病学模型的验证是通过将模型的输出信息与全套独立的数据进行比较，进而根据结果对模型进行改善来达到验证目的，即检验该模型的预期效果。每次流行都有它自身的特征和背景，所以将已经建立的一个流行病模型参数往往难以用于另一次流行病分析。但即便如此，有时也可利用相同的模型框架，以不同的环境背景构成部分进行验证。模型的验证存在两个问题：① 如何将模型和数据很好地结合。② 不能明确地证明模型只提供唯一结果，换言之，也许还有其他的模型，如作不同的假设和利用不同的参数，可能会更适合该套数据资料。

（四）模型适应性结果

在具体分析疫病时，应选用最适合的模型。目前许多研究都在试图使SLIR模型适用于口蹄疫流行病学分析，这些研究数据多来自英国1967—1968年、中国台湾1977年和英国2001年口蹄疫暴发时的信息，其目标只有一个，就是对β进行定量，即在牧场之间每头牲畜的传播率。但尚无一个在疫情模拟演示方面令人满意的模型，通过研究证实，在不引起β值改变的情况下，不能复制出流行病曲线。

在疫情流行过程中基本的传播数始终在变化，空间显性微型模拟模型很好地解决了该问题，这种模型对分析英国2001年口蹄疫暴发很实用。有学者运用SLIR模型评估了沙特阿拉伯奶牛场暴发口蹄疫的情况，这种模型比较适合分析牧场范围内的口蹄疫传播率，该模型很好地反映该地区五次不同暴发的早期指数（传染）状态，提供了每头动物的传播率（β值），但不同次疫情暴发时的β值几乎达到二级数量变化，这种变化也许是真实的，反映了各次暴发期间的不同状况。

四、数学模型的应用

（一）防控计划

口蹄疫防控计划通常包括某些或全部措施的组合，以及某些必要的强制措施。在模型里，理论上可行的防控措施远远超过实际使用的防控措施数量。数学模型可作为探究不同防控措施实施效果的工具。但是应用数学模型时往往会遇到这样的问题：不是所有的防控措施都可以很容易的定量表示，例如，通过增设生物安全措施来降低传播率，这两者之间的关系就没有相关的定量研究。利用数学模型有助于分析扑杀、预先剔除和采用多种方式的免疫接种，包括流行前的预防接种、流行期间的紧急接种等方法带来的影响。

从流行病学的前景看，防控计划的关键是控制传播。如预先剔除，对个别牧场显然是坏事，然而对整个养殖业也许是好事，可防止病毒从该牧场向外传播。免疫接种也可能对个别牧场是好事，但对其他畜群可能不受欢迎，因为其他畜群在没有病毒传播的情况下也采取了控制措施，产生了直接影响。运用数学模型可分析这类复杂的关系问题。

（二）移动限制

限制牲畜在牧场之间移动在控制流行病传播方面起着核心作用，主要包括牲畜移动的高度（总的传播率）和移动的形状（长距离传播）两个方面。从英国2001年暴发口蹄疫前后做的对比计算来看，实施移动禁令后使R0值从3降低到大约一半值。从这一变化可以看出移动限制对流行病蔓延具有巨大的影响作用。根据流行病学追踪研究中的分析结果显示：如果英国早两天强制执行牲畜移动的全国禁令，流行的总数规模将减少52%。

（三）扑杀

扑杀就是将牧场中经检测确定为感染的牲畜清除，提高感染牧场的清除比率，减少感染期。牧场与牧场之间传播的影响取决于随时间变化的感染率，即牧场内的感染动态。在理论上可能出现许多不同的感染动态。在英国2001年口蹄疫的流行中，大体上看来是线性的，即一半为感染期，一半为传播数量。这种牧场之间传播的相关关系的改变取决于被感染牲畜的最初数量、病毒量、感染如何传入、所涉及牲畜品种，以及没有纳入整个流行病学研究过程中但也起到作用的其他因素。目前有许多以扑杀方法为参数建立的模型，利用该模型可以推断出已感染牲畜的快速扑杀对于流行病控制的影响，因为在感染期间即使传播率相当小的降低也能导致流行最终规模的很大缩减。

（四）预先剔除

预先剔除有两种主要形式：一种是对经流行病学追踪确定为"危险点"的牧场进行定点清除，另一种是需围绕感染牧场进行的环形剔除。前者极少直接用于流行病学模型，它的作用粗略地近似于传播的减缓。而采取后一种处理措施时也存在一定的问题，即没有单独对"危险点"特性进行评估。

环形剔除有两种作用：清除已感染的牧场，作用大致同定点剔除危险触点，降低局地易感牧场被感染的可能性。因此有必要用已感染或未感染的剔除牧场来作为模型框架的一部分。假设存在足够强度的局地传播，那么在理论上环形剔除具有减缩流行规模，减少损失牲畜总数和降低经济损失的作用，该推断源自流行规模和净传播率之间的非线性关系，表明在传播感染之前剔除牲畜的损失较小。如果局地传播的强度改变，如牲畜密度发生改变，那么环形剔除也许不再是感染区域最理想的处理办法。

（五）疫苗接种

感染后的免疫有几种方式，包括在已感染牧场周围的环形接种、用于保护受威胁区建立保护屏障的疫苗接种、在一个区域出现口蹄疫后立即对整个群体的疫苗接种，以及对特定种类牲畜或牧场的定点疫苗接种。在建立疫苗接种的数学模型时，免疫中一些不明确的因素对模型产生较大影响，一是注苗后牲畜并不立即获得保护，一般要延后4~10d或更长时间；二是不是所有免疫动物都获得保护，即使用同源病毒株的疫苗也仅有70%~95%的保护；三是对已感染动物进行免疫几乎没有作用；四是疫苗接种提供的保护作用维持时间有限，也许只有6个月。应用疫苗接种策略的模型必须综合考虑以上这些复杂情况。

目前关于环形疫苗接种作用研究的模型较多，与环形剔除一样，环形疫苗接种更易于代表空间明确的模型，包括网络模型、空间点阵、不连续时间的子集模型、可区分的瞬间截止平衡模型和微型模拟模型。环形疫苗接种的效果可以通过疫苗效果模型、疫苗接种计划执行（如牲畜的注苗比例和注苗牧场）、局部地区传播的程度，以及总体传播率等涉及的相关参数值来进行评定。

疫苗接种的范围有多大、速度有多快是一个非常重要的问题。数学模型可以通过考虑疫情控制，流行时最低程度的损失（即疫苗接种花费与牲畜损失比），以及利用疫苗接种来获得比预先剔除更少的牲畜损失等因素来回答这一问题。环形疫苗接种也不一定优于预先剔除。假定5%～10%注苗动物未被保护，注苗动物延迟4d后才获得保护，就可能导致更大范围疫情发生。

利用数学模型研究抗传染病预防免疫方法是研究的热点之一。有多种可用的疫苗免疫策略，例如，在出生或母源免疫抗体消失后的疫苗接种、在其他年龄的接种、间隔一定时间的整个畜群的疫苗接种，以及针对高危个体或群体的疫苗接种等。预防疫苗接种不可能为整个畜群提供100%有效免疫力，免疫后易感动物的数量或密度降低到一个临界值以下，相当于R0<1，大的流行不可能发生（虽然小范围的暴发和传染链仍然可能存在）。疫苗免疫也不能形成一个地区的全覆盖，但仍然可以有效地防御大的流行。依据SLIR模型，要想使预防免疫接种起到保护作用的最低限度表示为（1−1/R0）。

口蹄疫预防疫苗接种的数学模型相对其他数学模型很少见。曾有人用简单的SLIR模型描述沙特阿拉伯注苗奶牛群的口蹄疫暴发情况，用该模型所得的结论来研究疫苗对预防大规模口蹄疫暴发的作用。有人用微型模拟模型分析预防疫苗接种对全国范围流行病的影响，结果表明，目前用疫苗为畜群提供的免疫力很有限，即畜群中被保护的部分太少，而且保护持续期太短。但对于R0不是很高的，尤其当目标是很易感的牧场，结合其他预防措施时，预防疫苗接种方式仍然是有效的。

（六）成本与收益

防控计划的最终目的不是将病例数降到最少，而是尽量缩短流行病的持续时间，使疫情带来经济损失降低到最小。但是，在实际防控过程中，疫情持续期的重要意义常常被忽视，因疫情持续期往往产生的是间接损失，不如直接损失那么直观，但往往间接损失远远大于直接损失。这些间接损失包括对出口市场的损失、对其他产业的负面影响等，如英国2001年，在旅游和其他产业的间接损失费用就超过了防控措施本身的费用。

迄今为止，人们很少将口蹄疫流行病学模型与经济模型联系在一起进行分析。荷兰2001年暴发口蹄疫时曾有人做了这种分析，其结论是疫苗免疫并没有表现出好的成本收益，预先铲除比环形疫苗接种更有效。

五、数学模型的未来

近年来流行病学模型研究得到了长足进展。计算机处理能力等技术方面的进展，使复杂的数学和统计学数据的处理变得越来越容易，参数计算和敏感性分析方法大大改善，最重要的进步是将流行病学模型与其他生物医学原理相结合，使流行病学模型更贴近实际，与数据的联系更加紧密。虽然流行病学模型还有许多有待完善的地方，但其仍然可以作为有用的科学工具。

随着计算机技术的不断发展和进步，未来流行病学模型很可能朝着几个关键性技术方向发展。随机性模型，尤其是微型模拟模型，可更好地把握流行过程中的变化，尤其在仅有少量动物被感染时，未来将成为兽医流行病学研究工作者的首选。对宿主之间，尤其在宿主间传播方面，基于HIV/AIDS模型建立的多相性模型将得到更多的关注。结合地理信息系统的多相性动态空间模型，可以提供更真实的空间状态。

未来可通过多层次模型结合单个种群、单个牧场以及流行过程中涉及的多个牧场的动态学变化来建立更真实的模型。数学模型改进后可用于兽医学其他领域。模型对口蹄疫等传染病流行病学的分析是对传统防控经验的有益补充，但不能完全取代传统的流行病学研究经验，模型的建立不仅需要数学、统计学和计算机领域的专业知识，还应与口蹄疫生物学和流行病学已有的研究成果协调一致。数学模型的应用必须考虑输入数据信息时发生的遗漏缺失等问题，保证输入信息的完整性，也必须对模型的输出信息进行监测。另外，基础数据的收集至关重要，往往在构建模型的过程会出现缺少当前数据的问题，需要在实验室或疫情现场进行实地研究来获取数据。这一切都要求数学模型制作者、具有不同背景的科学家，以及管理政策制定者之间进行有效的沟通。这也是数学模型成为一种兽医流行病学必要工具的先决条件。

（高凤山，张强）

参考文献

Alexandersen S, Zhang Z, Donaldson A I, et al. 2003. The pathogenesis and diagnosis of foot-and-mouth disease[J]. J Comp Pathol, 129(1): 1–36.

Anderson R M, Donnelly C A, Ferguson N M, et al. 1996. Transmission dynamics and epidemiology of BSE in British cattle[J]. Nature, 382(6594): 779–788.

Arambulo. 1977. A review of the natural history of foot and mouth disease[J]. Philippine Journal of Vet Med, 16: 128–165.

Aramis. 2004. Foot-and-Mouth Disease in Tropical Wildlife[J]. Ann. N.Y. Acad. Sci., 65–72.

Bachrach H L. 1968. Foot-and-mouth disease[J]. Annu Rev Microbiol, 22: 201–244.

Bartley L M, Donnelly C A, ANDERSON R M. 2002. Review of foot-and-mouth disease virus survival in animal excretions and on fomites[J]. Vet Rec, 151(22): 667－669.

Begon M, Bennett M, Bowers R G, et al. 2002. A clarification of transmission terms in host-microparasite models: numbers, densities and areas[J]. Epidemiol Infect, 129(1): 147－153.

Bergmann I E, De mello P A, Neitzert E, et al. 1993. Diagnosis of persistent aphthovirus infection and its differentiation from vaccination response in cattle by use of enzyme-linked immunoelectrotransfer blot analysis with bioengineered nonstructural viral antigens[J]. Am J Vet Res, 54(6): 825－831.

Blackwell J H. 1976. Survival of foot-and-mouth disease virus in cheese [J]. J Dairy Sci, 59(9): 1574－1579.

Blackwell J H. 1978. Persistence of foot-and-mouth disease virus in butter and butter oil[J]. J Dairy Res, 45(2): 283－285.

Blackwell J H, Hyde J L. 1976. Effect of heat on foot-and-mouth disease virus (FMDV) in the components of milk from FMDV-infected cows[J]. J Hyg (Lond), 77(1): 77－83.

Bouma A, Elbers A R, Dekker A, et al. 2003. The foot-and-mouth disease epidemic in The Netherlands in 2001[J]. Prev Vet Med, 57(3): 155－166.

Burrows R. 1966. Studies on the carrier state of cattle exposed to foot-and-mouth disease virus[J]. J Hyg (Lond), 64(1): 81－90.

Burrows R. 1968. The persistence of foot-and mouth disease virus in sheep[J]. J Hyg (Lond), 66(4): 633－640.

Condy J B, Hedger R S, Hamblin C, et al. 1985. The duration of the foot-and-mouth disease virus carrier state in African buffalo (i) in the individual animal and (ii) in a free-living herd [J]. Comp Immunol Microbiol Infect Dis, 8(3－4): 259－265.

Cottral G E. 1969. Persistence of foot-and-mouth disease virus in animals, their products and the environment[J]. Bull Off Int Epizoot, 70(3): 549－568.

Cottral G E, Gailiunas P. 1969. Urine pH changes in cattle infected with foot-and-mouth-disease virus[J]. Cornell Vet, 59(2): 249－258.

Cunliffe HR, Blackwell JH, Dors R E A 1979. Inactivation of milkborne foot-and-mouth disease virus at ultra-high temperatures[J]. Journal of Food Protection, 42: 125－137

Cunliffe HR, Jh. B. 1977. Survival of foot-and-mouth disease virus in casein and sodium caseinate produced from the milk of infected cows[J]. Journal of Food Protection, 40: 389－392.

Doel T R, Williams L, Barnett P V. 1994. Emergency vaccination against foot-and-mouth disease: rate of development of immunity and its implications for the carrier state[J]. Vaccine, 12(7): 592－600.

Domingo E, Escarmis C, Martinez M A, et al. 1992. Foot-and-mouth disease virus populations are quasispecies[J]. Curr Top Microbiol Immunol, 176: 33－47.

Donaldson A I. 1997. Risks of spreading foot and mouth disease through milk and dairy products[J]. Rev Sci Tech, 16(1): 117－124.

Donaldson A I, Alexandersen S. 2002. Predicting the spread of foot and mouth disease by airborne virus[J]. Rev Sci Tech, 21(3): 569–575.

Donaldson A I, Alexandersen S, Sorensen J H, et al. 2001. Relative risks of the uncontrollable (airborne) spread of FMD by different species[J]. Vet Rec, 148(19): 602–604.

Donaldson A I, Gibson C F, Oliver R, et al. 1987. Infection of cattle by airborne foot-and-mouth disease virus: minimal doses with O1 and SAT 2 strains[J]. Res Vet Sci, 43(3): 339–346.

Donn A, Martin L A, Donaldson A I. 1994. Improved detection of persistent foot-and-mouth disease infection in cattle by the polymerase chain reaction[J]. J Virol Methods, 49(2): 179–186.

Durand B, Mahul O. 1999. An extended state-transition model for foot-and-mouth disease epidemics in France[J]. Prev Vet Med, 47(1–2): 121–139.

Escarmis C, Toja M, Medina M, et al. 1992. Modifications of the 5′ untranslated region of foot-and-mouth disease virus after prolonged persistence in cell culture[J]. Virus Res, 26(2): 113–125.

Farez S, Morley R S. 1997. Potential animal health hazards of pork and pork products[J]. Rev Sci Tech, 16(1): 65–78.

Ferguson N M, Donnelly C A, Anderson R M. 2001a. The foot-and-mouth epidemic in Great Britain: pattern of spread and impact of interventions[J]. Science, 292(5519): 1155–1160.

Ferguson N M, Donnelly C A, Anderson R M. 2001b. Transmission intensity and impact of control policies on the foot and mouth epidemic in Great Britain[J]. Nature, 413(6855): 542–548.

Gametchu B, Morgan D O, Mckercher P D, et al. 1983. Immunogenicity of foot-and-mouth disease virus type O1 replicated in either monolayer or suspended BHK cell system [J]. Comp Immunol Microbiol Infect Dis, 6(1): 19–29.

Gebauer F, De la torre J C, Gomes I, et al. 1988. Rapid selection of genetic and antigenic variants of foot-and-mouth disease virus during persistence in cattle[J]. J Virol, 62(6): 2041–2049.

Gibbens J C, Sharpe C E, Wilesmith J W, et al. 2001. Descriptive epidemiology of the 2001 foot-and-mouth disease epidemic in Great Britain: the first five months[J]. Vet Rec, 149(24): 729–743.

Gibbens J C, Wilesmith J W. 2002. Temporal and geographical distribution of cases of foot-and-mouth disease during the early weeks of the 2001 epidemic in Great Britain[J]. Vet Rec, 151(14): 407–412.

Gregg D A, Mebus C A, Schlafer D H. 1995. African swine fever interference with foot-and-mouth disease infection and seroconversion in pigs[J]. J Vet Diagn Invest, 7(1): 31–43.

Haas B, Ahl R, Bohm R, et al. 1995. Inactivation of viruses in liquid manure[J]. Rev Sci Tech, 14(2): 435–445.

Haydon D T, Chase-topping M, Shaw D J, et al. 2003. The construction and analysis of epidemic trees with reference to the 2001 UK foot-and-mouth outbreak[J]. Proc Biol Sci, 270(1511): 121–127.

Haydon D T, Woolhouse M E, Kitching R P. 1997. An analysis of foot-and-mouth-disease epidemics in the UK[J]. IMA J Math Appl Med Biol, 14(1): 1–9.

Hedger R S. 1968. The isolation and characterization of foot-and-mouth disease virus from clinically normal herds of cattle in Botswana[J]. J Hyg (Lond), 66(1): 27–36.

Hedger R S. 1970. Observations on the carrier state and related antibody titres during an outbreak of foot-and-mouth disease [J]. J Hyg (Lond), 68(1): 53–60.

Hedger R S, Dawson P S. 1970. Foot-and-mouth disease virus in milk: an epidemiological study[J]. Vet Rec, 87(7): 186–188 passim.

Henderson R J. 1969. The outbreak of foot-and-mouth disease in Worcestershire. An epidemiological study: with special reference to spread of the disease by wind-carriage of the virus[J]. J Hyg (Lond), 67(1): 21–33.

Henderson W M, Brooksby J B. 1948. The survival of foot-and-mouth disease virus in meat and offal [J]. J Hyg (Lond), 46(4): 394–402.

Howard S C, Donnelly C A. 2000. The importance of immediate destruction in epidemics of foot and mouth disease[J]. Res Vet Sci, 69(2): 189–196.

Hughes G J, Kitching R P, Woolhouse M E. 2002a. Dose-dependent responses of sheep inoculated intranasally with a type O foot-and-mouth disease virus [J]. J Comp Pathol, 127(1): 22–29.

Hughes G J, Mioulet V, Kitching R P, et al. 2002b. Foot-and-mouth disease virus infection of sheep: implications for diagnosis and control[J]. Vet Rec, 150(23): 724–727.

Hutber A M, Kitching R P, Conway D A. 1998. Control of foot-and-mouth disease through vaccination and the isolation of infected animals[J]. Trop Anim Health Prod, 30(4): 217–227.

Hyde J L, Blackwell J H, Callis J J. 1975. Effect of pasteurization and evaporation on foot-and-mouth disease virus in whole milk from infected cows[J]. Can J Comp Med, 39(3): 305–309.

Hyslop N S. 1970. The epizootiology and epidemiology of foot and mouth disease[J]. Adv Vet Sci Comp Med, 14: 261–307.

Kao R R. 2001. Landscape fragmentation and foot-and-mouth disease transmission[J]. Vet Rec, 148(24): 746–747.

Kao R R. 2002. The role of mathematical modelling in the control of the 2001 FMD epidemic in the UK[J]. Trends Microbiol, 10(6): 279–286.

Keeling M J, Grenfell B T. 2002. Understanding the persistence of measles: reconciling theory, simulation and observation[J]. Proc Biol Sci, 269(1489): 335–343.

Keeling M J, Woolhouse M E, May R M, et al. 2003. Modelling vaccination strategies against foot-and-mouth disease[J]. Nature, 421(6919): 136–142.

Keeling M J, Woolhouse M E, Shaw D J, et al. 2001. Dynamics of the 2001 UK foot and mouth epidemic: stochastic dispersal in a heterogeneous landscape[J]. Science, 294(5543): 813–817.

Macdiarmid S C, Thompson E J. 1997. The potential risks to animal health from imported sheep and goat meat [J]. Rev Sci Tech, 16(1): 45–56.

Marquardt O, Straub O C, Ahl R, et al. 1995. Detection of foot-and-mouth disease virus in nasal swabs of asymptomatic cattle by RT-PCR within 24 hours [J]. J Virol Methods, 53(2–3): 255–261.

Matsumoto M, Mckercher P D, Nusbaum K E. 1978. Secretory antibody responses in cattle infected with foot-and-mouth disease virus [J]. Am J Vet Res, 39(7): 1081–1087.

Matthews L, Coen P G, Foster J D, et al. 2001. Population dynamics of a scrapie outbreak[J]. Arch Virol, 146(6): 1173–1186.

Mccoll K A, Westbury H A, Kitching R P, et al. 1995. The persistence of foot-and-mouth disease virus on wool [J]. Aust Vet J, 72(8): 286–292.

Mckercher P D, Morgan D O, Mcvicar J W, et al. 1980. Thermal processing to inactivate viruses in meat products[J]. Proc Annu Meet U S Anim Health Assoc, 84: 320–328.

Mcvicar J W, Sutmoller P. 1968. Sheep and goats as foot-and-mouth disease carriers[J]. Proc Annu Meet U S Anim Health Assoc, 72: 400–406.

Mcvicar J W, Sutmoller P. 1969. The epizootiological importance of foot-and-mouth disease carriers. II. The carrier status of cattle exposed to foot-and-mouth disease following vaccination with an oil adjuvant inactivated virus vaccine[J]. Arch GesamteVirusforsch, 26(3): 217–224.

Mcvicar J W, Sutmoller P. 1976. Growth of foot-and-mouth disease virus in the upper respiratory tract of non-immunized, vaccinated, and recovered cattle after intranasal inoculation[J]. J Hyg (Lond), 76(3): 467–481.

Muller J, Schonfisch B, Kirkilionis M. 2000. Ring vaccination[J]. J Math Biol, 41(2): 143–171.

Panina G F, Civardi A, Massirio I, et al. 1989. Survival of foot-and-mouth disease virus in sausage meat products (Italian salami) [J]. Int J Food Microbiol, 8(2): 141–148.

Salt J S. 1993. The carrier state in foot and mouth disease--an immunological review. Br Vet J [J], 149(3): 207–223.

Samuel A R, Knowles N J. 2001. Foot-and-mouth disease virus: cause of the recent crisis for the UK livestock industry[J]. Trends Genet, 17(8): 421–424.

Sanz-parra A, Sobrino F, Ley V. 1998. Infection with foot-and-mouth disease virus results in a rapid reduction of MHC class I surface expression[J]. J Gen Virol, 79 (Pt 3): 433–436.

Schoening H W. 1949. Foot-and-mouth disease; a hazard to the world's food supply. Sci Mon [J], 69(4): 211–215.

Sellers R F. 1969. Inactivation of foot-and-mouth disease virus in milk[J]. Br Vet J, 125(4): 163–168.

Sellers R F, Herniman K A, Gumm I D. 1977. The airborne dispersal of foot-and-mouth disease virus from vaccinated and recovered pigs, cattle and sheep after exposure to infection[J]. Res Vet Sci, 23(1): 70–75.

Sorensen J H, Mackay D K, Jensen C O, et al. 2000. An integrated model to predict the atmospheric spread of foot-and-mouth disease virus[J]. Epidemiol Infect, 124(3): 577–590.

Stegeman A, Elbers A R, Smak J, et al. 1999. Quantification of the transmission of classical swine fever virus between herds during the 1997–1998 epidemic in The Netherlands[J]. Prev Vet Med, 42(3–4): 219–234.

Sutmoller P, Mcvicar J W, Cottral G E. 1968. The epizootiological importance of foot-and-mouth disease carriers. I. Experimentally produced foot-and-mouth disease carriers in susceptible and immune cattle[J]. Arch GesamteVirusforsch, 23(3): 227–235.

Tinline R. 1970. Lee wave hypothesis for the initial pattern of spread during the 1967–68 foot and mouth epizootic[J]. Nature, 227(5260): 860–862.

Tomasula P M, Konstance R P. 2004. The survival of foot-and-mouth disease virus in raw and pasteurized milk and milk products[J]. J Dairy Sci, 87(4): 1115–1121.

Van bekkum J G, Straver P J, Bool P H, et al. 1966. Further information on the persistence of infective foot-and-mouth disease virus in cattle exposed to virulent virus strains[J]. Bull Off Int Epizoot, 65(11): 1949–1965.

Watts D J, Strogatz S H. 1998. Collective dynamics of 'small-world' networks[J]. Nature, 393(6684): 440–442.

White L J, Medley G F. 1998. Microparasite population dynamics and continuous immunity[J]. Proc Biol Sci, 265(1409): 1977–1983.

Woolhouse M, Chase-topping M, Haydon D, et al. 2001. Epidemiology. Foot-and-mouth disease under control in the UK [J]. Nature, 411(6835): 258–259.

Woolhouse M E, Hasibeder G, Chandiwana S K. 1996. On estimating the basic reproduction number for Schistosoma haematobium [J]. Trop Med Int Health, 1(4): 456–463.

Woolhouse M E, Haydon D T, Bundy D A. 1997. The design of veterinary vaccination programmes[J]. Vet J, 153(1): 41–47.

Woolhouse M E, Haydon D T, Pearson A, et al. 1996. Failure of vaccination to prevent outbreaks of foot-and-mouth disease[J]. Epidemiol Infect, 116(3): 363–371.

Zhang Z, Kitching P. 2000. A sensitive method for the detection of foot and mouth disease virus by in situ hybridisation using biotin-labelled oligodeoxynucleotides and tyramide signal amplification[J]. J Virol Methods, 88(2): 187–192.

Zhang Z D, Kitching R P. 2001. The localization of persistent foot and mouth disease virus in the epithelial cells of the soft palate and pharynx[J]. J Comp Pathol, 124(2–3): 89–94.

第五章

口蹄疫分子流行病学

　　分子流行病学是分子生物学技术应用到流行病学研究中形成的一门新兴学科，结合分子生物学、流行病学和群体遗传学等学科而形成。通过测量病原相关的生物学标志来研究其基因组或蛋白分子结构、生态分布、流行规律，以期在基因或蛋白分子水平上阐明疫病或疾病的病原或病因及其致病机制。

　　20世纪后半叶，随着分子生物学技术的发展，传统流行病学不断吸收和利用分子生物学的新理论、新技术和新方法，并逐渐衍生出一个新的分支—分子流行病学。早期的口蹄疫分子流行病学研究主要是采用血清学方法（如单抗）和生化方法（如凝胶电泳技术、T1寡核苷酸酶切图谱技术等）来鉴别疫情毒株的抗原差异。后来，随着RT-PCR、基因测序、非结构蛋白抗体检测，以及生物信息学等技术的发展和应用，研究内容得以大大拓展和深入，并在口蹄疫病毒抗原变异、遗传衍化、疫源追踪、传播路径分析以及监测预警研究等方面取得了重要进展。人们可以通过毒株间遗传进化关系跟踪全球口蹄疫的流行，阐明各谱系毒株的遗传特征，分析流行毒株的抗原变异，为科学防控提供理论依据。本章将就国内外口蹄疫分子流行病学研究的相关进展及所采用的主要方法做简要介绍。

第一节 主要研究内容和方法

口蹄疫分子流行病学的核心内容是研究毒株间的亲缘关系，鉴定流行毒株与疫苗毒株之间的抗原差异，目的是分析疫源及传播路径，评价田间野毒的流行潜力，为疫情监测预警提供科学依据。同样，所采用的方法不管是分析病毒蛋白分子（如SDS-PAGE、IEF法），还是分析核酸分子（如RNaseT1图谱法、基因测序），都是为了鉴别不同毒株间的差异，比较它们的亲缘关系，旨在调查疫源。

一、发展历程

早期，人们一直试图采用各种血清学方法鉴别引起口蹄疫暴发的不同毒株。后来的研究表明，即便是在同一血清型的不同毒株之间，也往往存在差异显著的抗原变异，因此必须通过研究毒株抗原特性才能明确流行毒株与疫苗毒株间的差别。然而，利用抗原关系来推导遗传关系，有时可能导致对疫源的错误判断，为了解决这个问题，一些新的分析方法被开发出来以用于抗原性和遗传关系的研究。

起初是一些生化试验方法被用来区分口蹄疫病毒株，如利用SDS-聚丙烯酰胺凝胶电泳（SDS-polyacrylamide gel electrophoresis，SDS-PAGE）和等电点聚焦（IEF），依据蛋白大小和电荷来研究病毒衣壳蛋白的迁移情况。但是，这些技术要求被测毒株和参考毒株须在同一块凝胶上电泳，难以维持稳定的电泳条件，再加上较小的基因变化可能导致毒株的遗传相关蛋白迁移率的较大变化，结果与实际情况的相关性并不是很好，此类方法仅能区分多肽差异较大的毒株，而不能区分差异较小的病毒。

20世纪70年代，基于双向电泳技术的核糖核酸酶T1寡核苷酸图谱（ribonuclease T1 oligonucleotide mapping）生化分析法建立并被广泛用于RNA序列的分析。1977年，Harris和Brown等率先将此技术应用于口蹄疫病毒强弱毒株差异分析。中国徐春河等人于1980年开始，利用该技术对中国O型口蹄疫流行毒株进行了系统分析，并比较了流行毒株与商用疫苗毒株的抗原差异，根据T1图谱将中国毒株划分为10组，首次建立了中国口蹄疫病毒的T1图文库，该研究为当时中国口蹄疫流行病学研究和免疫预防及控制提供了理论依据。然而，该方法是利用双向电泳来检测被T1酶消化的病毒RNA所产生的核酸片段，这一技术的局限性在于鉴别敏感性受限于T1消化酶酶切位点的数量和位置，不能用于差异较大的毒株间的比较，并且以电泳图谱的比较来分析结果，客观性不好，同时只能粗略分析口蹄疫病毒全基因组中5%～10%的基因区段。

在20世纪70—80年代，一些免疫学方法被建立用来鉴定口蹄疫病毒分离株。20世纪80年代后期，人们开始利用核酸序列这一生物标志来阐明流行病学状况。经常采用的方法是碱基特异化学裂解法或脱氧链终止法。将从分离病毒中提取到的短RNA链，直接进行序列测定，所获核酸序列，与EMBL或GENBANK数据库中收录的参考毒株序列进行比较，既可计算不同毒株间核酸序列的同源百分比，又能看到局部细微的差异，以此鉴定口蹄疫田间分离株间的分子差异，评估不同时期、地区流行毒株之间的遗传关系，并指导疫苗株的筛选。从此开创了口蹄疫分子流行病学研究的新局面。但这一技术方法可分析的基因范围有限，效率不够高。

20世纪90年代，聚合酶链式反应（PCR）技术的出现，大大提升了基因测序技术的灵敏度和精准度，使这一技术的实用性更强。以口蹄疫病毒不同基因区段乃至全基因组为扩增靶标的RT-PCR方法的发展和应用，使不同毒株间差异鉴定和遗传关系的深度分析成为现实，借助计算机和生物软件比对分析基因组核苷酸序列，可将毒株差异在单个核苷酸水平上精准到点对点。在比较病毒株核酸序列相似性的基础上，构建系统发生树（phylogenetic tree），直观地反映病毒株间的遗传关系和共同祖先趋异进化分布。至此，口蹄疫分子流行病学研究进入了一个全新的阶段。

二、系统发育分析

在确保用于毒株差异分析的基因片段长度足够的前提下，首先，选择合适的靶标基因区段是高效、快速和准确分析口蹄疫病毒遗传关系的第一步；其次，必须依赖科学合理的数据统计方法和专门的生物信息学软件，并需借助计算机强大的数据处理能力。依据计算得到的不同毒株间核苷酸序列的同源百分比绘制遗传系统发生树来直观地反映毒株间的遗传亲缘关系。

（一）参照基因的选择

口蹄疫病毒与其他微RNA病毒类似，同样具有高度变异的特性。已有的研究表明，不同分离株之间，甚至同一毒株不同代次之间均存在明显的核苷酸差异突变，然而，这种突变在口蹄疫病毒整个基因组中的分布却是不均匀的。Carrillo等曾对分离自全世界的133株口蹄疫病毒的全基因组序列进行过比对分析，结果发现相对于5′端和3′端非编码区，以及非结构蛋白编码区，口蹄疫病毒的结构蛋白P1编码区核酸序列更容易发生突变，而且某些核苷酸位点的突变往往造成氨基酸改变，进而引起病毒的抗原性发生变异，其中VP1的变异程度和频率最高。而非编码区和非结构蛋白编码区既相对稳定，又是容易发生基因交换重组的区域，也就是说不同血清型的毒株间在非编码区或非结构蛋白编码区上的相似程度有可能明显高于同一血清型毒株间在这一区域的相似程度。这种遗传的保守性和变异的跳跃性不适宜作为毒株遗传关系评估的参照靶标。

由于结构蛋白VP1作为口蹄疫病毒最主要抗原蛋白，易受宿主环境的免疫压力而发生变异，因此利用PCR扩增和测定其易变区域或完整基因区段的核苷酸序列，比较其同源性，不仅能确定毒株间遗传相似性，也能间接反映血清学方法无法测定的微细差别。从理论和实践应用角度来说，以VP1基因为参照靶标更适用于口蹄疫分子流行病学研究，VP1基因的遗传变异基本上可反映口蹄疫病毒的遗传衍化关系。目前，国内外多采用VP1基因的469~639nt区段或完整基因作为遗传关系分析的参照靶标。

（二）系统发生树的构建

系统发育分析（phylogenetic analysis）是考察基因的核苷酸突变、插入和缺失差异，统计测算变量间的相似分数值，用来确定基因之间的相关性，反映同一祖先趋异进化的结果。分析过程可分为序列比对、建立替代模型、绘制进化树及进化树评估4个主要步骤，整个过程均需计算机软件完成，其分析结果通常以图形表示，也称为系统发生树（phylogenetic tree或dendrogram）。毒株间的进化距离可以用水平方向的标注尺寸表示，也可以用线段的长度区别（如无根树）。

大多数人在构建口蹄疫病毒系统发生树时使用的方法：先将VP1部分或完整的编码序列配对比较，然后根据序列关系，采用相邻（neighbour-joining）或不加权配对组平均数（unweighted pair group meanaverage，UPGMA）计算法构建二进制树形网络。这些方法已被整合在PHYLIP 3.5C和MEGA4.1系统进化树分析软件包中。进化树绘制常使用TreeViewV1.6.6这一分析软件。除了用于系统进化分析的方法，还有用于基因重组分析的SimPlot的方法。

至21世纪初，世界口蹄疫参考实验室已搜集和整理了全球各地测定的口蹄疫病毒7个血清型的近1 500个病毒株的VP1基因序列，完成了系统发育分析，绘制了系统发生树，该树显示每个型的病毒都集中为一簇，且各型内的不同病毒株又进一步细分为不同的谱系分支。

（三）基因型（或拓扑型）划分

研究发现，不同血清型病毒的VP1基因序列差异为30%～50%。目前，普遍采用划分基因型的办法来对同一血清型毒株间的遗传关系进行界定：将同源性大于85%的病毒划分为同一基因型，大于90%的划分为同一基因亚型或谱系（lineage），大于95%的划分为遗传关系高度密切的同一基因亚型。通过这种划分原则可以从绘制的口蹄疫病毒系统发育树上来判断不同时期或同一时期流行毒株间的进化关系，即是趋同进化还是趋异进化，以预测流行毒株的进化趋向。

分子流行病学调查发现，不同血清型口蹄疫病毒在世界各地的流行情况不尽相同，且对同一血清型进一步划分形成的基因型呈现出明显的遗传关联和地域性分布的特征—即拓扑型（topotype），也称为遗传和区域进化谱系。如按照VP1核苷酸序列相差15%的标准，将O型口蹄疫病毒共分为8个拓扑型毒株，类似的拓扑分型方法也应用在A型、C型和Asia1型的研究上，并取得了一定进展。此外，由于SAT血清型要比其他血清型毒株的VP1基因序列变异程度高，因此将其核苷酸序列分型相似性差异标准提升到20%。

三、疫源追踪

1948年，Moosbrugger首次提出口蹄疫疫苗抗原灭活不彻底的危险性，得到了许多学者的认同，但在当时并没有引起足够的重视，也无法从分子水平证明其与疫情暴发之间的密切相关，直到1981年King等的研究才证实了这个提法。已有的分子流行病学研究表明，除了Asia1型和SAT型迄今尚未发现由疫苗引起的疫情流行外，O、A及C型均发生过因使用灭活不彻底的疫苗而引发口蹄疫流行的报道。同样，应用分子流行病学技术进行病毒逃逸疫源及传播路线追踪的成功案例也举不胜举。

1987年，Beck等对20世纪70—80年代欧洲O型FMD的暴发进行了回顾性研究，结果提示，此次欧洲O型口蹄疫的暴发与当时使用的疫苗毒株O_1在序列上高度同源，疫苗毒株是口蹄疫暴发的疫源，随后许多研究结果证实了这一结论。2001年，Konig等通过序列比对分析发现1977、1994年阿根廷O型口蹄疫暴发毒株与当时南美使用的疫苗毒株（O_1/Campos/Brazil/58、O_1/Caseros/Argentina/67）在序列上高度同源。1986年，从印度分离的3株A型毒株与欧洲使用的疫苗毒株派生株的关系十分密切，属于同一个毒株。20世纪60—90年代引起阿根廷C型口蹄疫暴发的毒株序列与使用的疫苗毒株关系密切。20世纪80年代意大利和德国发生的A型口蹄疫与欧洲使用的A5疫苗毒株有关。1991—

1992年，Martinez等对南美洲地区几乎所有C型口蹄疫病毒VP1序列进行了分析，结果显示1975年和1994年阿根廷暴发的C型口蹄疫与使用的疫苗毒株C₃/Indaial/Argentina/71高度同源。

2007年，发生在英国伦敦西南郊萨里郡数个农场暴发的口蹄疫疫情，采用基于全基因组高通量测序技术进行的毒株差异深度分析方法，勾画出了多个发病农场（疫点）之间疫情传播的时空顺序和路线，证实疫源很可能来自距离最早发病农场以东大约6km处的英国动物卫生研究所（Pirbright实验室）和美国Merial制药公司。

四、疫情监测和预警

随着相关检测、评价技术的进步，口蹄疫分子流行病学的历史使命已逐渐从过去多在追溯疫源的回顾调查阶段向更具现实意义的防患于未然的预警监测阶段转变。在此过程中，其研究内容不断得到了丰富和发展，疫情监测和预警技术体系已逐步建立。

（一）流行毒株与疫苗毒株抗原关系分析

疫苗是否具有良好的免疫效果，关键取决于疫苗毒株与当前优势流行毒株的抗原匹配程度。因此，国内外均把疫苗毒株与流行毒株之间的抗原关系（用r值表示）作为筛选口蹄疫疫苗种毒的主要技术参数之一。

目前，国际上普遍采用细胞中和试验或ELISA方法计算r值，以此反映毒株间的抗原关系。r值越接近1，毒株间抗原关系越靠近；反之，抗原关系疏远，毒株差异较大。r值是一个单向关系值，反映了一个毒株的抗血清对另一个毒株抗原的交叉反应程度。

按照OIE标准，用细胞中和试验测定，当r>0.3时，该候选疫苗株适用于制造疫苗，当r<0.3时，该候选疫苗株不适用于制造疫苗；用ELISA方法测定时，当r>0.4时，该候选疫苗株适用于制造疫苗，当0.2<r<0.4时，疫苗毒也可用于制造疫苗，但需要注意质量，当r<0.2时，疫苗毒不适用于制造疫苗。

（二）病毒致病力和感染性测定

1. 致病力测定　口蹄疫病毒的致病力是反映病毒导致特定动物宿主产生临床病症的能力。通常，在自然感染的情况下，大多数毒株均具有程度不一的宿主致病偏嗜性，表现为多感染牛、羊或者猪，然而，某些毒株在感染家畜时往往表现出极其严格的宿主嗜性。在此情况下，针对一个新的田间分离株，开展其致病性研究，了解其对家畜宿主的易感性，有助于评判该毒株在某一地区流行的风险，用于防控措施制定的参考依据。一般通过动物人工攻毒试验和同居动物感染试验来评估口蹄疫病毒的致病性。具体评估指标包括最小发病剂量、发病速度、临床病症程度（如以产生继发性病变的蹄数表示）和康复带毒时间等。

2. 感染性　感染性是反映病毒进入宿主并在其内增殖的能力，通常以病毒效价（滴度）的方式表示。常规的测定方法是细胞中和试验，根据细胞半数感染量（$TCID_{50}$）来反映被测病毒样品的含毒量。由于乳鼠对口蹄疫病毒极为敏感，在无条件进行细胞中和试验的情况下，也可用乳鼠中和试验替代，计算乳鼠半数致死量（LD_{50}）。该试验结果可靠，但缺点是乳鼠常被母鼠吃掉，用时也较长，现在较少使用。也有人采用实时定量PCR方法来测定被检病毒液中的病毒核酸含量，间接反映被检样品中的含毒量。

（三）动物群体免疫状况评价

家畜动物群体的免疫状况对疫情发生的风险影响极大。现在多采用液相阻断ELISA（LPB-ELISA）测定免疫动物血清中的中和抗体效价，用于反映疫苗的免疫效力和动物群体的免疫状况。前提是明确了LPB-ELISA滴度与攻毒保护的相关性。采用LPB-ELISA方法将动物群体的免疫状况分为如下3种情况：① 抗感染状态，抗体滴度≥99%保护率；② 可感染状态，35%保护率≤抗体滴度＜90%保护率；③ 易感状态，抗体滴度≤25%保护率。对免疫个体而言，抗体滴度≥95%保护率时，即可认为合格。对免疫动物群体而言，有85%的动物抗体滴度≥95%即可认为免疫合格。

（四）隐性感染和持续带毒监测

免疫接种是控制口蹄疫的主要措施之一，但由于口蹄疫病毒固有的特性，目前国内外的疫苗只能保护免疫动物不发病，但不能防止病毒再次发生感染。在疫区的免疫动物群中，有一定数量的动物因自然感染而成为病毒携带者，这些动物有可能短期排毒，形成持续性感染的病毒可在牛、羊体内长期存在。这些隐性感染动物不但可能引发新的疫情，还为病毒变异产生新毒株提供了环境。因此，开展隐性感染和持续带毒动物的检测是口蹄疫疫情监测和预警的重要内容之一。

由于疫苗中一般没有口蹄疫病毒的非结构蛋白成分，因此可把非结构蛋白抗体作为判断隐性感染与否的生物分子标识。目前一致认为，检测出非结构蛋白3AB和3ABC的抗体是鉴别口蹄疫感染与免疫的最可靠的指标。现在，国外已有许多实验室建立了检测3AB和3ABC抗体的方法，中国也建立了NSP-3ABC-I-ELISA方法，研制的诊断试剂盒获得了国家新兽药注册证书。

目前，隐性感染或带毒畜的监测做法是：先通过检测口蹄疫病毒的非结构蛋白抗体对动物群体中的隐性感染或带毒畜进行初筛，然后采集牛羊咽喉部黏液或猪下颌淋巴结样品进行病原分子检测以确诊。

五、展望

口蹄疫病毒分子流行病学发展到今天仍存在诸多问题亟待解决。主要问题之一是检测技术快速、简便、标准化和自动化不足的问题，其次是疫情风险监测和预警技术严重滞后的问题。我们坚信，随着分子生物学技术的进一步发展，尤其是和数学统计、生物信息等学科的结合，将大大推进口蹄疫病毒分子流行病学在疫情实时监测预警方面的研究。

（尚佑军）

第二节　病毒分子进化

采用系统发育树考察基因核苷酸突变、插入/缺失和遗传重组研究口蹄疫病毒的分子进化规律，确定病毒是趋同进化还是趋异进化，已经成为了口蹄疫病毒分子流行病学研究的重要内容之一。近年来，随着分子生物学及基因工程技术的发展，PCR扩增、高通量基因测序及生物信息学等技术的广泛应用，使得口蹄疫病毒分子进化的研究方法更简便、快捷，成本大大降低，从而推动和丰富了口蹄疫病毒分子进化的研究。

一、5′-非编码区（5′-UTR）

5′-UTR在病毒复制中发挥十分重要的作用，其全长约为1 300 nt，多序列比对结果显示，S和L片段属于高变区，其核苷酸突变率分别为12%和33%。两两序列比对结果显示，其同源性高达80%～85%，高度保守，5′-UTR区高度保守可能与其功能密切相关。而L片段在513、558、615、684、696和1 144等核苷酸位点处具有较高的替换率（>10%）。

序列分析发现SAT型毒株的S片段平均长度为322nt，而欧亚型（O、A、C和Asia1型）则为373nt。SATs血清型的S片段核苷酸的大多数在120～160 nt和200～300nt区段插入/缺失1～3个核苷酸，其中38、39、67、95、250、350、366和375的位点插入/缺失是SATs型特有的突变。O型S片段插入/缺失1～5nt，但C/Waldman strain 149，A Canefa 1/61和A_{25} Argentina/59则例外，其在153～228区段缺失了76nt。与SAT型相比，O、A和C型病毒的突变位点则显得更为广泛，在S片段的任何位点都可能发生。总体上来说，除了启动基因组扩增的序列外，整个基因保守核苷酸只有19个。不同血清型的一些毒株之间S片段核苷酸具有很高的同源性，如C/Waldma/149和A_{12}/Valle/119的同源性为98%，这有可能是病毒进化过程中不同血清型毒株间发生了同源重组。同毒株L片段的核苷酸数量并不一致（604～751nt），但是其发生插入/缺失突变的位点是相同的，绝大部分的插入/缺失发生在418～478nt、427～487nt、460～502nt和554～591nt。除了Asia1型外，在其他几个血清型的毒株均发现了缺失突变，如A_5/Westerwald/51毒株的插入/缺失突变发生在427～443nt区段，而该毒株在poly（C）下游的第28位核苷酸位点处插入了18nt，属于毒株特异性突变。氨基酸序列比对发现，L^{pro}编码区的N–端和C–端氨基酸的替换可能和病毒与宿主的相互作用有关。尽管Asia 1型毒株的L片段没有发现插入缺失突变，但其增加了一个起始密码子（AUG），研究发现增加的密码子并没有影响L片段的功能，属于可接受的突变。除了L基因发生点突变实现其进化外，病毒也通过L^{pro}基因重组进化，如A/IND 20/82毒株的L基因是A/IND 16/82和A/IND 54/79重组的结果，即A/IND 20/82毒株的L基因的1～265nt和450～651nt与A/IND 16/82同源，而266～449nt与A/IND 54/79同源。

假结节区域属于高变区，在前200nt区域任何位点处的插入/缺失对病毒来说都是可以容忍的，并不影响病毒的进化及其表型。

IRES大概处于病毒非结构蛋白的640～1 151nt区域，序列比对结果显示，IRES基因的核苷酸的同源性为70%～100%，其中保守核苷酸占47%，另外，一些具有重要生物学功能结构域内的核苷酸也高度保守。在IRES和第一个起始密码子AUG之间的22nt具有极高的突变率，这也许是病毒更倾向于利用第二个密码子的原因。

二、多聚蛋白编码区

全基因组序列比对分析显示，口蹄疫病毒不同血清型多聚蛋白编码区保守核苷酸约占46%，序列同源性约为73%，核苷酸的平均转换/颠换率（transition/transversion ratio）为2.4，同义突变/错义突变率（synonymous/nonsynonymous）为2.1。整个编码蛋白区核苷酸的突变率明显高于氨基酸的突变，大多数突变为沉默突变（silent mutation）。结构蛋白编码区的核苷酸突变率明显高于非结构蛋白区，发生错义突变（missense mutation）的概率也相对较大，尤以主要抗原蛋白VP1最为典型，其主要抗原表位区的错义突变会导致病毒逃逸免疫应答反应，进化为新的遗传谱系和抗原谱系。而VP2、VP3和VP4三种结构蛋白则相对保守。与结构蛋白高度突变不同是，整个非结构蛋白编码区尽管也发生较高频率的核苷酸的突变，但绝大多数的突变则为沉默突变，发生错义突变的概率相对较低，为高度保守区。研究发现，插入/缺失在口蹄疫病毒基因组中时常发生，这可能与病毒逃逸免疫压力，适应新环境和宿主有关。如1999年中国台湾地区流行的猪O型口蹄疫病毒的3A基因缺失了10个氨基酸，发现其对猪是强毒，而对牛为弱毒。尽管在VP1基因的C–端也常常发生1～2个氨基酸的缺失，但这种缺失并没有影响对病毒血清型及其亚型的鉴定，属于可接受的缺失。与上述突变不同的是，遗传重组很少发生在P1结构蛋白区域，大多数重组发生在病毒基因组的非结构蛋白区。也有研究报道，病毒的P1基因会发生遗传重组，认为这可能与病毒逃避免疫应答有关。如A型IND/170/88毒株的P1区是由同一谱系的2个不同基因型的毒株杂交而成的新毒株，其VP1、VP4、VP2的5′端和VP3的3′端来自Ⅵ基因型，而VP2的3′端和VP3的5′端来自Ⅶ基因型。A/RAJ 21/96毒株的VP1是由A/IVRI和A/TNAn 60/94重组获得的新毒株。与结构蛋白相比，非结构蛋白区的重组更为广泛，大多为不同血清型病毒或不同谱系毒株之间基因的直接替换遗传重组。口蹄疫病毒基因分子水平进化上的差异可能与免疫压力、环境因素及宿主嗜性等有关。

三、结构蛋白编码区（P1）

口蹄疫结构蛋白不仅参与病毒颗粒的组装，保证病毒粒子的稳定，参与病毒对宿主细胞的识别，决定病毒的血清学特异性，而且参与病毒感染与免疫应答。因此，结构蛋白受到的选择性压力更大，导致该区域内突变频率更高，进化速度较快，发生错义突变的概率更高，主要发生在病毒VP1蛋白编码区。与病毒其他蛋白编码区相比，VP1基因中保守核苷酸所占的比例最低，约为21%；发生突变的概率更高，统计学估算结果显示，VP1基因核苷酸的转换/颠换率为1.55，同义替换/错义替换率为1.03。

1A（VP4）蛋白主要包裹在病毒衣壳蛋白的内部，其核苷酸序列最保守，大多数核苷酸的突变属于沉默突变，序列分析发现81%的氨基酸高度保守，包括N–端的十四烷基位点和T细胞表位（20～40aa）。O、A和C型毒株该区域内的突变并没有病毒的血清型特征。但SAT病毒VP4编码区的73～80aa具有明显的血清型特异性，即所有SATs型VP4编码区的第73位氨基酸为Q，SAT2和SAT3的第76位氨基酸为I，SAT1型的第80位氨基酸为V，对这种进化上的特异性的分子机理目前还不清楚。

1B（VP2）编码蛋白基因序列分析发现，所有7个血清型病毒的N-端90个氨基酸和3个T细胞表位（48～68aa，114～132aa和179～187aa）为保守区域，但3个T细胞表位的N-端区域容易发生变异，而C-端70～100nt区域，以及一些可能与VP1主要抗原表位比邻的氨基酸则高度易变，可能与宿主免疫压力有关。

1C（VP3）蛋白编码区是口蹄疫病毒主要的构象抗原表位区域，也是核苷酸序列高变区，该区域内发生的突变大多为有义突变，导致氨基酸出现了较高频率的突变，编码区仅有39%氨基酸属于保守氨基酸。突变主要发生在55～88aa、130～140aa、176～186aa和196～208aa，而55～88aa和130～140aa区段的突变主要为氨基酸的插入/缺失。与O、A、C和Asia1型的1B/1C酶切位点的高度保守不同，SATs的该酶切位点则更容易发生突变。

1D（VP1）作为病毒吸附、进入细胞，决定血清型的主要抗原蛋白。其遗传变异决定病毒的进化速率及生存能力，是口蹄疫病毒基因组中突变率最高的结构蛋白，其核苷酸的突变主要发生在基因的C-端的300个核苷酸区域，用VP1全基因组或C-端核苷酸序列可以对病毒进行遗传进化分析，并绘制系统发育树，分析病毒进化率及其流行情况。Kitson等（1990）对Pirbright实验室7个血清型的口蹄疫病毒近1 500个病毒株的VP1基因序列分析结果显示，每个血清型的病毒都集中为一簇，进一步可将各个型的病毒株分为不同的基因型。从现有的认知水平来看，口蹄疫病毒VP1基因遗传衍化关系基本上代表了口蹄疫病毒的进化关系。分析发现，7个不同血清型之间VP1核苷酸序列的差异为30%～50%，血清型内毒株间差异性也存在较大的差异，Asia1型毒株间的差异性较小，为15.6%，南非拓扑型毒株间的差异性则超过20%。尽管每个血清型内毒株间差异较大，但迄今还没有发现超出血清型限制的毒株，而是进化为血清型内新的基因亚群。

根据VP1基因进化上的趋同性或差异性，可以对每个血清型的病毒进行进化分析，绘制系统发育树，即根据地域特征将O型划分为8个拓扑型，从基因水平上划分为7个基因型，这两种方法虽然划分进化的依据不同，但得出的结果基本一致。与O型口蹄疫病毒相比，其他型口蹄疫病毒的拓扑型进化相对简单。根据地域特征将C型划分为单一拓扑型，称之为欧洲-南美型；但根据基因水平进化，C型口蹄疫病毒可以划分为7个基因型。A型病毒株进化为具有明显地域特点的3个拓扑型，即欧洲-南美型（EURO-SA）、亚洲（ASIA）和非洲型（AFRICA）。Asia1型由于主要抗原基因VP1核苷酸序列差异比其他血清型小，只有一个拓扑型，但进化为更多的基因亚群。SATs型由于局限于非洲大陆，在系统发育树上只在非洲内分型，即SAT1进化为3个拓扑型，SAT2则进化为2个拓扑型，SAT3进化为3个拓扑型。值得注意的是，SAT2已经突破了地域限制，出现了向非洲外地区传播的趋势。从目前的研究来看，不管病毒如何变异，所有7个血清型进化的基本趋势是保持基本框架结构（拓扑型）没有发生改变，只是每个拓扑型内基因型在不断地增加，系统发育树的结构不断被壮大和更新。

根据VP1基因推导氨基酸序列分析发现，氨基酸的插入/缺失主要发生在140～150aa和166～170aa序列区段，仅有26%的核苷酸是保守的。作为病毒受体的RGD三联体基序，所有7个血清型的口蹄疫病毒是高度保守的，单个氨基酸的替换并不影响病毒的生物学功能。如对7个血清型103株分离毒株的研究发现，94株病毒株的整联蛋白受体为RGD三联体，9株毒株的RGD发生了变异，其中8株的RGD基序中只有一个氨基酸发生了替换，而仅在A/IND/110/99分离株有2个氨基酸发生了替换（RGD-RSG）。

四、非结构蛋白编码区

2A基因编码一条18aa的短肽链，序列分析结果显示，不同病毒株2A基因推导氨基酸的同源性高达89%，其中14个位点的氨基酸中98%以上为保守氨基酸，2A基因如此高的同源性可能与其结构和功能有关。

2B基因编码154aa，其中保守氨基酸占117aa，同源性占整个基因的75.9%。蛋白跨膜区域113～138aa高度保守，该区域的氨基酸替换只是同属性氨基酸之间的替换。

2C基因编码318aa，其中72%的氨基酸属于保守氨基酸，包括ATP/GTP结合位点110～116aa（GKSGQGK）、160～163aa（DDLG）和243～246aa（NKLD）。而SATs型个别毒株在第33位和92位的氨基酸则发生特异性的替换。除了点突变外，2C基因的遗传重组既可以在同一血清型内的毒株间发生，也可以在不同血清型毒株间发生。如Asia1/JS/CHA/05毒株2C基因的遗传重组就是在同一血清型内进行的，而A型新毒株A/IRN/2005的2C基因的重组则是由A型病毒和Asia1病毒重组获得的。2C基因发生突变或重组可能与病毒免疫逃避及持续感染有关。

3A基因属于高度变异的非结构蛋白，保守氨基酸占71%。N-端亲水区（52～75aa）在7个血清型病毒中高度保守，而C-端的疏水性区域为高变区，经常发生突变和缺失，个别氨基酸的替换或某个区段氨基酸的缺失常常影响病毒的毒力和宿主范围。研究发现，缺失突变主要发生在3A基因的70～110aa和130～150aa区段，序列比对将其划分为2个基因型，即以O/Taiwan/97为代表的谱系（猪源病毒），在3A的93～102aa区段缺失了10aa，对猪具有极强的致病能力，而对牛的致病力较弱，也不能通过牛甲状腺细胞进行繁殖，具有相对特异的宿主范围，该区域的缺失或氨基酸突变可能与病毒毒力及宿主嗜性有关。另一个为柬埔寨分离毒株谱系（牛源病毒），病毒3A基因缺失则发生在133～143aa区段，这些毒株并没有表现出宿主特异性，对病毒来说此处的缺失是可接受的突变。推测O/Taiwan/97毒株3A基因93～102aa的缺失可能与病毒在集约化猪群中的高强度适应有关，这是一种非典型、罕见的病毒适应过程。此外，3A基因单个保守氨基酸的替换同样影响病毒的毒力和宿主嗜性，如C-S8c1毒株3A基因Q44→R替换导致病毒对豚鼠的毒力增强，C_3鸡胚适应毒株的3A基因Q44→H替换导致病毒对牛的致病力减弱，对牛来说为弱毒株。由此可以看出口蹄疫病毒3A基因的突变与病毒的毒力和宿主范围有很大关系，对于病毒的进化与生存具有重要意义。

3B蛋白是由3个大小不等的小分子蛋白组成（3B1、3B2和3B3），是病毒生存必需的蛋白分子。每个小分子蛋白的C-端为高变区，一旦减少3B蛋白的拷贝数，亦即3B蛋白发生缺失突变可能导致病毒的繁殖能力下降。3B3在几乎所有病毒株中高度保守，而3B1和3B2则更容易发生突变，这种突变可能与病毒的毒力和宿主嗜性有关。此外，3B基因也可以发生遗传重组，但该重组并不影响病毒的毒力，是否与宿主嗜性有关还有待研究。

与3A基因相对高的突变相比，3C基因更为保守，作为一种蛋白酶基因编码区大多数突变对病毒来说都是可以接受的。研究发现，N-端的4～13aa属于高变区，而不同血清型病毒3C蛋白酶裂解位点的三联体（H46-D84-C163）、底物结合位点（H181）和保证蛋白正确构象的位点（D84和Y136）则十分保守。Asia1型病毒还有一个33aa的保守区（120～154aa），这种特异性是否是Asia1型进化的特异性标识之一，还需要进一步研究。除了单个氨基酸的替换外，3C基因也存在遗传重组，如Biswas等（2006）对7个血清型不同毒株3C基因序列比对结果显示，2株SAT2（SAT2/SAU/6/600和SAT2/KEN/3/57）、1株A型（A/GAM/51/98）和1株O型（O/BKF/2/92）病毒在系统发育树上属于同一分支。因此，3C基因C-端序列也可以对病毒进行拓扑型划分。

3D基因全长1 401nt，编码蛋白作为RNA依赖的RNA聚合酶负责病毒基因的复制，是病毒基因组中最保守的基因。研究发现，尽管3D基因高度保守，整个基因仍然具有的8.6%～20%突变率，但大多数突变对基因来说是可以耐受的。一些与蛋白功能密切相关的关键氨基酸（如D245、N307和G295）决定蛋白酶的完整性，NTP的结合位点G337、D338和D339在整个基因中高度保守。而其高变区主要集中在基因的1～12aa、64～76aa和143～153aa。

五、3′-非编码区（3′-UTR）

3′-非编码区（3′-UTR）核苷酸序列的长短因毒株而不同，长度为85～101nt。该区域除了发生核苷酸的插入/缺失，点突变以外，也发生血清型内同源病毒或不同血清型病毒之间的重组进化，进化出新的病毒亚群。

总之，口蹄疫病毒作为RNA病毒，通过核苷酸点突变的不断积累实现病毒遗传关系的趋异进化，扩大种群的规模（准种属性）；通过核苷酸的插入/缺失改变病毒的毒力和/或宿主嗜性，达到实现其适应新的宿主或环境的能力，以致其在进化过程中不被淘汰；病毒通过关键氨基酸的突变或重组逃避免疫压力对病毒繁殖的影响，促进病毒实现优势进化，以维系其不被消灭或淘汰。

（邵军军）

第三节　口蹄疫分子流行病学

随着分子生物学技术的应用，对口蹄疫分子流行病学、遗传进化的分子基础探索研究已取得了重大进展。人们可以通过毒株间遗传进化关系跟踪全球口蹄疫的流行，阐明各谱系毒株的遗传特征，分析流行毒株的抗原变异，为科学防控口蹄疫提供理论依据。基于病毒的地域来源不同，将同一血清型的口蹄疫毒株进行遗传分群，称为拓扑型（topotype），在拓扑型中形成表型独特的遗传群称为谱系（lineage）。研究遗传进化与地域间的关系，可深入了解口蹄疫病毒株在地理区域之间的流行与传播之间的关系，对预防与控制口蹄疫，尤其是在口蹄疫区域控制方面发挥重要作用。

一、口蹄疫分子流行病学技术发展

Valle和Carre（1922）证明口蹄疫病毒具有多样性的特征，目前已确定口蹄疫病毒有7个血清型，各型间免疫交叉不保护。试验又表明，同一血清型的变异毒株能够免疫逃逸，造成免疫失败，流行毒株和疫苗毒株抗原特性的比较研究，进一步证实即便同一血清型内不同分离株的抗原性也不尽相同，甚至差别显著。利用抗原关系来推导遗传关系有时可能导致对疫源的错误判断，为了克服这一缺点，一些分析方法被发展来辅助抗原性和遗传关系的研究。但都有这样或那样的缺陷。

在20世纪80年代末，病毒RNA核苷酸序列的快速扩增和测定技术的发展和应用奠定了口蹄疫分子流行病学研究的重要基础。通过序列测定和分析，能够很明确地显示毒株间序列的异同、同源性和病毒株之间的关联关系，为口蹄疫流行病学的研究提供准确的证据和生物标志。在比较病毒株核酸序列相似性的基础上，构建系统进化树能够明确显示病毒株间的遗传关系，反映共同祖先趋异进化分布，尤其是遗传和区域关联的拓扑型和表型差异的谱系分析结果，更具有实际意义。但序列百分比值差异的意义还不是很清楚，而且目前很难将这些序列数据与病毒的抗原特性直接联系起来，尽管有些氨基酸的替换在抗原保守区，且能明显影响与抗体的结合能力。这种关联性及相关预测，需要借助反向遗传学等技术给予揭示和证实。

PCR和测序技术可以分析较大的基因区域，Knowles和Bastos等描述RT-PCR方法能够扩增完整的口蹄疫O、A、C和Asia1型的VP1编码区。相似的方法也成功用于南非血清型。近年来，利用同样的方法已经获得并用来分析了口蹄疫病毒的全基因组序列。

二、口蹄疫病毒分子流行病学

基于脊髓灰质炎病毒的基因分型研究方法，通过口蹄疫病毒结构蛋白VP1的序列数据比较，来区分口蹄疫病毒的基因型，称为拓扑型。口蹄疫病毒7个血清型，无论是核苷酸或氨基酸序列的比较，都是显示型特异性谱系。本节主要参考全球不同时期、不同地域和不同血清型登录的毒株参考序列（表5-1），梳理主要流行血清型的口蹄疫流行病学和衍化规律（图5-1）。重点介绍O型、A型和Asia1型口蹄疫病毒分子流行病学。

表 5-1　口蹄疫病毒 7 个血清型拓扑型的序列信息

型别	拓扑型	谱系	分离株	GenBank 登录号	序列来源
O	CATHAY	—	O/HKN/21/70	AJ294911	Knowles 等，2001
	CATHAY	—	O/HKN/6/83	AJ294919	Knowles 等，2001
	CATHAY	—	O/PHI/7/96	AJ294926	Knowles 等，2001
	CATHAY	—	O/Yunlin/Taiwan/97	AF308157	Beard and Mason, 2000
	EA-1	—	O/K83/79 (Kenya)	AJ303511	Samuel and Knowles, 2001
	EA-1	—	O/K40/84 (Kenya)	—	Knowles 等，unpub.

（续）

型别	拓扑型	谱系	分离株	GenBank 登录号	序列来源
O	EA-1	—	O/UGA/5/96	AJ296327	Samuel and Knowles, 2001
	EA-2	—	O/MAL/1/98	DQ165074	Knowles 等, 2005
	EA-2	—	O/UGA/3/2002	DQ165077	Knowles 等, unpub.
	EA-2	—	O/KEN/5/2002	DQ165073	Knowles 等, unpub.
	EA-2	—	O/TAN/2/2004	—	Knowles 等, unpub.
	EA-3	—	O/SUD/2/86	DQ165075	Knowles 等, 2005
	EA-3	—	O/ETH/3/2004	FJ798109	Ayelet 等, submitted
	EA-3	—	O/ETH/2/2006	FJ798127	Ayelet 等, submitted
	EA-3	—	O/ETH/1/2007	FJ798137	Ayelet 等, submitted
	EA-4	—	O/UGA/17/98	—	Ayelet 等, submitted
	EA-4	—	O/ETH/58/2005	FJ798141	Ayelet 等, submitted
	EURO-SA	—	O_1/BFS 1860/UK/67	AY593815	Carrillo 等, 2005
	EURO-SA	—	O_2/Brescia/ITL/47	M55287	Krebs 等, 1991
	EURO-SA	—	O_3/Venezuela/51	AJ004645	Leister 等, 1993
	EURO-SA	—	O/Corrientes/ARG/06	DQ834727	Malirat 等, 2007
	ISA-1	—	O_{11}/ISA/1/62	AJ303500	Samuel and Knowles, 2001
	ISA-1	—	O/ISA/9/74	AJ303502	Samuel and Knowles, 2001
	ISA-1	—	O/ISA/8/83	AJ303503	Samuel and Knowles, 2001
	ISA-2	—	O/JAV/5/72	AJ303509	Samuel and Knowles, 2001
	ISA-2	—	O/ISA/1/74	AJ303501	Samuel and Knowles, 2001
	ME-SA	—	O_1/Manisa/TUR/69	AY593823	Carrillo 等, 2005
	ME-SA	—	O/R2/75* (India)	AF204276	Hemadri 等, unpublished
	ME-SA	—	O/IND/53/79	AF292107	Hemadri 等, unpublished

（续）

型别	拓扑型	谱系	分离株	GenBank 登录号	序列来源
O	ME-SA	PanAsia	O/UKG/35/2001	AJ539141	Mason 等, 2003
	ME-SA	PanAsia-2	O/IRN/8/2005	—	Knowles 等, submitted
	SEA	—	O/TAI/189/87	—	—
	SEA	Cam-94	O/CAM/3/98	AJ294910	Knowles 等, 2001
	SEA	Mya-98	O/MYA/7/98	DQ164925	Knowles 等, 2005
	WA	—	O/GHA/5/93	AJ303488	Samuel and Knowles, 2001
	WA	—	O/CIV/8/99	AJ303485	Samuel and Knowles, 2001
	ME-SA	PanAsia-2	NEP/2/2007	—	—
	ME-SA	PanAsia-2	NEP/4/2008	—	—
	ME-SA	PanAsia-2	O/IRN/42/2006	—	—
	ME-SA	PanAsia-2	O/IRN/17/2007	—	—
	ME-SA	PanAsia-2	O/IRN/6/2007	—	—
	ME-SA	PanAsia	O/NEP/11/2009	—	—
	ME-SA	PanAsia	O/NEP/13/2009	—	—
	ME-SA	PanAsia	O/NEP/14/2009	—	—
A	AFRICA	G- I	A/KEN/42/66	—	Knowles 等, unpub.
	AFRICA	G- II	A/EGY/1/72	EF208756	Knowles 等, 2007
	AFRICA	G- III	A_{21}/Lumbwa/ KEN/3/64	AY593761	Carrillo 等, 2005
	AFRICA	G- IV	A/SUD/3/77	—	Knowles 等, unpub.
	AFRICA	G- V	A/NGR/2/73	—	Knowles 等, unpub.
	AFRICA	G-VI	A/GHA/16/73	—	Knowles 等, unpub.
	AFRICA	G- VII	A/UGA/13/66	—	Knowles 等, unpub.
	—	G- VIII	A_{23}/Kitale/KEN/64 (KEN/46/65)	AY593766	Carrillo 等, 2005
	—	A_{11}	A_{11}/Germany/c.29 (AGB)	EU553852	Valarcher 等, 2008
	ASIA	A_{22}	A_{22}/IRQ/24/64	AY593763	Carrillo 等, 2005
	ASIA	Irn-87	A/IRN/2/87	EF208770	Knowles 等, 2007

（续）

型别	拓扑型	谱系	分离株	GenBank 登录号	序列来源
A	ASIA	Irn-96	A/IRN/1/96	EF208771	Knowles 等, 2007
	ASIA	Irn-99	A/IRN/22/99	EF208772	Knowles 等, 2007
	ASIA	Irn-05	A/IRN/1/2005	EF208769	Knowles 等, 2007
	ASIA	A_{15}	A_{15}/Bangkok/TAI/60	AY593755	Carrillo 等, 2005
	ASIA	—	A/TAI/118/87	EF208777	Knowles 等, 2007
	EURO-SA	A_{12}	A_{12}/119/Kent/UK/32	M10975	Robertson 等, 1985
	EURO-SA	A_{24}	A_{24}/Cruzeiro/BRA/55	AY593768	Carrillo 等, 2005
	EURO-SA	A-81	A/Alem/ARG/81	AJ306219	König 等, 2001
	ASIA	Irn-05	A/PAK/9/2009	—	—
	ASIA	Irn-05	A/IRN/17/2009	—	—
	ASIA	Irn-05	A/AFG/6/2007	—	—
	ASIA	Irn-05	A/BAR/4/2009	—	—
	ASIA	Irn-05	A/PAK/12/2008	—	—
	ASIA	SEA	LAO/36/2003	—	—
	ASIA	SEA	LAO/1/2006	—	—
	ASIA	SEA	MAY/3/2007	—	—
	ASIA	SEA	MAY/1/2008	—	—
	ASIA	SEA	A/VIT/14/2005	—	—
	ASIA	SEA	A/VIT/18/2005	—	—
	ASIA	SEA	A/TAI/9/2008	—	—
	ASIA	SEA	A/TAI/10/2008	—	—
	ASIA	SEA	VIT/12/2004	—	—
	ASIA	SEA	VIT/8/2005	—	—
	ASIA	SEA	A/VN/09/2009	GQ406247	—
	ASIA	SEA	A/VN/02/2009	GQ406248	—
	ASIA	SEA	A/VN/03/2009	GQ406249	—
	ASIA	SEA	A/VN/11/2009	GQ406250	—
	ASIA	SEA	A/VN/16/2009	GQ406251	—
	ASIA	SEA	A/VN/20/2009	GQ406252	—

（续）

型别	拓扑型	谱系	分离株	GenBank 登录号	序列来源
C	AFRICA	—	C/K267/67*(KEN/32/70)	—	Ayelet 等 , submitted
	AFRICA	—	C/ETH/1/71	FJ798151	Ayelet 等 , submitted
	ASIA	—	C/N65/Tadjikistan/USSR/67	—	Knowles 等 , unpub.
	ASIA	—	C/IND/51/79 (1977)	—	Knowles 等 , unpub.
	EURO-SA	—	C_3/Resende/BRA/55	M90381	Martínez 等 , 1992
	EURO-SA	—	C_1/Santa Pau/Spain/70(C-S8c1)	AJ133357	Toja 等 , 1999
	EURO-SA	—	C_3/Indaial/BRA/71	M90376	Martnez 等 , 1992
	EURO-SA	—	C/PHI/7/84	—	Knowles 等 , unpub.
	—	—	C/Germany/c.26 (CGC)	EU553893	Valarcher 等 , 2005
	—	—	C/UK/149/34	AY593810	Carrillo 等 , 2005
	AFRICA	—	C/KEN/1/2004	—	Knowles 等 , unpub.
	AFRICA	—	C/ETH/6/2005	—	Knowles 等 , unpub.
Asia1	—	—	Asia1/PAK/1/54	—	Carrillo 等 , 2005
	—	G-I	Asia1/AFG/1/2001	DQ121109	Valarcher 等 , 2005
	—	G-Ⅱ	Asia1/IRN/10/2004	DQ121119	Valarcher 等 , 2005
	—	G-Ⅲ	Asia1/IND/762/2003	DQ101240	Valarcher 等 , 2005
	—	G-Ⅳ	Asia1/HKN/19/74	FJ785230	Valarcher 等 , submitted
	—	G-V	Asia1/IND/18/80	DQ121116	Valarcher 等 , 2005
	—	G-VI?	Asia1/IND/14/95	AF390678	Gurumurthy 等 , unpub.
	—	—	Asia1/Shamir/ISR/89	—	Marquardt 等 , 2000

（续）

型别	拓扑型	谱系	分离株	GenBank 登录号	序列来源
Asia1	—	—	Asia1/IND/63/72	AY304994	Saravanan 等 , unpub.
	—	—	Asia1/YNBS/China/58	AY390432	Chang 等 , unpub.
	—	G- II	As1/HKN/1/2005	(DQ121114)	—
	—	G- II	As1/HKN/2/2005	(DQ121115)	—
	—	G- V	As1/IND/16/76	—	—
	—	G- V	As1/IND/15/81	—	—
	—	G- V	As1/Khabarovsk/RUS/2005	(ARRIAH)	—
	—	G- V	As1/Khabarovsk/RUS/Dec2005	—	—
	—	G- V	As1/Amursky/RUS/Dec2005	—	—
	—	G- V	As1/Amursky/RUS/2005	(EF185303)	—
	—	G- V	As1/Chita/RUS/2006	(DQ121401)	—
	—	G- V	As1/Prymorsky/RUS/2005	(ARRIAH)	—
	—	G- V	As1/Qinghai/CHA/2005	(ARRIAH)	—
	—	G- V	(EF187272) As1/MOG/2005	(ARRIAH)	—
	—	G- I	As1/IRN/25/2001	—	—
	—	G- I	As1/AFG/1/2001	—	—
	—	G- I	As1/IRN/63/2001	(DQ121109)	—
	—	G- I	As1/IRN/25/2004	(DQ121120)	—
	—	G- I	As1/PAK/8/2008	—	—
	—	G- I	As1/PAK/2L-16/2009	—	—
	—	G- I	As1/PAK/29/2009	(Lindholm)	—
	—	G- I	As1/PAK/26/2009	—	—
	—	—	As1/PAK/27/2009		

（续）

型别	拓扑型	谱系	分离株	GenBank 登录号	序列来源
Asia1	—	—	As1/BAR/8/2009	—	—
	—	—	As1/BAR/9/2009	—	—
	—	—	As1/IND/127/99*	—	—
	—	G- V	As1/TAI/1/98 (DQ121129)	(AF392929)	—
	—	G- V	As1/VIT/10/2006	—	—
	—	—	As1/VIT/11/2006	—	—
SAT1	NWZ（Ⅰ）	—	SAT1/T155/71	—	Knowles 等, unpub.
	—	—	SAT1/KEN/11/2005	—	—
	NWZ（Ⅰ）	—	SAT1/ZIM/23/2003	—	Knowles 等, unpub.
	NWZ（Ⅰ）	—	SAT1/KEN/18/2005	—	Knowles 等, unpub.
	NWZ（Ⅰ）	—	SAT1/KEN/14/2006	—	Knowles 等, unpub.
	NWZ（Ⅰ）	—	SAT1/KEN/12/2009	—	Knowles 等, unpub.
	NWZ（Ⅰ）	—	SAT1/KEN/15/2009	—	Knowles 等, unpub.
	NWZ（Ⅰ）	—	SAT1/KEN/22/2008	—	Knowles 等, unpub.
	NWZ（Ⅰ）	—	SAT1/TAN/19/96	—	Knowles 等, unpub.
	NWZ（Ⅰ）	—	Zambia 2009	—	Knowles 等, unpub.
	SEZ（Ⅱ）	—	SAT1/RV/11/37	AY593839	Carrillo 等, 2005
	SEZ（Ⅱ）	—	SAT1/RHO/5/66	AY593846	Carrillo 等, 2005
	WZ（Ⅲ）	—	SAT1/BEC/1/48	AY593838	Carrillo 等, 2005
	WZ（Ⅲ）	—	SAT1/BOT/1/68	AY593845	Carrillo 等, 2005
	EA-1（Ⅳ）	—	SAT1/UGA BUFF/21/70	n/a	Knowles 等, unpub.
	V	—	SAT1/NIG/11/75	AF431711	Sangare 等, 2003
	Ⅵ	—	SAT1/ISR/4/62	AY593844	Carrillo 等, 2005
	Ⅵ	—	SAT1/SUD/3/76	AY441996	Sahle 等, 2007

（续）

型别	拓扑型	谱系	分离株	GenBank 登录号	序列来源
SAT1	EA-2（Ⅶ）	—	SAT1/UGA/13/74	AY442010	Sahle 等, 2007
	EA-3（Ⅷ）	—	SAT1/UGA/1/97	AY442012	Sahle 等, 2007
	Ⅸ	—	SAT1/ETH/3/2007	FJ798154	Ayelet 等, submitted
SAT2	Ⅰ	—	SAT2/SA/106/59	AY593848	Carrillo 等, 2005
	Ⅰ	—	SAT2/ZIM/14/2002	—	Knowles 等, unpublished
	Ⅱ	—	SAT2/ZIM/7/83	AF136607	van Rensburg and Nel, 1999
	Ⅱ	—	SAT2/ZIM/5/81	EF134951	Brocchi 等, unpublished
	Ⅲ	—	SAT2/RHO/1/48	AY593847	Carrillo 等, 2005
	Ⅲ	—	SAT2/ BOT/P3/98 (buffalo 29)	AF367124	Bastos 等, 2003
	Ⅳ	—	SAT2/KEN/1/84	AY344505	Sahle 等, 2007
	Ⅳ	—	SAT2/ETH/1/90	AY343935	Sahle 等, 2007
	Ⅴ	—	SAT2/NIG/2/75	AF367139	Bastos 等, 2003
	Ⅴ	—	SAT2/GHA/2/90	AF479415	Bastos 等, 2003
	Ⅵ	—	SAT2/GAM/8/79	AF479410	Bastos 等, 2003
	Ⅶ	—	SAT2/SAU/6/2000	AF367135	Bastos 等, 2003
	Ⅶ	—	SAT2/CAR/8/2005	—	Knowles 等, unpublished
	Ⅷ	—	SAT2/ZAI/1/74	DQ009737	Maree 等, unpublished
	Ⅷ	—	SAT2/RWA/1/00	AF367134	Bastos 等, 2003
	Ⅸ	—	SAT2/KEN/3/57	AJ251473	Newman 等, unpub.
	Ⅸ	—	SAT2/KEN/2/84	AY343941	Sahle 等, 2007
	Ⅹ	—	SAT2/ZAI/1/82	AF367100	Bastos 等, 2003
	Ⅹ	—	SAT2/UGA/19/98	AY343969	Sahle 等, 2007
	Ⅺ	—	SAT2/ANG/4/74	AF479417	Bastos 等, 2003
	Ⅻ	—	SAT2/UGA/51/75	AY343963	Sahle 等, 2007
	Ⅻ	—	SAT2/SUD/1/2007	—	Knowles 等, unpublished

（续）

型别	拓扑型	谱系	分离株	GenBank 登录号	序列来源
SAT2	XII	—	SAT2/NGR/15/2005	—	Knowles 等 , unpublished
	XII	—	Nigeria 2007-08	—	Knowles 等 , unpublished
	XII	—	SAT2/LIB/1/2003	—	Knowles 等 , unpublished
	XIII	—	SAT2/SUD/6/77	AY343939	Sahle 等 , 2007
	XIII	—	SAT2/ETH/2/2007	FJ798161	Ayelet 等 , submitted
	XIII	—	SAT2/ETH/42/2009	—	Knowles 等 , unpublished
	XIII	—	SAT2/SUD/1/2008	—	Knowles 等 , unpublished
	XIV	—	SAT2/ETH/2/91	AY343938	Sahle 等 , 2007
SAT3	SEZ（Ⅰ）	—	SAT3/SA/57/59	AY593850	Carrillo 等 , 2005
	SEZ（Ⅰ）	—	SAT3/KNP/10/90/3	AF286347	van Rensburg 等 , 2002
	WZ（Ⅱ）	—	SAT3/BEC/1/65	AY593853	Carrillo 等 , 2005
	WZ（Ⅱ）	—	SAT3/BEC/20/61	AY593851	Carrillo 等 , 2005
	NWZ（Ⅲ）	—	ZIM/P25/91 (UR-7)	—	Wadsworth 等 , unpub.
	Ⅳ	—	SAT3/ZAM/P2/96 (MUL-4)	DQ009741	Maree 等 , unpub.
	EA（Ⅴ）	—	SAT3/UGA BUFF/27/70	AJ303480	Samuel & Knowles, 2001;
			(aka UGA/92/70)	—	Stirling and Knowles, unpub.
	EA（Ⅴ）	—	SAT3/UGA/2/97/3	DQ009742	Maree 等 , unpub.

注：—表示未分类、未登录或未公布资料。

（一）O型口蹄疫病毒

O型口蹄疫病毒最初分为10或11个抗原亚型。目前认识到，抗原变异伴随着血清型的改变，但这种变异并不像我们以前想象的广泛，相对较少的疫苗株就能预防和控制大多数的田间流行毒株的暴发，但时常会发生免疫失败现象，产生一些免疫逃逸株。而口

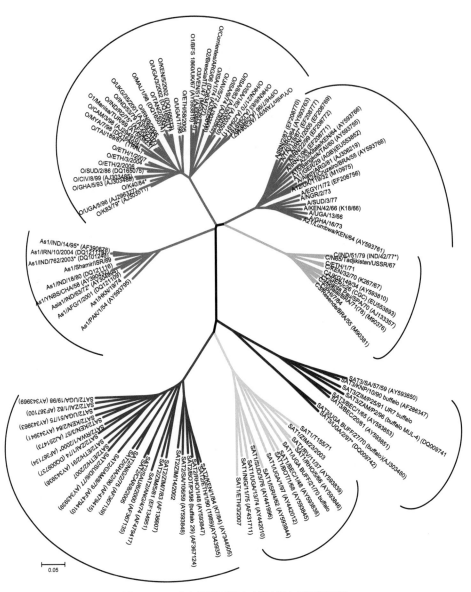

图 5-1　7 个血清型口蹄疫病毒 VP1 无根进化树

蹄疫病毒遗传多样性是广泛存在的，为了区分拓扑型中的进化或变异，又进一步把拓扑型分为不同的谱系。

　　近年来，大量研究提供的数据成了全球序列数据库建成的基础，更有利于分析口蹄疫病毒的遗传进化关系。基于遗传关系和地理区域的关系，依据表5-1的序列，可

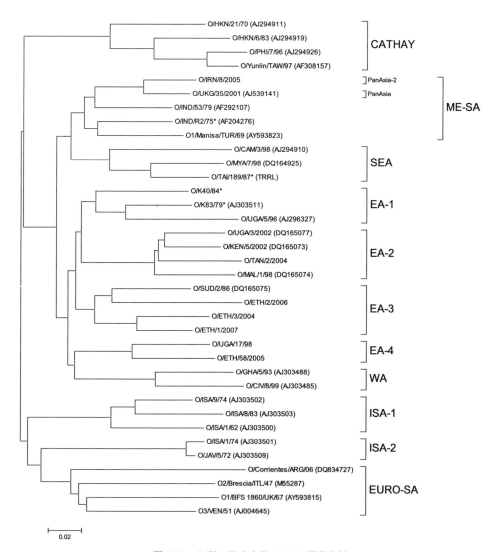

图 5-2　O 型口蹄疫病毒 VP1 无根进化树

把O型口蹄疫病毒的8个拓扑型分别命名为：中国（CATHAY），中东-南亚（Middle East-South Asia，ME-SA），东南亚（South-East Asia，SEA），欧洲-南美（Europe-South America，EURO-SA），印度尼西亚-1（Indonesia-1，ISA-1），印度尼西亚-2（Indonesia-2，ISA-2），东非（East Africa，EA）和西非（West Africa，WA）（图5-2）。

这其中的两类（ISA-1和ISA-2）在印度尼西亚外未被检测到，被认为已经灭绝。进一步，可以将EA分为4个区域明显不同的拓扑型，其中EA-4与WA关系密切，在一个进化支上，是共同来源的毒株，目前也仍在流行。另一个研究中，Sangare等（2001）描述了7个基因型A～G，基因型A在亚洲、南非和中东流行，对应于ME-SA拓扑型；基因型B在东非，对应EA拓扑型；基因型C发现于非洲西部和北部，对应于WA拓扑型；基因型D发生于中国台湾和俄罗斯，对应于CATHAY拓扑型；基因型E（安哥拉和委内瑞拉）、F（西欧）和G（欧洲和南美），都属于EURO-SA拓扑型。

Beck和Strohmaier（1987）研究表明，在1970和1980年欧洲口蹄疫暴发时，分离到的许多O型口蹄疫病毒与当时使用的O_1疫苗病毒密切相关，属于EURO-SA拓扑型。同时，他们也分离到与疫苗病毒没有关系的毒株，认为这些病毒是从欧洲外部传入的，这也是造成1981年奥地利塔尔海姆和1982年德国西部伍珀塔尔猪口蹄疫的暴发原因。血清学试验表明，猪口蹄疫病毒明显与欧洲参考毒株不同，随着分子流行病学的出现，这些病毒被认定是与中国香港、台湾及大陆和菲律宾流行毒株密切相关，属于CATHAY拓扑型（图5-2）。但不幸的是，时隔近30年，属于EURO-SA拓扑型的O_1疫苗株（O_1/BFS 1860/UK/67）因实验室或疫苗生产厂生物安全问题，导致了2007年英国口蹄疫暴发。

König等（2001）检测了1977—1994年在阿根廷暴发时分离到的O型口蹄疫病毒，结果表明，这些毒株中有一个流行毒株与南美疫苗株O_1/Campos/Brazil/58和O_1/Caseros/Argentina/67关系密切，这也暗含有疫苗毒株引起疫情的可能。

将菲律宾的O、A和C型口蹄疫病毒和土耳其A型的序列比较，表明每年大约有1%的VP1基因的变化。如果按照这个进化速率，口蹄疫病毒的演变将无法控制，可以预计每30年就会出现新的血清型，每隔15年将出现一个新的拓扑型（类似菲律宾C型病毒的情况）。然而，首先从巴基斯坦鉴定出口蹄疫病毒Asia1型，截至2003年还没有超过15%的核苷酸差异，它们都属于一个拓扑型。显然，不同型的病毒蛋白功能结构可能不仅限制血清型的变异，而且限制在拓扑型中的变异。

与其他拓扑型口蹄疫病毒比较，一些属于欧洲-南美拓扑型的O、A和C型口蹄疫病毒并没有显示出更高的遗传差异，有些几乎处于进化停滞状态，这种疫情可以肯定是由疫苗株（如O_1/Campos/Brazil/58、O_1/Kaufbeuren/FRG/66、A_5/Allier/France/60和C_1/Oberbayern/FRG/60）引起的。因为，很多研究表明O、A和C型都普遍存在遗传差异性和进化连续性，田间流行毒株不可能存在进化停滞现象。

2006—2009年，O型病毒主要在非洲和亚洲流行。整体趋势是从南亚重灾区向西亚、非洲、中亚和欧洲方向扩散，威胁着一些无疫区。值得关注的是O型新泛亚毒谱系

（PanAsia-2）在巴基斯坦、伊朗和阿拉伯等国家流行，并有可能引起广泛传播。

在中国香港主要流行的是CATHAY拓扑型和PanAsia谱系病毒。1997年，中国台湾暴发了猪的口蹄疫，属于CATHAY拓扑型，2009年再次暴发。在泰国、老挝及马来西亚流行的本土毒株，属于东南亚拓扑型的Mya-98谱系，同时存在CATHAY和PanAsia谱系病毒。南亚主要流行的国家有印度、巴基斯坦、孟加拉国、不丹和尼泊尔等，流行毒株属于ME-SA拓扑型的PanAsia-2系。在中东地区主要流行的国家是土耳其、伊朗、阿拉伯、科威特和沙特阿拉伯，流行毒株也属于ME-SA拓扑型的PanAsia-2。东非国家主要有埃塞俄比亚、肯尼亚和索马里，流行毒株为EA3拓扑型，毒株主要来源是也门等阿拉伯国家，时间能够上溯到2003年。2007—2008年，该毒株首次传入西非的尼日利亚，病毒特征与东非国家2005—2007年的毒株相似。2008年在厄瓜多尔和委内瑞拉南美国家流行的毒株为本土EURO-SA拓扑型毒株，经过血清学检测，毒株没有扩散。

查明不同谱系的根源是很难解决的问题。事实上，早期的遗传谱系（lineage）或亚谱系（sublineage）有些已经灭绝，而从同期毒株的序列比较来推断遗传关系可能是不合理的，因为有些毒株属于输入性的，有些毒株属于其他拓扑型的。另外，同一血清型病毒的竞争抑制，以及病毒间基因重组对推测序列进化关系影响很大，在遗传关系上很可能产生明显的标记作用。虽然体外研究中有重组发生，但对在田间的口蹄疫病毒还没有确定。然而，基因重组对植物和动物正链RNA病毒的长期进化具有重要的作用，不能忽视。

2001年，英国暴发了口蹄疫，毒株属于O型泛亚毒株。1990年，该毒株首次在印度北部分离到，随后蔓延到沙特阿拉伯，可能与绵羊和山羊的活畜贸易有关。1994年，病毒传入沙特阿拉伯，然后蔓延到邻近的国家，在1996年已到达土耳其，从土耳其越过埃夫罗斯河，可能与非法羊群移动有关，进入希腊造成39起疫情。同样的毒株也引起了保加利亚的口蹄疫暴发。在随后的2年，伊朗、伊拉克、叙利亚、以色列、黎巴嫩、约旦和阿拉伯半岛都报道了口蹄疫暴发，所有这些疫情都是由该毒株引起的。该毒株的蔓延已经超过在中东地区的其他毒株。从第一次出现时起，不仅表现出大规模流行，而且能够持续存在。2000年，沙特阿拉伯暴发的口蹄疫至少波及3个大型奶牛场。这些农场的牛定期接种疫苗，这些疫苗经过实验室检验能够保护当时牛的主要流行毒株，尽管有疫苗接种和农场周围的高度防护，该病毒仍然能够进入牛群并导致临床发病。该毒株东移的态势仍不太确定。在尼泊尔（1993、1994年）和不丹（1998年）的样本中分离到该毒株。1998、1999年，该毒株在中国云南、西藏和福建相继暴发（1998年7月，云南；1999年5月西藏和福建）。从西藏等（O/CHA/1/99和O/CHA/3/99）获得的病毒进行序列分析表明，属于泛亚谱系毒株。1999年6月，在一次例行检查中，从中国台湾金门的两头牛上检测到了该毒株。在发现该毒株之前，这些牛和产品已经运到了台湾岛其他地区，并在当地市场出售。当时在台南的3个农场也发现了牛感染，然而，这次和金门口蹄疫感染都没有临床症状。2000年1月，首个临床病例的牛出现在云林和嘉义。在随后的一个月，在高雄和彰化，约71只幼年山羊由于该病毒感染而突然死亡（病毒可引起幼畜急性心肌炎死亡），但被免疫的成年山羊没有发病。

2000年3月，韩国和日本报告了由该病毒引起的疫情。2000年4月，该毒蔓延到俄罗斯（乌苏里斯克区、滨海地区）和蒙古东戈壁省。在俄罗斯暴发的只有猪感染，但在蒙古，绵羊、山羊、牛和骆驼都受到了影响。

2000年9月，O型该毒首次出现在南非夸祖鲁纳塔尔省附近的德班港。这次疫情的主要原因是使用了来自亚洲船舶上的泔水喂养猪。临床病例于2000年11月5日在夸祖鲁纳塔尔出现。

2001年2月20日，O型PanAsia毒在英国附近的一个埃塞克斯屠场被检测到。第2天，从分离到的3株毒株中获得了完整的VP1基因序列，并与序列数据库中的VP1基因序列比较，结果表明，疫情是由泛亚株引发的。这是自1981年以来首次在英国暴发口蹄疫疫情。该病毒在被检测到之前已被引入了几个星期，并迅速蔓延到整个英国大陆的许多地区。随后1个月内，蔓延到北爱尔兰、爱尔兰、法国和荷兰。

同样在2001年2月，蒙古再次暴发口蹄疫，2001年7月和2002年8月，蒙古又相继报道，牛、绵羊和山羊都受到感染。2002年4—6月，韩国报告了16次新疫情，不同于以往的暴发，这次主要限于猪。目前，还不清楚该病毒在这些国家是否持续存在或从其他地方引入。

该病毒在临床表型上有差别，在伊拉克导致大规模羔羊死亡，在沙特阿拉伯从北美进口的牛表现为严重的临床症状，中国台湾本地的黄牛和日本的肉牛也表现出亚临床感染，中国台湾和俄罗斯的猪幼仔突然死亡。2000年，韩国报道的只有牛，然而，在2002年疫病主要限于猪。如此广泛的传播能力一定程度上是由于亚临床感染牛的移动和其广泛的宿主谱造成的，但这并不能说明它是如何传入韩国和日本，这些国家都有非常严格的专门防止口蹄疫入境的进口规定。该毒株的扩散程度非比寻常，它存在于中东这一时期的所有样本中，这表明，该病毒能竞争过在这一地区以前存在的其他口蹄疫病毒毒株。韩国和日本分别自1934年和1908年没有口蹄疫暴发，病原可能从别的国家和地区传入，是牛、羊或是猪，始终还不清楚。病毒是否适合生存与其致病性有关，在易感动物之间传播可以增强病毒致病性。该毒株穿过亚洲大部分地区并进入欧洲，且表现出一个有竞争优势的新进化毒株，这是如何形成的，目前仍不清楚。口蹄疫在口蹄疫无疫国家的暴发，严重干扰了动物及其产品的贸易，欧洲北部和美国口蹄疫的大暴发，将导致超过100亿美元的损失。并不奇怪许多国家忧虑经济恐怖主义的威胁是由于针对农场动物生物制剂的迅速蔓延。这种有竞争优势的口蹄疫病毒株的出现，为在边界通过希腊进入西部和日本东部领土的传播提供了一个可造成经济损害的例子。

Knowles等（2001）和Hemadri等（2002）报道印度和中东出现了一个新的O型ME-SA拓扑型毒株（PanAsia-2），该病毒是从泛亚株演变而来的，是与20世纪90年代中期发生的病情最密切相关的病毒。2008—2009年，世界动物卫生组织口蹄疫监测显示，该病毒在伊朗和巴基斯坦等国广泛流行。2008—2010年，巴林、科威特、巴基斯坦、巴勒斯坦、土耳其、沙特及印度等报道流行。2010年，PanAsia-2进一步细分为6个亚系：BAL-09、YAZ-09、FAR-09、SAN-09、ANT-10和PUN-10。ANT-10亚系为主要流行毒株，主要在土耳其、伊朗、巴基斯坦和阿富汗流行。2011年年初，经土耳其传入保加利亚，直接威胁到了欧洲国家。

经典疫苗毒株O Manisa属于PanAsia毒株，但抗原谱广，尤其对ME-SA拓扑型毒株表现良好的抗原匹配性。2007年，世界口蹄疫参考实验室抗原匹配性试验结果显示，O Manisa与阿富汗2007年毒株O/AFG/29、34、36、37、42、43、45/07抗原关系（VNT法）r值介于0.5～0.79之间；与土耳其2007年毒株O/TUR/11/2007、O/TUR/13/2007、O/TUR/29/2007、O/TUR/30/2007等在0.45～0.53之间；与以色列2007年毒株r值介于0.56～0.91之间；与巴基斯坦2007年毒株O/PAK/7、20、48、50/2007等在0.45～0.53之间。同时，选取其中O/TUR/13/2007、O/PAK/48/2007、O/ISR/9/2007与O/Ind/R2/75比较，r值分别为0.64、0.46和0.45。2008年监测O Manisa与O/Ind/R2/75仍可以有效保护本年度PanAsia-2毒株。2009年，WRL对4株收集自伊朗和土耳其（O/IRN/7、14/2009和O/TUR3、35/2009）的PanAsia毒株进行二维VNT试验，结果显示伊朗毒株与O Manisa高效疫苗匹配性较好，但与O BFS和O IND R2/75不匹配；O/TUR35/2009与O 4174高效疫苗匹配，但O/TUR3/2009与O Manisa，O BFS和O 4174均不匹配。2010年监测发现O Manisa对2009—2010年流行的PanAsia-2毒株匹配性下降，而O/Ind/R2/75毒株对此的匹配性却更好一些。这一结果提示PanAsia-2可能正处于高频变异时期。综合上述结果可以看出，O Manisa和O/Ind/R2/75毒株总体上对PanAsia-2毒株预防有效。

PanAsia-2毒株目前主要集中在中东地区流行，但从其起源、传播路径、传播速度和毒株变异和防控效果等方面综合分析，该毒株具有较强的流行潜力。2009年以前，印度O型口蹄疫以PanAsia-2毒株为主，并有流调结果显示2005—2008年口蹄疫主要与野生动物有关。而且，马来西亚、尼泊尔等国的流行使得传入风险进一步升华。因此，PanAsia-2毒株对周边国家的威胁极大。

（二）A型口蹄疫病毒

A型口蹄疫病毒一直被认为是具有抗原谱最多的血清型，从20世纪70年代，多达32个亚型被确定。虽然许多亚型没有检测，但其中的一些亚型被证明有不同遗传特性（如A₂₂、A₂₄和A-81等）。尽管，这一确定亚型的系统已经废弃，目前分为3个拓扑型，但A型口蹄疫病毒仍然被认为具有最多的抗原谱和基因多样性（图5-3）。

Beck和Strohmaier（1987）的研究表明20世纪80年代欧洲（1983年伊比利亚半岛，1984年意大利和西德）暴发的口蹄疫病毒与欧洲A₅疫苗病毒（早在20世纪60年代分离到的）密切相关。然而，1976年德国亚琛的一个毒株与欧洲的不同。后来测序研究表明，其可能起源于南美。自那时，采用欧洲国家的根除措施，经典的欧洲A型病毒（A₅、A₁₀等）开始灭绝。然而，关系较远的EURO-SA拓扑型病毒仍然在南美洲存在。自1991年停止了常规的免疫接种后，1996年，阿尔巴尼亚和前南斯拉夫的马其顿发又暴发了A型口蹄疫，毒株属于ASIA拓扑型。

在后来的研究中，当时来自沙特阿拉伯和伊朗的A型病毒株基因序列不同，并与西德1984年暴发的病毒无关。由Armstrong等（1994）对亚洲A型病毒的核苷酸序列分

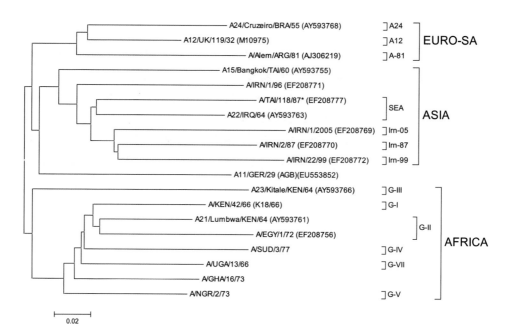

图 5-3　A 型口蹄疫病毒 VP1 无根进化树

析表明，1987年从印度古吉拉特邦分离到的毒株与A_{22}/Iraq/24/64参考病毒之间存在相关性。后来，对印度分离出的病毒有了更广泛的研究，Nayak等（2001）对1987年和1996年分离到的印度A型病毒进行了分类，利用VP1的部分序列将它们分成21个基因群，他们没有找到基因群与地理位置之间的任何很好的关联，这可能反映了印度国内广泛的动物迁移，表现在毒株上具有多源性。Tosh等（2002）比较了印度1977年和2000年分离到的83个A型病毒序列和其他现有的37个A型序列，描述了10个主要的基因型（指定为Ⅰ～Ⅹ），分离到的印度83株A型病毒被归属于四个基因型（Ⅰ、Ⅳ、Ⅵ、Ⅶ）。至少有两种基因型（Ⅵ和Ⅶ）在印度不同地区共循环。这项研究还分析了不同基因型的地理分布，基因型Ⅰ和Ⅶ分布区域广泛，有时甚至穿越整个印度次大陆，而其他基因型毒株具有区域限制性。1986年从印度分离到的3株与毒株欧洲A_{10}毒株密切相关，可能与印度使用A_{10}/Holland/42疫苗株有关。

利用系统树对来自非洲的51个A型病毒进行分析显示，它们是极其多样的，可分为6个基因型，其成员在地理上是相关的。引起2003年西非（WA）暴发的口蹄疫病毒株是从20世纪70年代初以来该地区流行的老毒株上进化而来的。与参考病毒株的比较表明，有一个非洲基因型与来源于欧洲和南美的病毒（EURO-SA拓扑型）最密切相关。这些非洲病毒的发生完全在撒哈拉沙漠以南或刚果盆地。其他非洲基因型被认为是非洲大陆的土著病毒基因型。

König等（2001）比较了阿根廷（1961年和1992年）分离到的16个A型病毒和南美疫苗株A_{24}/Cruzeiro/Brazil/55的VP1基因序列。他们发现，这些病毒也是遗传多样性的，但是，他们并没有比较其他同时代的来自于南美其他国家和世界其他国家的A型病毒。同样，Araujo等（2002）描述了9个A型病毒2年时间内（1994—1995年）在巴西圣保罗州表现出相当大的差异；他们分别属于3个不同的遗传谱系，也与A_{24}/Cruzeiro/Brazil/55不同。阿根廷、巴西和英国实验室之间合作研究，完成了1955—1998年超过40个南美A型口蹄疫病毒全部或部分VP1基因序列的检测和分析，表明A型的多样性，在6个南美国家确认有A型口蹄疫病毒。A型口蹄疫病毒造成2001年阿根廷、2003年的乌拉圭和巴西南部广泛的疫情暴发，研究证明与以前来自该地区分离的病毒是密切相关的。然而，在阿根廷2000年较小暴发分离的病毒与从2001年流行病毒不同，显示不同的拓扑型来源。

对超过500多个A型口蹄疫病毒部分或全部的VP1基因序列比较分析，A型口蹄疫病毒存在多个遗传群。对近300个完整或几乎完整的VP1基因序列进行比较分析表明，A型病毒可分为3个主要的地理区域限制性拓扑型，分别是EURO-SA、ASIA和AFRICA（图5-4）。区域性A型口蹄疫病毒在这些大陆之间偶尔发生传播，目前非洲、亚洲西部的A型口蹄疫正在向东扩散。

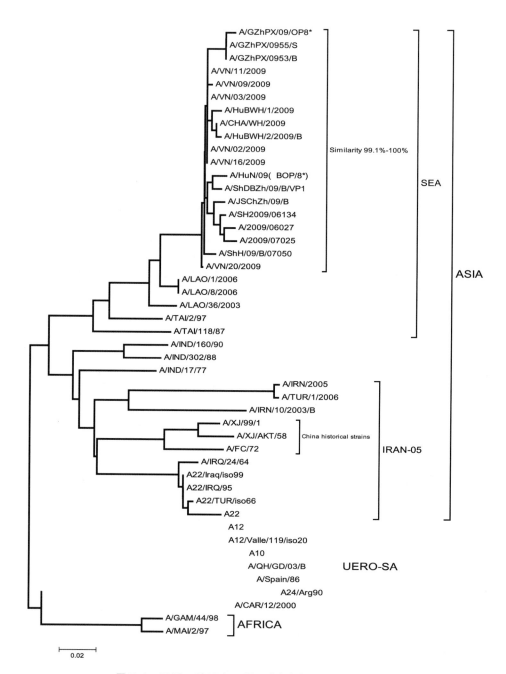

图 5-4　1966—2009 年 A 型口蹄疫病毒 VP1 无根进化树

　　2003—2009年的A型口蹄疫主要在东南亚、非洲和南美国家流行。目前，广泛流行的毒株主要是伊朗05系和东南亚系。

　　2005—2006年，一个主要的A型变异株A/Iran-05毒株在上述区域中发生并流行。该毒株传播穿越伊朗、土耳其、巴基斯坦，到达土耳其色雷斯地区，远至约旦。2008年，A/Iran-05病毒株的一个新变种取代了土耳其之前的毒株，从这一点来看，该系毒株一直在该地区移动。Iran-05系进一步可以分为A-Iran-05^{ARD-07}、A-Iran-05^{EZM-07}、A-Iran-05^{AFG-07}和A-Iran-05^{BAR-08}等4个亚系，主要在巴基斯坦、伊朗、印度和以色列等国家流行。从2006年开始，世界口蹄疫参考实验室测定了Iran-05毒株沙特阿拉伯2005年（A/SAU/15/05和A/SAU/16/05）和2006年土耳其（A/TUR/1、2、3/06）等毒株与中东地区A型疫苗毒株A/IRN/96的r值（VNT或/和ELISA方法测定），结果显示不保护（r值介于0.07～0.12之间）；而与其遗传关系较远的A22株抗原关系较近（r值大于0.36）。随后，对土耳其和巴基斯坦2006年毒株跟踪监测，进一步验证了A22对该毒株可以保护。但是在2007年发现，有部分毒株（如A/IRN/57/2006）与A22匹配性较差（r=0.21），但其与新驯化毒株A/TUR/06抗原关系近（r=0.66），这些结果提示了Iran-05毒株家族的复杂性。2008—2010年监测发现，巴林毒株A/BAR/2、6、7/08，伊拉克毒株A/IRQ/9、10、17、21、24/09与疫苗毒株A IRN87、A IRN96、A SAU95和A IND 17/82等匹配性差，但与A/TUR/06相匹配，同时也发现A22对部分Iran-05毒株不保护（如2009年土耳其毒株A/7、14、40/TUR/09），但是亲本毒株A/TUR/06弥补了这一缺陷。因此，A22和A/TUR/06成为首选疫苗毒株。从Iran-05毒株与疫苗毒株抗原匹配性试验结果，可以看出A型不同拓扑型、谱系或毒株之间相互免疫保护性较差，对A型毒株（尤其是A型Iran-05毒株）的防控要进一步加强。

　　在泰国、越南、柬埔寨、马来西亚、老挝和印度流行东南亚系，2008—2009年毒株间同源性在98%～100%。从遗传关系可以看出，该毒株来源于泰国（A/TAI/118/87），在泰国持续流行，随后到马拉西亚（1996）、老挝（2003）、柬埔寨（2006）、越南（2004—2009），最后传到中国（2009）。

　　南亚主要流行的国家有印度、巴基斯坦、孟加拉国、不丹、阿拉伯和尼泊尔等，主要流行毒株属Ⅶ基因型的VP3^{59}缺失亚系，是应该关注和检测的对象。但在巴基斯坦还有一个毒株（2007年分离），与A/Iran-05谱系毒株没有关系，与伊朗和巴基斯坦2000—2003年的毒株关系密切。在中东的阿拉伯、土耳其、吉尔吉斯斯坦和伊朗流行毒株为Iran-05^{ARD-07}亚系，但毒株与A22/Iraq疫苗株的血清学匹配性差。其中在阿拉伯是1965年后首次暴发的A型疫情。

　　目前的局势引起了人们的高度关注，多年来在一些国家首次发现了A型口蹄疫疫情的暴发。这样的国际传播，体现了病原的高致病性，这可能导致更长距离的通过各种途径向无疫地区传播。2009年1月和2月，伊拉克中部和南部报告了130多次，包括A/Iran-05的新变种。在这一时期，同样的A型毒株在巴林岛被检测到，随后在科威特鉴定的毒株与2009年在伊拉克发现的几乎相同。2009年2月，与伊拉克、科威特、伊朗几乎相同的A型毒株在利比亚暴发，并向西移动，已进入地中海区域，威胁到欧洲及地中海地区国家。

幸运的是变异株并没有传到非洲。非洲的肯尼亚、索马里、埃及和埃塞俄比亚等国家近年来一直流行A型口蹄疫，其中2009年暴发的疫情毒株与A/EGY/06关系密切，属于本土的AFRICA拓扑型G I 和G VII基因型毒株，是A型的重灾区。南美的哥伦比亚和厄瓜多尔近年来流行的毒株仍为EURO-SA毒株。2009年检测显示，在地中海地区有东非株的存在。

（三）C型口蹄疫病毒

与其他血清型相比，C型口蹄疫病毒的分布非常有限，流行范围较小。从历史上看，它在欧洲、南美、东非、北非、安哥拉等地区报道过，现在仅限于印度次大陆，且间歇性出现。目前还不清楚为什么C型明显呈消失趋势。在欧洲和南美洲采取疫苗接种和控制措施可能对该型病毒灭绝起重大作用，意大利最后发生疫情在1989年，阿根廷最后发生疫情在1994年，而亚洲没有该型疫情。

在欧洲和南美洲，通过补体结合试验将C型口蹄疫病毒分为5个抗原亚型$C_1 \sim C_5$。C_1亚型包括早期德国毒株CGC（大约从1926年开始）和后期的欧洲株（从1953年到20世纪80年代）。C_2亚型的代表是1944年乌拉圭疫苗株（C/Pando）和1953年英国田间毒株（C997）。C_3亚型主要由南美株组成，其代表株包括疫苗株C_3/Resende/Brazil/55和C_3/Indaial/Brazil/71。C_4亚型仅包含一个分离株C_4/Tierra del Fuego/Argentine/66。C_5亚型也仅有南美分离株，代表毒株为C_5/Argentine/69。后来，用这些病毒VP1基因序列进行系统发育分析的结果表明，C_1/Germany/26是有别于后来的欧洲C_1病毒，并且推测它所代表的家族很可能已经灭绝。从1953—1989年间分离的欧洲C_1病毒群体，变异程度很小，其演变几乎是静态的，这可能是当时在欧洲反复使用O_1和A_5毒株疫苗所导致的。C_2亚型两个来源毒株密切相关，后来被证实1953年英国暴发的疫源来自南美原产地毒株。两个C_3亚型代表毒株在遗传上有差异，与C_1和C_2亚型也不同。但单一的C_4亚型毒株与C_2亚型毒株密切相关，这预示可能是实验室或疫苗来源造成的。此外，C_5亚型毒株被证明与C_3/Resende/Brazil/55密切相关，也表明这次疫情的起源是实验室或疫苗株。最近暴发的C型口蹄疫于1994年发生在南美的阿根廷。测序研究表明，大多数导致1975—1994年阿根廷暴发的C

型毒株与疫苗株C₃/Indaial/Argentina/71关系最密切，但缺乏足够的直接证据表明是疫苗株输入造成的。然而，阿根廷于1969年、1983年和1984年暴发的口蹄疫被证明与南美疫苗株C₃/Resende/Brazil/55非常密切相关，这表明这个病毒可能是多次输入造成的。其他的研究表明，C₃/Resende/Brazil/55穿越南美于1969年在欧洲和中东引起暴发，1976年在菲律宾暴发。

按照O型口蹄疫亚型分类标准，所有的经典C型毒株均归为单一的拓扑型，命为EURO-SA。Reid等研究表明，依据部分VP1基因序列的比较，可将经典的C型口蹄疫病毒分为8个拓扑型，即为EURO-SA、安哥拉（Angola）、菲律宾（PHI）、ME-SA、斯里兰卡（Sri Lanka）、EA和塔吉克斯坦（Tajikistan）拓扑型（图5-5）。C型1976年首次进入菲律宾，毒株被证明与南美疫苗株C₃/Resende/Brazil/55关系非常密切，在随后的18年

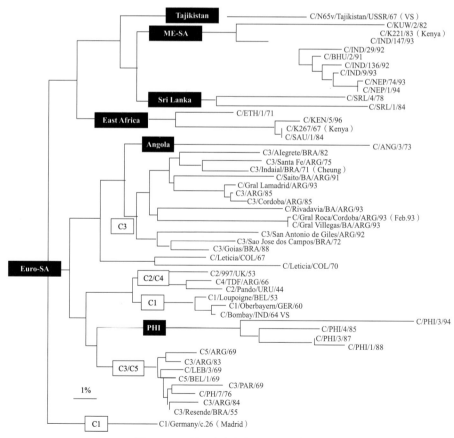

图5-5　C型口蹄疫病毒VP1无根进化树

间，该毒株演变为一种新的拓扑型（C-Philippines，OIE）。但是，1994年O型重新引入菲律宾群岛，1996年以来再无发生C型的记录。同样显而易见的是，安哥拉C型病毒家族是从南美病毒演变而来的。拓扑型ME-SA、斯里兰卡、EA和塔吉克斯坦也构成一组，其地理位置上接近而且病毒有时在这些地区之间传播，如C/K221/83来自肯尼亚，属于拓扑型ME-SA；C/SAU/1/84来自沙特阿拉伯，属于EA拓扑型。当有更多完整的数据序列时，一些拓扑型可能会合并。

欧洲自1989年（意大利）、南美自1994年（阿根廷）、亚洲自1996年（印度和菲律宾）、非洲自1996年（肯尼亚）以来，就没有发生过C型口蹄疫。但2004—2005年，肯尼亚和埃塞俄比亚暴发了C型口蹄疫，属于AFRICA拓扑型的Eth-71系，显然，这是一株早期流行毒，也有试验散毒的可能。之后未见C型疫情的报道，C型病毒很有可能现在已经灭绝。该型并没有明确的自然来源，这将是一个血清型很可能在全球根除的典型例子。

（四）Asia1型口蹄疫病毒

1951—1952年，首先在印度的样本中检测到Asia1型口蹄疫病毒，随后于1954年在巴基斯坦样本中分离到Asia1型口蹄疫病毒。Asia1型最主要的流行区是在印度次大陆（包括阿富汗、印度、巴基斯坦、不丹、尼泊尔），有人推测，这些分布与亚洲水牛相关。曾经其蔓延至中东并在欧洲零星发生，但并没有非洲或美洲的报告。2004年，Asia1型向北蔓延，在吉尔吉斯斯坦和塔吉克斯坦有暴发的报告。2005年年初，在中国香港特别行政区和中国大陆有暴发的记录，蒙古、朝鲜和俄罗斯东部迅速蔓延。在2005年和2006年，该疫情重新出现在东南亚（越南和缅甸）。2007—2009年，在亚洲还有零星暴发。综合来看，口蹄疫Asia1型病毒被认为比O型、A型或C型的抗原谱少，1960年确定了3个抗原亚型，随着毒株衍化，在不同的时间段和地区，鉴定出有不同的拓扑型的毒株。下面按照时间顺序，来概述Asia1型从1954—2009年的分子流行病学研究进展。

对1954—1990年分离的44个口蹄疫Asia1型毒株的研究显示，VP1基因序列的3′端比同一地区其他型的口蹄疫病毒变化少。这些毒株虽然能区分出2个主要的基因型，但其相关性都高于85%，并且所有毒株都在一个单一的拓扑型中。

Tulasiram等（1997）研究分析了部分VP1基因序列数据，结果表明，来自印度南部两起田间暴发的Asia1型口蹄疫病毒与来自北方暴发的毒株密切相关，所有这3个毒株都与疫苗病毒（Asia1/IND/63/72）关系密切。

Asia1型口蹄疫于1999年传播进入伊朗和土耳其，最终在2000年到达希腊东部，这些毒株都来源于20世纪90年代中期起源于巴基斯坦、印度和孟加拉国的毒株。1994年，该毒株曾在沙特阿拉伯流行，但没有广泛传播。口蹄疫循环大流行似乎是从印度次大陆穿越伊朗和土耳其威胁到欧洲边界（如1972—1973年Asia1的疫情），但目前还不清楚这是在什么样的条件下形成的。

Muthuchelvan等（2001）指出Asia1型毒株主要集中在一个群（group）的两个簇。来自巴基斯坦的毒株（包括Asia1/PAK/1/54）组成一簇，而来自孟加拉国、不丹、印度、以色列和尼泊尔的分离株组成另一个簇。在此基础上，Gurumurthy等（2002）又将印度（1985年和1999年）分离的61个Asia1型病毒集合进来一起研究，认为Asia1型口蹄疫病毒可以归纳为四个群（群Ⅰ、Ⅱ、Ⅲ和Ⅳ），其中所有来自印度的61株都属于其中的一个群（群Ⅱ），将它们进一步细分为3个谱系（B1、B2和B3）。B1和B3谱系的病毒在1996年以前流行更为普遍，而B2谱系病毒似乎是最近暴发的新变种。

截至2003年，Asia1型口蹄疫病毒不同分离株（240株）间的核苷酸序列显示可达到15.6%的差异，尽管有一些理由将东南亚分离株独立出来，与亚洲其他地区暴发的病毒分为不同的群，但不足以将Asia1型口蹄疫病毒分成几个拓扑型。

世界口蹄疫参考实验室对Asia1型完整VP1基因序列进化分析显示，2003—2007年的毒株属于6个不同的群（Ⅰ、Ⅱ、Ⅲ、Ⅳ、Ⅴ、Ⅵ）。每一群内的毒株核苷酸同源性为95%~100%。大多数病毒是单一系统来源发生的。但是，第Ⅵ群又形成了3个明显不同的谱系（a、b和c），而且第Ⅱ群毒株可能来源此群的c谱系（图5-6）。第Ⅵ和Ⅱ群毒株间的同源性百分比也较高，毒株间同源性在91.8%~95.9%。

第Ⅱ、Ⅲ、Ⅳ、Ⅵ和一些来自印度1995—2001年的毒株之间遗传关系也很清楚。2004年在伊朗流行的毒株属于Ⅰ和Ⅱ群（图5-6）。2004年在伊朗分离到的第Ⅰ群毒株IRN/25/2004与2001年在阿富汗和伊朗分离到的8株毒株遗传关系密切。2004年在伊朗分离到的其他毒株属于第Ⅵ群b组，仅与Ⅱ毒株（分离于2003年的乌兹别克斯坦、2003—2004年的塔吉克斯坦、2004年的阿富汗、2004年的吉尔吉斯斯坦、2005年的中国香港、2002—2004年的巴基斯坦）有7%的核苷酸差异。其中，2005年中国香港的Asia1型口蹄疫是自1980年以来该地区的首次报道。而在2003—2005年从乌兹别克斯坦、塔吉克斯坦、吉尔吉斯斯坦和中国香港分离的毒株间仅有3%核苷酸的差异，表明这群毒株是有密切关联的，并说明这种病毒能在短期内长距离传播，真正的传播路径仍不清楚。

在1998、2003和2005年巴基斯坦分离的毒株，属于Ⅵa群，与1999—2001年伊朗毒株（IRN/58/99）、土耳其毒株（TUR/3/2000和TUR/6/2000）、亚美尼亚和希腊毒株（GRE/2/2000）、格鲁吉亚毒株遗传关系密切（图5-6），序列数据表明，这些流行毒株可能来源于巴基斯坦。在1973年、1983—1985年发生过流行，1973年传入伊朗和土耳其，但毒株来源没有查明。1983—1985年间，在亚美尼亚、阿塞拜疆、巴林、格鲁吉亚、希腊、以色列和黎巴嫩发现了遗传关系密切的毒株。但是，这株病毒的来源仍没有确定。

令人惊讶的是，2003年和2005年巴基斯坦的分离株（Ⅵa群）却与PAK/2/98密切相关，时隔5~7年，分别仅有0.3%和0.0%的核苷酸差异，表明该毒株很可能是实验室散毒或者是使用的疫苗灭活不彻底引起。

第Ⅲ群仅包含了2001—2004年间印度分离株和2002年不丹分离株（图5-6）。其他许多较早的病毒谱系在系统发育分析中是很显著的，并显示Asia1型毒株在印度的多样性和多来源性。但是，大多数谱系没有在该区域以外发现，表明Asia1病毒的流行很少向印度次大陆以外蔓延。

2005年和2006年越南暴发的口蹄疫Asia1病毒属于Ⅳ群（图5-6），与来源于东南亚（1998年在泰国和2005年在缅甸）分离到的病毒有关。Ⅳ群病毒属于一个年度跨度大（1974—2006年）、更多样化的病毒群，但仅在东南亚和中国香港发现过。其中，仅2个毒株不属于这个群，即Bangkok/Thailand/60（旧疫苗病毒株）和MYA/2/2001株。MYA/2/2001株与印度分离株关系密切，暗示该病毒可能从印度传入缅甸。其他缅甸毒株属于Ⅳ群的2个亚谱系，是在相对较短的时间（1997—2000年和2005年）内检测到的，意味着缅甸有多谱系毒株存在或多次被传入。

2005—2006年，在不同地方（中国、俄罗斯、蒙古）分离到的口蹄疫病毒株，属于第Ⅴ群，与2005年在中国香港分离的病毒的毒株（属于第Ⅱ群）有16.1%~17.2%的核苷酸差异。另一株属于Ⅴ群的病毒被认为是导致了朝鲜口蹄疫的暴发（NKR/2/2007）。朝鲜461头牛中，431头被感染，感染率为93%，整群牛被销毁。猪没有发现病例，但2630头易感猪也被销毁。在中国不同的省、俄罗斯、蒙古、朝鲜等地区于2005—2007年间分离的病毒，与从印度（泰米尔纳德邦）在1976年和1980—1981年间分离的较早期的病毒密切相关，印度毒株与来自中国、蒙古、俄罗斯和朝鲜病毒之间的核苷酸差异为0.8%~4.6%，其中Asia1/JS/CHA/2005与Asia1/IND/18/81株同源性高达99.2%，但与在2003—2004年期间的印度分离的20株明显不同（图5-6），核苷酸差异为12.8%~14.7%，无法合理解释。Ⅴ组内一些较老的和最近的分离株（印度1976—1981年与中国/蒙古/俄罗斯/朝鲜2005—2007年）关系密切，Ⅵa组内较早期的和最近的分离株（巴基斯坦1998年与巴基斯坦2003—2005年）关系密切，这就提出了一个关于它们的起源问题，是由于异常缓慢的进化速率或由于实验室/疫苗病毒株的再引入。

2008—2009年，仅在巴基斯坦和阿拉伯发生口蹄疫，分别属于第Ⅰ群和未归类群。其中巴基斯坦毒株与阿富汗2001年毒株和伊朗2001年毒株关系密切，而阿拉伯属于新发Asia1疫情，与缅甸2001年毒株MYA/2/2001关系密切，时隔8年重新发生，该毒株的疫源也极可能是实验室散毒。2010年，巴基斯坦巴哈瓦尔布尔市、旁遮普省（与印度、伊斯兰地区交界）、卡拉奇市、信德省等地区连续发生Asia1型口蹄疫疫情，引发疫情的毒株

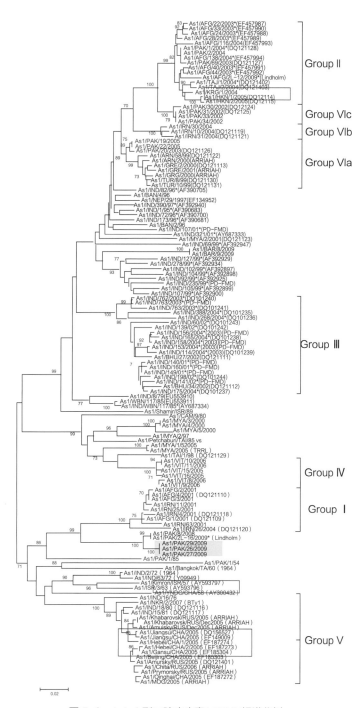

图 5-6　Asia1 型口蹄疫病毒 VP1 无根进化树

与信德省2008—2009年毒株高度同源。2011年2月，巴林地区也检测到该毒株的流行。2011年5月，该毒株进一步扩散至伊朗和阿富汗，引起了欧洲国家的恐慌。该毒株2012年正式命名为Asia1/Sindh-08毒株。疫苗免疫保护性试验结果表明，全球范围内现有Asia1型疫苗毒株对其均不保护，属目前高度关注的流行毒株之一。

过去20年，口蹄疫分子流行病学取得了巨大发展，并且证明一些疫情往往与疫苗株有关。不幸的是，有些毒株为实验室散毒。所有这些分子流行病学的研究都是基于比较衣壳蛋白VP1基因编码区基因组的序列（或少数情况下完整的衣壳蛋白编码区）。最近的一些研究着重于口蹄疫病毒衣壳以外的编码区之间的关系，但来自这些区域的序列不是型特异性的，目前还不清楚它们对于追查病毒起源的作用。然而，这些基因组的研究，事实上是完整基因组序列，可能在确定田间型内和型间的重组率和流行性上是非常有用的。随着口蹄疫病毒分子流行病学的深入，不仅能够阐明全球口蹄疫病毒遗传谱系、生态分布、流行规律，还能阐明各谱系及疫苗株的系统进化关系，以及各谱系毒株的遗传特征，评估毒株的基因重组和变异，结合鉴定和比较各谱系毒株的致病性或传染性，评价疫苗毒对流行毒株的保护关系，分析流行毒株的抗原变异，建立构建新疫苗株的构建技术及其他科学防控措施等，为防控口蹄疫提供重要数据支持。

（何继军）

第四节　中国口蹄疫溯源

口蹄疫总的分布与流行态势是发达国家和一些岛国消灭或控制了本病，发展中国家特别是亚洲、非洲和南美一些国家流行严重。口蹄疫在中国流行由来已久。根据甘肃农业大学王锡祯教授等调查、收集资料，中国最早有口蹄疫的记载是1893年前后，在云南省西双版纳地区曾经流行过类似口蹄疫的疫病，1915年云南大雪山一带，1917年3月在云南暴发，直至1924年疫情仍年年不断，1928年云南再次出现疫情，直至1932年未尝中断，1934年云南保山一带又发生疫情，1936—1948年云南疫情未断，在解放以前，云南是中国几乎年年发生口蹄疫的老疫区。甘肃酒泉一带1902年发生过口蹄疫大流行，1925年流行于甘肃，1932—1933年口蹄疫流行于甘肃、青海、江苏、安徽等省，1935年青海口蹄疫广泛流行并波及甘肃河西一带，1914年在新疆奇台地区流行，1940—1942年新疆、内蒙古发生口蹄疫，1947—1948年青海、宁夏发生口蹄疫。除此以外，其他地区的流行情况缺乏文字记载。口蹄疫流行病学研究表明，中国目前正处于流行毒株多元化时期，不同血清型、不同遗传谱系、不同进化阶段的病毒混杂存在，各自循环，形成了复杂难解的防疫局面。目前，主要流行有3个血清型，分别是O型、A型和Asia1型。

一、中国口蹄疫疫情形势

2005年5月至2013年年底，中国共计向世界动物卫生组织报告108次疫情。其中Asia1型疫情46次（2005—2009年），A型疫情26次（2009—2010年，2013年），O型疫情36次（2010—2013年）。2005—2006年、2009—2010年和2013年为3个疫情高发阶段。参见表5-2。

表5-2　2005—2013年中国公布口蹄疫疫情统计

年份	公布疫情/次	Asia1 型	A 型	O/mya-98	O/PanAsia
2005	10	10	0	0	0
2006	17	17	0	0	0
2007	8	8	0	0	0
2008	3	3	0	0	0
2009	15	8	7	0	0
2010	20	0	2	18	0
2011	7	0	0	2	5
2012	5	0	0	3	2
2013	23	0	17	2	4
合计		46	26	25	11

二、中国O型口蹄疫病毒归属及疫源分析

按遗传分类，中国大陆及香港、台湾地区目前主要流行三种遗传拓扑型（topotype）的O型口蹄疫病毒，分别属于CATHAY型（中国型）、ME-SA型（中东-南亚型）和SEA

型（东南亚型）。至今还没有发现EURO-SA、ISA-1、ISA-2、EA和WA型等拓扑型毒株，目前流行的3个拓扑型毒株各自独立，无直接的遗传衍化关系。

（一）CATHAY拓扑型流行毒

"CATHAY"型是国际上对东南亚和中国区域特有的一个流行毒的称谓（对此称谓中国口蹄疫专家持有异议），中国国家口蹄疫参考实验室曾将其称为"猪毒遗传群"。在CATHAY型毒株群中，现存最早的分离毒是中国香港1970毒株（参考序列O/HKN/70），影响最大的流行毒是中国台湾1997毒株（参考序列O/TAW/97），最有价值的疫苗毒是OZK/93、OR80等。CATHAY型病毒在全世界O型口蹄疫病毒遗传进化树上自成一脉，其主要分子特征是在5′UTR和3A基因上有稳定的缺失。长期大量的田间流行病学调查发现，CATHAY型病毒主要引起猪发病，牛、羊病例很少，但常有带毒现象。实验室人工感染试验表明，大部分田间分离的CATHAY型病毒可致牛发病，仅有少量分离毒据报道不致牛发病。

关于CATHAY型毒株的起源问题，有较多的间接证据，如病毒分子缺失特征及其形成、弱毒疫苗研究文献、猪口蹄疫流行病学研究报告和相关历史资料等，均支持谢庆阁先生提出的源自弱毒疫苗的推论。

CATHAY型病毒主要流行于亚洲，欧洲也曾零星发生，如奥地利1981年、俄罗斯1995年等。研究表明，从20世纪70年代开始，该毒株持续流行、难以控制。对各时期流行毒分离株的基因序列分析发现，大部分基因序列较为保守，VP1等免疫原基因则呈渐进式进化。从1970年至现在，可分为3个明显的进化阶段：1970—1993年，以旧猪毒为主，旧猪毒免疫原性普遍较强，对猪的毒价也较高（ID_{50}通常可达7.0）；1992—1993年时衍生出下个新分支，称为新猪毒-1，此阶段田间除了引起猪发病，还发现有牛发病病例，如TAW/97毒株；2005—2006年时，又衍生出一个新分支，称为新猪毒-2（或称抗原变异株），新猪毒-2的抗原发生了较大变异，原有的一些疫苗对它的保护力明显下降，而新猪毒-2本身的免疫原性较弱，对猪的毒价也较低（ID_{50}为5.0左右），从中筛选出理想的疫苗种毒困难。

目前，CATHAY型病毒出现进一步变异趋势。如世界口蹄疫参考实验室（WRLFMD，英国Pirbright研究所）针对中国香港送检的香港2013年口蹄疫分离毒（O/HKN/01/2013）所做的疫苗匹配试验结果显示，目前全球主要疫苗毒株O 3039、O Campos、O Manisa、O TUR/5/09、O TAW/98、O SKR 7/10等均对其不保护（r值<0.3），仅与O 4652疫苗毒株r值等于0.3。而2011年中国香港O HKN 8/2011、O HKN 9/2011毒株可被O 3039和O TAW/98毒株有效保护，r值介于0.44和0.8之间。该结果值得关注，特别是该毒株的抗原变异似有加剧趋

势，如确实发生重大变异，将直接影响疫苗的免疫效果。

CATHAY型病毒对养猪业危害很大，同时，由于普遍免疫所产生的免疫压力，该病毒的变异明显加快，给免疫防控带来了新的困难。尤其重要的是，由于目前仍没有搞清楚该病毒的疫源维持、循环及传播机制，广泛使用疫苗仅能减缓疫情的严重程度和发生频度，但难以根除。

（二）ME-SA拓扑型流行毒

ME-SA拓扑型流行毒主要流行于亚洲地区，尤其在中东、南亚和东亚地区广泛流行。较为熟悉的PanAsia毒株即属于ME-SA遗传拓扑型。

一般认为，PanAsia毒株1990年衍生自印度。该毒传播能力很强，在1999—2001年，曾引起整个亚洲大规模暴发疫情，并远播至非洲和欧洲，震动了全世界。据世界动物卫生组织的分析报告，该毒在南亚地区衍生后，1990—1997年沿经典路线向中东-西亚方向传播，经数年徘徊，传播能力得到加强，于1999年突破东进屏障，传播至东南亚、东北亚地区。

有学者认为，PanAsia毒株是经西藏传入中国的，传入时间是1999年。PanAsia毒株传入中国后，引起严重疫情，造成很大的经济损失和社会影响，催生了中国口蹄疫强制免疫政策的出台。PanAsia毒传入中国之初，以牛发病为主，部分疫点猪或羊也有少量发病；随后，牛发病逐渐减少，猪发病开始增多，并且出现只有猪发病的情况。

2011年3月，贵州省黔东南州天柱县3个乡发生由PanAsia毒引起的以牛为主的疫情，调查发现，4个疫点村寨264头存栏牛中有1/3发病（发病牛中3/4是水牛），而存栏的423头猪中仅有2头猪发病。经对序列分析，该分离毒的遗传谱系属于PanAsia毒，与1999年中国流行的牛源PanAsia分离毒（China/99）等的同源性达94%，与2010年9—10月越南等东南亚地区流行的PanAsia毒同源性最高，达98.7%~99.2%。

目前，PanAsia毒仍是中国主要流行毒之一。自2011年贵州天柱县牛PanAsia毒流行以来，中国已经连续在2011、2012和2013年监测到该毒株的流行。其中，2011年报告疫情5起，2012年2起，2013年4起，主要在西部地区流行，如贵州、宁夏和西藏。期间，俄罗斯、哈萨克斯坦、塔吉克斯坦等周边国家也报道有PanAsia毒引起的疫情，发病动物主要为牛。值得关注的是，东南亚国家猪群发生由PanAsia毒株引起的严重疫情，呈流行态势。

中国国家口蹄疫参考实验室疫苗匹配性试验结果证实，目前口蹄疫O型疫苗毒株O/MYA98/BY/2010等毒株均可有效保护当前流行的PanAsia毒株，这也是PanAsia毒株没有在国内引起大流行的主要原因之一。

（三）SEA拓扑型流行毒

顾名思义，SEA拓扑型口蹄疫病毒，主要流行于东南亚国家，属东南亚地区特有的一个长期流行的毒株。2010年之前，主要在泰国、越南、缅甸、老挝、柬埔寨等国家流行。其下主要包括两个流行毒株，缅甸98毒株（Mya-98 strain）和柬埔寨94（Cam-94 strain）。Mya-98毒株因于1998年前后主要在缅甸等东南亚国家流行，因此命名为Mya-98毒株；Cam-94毒株主要限制在东南亚国家如柬埔寨（1994、1998），老挝（1998），越南（1997、1999），马来西亚（2001—2003）等国家流行，近来未见由该毒株引起的疫情，中国历史上也从未监测到Cam-94毒株。

2010年2月22日，中国广东省广州市白云区黄金围地区部分养殖户饲养的生猪发生了疑似口蹄疫。2月28日，国家口蹄疫参考实验室确诊断为O型口蹄疫，毒株为O型SEA拓扑型缅甸98（Mya-98）毒株。此次疫情，经济损失巨大。疫情发生后，中国政府及时向OIE通报了疫情。随后，在中国13个省区相继发生25次疫情（图5-7）。同时，该毒株也在日本、韩国、朝鲜等国家和地区报道流行，各国政府为控制疫情，大量扑杀染疫动物，引起了FAO、OIE等国际组织的高度重视。

图5-7　中国2010—2013年Mya-98毒株分布及区域流行图示

中国O型SEA拓扑型缅甸98（Mya-98）毒株究竟从何而来成为普遍关注的话题。

广东省猪O型疫情发生以后，国家口蹄疫参考实验室随即展开了病毒分离鉴定和毒株来源分析。通过VP1基因序列比对分析发现，该毒株（O/MYA98/BY/2010）与中国香港、日本、韩国等（2010）毒株同源性在99%左右，属高度同源；与越南等东南亚国家（2010）毒株同源性98.4%以上。由此推测，中国2010年开始流行的Mya-98毒株，属从东南亚国家传入中国。随后，世界口蹄疫参考实验室口蹄疫分子流行病学研究也证实了这一观点。

结合WRL、国家口蹄疫参考实验室历年Mya-98毒株序列，Mya-98毒可分为3个遗传组别（Group）：

组别1（G1），见于越南（1997）、缅甸（1998）、柬埔寨（1998）等国家。发病动物主要为牛。该组别毒株可能为SEA拓扑型毒株的源头，在后来未见相关流行报道。

组别2（G2），包括东南亚国家（如越南、老挝、缅甸、马来西亚等2001—2008年）的毒株。发病动物主要为牛，也可见猪发病，如越南毒株（O/VITHaiphong/06/S）。从WRL分子流行病学报告中发现，该组毒株在俄罗斯、蒙古等2010年也见有引起疫情的报道。东南亚特有的毒株如何跨越中国大陆，在蒙古和俄罗斯等国家流行，也是备受关注的话题之一。

组别3（G3），包括中国、东南亚国家及中国周边日本、韩国、俄罗斯、蒙古等Mya-98毒株。根据流行年代不同，又可以分为两个不同的进化分支（G3A和G3B）。G3A主要是2003—2005年流行毒株，如蒙古O/MOG/2004、越南O/VIT/4/2005等毒株。G3B包括中国2010年以后流行的毒株。G3组内毒株同源性94%左右，分支内毒株同源性98%以上。该组毒株可引起猪、牛、羊等家畜发病，宿主范围极其广泛。

G1与G2毒株同源性84%左右，G1与G3毒株同源性84%左右，G2与G3毒株同源性89%左右，其间最大可达到15%以上的差异，表明该毒株变异速度之快。这点或许是Mya-98毒株在东南亚长期流行、难以控制的原因之一。

另外，比较不同组别的Mya-98毒株发现，Mya-98（G3B）在VP1基因上，第47位氨基酸P/Q→S，58位S/A→P，138位E→G和198位E→A的替换，142位L→P的零星变异等，体现了其共同变异特征或趋势。虽然，关乎抗原位点的关键氨基酸并没有改变，但其变异位置已经触及关键位点或区域，或可代表了该毒株进化的方向。

流行病学研究表明，Mya-98毒株在东南亚等国家长期流行，于2010年前后传入中国。但遗憾的是，由于缺少详细的流行病学背景资料，该毒株以何路径、以何种方式传入中国不得而知。东南亚越南、老挝、缅甸与中国接壤，边境地区移动、动物及产品贸易频繁，这些国家口蹄疫疫情传入中国的风险极高。而且，在东南亚国家常见由于动物移动或贸易引发的疫情，这种跨区域的流行和传播，也催生了东南亚—中国口蹄疫控制行动计划（SEACFMD）的出台。近年来，在全球范围内也常见毒株跨区域传播流行的例子，如2011年中东地区O型PanAsia-2毒株在欧洲国家保加利亚引发疫情；2012年SAT2型在北非埃及、利比亚等国家强势流行，甚至在亚洲如巴勒斯坦等也监测到SAT2型毒株；2013年9月南亚Ind-2001毒株在北非利比亚等国家引发疫情。因此，如何防止境外毒株的传入，是中国口蹄疫防控工作面临的一个新课题，或者说如何控制流行毒株的跨区域传播，是今后口蹄疫防控面临的共同难题。在中国，与之相似的情况还有2009年A型Sea-97毒株、2011年新泛亚毒株和2013年A型Sea-97 G2毒株。回顾中国近来的口蹄疫流行历史，几乎造成大流行的毒株均来自于境外，中国防堵境外口蹄疫流行毒株的任务越来越重。

　　另外，Mya-98毒株宿主适应和转向值得关注。2010年，中国Mya-98毒株在猪、牛、羊等均可引起发病。之后，中国再未见由该毒株引起牛发病的报道，宿主范围表面上在缩小，但实则引发了更为严重的后续效应，即猪Mya-98疫情的持续发生。分析口蹄疫流行毒株与易感动物的关系可以看出，某一个毒株如果对牛易感，对猪较为钝感，则易于控制，如2005—2009年Asia1型江苏毒株、2009—2010年A型武汉毒株等。相反，某一个毒株如果对猪易感，则难于在短期内控制，如Mya-98毒株。因此，从Mya-98毒株目前流行潜力和对猪的易感性、致病力等方面综合分析，该毒株在中国还将持续流行一段时期。国家口蹄疫参考实验室开展的全国重点省份猪屠宰场口蹄疫监测结果也表明，中国猪群中Mya-98毒株较为常见，如2010年全国19省口蹄疫监测中，在4个省（自治区、直辖市）屠宰场监测到阳性带毒；2012年全国10省猪屠宰场监测中，在3个省监测到猪带毒阳性。

　　2010年Mya-98毒株传入中国以来，引起了严重的疫情，使中国的养殖业遭受严重的打击，造成了巨大的经济损失。自新毒株确诊以来，国家口蹄疫参考实验室积极地投入对该毒株的研究和疫苗研发工作，并取得突破性进展。针对该毒株的疫苗已经投放市场，并取得了有效控制。2011年，中国发生2起Mya-98疫情，2012年发生3起，2013年仅发生2起，疫情次数和流行范围进一步降低或减小。可以肯定，只要扎实做好免疫预防、流调监测和流通环节监管工作，一定可以有效控制该毒株的流行。

三、中国A型口蹄疫病毒归属及疫源分析

　　全世界A型口蹄疫的流行范围和毒株复杂程度仅次于O型口蹄疫，在世界各大洲均有流行，目前发展中国家特别是亚洲、非洲和南美一些国家流行严重。其致病性和抗原变

异性则普遍强于O型。从遗传关系分类，全世界A型口蹄疫病毒可分为三个大的遗传拓扑型，即Eu–SA型（欧洲–南美型）、ASIA型（亚洲型）和AFRICA型（非洲型），每个型又包含有多个遗传谱系的毒株。A型口蹄疫病毒主要感染牛、羊，猪感染发病的报道较少。

历史上，中国曾发生过多次A型口蹄疫，疫情主要由北方和西北方向传入中国。境内第一例有文字记载的A型口蹄疫病例出现于1951年上海市英国投资的Colty奶牛场，并由法国巴黎兽医诊断中心鉴定确认。1958年中国新疆阿克陶地区首次发生A型疫情并引发较大规模的流行。对现存的中国历史上的A型流行毒遗传关系分析，主要属于ASIA拓扑型的南亚和西亚地区的A型流行毒，如AKT/58等。中国对A型口蹄疫战略防御的重点也是在西北。

2009年1月21日，国家口蹄疫参考实验室确诊湖北省1月13日报告的武汉市东西湖区奶牛疑似疫情为A型口蹄疫。随后，上海市奉贤区一奶牛场发生疑似口蹄疫疫情，41头奶牛发病，2月11日，经国家口蹄疫参考实验室确诊为A型口蹄疫。截至2010年2月，中国共计向OIE报告A型口蹄疫疫情9起，监测阳性1起，疫情发生省份有湖北、上海、江苏、广西、贵州、山东、新疆等7个省、自治区、直辖市。发病动物主要是牛，也见牛、猪、羊同时发病。

通过VP1基因同源性比对，发现此次国内暴发的A型毒株与近年周边东南亚国家流行的A型毒株高度同源，如老挝2006年分离株（95%）、马来西亚2006—2008年分离株（96%），其中同源性最高的是泰国2007—2008年的流行毒（高达98%以上）。根据世界口蹄疫参考实验室对全球A型毒株的遗传分类，此次中国暴发流行的A型毒株属ASIA拓扑型中的Sea–97毒株。据OIE通报，2009年中国A型出现以前，东南亚地区有多个国家流行A型口蹄疫，如老挝（2003、2006、2008年），泰国（1997—2009年），柬埔寨（2006、2008年），马来西亚（2005、2007—2009年），越南（2004—2006、2009年）等。尤其值得一提的是，越南2009年年初的毒株（A/VN/09/2009、A/VN/02/2009、A/VN/03/2009、A/VN/11/2009、A/VN/16/2009、A/VN/20/2009）与中国流行毒株VP1核苷酸序列同源性99%以上，氨基酸序列同源性98%～100%，属高度同源。进化树结果表明，越南毒株和泰国近两年流行毒株与中国流行毒株在一个进化分支上，该分支来源于泰国、越南、马来西亚和老挝2005—2007年流行毒。这些毒株构成独立的AISA拓扑型的Sea–97谱系，与伊朗、土耳其、巴基斯坦和阿富汗近年流行的Iran–05毒株不同，抗原性差别显著，此流行毒株属于Iran–05亚拓谱系。而印度毒新出现的VP3 59位缺失的毒株与其他ASIA谱系抗原性差别大。

进一步分析发现，该毒株最早可追溯到印度1977年，此后泰国1987年、印度1990年、泰国1999年、缅甸2002年，以及后几年（2003—2009年）泰国、越南和缅甸等国的流行毒均与此有直接的遗传衍化关系。

中国新发A型流行毒株与越南2009年、泰国2008流行毒株属同一毒株，共同来源于东南亚地区之前流行的ASIA谱系毒株。而越南2009株和泰国2008毒株公布的信息表明，毒株分离时间早于中国首例（武汉）暴发时间，证实了先前的遗传进化分析，该毒株源于东南亚国家，但具体的传播路径和进入时间并不清楚。

2010年年初，韩国也报道发生A型Sea-97毒株引发的牛疫情。毒株与东南亚和中国A型毒株高度同源。2010年6月以后，全国未见A型临床病例。

时隔2年零8个月，中国再次出现A型口蹄疫临床发病病例。首个确诊点是2013年3月1日广东茂名某猪场，发病动物为猪。之后，又相继确诊10次疫情，其中青海1次、新疆3次、西藏5次、云南1次，发病动物都是牛。此轮新发A型口蹄疫疫情由同一毒株引起，该毒株亦属Sea-97。根据遗传进化树和同源性分析结果，此轮疫情毒株与2009年湖北武汉毒虽然都属于Sea-97毒株，但属于不同的进化分支。因此将2009—2010年湖北武汉等地流行的毒统称为G1分支，将2013年广东等地流行的毒株统称为G2分支，以便区别。结合近年我国开展的A型病原监测结果和国外相关资料认为，此轮新发A型口蹄疫G2毒株来自东南亚，而非由中国国内存在的G1毒株衍化而来。中国周边俄罗斯、哈萨克斯坦在2013年也相继报道发生A型疫情，俄罗斯毒株与中国毒株高度同源。与G1分支病毒相比，G2分支病毒对猪的致病性明显变强。

比较2009年和2013年两轮A型疫情，有一些共同特点：其一，毒株均来源于东南亚国家，但疫情通过何种渠道、何种路线和途径传入中国不得而知；其二，国内疫点飘忽不定，未获得疫情交互传播的流行病学证据；其三，发病动物主要是牛，猪也可感染（田间和实验室均已证明），但田间少见猪疫情。

四、中国Asia1型口蹄疫病毒归属及疫源分析

Asia1型口蹄疫病毒于1954年由英国Pirbright实验室首次鉴定，分离地为南亚地区巴基斯坦、印度等国。Asia1型口蹄疫主要流行于亚洲的南亚、东南亚，以及中东、东北亚的部分国家，欧洲的希腊曾零散发生。根据国内外田间流行病学调查，Asia1型口蹄疫病毒主要感染牛、羊，偶尔有猪感染发病。按遗传进化关系分群，所有Asia1型口蹄疫流行毒可分为6个遗传群（GⅠ～GⅥ）。

历史上，Asia1型口蹄疫曾经在中国云南边境澜沧江以西地区间或流行，代表毒株为云南保山毒（YN/BSh/58），主要感染牛，无猪的病例。该毒在中国内地没有形成传播流行，但参考实验室曾在部分内地省份牛的OP液中查到该病原。由该毒培育的减毒活疫苗

曾经用于边境免疫防疫。2005年3月，中国香港发生牛的Asia1型口蹄疫，经参考实验室检测，为GⅡ群毒株。2005年4月，参考实验室检测发现中国江苏无锡等省区出现一个新的Asia1型口蹄疫毒株，称为江苏毒（江苏系或JSL），该毒于1980—1981年曾经流行于印度。江苏无锡之后，该毒又在多地引发严重疫情，至2009年5月，全国共有20个省份发生由该毒引发的疫情，主要感染发病动物为牛，个别地区出现猪的病例，代表毒株是江苏05（Asia1/JS/05），遗传分类属于GⅤ群。

目前，Asia1型口蹄疫在中国已得到有效控制，2009年5月之后，已连续5年多无临床病例。回顾中国Asia1型口蹄疫流行与防控历程，有三点值得总结，一是Asia1型口蹄疫传入中国，说明境外疫情之复杂和边境防疫之重要；同时对于出现新疫情时采取何种控制策略最安全、最有效也有借鉴意义。二是分子水平研究发现，适应猪的Asia1型口蹄疫病毒，其细胞受体结合基序发生了变异，这种变异明显提高了对猪的侵染性和致病力，这一发现对于揭示口蹄疫病毒的感染致病分子机理具有重要意义。三是口蹄疫疫苗种毒研发与管理的典型范例，Asia1型口蹄疫在中国发生后，由国家口蹄疫参考实验室筛选推荐和中国兽药监察所验证的JSL疫苗种毒（Asia1/HN/06）一举解决了种毒问题，对于稳定Asia1型口蹄疫防疫形势起到了关键作用。

2005年以来，境外口蹄疫流行毒株的频繁传入，对中国口蹄疫防控造成了极大困难。目前，先后监测到3个血清型的口蹄疫毒株，均已得到有效控制。但是，通过梳理各个口蹄疫流行毒株的来源历史可以看出，境外口蹄疫侵入是近年来新疫情不断的主要原因，如何有效防止境外口蹄疫的传入是今后防控口蹄疫的重点工作之一。当前流行毒株复杂，表现在血清复杂和毒株繁多两个层面，毒株鉴定显得尤为重要，这既是认清形势的需要，也是疫苗选择的前提，这是因为中国普遍采用以免疫控制为主的策略，疫苗的针对性和有效性决定防控成效。另外，国家口蹄疫参考实验室针对境外流行毒株跟踪发现，A/Iran-05、O/PanAsia-2、O/Ind-2001、Asia1/Sindh-08等毒株对中国构成极大的威胁，而中国针对这些毒株的储备研究相对薄弱，应在加强监测的基础上，建立有效的防控体系。

表5-3中统计了口蹄疫主要历史和当前流行毒株首次发现的时间和主要感染的动物。

表5-3 中国口蹄疫毒株流行历史简表

血清型	拓扑型	毒株	传入年代	主要易感动物
O	ME-SA	泛亚毒	1999	牛、羊
O	ME-SA	泛亚毒	2011	牛、羊、猪

（续）

血清型	拓扑型	毒株	传入年代	主要易感动物
O	SEA	缅甸 -98	2010	猪、牛、羊
O	SEA	缅甸 -98	2014	牛
Asia1	未知	云南保山毒	1958	牛
Asia1	G V	江苏毒	2005	牛
A	ASIA	东南亚 -97	2009	牛
A	ASIA	东南亚 -97	2013	牛、猪

（何继军）

参考文献

Abdul-hamid N F, Firat-sarac M, Radford A D, et al. 2011. Comparative sequence analysis of representative foot-and-mouth disease virus genomes from Southeast Asia[J]. Virus Genes, 43(1): 41 – 45.

Abdul-hamid N F, Hussein N M, Wadsworth J, et al. 2011. Phylogeography of foot-and-mouth disease virus types O and A in Malaysia and surrounding countries[J]. Infect Genet Evol, 11(2): 320 – 328.

Ahmed H A, Salem S A, Habashi A R, et al. 2012. Emergence of foot-and-mouth disease virus SAT 2 in Egypt during 2012[J]. TransboundEmerg Dis, 59(6): 476 – 481.

Anderson E C, Underwood B O, Brown F, et al. 1985. Variation in foot-and-mouth disease virus isolates in Kenya: an examination of field isolates by T1 oligonucleotide fingerprinting[J]. Vet Microbiol, 10(5): 409 – 423.

Ansell D M, Samuel A R, Carpenter W C, et al. 1994. Genetic relationships between foot-and-mouth disease type Asia 1 viruses[J]. Epidemiol Infect, 112(1): 213 – 224.

Araujo J P, JR., Montassier H J, Pinto A A. 2002. Extensive antigenic and genetic variation among foot-and-mouth disease type A viruses isolated from the 1994 and 1995 foci in Sao Paulo, Brazil[J]. Vet Microbiol, 84(1 – 2): 15 – 27.

Balinda S N, Sangula A K, Heller R, et al. 2010. Diversity and transboundary mobility of serotype O foot-and-mouth disease virus in East Africa: implications for vaccination policies[J]. Infect Genet Evol, 10(7): 1058 – 1065.

Bastos A D, Anderson E C, Bengis R G, et al. 2003. Molecular epidemiology of SAT3-type foot-and-mouth disease[J]. Virus Genes, 27(3): 283 – 290.

Bastos A D, Boshoff C I, Keet D F, et al. 2000. Natural transmission of foot-and-mouth disease virus between African buffalo (Syncerus caffer) and impala (Aepyceros melampus) in the Kruger National Park, South Africa[J]. Epidemiol Infect, 124(3): 591 – 598.

Bastos A D, Haydon D T, Forsberg R, et al. 2001. Genetic heterogeneity of SAT-1 type foot-and-mouth disease viruses in southern Africa[J]. Arch Virol, 146(8): 1537 – 1551.

Bastos A D, Haydon D T, Sangare O, et al. 2003. The implications of virus diversity within the SAT 2 serotype for control of foot-and-mouth disease in sub-Saharan Africa[J]. J Gen Virol, 84(6): 1595 – 1606.

Bastos A D. 1998. Detection and characterization of foot-and-mouth disease virus in sub-Saharan Africa [J]. Onderstepoort J Vet Res, 65(1): 37 – 47.

Beard C W, Mason P W. 2000. Genetic determinants of altered virulence of Taiwanese foot-and-mouth disease virus[J]. J Virol, 74(2): 987 – 991.

Beck E, Strohmaier K. 1987. Subtyping of European foot-and-mouth disease virus strains by nucleotide sequence determination[J]. J Virol, 61(5): 1621 – 1629.

Biswas S, Sanyal A, Hemadri D, et al. 2006. Sequence analysis of the non-structural 3A and 3C protein-coding regions of foot-and-mouth disease virus serotype Asia1 field isolates from an endemic country[J]. Vet Microbiol, 116(1 – 3): 187 – 193.

Bronsvoort B M, Radford A D, Tanya V N, et al. 2004. Molecular epidemiology of foot-and-mouth disease viruses in the Adamawa province of Cameroon[J]. J Clin Microbiol, 42(5): 2186 – 2196.

Carrillo C, Plana J, Mascarella R, et al. 1990. Genetic and phenotypic variability during replication of foot-and-mouth disease virus in swine[J]. Virology, 179(2): 890 – 892.

Carrillo C, Tulman E R, Delhon G, et al. 2005. Comparative genomics of foot-and-mouth disease virus[J]. J Virol, 79(10): 6487 – 6504.

Casey M B, Lembo T, Knowles N J, et al. 2014. Chapter 2-Patterns of Foot-and-Mouth Disease Virus Distribution in Africa: The Role of Livestock and Wildlife in Virus Emergence [M]//JOHNSON N. The Role of Animals in Emerging Viral Diseases. Boston; Academic Press. 21 – 38.

Cottam E M, Haydon D T, Paton D J, et al. 2006. Molecular epidemiology of the foot-and-mouth disease virus outbreak in the United Kingdom in 2001[J]. J Virol, 80(22): 11274 – 11282.

Crowther J R, Farias S, Carpenter W C, et al. 1993. Identification of a fifth neutralizable site on type O foot-and-mouth disease virus following characterization of single and quintuple monoclonal antibody escape mutants[J]. J Gen Virol, 74 (8): 1547 – 1553.

Davie J. 1964. A Complement Fixation Technique for the Quantitative Measurement of Antigenic Differences between Strains of the Virus of Foot-and-Mouth Disease[J]. J Hyg (Lond), 62: 401 – 411.

Donnelly M L, Hughes L E, Luke G, et al. 2001. The 'cleavage' activities of foot-and-mouth disease virus 2A site-directed mutants and naturally occurring '2A-like' sequences [J]. J Gen Virol, 82(5): 1027–1041.

Espinoza A M, Knowles N J. 1983. A serological and biochemical study of new field isolates of foot-and-mouth disease virus type A in Peru, 1975 to 1981[J]. Vet Microbiol, 8(6): 555–562.

Gurumurthy C B, Sanyal A, Venkataramanan R, et al. 2002. Genetic diversity in the VP1 gene of foot-and-mouth disease virus serotype Asia 1 [J]. Arch Virol, 147(1): 85–102.

Hall M D, Knowles N J, Wadsworth J, et al. 2013. Reconstructing geographical movements and host species transitions of foot-and-mouth disease virus serotype SAT 2[J]. mBio, 4(5): e00591–613.

Hemadri D, Tosh C, Sanyal A, et al. 2002. Emergence of a new strain of type O foot-and-mouth disease virus: its phylogenetic and evolutionary relationship with the PanAsia pandemic strain[J]. Virus Genes, 25(1): 23–34.

King A M, Mccahon D, Newman J W, et al. 1983. Electrofocusing structural and induced proteins of aphthovirus [J]. Curr Top Microbiol Immunol, 104: 219–233.

Kitson J D, Mccahon D, Belsham G J. 1990. Sequence analysis of monoclonal antibody resistant mutants of type O foot and mouth disease virus: evidence for the involvement of the three surface exposed capsid proteins in four antigenic sites[J]. Virology, 179(1): 26–34.

Klein J, Hussain M, Ahmad M, et al. 2007. Genetic characterisation of the recent foot-and-mouth disease virus subtype A/IRN/2005[J]. Virol J, 4: 122.

Klein J, Hussain M, Ahmad M, et al. 2008. Epidemiology of foot-and-mouth disease in Landhi Dairy Colony, Pakistan, the world largest Buffalo colony[J]. Virol J, 5: 53.

Klein J, Parlak U, Ozyoruk F, et al. 2006. The molecular epidemiology of foot-and-mouth disease virus serotypes A and O from 1998 to 2004 in Turkey[J]. BMC Vet Res, 2: 35.

Klein J. 2009. Understanding the molecular epidemiology of foot-and-mouth-disease virus[J]. Infection, Genetics and Evolution, 9(2): 153–161.

Knowles N J, Davies P R, Henry T, et al. 2001. Emergence in Asia of foot-and-mouth disease viruses with altered host range: characterization of alterations in the 3A protein[J]. J Virol, 75(3): 1551–1556.

Knowles N J, Hedger R S. 1985. A study of antigenic variants of foot-and-mouth disease virus by polyacrylamide gel electrophoresis of their structural polypeptides[J]. Vet Microbiol, 10(4): 347–357.

Knowles N J, Samuel A R. 2003. Molecular epidemiology of foot-and-mouth disease virus[J]. Virus Res, 91(1): 65–80.

Knowles N J, Sharma G K. 1990. A study of antigenic variants of foot and mouth disease virus type A in India between 1977 and 1985[J]. Rev Sci Tech, 9(4): 1157–1168.

Knox C, Moffat K, Ali S, et al. 2005. Foot-and-mouth disease virus replication sites form next to the nucleus and close to the Golgi apparatus, but exclude marker proteins associated with host membrane compartments[J]. J Gen Virol, 86(3): 687 – 696.

Konig G A, Palma E L, Maradei E, et al. 2007. Molecular epidemiology of foot-and-mouth disease virus types A and O isolated in Argentina during the 2000 – 2002 epizootic[J]. Vet Microbiol, 124(1 – 2): 1 – 15.

Konig G, Blanco C, Feigelstock D, et al. 2001. Molecular characterization of aphthous fever virus isolated during the years 1993 – 1994 in Argentina[J]. Rev Argent Microbiol, 33(2): 81 – 88.

Konig G, Blanco C, Knowles N J, et al. 2001. Phylogenetic analysis of foot-and-mouth disease viruses isolated in Argentina[J]. Virus Genes, 23(2): 175 – 181.

La torre J L, Underwood B O, Lebendiker M, et al. 1982. Application of RNase T1 one- and two-dimensional analyses to the rapid identification of foot-and-mouth disease viruses[J]. Infect Immun, 36(1): 142 – 147.

Lee K N, Oem J K, Park J H, et al. 2009. Evidence of recombination in a new isolate of foot-and-mouth disease virus serotype Asia 1[J]. Virus Res, 139(1): 117 – 121.

Li D, Liu Z X, Bao H F, et al. 2007. The complete genome sequence of foot-and-mouth disease virus O/Akesu/58 strain and its some molecular characteristics[J]. Arch Virol, 152(11): 2079 – 2085.

Li D, Shang Y J, Liu Z X, et al. 2007. Molecular relationships between type Asia 1 new strain from China and type O Panasia strains of foot-and-mouth-disease virus[J]. Virus Genes, 35(2): 273 – 279.

Ludi A B, Horton D L, Li Y, et al. 2014. Antigenic variation of foot-and-mouth disease virus serotype A[J]. J Gen Virol, 95(2): 384 – 392.

Madin B. 2011. An evaluation of Foot-and-Mouth Disease outbreak reporting in mainland South-East Asia from 2000 to 2010[J]. Preventive veterinary medicine, 102(3): 230 – 241.

Malirat V, Bergmann I E, Campos RDE M, et al. 2011. Phylogenetic analysis of Foot-and-Mouth Disease Virus type O circulating in the Andean region of South America during 2002 – 2008[J]. Vet Microbiol, 152(12): 74 – 87.

Maroudam V, Nagendrakumar S B, Rangarajan P N, et al. 2010. Genetic characterization of Indian type O FMD virus 3A region in context with host cell preference[J]. Infect Genet Evol, 10(5): 703 – 709.

Marquardt O, Rahman M M, Freiberg B. 2000. Genetic and antigenic variance of foot-and-mouth disease virus type Asia1[J]. Arch Virol, 145(1): 149 – 157.

Martinez M A, Dopazo J, Hernandez J, et al. 1992. Evolution of the capsid protein genes of foot-and-mouth disease virus: antigenic variation without accumulation of amino acid substitutions over six decades[J]. J Virol, 66(6): 3557 – 3565.

Mason P W, Grubman M J, Baxt B. 2003. Molecular basis of pathogenesis of FMDV[J]. Virus Res, 91(1): 9 – 32.

Mason P W, Pacheco J M, Zhao Q Z, et al. 2003. Comparisons of the complete genomes of Asian, African and European isolates of a recent foot-and-mouth disease virus type O pandemic strain

(PanAsia)[J]. J Gen Virol, 84(6): 1583－1593.

Maxam A M A G, W. 1977. A new method for sequencing DNA. [J]. Proc Natl Acad Sci U S A, 74(2): 560－564.

Mohapatra J K, Priyadarshini P, Pandey L, et al. 2009. Analysis of the leader proteinase (L(pro)) region of type A foot-and-mouth disease virus with due emphasis on phylogeny and evolution of the emerging VP3(59)-deletion lineage from India [J]. Virus Res, 141(1): 34－46.

Mohapatra J K, Sanyal A, Hemadri D, et al. 2006. Development and comparison of genome detection assays for the diagnosis of foot-and-mouth disease suspected clinical samples[J]. J Virol Methods, 137(1): 14－20.

Morelli M J, Wright C F, Knowles N J, et al. 2013. Evolution of foot-and-mouth disease virus intra-sample sequence diversity during serial transmission in bovine hosts[J]. Vet Res, 44: 12.

Muthuchelvan D, Venkataramanan R, Hemadri D, et al. 2001. Sequence analysis of recent Indian isolates of foot-and-mouth disease virus serotypes O, A and Asia 1 from clinical materials[J]. Acta Virol, 45(3): 159－167.

Nagendrakumar S B, Madhanmohan M, Rangarajan P N, et al. 2009. Genetic analysis of foot-and-mouth disease virus serotype A of Indian origin and detection of positive selection and recombination in leader protease-and capsid-coding regions[J]. J Biosci, 34(1): 85－101.

Nayak B, Pattnaik B, Tosh C, et al. 2001. Genetic and antigenic analysis of type A foot-and-mouth disease viruses isolated in India during 1987－1996 [J]. Acta Virol, 45(1): 13－21.

Nunez J I, Baranowski E, Molina N, et al. 2001. A single amino acid substitution in nonstructural protein 3A can mediate adaptation of foot-and-mouth disease virus to the guinea pig[J]. J Virol, 75(8): 3977－3983.

Pacheco J M, Henry T M, O'Donnell V K, et al. 2003. Role of nonstructural proteins 3A and 3B in host range and pathogenicity of foot-and-mouth disease virus[J]. J Virol, 77(24): 13017－13027.

Parlak U, Ozyoruk F, Knowles N J, et al. 2007. Characterisation of foot-and-mouth disease virus strains circulating in Turkey during 1996－2004[J]. Arch Virol, 152(6): 1175－1185.

PEREIRA H G. 1976. Subtyping of foot-and-mouth disease virus[J]. Dev Biol Stand, 35: 167－174.

Piccone M E, Pauszek S, Pacheco J, et al. 2009. Molecular characterization of a foot-and-mouth disease virus containing a 57-nucleotide insertion in the 3′untranslated region[J]. Arch Virol, 154(4): 671－676.

Reid S M, Ferris N P, Hutchings G H, et al. 2001. Diagnosis of foot-and-mouth disease by RT-PCR: use of phylogenetic data to evaluate primers for the typing of viral RNA in clinical samples[J]. Arch Virol, 146(12): 2421－2434.

Rico-hesse R, Pallansch M A, Nottay B K, et al. 1987. Geographic distribution of wild poliovirus type 1 genotypes[J]. Virology, 160(2): 311－322.

Saitou N, Nei M. 1987. The neighbor-joining method: a new method for reconstructing phylogenetic trees[J]. Mol Biol Evol, 4(4): 406–425.

Saiz J C, Sobrino F, Dopazo J. 1993. Molecular epidemiology of foot-and-mouth disease virus type O[J]. J Gen Virol, 74 (10): 2281–2285.

Samuel A R, Knowles N J, Kitching R P. 1988. Serological and biochemical analysis of some recent type A foot-and-mouth disease virus isolates from the Middle East[J]. Epidemiol Infect, 101(3): 577–590.

Samuel A R, Knowles N J. 2001. Foot-and-mouth disease type O viruses exhibit genetically and geographically distinct evolutionary lineages (topotypes)[J]. J Gen Virol, 82(3): 609–621.

Samuel A R, Knowles N J. 2001. Foot-and-mouth disease virus: cause of the recent crisis for the UK livestock industry[J]. Trends Genet, 17(8): 421–424.

Sangare O, Bastos A D, Marquardt O, et al. 2001. Molecular epidemiology of serotype O foot-and-mouth disease virus with emphasis on West and South Africa[J]. Virus Genes, 22(3): 345–351.

Sanger F, Nicklen, S. And coulson, A.R. 1977. DNA sequencing with chain-terminating inhibitors. [J]. Proc Natl Acad Sci U S A, 74(12): 5463–5467.

Schumann K R, Knowles N J, Davies P R, et al. 2008. Genetic characterization and molecular epidemiology of foot-and-mouth disease viruses isolated from Afghanistan in 2003–2005[J]. Virus Genes, 36(2): 401–413.

Tesar M, Berger H G, Marquardt O. 1989. Serological probes for some foot-and-mouth disease virus nonstructural proteins[J]. Virus Genes, 3(1): 29–44.

Tosh C, Hemadri D, Sanyal A. 2002. Evidence of recombination in the capsid-coding region of type A foot-and-mouth disease virus[J]. J Gen Virol, 83(10): 2455–2460.

Valarcher J F, Knowles N J, Ferris N P, et al. 2005. Recent spread of FMD virus serotype Asia 1[J]. Vet Rec, 157(1): 30.

Valarcher J F, Knowles N J, Zakharov V, et al. 2009. Multiple origins of foot-and-mouth disease virus serotype Asia 1 outbreaks, 2003–2007[J]. Emerg Infect Dis, 15(7): 1046–1051.

Van rensburg H G, Mason P W. 2002. Construction and evaluation of a recombinant foot-and-mouth disease virus: implications for inactivated vaccine production[J]. Ann N Y Acad Sci, 969: 83–87.

Van rensburg H G, Nel L H. 1999. Characterization of the structural-protein-coding region of SAT 2 type foot-and-mouth disease virus[J]. Virus Genes, 19(3): 229–233.

Vosloo W, Kirkbride E, Bengis R G, et al. 1995. Genome variation in the SAT types of foot-and-mouth disease viruses prevalent in buffalo (Syncerus caffer) in the Kruger National Park and other regions of southern Africa, 1986–93[J]. Epidemiol Infect, 114(1): 203–218.

Vosloo W, Knowles N J, Thomson G R. 1992. Genetic relationships between southern African SAT-2 isolates of foot-and-mouth-disease virus[J]. Epidemiol Infect, 109(3): 547–558.

Weber S, Pfaller M A, Herwaldt L A. 1997. Role of molecular epidemiology in infection control[J]. Infect Dis Clin North Am, 11(2): 257–278.

第六章

口蹄疫诊断

第一节　临床诊断与类症鉴别

　　通过观察发病动物的临床症状，结合其发病机制、流行病学特征及病理解剖变化，可以做出初步的诊断，但进一步确诊需要对采集的疑似病料进行实验室诊断。

一、口蹄疫临床症状

　　口蹄疫传染性强，发病率高。成年发病动物的死亡率通常比较低，而发病幼畜，尤其是羊和猪幼崽，因发生心肌炎而死亡率很高。另外，口蹄疫可导致易感妊娠家畜流产，其原因尚无定论，可能与病毒通过胎盘感染胎儿有关。

（一）猪

　　猪感染口蹄疫病毒的临床表现较为严重，以蹄部水疱为主要特征。猪群一旦感染口蹄疫病毒，出现相同症状的猪将急剧增加。

　　猪口蹄疫潜伏期一般为2～14d，但是，随着环境的变化，潜伏期可缩短或延长。对猪进行蹄部上皮人工感染，24h后即可在接种部位出现初期病变，2～4d后发展为全身性感染。

　　猪感染口蹄疫后，首先出现急性发热，体温可以升高至40～41℃，伴随食欲不振、精神沉郁等症状。

　　病猪蹄部病变主要发生在蹄叉、蹄冠及蹄踵和趾间隙，初期呈现潮红、发热、肿胀、敏感等症状，之后蹄冠部皮肤发白，出现水疱（图6-1A），然后迅速扩展到蹄后部的球节处，继而伸到蹄叉，水疱破裂后形成糜烂面（图6-1B），严重时可使蹄壳脱落，露鲜红色血面（图6-1C）。蹄部疼痛导致患病猪出现跛行，蹄部不断悬起放下，蜷卧不愿站立，强迫站立时，往往依墙而立。轻微的猪蹄部病变一般几天就可康复，部分病例由于炎症在蹄的皮基部蔓延，常使角质和基部松离，突然或逐渐"脱靴"。此时病猪经常躺卧或在地上跛行，从而膝盖、飞节等处会有明显外伤，其蹄匣的再生常需数月时间。

　　猪口腔部位的水疱性病损不明显，主要在舌面（图6-1D）和上腭，水疱破裂后上皮层变成微白色碎片而发生脱落。在鼻镜上也可能产生水疱（图6-1E）。有些病例，在与牙齿相接的唇内侧会出现水疱，继而形成烂斑。另外，口蹄疫会导致母猪流产，患病母猪乳房皮肤有明显水疱性病损。

　　成年发病猪的死亡率通常比较低，而发病仔猪因心肌炎而死亡率很高，可达100%。对病死仔猪解剖检查，会发现心脏肌肉，尤其心室肌肉出现坏死，并呈现灰色或黄色斑纹，形似虎皮，称为"虎斑心"。

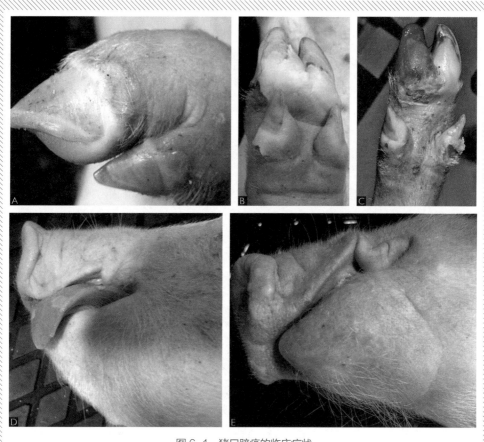

图 6-1　猪口蹄疫的临床症状

A. 蹄冠部水疱　B. 水疱破裂形成糜烂面　C. 严重时可使蹄壳脱落，露鲜红色血面　D. 舌表面出现小水疱
E. 病猪鼻镜水疱　（张志东）

（二）牛

牛（包括奶牛）感染口蹄疫病毒的临床表现较为明显，以口腔和蹄部出现水疱为主要特征。牛群一旦感染口蹄疫病毒，出现相同症状的牛将急剧增加。

牛自然感染口蹄疫，潜伏期一般为2～14d，但是，随着环境的变化，潜伏期亦可缩短或延长。牛经舌上皮人工感染口蹄疫10～12h后，在接种部位出现初期病变，2～4d后发展为全身性感染。

患病初期，病牛出现急性发热，体温可以升高至40～41.5℃，稽留1～4d，伴随精神沉郁、脉搏加快、结膜潮红、反刍减弱和产奶量减少等症状。牛在人工感染24h后出现病毒血症，稽留4～5天。在病毒血症期间，从多数组织中可检测到病毒，其中蹄叉、蹄冠部和舌上皮组织中的病毒含量最高。

病牛蹄部病变主要发生在蹄叉、蹄冠及蹄踵和趾间隙的柔软皮肤，初期表现局部有热感，红肿和疼痛，之后形成小水疱，继而融合为较大的水疱（图6-2A）。水疱破溃时排出水疱液形成的糜烂，其表皮常不完全脱落而干燥形成硬痂；有时蹄冠部发生多处水疱，互相连接融合，引起蹄冠与蹄缘的分离，病愈后较长时间内，仍在蹄壁上留有明显的缝隙和痕迹，病牛因蹄部疾患常常举步艰难。蹄部水泡破溃后，若护理良好、保持清洁干燥，经10～14d可以自愈；否则病程很长，严重时，蹄匣脱落。

在蹄部发生水疱的稍前或同时，出现口腔病变，一般是在舌背面出现环形、粗糙的

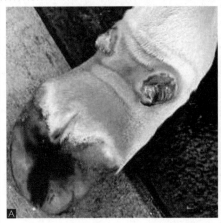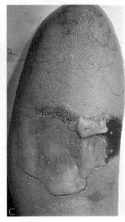

图6-2　牛口蹄疫的临床症状
A. 病牛蹄冠出水疱　B. 病牛流出大量口涎　C. 舌破裂的水疱　（张志东）

白色隆起，随着液体的积聚，隆起增大，有时多个水疱相互融合，凸现于正常的舌面组织，使舌面凹凸不平。病牛流出大量泡沫样口涎，挂满于口角与下唇（图6-2B）。水疱破裂后，舌面露出鲜红色烂斑（图6-2C），病牛多因口腔疼痛不能吃草而日渐消瘦。水疱也会出现在齿龈（图6-3A）、鼻镜（图6-3B）、唇内、鼻腔前端及眼结膜等处，水疱一般较小，为绿豆或指头大小，破裂后形成局限性小烂斑。

母牛感染口蹄疫时，尤其是在泌乳期，乳头皮肤亦可出现水疱。口蹄疫还会引起怀孕母牛流产、死胎或分娩出带病的犊牛。此外，口蹄疫病损也见于鼻咽部、食道和瘤胃，亦见于母牛阴道黏膜和公牛阴囊皮肤。成年发病牛的死亡率通常比较低，而发病犊牛死亡率高。新生犊牛呈急性经过而不形成水疱性病损，经过1～2d，因心肌炎而死亡。

病牛一般1～2周后即可痊愈，部分病例由于继发性细菌感染，而使病变过程复杂化，口腔出现深层溃疡、坏死和脓肿，并可能发展为咽炎、支气管炎、肺水肿和肺气肿；蹄冠部化脓，出现坏死性蜂窝织炎，发生感染的关节与腱鞘松弛，有时伴随败血症或脓毒败血症而导致病牛死亡。部分病牛康复后，可能发生继发症，表现为精神沉郁，食欲减退，换毛过程停滞，奶和肉产量均降低。有些病牛出现心肺性喘息和咳嗽，心搏减弱，脉搏无力，心悸亢进和心律不齐，瘤胃蠕动减弱，有时出现抽搐、兴奋或精神沉郁。

亚洲水牛、牦牛和非洲水牛对口蹄疫病毒的易感性和临床症状表现有很大的差异。亚洲水牛和牦牛对口蹄疫病毒易感，并且其临床症

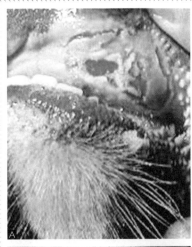
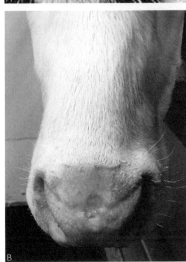

图6-3 牛口蹄疫的临床症状
A. 齿龈处水疱 B. 鼻镜处水疱 （张志东）

状与牛相似，水疱性病变主要发生口腔和蹄部，发病幼年水牛的死亡率很高。相反，非洲水牛感染口蹄疫后通常不表现任何明显的临床症状。

（三）绵羊和山羊

绵羊和山羊感染口蹄疫病毒的临床表现较牛和猪轻，山羊又比绵羊更为温和，在口腔黏膜、蹄部仅出现小水疱，很快消失，恢复较快，往往难以发现。

绵羊自然感染病例潜伏期为3～8d，最长为14d，随着环境的变化，潜伏期可缩短或延长，人工感染可缩短为18h。人工感染的绵羊和山羊在感染1～3d后出现病毒血症，稽留4～5d。

绵羊感染口蹄疫后，蹄部病变与牛相似，但病变往往较为轻微，水疱较小（图6-4A、图6-4B），不易被察觉。蹄部继发性感染与"脱靴"比较罕见。

口腔部位的水疱性病损也不明显，由于水疱较小（图6-4C、图6-4D），又无其他明显的并发症状（如流涎和咂嘴等），且水疱迅即消失，因此不易被察觉。病羊于10～14d内康复。

山羊患病通常较轻微，症状和绵羊相似。成年发病羊的死亡率通常比较低，而发病羊羔死亡率高。病羊羔呈无水疱口蹄疫病程，因心肌炎而死亡。怀孕羊罹病时常发生流产。

（四）其他偶蹄动物

骆驼、鹿黑斑羚、山瞪羚、大鼻羚羊和大转角条纹羚羊感染口蹄疫后，在口腔黏膜、唇部、舌面、上颚、蹄等部位会出现水疱性病损，蹄部病损可引起跛行，并导致蹄匣脱落。疣猪和野猪感染口蹄疫后，临床症状与家养猪相似，在蹄冠、蹄叉等部位出现水疱性病损，一般不表现为跛行。另外，感染野猪的口腔也会出现水疱性病损。一些其他哺乳动物如豪猪、刺鼠、大象、巨水鼠，对口蹄疫同样敏感，并能表现相应临床症状（第四章）。

二、影响口蹄疫临床表现的因素

口蹄疫的临床表现有物种和年龄的差异，牛和猪的临床表现一般较为严重，而羊的临床表现则通常不明显。养殖密度、养殖数量等因素可能会影响其临床表现，其中，室内高密度养殖的动物一般会表现明显的临床症状，室外开阔环境中养殖的绵羊，感染后可能没有明显的临床症状。

影响疫病严重程度的因素还包括口蹄疫病毒毒株的毒力、感染剂量（一般高感染剂

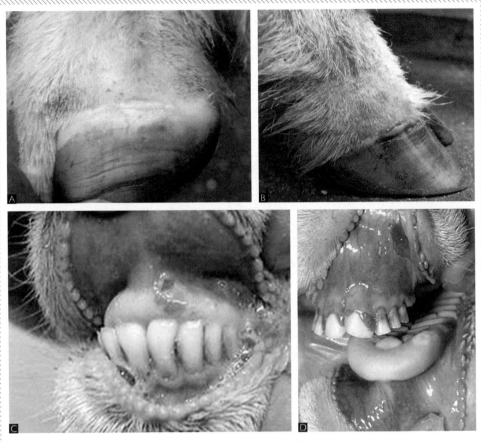

图6-4　羊口蹄疫的临床症状

A～B. 蹄冠处水疱　C～D. 齿龈处水疱　（张志东）

量能引起较为严重的发病）及动物的活动水平。口蹄疫病毒毒株的毒力可能在不同动物间不尽相同，在同一种动物但不同个体间亦不相同，产生这种现象的原因可能是遗传或者生理因素。比如口蹄疫病毒O型TWA/97可以在猪中引起严重的病变，但是在反刍动物中却并非如此。猪源、细胞培养空斑较大的毒株往往是毒力较强的病毒。动物的高活动水平可能导致动物的创伤加深，比如高密度饲养导致动物打架及皮肤和黏膜的损伤。受到创伤的区域或者受力增强的区域可以将病毒传播到邻近的细胞，导致更多的细胞受到感染，一般受感染的细胞都位于与已感染部位有结构连接的组织中。冠状带有较高的血管密度，当具有严重的炎症反应时，可能会导致皮肤紧张及血管通透性升高，这两种变化都可能会导致水疱的产生。

　　目前，对口蹄疫病毒复制和口蹄疫病程发展的机制已有很好的了解，但是对发热、精神萎靡、食欲下降等急性临床症候的发生机制的了解依然不足。此外，虽然口蹄疫病毒和猪水疱病病毒在猪体内造成的病变相似，但口蹄疫病毒的临床表现往往更为明显。这似乎说明，除了病变，口蹄疫病毒导致病畜产生了相对比较严重的前期炎症反应，从而导致病畜发热，精神沉郁、食欲减退、短期内无法控制体温，严重者甚至可以导致死亡。

　　另外，宿主遗传因素与疫病严重程度有关，但目前只有很少的了解。比如，本土繁殖的牛，如瘤牛，一般很少有临床症状，而进口的欧洲高产品种则相反，对目前具有不同临床表现的牛的遗传背景仍不清楚，而在猪中未发现相似的差异。

三、类症鉴别

　　由于水疱性口炎、猪水疱病和猪水疱性疹等疾病与口蹄疫有相似的临床症状，因此，通过观察发病动物的临床症状，只能做出初步的类症鉴别，确诊需要对采集的疑似病料进行实验室诊断。

（一）与其他水疱性疾病的鉴别诊断

　　口蹄疫临床症状与水疱性口炎、猪水疱病和猪水疱性疹等水疱性疾病类症鉴别要点见表6-1。

表 6-1　水疱性疾病鉴别诊断

	口蹄疫	猪水疱病	水疱性口炎	猪水疱性疹
病毒分类	微 RNA 病毒科口蹄疫属	微 RNA 病毒科肠道病毒属	弹状病毒科水疱性病毒属	杯状病毒科囊泡状病毒属
在同一科中众所周知的病毒	脊髓灰质炎病毒	柯萨奇病毒 B	狂犬病病毒	诺如病毒
血清型	7 个（A、O、C、Asia1、SAT1、SAT2、SAT3 型）	1 个	2 个（新泽西型，印第安纳型）	1 个
世界分布	全世界分布（亚洲、非洲和南美的部分地区）	有限分布(意大利)	有限分布（美国的中部和北部，南美的北部）	有限分布（只出现在美国，1959 年被根除）
临床症状	水疱性疾病在临床上无法区别，必须依赖实验室进行确诊			
牛	临床表现往往较为严重。蹄冠和蹄叉间出水疱，口腔水疱性病变明显，流涎	不受影响	口腔、蹄冠和蹄叉间出现水疱，流涎	不受影响

（续）

	口蹄疫	猪水疱病	水疱性口炎	猪水疱性疹
猪	临床表现往往较为严重。严重的蹄部水疱性病变并导致跛行，口腔水疱性病变不明显，罕见流涎	除没有虎斑心病变外，其余基本与口蹄疫相同	其余基本与牛相同	口腔和蹄部周围出现水疱
羊	临床表现不明显，细心检查可以发现口腔、蹄冠和蹄叉间出现水疱性病变	不受影响	很少出现临床症状	不受影响
马、驴、骡	不受影响	不受影响	严重的蹄部和口腔水疱性病变，流涎	不受影响
样品采集	理想样品：水疱性病变上皮 其他样品：水疱性液、全血、血清	理想样品：水疱性病变上皮 其他样品：水疱性液、全血、血清	理想样品：水疱性病变上皮 其他样品：水疱性液、全血、血清	理想样品：水疱性病变上皮 其他样品：水疱性液、全血、血清

1. **猪水疱病**　仅猪易感，死亡率低，不易引起大流行。以体温变化，蹄部、口腔黏膜和舌上皮发生水疱为特征。除没有虎斑心病变外，在症状上与口蹄疫病极为相似。该病可通过与粪尿、鼻液、鼻腔分泌物等直接接触或经被污染的饲料、饮水、运输工具等间接接触传播。

2. **猪水疱性疹**　仅猪易感，该病仅在美国有过报道，并在1959年被根除。该病可经消化道传播，病猪呈现持续高热，在蹄部、乳腺、口腔黏膜、鼻和舌上皮出现水疱，呈灰白色，布满浆液性液体，稍压水疱即破裂。其症状与口蹄疫基本相似，无法区别。

3. **水疱性口炎**　除牛和猪外，马、驴、骡也易感，多发于夏季及秋初。一般发病率低，病死率低。可通过双翅目昆虫叮咬传播，也可通过损伤的皮肤、黏膜及被污染的饲料和水经消化道接触传播。病畜呈现高热，其口腔黏膜、舌、唇、乳头和蹄冠部上皮发生水疱。水疱破溃、蹄叉溃疡病灶扩大，可使蹄壳脱落，露出鲜红色血面，跛行。主要病理病变为体表水疱性病变，无明显的内脏病理变化。

（二）与非水疱性疾病的鉴别诊断

1. **猪痘**　仅猪易感，是痘病毒引起的急性、热性、接触性传染病，以4～6周龄仔猪多见，病猪呈现高热，鼻、唇、乳头、腹、四肢内侧等皮肤上发生丘疹和痘疹，破裂后形成痂壳，病程长，死亡率低。一年四季均可发病，通过伤口或媒体传播。

2. **牛瘟** 仅牛易感，是由牛瘟病毒引起的一种急性、高度接触性传染病。病牛呈现高热，口部溃烂，但与口蹄疫不同的是，该病死亡率高，蹄部无病变，胃肠炎严重，真胃及小肠黏膜有溃疡。

3. **牛恶性卡他热** 由恶性卡他热病毒引起的一种急性热性传染病。除黄牛、水牛、奶牛易感外，绵羊、非洲角马也感染，但呈隐性经过，是该病的主要传染源。本病多发生于2～5岁的牛，以散发为主，病牛呈现高热，精神沉郁，随后口腔及鼻黏膜发生病变，出现灰白色丘疹或糜烂，但不形成水疱，常见角膜混浊。

4. **猪蹄裂病** 与猪口蹄疫相似，蹄裂病临床症状发生也在蹄部，表现为蹄壳开裂或裂缝有轻微出血，疼痛跛行，不愿走动，但与口蹄疫不同，病猪体温不升高、无大群发病，蹄部没有水疱。该病易发生在春秋季节，多见于饲养在水泥、砖铺地面粗糙的新建猪舍的猪。

（张志东，张向乐，赵志莆）

第二节 病程及病理变化

一、潜伏期

口蹄疫的潜伏期为1～14d，平均2～6d，可变性较大，其长短取决于病毒毒株、感染剂量、传播途径、动物的种类和饲养条件等。当口蹄疫在农场间传播时，潜伏期为2～14d，但是潜伏期有可能会更短，尤其是猪在饲养条件较差的情况下，潜伏期可能会缩短到1d。当口蹄疫在畜群内传播时，潜伏期的范围在1～14d，但是典型的潜伏期是2～6d。在试验条件下，易感动物与发病动物之间持续直接接触，牛口蹄疫感染的潜伏期平均为3.5d；羊平均为2d；猪平均为1～3d，但也可以长达9d，这取决于动物相互间接触的频率和强度，即与病畜的接触强度越高，潜伏期越短。另外，病毒感染剂量和潜伏期长短之间亦有着紧密的关联，感染剂量越大，潜伏期也越短。此外，对动物的管理，例如，农户或者兽医的检查以及治疗，尤其是对动物鼻和口的保护和处理，也会影响潜伏期。其他的一些养殖程序，如疫苗接种、运输和销售等也会影响病毒的传播速度。

二、病程

牛、羊、猪等高易感动物，感染发病率几乎为100%。病畜，如无细菌继发感染，经12周左右多能自愈康复。若蹄部有严重病损，则需更长的时间才能恢复，若在康复前发生继发性病原菌的感染，会使病变过程复杂化，加重病程。为缩短病程、防止继发感染，可对症治疗。已被感染的反刍动物能长期带毒和排毒。

三、感染复制的部位

动物的咽部通常是感染起始部位，病毒也可以通过损伤的皮肤感染易感动物。软腭的背部及鼻腔附近的组织是观察病毒初始阶段入侵和复制过程的重要部位。研究表明，动物通过直接接触或吸入含有病毒的悬浮颗粒后，在出现毒血症或其他临床疾病之前的1~3d，其咽部就能够检测到病毒。此外，扁桃体尤其对于绵羊，在病毒感染起始扮演着重要的角色，其原因是扁桃体的上皮细胞一直处于转化的状态，同时，在羊体内扁桃体紧贴着软腭背部，这都有利病毒的感染传播。口腔表面大部分覆盖有角质化的复层鳞状上皮细胞，但在软腭、咽喉顶部及扁桃体的部分区域的上皮却是无角质化的复层鳞状上皮细胞，活细胞直接暴露于上皮表面，因此，病毒则可以通过直接接触入侵这些易感上皮细胞。目前认为，口蹄疫病毒是通过其衣壳蛋白VP1中精氨酸–甘氨酸–天冬氨酸（RGD）三肽序列与宿主细胞表面的整合素结合入侵细胞的。体外研究表明，口蹄疫病毒可以利用宿主细胞整联蛋白$\alpha v\beta 3$、$\alpha v\beta 5$、$\alpha v\beta 6$及$\alpha v\beta 8$入侵感染细胞。在体外，口蹄疫病毒还可利用非整联蛋白类受体介导感染，如病毒抗体复合物通过Fc受体，或病毒利用黏多糖肝素吸附感染细胞，但在体内，口蹄疫病毒只利用宿主细胞整联蛋白$\alpha v\beta 6$受体感染上皮细胞。大量的研究表明，口蹄疫病毒受体在疾病的发生和发展上可能具有重要的作用，但对于口蹄疫病毒受体与其宿主范围、靶细胞及感染持续性间的联系，目前的了解仍比较少。

在初次复制之后，口蹄疫病毒通过局部淋巴结进入循环系统，在皮肤、舌和口腔表皮的上皮细胞中，病毒进行第二阶段的复制和感染，导致病畜出现病毒血症。通常病毒血症会持续4~5d。试验研究证实，产生水疱性病变的上皮细胞病毒浓度最高，同时正常的皮肤表皮组织（无论是否有毛发）也含有大量的病毒。在淋巴结中，淋巴细胞和巨噬细胞都不参与口蹄疫病毒的复制过程，存在于淋巴结中的口蹄疫病毒被认为是来自于咽、口腔、皮肤等易感部位。

四、水疱的形成机制

水疱是由受感染的细胞发生退行性变化溶解产生，然后病毒再感染邻近的细胞，最初感染的细胞为棘皮层乳头处单一细胞，再依次向外延伸，使受感染的细胞水肿、溶解、坏死，最后汇集形成水疱。之后病灶渐渐被吸收，水疱液及水肿可能被中性粒、巨噬及淋巴细胞吸收，这些炎症细胞受感染的上皮细胞变化最为明显，其细胞肿胀，嗜伊红性，形成所谓的气球样变性，此时细胞间桥受到破坏，细胞间液体大量聚集于死亡细胞之空隙，因而形成小水疱，水疱周围的组织，可见血管炎及血管增生的病变，感染的细胞变化很快，小水疱很快就融合为大水疱，感染1周左右上皮组织再生，常伴随肉芽组织增生。

含有大量病毒的组织并不一定会形成水疱，研究发现，这样的现象会发生在经皮肤接种感染的动物身上。因为受感染的鳞状上皮细胞不一定会死亡，而其释放出的病毒能再感染邻近的细胞。一般认为水疱的形成，除了病毒的存在外，尚需要其他因素的配合，如压力、外伤等，另外，也可能会受到营养、代谢及局部温度等的影响。在未形成水疱的部位，病毒量会逐渐减少。使用原位杂交技术研究发现，在经由皮层接种感染的猪组织中，许多不常出现水疱的组织（如眼睑、臀部中央、尾部等）病毒含量高，而常出现水疱的组织中，病毒的含量不总是最高的。病毒多被发现于细胞质，呈弥漫性，但当水疱破后则变得不明显。牛经呼吸道感染后，病毒出现于组织上，呈间断性至弥漫性。因为此病毒早在6h内就出现于许多不同部位的上皮细胞，而且又呈多发间断性，与水疱的形成也没有完全的关系，同时受到感染的细胞也可能未发生形态上的变化，因此受感染细胞死亡、释放病毒，而感染其他细胞可能并非口蹄疫病毒致病的重要机制。

口蹄疫病毒感染细胞后，会很快抑制宿主细胞蛋白质的合成体系，这一过程伴随着转译起始因子4G（eIF4G）的早期切割过程，而eIF4G是eIF4F帽子结合蛋白复合物的一个组分。口蹄疫病毒的2A、L等蛋白酶都介导了这一消化切割的过程。由此可知口蹄疫病毒经由呼吸道或皮肤感染组织，病毒利用精氨酸–甘氨酸–天冬氨酸三肽序列或其他方式附着于细胞上，由内吞作用进入细胞，继而在细胞内繁殖。首先在咽喉或扁桃体繁殖，后经血液或其他方式送至身体各处，此时病毒主要在上皮细胞胞质内进一步生长，或感染哺乳猪心肌细胞造成肌肉的坏死。此时皮肤如受到压力、外伤或其他因素的影响，则形成水疱，否则病毒即逐渐消失。

五、病理变化

（一）宏观病变

口蹄疫宏观病变的特征是口腔、鼻镜、蹄冠和蹄叉部上皮出现水疱。牛和猪蹄部的水疱常见于偶蹄之间、踵部以及围绕蹄冠带。水疱亦见于鼻、嘴角、乳头、乳房、公畜包皮、母畜阴道等部位。在病变初期，往往在口、蹄部等周围产生白色病变，随后演化为水疱，水疱破裂后形成溃疡，直至出现糜烂。剖检反刍动物时，瘤胃的柱状上皮往往会存在溃疡。当猪蹄部严重病损时，可能会发生脱落，另外，在混凝土地面上生活的猪，其副趾、膝盖受力的部分，以及跗关节等有病变。

在牛舌上皮上，常见到充盈液体的水疱，但是在羊，这种现象却较少见，原因可能是羊的舌上皮组织较薄，水疱容易破裂，之后在数天之内愈合，导致难以在羊发现水疱。在大型反刍动物和少数小型反刍动物的口腔中，水疱性病变常见于牙床、舌、嘴唇、牙龈、颊部及硬腭。猪口腔病变常见于舌，创伤可以延伸到舌背，也可以在舌尖产生一些小的创伤，与山羊和绵羊相同，猪口腔病变很快自愈，期间可能没有液体流出，也很少有疤痕。在形成水疱的基部，病变消失后，在数天之内会形成浆液性纤维素蛋白渗出物结痂。在两周内，病变区域的皮肤会恢复。但在遭受到严重感染后，皮肤恢复的时间可能会延长。水疱的破裂，尤其是蹄部和乳头水疱的破裂，可能会导致继发感染，引起病情恶化或者延长皮肤痊愈的时间。

对于病程时间，可以根据以下病变的过程来判断：水疱发展的时间是0～2d；水疱破裂的时间为1～3d（破裂初期可以检测到上皮细胞碎片附着）；之后是快速的边缘糜烂（2～3d）；在第3天创伤边缘消失；浆液性渗出物在第4～6天产生；明显的纤维组织修复开始于7d以后。猪蹄冠上发生的这些病变，常会导致角质层的分裂，从而引起猪冠状带下面，角质层形成环状病变，时间大概在第一次明显临床症状之后的1周左右。角质层以每周1～2mm的速度生长，环状病变会逐渐发展到蹄下（幼畜的角质层生长速度比成年动物快）。在急性感染期间，猪蹄部的炎症反应可能会导致蹄的角质层完全分离脱落，引起严重的跛行。绵羊和牛可能产生相似病变，但是仅限于继发的细菌感染。

仔猪一般指小于8周龄的小猪，感染后会死于心肌炎，剖检可见心脏柔软、松弛，有白色或灰色条纹（虎斑心），有时呈斑点状，病变主要见于左心室及室间隔。幼畜急性死亡后难以从心脏观察到明显的病变（幼畜通常无水疱），但可以从心肌、血液中分离到病毒，也可以通过组织病理学检查发现病变。骨骼肌也有可能会受到病变的影响。年长的动物中，心肌和骨骼肌中难以发现病变，也未分离到病毒。目前，口蹄疫导致幼

畜急性心肌炎引发死亡对疾病传播的意义仍然不了解。幼畜死亡之前往往没有水疱形
成，可能是死亡之后有部分病毒排出体外。无论如何，幼畜表现有病毒血症，因此，口
蹄疫病毒可能存在于幼畜呼出的气体、唾液、鼻液等分泌物中。

（二）微观病变

初始组织病变发生在角质化的复层鳞状上皮，组织会发生气球样变，细胞棘层胞质
染色加深，真皮层细胞水肿。这些早期的病变只有通过显微镜镜检才能发现，无病变的
组织相对病变组织病毒数量较少，但其也有可能存在大量的病毒，同时，细胞受到感染
后也可能不会产生病变。感染早期可以通过坏死细胞，随后产生的单核细胞和粒细胞渗
出物判定病毒是否存在。随后，上皮部分与组织的基质分离，产生填充液，之后形成水
疱。如果水疱液产生较多，则会形成较大的水疱。在部分情况下，水疱液较少，同时上
皮产生坏死或者破裂，这种情况下则不易产生明显的水疱。水疱产生是多方面原因引起
的，其中包括不同毒株毒力不同、感染皮肤的厚度不同，以及饲养条件的不同（尤其是
不同皮肤区域皮肤的紧张程度不同）。

死于急性感染的幼畜表现为心肌炎，淋巴组织玻璃样变，肌纤维坏死，并可以发现
单核细胞分泌物，但在软腭、咽的背侧检测不到大量的病毒，其原因可能是：感染并未
造成处于发育阶段的上皮细胞急性细胞病变，从而未能在这些区域发现病变；病毒导致
的细胞病变只发生在少数的细胞中，因此不能被发现；这些区域的上皮细胞是尚未角质
化的，使得发展出可见损伤的过程以某种方式被阻止。上皮下的组织缺乏细胞病变，因
此对皮下感染的过程目前仍然不了解。

（张志东，张向乐）

第三节 **实验室诊断**

一、样品采运及保存

病毒分离鉴定和病毒RNA测定的首选病料是未破裂或刚破裂的水疱皮（液）。如

果采集不到水疱皮（液），例如，在潜伏期、康复期或者疑似感染且没有临床症状的时候，可通过咽喉探杯采取食道与咽部OP液或猪的喉咙拭子、鼻拭子、唾液拭子、抗凝剂处理后的全血、疑似感染公牛的精液等。新发病死亡的动物，若没有水疱病变，可采取脊髓、扁桃体、淋巴结组织等病料。送检样品的合格与否直接影响诊断所需的时间与准确性。

（一）样品采集

1. 水疱上皮组织　从舌头、口腔或蹄部，采取未破裂或刚破裂的水疱皮组织1~2g，放入5mL的保存缓冲液（含50%甘油的0.04mol/L磷酸盐缓冲液，pH为7.2~7.6）中，建议添加抗生素（青霉素1 000IU/mL，制霉菌素100U/mL，硫酸新霉素100U/mL，多黏菌素50U/mL）。磷酸盐缓冲液也可用组织培养基或PBS代替，但缓冲液的最终pH范围必须在7.2~7.6之间。尽可能无菌采取水疱边缘和/或囊泡残余的受影响的上皮组织（组织碎片），愈合的损伤上皮和肉芽组织对于病毒分离是没有价值的。取自口腔上皮组织和蹄部的水疱皮，最好分别放到装有样品保存缓冲液的小瓶中浸泡，如果难以获得水疱皮，可采集蹄部刮下的水疱皮碎片（碎屑），并单独放入样品收集管（瓶）中。水疱样品采集部位可用清水清洗，切忌使用酒精、碘酒等消毒剂消毒、擦拭。每份样品的包装瓶上均要贴上标签，写明采样地点、动物种类、编号和时间等。

2. 水疱液　未破裂水疱中的水疱液用灭菌注射器采集至少1mL，装入灭菌小瓶中（可加适量抗生素），加盖密封，并尽快冷冻保存。

3. 水疱液拭子　如果无法采集水疱皮（液）和组织碎片时，水疱液拭子就可以作为第二选择的病料，一般由破裂的水疱采集拭子样品。蹄部的水疱中，病毒持续存在时间长、病毒含量高，但该部位通常也最容易受到严重污染。

4. 鼻拭子或唾液拭子　若无新鲜的上皮组织，可以收集受感染动物的鼻拭子或唾液拭子，置入含磷酸盐缓冲盐水（0.04mol/L，pH 7.2~7.6）样品收集管（瓶）中，保持冷藏（4~10℃）运送到实验室。对于处于潜伏期或者疑似感染且没有临床症状的病例，也可以收集鼻拭子或唾液拭子用于病毒分离和病毒RNA测定。

5. 乳汁　在出现临床症状前后几天，乳汁中可能含有病毒。将乳汁收集到普通的试管中，保持冷藏（4~10℃）运送到实验室。如果不能及时运送或检测，可将乳汁样品冷冻，防止因pH下降而灭活病毒。

6. 血液样品

（1）全血样品　采集疑似感染或被感染动物全血10mL。抗凝剂肝素钠用量为0.1~0.2mg/mL。也可以用西奎斯特林EDTA，其用量为每20mL全血放入1mL含30mg

的西奎斯特林EDTA的0.7%氯化钠水溶液。血液样本保持冷藏（4~10℃）运送到实验室。

（2）血清样品　采集疑似感染、被感染或恢复后的动物的血清（10mL），保持冷藏（4~10℃）运送到实验室。自然凝固后无菌分离血清装入灭菌小瓶中，可加适量抗生素，加盖密封后冷藏保存。每瓶贴标签并写明样品编号、采集地点、动物种类、时间等。通过抗体检测，做出追溯性诊断。

7. 组织样品　疑似感染或被感染的动物，可采集扁桃体、下颌淋巴结、颈浅淋巴结、肾上腺、肾和甲状腺，幼龄动物的心脏肌肉等新鲜组织（每组织1~2cm²），分别放入含5mL的保存缓冲液（含50%甘油的0.04mol/L磷酸盐缓冲液，pH 7.2~7.6）样品收集管（瓶）中，保持冷冻，运送到实验室。精液的采集应该在无菌条件下进行，并且尽快–70℃冻藏。

8. 反刍动物的食道–咽部刮取物（OP液）　采样探杯在使用前经0.2%柠檬酸或2%氢氧化钠浸泡5min，再用自来水冲洗。每采完一头动物，探杯要重复进行消毒和清洗。采样时动物站立保定，将探杯由舌头上插入咽喉区域，然后在食道第一部分和咽的后部之间前后刮擦5~10次，即可采集到OP液。在取样前，准备好足够的容器，加入0.08mol/L含0.01%的牛血清白蛋白的磷酸缓冲液2mL，并用酚红（0.002%）调整pH到7.2，将采集的OP液与等体积的缓冲液混合，轻轻震荡，使其彻底混合。在重复取样之前，应用生理盐水冲洗动物口腔。羊OP液少而黏稠，有时很难从咽喉探杯分离，最简单的方法就是将探杯直接插入装有3毫升缓冲液的20mL玻璃瓶或者类似的容器中，摇动探针，让样品溶解在缓冲液中，再将容器中的OP混合液倒入事先贴有标签的离心瓶。OP液样品收集后应该立即冷藏或冷冻。如有可能，被检动物在采样前禁食（可饮水）12h，以免反刍动物胃内容物对OP液造成污染，丢弃被动物的瘤胃内容物严重污染的样品。

（二）样品运送

送检材料必须附有详细说明，包括采样时间、地点、动物种类、样品名称、数量、保存方式及有关疫病发生流行情况、临床症状等。运送前进行封装，并贴上相应的标签，已预冷或冰冻的样品玻璃容器装入金属套筒中，套筒应填充防震材料，加盖密封，与采样记录单一同装入专用运输容器中。专用运输容器应隔热坚固，内装适当冷冻剂和防震材料。外包装上要加贴生物安全警示标志。以最快方式运送到检测单位。为了能及时准确地告知检测结果，请写明送样单位名称和联系人姓名、联系地址、邮编、电话、传真等。

二、实验室诊断

口蹄疫实验室诊断主要由病原学诊断和血清学检测技术组成（表6-2）。

表6-2　目前可用的口蹄疫诊断检测方法

测试项目	样本需求	检测目标	获取结果的时间
病毒分离	组织（水疱液，水疱的组织和其他组织）	病毒	2 ~ 5d
3ABC 竞争 ELISA 液相阻断 ELISA 固相竞争 ELISA	血清	特异性抗体	3 ~ 6h
间接夹心 ELISA	上皮组织或水疱的液体，细胞培养上清	抗原测定 病毒血清型鉴定	4 ~ 8 h
实时逆转录聚合酶链式反应	血清、组织或水疱液	病毒的 RNA	4 ~ 12 h
病毒中和试验	血清	特异性抗体	2 ~ 4d

（一）病原学诊断

1. **病毒分离**　病毒分离鉴定是从患畜病料中分离病毒，并进行鉴定做出诊断的最可靠方法。在进行病毒分离时，先将口蹄疫疑似组织病料用生理盐水或磷酸盐缓冲液制成5% ~ 10%的组织悬液，然后接种乳鼠或细胞来分离病毒。所分离到的病毒需要用间接夹心酶联免疫吸附试验等进行定型鉴定。

（1）乳鼠接种　1951年，Skinner用田间样品接种乳鼠分离增殖病毒成功。通常用3 ~ 4日龄乳鼠。在连续传1 ~ 3代后，乳鼠出现四肢麻痹、呼吸困难而死。一些野毒株可能需要盲传几代才能在小鼠上适应。筛选出接种后18h发病死亡的乳鼠，剥离皮肤，除去头、四肢及胃肠和膀胱等，采取骨骼肌作为接种材料，将其研磨后制成10%悬液，作为被检材料，用间接夹心酶联免疫吸附试验、反向间接血凝试验等检测方法测定病毒的血清型。目前，仅极少数国家使用乳鼠接种分离口蹄疫病毒。

（2）细胞培养　Sellers在1955年培养猪肾细胞成功用于病毒增殖，随后成功用牛甲状腺原代细胞、仓鼠肾细胞BHK-21、羔羊肾脏细胞，以及猪肾传代细胞系IBRS-2分离和增殖口蹄疫病毒。研究表明，在牛甲状腺原代细胞和猪肾传代细胞系IBRS-2细胞培养中，能够完全检测出阳性的最低病毒浓度为每0.1g组织1 ~ 5半数组织感染量（$TCID_{50}$）。对于多数的口蹄疫病毒毒株，牛甲状腺原代细胞比其他细胞的敏感性要高出10倍，但原代细胞制备难度大，并且经一次传代后敏感性降低，因而常用敏感性好的细胞系来分离病毒。如果送检提供的病料少，或者运输条件不理想导致病料中病毒滴度降低，即使酶联免疫吸附试验和反转录聚合酶链式反应的检测结果为阳性，细胞培养可能显示出无病毒感染性。中国从20世纪60年代开始利用细胞培养技术进行口蹄疫病毒分离培养，常用的细胞系有BHK-21和IBRS-2。若样品为猪源病料，可用IBRS-2细胞进行分离，因为猪源口蹄疫病毒毒株和猪水疱病病毒均能在IBRS-2细胞上生长。用细胞进行分离时，取10%病料组织悬液上清接种培养好的单层细胞，37℃静止培养48～72h，每天观察记录，对照组细胞形态应基本正常或少有衰老。如果用被检样品悬液接种的敏感细胞出现细胞病变，样品判为阳性，并取出置于-30℃以下冻存；如果72 h后还无细胞病变，则连续盲传3代进行病毒的分离，如果连续传代后仍无细胞病变，则判为阴性。

2. 抗原鉴定　抗原鉴定即查明样品中是否存在口蹄疫病毒或其核酸。由于口蹄疫病毒的多型性，对阳性样品还必须进行血清型分型鉴定，常用方法有以下几种。

（1）间接夹心酶联免疫吸附试验　酶联免疫吸附试验（enzyme-linked immunosorbent assay，ELISA）即将已知的抗原或抗体吸附在固相载体表面，使酶标记的抗原抗体反应在固相表面进行的技术。1987年，Roeder等在前人工作基础上建立了较完备的间接夹心酶联免疫吸附试验，用于口蹄疫病原检测和定型。目前，该方法是OIE及OIE/ FAO国际口蹄疫参考实验室推荐使用的检测口蹄疫病毒和血清型优先采用的方法。该方法通过将兔抗口蹄疫病毒的型异性抗体（包被抗体，又称为捕获抗体）包被于酶联免疫吸附试验板上，捕获待检样品中相应型的口蹄疫病毒抗原，再加入与捕获抗体同一血清型，但用另一种动物制备的型特异性抗体（检测抗体）。如果有相应型的病毒抗原存在，则形成"夹心"式结合，随后加入的酶结合物进行显色反应，从而定性或定量检测。由于口蹄疫病毒的多型性，且可能并发临床上难以区分的水疱性疾病，因此在检测病料时必然包括几个血清型（如O、A、Asia1型），以及临床症状相同的某些疾病（如猪水疱病）。

间接夹心酶联免疫吸附试验在检验田间样品时，敏感性高于补体结合试验，对于含毒量较高的水疱皮和细胞培养物样品，可在2～4h内获得结果。但是，当被检材料病毒含量较低时，必须在细胞培养中扩增后，才能进行酶联免疫吸附试验检测。中国从2000年开始利用间接夹心酶联免疫吸附试验检测和定型口蹄疫病毒。

近年，用单克隆抗体对传统的间接夹心酶联免疫吸附试验进行了改进。用抗口蹄疫病毒的通用单克隆抗体作为包被抗体，利用抗不同血清型口蹄疫病毒的型特异单克隆抗体经过氧化物酶标记后作为检测抗体，对口蹄疫病毒进行分型鉴定。基于单克隆抗体间接夹心酶联免疫吸附试验（MDS-ELISA）具有背景值低、特异性好的特点，灵敏性比传统的间接夹心酶联免疫吸附试验要高，可以对唾液，黏液样品中的抗原进行检测。此外，单克隆抗体间接夹心酶联免疫吸附试验花费的时间更短，操作更简便。因此，改进的单克隆抗体间接夹心酶联免疫吸附试验要更有优势，可以作为传统间接夹心酶联免疫吸附试验的一种替代方法。

（2）补体结合试验　补体结合试验（complement fixation test，CFT）是根据抗原-抗体系统和溶血系统反应时均有补体参与的原理设计的，以溶血系统作为指示剂，限量补体测定病毒抗原。当病毒抗原与血清抗体发生特异反应形成复合物时，加入的补体因结合于该复合物而被消耗，溶血系统中没有游离补体将不发生溶血，试验显示阳性。补体结合试验于1943年建立，首先用补体结合试验检测豚鼠源的抗血清和口蹄疫病毒。随后，牛源病毒在豚鼠源抗血清作用下成功分型。自此，补体结合试验成为最早用于检测口蹄疫病毒的标准方法，用于区分不同的口蹄疫病毒毒株。后来发展用96孔微型板代替试管，建立了微量补体结合试验。尽管补体结合试验是一个操作简便快速、成本费用低廉的方法，但是它需要的病毒量大、敏感性较低，其结果有时候还会被试验样本的补体活性所影响和干扰，随着间接夹心酶联免疫吸附试验成为国际上检测口蹄疫病毒的常规方法，补体结合试验已有少数国家使用。

（3）反向间接血凝试验　抗原与其对应的抗体相遇，在一定条件下会形成抗原复合物，但这种复合物的分子团很小，肉眼看不见。若将抗原吸附（致敏）在经过特殊处理的红细胞表面，只需少量抗原就能大大提高抗原和抗体的反应灵敏性。这种经过口蹄疫纯化抗原致敏的红细胞与口蹄疫抗体相遇，红细胞便出现清晰可见的凝集现象。间接血凝试验（indirect hemagglutination test，IHA）就是将抗原或抗体包被于红细胞表面，然后利用其特异性的抗体或者抗原进行作用，当抗原与抗体特异性结合后，使得红细胞凝集拉聚在一起，出现肉眼可见的凝集反应。将口蹄疫病毒型特异性抗体以化学方法偶联于醛化的绵羊红细胞上，成为反向间接血凝试验（reverse indirect hemagglutination，RIHA），可作为病毒抗原型别鉴定，当贴附于红细胞的抗体与游离的抗原相遇并形成抗原-抗体凝集网络时，绵羊红细胞也随之凝集，出现了肉眼可见的细胞凝集现象。该方法简单、快捷，适合于基层使用，是中国口蹄疫病毒鉴定的行业标准之一。

（4）反转录聚合酶链式反应　聚合酶链式反应（polymerase chain reaction，PCR）技术是一种用于放大扩增特定的脱氧核糖核酸（DNA）片段的分子生物学技术，其最大特点是能将微量的DNA大幅增加，使其在凝胶电泳后形成明显可见的DNA条带。该技术自从1985年问世以来，由于它优异的性能，已经在生物科学领域中得到广泛应用。聚合酶链式反应是利用DNA在体外95℃高温时变性会变成单链，低温（60℃左右）时引物与单链按碱基互补配对的原则结合，再调温度至DNA聚合酶最适反应温度（72℃左右），DNA聚合酶沿着磷酸到五碳糖（5′~3′）的方向合成互补链。反转录聚合酶链式反应（reverse transcription-PCR，RT-PCR）是将核糖核酸（RNA）的逆转录和互补脱氧核糖核酸（cDNA）的聚合酶链式扩增反应相结合的技术。以RNA作为模板，采用Oligo（dT）或随机引物利用逆转录酶反转录成cDNA，再以cDNA为模板进行聚合酶链式反应扩增，可用于检测细胞/组织中微RNA病毒的检测。应用聚合酶链式反应检测口蹄疫病毒的报道始见于1992年，短短几年内，已广泛应用于口蹄疫病毒的检测。在此方法中，特异引物的设计非常关键。根据不同的目的，引物或为群特异性的，或为型特异性的。引物的位置一般在病毒高度保守的基因区域［如RNA聚合酶（3D）、5′非翻译区（5′UTR）及VP1基因］。与病毒分离和酶联免疫吸附试验相比，反转录聚合酶链式反应有以下几方面优势：高敏感度、可重复性、遗留污染量少，结果可以在2～4h内得到。反转录聚合酶链式反应可以直接用来检测不同病料中的口蹄疫病毒基因，如组织、拭子、粪便、牛奶、血清和OP液样品，是其他方法无法代替的，但这种方法需要较高的试验设备和分子生物学技术，所以目前只在一些实验室用于口蹄疫的诊断和检测。中国/OIE口蹄疫参考实验室建立了普通反转录聚合酶链式反应和多重反转录聚合酶链式反应（mRT-PCR）口蹄疫病毒诊断试剂盒。其中，多重反转录聚合酶链式反应是口蹄疫病毒诊断优先选择技术，在此方法中，三个不同大小的核酸扩增片段分别代表从A型、Asia1型和O型口蹄疫病毒扩增的核酸片段。此方法敏感性高于普通反转录聚合酶链式反应，可快速检测组织样本或病毒携带动物OP液中的病毒，并能区分其他相关病毒。近年，在此基础上，在分型引物区域的外面，设计了一对引物，扩增病毒核酸时，先进行通用型反转录聚合酶链式反应，再进行多重聚合酶链式反应，从而进一步提高了分型检测的敏感性。

（5）核酸序列分析　DNA的核苷酸序列，也称为DNA的一级结构，是由4种核苷酸构成的序列。1977年，两种基于双脱氧链终止和化学降解的DNA测序法研究成功，短短几年内，就被推广到世界各国的分子生物学实验室，成为20世纪80年代和90年代序列测定革命的基础，生物信息学也应运而生。这两种方法的原理大相径庭，但都同样生成相互独立的若干组带放射性标记的寡核苷酸，每组核苷酸都有共同的起点，却随机终止于一种（或多种）特定的残基，形成一系列以某一特定核苷酸为末端的长度各不相同的寡核苷酸混合物，这些寡核苷酸的长度由这个特定碱基在待测DNA片段上的位置所决定。然后通过高分辨率的变性聚丙烯酰胺凝胶电泳，经放射自显影后，从放射自显影胶片上直接读出待测DNA上的核苷酸顺序。应用核酸序列分析鉴定口蹄疫病毒的报道始见于1987年，用于比较欧洲当时口蹄疫病毒暴发中分离的流行毒株与疫苗株的病毒VP1基因序列，发现当时大多数欧洲暴发的口蹄疫并不是外部传入的，而可能是甲醛灭活不彻底引起的，随后核酸序列分析在口蹄疫诊断中得到了日益广泛的应用，主要包括口蹄疫病毒疫源追踪、型鉴定和遗传变异分析。

（二）血清学诊断

口蹄疫血清学诊断就是通过检测动物体液中的特异性抗体如血清等，对口蹄疫病毒感染和免疫状况做出诊断。口蹄疫的血清学试验主要分为两种，即针对结构蛋白抗体（SP）和针对非结构蛋白抗体（NSPs）的检测。

目前，检测抗口蹄疫病毒结构蛋白抗体的方法，主要有病毒中和试验、凝集试验、液相阻断酶联免疫吸附试验和固相竞争酶联免疫吸附试验，其中最常用于检测抗口蹄疫病毒结构蛋白抗体的方法是病毒中和试验和液相阻断酶联免疫吸附试验，这两种方法也是国际贸易中指定的使用方法。这些试验具有血清型特异性、高度敏感性，适用于检测由感染和免疫引起的抗体。病毒中和试验需要有细胞培养设施及使用活毒的试验条件，试验结果至少需要2~3d。液相阻断酶联免疫吸附试验是用型特异性多抗或单抗进行试验，该试验能很快获得结果，并且不需要组织培养系统及使用活毒。

检测抗口蹄疫病毒非结构蛋白（NSP）抗体的方法，主要有琼脂凝胶免疫扩散试验和竞争酶联免疫吸附试验，其中后者最常用，也是国际贸易中指定的检测方法，用来区别疫苗免疫和自然感染的动物。与检测抗口蹄疫病毒结构蛋白抗体的方法相比较，此方法不需要知道病毒的血清型就可以鉴定动物是否发生感染。

1. 病毒中和试验　病毒中和试验（virus neutralization test，VNT）是一种传统经典的口蹄疫血清学检测方法，可对抗体进行定量测定，也是世界动物卫生组织推荐检测口蹄疫病毒抗体的标准方法。病毒中和试验是利用血清中和抗体与口蹄疫病毒特异性中和作用使病毒丧失对易感动物和敏感细胞的感染力的原理而建立起来的，其试验结果至少需要2~3d。该方法的敏感性高、特异性好，现在许多诊断方法的建立都会将其设为标准，与其进行比较，但需要培养病毒敏感细胞；而且为了进行感染试验，所需的病毒必须为活病毒，具有感染性，这一要求限制了其在生物安全实验室以外使用的可操作性，只能在专门的实验室中进行，无法推行于普通实验室，给病毒中和试验带来很大麻烦。另外，由于病毒中和试验不能区别检测抗体来自于疫苗免疫或自然感染，这也限制了其广泛的应用性。而口蹄疫在中国是一项强制性免疫疾病，因此，病毒中和试验的大范围使用也具有一定的局限性。

2. 液相阻断酶联免疫吸附试验　液相阻断酶联免疫吸附试验（liquid phase blocking ELISA，LPBE）是由Hamblin等于1986年根据中和试验的原理建立的。该方法的灵敏度接近100%，特异性大约为95%，该方法重复性好，检测速度更快，尤其适合于大批量血清样品的检测，是国际上普遍认可的一种标准化诊断技术。在中国，马军武等首先建立了液相阻断酶联免疫吸附试验检测口蹄疫病毒抗体方法，并获得广泛应用。液相阻断酶联免疫吸附试验的操作过程比正向间接血凝试验繁琐，但它的精确性、稳定性远远高于正向间接血凝试验，可用于口蹄疫阴性动物筛选及口蹄疫病毒抗体水平的检测。

3. 固相竞争酶联免疫吸附试验　固相竞争酶联免疫吸附试验（solid phase competitive ELISA，SPCE）以灭活、半纯化的口蹄疫病毒为抗原，并在系统中应用了多克隆抗血清，其敏感性与液相阻断酶联免疫吸附试验相当，特异性超过99.5%，动物在感染8d后检测，敏感性可达100%。近年，固相竞争酶联免疫吸附试验已广泛用于口蹄疫病毒血清抗体的常规检测。对野外采集的不同种类的猪、牛和牦牛血清样品分别进行O型口蹄疫病毒固相竞争酶联免疫吸附试验、液相阻断酶联免疫吸附试验和病毒中和试验检测的结果表明，固相竞争酶联免疫吸附试验方法与病毒中和试验具有很好的符合率，达到88.3%，其中猪和牦牛血清符合率达90%和89.5%，阳性检出率为91.2%，高于液相阻断酶联免疫吸附试验与病毒中和试验的符合率。

4. 正向间接血凝试验　正向间接血凝试验的原理与反向间接血凝试验相同，只是用提纯的口蹄疫病毒抗原包被于醛化绵羊红细胞上，用于检测口蹄病毒的抗体。该方法虽有低水平的型间交叉反应，但简单易行，适合基层单位应用。目前，中国常用正向血凝试验和液相阻断酶联免疫吸附试验检测口蹄疫抗体。因正向血凝试验和中和抗体符合性不高，正逐步被液相阻断酶联免疫吸附试验取代。

（三）区分自然感染和口蹄疫免疫动物的检测方法

区分自然感染和口蹄疫免疫动物，在口蹄疫防控工作中，是一项十分重要的内容，也是OIE判定一个国家有无口蹄疫的依据之一。

1. 非结构蛋白　疫苗免疫动物与感染动物体内都会产生结构蛋白抗体，因此检测结构蛋白抗体的诊断方法无法区分自然感染动物和免疫动物。在成熟的病毒颗粒中，口蹄疫病毒衣壳由结构蛋白1A、1B、1C、1D组成，而非结构蛋白（nonstructural proteins，NSPs），前导蛋白酶（L^{pro}）、2A、2B、2C、3A、3B、3C蛋白酶（$3C^{pro}$）和3D聚合酶（$3D^{pd}$）在口蹄疫病毒复制过程中产生，参与病毒的复制、多聚蛋白的裂解和病毒颗粒的组装过程，成熟的病毒粒子中不含有这种蛋白质成分，因此，只要有口蹄疫病毒感染过程发生，就有非结构蛋白参与，因而动物会出现非结构蛋白抗体。非结构蛋白基因序列高度保守，诱生的非中和性抗体没有型特异性。当前使用的灭活疫苗由病毒结构蛋白抗原组成。因此，疫苗免疫动物几乎不产生非结构蛋白抗体，可通过检测抗非结构蛋白的抗体，来区分自然感染和灭活疫苗免疫动物。

口蹄疫病毒各种非结构蛋白的抗原性不一，刺激机体产生抗体的水平及持续的时间不等，选择合适的非结构蛋白作为检测抗原是建立检测方法非常重要的一项工作。

在八种非结构蛋白中，在3D是最早用于诊断的非结构蛋白，后来从疫苗免疫动物的体内也检测到3D抗体，不适合作为检测抗原。L蛋白、2A由于免疫原性不强或在灭活苗中微量残留，而2B、2C及3C抗原性不理想，均不适合作为检测抗原。研究表明3A、3B、3AB和3ABC蛋白比较适合作为检测抗原，其中3ABC和3AB蛋白是其中最理想的检测抗原。3ABC抗体水平能够持续一年以上。检测非结构蛋白3AB或者3ABC的抗体已经被普遍认为是确定口蹄疫病毒感染的最可靠指标。但如果使用非纯化的疫苗多次免疫会影响诊断的特异性。OIE推荐以3ABC为抗原，初步筛查病毒感染动物。对3ABC试验血清阳性的动物，有必要辅以3A、3B、2C、3D和3ABC为抗原的检测方法确诊。

2. **区分自然感染和口蹄疫免疫动物的检测方法**　各种基于非结构蛋白的抗体检测技术主要有琼脂扩散沉淀试验、补体结合试验、对流免疫电泳、免疫白质印迹法和酶联免疫吸附试验。

（1）琼脂凝胶免疫扩散试验　琼脂凝胶免疫扩散试验（agar gel immunodifusion test，AGID）是一种简易的抗原抗体检测方法。长期以来，该方法曾用于口蹄疫病毒感染相关抗原（即非结构蛋白3D）或抗3D抗体检测，对口蹄疫病毒感染动物或者免疫动物区分诊断。但由于该方法的敏感性不高，检出率相对较低，近年，随着口蹄疫3ABC竞争酶联免疫吸附试验成为国际上区别口蹄疫病毒感染和疫苗免疫动物常规方法，琼脂凝胶免疫扩散试验已极少使用。

（2）口蹄疫3ABC竞争酶联免疫吸附试验　1997年，意大利的De等建立了基于3ABC非结构蛋白的间接捕获酶联免疫吸附试验技术检测非结构蛋白抗体，用此方法检测了大量疫苗免疫动物和感染动物，数据显示该方法敏感性好，特异性高，随后各种基于非结构蛋白3ABC的抗体检测酶联免疫吸附试验应运而生，其中最常用方法3ABC竞争酶联免疫吸附试验，也是国际贸易中指定的检测方法。中国国家口蹄疫参考实验室已经研制开发3ABC竞争酶联免疫吸附试验（3ABC-I-ELISA）诊断试剂盒。近年，为提高感染动物和疫苗免疫动物的区分率，开发出了非结构蛋白和单克隆抗体相结合的酶联免疫吸附试验。2005年，Sorensen等使用杆状病毒表达的3ABC非结构蛋白做抗原，用针对3ABC非结构蛋白的单克隆抗体作为捕获和检测抗体，建立3ABC竞争酶联免疫吸附试验，来检测免疫及感染的牛、羊和猪血清，其检测效果显示出该方法能特异、敏感地区分感染动物和疫苗免疫动物。3A、3B等其他非结构蛋白的单克隆抗体已经被成功制备，相应的酶联免疫吸附试验正在建立中。

3. **鉴别疫苗免疫再感染动物的检测方法**　目前口蹄疫疫苗只能保护免疫动物不发病，但不能阻止隐性感染。在免疫疫苗的动物群中，有一定数量的动物因为隐性感染而成为病毒携带者，这些动物有可能短期排毒，而病毒可在牛、羊体内长期存在，形成持续性感染。因此，如何鉴别疫苗免疫动物是否发生感染一直是控制和消灭口蹄疫的重要课题。

对于反刍动物，可采集OP液，用分离病毒或检测病毒RNA方法，来鉴别反刍动物是否带毒。但OP液病毒含量很低（接近细胞培养检测的最低限度），加之排毒也是间歇性的，也没有可靠的统计学方法可以用于排除动物群感染状态。因此，使得咽喉探杯采集筛查的结果会不够理想。而且实际工作中，常会遇到大规模的检测，使得咽喉探杯采集这样的方法难以应用。除此之外，对非结构蛋白的测试往往也没有确定的结果，试验表明，牛在疫苗免疫之后进行攻毒试验，并且确认存在持续性感染，检测非结构蛋白抗体却是阴性。因此，抗口蹄疫病毒非结构蛋白抗体的检测在个体水平上确定疫苗动物的感染状态，但这种方法仍然可能用于畜群检测。近年研究表明OP液中IgA的含量和宿主的带毒状态有相互关联，因此，通过同时检测血清中的非结构蛋白抗体和OP液中IgA分泌水平，来确定宿主是否感染带毒。

（张志东，张向乐，杨洋）

第四节　诊断技术新进展

口蹄疫诊断检测技术正在不断地改进和创新，已从细胞培养、血清学诊断技术领域扩展到了分子生物学诊断技术领域。这些新技术不仅敏感、特异，而且还简便、快速、高通量化。

一、病原学检测技术

1. **新高敏感细胞系**　因牛甲状腺原代细胞和羔羊肾原代细胞在生产上存在问题，尤其是很少进行口蹄疫诊断的实验室及因口蹄疫呈地方流行性的地区口蹄疫阴性的动物很难得到。而现有的细胞系对口蹄疫病毒的敏感性上又有局限性，因此，学者进行了寻找和构建对口蹄疫病毒更加敏感的细胞系的研究。Brehm（2009）等建立了高敏感山羊胎儿细胞系（ZZ-R 127），结果表明，在分离7个血清型的口蹄疫病毒上比其他现有的细胞系更加敏感，并且其试验结果与牛甲状腺原代细胞的结果相差在0.5个log范围以内，并且ZZ-R 127细胞还可以分离猪水疱病毒和水疱性口炎病毒。由于整联蛋白$\alpha v\beta 6$是口蹄疫病毒的主要受体，LaRocco（2013）将αv亚基和$\beta 6$亚基同时导入到牛肾细胞系中构建稳定表达$\alpha v\beta 6$的细胞系LFBK-$\alpha v\beta 6$，结果表明$\beta 6$亚基至少在100代可以稳定表达，并且增加了其对口蹄疫病毒的易感性。LFBK-$\alpha v\beta 6$细胞系在检测所有7个血清型的病毒上都具有很高的敏感性，并且与其他现有的细胞系相比较，该细胞系在检测临床样品上更加有效。

2. 分子生物学诊断技术

（1）环介导逆转录等温扩增技术　口蹄疫的传统诊断方法是由特异性病毒抗原的酶联免疫吸附试验检测所介导的，通过观察细胞培养中的病变效应。另外，常规反转录聚合酶链式反应和实时定量聚合酶链式反应用来补充口蹄疫病毒感染的最初诊断方法。然而，这些方法比较费力，并且需要昂贵的实验室设备。为解决这些问题，Yamazaki等人建立了一个简单、快速和实用的反转录环介导等温扩增（RT-loop-mediated isothermal amplification，RT-LAMP）方法鉴定动物及其产物中的口蹄疫病毒。反转录环介导等温扩增方法首先是由Notomi等人报道的，并且成功用于许多动物病毒的检测，其结果可以通过2.5%琼脂糖凝胶电泳判定，其中添加核酸染料SYBR Green I。目前已在人类及动植物细菌、病毒、寄生虫、真菌等病原体的检测中取得重要进展，在疫病诊断领域显示出广阔的应用前景。反转录环介导的等温扩增是一个敏感性试验，它操作非常简单，只需要传统水浴或加热器在等温条件下孵育。另外一个特点是它的产物可以直接用肉眼观察，是因为在反应管中形成了一个焦磷酸镁的白色沉淀。此方法比较省时，其结果可以在1h之内观察，然而普通的反转录聚合酶链式反应却需要2~4h。它的成功应用取决于4~6对引物和口蹄疫病毒目标序列的高度匹配。口蹄疫病毒准种特性可能会减少反转录环介导的等温扩增试验的敏感性，因此，在实际应用之前，我们需要用大量的野生毒株来评估其敏感性。如果此方法可以进一步开发为可以直接与临床样本，如上皮组织、OP液体等，而不是提取的RNA直接反应，那么它将有潜力成为一种快速诊断方法而进行现场检测。口蹄疫病毒反转录环介导的等温扩增现场诊断的敏感性和特异性需要进一步研究。李健等利用此技术建立了口蹄疫病毒快速检测方法，同时评价了该方法的灵敏性和特异性。结果表明，根据口蹄疫病毒多聚蛋白基因保守区段设计的录环介导等温扩增引物能够在65℃下，1h内实现目标核酸区段的大量扩增，检测结果可直接用肉眼判断。该检测体系具有极高的特异性，只能检测到目标病毒，与其他类似病毒如猪水疱病病毒、猪瘟病毒、猪细小病毒等无交叉反应，可检测到10^{-5}稀释度的目标病毒核酸量，比普通反转录聚合酶链式反应的灵敏性高100倍，比荧光聚合酶链式反应高10倍。

（2）实时荧光定量反转录聚合酶链式反应 荧光实时定量聚合酶链式反应就是通过对聚合酶链式反应扩增反应中的每一个循环产物荧光信号的实时检测从而实现对起始模板定量及定性的分析。在其反应中引入了一种荧光化学物质，随着聚合酶链式反应的进行，聚合酶链式反应产物不断累计，荧光信号强度也等比例增加。每经过一个循环，收集一个荧光强度信号，这样就可以通过荧光强度变化监测产物量，从而得到荧光扩增曲线图。相比常规聚合酶链式反应技术，荧光实时定量聚合酶链式反应的特异性强、灵敏度高，可直接对产物进行定量，自动化程度高，操作简单，亦可解决聚合酶链式反应污染问题。TapMan反转录聚合酶链式反应是利用共振能量转移达到荧光猝灭而距离增加后荧光恢复的技术的原理建立的一种先进的荧光实时定量反转录聚合酶链式反应技术，因其高度的敏感性、特异性，正逐步取代普通反转录聚合酶链式反应方法，广泛应用于口蹄疫病毒的检测。卢受昇等基于口蹄疫病毒聚合酶3D蛋白基因的序列分析，设计合成了特异的引物和探针，通过反应条件的优化，建立了实时TaqMan荧光定量反转录聚合酶链式反应检测方法。试验表明，该方法能特异性检测A、O、Asia1型3种血清型的口蹄疫病毒，对猪水疱病、猪瘟、蓝耳病等猪常见病原检测结果均为阴性。对比检测试验表明，该方法的检测敏感性比常规的多重反转录聚合酶链式反应提高达10^5倍，对口蹄疫病毒细胞增殖病毒液的检测灵敏度可达0.063个$TCID_{50}$。对临床样品的检测试验证实，该方法可以有效检测临床样品中的猪水疱皮、组织、血清及OP液中的口蹄疫病毒。李金海等亦根据口蹄疫病毒聚合酶3D基因建立了实时TaqMan荧光定量反转录聚合酶链式反应检测方法。该方法分别以质粒和病毒RNA为模板，通过优化，得到最佳反应体系和反应条件。结果显示能特异性检测A、O、Asia1型口蹄疫病毒，而对猪瘟、猪蓝耳病、猪圆环病毒病、猪细小病毒病、猪狂犬病、猪乙型脑炎等病原检测结果均为阴性。构建的荧光定量标准曲线Ct值与模板浓度呈良好的线性关系，检测质粒的敏感性可达83.4拷贝/μL，检测病毒RNA的敏感性可达7.1拷贝/μL，比多重反转录聚合酶链式反应敏感性高10倍。对4份样品进行5次批内和批间重复检测，检测结果变异系数均小于2%。石立立等将改良的实时TaqMan荧光定量反转录聚合酶链式反应技术应用于口蹄疫病毒感染体内和体外的定量检测及其3D基因转录水平分析。结果表明：对样品中口蹄疫病毒基因组RNA的检测灵敏度可达10个基因拷贝，可同时检测病毒正负链复制水平，且重复性较好，所测口蹄疫病毒3D基因转录水平可高达6.9×10^4拷贝/μL；与实时SYBRGreen I 染料反转录聚合酶链式反应技术比较，改良的实时TagMan荧光定量反转录聚合酶链式反应技术检测灵敏度高6.7倍。以上结果证实，改良的实时TaqMan荧光定量反转录聚合酶链式反应技术在病毒检测和基因表达水平分析方面有更高的灵敏度和特异性。此外，高志强等根据口蹄疫病毒Asia1型VP1的基因编码区基因（1D）序列，设计合成多对引物和多条探针，通过对引物、探针的筛选，反应条件的选择和优化，建立了口蹄疫病毒Asia1型荧光反转录聚合酶链式反应检测技术。该试验采用一对引物和两条探针配对，有效降低了由于变异导致的漏检率。经一系列的试验表明建立的荧光聚合酶链式反应检测技术快速、敏感、特异，检测时限3h以内，与口蹄疫病毒A型、O型和其他病毒不发生交叉反应，适用于样品中口蹄疫病毒Asia1型的直接检测。

（3）高敏感金颗粒改良免疫聚合酶链式反应　2，2-联喹啉-4，4-二甲酸二钠（BCA）是一种稳定的水溶性复合物，可以用于目标蛋白和核酸的超灵敏检测，其最小检测量为30aM。此方法成功用于多种动物病毒的检测，并且提供了优于酶联免疫吸附试验和传统聚合酶链式反应的超高分析灵敏度。基于BCA的原理，建立了高度敏感的金纳米颗粒改良免疫聚合酶链式反应方法（highly sensitive gold nanopariticle improved immuno-PCR，GNP-IPCR），用于检测口蹄疫病毒抗原。通过多克隆抗体或单克隆抗体捕获的目标病毒粒子包被酶联免疫吸附试验微型板，随后用高度敏感的金纳米颗粒孵育，它已经被寡核苷酸和口蹄疫病毒特异性单克隆抗体改进。在免疫复合物形成和几步洗板之后，信号DNA通过热释放，并且用聚合酶链式反应或实时定量聚合酶链式反应方法进行分析。此方法结合了酶联免疫吸附试验抗原检测适用性和聚合酶链式反应方法高度敏感性，因其高的信号扩增性而具有超高分析灵敏度。高度敏感的金纳米颗粒改良免疫聚合酶链式反应可以检测到的极限是10fg/mL纯化的样品，相比酶联免疫吸附试验的极限100ng/mL要高很多。但是高度敏感的金纳米颗粒改良免疫聚合酶链式反应的特异性也很容易因清洗不彻底而受影响。高度敏感的金纳米颗粒改良免疫聚合酶链式反应仍然是免疫聚合酶链式反应的改进试验。

（4）基因芯片技术　基因芯片技术是分析基因表达和单核苷酸多态性的一种方法。口蹄疫的基因芯片诊断技术是指利用DNA芯片进行口蹄疫病毒的检测。DNA芯片是随着人类基因组计划的完成而逐步发展起来的。DNA芯片的原理是杂交测序方法，即通过将样本核苷酸与一组已知核酸序列的探针杂交进行核酸序列测定的方法，将这些已知序列的靶核苷酸的探针按阵列固定在一块基片表面，从而达到高通量测定的目标。利用DNA芯片进行口蹄疫诊断时，首先需要将具有代表性血清型的VP1或3A核酸片段点阵于基因芯片上，然后将待检样本的cDNA或RNA进行荧光分子标记，将标记核酸分子与芯片上的靶探针进行杂交，然后通过相关荧光采集系统对芯片上的荧光进行扫描采集，分析信号读取和转化数据，将获得的数据进行分析，从而鉴定出样本是否感染口蹄疫病毒。利用DNA芯片还可以进行口蹄疫病毒血清型和基因型的判定，因为其高度灵敏性完全可以达到区分口蹄疫病毒不同血清型和基因型的标准。DNA芯片诊断技术的突出特点是高通量、高集成、微型化和自动化，其与传统的检测方法相比，该方法可以在一张芯片上，同时对多个样本进行多种疾病的检测。该技术被认为是继基因克隆技术、基因测序技术和聚合酶链式反应技术后的又一次革命性的技术突破，因此在未来有广泛的应用前景。该技术的缺点是相对技术要求较高，仪器设备相对昂贵。

利用基因芯片可以将口蹄疫病毒和其他病毒进行区分，而且可以区分口蹄疫病毒的不同变种。鉴别相同病毒的不同突变毒株是对病毒的变异能力、准种分布情况和特点、病毒变异对表型产生的影响，以及易变区段进行分析的必要手段。现在已经建立了包含有155个口蹄疫病毒基因组寡核苷酸探针的基因芯片。这些探针长度为35~45bp长，具有血清型特异性，可以检测VP3和VP1-2A基因。基因芯片扩增的片段标记有Alexa-Fluor 546染料，可以进行基因定性和定量分析。代表7个不同血清型的23个口蹄疫毒株被进行了分析，结果证实该方法可以口蹄疫病毒的检测和血清型的区分。在这种基因芯片上增加其他病毒基因的探针还可以进行其他病毒的检测。因此基因芯片方法可以进行高通量检测口蹄疫病毒，而且可以对口蹄疫病毒基因组进行核苷酸多态性分析。

（5）二代测序　在检测口蹄疫病毒的分子生物学方法建立以后，核酸测序方法就是一种应用非常广泛的检测方法。测序方法是在血清型鉴定和突变分析上有力的工具。传统的测序方法都是通过检测口蹄疫病毒的VP1基因进行口蹄疫病毒表型分析和血清型鉴定的。随着测序技术的发展，新的测序方法也逐步建立起来，其中二代测序技术的优势比较突出。

二代测序（next generation sequencing，NGS）技术的核心是边合成边测序，即通过捕捉新合成的末端的标记来确定DNA序列。其原理是每一个dNTP的聚合与一次化学发光信号的释放偶联起来，通过检测化学发光信号的有无和强度，达到实时检测DNA序列的目的。利用二代测序技术，序列数据可以从一个样本中产生，并且提供了一个前所未有的"阶梯式"增加。尽管二代测序经常用在大基因组的重新测序，它也可以用在短病毒基因组的重新测序以得到深度覆盖区。因此，对一个病毒样本来说，二代测序有潜力通过揭示仅仅存在于小片段上的核苷酸替换来提供额外的信息。一些早期研究使用454焦磷酸测序平台检测人类病毒少数序列变异。454焦磷酸测序有前途的替换方法是由Illumina测序平台提供的基于终止子的可逆序列化学过程。此方法运行成本低且效率高，使之很可能广泛用在未来深度基因组测序中。Wright等证明了此方法是一个强大的和有价值的工具，可以用来解剖口蹄疫病毒种群与宿主之间的关系。

（6）生物传感器检测技术　一种基于压电晶体的免疫生物传感器已经被建立，用于进行口蹄疫的诊断和病毒的分型。变构效应生物传感器利用病毒蛋白和抗体相互作用的原理，将病毒表面蛋白的部分肽段插入到β重组半乳糖苷酶的构象反应区，作为检测血清中口蹄疫抗体的受体。抗体与这些肽段结合后能够引起酶促反应，从而可以进行快速检测。生物传感器检测技术已经被用于HIV病毒的检测，可以大量快速地进行多样本检测。因此，该方法在口蹄疫检测方面也具有很大的前景。

已经有报道将口蹄疫病毒VP1的B细胞表位插入到β重组半乳糖苷酶活化位点附近，在有该表位抗体存在的情况下，β重组半乳糖苷酶可以迅速活化，引发酶促反应，因此可以用于检测感染了口蹄疫病毒的动物的血清。另外，将口蹄疫病毒非结构蛋白3B的部分肽段插入到β重组半乳糖苷酶，利用3B蛋白的单克隆抗体可以显著激活酶促反应。同样，利用口蹄疫病毒感染的动物的血清，也可以激活酶促反应。因此，这种方法在口蹄疫诊断过程中，可以对健康动物、疫苗免疫动物和自然感染动物进行区分。具有重要的应用价值。

（7）基于核酸的诊断方法　利用放射性标记物对探针进行标记可以用于1pg病毒RNA或者对一个细胞中的一个病毒进行检测。基于这种利用核酸序列扩增的技术（NASBA）进行口蹄疫病毒检测的方法已经被建立，根据检测手段不同分为电化学发光核酸序列扩增技术（NASBA-ECL）和酶联寡核苷酸捕获技术（NASBA-EOC）两种方法。核酸序列扩增的技术诊断方法可以快速、高灵敏地对口蹄疫病毒进行检测和鉴定。

（8）线性指数聚合酶链式反应　线性指数聚合酶链式反应（linear-after-the-exponential-PCR，LATE-PCR）是在不对称聚合酶链式反应的基础上发展出来的，使数量限制的引物比过量的引物的解链温度更高，从而维持较高的反应效率。此方法是一种高效、灵敏的非对称聚合酶链式反应，也是一种改进的非对称聚合酶链式反应。线性指数聚合酶链式反应可以达到与对称聚合酶链式反应一样高效的扩增效率，在多循环指数期以外仍旧可以扩增出大量的单链DNA。非对称聚合酶链式反应比对称聚合酶链式反应可以产生更灵敏的信号，但是由于其扩增效率是对称聚合酶链式反应的70%～80%，因此在检测病原RNA的过程中应用较少。但是线性指数聚合酶链式反应改进了这种缺点。线性指数聚合酶链式反应已经在病原RNA检测方面有了广泛应用。Reid等2010年建立了检测口蹄疫病毒的线性指数聚合酶链式反应，该方法通过设计可以检测口蹄疫病毒所有血清型的2A/B基因、可以鉴别血清型的VP1基因，对A、C、O、Asia1型、SAT1、SAT2和SAT3型等98个样品进行了检测，结果显示检测准确性高于对称聚合酶链式反应（WRL实验室）。建立的线性指数聚合酶链式反应方法可以鉴别和定量口蹄疫病毒核酸序列，可以用于疫情发生时对口蹄疫病毒的检测。

（9）不对称反转录聚合酶链式反应结合寡聚核苷酸芯片技术　随着分子生物学技术的发展，基因芯片技术具有高通量、微量化、可对多种病原和多个基因进行平行检测等优点，具有良好的应用前景。因此，建立口蹄疫病毒寡核苷酸芯片检测技术，仅为有效监测口蹄疫病毒提供新的方法。李金海等根据口蹄疫病毒保守的3D基因序列，设计1对特异性引物和3条寡核苷酸探针。下游引物5′端用Cy3标记，用非对称一步法反转录聚合酶链式反应方法标记样品，再与固定在醛基化玻片的探针陈列杂交，用GenePix4100A扫描杂交芯片，GenePix@Pro5.0软件分析扫描结果，建立了检测口蹄疫病毒的基因芯片检测方法。该方法可特异性检测O、A、Asia1型口蹄疫病毒，特异性强、敏感性高。对25份田间样品的检测结果与中国农业科学院兰州兽医研究所多重反转录聚合酶链式反应检测试剂盒结果完全一致，表明该方法可用于口蹄疫病毒样品的实验室检测，同时也为多种病原联合诊断基因芯片的研制奠定了基础。

二、血清学诊断技术新进展

1. **免疫层析快速诊断试纸条** 传统的检测方法需要将样品运送到实验室，然后通过精细的设备、稳定的试剂和专业的技术人员进行操作才能够开展。在口蹄疫暴发后，以最快的方式限制口蹄疫的扩散可以最大程度地减少疫情造成的损失，这就需要非常特异、敏感、快速、简单和廉价且适合于大规模现场使用的检测方法，以最快速的方法对口蹄疫进行诊断。免疫层析快速诊断试纸条就比较符合这种要求。免疫层析法（immunochromatography）是一种快速便捷的诊断方法，现在已经被应用于口蹄疫病毒的检测。其原理是将口蹄疫病毒蛋白的特异性抗体固定于硝酸纤维素膜的特定区域，然后利用毛细管现象，进行血清等液体样本的检测。如果样品中含有抗体对应的抗原，则两者能够发生特异性结合。此时，通过结合胶体金或免疫酶染色等方法，可以使得结合区域显示出一定的颜色，从而实现特异性的诊断。该方法可以在野外或没有良好试验条件的地方进行疾病诊断检测，其应用现已逐步扩大。该技术将会为各类动物口蹄疫的检测提供更为广阔的应用空间。免疫层析快速诊断试纸条的缺点在于，其对疾病的检测属于定性检测，结果只有阴性和阳性，而且在进行结果判定时往往带有主观性。因此对于其初步判定的阳性样品需要进一步送经实验室进行检测确认。实验室验证结果显示，相比传统的抗原酶联免疫吸附试验，该方法的灵敏度与之相同，甚至更高。但这项检测方法对阳性结果特异性很高，但阴性结果灵敏度低，需要在排除口蹄疫病毒感染之前做更多的分析。我们可能注意到，虽然有关免疫层析快速诊断试纸条测试方法的有效性研究已经做了很久，但仍然没有被OIE批准使用。现在急需批准该方法作为病毒检测方法。在动物性产品和家畜的国际贸易中，应当尽快使用该测试方法来检测口蹄疫。

免疫层析法中还有一种横向流动免疫层析技术（LFA），它是利用横向流动设备（LFD）进行色谱试纸条检测的方法。横向流动免疫层析技术可以快速诊断各类病毒性疾病，在口蹄疫的检测中也被广泛利用，横向流动免疫层析技术检测法，能够快速、简便地应用于现场，检测鼻拭子上皮和食道探子所采样本以及细胞培养继代上清液的口蹄疫病毒抗原。此法对可疑口蹄疫暴发地区能提供临床证实，有利于疾病的迅速控制，Ferris等利用筛选的一种可以和口蹄疫病毒所有血清型反应的单克隆抗体建立了一种可以检测口蹄疫病毒血清型的免疫层析试纸条，并配套发明了一种在疫区现场可以准备上皮悬液样品的一次性组织搅拌器，建立的这种免疫层析试纸条的敏感性和特异性和实验室建立的抗原酶联免疫吸附试验方法一致。这种试纸条及配套的匀浆装置已经开始用于商业生产。Oem等人利用单克隆抗体（MAb 70-17）建立了一种快速检测口蹄疫病毒的横向流动免疫层析技术方法，该方法可以对O、A、Asia1和C型口蹄疫病毒进行检测，检出率高达87.3%，与酶联免疫吸附试验检出率几乎一致（87.7%）。检出特异性为98.8%，也与酶联免疫吸附试验方法基本一致（100%）。该方法可以在短时间内对待检样品进行检测，因此具有很重要的实际应用价值。杨苏珍等通过蛋白的表达、纯化和复性，多肽的合成和筛选，获得了能和O型口蹄疫病毒抗体特异性结合VP1蛋白和3条多肽，将VP1蛋白和合成肽分别作为免疫原和反应原，成功制备了3株特异性单克隆抗体；将金标BSA结合肽作为诊断抗原，以单抗IgG和SPA分别作为质控线和检测线，成功研制了O型口蹄疫病毒抗体快速检测免疫层析试纸条，不仅为基层养猪业提供一种快速、特异、敏感、简便的O型口蹄疫病毒抗体检测手段，还为动物疫病抗体水平监测建立了一种新型实用的方法。蒋韬等为建立一种快速、准确检测O型口蹄疫病毒抗原的胶体金免疫层析方法，将兔、豚鼠抗O型口蹄疫病毒多抗用DEAE-Sephose层析柱纯化。胶体金标记O型豚鼠口蹄病毒疫抗体，形成金标探针并将其喷涂于玻璃纤维上。兔抗O型口蹄疫病毒抗体和羊抗豚鼠IgG分别标记于硝酸纤维素膜上作为检测带和质控带，各部件按顺序装配形成快速诊断试纸条。如果待检样品中含有O型口蹄疫病毒，它将与玻璃纤维上的胶体金探针和兔抗O型口蹄疫病毒抗体形成夹心复合物，并在检测带被固定，沉集反应形成肉眼可见的红色条带。在田间试验中，53份试验样本分别用试纸条和反向间接血凝试验进行检测，2种方法的阳性率分别为95.45%和90.91%。评价试验证实，本研究建立的胶体金免疫层析方法简便、快速，具有良好的特异性和敏感性，非常适于基层兽医实验室诊断时使用。朱文钏等运用免疫胶体金技术，以纯化的重组3AB蛋白作为抗原，建立了口蹄疫3AB非结构蛋白抗体快速检测方法，包括斑点免疫金渗滤法和胶体金免疫层析试纸法。采用柠檬酸三钠还原法制备胶体金，用制备的胶体金标记葡萄球菌A蛋白（SPA），标记好的金标SPA经离心纯化后，用胶体金稀释液稀释至工作浓度。通过优化抗原包被浓度、封闭液和金标SPA工作浓度等建立了能够区分口蹄疫自然感染动物和免疫动物的斑点免疫金渗滤法和胶体金免疫层析试纸法。斑点法和试纸法检测口蹄疫3AB抗体具有操作简便、不需要特殊的试验环境及复杂的样品处理、检测时间短（2～5min）、结果显示直观等优点，在口蹄疫的快速诊断中具有重要的应用价值。吴磊等试图将口蹄疫病毒N端富积成簇的B细胞表位的2C蛋白与3AB蛋白构成2C'3AB发展胶体金检测试纸条。胶体金标记口蹄疫病毒非结构蛋白2C'3AB，形成金标探针，并将其喷涂于玻璃纤维上，2C'3AB蛋白和兔抗2C'3AB多抗分别标记于NC膜上两个界定的区域，作为检测带和质控带。各部件按照顺序装配成快速诊断试纸条，检测阴性和阳性血清样本表明，该试纸条灵敏度高、特异性强、重复性和稳定性好。与口蹄疫病毒非结构蛋白3ABC抗体酶联免疫吸附试验诊断试剂盒符合率高，适用于口蹄疫感染和免疫鉴别诊断的快速检测。任维维等采用柠檬酸三钠还原法制备胶体金。利用其对阴性参考样品、各型阳性参考样品、已知背景的田间样品进行检测。结果表明，所建立试纸条方法可检测到病毒最低含量为 0.98×10^4 半数致死量（LD_{50}）。在检测与口蹄疫临床症状相似病原—猪水疱病病毒、水疱性口炎、水疱性疹抗原时无交叉反应；而且不同批次间、同一批次内检测结果完全一致。对已确定口蹄疫病毒阴阳性的90份样品检测结果表明，其阳性符合率、阴性符合率分别为96.70%、100%。林彤等为建立一种快速、简便、灵敏检测Asia1型口蹄疫病毒的胶体金免疫层析方法（GICA），亦采用柠檬酸三钠还原法制备胶体金颗粒，标记纯化的抗Asia1型口蹄疫病毒的单克隆抗体，将该标记物与羊抗豚鼠IgG分别包被在硝酸纤维素膜上，作为检测带和质控带。经条件优化，组装成检测Asia1型口蹄疫的诊断试纸条。用该试纸条分别对A、O、C和Asia1型口蹄疫病毒抗原及猪水疱病病毒抗原等87份样品进行了检测，发现该试纸条不与口蹄疫病毒A、O、C型及猪水疱病病毒抗原发生反应，特异性良好。该试纸条与其他传统诊断方法的符合率为98.8%。

2. **新酶联免疫吸附试验方法**　IZS公司开发了一种基于血清特异单克隆抗体的诊断酶联免疫吸附试验方法。在临床样本中，此方法依赖于口蹄疫病毒血清O、A和C型3种单克隆抗体混合物，以鉴定口蹄疫病毒。口蹄疫病毒单克隆抗体限定了一个特殊区域，在一个试验中，一系列病毒可以被鉴定分析。在Ma等的实验室里面，他们获得了一株针对血清O型的单克隆抗体，此抗体准确覆盖了口蹄疫病毒VP1蛋白133~160的氨基酸。此方法基于抗原捕获酶联免疫吸附试验方法可以鉴定口蹄疫病毒血清O型，也可以区分血清A、C、Asia1型和猪水疱病。此合成方法有很大潜力制备针对构象决定簇的单克隆抗体。针对准确表位的单克隆抗体也可以用来开发特异性口蹄疫病毒野毒株的诊断试验。

3. **口蹄疫病毒彩色微球分型试纸条诊断方法**　彩色乳胶颗粒是近年来发展较快的免疫新技术，由于乳胶颗粒可以根据试验制备出诸如红、蓝、黄等多种颜色，将其作为标记物可实现对同一样本进行多重多元分析，满足口蹄疫多重血清型的检测需要。彩色胶乳标记技术是将不同直径范围彩色胶乳微球与含有羧基、氨基、羟基等基团结合，当此彩色胶标记物与相应配体结合后形成胶乳复合物，可显示出肉眼可见的不同颜色。利用免疫微球技术建立口蹄疫病毒O、Asia1型、A型多重分析乳胶微球层板方法，可为今后样本的高通量、多重分析奠定理论基础，同时为口蹄疫的快速诊断提供新的手段。蒋韬等采用2种不同颜色彩色单分散的微球，将纯化O型、Asia1型流行株兔抗体分别标记红色和蓝色免疫微球，并将2种免疫微球分别喷涂于玻璃纤维制成反应垫，与固定Asia1型和O型兔抗体的硝酸纤维素膜组装成检测试纸条。通过与田间样品的检测，结果显示：可检测病毒含量为$3.9 \times 10^4 LD_{50}$，与口蹄疫临床症状相似病原无交叉反应，试纸条指间与批内检测结果一致、符合性试验证实试纸条与反向间接血凝，O型、Asia1型阴性符合率分别为95.24%、96.30%、100%。本试验通过制备的口蹄疫病毒定型彩色微球检测试纸条具有较好的灵敏度、特异性，而且可以通过不同颜色进行口蹄疫分型检测，为口蹄疫病原的多重分析提供方向。

4. **合成肽抗原在口蹄疫病毒中和抗体检测中的应用** 口蹄疫病毒抗原位点几乎全部集中在P1区，VP1、VP2、VP3位于抗原蛋白表面，VP4位于衣壳内部，4种结构蛋白都具有良好的免疫原性。对于O型口蹄疫，从病毒衣壳蛋白分离的VP1可诱导动物产生针对口蹄疫病毒的中和抗体，研究表明，VP1上的3个中和性抗原位点，21～40氨基酸为T细胞抗原表位，141～160氨基酸和200～213氨基酸为B细胞表位。因此，在对口蹄疫病毒抗原位点优化筛选的基础上，利用非蛋白多聚体定向偶联技术，将筛选合成好的口蹄疫合成肽偶联后作为抗原，建立了一种灵敏度高、特异性高、操作简单，并能快速检测口蹄疫病毒中和抗体的酶联免疫吸附试验检测试剂盒。陈善真等通过多肽序列的筛选、合成及反应原性鉴定，将多肽与非蛋白结构多聚体载体进行偶联，利用偶联后的多肽作为抗原，通过方阵滴定确定偶联多肽、血清及HRP的最佳工作尝试，确定阴阳性临界值，然后进行特异性试验、敏感度测定及临床猪血清样本的免疫效果评估等进行方法的确证。结果表明，偶联多肽具有良好的反应原性，且此方法特异性好、敏感度高，能够对口蹄疫免疫后的猪血清样本进行评估。本研究建立的O型猪口蹄疫病毒中和抗体检测试剂盒可以用于口蹄疫免疫后的猪血清中和抗体的监测评估，还能够鉴别口蹄疫自然感染与疫苗免疫。

5. **区分自然感染和口蹄疫免疫动物的新技术** 近年的研究发现，口蹄疫病毒的L蛋白、3A蛋白、3B蛋白及VP1蛋白处可以插入外源基因或表位标签，从而为标记疫苗方面的应用提供有效的平台。L蛋白中最易发生变化的区间是两个AUG之间的区域。Piccone等研究表明AUG之间的区域可以插入57个碱基，利用反向遗传操作技术获得的重组毒株pA24–L1123在细胞上的复制水平比野毒稍低些。而且对牛的致病性有明显的减弱。在此基础上，Piccone又引入了两个表位标签（HA和Flag）和一段较小的tc基序。Li等选用3A蛋白的两个位点（85～92和133～143）分别作为不同外源标签的插入位点来研究口蹄疫病毒表位标签的能力。使用一段8个氨基酸的FLAG表位和11个氨基酸的HSV表位来分别替换3A蛋白原有的85~92和133~143的氨基酸序列，这并没有增长这一组的长度。利用反向遗传操作技术将FLAG和HSV标签分别引入到3A蛋白的85~92和133~143的位点，然后将构建的质粒转染到BSR/T7细胞系中拯救出了病毒，表明口蹄疫病毒3A蛋白允许外源表位引入到C端，并维持口蹄疫病毒的复制功能。通过蛋白免疫印记和序列分析表明，3A蛋白标记的病毒在BHK-21细胞上连续传Ⅱ代后仍可稳定表达外源表位，空斑和生长曲线结果表明，重组毒和亲本毒具有相似性。将重组毒感染昆明小鼠4周后，发现接种标记3A蛋白病毒的小鼠能够诱导抗标签和抗3ABC抗体的产生，而感染亲本毒的小鼠产生了抗3ABC抗体。血清学结果显示3A标记的病毒能诱导特异性抗体应答反应，以区分亲本毒产生的抗体应答。因此，3A标记的病毒可以作为允许在血清学水平上区分免疫接种与天然感染动物的市场化疫苗。2012年，Uddowla等构建的含有一个或两个部位的突变在3D聚合酶和3B非结构蛋白中形成阴性抗原标记，在3D H27Y、N31R和3BRQKP$_{9-12}$-PVKV替代的突变株中止了单克隆抗体靶向3D和3B的反应，一种竞争酶联免疫吸附试验靶定阴性标记提供了一种适合同时区分感染和免疫的动物。Lawrence等在病毒衣壳上的RGD基序的上游序列插入了外源标签FLAG，以区分野生型毒株和重组毒株，结果显示插入FLAG标签后的重组毒与野毒具有相似的复制水平，并且嵌入的FLAG标签可以使用抗FLAG抗体检测。而且，通过检测A$_{24}$-FLAG免疫牛以后的临床样品，可以发现免疫后FLAG表位仍然存在。Seago等利用反向遗传技术在VP1与2A之间构建了表达荧光标记蛋白iLOV的重组口蹄疫病毒。对感染性重组iLOV-口蹄疫病毒生物学特性分析表明，重组毒与亲本毒具有相似的生长特性，此外，通过流式细胞术可以很容易将感染重组毒iLOV-口蹄疫病毒的细胞与正常细胞区分。朱文钏等通过检测口蹄疫3AB非结构蛋白抗体建立一种能区分自然感染动物和免疫动物的检测方法。此试验将3AB基因克隆到原核表达载体pET-28（a）＋中，通过优化表达条件，使目的蛋白在大肠杆菌BL21（DE3）中获得高效表达，表达产物主要以包涵体形式存在，分子量约为33ku，表达产物通过镍离子亲和层析柱进行纯化后得到纯度高达95%的目的蛋白，并将此蛋白作为抗原进行后续试验。以纯化的3AB蛋白作为抗原包被酶标板，建立了猪口蹄疫3AB非结构蛋白抗体间接ELISA检测方法。通过方阵法确定蛋白最佳包被浓度为0.625μg/mL，最佳血清稀释度为1∶100，羊抗猪酶标二抗最佳工作浓度为1∶25000。优化了反应体系中的封闭液、稀释液，并确定了血清、二抗及底物的最佳作用时间。通过参照进口试剂盒判断标准，确定了本方法的判定标准。本试验建立的方法在特异性、重复性、稳定性等方面都取得了较满意的效果。

（张向乐，张志东）

第五节 **实验室质量和生物安全管理**

一、实验室质量管理

　　为了诊断的准确性，确保诊断工作质量，应依据ISO/IEC 17025《测试和校准实验室能力的通用要求》制定质量管理体系，使实验室的一切诊断活动在质量管理体系控制下有效运行，实现实验室管理科学化、规范化、程序化，才能保证实验室的诊断活动安全、迅速、准确、有效。ISO17025标准是由国际标准化组织ISO/CASCO（国际标准化组织/合格评定委员会）制定的实验室管理标准，该标准的前身是ISO/IEC导则25：1990《校准和检测实验室能力的要求》。国际上对实验室认可进行管理的组织是国际实验室认可合作组织（ILAC），由包括中国实验室国家认可委员会（CNACL）在内的实验室认可机构组成。

　　1. 质量体系文件建立　根据实验室认可准则及补充规定的要求及实验室的实际情况，编制质量手册、程序文件、管理制度、仪器操作规范、检测细则、统计方法、测量不确定度评定细则、期间核查规程、安全管理规定的指导书，以及记录四大类质量体系文件。

　　2. 试验操作人员能力培训和认证　试验操作人员必须经过口蹄疫病毒诊断检测技术的有关培训，保证其掌握如何保障实验室的硬件要求及检测结果的准确性和可靠性，并有能力对检测结果给予测量不确定度分析，操作考核合格后，经实验室主任的批准、备案后才可从事口蹄疫病毒诊断检测，之后对相应实验操作人员要定期考核，监督检查其工作质量。对各部门的质量活动、技术活动的职责、权限及相互接口必须明确划分，界定清楚各部门及关键人员的质量职责。

　　3. 试验操作检测技术认证　试验操作检测技术必须通过认证，定期效能评估，参考数据必须记录。

　　4. 试验关键设备的认证和维护　定期检查试验关键设备指标，检查的周期根据使用频率及设备保持记录来确定，参考数据必须记录（如时间、温度和压力）。

二、实验室生物安全管理

　　根据中华人民共和国国务院《病原微生物实验室生物安全管理条例》，农业部

《兽医实验室生物安全管理规范》和农业部令第53号《动物病原微生物分类名录》，以及口蹄疫病毒传播快、易感动物数量多等生物学特性，将口蹄疫病原列为一类病原微生物。因此，从事口蹄疫病毒分离、鉴定、诊断的实验室，应符合《实验室生物安全通用要求》中对BSL-3级生物安全防护的要求，确保实验室生物安全措施的到位。

（一）实验室生物安全

实验室生物安全是指为避免实验室各种活动中病原微生物等生物因子对人、动物、环境和社会造成潜在的危害，而采取的防护管理措施，以达到对上述对象安全防护的目的。为此，中国先后于2003年和2004年发布了《兽医实验室生物安全管理规范》（农业部公告第302号）和《实验室生物安全通用要求》，对实验室的建设原则、生物安全分级、管理、设施设备配置及安全防护等进行了规定。于2005年发布了《病原微生物实验室生物安全管理条例》《高致病性动物病原微生物实验室生物安全管理审批办法》（农业部第52号令），《国家兽医参考实验室管理办法》（农医发第5号），《病死及死因不明动物处置办法（试行）》（农医发25号），《高致病性动物病原微生物菌（毒）种或者样本运输包装规范》（农业部公告第503号）。2006年发布了《病原微生物实验室生物安全环境管理办法》（国家环境保护总局令第32号）。2008年发布了《动物病原微生物菌（毒）种保藏管理办法》（农业部令第16号），并修订了《实验室生物安全通用要求》及《生物安全实验室建筑技术规范》，使中国兽医生物安全实验室的管理迈入法制化、科学化、规范化的轨道。

（二）生物安全实验室

生物安全实验室是指对病原微生物进行试验操作时所产生的生物危害具有物理防护能力的兽医实验室。适用于兽医微生物的临床检验检测、分离培养、鉴定及各种生物制剂的研究等工作。根据所用病原微生物的危害程度、对人和动物的易感性、气溶胶传播的可能性、预防和治疗的可行性等因素，其实验室生物安全水平各分为四级，一级最低，四级最高。一级生物安全水平能够安全操作，对实验室工作人员和动物无明显致病性的，对环境危害程度微小的，特性清楚的病原微生物的生物安全水平；二级生物安全水平能够安全操作，对实验室工作人员和动物致病性低的，对环境有轻微危害的病原微生物的生物安全水平；三级生物安全水平能够安全地从事国内和国外的，可能通过呼吸道感染，引起严重或致死性疾病的病原微生物工作的生物安全水平。与上述相近的或有抗原关系的，但尚未完全认知的病原体，也应在此种水平条件下进行操作，直到取得足够的数据后，才能决定是继续在此种安全水平下工作还是在其他等级生物安全水平下工作。口蹄疫临床病料（如水疱液和水疱皮、淋巴结、脊髓、肌肉组织、OP液）和鼠毒组织、细胞培养物中的口蹄疫病毒必须在三级生物安全水平实验室检测。四级生物安全水平能够安全地从事国内和国外的，能通过气溶胶传播，实验室感染高度危险，严重危害人和动物生命和环境的，没有特效预防和治疗方法的微生物工作的生物安全水平。与上述相近的或有抗原关系的，但尚未完全认识的病原体也应在此种水平条件下进行操作，直到取得足够的数据后，才能决定是继续在此种安全水平下工作还是在低一级安全水平下工作。

（三）实验室生物安全管理

1. **人员管理**　通过各种形式的培训让所有实验室相关人员，熟悉实验室生物安全管理规定和标准操作要求，熟悉所从事的病原微生物的危害、预防措施，熟悉和掌握相关试验活动的操作程序，了解实验室生物安全防范知识，掌握一旦发生意外事故时的应急处理程序。通过实验室安全培训和考核，保证维护实验室正常工作秩序和生物安全。未经过生物安全系统培训的人员和考核不合格的人员不得进入生物安全实验室。

2. **实验活动**　工作人员必须遵守BSL-3实验室进出程序，遵守严格消毒程序规定，工作人员在进入实验室前要在更衣室内脱掉平常的衣物和首饰，更换实验室专用衣物和鞋，试验完毕后，人员必须进行逐级换装、淋浴后才能离开。工作人员需要熟悉对口蹄疫病毒操作以及相应的技术熟悉，例如，具有处理感染性生物或者细胞培养的经验。实验室产生的废物及工作服等一律不能带出，需要经过物流通道先消毒，再通过传递窗进入高压灭菌锅灭菌处理。在实验室内，工作人员必须保证遵守实验室通用安全守则开展工作，包括室内禁止吸烟、饮食、使用化妆品和处理隐形眼镜，冰箱内严禁存放任何食物、饮料等物品，在可能接触有害气体、烟雾及气雾时，必须在相应的生物防护柜中进行等。

3. **样品登记保管**　妥善保管、使用口蹄疫病毒毒株及可能具有感染性的材料，严禁将上述材料带出生物安全实验室。处理感染性材料的所有工作都要在生物安全柜中进行。种毒保存室仅允许获得授权人员进入，未获得授权人员一律禁止入内。

4. **试验废弃物处理**　所有试验废弃物必须分类弃置于相应的容器内，并作相应的记录。所有废弃物在丢弃之前，一切潜在的实验室污物（如手套、工作服等），要用高压蒸汽、化学消毒等方法消毒。

（张志东）

参考文献

陈善真, 曹仁祺, 刘博奇, 等. 2014. 以偶联多肽为抗原建立检测 O 型猪口蹄疫病毒抗体的 ELISA 方法 [J]. 广东农业科学, 41 (4)：136−139.

高得吼, 赵保生, 王建强, 等. 2012. 间接血凝试验在家畜口蹄疫免疫抗体检测中的应用 [J]. 畜牧兽医杂志, 2：21−23.

高志强, 张鹤晓, 赖平安, 等. 2008. 口蹄疫病毒亚洲 1 型 TaqMan 实时定量 RT—PCR 快速定型检测方法研究 [J]. 中国动物检疫, 25 (7)：22−24.

吉文献, 沈之中, 张太林, 等. 2011. 口蹄疫液相阻断 ELISA 试验操作中几个关键点 [J]. 黑龙江畜牧兽医, 4：67.

蒋韬, 任维维, 梁仲, 等. 2011. 口蹄疫 O, Asia 1 分型彩色胶乳试纸条诊断方法的建立 [J]. 畜牧兽医学报, 42 (6)：815−822.

李健, 陈沁, 熊炜, 等. 2009. 口蹄疫病毒 RT-LAMP 检测方法的建立 [J]. 病毒学报：137−142.

廖德芳, 李乐, 苗海生, 等. 2011. 应用固相竞争 ELISA、液相阻断 ELISA 和中和试验检测口蹄疫抗体的比较研究 [J]. 中国畜牧兽医, 138 (1)：147−150.

林彤, 邵军军, 丛国正, 等. 2009. Asia1 型口蹄疫病毒胶体金免疫层析检测方法的建立 [J]. 生物工程学报, 25 (5)：767−772.

刘俊林, 祁淑芸, 马军武, 等. 2008. 液相阻断 ELISA 在口蹄疫病毒抗体水平检测中的应用 [J]. 甘肃农业大学学报, 43 (3)：18−20.

卢受昇, 樊惠英, 孙彦伟, 等. 2009. 口蹄疫病毒实时 TaqMan 荧光定量 RT—PCR 检测方法的建立 [J]. 华南农业大学学报, 30 (3)：86−89.

马军武, 刘湘涛, 胡弘博, 等. 2003. 液相阻断 ELISA 检测口蹄疫病毒抗体方法的建立. 中国畜牧兽医学会口蹄疫学分会第九次全国口蹄疫学术研讨会论文集 [J]. 兰州：中国畜牧兽医学会口蹄疫学分会, 364：368.

农业部畜牧兽医司. 1994. 家畜口蹄疫及其防制 [M]. 北京：中国农业科技出版社.

任维维, 梁仲, 智晓莹, 等. 2012. 口蹄疫病毒通用型金标检测试纸条诊断方法的建立 [J]. 畜牧兽医学报, 43(2) 255−262.

石立立, 顾潮江, 张倩, 等. 2006. 应用改良的实时 TaqMan 荧光定量 RT-PCR 技术检测口蹄疫病毒及其 3D 基因转录水平 [J]. 中国病毒学, 21 (5)：449−453.

吴磊. 2010. 口蹄疫病毒非结构蛋白 2C′3AB 抗体胶体金检测试纸的研制 [M]. 中国农业科学院.

肖啸, 杨继生, 张静等, 等. 2008. 口蹄疫诊断技术的研究进展 [J]. 中国畜牧兽医, 35 (2)：78−81.

殷震, 刘景华. 动物病毒学 [M]. 第 2 版. 北京：科学技术出版社：479−499.

郑洋妹, 陈信忠. 2009. 环介导等温扩增技术检测动物病原研究进展 [J]. 生物技术通报：108−112.

周哲学, 李李, 曹文, 等. 2013. 口蹄疫病毒一步法 TaqMan-MGB 荧光定量 RT-PCR 检测方法的建立 [J].

中国人兽共患病学报, 29 (4) : 380–384.

朱彩珠, 张强, 常惠芸, 等. 2003. NSP-ELISA 鉴别 FMDV 感染与免疫 [J]. 中国兽医科技, 33: 3–6.

Alexandersen P, Haarbo J, Zandberg P, et al. 2003a. Lack of difference among progestins on the anti-atherogenic effect of ethinyl estradiol: a rabbit study [J]. Hum Reprod, 18(7): 1395–1403.

Alexandersen P, Hassager C, Christiansen C. 2001. Influence of female and male sex steroids on body composition in the rabbit model [J]. Climacteric, 4(3): 219–227.

Alexandersen S, Brotherhood I, Donaldson A I. 2002. Natural aerosol transmission of foot-and-mouth disease virus to pigs: minimal infectious dose for strain O1 Lausanne [J]. Epidemiol Infect, 128(2): 301–312.

Alexandersen S, Donaldson A I. 2002. Further studies to quantify the dose of natural aerosols of foot-and-mouth disease virus for pigs [J]. Epidemiol Infect, 128(2): 313–323.

Alexandersen S, Kitching R P, Mansley L M, et al. 2003b. Clinical and laboratory investigations of five outbreaks of foot-and-mouth disease during the 2001 epidemic in the United Kingdom [J]. Vet Rec, 152(16): 489–496.

Alexandersen S, Quan M, Murphy C, et al. 2003c. Studies of quantitative parameters of virus excretion and transmission in pigs and cattle experimentally infected with foot-and-mouth disease virus [J]. J Comp Pathol, 129(4): 268–282.

Alexandersen S, Zhang Z, Donaldson A I, et al. 2003d. The pathogenesis and diagnosis of foot-and-mouth disease [J]. J Comp Pathol, 129(1): 1–36.

Barnett P V, Cox S J, Aggarwal N, et al. 2002. Further studies on the early protective responses of pigs following immunisation with high potency foot and mouth disease vaccine [J]. Vaccine, 20(25–26): 3197–3208.

Berryman S, Clark S, Monaghan P, et al. 2005. Early events in integrin alphavbeta6-mediated cell entry of foot-and-mouth disease virus [J]. J Virol, 79(13): 8519–8534.

Brehm K E, Ferris n P, Lenk M, et al. 2009. Highly sensitive fetal goat tongue cell line for detection and isolation of foot-and-mouth disease virus [J]. J Clin Microbiol, 47(10): 3156–3160.

Brocchi E, Bergmann I E, Dekker A, et al. 2006. Comparative evaluation of six ELISAs for the detection of antibodies to the non-structural proteins of foot-and-mouth disease virus [J]. Vaccine, 24(47–48): 6966–6979.

Chen X, Feng Q, Wu Z, et al. 2003. RNA-dependent RNA polymerase gene sequence from foot-and-mouth disease virus in Hong Kong [J]. Biochem Biophys Res Commun, 308(4): 899–905.

Chenard G, Miedema K, Moonen P, et al. 2003. A solid-phase blocking ELISA for detection of type O foot-and-mouth disease virus antibodies suitable for mass serology [J]. J Virol Methods, 107(1): 89–98.

Cheung C, Cheng L, Chang K-Y, et al. 2010. Investigations of survivin: the past, present and future [J].

Frontiers in bioscience (Landmark edition), 16: 952–961.

Cottam E M, Haydon D T, Paton D J, et al. 2006. Molecular epidemiology of the foot-and-mouth disease virus outbreak in the United Kingdom in 2001 [J]. J Virol, 80(22): 11274–11282.

Cottam E M, King D P, Wilson A, et al. 2009. Analysis of Foot-and-mouth disease virus nucleotide sequence variation within naturally infected epithelium [J]. Virus Res, 140(1–2): 199–204.

Cottam E M, Thebaud G, Wadsworth J, et al. 2008a. Integrating genetic and epidemiological data to determine transmission pathways of foot-and-mouth disease virus [J]. Proc Biol Sci, 275(1637): 887–895.

Cottam E M, Wadsworth J, Shaw A E, et al. 2008b. Transmission pathways of foot-and-mouth disease virus in the United Kingdom in 2007 [J]. PLoSPathog, 4(4): e1000050.

Dekker A, Sammin D, Greiner M, et al. 2008. Use of continuous results to compare ELISAs for the detection of antibodies to non-structural proteins of foot-and-mouth disease virus[J]. Vaccine, 26(22): 2723–2732.

Ding Y, Liu Y, Zhou J, et al. 2011. A highly sensitive detection for foot-and-mouth disease virus by gold nanopariticle improved immuno-PCR[J]. Virol J, 8: 148.

Dunn C S, Donaldson A I. 1997. Natural adaption to pigs of a Taiwanese isolate of foot-and-mouth disease virus[J]. Vet Rec, 141(7): 174–175.

Duque H, Baxt B. 2003. Foot-and-mouth disease virus receptors: comparison of bovine alpha(V) integrin utilization by type A and O viruses[J]. J Virol, 77(4): 2500–2511.

Fernandez J, Aguero M, Romero L, et al. 2008. Rapid and differential diagnosis of foot-and-mouth disease, swine vesicular disease, and vesicular stomatitis by a new multiplex RT-PCR assay[J]. J Virol Methods, 147(2): 301–311.

Ferris N, Donaldson A, Barnett I, et al. 1984. Inactivation, purification and stability of 146 S antigens of foot and mouth disease virus for use as reagents in the complement fixation test [laboratory animals] [J]. Revue Scientifique et Technique de l'OIE (France).

Ferris N P, Donaldson A I. 1983. The influence of normal guinea-pig serum and tissue culture assay system on foot-and-mouth disease virus neutralisation[J]. Comp Immunol Microbiol Infect Dis, 6(2): 161–169.

Ferris N P, Kitching R P, Oxtoby J M, et al. 1990. Use of inactivated foot-and-mouth disease virus antigen in liquid-phase blocking ELISA[J]. J Virol Methods, 29(1): 33–41.

Ferris N P, Nordengrahn A, Hutchings G H, et al. 2010. Development and laboratory validation of a lateral flow device for the detection of serotype SAT 2 foot-and-mouth disease viruses in clinical samples[J]. J Virol Methods, 163(2): 474–476.

Ferris N P, Nordengrahn A, Hutchings G H, et al. 2009. Development and laboratory validation of a lateral flow device for the detection of foot-and-mouth disease virus in clinical samples[J]. J Virol Methods, 155(1): 10 – 17.

Ferris N P, Powell H, Donaldson A I. 1988. Use of pre-coated immunoplates and freeze-dried reagents for the diagnosis of foot-and-mouth disease and swine vesicular disease by enzyme-linked immunosorbent assay (ELISA) [J]. J Virol Methods, 19(3 – 4): 197 – 206.

Hamblin C, Armstrong R M, Hedger R S. 1984. A rapid enzyme-linked immunosorbent assay for the detection of foot-and-mouth disease virus in epithelial tissues[J]. Vet Microbiol, 9(5): 435 – 443.

Hamblin C, Barnett I T, Crowther J R. 1986a. A new enzyme-linked immunosorbent assay (ELISA) for the detection of antibodies against foot-and-mouth disease virus[J]. II . Application. J Immunol Methods, 93(1): 123 – 129.

Hamblin C, Barnett I T, Hedger R S. 1986b. A new enzyme-linked immunosorbent assay (ELISA) for the detection of antibodies against foot-and-mouth disease virus. I. Development and method of ELISA[J]. J Immunol Methods, 93(1): 115 – 121.

Hamblin C, Kitching R P, Donaldson A I, et al. 1987. Enzyme-linked immunosorbent assay (ELISA) for the detection of antibodies against foot-and-mouth disease virus. III . Evaluation of antibodies after infection and vaccination[J]. Epidemiol Infect, 99(3): 733 – 744.

Have P, Lei J C, Schjerning-thiesen K. 1984. An enzyme-linked immunosorbent assay (ELISA) for the primary diagnosis of foot-and-mouth disease. Characterization and comparison with complement fixation[J]. Acta Vet Scand, 25(2): 280 – 296.

Hughes G J, Mioulet V, Kitching R P, et al. 2002. Foot-and-mouth disease virus infection of sheep: implications for diagnosis and control[J]. Vet Rec, 150(23): 724 – 727.

Jackson T, Blakemore W, Newman J W, et al. 2000a. Foot-and-mouth disease virus is a ligand for the high-affinity binding conformation of integrin alpha5beta1: influence of the leucine residue within the RGDL motif on selectivity of integrin binding[J]. J Gen Virol, 81(5): 1383 – 1391.

Jackson T, Mould A P, Sheppard D, et al. 2002. Integrin alphavbeta1 is a receptor for foot-and-mouth disease virus[J]. J Virol, 76(3): 935 – 941.

Jackson T, Sharma A, Ghazaleh R A, et al. 1997. Arginine-glycine-aspartic acid-specific binding by foot-and-mouth disease viruses to the purified integrin alpha(v)beta3 in vitro[J]. J Virol, 71(11): 8357 – 8361.

Jackson T, Sheppard D, Denyer M, et al. 2000b. The epithelial integrin alphavbeta6 is a receptor for foot-and-mouth disease virus[J]. J Virol, 74(11): 4949 – 4956.

Kanwar J R, Kamalapuram S K, Kanwar R K. 2010. Targeting survivin in cancer: patent review[J]. Expert opinion on therapeutic patents, 20(12): 1723 – 1737.

Kitching R P, Alexandersen S. 2002. Clinical variation in foot and mouth disease: pigs[J]. Rev Sci Tech,

21(3): 513－518.

Larocco M, Krug P W, Kramer E, et al. 2013. A continuous bovine kidney cell line constitutively expressing bovine alphavbeta6 integrin has increased susceptibility to foot-and-mouth disease virus[J]. J Clin Microbiol, 51(6): 1714－1720.

Li Y, Swabey K G, Gibson D, et al. 2012. Evaluation of the solid phase competition ELISA for detecting antibodies against the six foot-and-mouth disease virus non-O serotypes[J]. J Virol Methods, 183(2): 125－131.

Lodetti E, De Simone F, Nardelli L. 1972. Neutralization tests for foot-and-mouth disease, equine rhino-, porcine entero-, Aujeszky- and rhinopneumonitis viruses. Comparison of results obtained by a simple microculture plaque reduction test and various traditional tests[J]. ZentralblVeterinarmed B, 19(10): 848－857.

Lu Z, Cao Y, Guo J, et al. 2007. Development and validation of a 3ABC indirect ELISA for differentiation of foot-and-mouth disease virus infected from vaccinated animals[J]. Vet Microbiol , 125(1－2): 157－169.

Mackay D K. 1998. Differentiating infection from vaccination in foot-and-mouth disease[J]. Vet Q, 20 Suppl 2: S2－5.

Mackay D K, Bulut A N, Rendle T, et al. 2001. A solid-phase competition ELISA for measuring antibody to foot-and-mouth disease virus[J]. J Virol Methods, 97(1－2): 33－48.

Mcvicar J W, Sutmoller P. 1976. Growth of foot-and-mouth disease virus in the upper respiratory tract of non-immunized, vaccinated, and recovered cattle after intranasal inoculation[J]. J Hyg (Lond), 76(3): 467－481.

Meyer R F E A. 1992. Rapid and sensitive detention of foot-and-mouth disease virus in tissues by enzymatic RNA amplification of the polymerase gene[J]. J Virol Method, 36: 197－208.

Monaghan P, Gold S, Simpson J, et al. 2005. The alpha(v)beta6 integrin receptor for Foot-and-mouth disease virus is expressed constitutively on the epithelial cells targeted in cattle[J]. J Gen Virol, 86(10): 2769－2780.

Morioka K, Fukai K, Sakamoto K, et al. 2014. Evaluation of monoclonal antibody-based sandwich direct ELISA (MSD-ELISA) for antigen detection of foot-and-mouth disease virus using clinical samples[J]. PLoS One, 9(4): e94143.

Murphy C, Bashiruddin J B, Quan M, et al. 2010. Foot-and-mouth disease viral loads in pigs in the early, acute stage of disease[J]. Vet Rec, 166(1): 10－14.

Neff S, Baxt B. 2001. The ability of integrin alpha(v)beta(3) To function as a receptor for foot-and-mouth disease virus is not dependent on the presence of complete subunit cytoplasmic domains[J]. J Virol, 75(1): 527－532.

Neff S, Mason P W, Baxt B. 2000. High-efficiency utilization of the bovine integrin alpha(v)beta(3) as a receptor for foot-and-mouth disease virus is dependent on the bovine beta(3) subunit[J]. J Virol, 74: 7298–7306.

Neff S, Sa-carvalho D, Rieder E, et al. 1998. Foot-and-mouth disease virus virulent for cattle utilizes the integrin alpha(v)beta 3 as its receptor[J]. J Virol, 72(5): 3587–3594.

Notomi T, Okayama H, Masubuchi H, et al. 2000. Loop-mediated isothermal amplification of DNA[J]. Nucleic Acids Res, 28(12): E63.

Nunez J I, Blanco E, Hernandez T, et al. 1998. RT-PCR in foot-and-mouth disease diagnosis[J]. Vet Q, 20 Suppl 2: S34–36.

Oem J K, Ferris N P, Lee K N, et al. 2009. Simple and rapid lateral-flow assay for the detection of foot-and-mouth disease virus[J]. Clin Vaccine Immunol, 16(11): 1660–1664.

Oleksiewicz M B, Donaldson A I, Alexandersen S. 2001. Development of a novel real-time RT-PCR assay for quantitation of foot-and-mouth disease virus in diverse porcine tissues[J]. J Virol Methods, 92(1): 23–35.

Paiba G A, Anderson J, Paton D J, et al. 2004. Validation of a foot-and-mouth disease antibody screening solid-phase competition ELISA (SPCE) [J]. J Virol Methods, 115(2): 45–158.

Parida S, Oh Y, Reid S M, et al. 2006. Interferon-gamma production in vitro from whole blood of foot-and-mouth disease virus (FMDV) vaccinated and infected cattle after incubation with inactivated FMDV[J]. Vaccine, 24(7): 964–969.

Quan M, Murphy C M, Zhang Z, et al. 2004. Determinants of early foot-and-mouth disease virus dynamics in pigs[J]. J Comp Pathol, 131(4): 294–307.

Quan M, Murphy C M, Zhang Z, et al. 2009. Influence of exposure intensity on the efficiency and speed of transmission of Foot-and-mouth disease[J]. J Comp Pathol, 140(4): 225–237.

Reid S M, Ferris N P, Bruning A, et al. 2001a. Development of a rapid chromatographic strip test for the pen-side detection of foot-and-mouth disease virus antigen[J]. J Virol Methods, 96(2): 189–202.

Reid S M, Ferris N P, Hutchings G H, et al. 2001b. Diagnosis of foot-and-mouth disease by RT-PCR: use of phylogenetic data to evaluate primers for the typing of viral RNA in clinical samples[J]. Arch Virol, 146(12): 2421–2434.

Reid S M, Pierce K E, Mistry R, et al. 2010. Pan-serotypic detection of foot-and-mouth disease virus by RT linear-after-the-exponential PCR[J]. Mol Cell Probes, 24(5): 250–255.

Roeder P L, Le blanc smith P M. 1987. Detection and typing of foot-and-mouth disease virus by enzyme-linked immunosorbent assay: a sensitive, rapid and reliable technique for primary diagnosis[J]. Res Vet Sci, 43(2): 225–232.

Rweyemamu M, Booth J, Head M, et al. 1978. Microneutralization tests for serological typing and subtyping of foot-and-mouth disease virus strains[J]. Journal of Hygiene, 81(01): 107–123.

Ryan E, Horsington J, Durand S, et al. 2008. Foot-and-mouth disease virus infection in young lambs:

pathogenesis and tissue tropism[J]. Vet Microbiol, 127(3 – 4): 258 – 274.

Ryan E, Zhang Z, Brooks H W, et al. 2007. Foot-and-mouth disease virus crosses the placenta and causes death in fetal lambs[J]. J Comp Pathol, 136(4): 256 – 265.

Saiz M, Nunez J I, Jimenez-clavero M A, et al. 2002. Foot-and-mouth disease virus: biology and prospects for disease control[J]. Microbes Infect, 4(11): 1183 – 1192.

Salt J S, Mulcahy G, Kitching R P. 1996. Isotype-specific antibody responses to foot-and-mouth disease virus in sera and secretions of "carrier' and" non-carrier' cattle[J]. Epidemiol Infect, 117(2): 349 – 360.

Scherbakov A, Lomakina N, Drygin V, et al. 1998. Application of RT-PCR and nucleotide sequencing in foot-and-mouth disease diagnosis[J]. Vet Q, 20 Suppl 2: S32 – 34.

Sellers R F. 1955. Growth and titration of the viruses of foot-and mouth disease and vesicular stomatitis in kidney monolayer tissue cultures[J]. Nature, 176(4481): 547 – 549.

Sellers R F, Forman A J. 1973. The Hampshire epidemic of foot-and-mouth disease, 1967[J]. J Hyg (Lond), 71(1): 15 – 34.

Skinner H H. 1951. Propagation of strains of foot -and-mouth disease virus in unweand white mice[J]. Proc R sco Med, 44: 257 – 264.

Snowdon W A. 1966. Growth of foot-and mouth disease virus in monolayer cultures of calf thyroid cells[J]. Nature, 210(5040): 1079 – 1080.

Sorensen K J, De stricker K, Dyrting K C, et al. 2005. Differentiation of foot-and-mouth disease virus infected animals from vaccinated animals using a blocking ELISA based on baculovirus expressed FMDV 3ABC antigen and a 3ABC monoclonal antibody [J]. Arch Virol, 150(4): 805 – 814.

Tokuda G, Warrington R E. 1970. Detection of foot-and-mouth disease virus antibodies. I. "Passive" hemagglutination test [J]. Appl Microbiol, 20(1): 35 – 39.

Voller A, Bartlett A, Bidwell D E, et al. 1976. The detection of viruses by enzyme-linked immunosorbent assay (ELISA) [J]. J Gen Virol, 33(1): 165 – 167.

Waligorska-stachurA J, Jankowska A, Waśko R, et al. 2012. Survivin--prognostic tumor biomarker in human neoplasms—review [J]. Ginekologia polska, 83(7): 537 – 540.

Yamazaki W, Mioulet V, Murray L, et al. 2013. Development and evaluation of multiplex RT-LAMP assays for rapid and sensitive detection of foot-and-mouth disease virus [J]. J Virol Methods, 192(1 – 2): 18 – 24.

Yilma T 1980. Morphogenesis of vesiculation in foot-and-mouth disease [J]. Am J Vet Res, 41(9): 1537 – 1542.

Zhang Z D, Kitching R P. 2001. The localization of persistent foot and mouth disease virus in the epithelial cells of the soft palate and pharynx [J]. J Comp Pathol, 124(2 – 3): 89 – 94.

第七章

口蹄疫流行病学调查与监测

第一节 兽医流行病学的研究内容和方法

一、研究内容

兽医流行病学是从（猪、牛、羊等）动物群体水平出发，以动物疾病（多针对动物传染病，一般称为动物疫病，下同）和卫生事件（不仅限于动物传染病，也包括动物群体中毒病及普通病等）为研究对象，利用兽医、数学、地理、信息等多学科知识，以描述疾病频率和分布、揭示成因（影响和决定因素）为手段，以提出预防和控制计划、增进动物群体健康为目的。兽医流行病学的研究内容主要有以下3个方面。

1. 揭示动物疫病的三间（时间、地理和群体）分布情况　准确描述动物疫病的三间分布特点、规律及趋势等兽医流行病学的首要研究内容。通过流行病学调查、监测及相关研究，收集相关流行病学信息，计算动物疫病在时间上、地理上和宿主群体中的分布情况，包括发病率、病死率等指标。经过长期的收集、整理及分析，可以描绘出各种动物疫病的现状、动态及其可能的发展趋势等。

2. 推断病因、影响因素、发展态势及防控效果　在获得某种动物疫病在时间、地理和动物群体中的分布情况后，通过对比等方式而完成的工作。例如，接种猪O型口蹄疫灭活疫苗的养猪场很少发病，而没有接种猪O型口蹄疫灭活疫苗的养猪场发病较多，可以推测病因很可能是猪O型口蹄疫病毒感染，没有接种疫苗是危险因素，接种疫苗是有效预防猪群发生口蹄疫疫情的措施。

3. 提出动物疫病防控措施和建议　这是兽医流行病学研究的终极目的。它在推断病因、分析病原、影响因素、发展态势、疫病防控效果等的基础上，提出动物疫病预防、控制措施和建议，也包括发布预警信息。

二、研究方法

兽医流行病学的研究方法包括但不限于抽样、问卷、访谈、检测、计算机模拟、数理统计、空间分析等，总体可分为以下3类。

1. **调查**　是流行病学最基础也是最常用的工作方法，包括发病率调查、病因调查、防控效果的调查、病例组和非病例组的对比调查、暴露组和非暴露组的对比调查等。其特征是流行病学工作者访问、观察，但不主动改变工作对象。

2. **试验**　这种方法对应于实验流行病学及流行病学试验，包括临床试验、现场试验、干预性试验。其特征是流行病学工作者有计划地改变工作对象，并观察其效果。

3. **模拟**　这种方法对应理论流行病学及数学模型研究，其特征是流行病学工作者不是以现实事例为工作对象，而是通过数学模型模拟疾病流行的过程，来探讨疾病流行态势，从而为制定疾病的防控策略服务。例如，人们通过模拟口蹄疫在不同季节和不同地区的流行规律和干预效果，提出相应的防控策略。

三、常用术语

1. **发病率（incidence rate）**　在流行病学中是指一定时期内特定动物群体中某病新出现病例（不含旧病例）所占的比例。发病率通常按年度计算，也可按月、周进行统计，体现的是特定时间段内新发病例在特定动物群体中的动态变化情况，是一个动态的概念，用以反映动物群体中某种疫病的变化速度，用于测定发病风险。简单而言，发病率分子是新发病例，分母是暴露于某一特定疫病的动物数（包括新引入的动物）。

2. **流行率（prevalence rate）**　流行率也称为患病率，是指一定时期内某一动物群体中某病病例（观察期内的所有病例，包括新旧病例）。与发病率不同的是，流行率计算公式中的分子是观察期内的所有新、旧病例，而分母是被观察的动物总数（相对稳定）。

3. **感染率（infection rate）**　是指在某个时间段内在实施检测的动物群体中，某种疫病（也可能仅指某种病原）现有感染动物所占的比例。感染率用于评价某种疫病（或病原）在群体中的感染水平，是评价动物群体健康状况的常用指标。根据感染率所反映时段的不同，可将感染率分为两种类型，一是现状感染率，类似于患病率，指特定时间内的感染率；一种是新发感染率，类似于发病率，指某病新感染出现的频率。

4. **死亡率（mortality rate）**　是指在一个时间段内特定动物群体中死于某种疫病动物所占的比例。死亡率是衡量动物群体死亡风险最常用的指标，用于描述某种疫病对动物群体的危害程度。

5. **病死率（fatality rate）**　是指在一段时间内，因患某种疫病死亡的动物数量占患病动物总数的比例。这里所指的一定时期，可以是天、周，也可以是月，对于慢性病而言也可以是一年。一般用于描述某种疫病的严重程度。病死率与死亡率的主要区别在于：病死率用于描述特定疫病的严重程度，而死亡率则指某时间内死于某病的频率。它们的计算公式也有如下区别。病死率＝某一时段内因某病死亡动物数/同期患同种疫病的动物总数×100%。死亡率＝某一期段内（因某病）死亡总数/同期平均动物总数×100%。

6. 流行病学调查（epidemiological survey） 流行病学调查是通过询问、信访、问卷填写、现场查看、测量和检测等多种手段，全面系统地收集与疾病/卫生事件有关的各种资料和数据，进行综合分析，得出合乎逻辑的病因结论或病因假设的线索，提出疾病防控策略和措施建议的行为。流行病学调查是一项最基本的流行病学研究行为，是进行其他流行病学研究的重要基础。根据不同的标准可以分成不同类别。

7. 流行病学监测（epidemiological surveillance） 动物流行病学监测是指长期、连续、系统地收集疾病的动态分布及其影响因素资料，经过分析和信息交流活动，为决策者采取干预措施提供技术支持的活动。流行病学监测有广义和狭义之分，狭义的监测主要强调通过实验室检测获取相应的疾病分布及其影响因素资料；广义的监测则包含各种相关资料。基于对监测的组织方式、目的、侧重点和疾病病种等方面的考虑，监测还可以分为多种类型。

8. 抽样（sampling） 抽样是一种数学统计方法，它是从目标总体中抽取一个部分，通过观察被抽取样本的某一个或某些属性，并依据所获取的数据，对目标总体的特征得出具有一定可靠性的判断。

（李晓成，吴发兴，张志，邵卫星，刘爽）

第二节　流行病学调查方法及方案设计

一、目的任务

流行病学调查是通过询问、信访、问卷填写、现场查看、测量和检测等多种手段，全面、系统收集与疫病事件有关的各种信息、数据及资料等，并进行综合分析，得出合乎逻辑的病因结论或线索，提出防控策略和措施建议的行为。因而，它是一项最基本的流行病学研究行为，包括4个方面的主要任务：一是对报告的动物疫病事件进行最初的核实；二是确定动物疫病的传染来源、传播途径和暴露因素，查明病源传播扩散和流行情况，以便采取有效措施防止疫情扩散；三是在一定时间内，调查动物群体中的疫病事件和现象，描述动物群体的发病状况、三间分布和动态过程，提供有关致病因子、环境和宿主因素的病因线索，为进一步研究病因、制定防控对策提供依据；四是评估疫病防控措施实施效果。

二、特点

1. **系统性** 流行病学调查，从项目确立、调查方案制定，到组织人力、物力实施调查获取数据，直至整理、分析各种数据形成报告，需要多方参与。这一过程具有一定的逻辑性，也是一项复杂的系统工程。

2. **现场性** 流行病学调查多数情况下需要深入到养殖场户，进行抽样检测、数据收集，特别是个案调查和暴发调查，需要到达发病现场，掌握发病情况和发病过程，经过分析判断，提出控制措施建议。

3. **多学科性** 流行病学调查需要兽医学、数学、经济学、信息学，以及管理学等多学科的技术知识支持，具有多学科性。

三、分类

根据调查实施范围的不同，流行病学调查分为抽样调查、疫病普查。按调查研究的时间顺序，可分为纵向调查、现况调查，其中纵向调查又分为回顾性调查和前瞻性调查。按工作性质不同，分为个案调查（病例调查）、暴发调查、专题调查、常规流行病学调查。个案调查和暴发调查在调查内容和程序等方面很相似，是发生疫情后紧急开展的调查，属于紧急流行病学调查；抽样调查、疫病普查则是对特定时间内有关研究对象及其相关因素进行调查，收集的资料局限于特定的时间断面，又称横断面调查，属于现况调查。

四、基本步骤

流行病学调查过程是一项复杂的系统工程，尽管不同类型的流行病学调查过程有所差异，但基本过程是一致的。主要包括明确调查目的，研究制定科学可行的调查方案，组织开展调查，进行数据整理分析，完成调查报告并提出措施建议等基本过程。具体过程见图7-1。

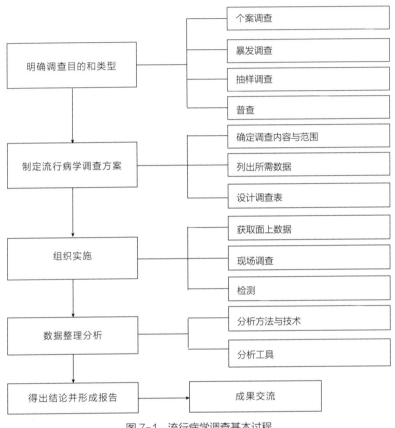

图 7-1　流行病学调查基本过程

五、流行病学调查问卷的设计

　　流行病学调查问卷是收集流行病学研究所需信息的基础性工具。问卷的质量直接决定着调查信息的质量。一份好的调查问卷，既要能充分获取调查所需的信息，又不能包含与调查目的无关的信息。信息量小，难以满足研究需要；信息冗余，必然浪费调查资源。因此，问卷的设计是流行病学调查研究中的首要环节。描述疫病分布、推断病因、评估防控效果都会涉及流行病学调查，开展调查必然涉及调查问卷。因此，流行病学调查工作者必须熟悉调查问卷的设计技巧。

（一）调查问卷的类型

调查的目的不同，问卷内容和格式自然不同。在调查问卷设计中，应根据调查目的不同，选择不同的调查问卷设计类型。根据不同的分类标准，调查问卷可以分为以下类型。

1. **按调查问题的性质**　可将调查问卷分为技术性问卷、观点性问卷和混合型问卷3种。

（1）技术性问卷　主要用于收集调查期间调查者通过观察所获得的数据（圈舍大小、动物数量、病死情况等），或其他由畜主所掌握的数据。

（2）观点性问卷　主要用于掌握被调查者对不同问题的看法，如养殖场户对疫苗不良反应的看法。

（3）混合型问卷　用于收集上述两类信息。实际调查中所用的调查问卷，多数为混合型问卷。

2. **按调查问卷的填写主体**　可将调查问卷分为自填式问卷和访问式问卷两种。

（1）自填式问卷　由被调查者自行填写的问卷。

（2）访问式问卷　由调查人员根据被访者的回答进行填写的问卷。

3. **按调查问题的类型**　可将调查问卷分为结构型、非结构型和混合型问卷3种。

（1）结构型问卷　又称封闭型问卷，这种问卷不仅包括一定数目的问题，而且问卷的设计是有结构的，即按一定的提问方式和顺序进行安排，每个问题的后面附有备选答案，研究对象可根据自己的情况选择填写，这种形式的问卷适合于大范围的调查或研究。例如，调查饲养场（户）对当地兽医诊疗服务机构提供的诊疗技术满意程度时，可设置5个备选答案：① 很满意，② 满意，③ 一般，④ 不满意，⑤ 很不满意，由被调查人员自行选择。结构型问卷的优点是：问题的答案是标准化的，易于日后统计分析；问题答案简单，调查对象只需在相应答案上做出选择即可，问卷的应答率可得到提高；调查问题明确单一，结果的可靠性高。结构型问卷的缺点是：因事先设计了备选答案，限定了答案，使一些研究对象的创造性受到限制，不利于发现新问题；容易造成研究对象盲目回答，当研究对象不理解或不完全理解所列举的问题时，或所给答案不适合于研究对象时，易造成盲目填写，使资料产生偏离。

（2）非结构型问卷　又称为开放型问卷，指在问卷中只列出问题，不提供备选答案，由研究对象根据自身情况自由作答的问卷类型。此类问卷适合于深度个人访谈，调查人数较少，所得资料不需量化分析。如调查畜主对目前母猪保险制度的看法，基层防疫人员对强制免疫措施的看法时，可使用这类问卷。非结构型问卷适合于探索性的研究。非结构型问卷的优点是：由于调查者并未设计问题的答案，研究对象可自由作答，调查人员可获得许多有价值的答案；调查时灵活性较大，回答者有较多的自我表现和发挥主观能动性的机会。其缺点包括：所获信息有时会出现很大的差异；由于研究对象的文化知识背景不一，不能保证信息都有用；由于调查结果的差异较大，结果可能难于进行统计分析和相互比较；花费的时间多，且易有拒答情况的发生。

（3）混合型问卷　在问卷中既有附有备选答案的问题，又有开放性的问题。

4. 按调查工作的业务性质　可将调查问卷分为病例个案调查表、疫情暴发调查表、风险因素调查表等。

（二）调查问卷的设计原则

1. 内容合理适当　围绕调查目的设计调查内容，做到需要调查的项目一个不少，不需要调查的项目一个不要。要坚持"五不问"原则，即：可问可不问的问题不问；复杂、难以回答的问题不问；需查阅资料回答的问题一般不问；通过其他途径可获得的问题不问；研究对象不愿回答的问题不问。实际调查工作中，一份问卷作答的时间不宜过长，一般以30min为限。

2. 用词简洁易懂　调查问卷中的语言表述应规范、明确，容易被应答者理解，避免用专业术语，便于回答，所提问题不能引起被调查者反感。

3. 问句清晰明确　设计问卷时，问句表达务必简明、生动，不可使用似是而非的语言。如"您对乡镇兽医站的印象如何"，这样提问过于笼统；"您是否经常到牲畜交易市场"，这里的"经常"一词含义模糊，被访者难以回答，如改为"过去1周内您去过哪些牲畜交易市场"，则易于回答。

4. 调查指标客观定量　设定的问题应客观，不应具有倾向性和引导性。同时，调查数据尽可能定量描述。用"好、较好、差"这种概念式的问题，调查人员往往难以掌握标准，被调查者也难以回答，如必须要问，则应给出相应的评判标准。

5. 调查内容层次条理清晰　问卷所提内容的排列应有一定层次，条理清晰，便于回答。一是应从简单问题问起，逐步向复杂问题过渡；二是按一定的逻辑顺序排列，同类或有关联的问题应放在一起；三是核心问题应适当前置，专业性问题尽量后置；四是敏感性问题尽量后置；五是封闭性问题前置，开放性问题后置。

6. 答案设计严密工整　调查问卷中所提问题有备选答案的，设计时应尽可能将所有答案全部列出。如病死动物处理情况，只列出"出售""自己食用""无害化处理（掩埋等）"3个选项，则缺失了"随意丢弃"一项。所设计的答案要互斥，针对一个问题所列出的诸多答案必须互不相容、互不重叠，否则回答者的选择有可能出现双重选择，不利于分析和整理。

此外，在设计调查表时，应同时考虑数据采集完成后整理和分析工作的便利性，如在设计调查表时应考虑到后续的电脑输入模式。

（三）调查问卷的设计步骤

1. 明确调查目的　目的需求不详，会直接影响调查问卷的设计质量。因此，设计问卷前，一定要进行深入讨论，明确调查目的，并在此基础上建立前提假设和总体框架，以及通过本次调查所要达到的预期目标。

2. 确定调查内容　在确定调查目的后，应进一步确定调查的范围和项目，将问卷可能涉及的内容列出提纲，分析相关内容的必要性和主次顺序。在此阶段，应充分征求各方人员的意见，使问卷内容尽可能完备并符合实际。同时，应确定问卷的层次、结构。

3. 列出所需要的数据　主要是根据调查内容，确定所需数据的类型、范围等。

4. 问卷设计　问卷一般包括前言、主体和结束语3个部分。对于自填式问卷，首先可根据研究目的写出说明信，在说明信里应交代研究的目的和意义、匿名保证及致谢。之后开始初步设计主体部分。根据调查目的、预期目标列出相应的问题、问答方式，并进行筛选和编排。

对于复杂的问卷，在问卷初步设计出来后可在小范围内进行试答或论证，必要时可先开展一次预调查，以检验问卷中的问题是否必要、答案是否合适、有无遗漏、问题排列是否符合逻辑等。在经过充分论证或预调查后，根据反馈的信息，对问卷进行修改、完善，直至定稿。

（四）调查问卷的内容及结构

一份完整的调查问卷，一般由标题、编码（编号）、调查对象概况、主题内容、调查人员和被调查对象的签章等内容组成。问卷中如果出现专业术语或具有特殊含义的指标时，应附带填写说明。自填式问卷，一般需要附带说明信。

1. 标题　问卷的标题即调查的主题，应简明扼要，能引起被调查对象的兴趣，使被调查者知晓所要回答的大致范围。

2. 编码　一般称之为编号，设计问卷时为便于调查结束后的信息整理，需要对问卷进行编码，还应对问卷中的各项问题进行编号。问卷的编号应考虑到抽样的信息，如预留出省（直辖市）、地区、动物种类等编码的填写位置。

3. 一般信息　主要是对调查对象的一些主要特征的调查。如对羊饲养场/户疫病传播流行风险因素调查，需要掌握饲养场/户存栏数量、养殖结构、饲养模式等信息。通过这些项目的调查，可对后面流产率、发病率及风险因素分析提供基本的信息和数据支持。如有必要，应记录被调查对象的姓名、单位或家庭住址、电话等，这些信息必须征得调查对象的同意，以便将来的核查和随访调查。匿名调查时则不宜有上述内容。

4. 主题内容　它是调查表的核心，这部分内容主要以提问的方式出现，它的设计关系到整个调查的成败。由于研究目的的不同，调查的内容千差万别，研究者可根据目的、范围、对象的不同，选择合适的方式、问题开展调查。

5. 附加信息　在调查表的最后，一般应附上调查人员签字和/或单位名称、调查日期等，一般还应有盖章。

6. 填表说明　填表说明是告诉调查人员如何准确填写调查表中的内容。自填式问卷更需详细写好填表说明，以便使被调查对象能充分理解调查内容。填表说明首先需对问卷中的一些专业术语或有特殊含义的指标进行必要的解释，同时对填写的要求做出说明，对复杂的问卷填写做出示例。简单问卷的填写可不必单独写出填表说明，可放入说明信中一并表达。填表说明一般包括下面的内容：① 对选择答案所用符号进行规定；② 对开放性问题回答的规定；③ 对所用代码表格的解释。

（五）调查问卷的评价

调查问卷评价包括专家评价、同行评价、被调查人员评价和自我评价等几种评价方式。专家评价一般侧重于技术方面，主要是对调查表的信度和效度问题进行评价，包括获得调查结果的稳定性和一致性，以及调查问题设置能否正确衡量所调查内容等。同行评价主要是对调查表设计的整体结构、问题的表述、调查问卷的版式风格等方面进行评价。被调查人员评价是最有效、最直接的评价方式，但容易受被调查者的知识水平、经验等因素影响。被调查人员评价一般可采取3种方式：第一种方式是在调查工作完成以后组织一些被调查者进行事后性评价；第二种方式是调查工作与评价工作同步进行，即在调查问卷的结束语部分安排几个反馈性问题；第三种方式是采用预调查方式，在调查开始之前选择一定数量的潜在被调查者试填写并给予评价。自我评价则是调查结束后，设计者对调查问卷的填写情况、获得数据的质量等所进行的自我肯定或反思。

六、个案调查

个案调查是指对个别发生病例及周围环境所进行的流行病学调查。病例是指患病动物，一般包括传染病、非传染病或病因未明的动物3种类型。个案调查适用于散发病例，以及疾病暴发事件首个病例和初期病例的调查。主要用途包括：① 根据病例隔离前的时间和活动范围，判断疫情来源及可能扩散范围；② 追查以往发生的病例，判断病例报告和采取的防控措施是否及时；③ 常年对某病进行个案调查，累计记录能够反映该病的时间、空间和群间分布特点，进而可以分析该病的流行规律和发展趋势、判断该病防控策略和措施的有效性。

（一）个案调查的目的

1. **查明病例发生的原因**　核实发病动物的可能感染日期、发病时间、发病地点和诊断的可靠性，查明病因，采取相应措施防止类似疫病的在发生。

2. **分析传染源和传播途径**　首例病例的发病日期是判断发病动物被感染日期和传染期的重要依据，调查时必须认真核对。从首例病例发病日期向前推一个常见潜伏期（或最长和最短潜伏期），即为发病动物可能暴露于感染的时间。了解在可能暴露时间内病畜的活动，接触其他动物、饲料、水源、用具，有无可疑病媒昆虫（蚊、蜱、螨）叮咬的可能等情况，可以帮助判断可能的传染源和传播途径。一般而言，症状表现较典型的疫病，较易追到传染源，隐性感染较为困难，往往需要借助病原、血清学或分子生物学检测进行追溯。非接触传播的疫病，如血吸虫病等寄生虫病，追查传染源的意义较小，调查目的是查清传播方式。

3. **确定疫源地的范围、查明从疫源地向外传播的条件**　根据发病日期及传染源活动的范围，推断病原排出的最早时间及散播范围，从而判断可能被感染的动物群体和疫源地的范围。

4. **提供防控措施建议**　根据调查分析结果，提出防控措施建议，以便及时消灭疫源、防止疫情扩散。

（二）个案调查的适用范围

1. **散发病例的个案调查**　多数地区日常发生的疫情为散发疫情。开展个案调查是基层动物疫病预防控制机构的日常工作之一。及时对散发疫情开展调查，并在调查结论的基础上尽早采取措施，对防止疫情蔓延具有积极作用。重大动物疫病、新发和外来病发生时，必须严格进行个案调查，不应遗漏任何一例。对于其他发病率高或发病率不高、但危害大的传染病（如人畜共患病），当地防疫机构应根据实际情况，尽量做到逐例调查。

2. **个例疫源地的调查**　各地动物疫病控制部门还要加强辖区个例疫源地调查，了解辖区疫源地的分布、主要宿主动物、媒介种类及人畜感染情况，为预防控制这些地方性疫病提供科学依据。在未开发地区进行开发前，也需要进行自然疫源地工作，确定潜伏病原体的种类，并研究其防治对策，防患于未然。

（三）个案调查的内容

个案调查一般应包括发病动物所在群动物存栏情况、饲养管理条件；发病动物种类、性别、年龄；发病日期、临床症状、剖检特征、诊断结果；预防接种史、病前接触史、可能感染日期；发病前一个潜伏期及发病后的移动状况等。通过这些信息，可以大概判断出可能的传染源、传播途径及扩散风险，从而有针对性地提出防控措施建议。

（四）个案调查的方法

1. 电话询问　通过详细询问，获得必要的资料。这种方法问得比较详细，正确性较高。

2. 通讯填表　将调查问卷寄交被调查者进行填写，再予收集。本法比较节省人力和财力，但容易造成较低的应答率。

3. 现场查看　现场进行直接观察、检查、测量或计数来取得资料。应仔细查看疫点及疫源地情况，必要时应采集标本进行检验。现场观察时，应注意观察畜群的饲养管理状况、畜群的密集程度、卫生防疫制度、饲喂方法、饲料及饮水的来源和质量等状况。本法取得的资料比较真实可信，能保证有较高的应答率，但所需人力、财力较多。

4. 必要的检验　采集有关病料，进行血清学、病原学和分子生物学诊断。

调查结束后，应根据上述调查结果，应用流行病学知识进行综合分析。对该个案的传染来源、传播途径、可能发展趋势及防控措施建议等一一作答。

七、暴发调查

（一）暴发调查的概念

对某养殖场或某一地区在较短时间内集中发生较多同类病例时所做的调查，称为暴发调查。对已知病因的疾病，则是在该病最长潜伏期内对突然发生多例病例事件的调查。暴发事件均是易感畜群暴露于共同的暴露因素而发生的结果。

（二）暴发调查的目的

1. 核实疫情报告，确定暴发原因　证实疫情报告和诊断，确定畜群中第一个患畜与不同畜群患畜间可能发生的联系。对已知病因的疫病，暴发调查用以确定具体暴发原因，查明病因来源；对未知病因疫病的暴发，则用以探求病因线索，指出研究方向。

2. 追溯传染来源，确定暴发流行的性质、范围、强度　暴发调查要对传染来源进行详细的追溯调查，如在传染来源的原饲养牧场找到同种疾病的患畜，接近发病畜群的野生动物及其生境等。追溯调查也可以为该起暴发事件的调查提供病因佐证。调查疫病的三间分布、传播方式、传播途径、传播范围及流行因素，确定暴发流行的性质、范围、强度。

3. 确定受害范围和受害程度，进行防控需求评估　掌握疫病暴发事件的实际危害和可能继发性危害，提出控制该暴发事件所需设备药品及技术人员的具体需求。

4. 提出防控措施建议　以便及时采取针对性措施，迅速扑灭疫情。

5. 积累疫情数据，防止相同或类似疫病事件的发生　通过完整的暴发调查，可以为该种疫病调查诊断、流行病学特征、临床特征以及处置提供数据资料，便于总结该种疫病暴发流行规律，建立长效机制，防止相同或类似疾病事件的发生。

（三）暴发调查的内容

1. 调查疫点、疫区、受威胁区及当地养殖情况　掌握疫点、疫区养殖情况，可为计算发病率提供基础数据，以及需要扑杀销毁的动物数量，大致判断疫情扑杀处理等措施实施所需要的人力、消毒药数量、补偿所要的资金等。掌握疫区、受威胁区及当地家畜养殖情况，可以推算本地区动物饲养密度，如果不加以控制，结合传染系数等经验参数，可以判断自然状态下疫情传播速度、传播范围、传播时间等情况；还可以为紧急免疫所需调拨疫苗量、紧急免疫需要的人力等决策提供依据等。

2. 发病情况调查　发生动物疫情后，需要对发病动物种类、发病数量、死亡数量、发病动物免疫情况、发病过程、诊断、附近野生易感动物发病死亡情况、疫点周边地理特征、本地该病疫病史、近期易感动物调运等情况进行调查。掌握各发病单元发病情况，可以计算出发病率、病死率等判断疫情严重程度的指标；掌握发病过程，结合不同养殖及环境特点，可以得出不同条件下的疫病传播的经验参数，如传染系数、传播速度等，为疫情预警奠定基础；掌握疫点地理环境特征，可为判断疫情可能来源和可能扩散范围提供信息。

3. 疫病来源与扩散传播范围调查　① 疫病来源调查。又称追溯，是指调查疫病第一个病例发生前一段时期（通常是一个最大潜伏期）内所有与发病畜群接触的事件，这种接触包括直接接触和间接接触两种。直接接触是指发病场/户调入该种易感动物或与场外易感动物有过接触，此种接触疫病传入的风险最大；间接接触是指除直接接触本种易感动物外，通过人员、饲料等方式造成感染发病的接触。②扩散传播范围调查。即追踪，是指疫情发生后，对所有可能将疫病传出的事件进行调查，以确定疫病是否传出及其范围。追踪期限一般为第一例病例发现前1个潜伏期至封锁之日。疫病来源与扩散传播范围调查对于判断疫病可能发生、传播区域、有效控制扑灭疫情具有重要意义，同时对于确定监测和紧急免疫范围等提供决策基础。

4. 疫情处置情况调查　疫情处置措施包括扑杀、消毒、无害化处理、封锁、免疫、监测等措施，对疫点、疫区、受威胁区所采取的措施有所不同。疫情处置措施实施情况是评估疫情处置效果的关键，调查人员可根据调查中发现的问题，提出防控措施优化建议。

（四）暴发调查的基本步骤

启动暴发调查的前提条件是获得有关紧急疫病的相关信息，这些信息来源包括饲养场（户）报告、举报、媒体报道、监测发现或政府有关部门得到授权后或按程序前往现场开展调查。暴发调查一般是在个案调查和初步调查的基础上进行，暴发调查的基本步骤见图7-2。

1. 组织准备

（1）组成调查组　调查组一般由流行病学人员、临床兽医、官员、微生物学人员、基层兽医技术人员等组成，现场调查人员的多少及其组成取决于资深防疫专家对暴发做出的最为可靠的初步假设，一般包括流行病学家、临床兽医、微生物学专家、兽医行政官员、昆虫学家、当地政府官员、基层兽医技术人员及司机等。

（2）统一领导，明确调查目的和任务　调查必须成立强有力的领导团体，明确上下级关系，统一开展和协调各片区的调查工作及质量控制。

（3）准备防护设备及所必需的资料等　包括车辆、通讯工具、药品、防护用品、消毒设备、采样设

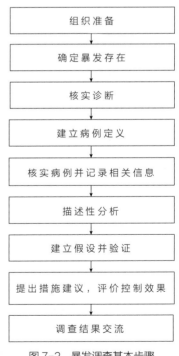

图7-2　暴发调查基本步骤

备、试剂、相机、调查表等。

（4）实验室支持 事先通知权威或专业实验室作好必要的准备工作，实行24h待命，做好病料及有关样品的采集和检测工作。

2. **确定暴发存在** 一般认为暴发即疫病的发生在时间和空间上均比较集中，如同暴发定义中所指，病例数超过预期。暴发时间的确定，可从发病高峰时间向前推一个常见潜伏期即可。对重大动物疫病防控来说，确定可疑病例的存在相当于一般意义上的暴发确定。

3. **核实诊断** 首先从流行病学角度判断疫病出现的时间、地点和群间分布是否与该病的一般规律相符，其次根据症状、病变和实验室检测进行核实。核实诊断的目的就是纠正错误的判断。对于口蹄疫、高致病性蓝耳病等重大动物疫病而言，就是对可疑病例进行实验室诊断。

4. **建立病例定义** 对于动物疫病而言，不可能对群体中所有发病动物进行实验室诊断，只能对其中部分采样的动物进行确诊。暴发调查中的病例定义不完全等同于病例的诊断，是根据病畜的主要临床症状、病理变化、分布特征和实验室检测指标四项内容定出的标准。根据标准，定义可疑病例、疑似病例、确诊病例。

一般来说，病例定义最好是在现场运用简单、容易的方法、客观的收集病例的标准。在调查早期，建议使用敏感性较高、较为宽松的病例定义，以免漏掉病例。例如，发生口蹄疫疫情，可根据口蹄疫临床症状，确定发热、流涎，口腔、乳房等部位出现红肿或水疱，或跛行的牛为口蹄疫病例。

5. **核实病例并记录相关信息** 核实病例的目的在于根据病例定义尽可能发现所有可能的病例，并排除非病例。建立病例定义后，对周边区域或高风险区域内的所有病例按此标准进行筛检，定义确诊病例、疑似病例或可疑病例。并收集、记录各种相关流行病学信息，包括该场（户）或地区易感动物数量、饲养方式、防疫条件、疫病史、饲料、饮水、动物流动和周边地理环境等。此步骤就是动物疫病防控中常说的疫情排查。

6. **描述性分析** 对所有资料进行综合整理分析，并描述。目的是描述何种疫病正在暴发，在何时、何地、何种畜群中发生流行(三间分布)，探求病因，判断暴发的同源性等。

（1）描述疾病三间分布特点。

——时间分布：根据时间顺序，对疾病发生、接触暴露因素、采取控制措施、出现控制效果等主要事件进行排序。并根据发病时间制作流行病学曲线，简单显示疫病流行强度、推断暴露时间或潜伏期、传播方式、传播周期、预测可能的发病趋势、评估所采取措施的效果。

——空间分布：用地图等显示病例的地区分布特征，可提示暴发的地区范围，有助于建立有关暴露因素、暴露地点的假设。

——群体分布：何种动物发病多？何种动物发病少？何种动物不发病？发病与年龄、性别、饲养方式、用途的关系，发病群的免疫状况、饲养方式、管理水平等多个方面。描述疫病的群间分布特征，有助于提出有关危险因素、传染源、传播方式的假设。

（2）探求病因　罹患率（袭击率）是衡量疫病暴发和疾病流行严重程度的指标，疫病暴发时的罹患率与日常发病率或预测发病率比较，能够反映出疫病暴发的严重程度。通过计算不同畜群的罹患率和不同动物种别、年龄和性别的特定因素罹患率，有助于发现病因或与疫病有关的某些因素。对罹患率表中的数据内容通常进行下列几种比较分析：① 最高罹患率；② 最低罹患率；③ 相对罹患率，即两组动物分别接触和不接触同一因素的两个罹患率之比，比值最大者可能是致病因素，比值最小者可能不是；④ 归因袭击率，即两组动物分别接触和不接触同一因素的两个罹患率之差，差值最大者可能为致病因素，差值最小者可能不是；⑤ 预测发病率或正常发病水平，与该值吻合的特定因素罹患率可能不是致病因素；⑥ 绝对患畜数；⑦ 与疫病类型吻合的罹患率和与特定因素分布吻合的罹患率。

（3）判断暴发同源性及暴露次数　一次共同来源暴发在时间、空间相结合的直方图呈现对数正态而稍偏左的分布（图7-3），且疫病出现到结束所经历的时间分布近似一种疫病的潜伏期分布；若暴发是多源性的，则病例分布呈由少到多逐渐增长的趋势、病例出现至结束的时间较长（远远超过该病潜伏期）（图7-4）。

7. 建立假设并验证

（1）建立假设　在建立研究设计之前，通常会考虑建立多种假设。根据初步假设，参考现有知识，结合疫病分布特点和传播方式，调查者可用排除法得出最为可能的致病因素，并从正反两方面检查所形成的假设是否符合实际情况，如假设条件与观察现象是否一致，如果不一致，就应该对假设进行修改。

一个假设中应包括以下几项

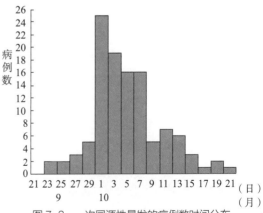

图7-3　一次同源性暴发的病例数时间分布

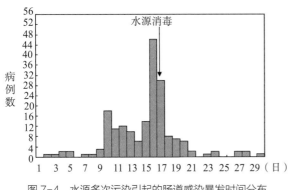

图 7-4　水源多次污染引起的肠道感染暴发时间分布

因素：① 危险因素的来源；② 传播方式和传播媒介；③ 引起暴发的特殊暴露因素；④ 高危畜群。假设应具备的特征：① 合理性；② 被调查的事实所支持；③ 能够解释大多数的病例。

（2）验证假设　验证假设就是推敲暴露与发病之间的关系。推敲暴露与发病之间的因果关系或关联性有五条标准：① 关联性强度；② 与其他研究的一致性；③ 暴露在前、疫病在后；④ 生物学上言之有理；⑤ 存在剂量–反应效应。假设形成后要进行直观的分析和检验，必要时还要进行试验检验和统计分析。如果一个假设被否定。另一个假设必须形成。因此，应尽可能地搜集各方面的附加资料。假设的形成和检验过程是循环往复的，最初形成的假设可能是广义的假设，包括多方面的内容或不够具体，随着调查的深入和试验的进行，一些假设被承认，一些假设被否定而代之以新的假设。

8. 提出预防控制措施建议并分析评价措施效果　在假设形成的同时，调查者还应能够提出合理的防控措施建议，以保护未感染动物和防止病例继续出现，如消毒、动物隔离等。通过措施实施后的效果，又反过来验证调查分析所得结论是否正确。在评价措施效果时应注意，采取措施后，要经过一个该病常见潜伏期之后，见到的疫情上升或下降情况才能确定效果与措施有关；一次暴露共同传染来源引起的暴发，若采取措施的时间在疫情高峰期之后，则暴发的下降与措施无关。在评价措施的同时，对暴发趋势也要做出预测。

9. 调查结果的交流　调查结束后，根据受众的不同，将调查结果或发现归纳总结，采用不同的形式形成流行病学调查报告、业务总结报告、行政汇报材料、学术论文、新闻媒体的稿件等，及时进行交流和沟通，以求达到最大效应，这是暴发调查的最重要产出之一。书面报告的主要内容包括暴发或流行的总体情况描述、引起暴发或流行的主要原因、采取的控制措施及效果评价、应汲取的经验教训和今后工作的建议。

暴发现场是多样的、复杂的，也就是说每起疫情都有各自的特点；调查过程始终处于动态变化中，不断有新的发现，不断有新的假设，又有可能不断地被推翻，因此调查步骤不是固定不变的，不是每次都缺一不可，有时是同时进行的。

八、抽样调查

（一）抽样调查的定义

抽样调查（简称抽查）是在短时间内通过对部分动物的调查来了解某病在全部畜群（总体）中的患病情况，即从部分估计总体患病情况，是现患调查的最常用的方法。与普查相比，抽样调查的对象少，能够节省大量的人力、物力和时间。但调查设计、实施和资料分析均比较复杂，重复和遗漏不易发现，且不适用于变异较大项目的调查，适于调查发病率较高的疾病，当发病率很低时，小样本不能提供足够的信息。

（二）抽样调查的用途

抽查主要用于流行病、地方性流行病、寄生虫病、慢性传染病（如结核病）和非传染病及病因未明疾病的调查。不适用于暴发性疾病、病程短的疾病和发病率非常低的疾病（如肿瘤、罕见中毒病）。抽样调查能够揭示一定时间内畜群中某种疾病分布的断面情况，探讨病因未明疾病和慢性疾病的病因，以及疾病流行因素。

（三）抽样调查的原则

抽查遵循的原则是随机抽样和样本量适当。抽样设计时要考虑抽样方法、样本大小和调查对象分组等方面情况。随机抽样调查就是通过随机化方法，抽取某特定时间点或时期内规定总体中的一个有代表性的样本进行调查，用样本中研究对象的调查结果来推论其所在总体的情况。

（四）抽样调查的类型和样本量估计

参见本章第三节。

（五）抽样调查的程序

1. 确定调查目的和内容　抽样调查一般是专项调查，如在450个国家动物疫情测报站了解畜禽死亡率，借以评估全国动物疫病损失；在疯牛病高风险区域调查了解牛进口情况、肉骨粉进口及生产使用情况等，借以评估疯牛病的发生风险等。

2. 确定调查方法　通过日常的登记和报告，收集疾病报告登记、屠宰检疫记录、诊疗记录或检测记录，以及年终疾病总结。专题询问调查与信函调查，根据调查目的和疾病种类制订调查问卷，通过信函和电话询问等方式获取信息。现场调查及抽样检测，在现场调查过程中，除了填写专题询问调查表外，按照抽样设计采集有关样品进行检测，获得抽检结果。

3. **调查人员培训**　在调查前要对参加调查的人员进行培训，统一调查方法，保证收集资料方法和标准的一致性。

4. **资料整理分析**　包括以下内容：① 对原始资料进行检查与核对，填补缺漏，删去重复，纠正错误，剔除应答不合格调查表；② 按照流行病学需要对原始资料进行整理，划分组别、制订整理表和统计表等；③ 计算各种率，如现患率、阳性率、感染率和检出率等，定量资料计算平均数等；④ 计算标化率，便于不同地区比较，分析结果时常采用率的标准化方法；⑤ 应用流行病学的原理和方法，进行分类、分析、综合、比较和归纳推理，通过单因素分析和多因素分析判断疾病和健康状况的规律性。

5. **结果解释**　抽查资料经整理分析之后，应根据研究目的对结果作出解释，包括描述疾病三间分布情况、病因因素与疾病的关联、评价防控效果、及早发现病例等。

九、定点流行病学调查

定点流行病学调查是国家或地方兽医行政部门根据疫情监视需要，选取有代表性的市（区、县）或动物疫病诊疗机构持续、系统地对疾病事件及其相关因素开展实时调查，对调查采取的样品及时检测，将收集的各种信息资料和检测数据进行综合处理与分析，定期或不定期地报告调查结果，并预测疫情动态和提出防控措施建议。定点调查包括个案调查、暴发调查和抽样调查等。

（一）定点流行病学调查的特点

（1）属于抽样调查和哨点监测的范畴；

（2）实时监视辖区疫情发生，实时开展个案调查、暴发调查；

（3）根据需要定期或不定期开展抽样调查和较小范围的普查；

（4）传染来源和疫源地监视是重点日常工作之一；

（5）开展饲养状况、动物方式等疫情风险相关因素调查和监视；

（6）动物疫病诊疗机构定点监视，可以及时掌握当前主要动物疫病种类及疫情动态。

（二）定点流行病学调查的要求

（1）定点县的选取除了考虑动物饲养、调运、疫情监视的代表性外，还要考虑所在县工作的配合程度、工作基础、人员素质和实验室条件；

（2）定点县要指定专人分管和从事该项工作，能与上级业务部门密切配合开展工作；

（3）上级业务部门与定点县联合制订相关调查方案和调查监视计划；

（4）定点调查要与定点县的日常工作相结合，实现定点调查工作的日常化和规范化；

（5）上级业务部门与定点县及时共享和交流定期或不定期的调查报告结果；

（6）上级业务部门与定点县要定期或不定期开展对相关人员的培训和技术研讨；

（7）要有专项经费和机制保障。

 附 关于某地猪场A型口蹄疫暴发的调查报告实例

2013年2月，中国动物卫生与流行病学中心与国家口蹄疫参考实验室组成联合调查组，对某地报告的猪口蹄疫疫情进行了紧急流行病学调查。调查组通过访谈、现场调查、抽样检测等方式，了解猪场疫病发生经过，追溯疫病来源，评估扩散风险。现将有关情况报告如下。

一、调查范围

1. 疑似病例　近1个月以来，猪场周边3km半径范围内的养殖场户中，临床表现体温升高，鼻盘、蹄冠出现水疱、溃疡，或蹄壳脱落的猪为疑似病例。

2. 确诊病例　血样或组织样品经参考实验室检测阳性的猪为确诊病例。

二、调查方式和数据来源

1. 问卷调查　按照紧急动物疫病调查方案要求，填写猪病紧急流行病学调查表。

2. 访谈与现场调查　与当地畜牧兽医部门专业人员以及养殖场户进行交流，了解当地养殖、防疫、管理等信息。赴发病场进行实地调查，了解养殖场环境、养殖、发病和处置信息。

3. 资料检索　查询当地养殖统计档案和发病场生产档案，了解养殖管理等信息。检索国内外文献报道，了解该病相关信息。

4. 抽样检测　选取当地2个屠宰场，每场按系统随机方式采集血样和淋巴组织样品。选取疫点周边5km范围内的10个养殖场，随机采集血样97份。样品送国家口蹄疫参考实验室检测，血清样品采用LPB-ELISA方法检测O型和A型抗体效价，3ABC-I-ELISA方法检测3ABC非结构蛋白抗体。病原学样品采用荧光定量RT-PCR初筛，对Ct值≤35的以PCR复核，并扩增VP1基因序列确认毒株。

三、调查结果

1. 当地养殖概况　本次发病猪场周边3km范围内共有存栏猪6.2万多头，牛500多头；自疫区外延10km范围内有存栏猪95.8万多头，牛1.9万多头，羊1 500多头。

2. 发病场情况　猪场距市区约15km，据主要公路直线距离约1.5km。周边为大片的果园。占地约80 000m²，建有约2m高的砖质围墙，内有果园、鱼塘、菜园和猪场。养猪场建于2002年，2003年投入使用，坚持自繁自养。发病前该场共存栏猪948头，其中种猪118头，仔猪280头，育肥猪550头。

3. 疫病经过

（1）时间分布　2月17日，该场向当地兽医部门报告发生可疑疫情。但从生产记录推断，1月20日左右有疑似病例发生。至2月17日，种猪发病88头，死亡0头，袭击率为74.6%，因病致死率为0；仔猪死亡110头（部分仔猪无临床和剖检症状，可能因饥饿死亡）。育肥猪至2月21日临床表现健康。从流行病学曲线图（附图1）来看，此次为典型的传染性疾病点源传播过程。

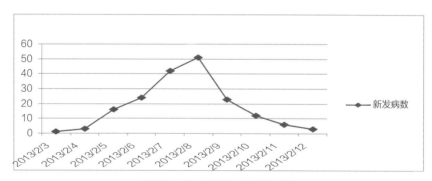

附图1　发病场猪发病时间分布图

（2）畜间分布　发病猪包括生产母猪、同窝仔猪、后备母猪和公猪。育肥猪至扑杀前表观健康。

（3）舍间分布　该场共有5栋猪舍依次发病，发病顺序依次为2号猪舍、6～8号猪舍，9号猪舍发病最晚。场内猪舍位置见附图2。

4. 诊断与处置情况　当地疫控中心接到报告后，即派出专家到发病猪场调查。发病猪临床表现为体温升高，鼻盘及蹄冠出现水疱和溃烂，病猪跛行。剖检未发现异常。据临床表现初步诊断为疑似猪口蹄疫。当日送当地动

附图2 猪场内猪舍布局

注：2号和3号为产房，相连在一起；1、4和5号为保育猪舍；6～8号为母猪定位猪舍；9号为种猪运动舍；10～14号为育肥猪舍；15号为治疗猪舍；16号为引种隔离猪舍。箭头线代表污水流向，空白部分多种植果树。

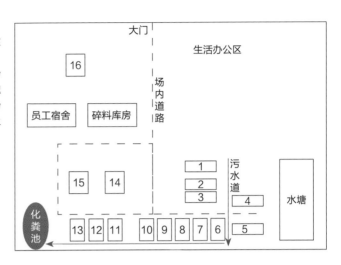

物疫病预防控制中心检测，经PCR技术检测为口蹄疫病毒核酸阳性，随后病料送国家口蹄疫参考实验室，确诊为A型口蹄疫。接报后，当地政府对发病猪场进行封锁消毒。疫情确诊后，立即对发病猪场内所有猪进行扑杀及深埋，对猪场内饲料、粪便等进行消毒和无害化处理，对疫点周边3km范围内进行封锁，关闭猪、牛、羊及其产品交易市场，并在疫点周边设立临时动物防疫监督检查站，禁止猪、牛、羊的调运。同时，对周边5个行政村的全部存栏猪、牛进行排查，未发现临床可疑病例。

四、样品检测结果

在周边养殖场户采集样品中，共有3份A型口蹄疫血清阳性，位于疫点东南方向的两个村，6份样品为A型疑似阳性，分别来自中心屠宰场（3份）、附近3个村各1份。3ABC抗体检测出28份阳性，阳性率为12.9%。未检出口蹄疫病原学阳性样品。

五、定性风险因素分析

现有调查数据不支持定量传播风险因素分析，定性风险分析表明，该猪场疫病可能通过运输饲料车辆等交通工具传入。疫病通过饲养员出入不同猪舍传播，或者通过粪便污水向不同猪舍扩散的风险较高。从该场向外扩散传播的风险较低。具体见附表1。

附表 1 疫病可能风险因素定性分析

可能风险	分 析	风险程度
易感动物引进	该猪场一直坚持自繁自养，2012 年 12 月以来未引进过动物	通过此途径传入的风险低
易感动物产品购入	该场养有鱼、猪、鸡等动物，种植蔬菜和果树，2012 年 12 月以来未从市场上购买过猪、牛肉等易感动物产品	通过此途径传入疾病的风险低
饲料	该场浓缩料购自正大康地公司，自购玉米豆粕在场内加工	通过此途径传入的风险较低
泔水	该场从未使用泔水喂猪	通过此途径传入的风险低
粪便污水	污水道为开放式，污水流向为从 1 号猪舍依次经过 2 ～ 13 号猪舍，最终到达化粪池。生猪粪便、污水发酵后，全部用于场内自家果园施肥和喂鱼	暴发期间场内疫病传播的风险高；通过此途径传出风险低
水源	使用本场内深井取水	水源传入疫病的风险低
兽医诊疗	该场场主自行诊疗，场外兽医不能进入该场。发病前后 2 周内没有兽医人员进出该场	通过此途径传播风险低
饲养人员	该场饲养人员固定，场内人员不能随意外出。女主人主要负责产房及母猪舍的饲养管理，男主人及其儿子负责肥猪舍的饲喂管理，两名雇工主要负责保育猪舍	通过此途径传入的风险；疫情发生时，在场内传播疫病的风险高
营销人员	场主防疫意识强，日常无营销人员进入生产区，发病前 2 周未有营销人员来访	通过此途径传入的风险低
外来车辆	1 月 23 日，曾有饲料公司送货	通过此途径传入风险高
野生动物	当地无野生偶蹄类动物	通过此途径传播风险低
气溶胶	周边检出血清学阳性，存在感染	传入风险存在，但考虑到该场周边环境，传入风险较低，传出风险较低

六、初步结论与建议

1. 病原由运输工具传入的风险高　该场从未发现过类似病例。据调查，该场口蹄疫免疫程序为每年12月初免疫一次，15～20d后加强免疫一次，全年免疫2次。从调查情况看，场主主动防护意识强，采取封闭式管理，严禁非本场人员进入生产区。自1月1日起，该场车辆未与易感动物或动物产品接触，也未进入过其他猪场。1月23日，曾有饲料公司送货车辆进入本场。从流行病学曲线和定性风险分析的结论看，外来车辆传入病原的风险高。

2. 疫病从该场向外扩散的风险较低　据场主描述，该场猪粪及污水经沼气发酵后，全部用于果树栽培和养鱼，从未向外调运。该猪场有2m以上砖墙，场内及场外周边为大片果园，自然防护条件较好。自2012年以来，该场未曾出售过猪。自该疫点向外扩散疫情的风险较低。

3．该病在国内首次报道，建议加强研究　调查发现，疫病发生与既往相比，流行病学特征有所变化。从文献检索的情况看，世界范围内，A型口蹄疫在猪上发生的报道较少，猪A型口蹄疫主要集中在越南、泰国等东南亚地区，中国属首次发现。应进一步加强对猪A型口蹄疫的流行病学特征、诊断方法、发病机理等的研究。

4．进一步强化疫点及其周边地区疫情监测　采样检测表明，疫点周边养殖场有阳性病例，且有阳性病例位置距疫点直线距离超过5km，屠宰场也有3例疑似阳性病例，提示A型口蹄疫可能已进入当地一段时期。该市猪养殖量大，距离疫点3km范围内有猪存栏6.2万多头，10km范围内猪存栏量大，养殖密度高。为进一步了解该病在当地的分布，建议当地加大监测力度。

（李晓成，吴发兴，王幼明，张志，刘爽，邵卫星）

第三节　流行病学监测

流行病学监测是描述流行病学的重要组成部分，流行病学调查主要是针对单个或一系列动物卫生事件开展的调查，而流行病学监测（简称监测）包括一系列的流行病学调查活动，是深入、全面的描述流行病学工作。

一、概述

（一）监测的概念

动物流行病学监测是指长期、连续、系统地收集疾病的动态分布及其影响因素资料，经过分析和信息交流活动，为决策者采取干预措施，提供技术支持的活动。流行病学监测有广义和狭义之分，狭义的监测主要强调通过实验室检测获取相应的疾病分布及其影响因素资料；广义的监测则包含各种相关资料（疫病流行病学信息）。从这一概念出发，不难发现流行病学监测包括三个方面内容：一是必须持续、系统地开展监测活动，以发现疾病的分布规律和发展趋势；二是必须对收集到的资料进行整理、分析，才能从表象数据里面发掘出有价值的信息；三是必须开展信息交流，即将监测结果及有关建议反馈给有关部门（兽医行政管理机构），以发挥监测的作用或效果。

（二）监测的目的

为防控决策提供技术支持。一是及早发现外来病、新发病和紧急传染病，并确定病因；二是确定疾病（特别是流行病）的发生及分布情况，评价危害程度，判断发展趋势；三是评估防控政策措施的执行效果，如免疫效果监测等；四是证明某一区域或国家的无疫状态。

（三）监测的意义

1. **动物疫病监测涉及一个国家的重大安全问题**　这包括生物安全、公共卫生、畜牧业生产安全以及食品安全等。正因为如此，法国和加拿大的动物疫病监测工作由国家食品安全署或国家食品检验署统一管理；澳大利亚动物疫病监测工作则由澳大利亚生物安全合作研究中心（Australian Biosecurity Cooperative Research Centre）统一筹划，这个中心由联邦政府、卫生、动物卫生等方面的高级官员组成的委员会领导；美国把动物疫病监测列为美国国内安全早期预警体系（early warning system）中重要的组成部分，是美国预防恐怖袭击的一项基础性工作（美国国内安全第9号总统令）。

2. **监测是动物疫病防控工作的基础**　通过监测，可以了解动物疫病的流行现状、危害程度、风险因子及发展趋势，早期识别疫病的暴发和流行，分析动物疫病发生原因。这些都为动物疫病防控工作提供了重要的决策依据，有利于决策者拿出最具针对性、最为科学、可行的疫病防控措施。

3. **监测是评估疫病防控效果重要的手段**　中国对口蹄疫、猪瘟、高致病性猪蓝耳病实施强制免疫政策，但是疫苗免疫到底对疫病的预防和控制效果如何、疫苗接种的安全性、不良反应是否严重，这些问题都有待于通过调查监测得到确切答案。

4. **监测是申报国际动物疫病无疫认证的基础性工作**　疯牛病引起各国高度重视，中国目前为止没有发现疯牛病，但是为了促进中国明胶等动物产品的出口，以及阻止国外含有疯牛病风险的牛肉等产品进口，都需要通过OIE关于疯牛病风险状况的认证。同大多数疫病一样，完成规定指标的口蹄疫监测工作是向OIE申请无疫认证的最基本要求之一。

5. **动物疫病监测具有重要的学术价值** 动物疫病监测能够阐述疫病流行现状、危害程度、风险因子、流行规律和发展趋势，能够阐述病原的多样性、变异和分布，能够为多方面的深入研究提供线索，能够建立和验证假说，因此具有重要的学术价值。中国动物疫病种类繁多，生态多样性和病原多样性丰富，开展动物疫病监测研究具有丰富的资源。

（四）监测的类型

1. **按组织方式可划分为被动监测与主动监测** 下级单位按常规上报监测数据，上级单位被动接收，称为被动监测。法定传染病报告即属被动监测范畴。根据特殊需要，由上级单位亲自组织或要求下级单位严格按照规定开展监测并收集相关资料，称为主动监测。中国农业部组织的动物疫病定点监测、专项监测，各级动物疫控机构开展的重点监测，均属主动监测。总体而言，主动监测的质量明显优于被动监测。

2. **按监测敏感性可划分为常规监测与哨点监测** 常规监测是指国家和地方的常规报告系统开展的疾病监测（如中国的法定疫病报告），优点是覆盖面广，缺点是漏报率高、效率和质量较低。哨点监测是指基于某病或某些疾病的流行特点，有代表性地在全国不同的地区设置监测点，根据事先制订的特定方案和程序而开展的监测，称为哨点监测。如中国的动物疫情测报站、边境动物疫情测报站和野生动物监测站的疫情监测。

3. **按监测动物群体是否具有目标性可划分为传统监测和风险监测** 传统监测是指根据传统危害因素识别方法，按一定比例，定期在动物群体中抽样进行检测。风险监测是指在风险识别和风险分析基础上，遵循成本效益比原则，在高风险动物群体中或高风险地区进行抽样检测。与传统监测相比，风险监测提高了资源分配效率、投入产出比较高。

4. **按监测病种可划分为地方流行性、新发病（与外来病）监测** 地方流行性疫病监测旨在测量和描述疫病分布，分析疫病发展趋势；外来病和新发病监测旨在发现疫病。二者在抽样规模、检测方法等方面均有很大区别。

5. **专项监测** 如无疫监测、免疫效果监测等。无疫监测旨在通过系统的监测活动证明某区域（或国家）无特定疫病；免疫效果监测旨在通过监测活动，评估疫苗使用效果，包括免疫抗体变化情况、健康带毒情况，以及疫苗不良反应等。

（五）监测的内容

按与疫病发生相关性的远近，相关信息排序如下。

1. **养殖场所处自然环境信息** 通过对野生动物分布、媒介分布、气象气候变化等方面的了解，判断相关疫病的发生风险变化情况。

2. **某区域或国家的畜牧业生产信息**　用于了解某区域或国家易感动物的分布情况。一般来讲，养殖密度较大的地区，疫病发生的风险相对较高。

3. **动物及其产品进口信息**　用于评估外来动物疫病传入或发生的风险。

4. **动物及其产品价格信息**　用于了解不同区域间动物及其产品的流通情况。同一种动物及其动物产品，区间价格差异越大，动物及其产品总是从价格低的地区流向价格高的地区。这也是疫病监测中经常提到的市场价值链研究。

5. **饲养管理方式信息**　用于了解动物防疫条件，防疫条件越好，疫病发生风险越低。

6. **动物免疫状况信息**　免疫密度越高，疫病发生风险越低。

7. **样品实验室检测信息**　用于了解监测调查中所采集样品中某种病原或其抗体的存在或变化情况，样品实验室检测信息是最贴近疫病发生或流行特点的信息。

8. **疫病发生信息**　用于了解疫病在某区域或国家的发生、流行、扩散及控制等情况，是较为直观反映疫病发生情况的信息。

上述信息（监测数据）在探索病因、评估疾病发生风险、制定防控措施等方面各有用途，应组合使用。作为流行病学工作者，必须注意监测信息的全面性、系统性和持续性。孤立、片面、静态的信息在流行病学研究中一般意义不大。

（六）监测体系的组成

监测体系是为了达到某种监测目的而建立的架构，通常指监测工作的组织体系。一个完整的动物疫病（动物卫生事件）监测体系通常应包括以下5个部分。

1. **动物疫病监视系统**　即信息提供者，这一系统的作用在于发现疫情。养殖场、屠宰场、兽医门诊、动物交易场所、隔离场、进出境检疫机构，以及其他饲养、接触动物的单位和个人，都属于监视系统的组成部分。中国法律规定，任何单位和个人发现疫情都应上报。

2. **动物疫病检测实验室体系**　这一系统的作用在于诊断疫情。各级各类兽医检测（诊断）实验室都是这一体系的组成部分。

3. **动物疫情报告系统**　这一系统在疫情监测体系中起着枢纽作用。

4. **流行病学分析系统**　收集、整理监测到的信息，分析疫病发展趋势，提出防控措施建议，开展风险交流。

5. **决策系统**　依据风险分析报告，制定防控政策，发布疫情信息和预警信息。它是领导和资助监测工作的国家或省级兽医行政管理部门，是需求的提出者、信息使用者和发布者。

（七）监测的质量控制

动物流行病学监测结果直接服务于防控决策，必须强化全过程质量控制。以下几个因素尤其需要重视。

1. 监测数据的完整性　设计监测方案时，必须围绕监测目的，合理设定监测指标，有用的项目一个不能少，无用的项目一个不能要。只有这样，才能保证监测数据的可用性，提高监测活动的资源利用率。

2. 采集样品的代表性　设计监测方案时，还应根据设定的监测目的，合理选择简单随机抽样、系统抽样、分层抽样等抽样方式，合理确定抽样单位数量和抽检样品数量。力争利用给定的经费，使抽样检测结果尽可能地贴近实际情况。

3. 检测方法的可靠性　检测活动中，检测方法的敏感性、特异性均应达到规定要求。

4. 病例定义的统一性　在大规模流行病学监测活动中，必须确定一个统一、可操作的疾病诊断标准，一般情况下，应根据特定疾病流行特点、临床表现、病程经过、剖检病变、病原分离、血清学检测、分子生物学诊断等方面，对疑似病例、临床病例和确诊病例做出严格定义。不同监测单位的诊断标准不同，会对监测结果产生较大影响，甚至出现结果扭曲。监测活动中确定的病例称为监测病例，由特异性病因引起并表现出特征性症状和病变的病例称为实际病例。在疾病监测活动中，应逐步提高监测病例中实际病例的比例，而且应当能够估计这一比例的大小和变化。

5. 测量指标的合理性　正确使用发病率、流行率、感染率、死亡率等测量指标，清晰描述疫病的三间分布情况。

6. 信息交流的透明度　监测活动中，组织人员、调查人员、实验室人员应当注重与被调查人员及该领域的专家的充分交流，及时发现存在的问题，使监测结果贴近实际情况。

二、动物疫病监测方案

（一）监测方案设计

1. 研究监测目的和要求　要从养殖业的生产实际出发，充分把握畜群疫病防控现状和技术需求，综合分析监测的目的和需求。即通过监测要获得什么样的信息，这些信息通过哪些途径或方式获得。同时，还应考虑以下因素。

（1）合理设定目标　畜群疫病监测目标的设置一般要以对养殖业危害较大或对公共卫生安全、产业安全危害严重的病种或症候群为重点，适当兼顾其他疫病，以达到工作目的。

（2）可获得的资源和技术　包括经费支持、工作队伍、检测技术保障、后勤支持等。

（3）获取监测信息的难度　一般情况下，一项监测工作最多设定一个或一类目标。监测活动的需求越多、变量就越多，往往会加大获取监测数据的难度。

（4）参与方的兴趣和利益　监测工作是一项多方参与的系统工作，各参与方对工作的需求、支持、配合力度各有不同，这直接决定着监测工作能否顺利展开，应予重点考虑。

2. 明确病例定义和监测指标

（1）病例定义（case definition）　病例定义不完全等同于病例的诊断，是根据病畜的主要临床症状、病理变化、分布特征和实验室检测指标等给出标准，并以此定义可疑病例、疑似病例、确诊病例。一般来说，病例定义最好是在现场运用简单、客观的收集病例的标准。在调查早期，建议使用敏感性较高、较为宽松的病例定义，以免漏报。例如，发生口蹄疫疫情，可根据口蹄疫临床症状，确定发热、流涎、口腔等部位出现水疱、跛行或蹄壳脱落的猪为口蹄疫病例。

（2）监测指标（surveillance index）　有直接指标和间接指标。监测病例的统计数字，如发病数、死亡数、发病率、死亡率等称为直接指标，通常用这些直接指标来分析疫病流行现状和发展趋势。多数情况下，直接指标不易获得。如2006年6月份以来发生在中国南方部分省区的高致病性猪蓝耳病疫情，直接调查发生高致病性猪蓝耳病疫情的养猪场的分布，由于对该病的流行病学信息、临床特征尚无标准判定依据，往往难以及时获得确诊信息，而应将监测指标调整为发生高热、高死亡、耳朵发蓝（发绀）、腹部皮肤发红等症状的养猪场的分布，作为疫情监测一项间接指标，间接反映了发生高致病性猪蓝耳病疫情场户的分布情况。

3. 确定监测框架和组织分工　根据监测需求和目的、可利用的资源、被监测的疫病特征来确定监测框架。针对具体的畜群疫病监测，可以采用统一框架。OIE关于口蹄疫、猪瘟等疫病的监测指南也提示各种动物疫病的监测方案可以采用统一框架，仅在某些细节略有不同。这种监测的基本框架包括：① 监测背景；② 监测目的；③ 监测范围；④ 病例定义；⑤ 监测内容，包括监测方式、方法、监测指标；⑥ 监测系统组成及各自职责；⑦ 监测数据的收集、分析和报告（包括反馈等）；⑧ 监测系统的质量控制。

4. 监测工作中的一些细节　如在畜群疫病定点流行病学监测工作中，应根据监测目的，被监测地区的疫病流行情况，明确监测点（县或场）的具体分布。如果在监测活动中还包括采样、检测，在设计方案时，还需考虑的细节包括：

（1）样品的采集、保存及运输。其中，必须明确监测的目标动物群、抽样方法、抽样数量、如何保存和运输样品等。

（2）选择合适的样品检测方法。应依据监测目的，选择一套标准、可信的实验室检测指标、检测方法、操作程序和判断标准。

（3）技术培训。在进行监测活动前应对实验室检测人员进行严格技术培训，使其熟练掌握即将采用的样品检测方法和结果分析技术。

（4）筛选稳定而可靠的检测试剂。

（5）必要的实验室设施设备，在进行一类病原检测时必须在三级生物安全设施内进行。

（6）进行样品检测的实验室应具有可靠的质量控制体系。

5. **选择数据分析方法**　监测工作中除了要分析疫病的三间分布（动物群体、时间、地理）及其影响因素外，还应考虑数据的录入、加工及输出方法，有时还需要建立数学模型。

6. **监测信息报告与使用权限**　通过监测活动形成数据和报告后，应严格界定监测报告的提交机构和使用权限。包括监测报告的密级、监测结果、报告（或分发）给谁（机构和人员）、原始数据和相关报告向谁开放，以及是否以某种方式向公众发布监测信息等。监测数据和或报告除了向上级和决策机关报送外，还应将监测信息以适当形式向工作相关方、参与单位及信息提供者及时反馈。这有助于发挥监测结果的效应，有助于保持监测系统的正常运行，提升监测活动的参与度和报告质量。

7. **对监测方案的评价**　包括一级评价和二级评价，一级评价是指对监测方案实施的重要性、必要性进行评价，即为何开展监测。一级评价一般应在监测工作启动前进行。二级评价是对已在实施的监测工作的进展情况及其预期结果进行评估，以便对监测工作进行及时改进，提高监测效能。

（二）误差控制

误差（error）是指监测的结果和真实值之间的差距。在监测过程中，我们不可能采用完美的方法按照严格的操作程序对所有的个体进行检测，只能用比较好的方法按照比较正确的操作程序对某些个体进行检测，因此，难以避免误差的存在。如果误差在可以接受的范围之内，那么监测的结果就是有效的。认识误差的存在原因，对于优化监测方案，提高监测工作的效能非常重要。

在监测工作的每一个环节都有可能产生误差，如监测范围的大小、抽样方法、抽样数量、检测方法、结果分析方法等，这些变量都是误差产生的来源，不可避免。例如，拟对山东省开展某疫病流行病学检测，目标群应该是全省范围内的猪场，但在实际工作中往往通过具有代表性的市辖区范围的代表性群体进行监测，如养殖量较大的胶东半岛、临沂、潍坊，或者济青高速沿线一带的猪群。如此，监测的结果就很难准确反映该省猪某疫病的流行。或者，由于采样不正确、样品保存不当、检测方法单一等情况均能引起误差。一般而言，误差分为两类，一是抽样误差（sampling error）。这种误差可以通过优化抽样战略、增加样品数量等方法，提高样品的代表性来减少误差。二是信息误差，如所收集资料难以明确归类、把原本是阳性的样品归为阴性样品等，这种误差可通过改进信息收集方法、落实质量管理体系等方法减少信息上的误差。

（三）抽样设计

在流行病学调查抽样中，通常将群分为3类，即目标群、研究群和样本（图7-5）。研究群是指样本动物（群）所在的动物群。目标群是指通过对调查结果的统计分析，直接可以推导的动物群体卫生状况的畜群，研究群通常是目标群中的一部分。

抽样设计的目的是通过较少的资源获取能够反映总体情况的信息。抽样可以分为非随机抽样和随机抽样。未采用随机方法进行的抽样就是非随机抽样。

1. 非随机抽样

（1）判断抽样 根据经验和现有条件确定样本的抽样方法称作判断抽样。实际工作中，有时不具备随机抽样条件，抽样人员可根据实际情况采取判断抽样的方法。

（2）偶遇抽样 即预先不确定样本大小，遇到哪个样本调查哪个样本。如在督察过程中，选择愿意配合畜主的畜群进行抽样。在分析性研究中，研究人员也会使用该抽样方法。

（3）配额抽样 按总体特征配置样本份额，抽样时由调查员随意抽取。猪病流行病学调查中，每个省选3个定点县，这种调查方法也属于配额抽样。

非随机抽样的准确性低、代表性差，在描述性流行病学研究中一般不采用，但在分析性研究中，非随机抽样由于其方便性，经常被采用。但是，分析的结果只具有参考价值，不能代表实际情况。

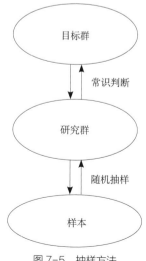

图7-5 抽样方法

2. 随机抽样　随机抽样是根据随机原则，运用恰当工具从抽样总体中抽选调查单元。由于代表性和随机性是直接相关的，所以随机抽样得到的样本具有代表性，通过随机抽样得到的样本可计算抽样精确度。根据采取的抽样方法不同可采取不同的总体特征估计方法。常用的抽样调查方法有简单随机抽样、系统抽样、分层抽样、整群抽样和多级抽样等。

（1）简单随机抽样（simple random sampling）　是最基本的抽样方法，做法是先将研究对象编号，在通过随机数字表、抽签、电脑抽取等方法进行抽样。简单随机抽样操作简单，但需完整的抽样框，常用于动物数目较小的情况。图7-6描述了从10头家猪中随机抽取5头作为调查对象的情况。

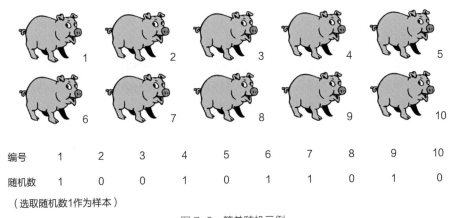

编号	1	2	3	4	5	6	7	8	9	10
随机数	1	0	0	1	0	1	1	0	1	0

（选取随机数1作为样本）

图7-6　简单随机示例

（2）系统抽样（systematic random sampling）　按照一定顺序，机械地每隔一定数量的单位抽取一个单位，又称间隔抽样或机械抽样（图7-7）。本方法简便易行，不需要目标群过多的信息，样本在总体中平均分布，比简单随机抽样的误差小，常用于在屠宰场抽样。

10/5 = 2　每隔一个动物抽取一个样本

图7-7　运用系统抽样防范从 10 只猪中选取 5 个作为样本

（3）分层抽样（stratified random sampling）　分层抽样是将研究对象按特征（如性别、年龄、种群、饲养方式等）分为几层，然后在各层中进行随机抽样的方法。每一层内个体的差异越小越好，层间的差异则越大越好。分层可以提高总体指标估计的精确度，还可以分别估计各层内情况，且方便组织管理，在动物疫病状况和卫生状况调查中应用普遍。按照各层之间的抽样比是否相同，分层随机抽样可分为等比例分层抽样与非等比例分层抽样两种。

图7-8描述了分层抽样的一般方法。在总体中，按照动物特征将研究群分为A、B两类，再在A、B群中分别采用简单随机抽样的方法进行抽样，抽取调查单元。

（4）整群抽样（cluster sampling）　将总体分成若干群组，如棚舍、村等，随机抽取其中部分群组作为样本，所有被抽到的群组中的个体均是调查对象（图7-9）。整群抽样适用于缺乏总体单位的抽样框。应用整群抽样时，要求群内各单位的差异要大，群间差异要小。这种方法便于组织，节约人力、物力，多用于大规模调查。缺点是当不同群之间的差异较大时，抽样误差大、分析工作量大。

（5）多级抽样（multistage sampling）　把抽样过程分为不同阶段，先从总体中抽取范围较大的单元，称为一级抽样单元（如省、自治区、直辖市），再从每个抽得的一级单元抽取范围较小的二级抽样单元（如县、乡），依此类推（图7-10）。多级抽样区别于分层抽样，也区别于整群抽样，优点是适用于抽样调查的面较广，没有一个包括所有总体单位的抽样框，或总体范围太大，无法直接抽取样本等情况，可以相对节省调查费

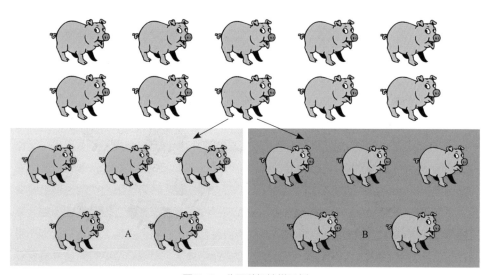

图 7-8　分层随机抽样示例

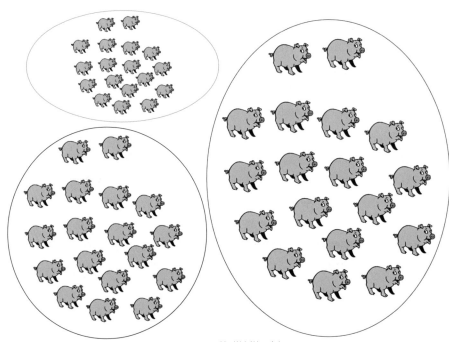

图 7-9 整群抽样示例

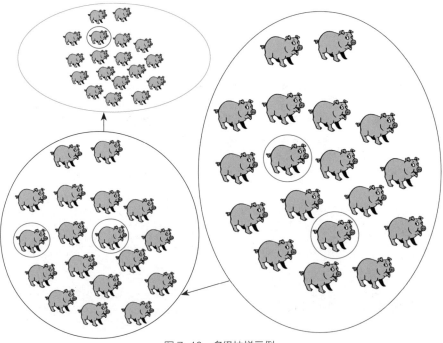

图 7-10 多级抽样示例

用。其主要缺点是抽样时较为麻烦，而且从样本对总体的估计比较复杂。常用于大型调查，使用时应注意多阶段的连续性。各阶段抽样方法除简单随机抽样外，还可几种抽样方法结合使用。

（四）样本量的确定

样本量的确定需要考虑到统计学原理和监测目的。如果一个畜群中有8%的动物感染某种疫病，检测的敏感性为90%，特异性为100%，在置信区间为95%（即$\alpha = 0.05$）确保至少能检出一例阳性动物，就需采集40头动物的样品。其计算公式为：

$$n = \ln(\alpha)l / n(1 - p \cdot Se)$$

式中：ln为自然对数符号，α为显著性水平，p是群体中的发生率，Se为检测的灵敏度。

如果所用的检测方法特异性小于100%，则阳性结果可能为假阳性。如果某种疫病发生率很低，而所用试验的特异性小于100%，则阳性结果是假阳性的概率就很高。

对于随机抽样调查，需要设定恰当的流行率（上例中流行率设定为8%）。如果设定流行率很低，检测样本的数量要足够大，才能保证能够检测到感染。流行率的设定必须依据当前和历史上某种疫病的流行情况，而了解这些情况需要事先开展一些监测和调查活动。对于国际无疫认证性监测，流行率不能设置太高，因为太高的流行率提示离无疫状态差距很远。

（五）样品采集

在畜群疫病监测活动中，所采集的样品主要包括血样、各种组织样品、体液、精液、粪便、流产胎儿等。每种样品的采集方法、数量、记录、保存及运输可参照农业行业标准《动物疫病实验室检验采样方法》（NY/T 541—2002）进行。

（六）样品检测

由于动物疫病检测方面的参考书很多，中国也已陆续发布了猪瘟、口蹄疫等猪群疫病的多种诊断试验方法，在本节不再赘述。动物疫病的监测中，考虑到各种检测方法的适用范围、灵敏度、特异性、操作复杂性、成本等因素，可能按照某种程序，采用一些而不是单一的检测方法来检测样品。这些检测方法的组合被称为检测系统。

三、流行病学监测实施

流行病学监测的种类很多，在本节以最为常见的"地方性流行病的监测"为例进行说明如何实施监测。中国是动物疫病防控压力较重的国家之一，农业部规定上报的疫病多呈地方性流行。有计划地开展地方流行病监测工作，有利于掌握疫情危害、流行特点和发展趋势等关键信息，这有助于决策机构合理制定防控措施、科学评估防控效果、优化各项防控措施。

（一）监测目的

一是掌握疾病的分布状况及其危害；二是分析疾病发生的风险因素，评估疫情发展趋势；三是监视病原变异情况；四是基于与既往监测结果的对比，评价现行防控措施实施效果，提出防控措施优化建议。

（二）监测体系的组成及监测活动范围

各级疫情测报体系共同组成地方流行病的监测体系。原则上，疫病流行地区及其周边地区都应当有计划地开展该项监测工作。

（三）监测的方式方法

对于特定的地方流行病而言，通常由三种监测方式：常规监测、定点监测和分子流行病学监测。三种方式用途不同、方法不同、执行主体不同。只有综合分析三者的结果，才能全面评估疫情状况。

1. 常规监测　旨在掌握疫情的发生情况，属于被动监测。即通过现有疫情测报体系，系统地收集疫情个案和暴发病例的信息。对于发生的疫情，调查内容应当尽可能全面，包括疫情概况、流行特征、暴发原因、实验室检测结果、控制措施效果等。相关信息应录入疫情数据库。

2. 定点监测　旨在掌握特定病原的感染情况（率）、免疫密度（效果）和相关风险因素，属于主动监测。即按照抽样调查的方式，有目的地获取相关监测数据，借以推断该病在特定区域或全国范围内的流行情况。

（1）监测点布局的原则　概括起来有三点：一要考虑经费支持情况，即在经费许可范围内确定监测点数量；二要考虑疫病流行情况，老疫区多设监测点、新疫区增设监测点、非疫区少设监测点；三要考虑当地监测能力，尽可能在检测能力强、工作积极性高的县市设立监测点。

（2）监测点的抽样数量　抽样数量主要取决于四个因素：一是当地易感动物存栏量，二是当地该病流行率，三是预设的精确度，四是预设的置信水平。四者确定后，即可计算出抽样数量。流行率的确定是其中一项重要内容，一般是基于前期对感染发病情况的了解做出判断，无法获取前期感染发病情况时，可以选取50%或20%作为预测流行率进行预调查。

（3）监测内容　抽样时，除采集血清学和病原学检测样品外，还应同步调查收集其他与疫病发生流行相关的内容，以便对疫情形势做出综合判断。

3. 分子流行病学监测　旨在掌握病原的变异情况。主要由国家和省级专业实验室承担。

（四）监测结果分析和报告

在长期、连续、系统地开展常规监测、定点监测及分子流行病学监测的基础上，需要定期测量以下指标的动态变化情况，对特定疫病的分布、危害、流行特点、控制效果，以及发生趋势做出判断分析，提出防控措施建议，形成完整的流行病学监测报告。

1. 疫病流行与发病情况　包括流行率，发病数、发病率，死亡数、死亡率和病死率，用于反映特定疫病的危害程度。

2. 病例分布情况　包括病畜的时间、空间和群间分布，用于反映特定疫病的流行规律。

3. 动物感染状况　包括病原学样品总体阳性数、总体阳性率，群体阳性数、群体阳性率，并对不同群体的群内阳性率进行比较分析。未免疫病种，可通过血清学监测数据获取。

4. 免疫效果　包括疫苗密度、有效率、保护率、应急反应率等。

5. 病原变异情况。

6. 其他指标　动物流通情况、养殖条件变化情况、野生动物分布及其带毒情况等。

（五）质量控制

地方流行病学的监测工作涉及面广、工作量大、参与部门多、测量指标多样，必须做好以下关键环节的质量控制工作。

1. 工作计划　每年应根据上一年度的流行情况，制订下一年度工作计划或监测方案。

2. 技术指导和培训　应根据工作需要，指定相关部门或单位组织专业技术人员进行技术培训，特别要加强对各监测点的技术指导。

3. 实验室质量控制　要指定相关部门或单位定期对各监测实验室进行技术比对。上级业务部门应对下级监测部门的血清学检验、病原学检验结果定期复核。

4. 报表核实　要指定相关部门和人员对各种表格、相关原始记录、技术资料档案做好核实和管理工作。

5. 监测点的考核　每年定期抽检一定数量的监测点进行考核评估。

（六）工作报告

各监测点要定期报送信息，组织单位要做好分析报告。为了总结工作、交流经验，可考虑定期编发监测信息，必要时召开监测工作会议。

（七）保障措施

1. 加强领导、部门协作　地方流行病的监测工作涉及面广、工作量大。各参与部门应将其列入日常工作，提供必要的工作条件，充实专业技术人员并保持稳定。部门间要密切配合、互通信息，保障监测工作正常开展。

2. 经费、物资保障　各级兽医行政管理部门应对所需经费和物资给予保障，及时稳定地向监测点发放监测补助经费。

3. 加强调查研究，提升监测质量　监测工作开展后，业务部门要按监测方案逐项进行系统完整调查和监测，调查工作要认真负责，严格执行技术操作规程；资料有专人保管，保证资料的系统完整；抽样方法、检测方法和分析方法要不断改进，逐步提升监测质量。

（李晓成，吴发兴，张志，邵卫星，刘爽）

第四节　**风险分析**

一、风险分析有关概念

危害：动物或动物产品所携带可能引起不利后果的特定致病因子。

危害确认：识别与进入特定区域的动物及动物产品有关的、可能产生潜在危害的致病因子。

释放评估：阐明每种潜在危害在特定条件下向特定区域内特定环境"释放"病原体的生物学途径和可能性。

暴露评估：阐明特定区域内的动物或动物产品暴露于特定危害因子（病原体）的生物途径，并定性或定量评估此种暴露发生的概率。

后果评估：阐明特定区域内的动物或动物产品接触病原体的潜在后果，并计算其可能发生的概率。

风险：是指动物传染病、寄生虫病病原体、有毒有害物质随进境动物、动物产品、遗传物质、动物源性饲料、生物制品和动物病理材料传入的可能性及其对农牧渔业生产、人体健康和生态环境造成的危害。

风险分析：是指危害因素确定、风险评估、风险管理和风险交流的过程。

动物疫病风险分析：是指在特定条件和时期内人们在进行动物及动物产品交易过程中病虫害传入，并造成危害（引起某一地区动物显性或隐性病例数明显超过平时一般水平）的可能性。

风险评估：对无疫区传入、流行或扩散危害因子的可能性及生物学和社会经济后果的评价。

风险交流：在风险评估中，风险管理者及利益相关方之间交流风险信息的过程。

风险计算：综合考虑从危害确认到产生不良后果的全部风险路径，包括释放评估、暴露评估和后果评估的结果，生成针对既定危害因子的总体风险量。

风险管理：在风险评估的基础上，确定、选择和实施能够降低风险水平的措施及对措施开展评价的过程。

不确定性：由于统计数据不准确及信息缺乏等因素而产生的评估结果的不精确。

定性风险评估：用高、中、低、可忽略等定性词汇表示风险评估结果的可能性及程度的评估活动。

定量风险评估：用数值表示风险评估结果的评估活动。

二、风险分析原则和基本内容

开展风险分析应当遵守相关法律、法规，在国际贸易中必须按照相关国际规则及进口国的要求进行，应遵守如下原则：① 以科学为依据；② 执行或参考有关国际标准、准则和建议；③ 透明、公开和非歧视原则；④ 不对国际贸易构成变相限制。

风险分析过程包括：危害确认、风险评估、风险管理和风险交流。风险分析应该形成书面报告，报告的主体内容应该包括背景、方法、程序、结论和管理措施。

总的风险包括外部风险（出口地区）和内部风险（进口地区），外部风险决定了病虫害的存在方式及传入可能性，而内部风险决定了传入和扩散的可能性及造成危害的程度（风险增益和风险损失权衡的结果）。从传入到造成危害和许多条件有关：出口区域的病虫害及媒介分布情况、兽医机构及其管理情况、监测和控制计划、地区区划和区域区划体系等；进口地区对进口动物和/或动物产品的使用情况、媒介分布情况、兽医机构及其管理情况、监测和控制措施等。进口地区最终承担的风险是所有风险（或风险要素）的综合，确定一个"可接受的或适当的风险保护水平"非常重要。

三、风险评估程序

（一）口蹄疫风险分析的流程

见图7-11。

（二）评估程序

根据世界动物卫生组织（OIE）风险分析框架，动物卫生风险分析通常包含危害确认、风险评估、风险管理和风险交流四个组成部分，见图7-12。

参照该风险分析框架，将规定动物疫病风险评估分为四个阶段：第一阶段进行评估前的准备；第二阶段开展危害确认；第三阶段分步骤开展风险评估，分析发生规定动物疫病的可能性及潜在危害程度；第四阶段提出风险管理建议并评价风险管理效果。此外，风险分析从开始到最终形成评估报告全过程都需要各利益相关方开展有效的风险交流，以便评估人员取得利益相关方对风险分析的意见及相关信息。

1. 评估前的准备　专家组应在风险评估开展前明确拟评估的动物疫病种类及评估区域范围。

2. 危害确认　危害确认必须在风险评估之前开展，主要考虑以下几方面内容：引入或过境动物及动物产品的原产地是否存在规定动物疫病感染；无疫区内及其周边地区是否存在规定动物疫病感染；无疫区内及其周边地区的野生动物是否存在规定动物疫病感染；其他风险因素。如存在上述任一可能性，则应启动释放评估。

3. 风险评估　风险评估是对无疫区传入、流行或扩散危害因子的可能性及生物学和社会经济后果的评价。主要包括释放评估、暴露评估、后果评估、风险估算、风险评估结论等5个方面。

（1）释放评估　释放评估需考虑以下风险因素：引入或过境动物及动物产品的原产地存在规定动物疫病感染的释放评估；动物及动物产品原产地规定动物疫病的流行率、

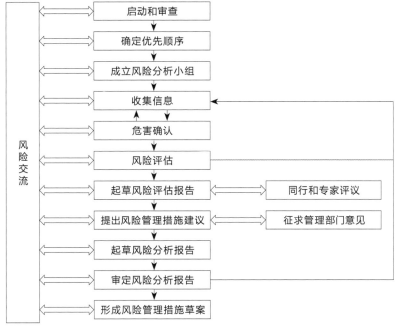

图 7-11　风险分析流程

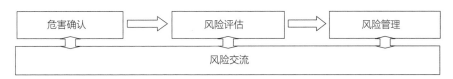

图 7-12　OIE 风险评估框架

防疫措施、流行病学调查情况、监测情况及是否实施区域化管理；进入或过境无疫区的动物及动物产品是否通过指定的通道，并有完整记录；进入或过境无疫区的动物及动物产品的检疫监管及隔离情况；进入或过境动物及动物产品的数量和去向；引入动物的饲养过程是否存在病原扩散的可能；动物及动物产品加工过程是否存在病原扩散的可能。

　　无疫区内及其周边地区存在规定动物疫病感染的释放评估，包括无疫区内规定动物疫病的流行率、防疫措施、流行病学调查情况、监测情况及监督管理情况；无疫区周边地区规定动物疫病的流行率、防疫措施、流行病学调查情况、监测情况及监督管理情况；自然环境（如虫媒、河流）存在病原体的可能性及监测情况。

无疫区内及其周边地区的野生动物存在规定动物疫病感染的释放评估，包括野生动物规定动物疫病的监测情况、流行病学调查情况及流行率；野生动物与家养动物的隔离情况或接触情况。

综合考虑其他可能影响无疫区规定动物疫病状态的相关风险因素，确定是否存在危害释放的风险。经释放评估后证明不存在风险，即可在这一步做出风险评估结论；如存在释放风险，则启动暴露评估。

（2）暴露评估　暴露评估需考虑以下风险因素。① 疫病特性：包括病原的生物学特性、病原的理化特性。② 暴露因素：进入无疫区的动物或动物产品数量、用途及管理措施等；无疫区内可能接触危害因子的动物的饲养量、饲养模式、年龄结构及地理分布等；潜在的传播媒介或方式；影响疫病传播的地理和环境特征；影响疫病传播的消费习惯和文化风俗。③ 政策及管理因素：与无疫区管理和运行相关的法律法规、规范、标准、计划的制订情况及执行情况（包括动物疫病报告制度、应急处置能力、管理和运行机制等）；特定地区动物疫病管理机构和人员的设置及运行情况；规定动物疫病预防管理措施（包括各类免疫、监测、流行病学调查等）的设置情况及执行情况；识别规定动物疫病的能力（实验室管理及诊断能力）；无疫区内动物及动物产品运输环节管理是否符合相关规定；特定地区饲养场管理及防疫制度是否符合相关规定；活动物交易市场管理及防疫情况；屠宰场管理及检疫措施的实施情况；无害化处理场的种类及管理措施；动物产品生产加工处理情况；针对违法违规行为的处理及改正措施的执行情况；其他政策及管理因素。

如果暴露评估证明不存在风险，可在这一步做出风险评估结论；如存在暴露风险，则启动后果评估。

（3）后果评估　包括直接后果和间接后果。其中直接后果主要是动物感染、发病及生产损失及公共卫生后果。间接后果主要是监测、控制成本；损失赔偿成本；潜在贸易损失；对环境的不良后果；社会经济后果。

（4）风险估算（风险评价）　风险估算是综合释放评估、暴露评估和后果评估的结果，制定应对危害引起风险的总体措施。因此，风险估算要考虑从危害确认到产生不良后果的全部风险途径。

为定性风险评估结果需确定风险等级。通过确定风险等级来确认危害因子的影响程度，进而为风险管理措施提供依据。一般的将风险等级分为四级，分别为：可忽略、低、中等和高，见表7-1。

表7-1　风险等级

风险等级	定　义
可忽略	危害几乎不发生，并且后果不严重或可忽略
低	危害极少发生，但有一定后果
中等	危害有发生的可能性，且后果较严重
高	危害极有可能发生，且后果严重

进行不确定性分析。在风险评估过程中，应明确注明各个评估项目存在的不确定性，不确定性等级将直接影响最终结论的可靠性。不确定性通常分为四级，分别为：低、中、高和未知。见表7-2。

表7-2　不确定性等级

低	开展有效的风险交流，数据翔实系统，信息来源可信且文件齐全，对风险交流中的不同意见进行了合理处理，所有评估专家给出相似的评估结论
中	开展了风险交流，数据较翔实、全面，信息来源较可靠且文件齐全，对风险交流中的不同意见进行了处理，不同评估专家给出的评估结论存在差异
高	没有开展风险交流，数据翔实性较差，信息来源不太可靠，文件不齐备，评估专家仅凭借未发布的资料和现场考察或交流获取相关信息，不同评估专家给出的评估结论存在较大差异
未知	信息和数据来源不可靠、没有充分有效的收集信息，风险评估时间仓促

评估过程中，专家组可依据现场评审或书面评审结果，依据对应的评判指标，确定各风险因素所处的风险等级；并依据所掌握的信息，确定不确定性等级，最后按下表格式填写评估结论（表7-3）。

表7-3　评估结论

序号	被评估风险因素	风险等级	不确定性等级
1			
2			
3			
…			

确定定量风险评估结果时需进行以下的工作：计算一定时期内健康状况可能受到不同程度影响的畜群、禽群、其他动物或人类的数量；确定概率分布、置信区间及其他表示不确定性的方式；计算所有模型输入值的方差；灵敏度分析，根据各输入值导致风险计算结果的变异程度，确定其等级；模型输入值之间的依赖性及相关性分析。

（5）风险评估结论　评估活动结束后，经与各利益相关方充分风险交流，参照评估结论表（表7-3），在对各个风险因素的风险水平、不确定性水平及可能造成的后果分别进行描述的基础上，判定无疫区规定动物疫病的整体风险水平，为下一阶段风险管理措施的开展提供参考依据。

4. 风险管理措施　风险评估委员会可在获得风险评估结论后，以书面形式向所在省份兽医主管部门提交风险管理措施建议。风险管理措施应包括以下几个组成部分：确定风险管理目标；开展风险评价，将风险评估中确定的风险水平与无疫区的可接受风险水平相比较；拟定风险处理方案；选择风险处理最佳方案；风险处理方案的评价；方案的实施；监督及评审，对风险管理措施的不间断评估，以确保取得预期的效果。

5. 风险评估报告　风险评估结束后，风险评估专家组应形成风险评估报告。评估报告通常包括以下几部分。

（1）题目　题目应能概括全篇，反映所要评估的对象、范围、病种等问题。

（2）前言　简短扼要地说明评估的目的、意义、任务、时间、地点、对象、范围等。要将评估的目的性、针对性和必要性说明清楚，使读者初步掌握报告主旨，并相信评估的科学性和真实性，体现评估报告的价值，前言中应明确表述的信息包括：针对哪些动物疫病开展风险评估；被评估的动物种类（包括野生动物）；评估涉及的相关产品（如饲料、肥料、兽药等）；评估涉及的人员及设施、设备等；评估涉及的自然资源（如虫媒、河流、湖泊等）；评估区域的范围及缓冲区范围等；采用何种调查方法及采样方法（重点调查、典型调查、抽样调查；是随机取样，还是分层取样；调查方式是开调查会，还是访问或问卷）。

（3）报告主体　将调研得来的材料进行陈述，并依据风险评估的步骤对需评估的项目逐条开展评估，数据也可用图示来表示。评估报告正文的写作在安排上要先后有序、详略得当。大致有如下几种写法：① 按评估顺序逐点来写；② 按被评估单位的人和事的产生、发展和变化的过程来写，以体现其规律性；③ 按评估对象的特点分门别类逐一叙述。

（4）评估结论　利用逻辑推理等方式，科学归纳出结论。

（5）风险管理建议　依据正文的科学分析，可以对评估结果作理论上的进一步阐述，明确观点，提出风险管理意见。风险管理措施应严格遵守国家及地方相关法律法规，并具有可操作性。

（6）附录和参考资料　附录包括原始数据、研究记录、统计结果等内容。参考文献包括参考和引用别人的材料和论述。

（李晓成，吴发兴，张志，邵卫星，刘爽）

参考文献

陈继明, 黄保续. 2009. 重大动物疫病流行病学调查指南 [M]. 北京: 中国农业科技出版社 .

陈继明. 2008. 重大动物疫病监测指南 [M]. 北京: 中国农业科学技术出版社 .

黄保续. 2010. 兽医流行病学 [M]. 北京: 中国农业出版社 .

闫若潜, 李桂喜, 孙清莲. 2009. 动物疫病防控工作指南 [M]. 北京: 中国农业出版社.

郑增忍, 黄伟忠, 马洪超, 等. 2010. 动物疫病区域化管理理论与实践 [M]. 北京: 中国农业科学技术出版社 .

Bernard Toma, Barbara Dufour, MoezSanaa, 等. 2011. 实用兽医流行病学与群发病控制 [M]. 盖华武, 姜雯, 译 . 北京: 中国农业出版社 .

第八章

口蹄疫疫苗研究及应用

第一节 疫苗研究历史与展望

一、口蹄疫疫苗研究的历史

早在1546年就有学者对口蹄疫进行了描述，到了19世纪，除大洋洲之外的各大洲都报道了口蹄疫疫情，尤其在欧洲，口蹄疫的流行给养殖业造成了重创，这也促使当地的科学家对其进行研究。1897年，在Loeffler和Frosch确认口蹄疫是由一种滤过性致病因子（病毒）引起之后，对口蹄疫的研究集中在研制疫苗方面。

最早的口蹄疫灭活疫苗出现于1925年，法国的Vallee等将人工感染口蹄疫的牛舌上皮病损组织研磨获得的病毒用甲醛灭活之后，发现病毒仍然保留了免疫原性。1926—1929年，Belin等首次用发病牛舌皮组织病料制造了口蹄疫甲醛灭活苗，这一研究同时发现用甲醛处理病毒具有不确定性，灭活不彻底时，会残留感染性，灭活过度时，会使病毒丧失免疫原性。1934年，Schmidt和Hansen发现氢氧化铝胶与活口蹄疫病毒混合后能使病毒失活，并且氢氧化铝胶还具有激发机体免疫力的作用，因此他们将两者混合制成疫苗，并用这种疫苗免疫豚鼠，豚鼠获得了保护力，但在免疫牛群之后，牛群全部发病。1937年，德国的Waldmann等将Vallee与Schmidt的方法结合，成功地研制出了能够应用于生产实践的口蹄疫铝胶甲醛灭活疫苗，他制苗的程序是先采集发病动物的舌上皮组织，并研磨使病毒粒子释放入缓冲液，将此缓冲液用氯仿除菌处理后，经过离心和过滤除去组织碎片，获得的病毒液吸附于氢氧化铝胶，再用甲醛灭活制成疫苗。这种疫苗所需的病料（发病动物的舌上皮组织）来源于人工感染的牛，采集1头牛的病料可以制备100头份的疫苗。虽然以当时的技术条件，人工感染动物很容易散毒，但在口蹄疫流行的欧洲，这种疫苗仍然被广泛使用。

早在20世纪30年代就有学者尝试体外培养口蹄疫病毒，1935年，荷兰学者Frenkel用离体培养牛、羊、猪的胚胎皮肤，增殖口蹄疫病毒获得成功。1947年，Frenkel首次使用从屠宰场采集的牛舌部组织块体外培养病毒获得成功，并以此病毒制成了灭活疫苗。Frenkel制苗的技术流程为：将牛舌固定，用70%的酒精清除表面污物，经紫外灯照射消毒后去除角质层，将此牛舌组织切成薄片放入预冷的培养液中，移入实验室接种病毒后37℃充氧搅拌20～24h，培养结束后将牛舌组织用胶体磨磨碎，使细胞内的病毒充分释放，再加入氯仿离心并过滤除去组织碎片，然后将此病毒液用氢氧化铝胶吸附，再加甲醛灭活后制苗。1953年，荷兰制备了口蹄疫O－A－C型三价Frenkel疫苗，并在全国的牛群中免疫接种，除荷兰外，其他欧洲国家也纷纷引进Frenkel疫苗技术。在试验之初，1头牛的舌上皮可以制备300头份的单价疫苗，经过一些学者的改良，到20世纪80年代末，平均1头牛的舌上皮可生产400头份三价疫苗。Frenkel疫苗最大的特点是具有良好的免疫效果，在荷兰曾经做过试验：将三价疫苗连续免疫奶牛3年，每年免疫1次，在免疫之后连续采血检测血清抗体效价，发现在3年之后这些奶牛仍然保持着很高的抗体水平。Frenkel疫苗还有其他一些优点，例如，培养舌上皮组织所需的设备廉价且方法简单；舌上皮培养属于无血清培养，与细胞疫苗相比不良反应较少；病毒产量高且稳定；病毒不需要适应培养系统即可在生产中使用。Frenkel疫苗也存在一些缺点：疫苗生产依赖大型屠宰场提供牛舌，在平时不存在问题，但是疫情暴发需要大量疫苗时，往往因为交通封锁而使原材料供应受限，从而影响疫苗产量；组织上皮培养过程很难控制细菌和真菌污染，即使使用抗生素抑制菌类生长，也难以控制内毒素；如果使用携带其他致病微生物（如朊病毒）的舌上皮组织培养病毒，可能使被免疫动物感染相关疾病。尽管如此，Frenkel疫苗在使用过程中并未出现大的问题，荷兰是最先使用此疫苗的国家，因此成为世界上首个消灭口蹄疫的国家，法国也依靠Frenkel疫苗成功消灭了口蹄疫。

在Frenkel疫苗出现后不久，一些实验室开始探索使用单层细胞生产口蹄疫病毒的技术。20世纪60年代初，意大利学者建立了转瓶培养初代犊牛肾细胞生产病毒的技术，这种技术是将犊牛肾组织块消化后用营养液分散于1L圆形玻璃瓶内，将玻璃瓶封口后置于转瓶机上旋转培养至细胞生长并贴满瓶壁，然后接入口蹄疫病毒增殖至所需效价，最后灭活制苗。这种方法的特点在于每个细胞瓶是一个独立的生产体系，从细胞瓶的清洗、消毒到细胞生长，病毒增殖，都在同一个细胞瓶体系中完成。几乎与此同时，英国学者Mowat等成功建立了叙利亚幼仓鼠肾细胞系（BHK-21），并用此细胞系培养口蹄疫病毒用于灭活疫苗生产。与初代犊牛肾细胞相比，使用BHK-21细胞系生产疫苗过程更简单，而且易于控制污染，所以更适合于大规模疫苗生产。

中国口蹄疫灭活疫苗的研究开始于20世纪60年代，以中国农业科学院兰州兽医研究所为代表的科研单位研制出了多种疫苗，这些疫苗在不同的历史时期对防控口蹄疫起到了巨大作用。具有代表性的是20世纪80年代韩福祥等用OPK弱毒经AEI灭活研制出的油佐剂疫苗，况乾惕等用OKⅣ毒株经AEI灭活制成的O型油佐剂灭活疫苗，以及王宗子等用OY/80毒株经BEI灭活制成的猪O型口蹄疫细胞毒灭活油佐剂疫苗。其中"猪O型口蹄疫细胞毒灭活油佐剂疫苗"效果最好，应用也最为广泛，试验证明此疫苗注射后7~10d产生抗体，免疫保护期可达9个月，保护力达90%以上。此疫苗的不足之处在于对强毒攻击的保护力不足，谢庆阁等在20世纪90年代研制成功的"猪O型口蹄疫灭活浓缩疫苗（OZK/93）"弥补了这一不足。浓缩疫苗的使用量降到原来的一半，而免疫保护力却提高10倍以上，达到200ID$_{50}$攻毒全保护，并且注苗后的动物可以抗同居感染。

最初BHK-21细胞是通过贴壁培养来生产口蹄疫病毒的，后来发现在悬浮状态细胞也能生长。1966年，Lapstich等使用悬浮培养法制备口蹄疫病毒获得成功，到了20世纪80年代，南美的一些口蹄疫疫苗生产企业开始使用大型的生物反应罐培养BHK-21细胞，并将其用于口蹄疫疫苗生产。最初悬浮培养BHK-21细胞使用的培养液与贴壁培养中使用的培养液相同。这种培养液能在2~3d使细胞密度快速增长5倍以上，但是由于细胞分散于培养液当中，接毒时培养液无法更换，从而使血清蛋白进入到疫苗当中，增加了疫苗的不良反应。为解决这一问题，通常在接毒之前通过重力作用或者离心使细胞沉淀，除去上层的培养液，再加入无血清的维持液，这种方法在大规模生产当中较难实现，而且即使实现也难以完全除去细胞培养液，总会残留一些血清蛋白进入疫苗。有学者提出用聚乙二醇（PEG6000）处理血清，可以除去绝大多数血清蛋白，使用这种处理过的血清培养细胞不但减少疫苗的不良反应，也因除去了血清中可能携带的抗口蹄疫病毒抗体，而更有利于病毒生产。还有学者提出如果在灭活前使用PEG6000处理病毒液，不但可以除去血清蛋白，也可以除去细胞碎片，能够大幅度提升疫苗质量。近几年低血清或者无血清细胞培养液通过模拟血清当中有利于细胞生长和贴壁的成分，在减少了或去除了血清蛋白的同时，还能保证细胞的正常生长，这类培养液已经在全世界广泛得到应用。悬浮培养技术具有细胞生长迅速、便于扩大培养规模、容易控制污染等优点，已成为口蹄疫疫苗生产中的关键技术。尽管悬浮培养所需的设备昂贵，技术也复杂，但能大幅提高生产效率和疫苗质量，并且降低了生产成本，所以代表着灭活疫苗规模化生产的发展方向。

从20世纪60年代开始，Frenkel疫苗的广泛使用使牛口蹄疫在欧洲暴发的范围和发病动物数量都大幅度减少，因此欧洲国家制订了共同的口蹄疫疫苗接种政策。到20世纪80年代，除意大利、西班牙等少数几个国家外，欧洲基本消灭了口蹄疫。而欧洲某些地区口蹄疫的发生与疫苗接种和疫苗生产有明显的关联，研究发现细胞培养液中的某些成分如蛋白类物质能够干扰甲醛对口蹄疫病毒的灭活，因此在1992年欧盟取消了口蹄疫疫苗接种政策。为了保证口蹄疫疫苗的安全，现在绝大多数疫苗生产企业使用乙烯亚胺类衍生物作为灭活剂。

口蹄疫弱毒疫苗是指病毒经致弱后仍能在体内增殖，接种机体后可引发无症状感染，从而使机体产生免疫保护的疫苗。口蹄疫弱毒疫苗通常是用田间流行的强毒株经过雏鸡化、鼠化、兔化、鸡胚化、细胞培养化或人工诱变等方法致弱，弱毒经扩增后，加入一定的保护剂制成。20世纪50—60年代，许多学者用不同的毒株制备了多种口蹄疫弱毒疫苗，但迄今为止还没有一种疫苗符合田间使用的要求。1964年，欧洲口蹄疫防治委员会决定欧洲国家不再使用口蹄疫弱毒疫苗。中国在20世纪50年代培育了O型及A型弱毒株，并制成乳兔组织弱毒疫苗，60年代培育了A型兔化弱毒疫苗，70年代选育出OPK弱毒株，并进行了A-O型双价组织培养弱毒疫苗的研究，80年代培育出温度敏感弱毒疫苗，这些疫苗为中国防控口蹄疫发挥了很大作用，但由于存在持续感染、毒力返强的风险，现已全部停止使用。目前世界上绝大多数国家已经禁止使用口蹄疫弱毒疫苗。

二、对口蹄疫疫苗研究的展望

口蹄疫灭活疫苗从最初由动物病损组织制成的甲醛灭活疫苗到目前悬浮培养技术生产的BEI灭活疫苗，免疫效果得到提高的同时，不良反应不断减小。但是口蹄疫灭活疫苗仍存在很多不足之处：例如，生产车间生物安全防护较高，从而大大增加生产成本；病毒灭活不完全可能导致散毒；口蹄疫灭活疫苗本身抗原稳定性差等。所有这些缺点促使科学家研究新型疫苗作为替代品。近些年研究较多的新型疫苗主要有基因工程亚单位疫苗、表位疫苗、合成肽疫苗及核酸疫苗，但投入使用的新型疫苗不多，主要原因是免疫效果无法与灭活疫苗相比。随着生物技术的发展，以及人们对免疫应答机制的进一步认识，相信效果良好的新型疫苗终将代替灭活疫苗。

（李冬，刘在新）

第二节　**灭活疫苗**

目前中国政府批准用于预防口蹄疫的疫苗包括单价、双价或三价灭活油佐剂疫苗、合成肽疫苗及基因工程亚单位疫苗。其中合成肽疫苗仅用于猪口蹄疫的防控，基因工程亚单位疫苗因其抗原分子量小、免疫原性弱而未能大面积推广使用。灭活疫苗因效果良好而且质量稳定，是当前畜牧业生产中预防口蹄疫的主要疫苗。本节我们着重论述灭活疫苗的免疫学原理、技术流程、主要种类及应用情况方面的内容。

一、灭活疫苗的免疫学原理

机体在进化过程中，逐步出现的特异性免疫反应系统具有两个最关键的特点：一是免疫球蛋白基因家族重排，以适应外部侵入的多形性抗原；二是形成免疫记忆。免疫记忆是指：机体在第一次遇到病原体入侵时，免疫系统在产生抗病原体效应的同时，形成特异的T、B淋巴细胞记忆系统，使其可在第二次遇到相同病原体感染时出现比第一次更为有效的免疫反应，调动机体的防御力量迅速消灭入侵的病原体。疫苗之所以能够起到预防疾病的作用，主要原因是机体的免疫系统具有免疫记忆的特点。

（一）抗原在树突状细胞中的处理与递呈

灭活疫苗中的病毒粒子对于机体来说是抗原，抗原入侵时机体首先要解决的是抗原信息的识别和传导问题。免疫学研究已经确认，机体内主要通过树突状细胞群（dendritic cell，DC）非特异性摄取抗原、处理抗原，并递呈抗原以启动并调节特异性免疫应答。树突状细胞通常产生于骨髓，通过血液循环移动至非淋巴组织。抗原入侵后局部就会出现非特异性炎症，炎症反应中产生的某些趋化因子能使局部和血循环中的树突状细胞迅速聚集在炎症反应部位。树突状细胞捕获抗原后就会被激活，并在某些抗原、局部炎性产物、TNFα或IL-1等作用下向淋巴器官的T细胞区域移动，与此同时树突状细胞在CD40、TNF-R、IL-1R等多种因子刺激下成熟。

树突状细胞的成熟过程是指在捕获抗原后，将其转移至细胞内溶酶体相关部位持续性聚集的MHC II类分子，在此区域的HLA-DM可以催化去除MHC II类分子的非多变区多肽链，并增加抗原多肽与MHC II类分子的结合。对MHC I类分子来说，捕获的抗原则是通过细胞质内依赖于ATP的蛋白酶解系统溶解为相应肽段，然后结合于来自两种不同来源的MHC I类分子（内质网内新合成的MHC I类分子或是由胞外移入的MHC I类分子），之后在一系列相关分子的影响下，抗原肽段-MHC复合物递呈于成熟树突状细胞的表面。这个过程约涉及数百个基因编码的产物，其详细过程尚不完全清楚。

（二）T淋巴细胞表面受体对抗原肽段-MHC复合物的识别

T细胞表面受体（TCR）是识别树突状细胞递呈的抗原肽-MHC复合物的关键结构。免疫识别的首要步骤就是这两个结构的相互作用，对这个作用过程基本规律的分析，正是近年来免疫识别领域中的一个重要进展，同时也是对疫苗设计研究具有重要指导意义的理论。因为在现代疫苗设计中，尤其是多肽疫苗、重组疫苗和DNA疫苗等可用于大规模免疫的任何一个有效的疫苗抗原，都应该是能够为免疫系统有效、完整、快速识别的结构分子。因此疫苗抗原分子的构建应根据树突状细胞对其的摄取降解、与MHC分子的结合，以及形成肽–MHC复合物后与T细胞表面受体分子特定结合过程是否能够有效激活T细胞反应的基本要求来进行。树突状细胞经过抗原肽段–MHCⅡ类途径诱导活化CD4+T细胞，经过抗原肽段–MHCⅠ类途径诱导活化CD8+T细胞，而且可以从前体细胞中诱导产生抗原特异性的CTL。在树突状细胞与T细胞反应中，由T细胞表面的抗原特异受体识别复合物分子，形成激活T细胞的"信号Ⅰ"。另外，维持T细胞的激活还需要"信号Ⅱ"，其涉及的分子包括由树突状细胞表达的辅助刺激分子及其在T细胞上的相应受体。同时，T细胞也能反向作用于树突状细胞，从而综合性地上调整个免疫体系的应答。

（三）B细胞表面的受体对抗原肽段-MHC复合物的识别

B细胞系统是体液免疫中一个重要效应系统，它受到以Th细胞为主的应答调控。在疫苗抗原的作用下，B细胞所产生的抗体变化、消长、类型以及保护性等参数，是衡量疫苗效果的重要指标。

B细胞表面的抗原受体是介导B淋巴细胞对外来抗原的重要组分。B细胞表面抗原受体是在前体B细胞的分化过程中形成的，在B细胞成熟过程中，这类受体分子会重排形成最终的抗原受体形式。B细胞在抗原刺激下的增殖应答方式具有多种类型，研究表明，B细胞的激活是由B细胞表面抗原受体受到以下几个信号刺激而发生：一是接受树突状细胞的MHC分子递呈的抗原信号；二是接受Th细胞的信号；三是直接接受单独的抗原信号；四是树突状细胞还可以直接激活幼稚和记忆B细胞。树突状细胞在执行启动体液免疫应答的抗体递呈过程中，还具有和抗原特异性的CD4+ T细胞共同作用B细胞的方式。也有研究认为，树突状细胞可能起暂时的桥梁作用来联系免疫应答中的CD4+ Th细胞和B细胞。

过去认为B细胞只有经过抗原识别和Th细胞的辅助作用，才能进一步分化成熟为特异性产生抗体的浆细胞。但新的研究表明，B细胞存在两个群体，即通常认为需Th细胞辅助的B细胞群体（T细胞依赖的B细胞），以及B1细胞群。B1细胞群产生抗体的方式是非T细胞依赖性的。关于B1细胞的初步分析表明：这类细胞由腹腔而来，在肠系膜淋巴结增殖分化为浆细胞。小鼠的模型研究表明：B1细胞可能是在克隆选择过程中逃脱了克隆去除的一部分细胞，它们可以由细菌抗原的刺激诱导，而无需T细胞的辅助或是树突状细胞的抗原递呈，就能直接分化成为浆细胞，并在肠道主要分泌IgA。脾脏红髓及白髓的结合部也有B1细胞，它们对脂多糖的刺激非常敏感，一遇到此类刺激，就会很快分化成为浆细胞，分化过程不需要T细胞的辅助作用。B1细胞群的发现使对体液免疫应答的认识又有了进一步的深入，它对于疫苗研发，特别是一些可以通过口服起作用的细菌疫苗，或是以细菌做载体的疫苗研发，都具有重要的指导意义。

（四）抗原的剂量、结构及停留的位置对免疫反应的影响

B细胞可以由抗原直接激活，也可以通过Th细胞的辅助作用激活，在这两条途径中抗原的浓度（抗原量）都起到重要作用。对前一条途径来说，直接接触B1细胞的抗原剂量显得更为重要。而且有效的抗原剂量也是诱导产生中和抗体的直接影响因素，当抗原剂量低于一定的阈值时，可以使免疫反应停止。另外，抗原的动力学，尤其是某些病毒感染细胞的过程，更为直接地影响着免疫反应。对于某些全身性系统性抗原的持续存在，可以通过消除特异性T细胞克隆而中止免疫反应，而外周组织中抗原的微量持续存在，又可以维持免疫反应，如典型的结核病。这些微量抗原如果同时诱导免疫反应的话，就有很大可能形成免疫病理损伤，如AIDS和病毒性肝炎一类的疾病。

尽管病原体抗原具有成百上千的位点和抗原决定簇，但暴露于抗原表面，并决定其是否具有感染性，或是可以被免疫抗体所抑制的位点通常只有几个，而此位点是最终决定免疫反应有效性的关键。以脊髓灰质炎I型病毒的感染为例，针对该病毒的免疫反应不能保护Ⅱ型、Ⅲ型病毒的感染，而三者之间的抗原位点有近90%以上的相似性，仅具有几个位点的差异。正是这几个位点的差异造成了Ⅰ型病毒与Ⅱ型、Ⅲ型病毒无交叉免疫。这意味着人类在利用疫苗模拟特异的免疫反应时，就应该从综合的角度出发，深刻地理解一种传染病发生的病理生理学过程，以及引起这种传染病的病原体的结构特点，并以此为基础来研发疫苗。

抗原进入机体后，首先为树突状细胞捕获，再递呈给淋巴细胞，也有抗原直接作用于B1细胞的特殊情况。试验证明T、B细胞对抗原的反应时间为3～5d。同时T细胞对长久定量存在于体内的抗原（如自身抗原）无反应，其原因是免疫细胞的克隆选择机理，对存在于体内的这些抗原具有反应性的T细胞克隆已被清除，那么，对某些无细胞病变的持续性感染，如HIV感染，当其由母体传至婴儿时，也就使机体的免疫系统将其作为是自身抗原而清除了对其具有反应性的T细胞克隆。这个现象实际上提出了一个共同的问题：抗原在淋巴细胞造血系统中的持续存在（如许多病毒），可以激活特异性T细胞克隆。在此基础上可以进一步推论：无论是外来抗原，还是自身抗原，如果它们不能到达特定的淋巴组织，就不可能诱导有效的免疫应答，但是针对这些抗原的特异性T细胞

则是存在的，在某些情况，如多瘤病毒感染的角质细胞或是外周细胞受到损伤并持续一定时间后，其中的抗原扩散至次级淋巴器官，就可以引起免疫反应。此时对自身抗原来说，就引起免疫病理；对病原体抗原来说，则发生免疫效应，如多瘤病毒引起的扁平疣在持续一定时间后的消除。

（五）体液免疫与细胞免疫

成熟的B细胞离开骨髓后，随体液循环进入外周组织，如果没有遇到相应的抗原，几周后B细胞死亡。如果遇到相应的抗原刺激，细胞就会活化增殖，进而分化为浆细胞产生抗体，少数B细胞分化为记忆性B淋巴细胞。B细胞活化过程根据所依赖抗原类型的不同而有所差异，主要分为胸腺依赖性抗原和胸腺非依赖性抗原两类细胞活化过程。浆细胞产生不同类型的免疫球蛋白分子（IgA、IgM、IgG、IgD、IgE）及其亚类（IgG1、IgG2、IgG3、IgG4）。一般情况下，首次感染或者疫苗接种后动物在一周内产生IgM，接着产生IgG。在第二次遇到相同抗原入侵时能够迅速产生高亲和力和高效价的IgG和少量的IgM，IgG能维持很长时间的较高抗体水平，而IgM会很快下降至无法检测到。因此临床上通过检测IgM的抗体水平可以确定机体是否为急性感染。T细胞活化和参与反应速度比B细胞更快，尤其在第二次遇到同类抗原时，T细胞在24h内即可检测到。T细胞通过释放某些细胞因子来调节整个机体的免疫反应。

（六）免疫记忆的综合机制

免疫反应的特点之一是在产生抗病原体效应的同时，形成特异的T、B细胞记忆系统，其可在第二次相同病原体感染时出现较第一次应答反应更为有效的免疫反应。这样一个生理特点也正是疫苗能够预防疾病的免疫学基础。第一次免疫反应中绝大多数参与免疫反应的淋巴细胞在效应过程中被耗尽并清除，仅有一小部分存活并变为长寿的记忆细胞，此过程中，某些细胞因子起到了极为重要的作用。

到目前为止，人类对免疫记忆产生的机理了解十分有限。抗原刺激机体后，在T细胞的辅助下，B细胞增殖和分化为浆细胞或记忆性B细胞。B细胞中编码免疫球蛋白的基因似乎在其分化为记忆性B细胞时发生了突变，因此在第二次受到抗原刺激时，能够产生更高亲和力的免疫球蛋白。对于淋巴细胞为什么会产生免疫记忆，科学家提出了很多种假说，有一种假说认为：抗原持续刺激过程可能是记忆性B细胞产生的一个重要因素，那些在免疫反应终结时注定要被清除的细胞可能就是执行了持续反应的子代，它们以较高强度接触抗原的过程即是启动了死亡旁路。相反，在接近反应后期的B细胞因接触抗原的时间短，不足以启动各种死亡旁路，而只能分化成为效应细胞。

因此，它们不像其他效应细胞那样在感染终结后被清除，而是作为记忆细胞长期存活下去。

在正常机体的免疫系统中，未接触外源抗原之前，幼稚T细胞的激活需要一个低水平的信号刺激，这个信号是由T细胞表面受体与多肽-MHC复合物的结合及IL-7的刺激形成，该信号可使幼稚T细胞正常存活。一旦外源抗原进入机体，并由抗原递呈细胞介导抗原与T细胞接触，则T细胞表面受体即被相应的抗原肽段-MHC复合物结合激活，这个信号促使T细胞增殖分化成为效应细胞。在此阶段，IL-7的保护效应被其他细胞因子（如IL-2）取代，它们的作用促进T细胞的克隆扩增。当这个免疫反应进行至末期，T细胞脱离与抗原或生长因子的接触，从而主要的刺激信号变为使大多数细胞死亡清除的信号，而其中少数效应细胞群体，由于其前体在免疫反应中出现较晚，故逃脱死亡的结局，并进一步分化成为记忆细胞。同时经再程序化后，变为不依赖于T细胞表面信号而存活的细胞。研究较为清楚的是CD8$^+$ T细胞，它们在变为记忆细胞后，根据IL-15的调节而存活。这个记忆的基本过程对疫苗设计给出启示：在设计一种疫苗时，如果能够在免疫应答后期以相应的技术减少效应细胞的死亡，就有可能增加记忆细胞的数量，而以后的二次免疫应答，就可能因较多记忆细胞存在而得以更好地发挥作用。

（七）免疫反应的调控

T细胞被活化之后，会通过Th细胞产生各种细胞因子来全面促进和调节细胞免疫和体液免疫。Th细胞分为Th1型细胞和Th2型细胞。Th1型细胞主要产生IFN-γ、IL-2等细胞因子，这些细胞因子会引起机体产生细胞免疫反应。Th2型细胞主要产生IL-4、IL-5、IL-6、IL-10等细胞因子，这些细胞因子会刺激产生体液免疫反应。与此同时，细胞因子的产生又反过来影响T细胞的成熟与分化，例如，B淋巴细胞和巨噬细胞产生的IL-2、IL-12等细胞因子，特别是IL-12可以刺激Th1型细胞的分化，而IL-4会刺激Th2型细胞的分化。

在疫苗研发方面，由于已经发现抗原的持续存在能够更好地刺激机体产生充分的免疫应答，因此在疫苗中可以加入具有缓释作用的佐剂，使免疫部位的抗原长时间刺激免疫系统。另外，注射疫苗后体液免疫或者细胞免疫哪种占优势，不但取决于抗原的种类，还取决于疫苗的接种方式，这就给设计疫苗提出更高的要求。

二、口蹄疫灭活疫苗的生产技术流程

口蹄疫灭活疫苗是利用常规技术制造的以灭活病毒为抗原的一类疫苗，是通过试验筛选的田间毒株作为疫苗种毒，经病毒培养系统大量增殖，对获得的病毒灭活处理添加佐剂制成的疫苗，灭活疫苗因其安全有效而被广泛应用。国内生物制品企业生产的口蹄疫灭活疫苗有很多种，各种疫苗除使用的种毒不同之外，其他的工艺流程都是相似的。在此以猪口蹄疫O型灭活疫苗为例，简述口蹄疫灭活疫苗的生产技术流程。

（一）种毒

作为制备种毒的毒株需具备的条件有：良好的免疫原性、抗原的广谱性，以及对BHK-21细胞和实验动物有良好的适应性。由于口蹄疫病毒的变异性强，为保证免疫效果，应定期检验种毒与流行毒株的抗原关系，根据检验结果确定是否更换制苗种毒。筛选到符合条件的毒株经乳鼠和BHK-21细胞适应性驯化后低温保存。

1. 种毒标准

（1）特异性　每年做相关鉴定试验，种毒应符合O型口蹄疫病毒的特征。

（2）乳鼠毒毒力　用此O型口蹄疫病毒连续接种6~8日龄小鼠4~5代后，取肌肉研磨，用pH7.6~7.8的磷酸盐缓冲液稀释，颈部皮下注射3~4日龄小鼠，每只注射0.2mL，每个滴度接种不少于4只，接种后观察5d，LD_{50}不得低于8.5。

（3）细胞毒毒力　用此O型口蹄疫病毒连续接种6~8日龄小鼠4~5代后，取肌肉研磨，用pH7.6~7.8的磷酸盐缓冲液稀释，接种BHK-21细胞连续传代8~10代，分别测$TCID_{50}$和LD_{50}。其中$TCID_{50}$应不低于8.0，LD_{50}应不低于7.0。

（4）免疫原性　每年将低温保存的猪水疱皮毒或低代鼠毒分别连续通过乳鼠和BHK-21细胞4~5代，分别测定LD_{50}和$TCID_{50}$，如果达不到上述标准则需要将此种毒接种于猪体进行复壮，直至LD_{50}和$TCID_{50}$达到标准，以保持种毒的毒力和免疫原性。

2. 种毒的保存和传代

（1）乳鼠种毒的保存期限　置于pH7.6~7.8的50%甘油磷酸盐缓冲液中低温保存，在-15~-10℃保存时间不得超过1年，-30~-25℃保存时间不得超过3年。

（2）细胞种毒的保存期限　将病毒液用碳酸氢钠溶液调节pH至7.6~7.8，在-15~-10℃保存时间不得超过1年，-30~-25℃保存时间不得超过3年。

（3）乳鼠种毒继代　将保存于甘油磷酸盐缓冲液中乳鼠组织毒加pH7.6~7.8的磷酸盐缓冲液制成1:10的悬液，4~8℃放置24h，吸取上清接种6~8日龄小鼠，每只背部皮下接种0.2mL，接种乳鼠应在24h内死亡，取死亡小鼠的胴体作为毒种材料，菌检应为阴性。

（4）细胞种毒继代　融解冻存的细胞毒，接种于单层培养的BHK-21细胞进行传代，根据细胞病变情况在10~15h内收毒，用碳酸氢钠溶液将病毒液pH调至7.6~7.8，菌检应为阴性。

（二）BHK-21细胞系

口蹄疫灭活疫苗采用BHK-21细胞系培养病毒。虽然是同一种细胞系，但是因为来源、代次不同，细胞的生长形态及特性都有所不同。有的细胞在单层培养中生长状态均良好，但在悬浮培养中有些细胞的生长状态不好，甚至不能生长。不论何种来源的BHK-21细胞，在引进之初都应进行微生物检测，特别要检测外源病毒和支原体。

（三）培养液和血清

培养液和血清作为重要的生产用原材料，其质量好坏直接影响口蹄疫疫苗的质量。对培养液和血清最基本的要求是没有污染，因此在使用前应该进行过滤除菌。对于血清，除控制污染外还应注意：① 血清应从无疫国家和地区引进；② 血清每批次都应检测外源病毒。血清中含有大量的蛋白质，特别是其中的口蹄疫病毒抗体会影响病毒生长，蛋白质如果进入疫苗当中则会在使用时产生不良反应。国外常使用8%的PEG沉淀血清中的蛋白质，研究表明，经过PEG处理的血清在悬浮培养BHK-21细胞中仍能正常使用，不会影响细胞生长。

（四）细胞培养

在疫苗生产中，使抗原获得满意效价几乎完全取决于细胞的形态及生长状况是否良好，细胞培养是疫苗生产中十分重要的环节。自1948年Sanford成功培育出第一个被称为L株（种系）细胞的传代细胞以来，各国科学家相继用各种传代细胞来培养口蹄疫病毒，其中能使病毒增殖的是PK细胞系、IB-Rs细胞系及BHK-21细胞系，特别是1962年培育的BHK-21细胞系，已成为制备口蹄疫疫苗所需病毒抗原的理想细胞系而被广泛应用于口蹄疫疫苗生产。疫苗生产中BHK-21细胞的培养主要有转瓶培养和悬浮培养两种技术。

1. 单层转瓶细胞培养　单层培养的细胞一般可分为5个时期。① 游离期：细胞呈悬浮状态，由于原生质收缩，此时的细胞为折光率很强的圆形球体，这种状态一般在细胞消化分散后可持续一至数小时。② 吸附期：游离状分散于营养液中的细胞在7~8h后即可贴壁，24h之内开始生长，此时的细胞形状不规则、颗粒少、立体感强、透明度高。③ 繁殖期：培养超过24h的细胞进入繁殖期，此时细胞界线明显并可见细胞核。④ 维持期：细胞铺满瓶壁后，细胞生长逐渐缓慢至停止生长，此时细胞界线逐渐不清，胞浆内颗粒增加，细胞透明度降低，立体感变差，营养液逐步变黄。⑤ 衰退期：细胞衰老，胞浆中颗粒更多，立体感更差，透明度很低，细胞逐步皱缩并从瓶壁上脱落。细胞分种率一般在1:6~1:12，低于1:7分种率不利于企业控制成本，同时细胞培养容易老化，影响其活力。高于1:9分种率则会影响细胞的密度，培养时间也会延长，而且会影响到细胞连续传代的稳定性，因此控制在1:7~1:9较为理想。转瓶培养因其所需设备简单，操作方法容易掌握，培养的细胞生长形态良好而在中国被广泛地采用，但这种方法也有一些缺点，例如，细胞只能贴壁生长，细胞瓶单位体积提供的细胞生长面积小，所以产量比较低，工作人员的劳动强度很大，不易控制污染等。

2. 细胞悬浮培养技术 悬浮培养需要特殊的生物反应器，细胞附着于生物反应器中的载体上生长，动物细胞的外层是质膜，脆性大，所选反应器应务必减小剪切力以降低对细胞的伤害。悬浮培养细胞过程中，最根本的是使细胞的培养条件达到最优化，尽可能消除或减轻环境对细胞的影响，维持细胞高存活力和高效表达，同时又要充分考虑细胞表达产物的后续纯化。自20世纪70年代以来，用于细胞培养的生物反应器有很大的发展，种类越来越多，规模越来越大，主要分搅拌式生物反应器和非搅拌式生物反应器两种。

搅拌式反应器靠搅拌桨提供液相搅拌的动力，它有较大的操作范围、良好的混合性和浓度均匀性，因此在生物反应中被广泛使用。但由于动物细胞没有细胞壁的保护，因此对剪切作用十分敏感，直接的机械搅拌很容易对其造成损害，传统的用于微生物的搅拌反应器用作动物细胞的培养显然是不合适的。所以细胞培养中的搅拌式反应器都是经过改进的，包括改进供氧方式、搅拌桨的形式及在反应器内加装辅件等。

非搅拌式反应器产生的剪切力较小，在细胞培养中表现出了较强的优势，主要有：① 填充床反应器（packed bed），是在反应器中填充一定材质的填充物，供细胞贴壁生长。营养液通过循环灌流的方式提供，并可在循环过程中不断补充。细胞生长所需的氧分也可以在反应器外通过循环的营养液携带，因而不会有气泡伤及细胞。这类反应器剪切力小，适合细胞高密度生长。② 中空纤维反应器（hollow fiber bioreactor），由于剪切力小而广泛用于动物细胞的培养。这类反应器由中空纤维管组成，每根中空纤维管的内径约为200μm，壁厚为50~70μm。管壁是多孔膜，O_2和CO_2等小分子可以自由透过膜扩散，细胞贴附在中空纤维管外壁生长，可以很方便地获取氧分。

细胞培养基是细胞赖以体外生长、增殖、分化的重要因素。目前，悬浮细胞培养中已经普遍使用无血清培养基。无血清培养基避免了血清培养基污染的可能性，并减少了纯化的难度，但无血清培养基没有广泛的适应性，不同的细胞甚至不同的细胞株和细胞系有各自独立的无血型培养基，但采用无血清培养而诱发的细胞凋亡也成为动物细胞无血清培养技术中急待解决的问题，在培养基中加入某些化合物，如金精三羧酸（ATA）、锌离子、抗氧化剂和细胞因子等，在一定程度上可阻止因采用无血清培养基而导致的细胞凋亡。许多被培养的动物细胞都是贴壁依赖性细胞，需依附于载体方可生长，所以悬浮细胞培养中都使用微载体，理想的微载体应有利于细胞的快速附着和扩展，有利于细胞高密度生长，不干涉代谢产物的合成和分泌，允许细胞脱落。

（五）病毒的增殖

大规模生产商品疫苗用的口蹄疫病毒抗原生产技术有3种：最早用牛舌上皮组织生产的Frenkel培养法，常用的在转瓶单层BHK-21传代细胞上生产的单层培养法，以及在生物反应罐中的悬浮培养法。

转瓶单层BHK-21传代细胞上生产病毒抗原时，不同来源及不同血清型的口蹄疫病毒使细胞发生病变的时间不同。一般情况下口蹄疫病毒产生细胞病变从2～4h开始，8～10h细胞病变量达到50%～75%，10h以上细胞病变量达到80%以上。细胞病变达90%（CPE）以上时，即可收取病毒液，病毒液在取样后冻存，样品经菌检及效检合格后，方可进入下一环节。实践证明，病毒液反复冻融使细胞破裂，充分释放包含的病毒粒子，可提高病毒效价。这种方法属劳动密集型生产系统，较难控制污染且容易散毒，但生产的病毒液效价比较高。

悬浮培养法增殖病毒，当反应器中的细胞数达到3×10^7/mL时即可接毒，20～30h后收毒，病毒液的效价可达到制苗要求。悬浮培养属技术密集型生产系统，较易控制污染，制备病毒方便快捷，病毒相对不易扩散。

（六）抗原的浓缩与纯化

口蹄疫灭活疫苗诱发有效的免疫应答通常需要较大量的抗原，而且疫苗中的非病毒蛋白可引起动物的过敏等不良反应。灭活疫苗生产中，为保证疫苗效果、降低不良反应、减少疫苗使用量，就必须对抗原进行浓缩和纯化。现在适宜于大规模生产应用的浓缩纯化方法主要有以下几种。

1. **氯仿处理法**　这种方法可大幅度降低污染，从病毒收获物中除去细胞碎片和变性蛋白，减少非病毒蛋白约50%。

2. **氢氧化铝胶-抗原复合物沉淀法**　把抗原吸附到氢氧化铝上形成复合物，依靠重力作用使复合物沉淀，达到浓缩的效果。如先用氯仿处理，再用铝胶吸附，能够获得10～15倍的浓缩。

3. **超滤法**　应用超滤系统可使病毒浓缩达100倍以上。生产当中常用的设备有切向流超滤装置、中空纤维过滤系统及振动筛。这三种设备的共同特点是如果纯化效果好，则146S完整病毒颗粒损失较大，如果要求146S完整病毒颗粒损失较小，则纯化效果不好，须在两者之间找到一个平衡点。

4. 沉淀法　主要有PEG（聚乙二醇）沉淀法和PEO（聚乙烯氧化物）沉淀法，PEG沉淀法可充分除去变应原成分，PEO沉淀法可使口蹄疫病毒浓缩达1 000倍。

生产中最常用的是超滤法和沉淀法，不仅可以达到理想的浓缩倍数，还可大大降低抗原中非病毒蛋白成分，这对减轻被接种动物的过敏反应非常重要。

（七）病毒的灭活

甲醛曾是口蹄疫疫苗生产中应用最为广泛的灭活剂，但有学者认为欧洲一些国家的口蹄疫暴发是抗原灭活不彻底造成的，研究发现，病毒液中的水解乳蛋白等物质能抑制甲醛的灭活作用。自20世纪80年代以来，多数疫苗生产厂家改用乙烯亚胺类衍生物（aziridine）作为灭活剂，先后投入使用的有AEI（N-acetylethyleneimine）及BEA（bromoethylaminehydrobromid），这两种物质主要作用于核酸，对蛋白质抗原保持较好，但毒性较大。后来Bahnemann等对BEA进行了改进即为BEI，其作用与BEA相同，但毒性较小，现在被广泛使用。病毒灭活时，将菌检及效检合格病毒液调pH至7.6～7.8，加入BEI使其在病毒液中含量为1%，混合均匀，使病毒液升温至30℃，保持此温度持续作用28h，中间应当不间断搅拌或振摇，灭活终止后立即在病毒液中加入经过过滤除菌的硫代硫酸钠溶液，使其终浓度达到2%，充分搅拌，使过量的BEI被阻断，取样后使病毒液迅速冷却至5℃以下保存，待安检合格后配苗。2000年，OIE向各国推荐使用1mmol/L BEI两次灭活法，即20～37℃灭活24h后再加一次BEI灭活24h，经多年应用效果较好。2006年，OIE又推荐了3mmol/L BEI两次灭活法，BEI用量增加到3mmol/L，26℃分两次共灭活48h，灭活剂用量加大使疫苗安全性更高，温度降低有利于保持病毒粒子146S完整性。

研究表明，乙烯亚胺类衍生物灭活病毒与甲醛灭活病毒相比，不仅毒性大而且病毒稳定性差，甲醛灭活的弗氏佐剂疫苗有效期可达10年，而BEI灭活的同类疫苗有效期仅2年左右。另有研究表明，SAT2型口蹄疫病毒经乙烯亚胺类衍生物灭活后再经甲醛处理，稳定性明显提高。甲醛与BEI协同作用可将灭活效力提高100倍，并且缩短了灭活时间，既改善了疫苗的安全性，又保护了抗原完整性，因此这种方法值得在生产中推广。

（八）配苗与乳化

早期的口蹄疫灭活疫苗都采用氢氧化铝作为佐剂，人们发现氢氧化铝佐剂的作用主要有：在组织中形成抗原贮藏库造成缓释；吸附作用产生颗粒性抗原来促进抗原递呈给免疫细胞；吸引活性淋巴细胞激活补体。大量临床试验表明，氢氧化铝佐剂对Th2介导的体液免疫反应作用较强。氢氧化铝佐剂虽有很多优点，但也有不足之处：对牛有较好的免疫力，而对猪的免疫力较弱；不能冻干；制备的凝胶批与批之间差异很大；不能增强细胞免疫；注射局部有红斑、肿胀和硬结。因此现在口蹄疫灭活疫苗多采用油佐剂配苗。油佐剂的主要成分是液状石蜡，这种佐剂疫苗对猪、牛都具有免疫效力，主要诱导产生Th2型反应。

实践证明，双相油佐剂疫苗黏稠度低，效果较好而且能够用于所有的动物。油佐剂的主要缺点是不良反应较强，特别是皮下注射有时会在注射部位引起炎症，甚至溃疡和肉芽肿。近年来"即用型"油佐剂的研究也取得了很大的进展，Montanide ISA 206佐剂和ISA 201佐剂的使用省去配制佐剂的麻烦，简化了疫苗生产过程，且不良反应较小。

常用的乳化设备有胶体磨、高压均质机和高剪切乳化均质机。胶体磨的基本工作原理是剪切、研磨及高速搅拌作用，研磨依靠两个齿形面的相对运动实现，其中一个高速旋转，另一个静止，使通过齿面之间的物料受到极大的剪切力及摩擦力，同时又在高频震动，高速旋涡等复杂力的作用下使物料有效地分散、粉碎、浮化、均质。高压均质机有一个或数个往复运动的柱塞，物料在柱塞作用下进入可调节压力大小的阀组中，经过可以调整宽度的限流狭缝（工作区）后，瞬间失压的物料以极高的流速（1 000m/s，最高可达1 500m/s）喷出，产生空穴、撞击、剪切三种效应，经过这三种效应处理过的物料可均匀细化到0.03～2μm粒径，从而达到乳化的效果。高剪切乳化均质机采用特殊设计的转子和定子在电机的高速驱动下，让被加工的物料吸入转子，在短时间内承受几十万次的剪切作用，由于转子高速旋转所产生的高线速度和高频机械效应带来的强劲动能，使物料在定、转子的精密间隙中受到强烈的机械及液力剪切、离心挤压、液层摩擦、高速撞击撕裂和湍流等综合作用下分裂、破碎、分散，从而使不相溶的物料在瞬间均匀精细地充分分散、乳化、均质。而物料从转定子组合中高速摔出之后，由于高剪切乳化分散均质器配有改向装置，在特定容器中物料形成上下左右立体紊流，物料经过高频的循环往复，最终得到稳定的高品质产品。以上三种乳化设备各有特点，胶体磨的结构决定了其处理量小，且高速摩擦容易产热，会对疫苗的物理性状产生影响，所以常用于实验室或小规模生产。高剪切乳化均质机与高压均质机常用于大规模生产，高剪切乳化均质机一般安装于反应罐内，配苗、乳化、储存都可在同一个反应罐中进行，设备简单，成本较低，操作方便且开动后不需专人看管。高压均质机独立于反应罐，以管道分别于配苗罐和储罐连接，相关设备相对复杂，因为属于高压设备，需专业人员操作和看管。从乳化效果来说高压均质机乳化的疫苗结构更加均一且不易分层，因此是口蹄疫灭活疫苗生产中使用最广泛的乳化设备。

乳化均质工艺对产品的影响主要表现在产品的物理性状方面，其中佐剂选择、水相与油相的配比、混合均匀程度、混合物的温度及乳化时均质机压力等因素都很重要，各种参数应当在实际生产中不断调整，以找到最佳的组合。在实际操作中，应选择适宜的乳化均质压力，压力过小会影响产品稳定性，但压力过大则缩短设备的使用寿命。

（九）疫苗的分装与储存

疫苗分装时温度应该在15℃以下，并不断搅拌。分装后置于2～8℃的冷库保存，运输时应当全程10℃以下低温保存运输。

三、口蹄疫灭活疫苗的应用情况

大规模生产的商品化口蹄疫灭活疫苗有3种：用牛舌上皮组织生产病毒抗原的Frenkel疫苗、在单层BHK-21传代细胞上生产病毒抗原的灭活疫苗和在生物反应罐中悬浮培养BHK-21细胞生产病毒抗原的灭活疫苗。

Frenkel疫苗诞生后，荷兰首先使用这种疫苗控制住了本国疫情，在此情况下，20世纪70年代欧洲国家制定了统一的口蹄疫免疫防控计划，试图通过病畜屠宰、疫区封锁和广泛的灭活疫苗免疫来消灭口蹄疫。到20世纪90年代初，欧洲除意大利和西班牙等国家还偶尔有口蹄疫发生外，其余国家基本消灭了口蹄疫。

19世纪中叶，畜牧贸易使欧洲的口蹄疫传入美洲。美国在1870—1929年间暴发过9次口蹄疫，之后通过屠杀病畜政策消灭了口蹄疫。南美洲国家中阿根廷于1865年首先出现口蹄疫，之后疫情遍布整个南美洲。20世纪70年代后南美洲国家普遍采用悬浮培养生产的灭活疫苗进行口蹄疫防控，但灭活疫苗免疫力持续时间都不够长，因此普遍采用一年两次的强制免疫。普遍的疫苗注射使得南美洲流行的口蹄疫病毒株变异很快，常常因生产疫苗的病毒株血清亚型与流行毒株存在差异而出现免疫失败。尽管如此，南美洲的口蹄疫防控仍取得巨大成就，1987年南美洲国家共同签署消灭口蹄疫的"半球计划"，到1999年，已经有阿根廷、智利、乌拉圭等国家消灭了口蹄疫，整个20世纪90年代，南美洲年平均发生口蹄疫仅130例。

亚洲也是口蹄疫的重灾区，除日本、韩国和中国台湾等几个经济社会发展程度较高的国家和地区消灭口蹄疫外，其他国家几乎都有口蹄疫，尤其在一些欠发达的国家和地区，几乎没有采取任何防控措施。中国从20世纪60年代开始研制口蹄疫灭活疫苗，并于20世纪90年代在全国范围强制进行灭活疫苗的免疫接种，疫情得到控制。最近几年，悬浮培养生产口蹄疫灭活疫苗的工艺得到中国疫苗生产企业的应用，内蒙古金宇保灵生物药品有限公司、中牧股份兰州生物药厂及中农威特生物科技股份有限公司用悬浮培养技术生产的灭活疫苗已经上市。疫苗免疫在口蹄疫防控中发挥巨大的作用，但亚洲口蹄疫毒型复杂，各国防控力量和经济差别较大，新的毒型和毒株对我国不断的冲击，这要求科研单位和疫苗生产企业在疫苗研发和制苗毒株更新换代方面也要与时俱进。

（李冬，刘在新）

第三节　口蹄疫疫苗的GMP生产

　　GMP是英文Good Manufacturing Practice for Drugs的缩写，可译为"药品生产质量管理规范"或"优良药品的生产实践"。《兽药GMP》是在兽药生产全过程中用科学合理、规范化的条件和方法来保证生产优良兽药的整套科学管理的体系。《兽药GMP》实施的目标就是对兽药生产的全过程进行质量控制，以保证兽药质量优良。口蹄疫疫苗生产企业的选址、建厂、机构设置，人员招聘和培训、设备安装、生产管理、质量管理、销售等所有方面都应该严格执行兽药GMP。

一、《兽药GMP》对疫苗企业的要求

（一）《兽药GMP》对疫苗企业厂房与设施的要求

　　疫苗生产企业的厂房与设施是指疫苗生产，原辅料、直接接触疫苗的药用包装材料存放等所需建筑物，以及与工艺配套的工程设施。为了满足疫苗质量的要求，生产企业必须要有与所生产的疫苗相适应的厂房与设施和生产环境。疫苗生产全程必须在洁净环境下进行，所以建设洁净厂房是实施GMP十分重要的部分。但同时要防止片面理解为仅仅建设一个洁净厂房就是达到了兽药GMP的要求。洁净厂房必须依靠正确的使用、监测、维护方可达到洁净的效果。如果没有这些与疫苗生产工艺所配套的各项工程设施的正常运行，疫苗生产将无法正常进行，也不可能保证疫苗的质量。

　　1. 厂外环境　《兽药GMP》规定兽药生产企业必须有整洁的生产环境，其空气、场地、水质应符合生产要求。厂区周围不得有影响兽药产品质量的污染源。

2. 厂内环境

（1）厂区内场地及道路宽敞、平整，无积水，不起尘，无露土地面。

（2）厂区内应保持一定的绿化面积，可铺植草坪或种植对大气含尘、含菌浓度不产生有害影响的灌木，但不宜种花。

（3）厂区内应保持洁净卫生，不得随处堆放垃圾及废旧设备，厂区内不得有蚊蝇滋生场所。

（4）厂房建筑面积与占地面积的比例应恰当。

（5）厂区内生产区应与行政区、生活区分开。各区域应合理布局，间距恰当，不得互相妨碍。

3. 厂房基本要求

（1）一般生产区（非控制区） 有卫生要求，但无洁净级别要求。应该有足够空间和合理布局，生产区的地面、墙壁及天棚的内表面应光滑平整，耐清洗清洁，无污迹。生产区最低照度不低于100lx，需增加照度的工序可另设局部照明。应在生产区及通道内设应急照明，并定期检查是否能正常使用。应按生产的需要，在生产区内设控温、控湿及通风设施。产尘的生产区应有除尘设施，并控制尾气中排放的粉尘，不得超标。生产区门窗应密闭，不得开放式生产，有防昆虫、防鼠措施。生产区内应有防火、防爆、防雷击等安全措施。易燃、易爆、有毒有害物质生产和储存的厂房设施应符合国家的有关规定。

（2）仓库 一是仓库在厂区内的位置。仓库一般设在接近生产区的位置，但与生产区是完全独立的两个建筑。这样考虑的理由是减少物料储存运输对生产的干扰。仓库位置还应考虑进出物料的方便，一般应靠近厂区的货运大门。二是仓库的分类和设置。疫苗生产企业应按物料的性质储存在不同的仓库或在仓库的不同区域。一般应设原料、辅料、包装材料、成品、特殊品（易燃、易爆、强腐蚀、毒品、麻醉品、精神药品）仓库。三是仓库建筑的基本要求。建设仓库不仅要考虑面积，更应考虑容量以及区域划分，使各种物料及产品的分类有序存放，间距恰当。同时还应考虑仓库的状态空间，即各种物料及产品应按待检、合格与不合格的状态分类堆放。库房应该通风防潮、温度、照度适宜，地面承重能力应符合仓储要求，防火、防爆、避雷设施应符合标准并验收合格，毒品、麻醉药品、精神药品及其他有毒、有害物料应另设专柜保存，仓库应有防鼠、防昆虫、防鸟的设施。

（3）洁净生产区与设施 洁净室是其空气洁净度达到一定级别可以供人活动，并具有控制污染、排除污染干扰能力的空间。洁净空气是通过阻隔式过滤的方法把空气中的微粒（微生物）阻留在各级过滤器上实现的。

（4）洁净区（室）的设置　在满足工艺条件的前提下，为提高净化效果、节约能源，洁净室（区）的设置要求如下：① 空气洁净度级别相同的洁净室宜相对集中。② 不同空气洁净度级别的洁净室（区）之间应有显示压差的装置或设置监控报警系统。③ 空气洁净度级别高的洁净室（区）宜尽量布置在无关人员最少到达且外界干扰最少的区域，并宜尽量靠近空调机房。④ 不同洁净度级别室（区）之间有人员、物料进出时，应按人净、物净措施处理。⑤ 洁净室（区）中原辅材料、半成品、成品存放区域应尽可能靠近与其相关的生产区域，以减少传递过程中的混杂与污染。⑥ 洁净室（区）需设立单独的备料室、称样室，其洁净度级别与初次使用该物料的洁净室（区）相同。⑦ 洁净室（区）应设单独的设备及容器具清洗室。清洁工具洗涤、存放室应设在洁净区外。如需设在洁净室内，其空气洁净度级别应与本区域相同，并有防止污染的措施。⑧ 洁净度高于10 000级区域洁净工作服的洗涤、干燥、灭菌室应设在洁净室内，其洁净度级别不低于300 000级。⑨人员净化用室包括换鞋室、更衣室、盥洗室、气闸室等，按工艺要求设置。厕所、沐浴室、休息室的设置不应对洁净室产生不良影响。

（5）洁净室（区）的工艺布局　洁净室的工艺布局应按生产流程及各工序所要求的空气洁净度级别，做到布局合理、紧凑，既要有利于生产操作和管理，又要有利于空气洁净度的控制。同时既要考虑生产的流程，还需防止人流、物流之间的混杂和交叉污染。

（6）洁净室内建筑装饰的原则　① 不产尘、不产菌。② 不积尘、不积菌。③ 容易清洁消毒。

（二）《兽药GMP》对疫苗生产企业机构和人员的要求

《兽药GMP》明确规定兽药生产企业应建立生产和质量管理机构，各类机构和人员职责应明确，并配备一定数量的与兽药生产相适应的具有专业知识和生产经验的管理人员和技术人员。兽药生产管理部门负责人和质量管理部门负责人均应由专职人员担任，并不得互相兼任。质量检验人员应经省级兽药监察所培训，经考核合格后持证上岗。质量检验负责人的任命和变更应报省级兽药监察所备案。

1. 机构　疫苗生产企业建立健全的组织机构，可以高效组织和发挥全企业职工的潜能；可以相互协调、相互促进，以及建立必要的监督制度，最大限度地调动全企业各部门的积极性，最终使整个企业的运行获得最好的生产及经营效益。

（1）研究开发部门　主要负责产品的质量设计与研究，开发市场适销对路、安全、有效、经济、适于本企业生产的、可使企业增效的新产品，开展对企业已生产的产品工艺改进和质量提高等研究工作。

（2）工程管理部门　负责厂房、设施、设备、仪器（仪表）的安装、调试、验证、维修保养及日常管理工作，保证生产所需各项工程条件正常运行，并负责相关管理文件的编写、修订、实施；口蹄疫疫苗生产企业在病毒生产区为防止病毒粒子扩散，其气压应该低于大气压。在其他洁净区域为防止污染，其气压应该高于大气压，只有对中央空调系统进行合理的调试和管理，才能保证各区域气压合乎要求，而这些工作都由工程管理部门负责；负责三废处理工作。

（3）供应部门　主要负责生产所需各项原、辅、包装材料的质量及数量，保证生产的正常运行；选择符合要求的供应商，及时组织物料供应，并保持必需的贮备量；负责库存的物料收、发及贮存期的养护；负责不合格物料的处理。

（4）生产管理部门　负责生产管理文件的编写、修订、实施，并参与质量管理文件的编写、修订及实施；负责制订生产计划、下达生产指令；对产品制造、工艺规程、标准操作规程、岗位操作法及卫生规程等执行情况进行监督管理；解决生产过程中的技术问题；参与设备验证、负责生产工艺验证；负责生产技术经济指标的统计和管理工作。

（5）质量管理部门　质量管理部门的职责除质量管理和质量检验外，还应负责质量管理文件的编写、修订和实施，以及参与生产管理文件的编写和修订。

（6）销售管理部门　销售管理部门不单纯是一个产品营销部门。按兽药GMP的管理概念，产品的质量最终体现在满足客户的需要。销售管理部门还需做好市场调研、售后服务及技术服务工作，同时还应做好用户访问、质量投诉处理、不良反应的收集、调查处理、用户退货处理等工作，将收集到的质量问题及时向质量部门反映。

（7）培训部门　在人事部门配合下，搞好职工的上岗技术培训、兽药GMP培训等工作，在口蹄疫疫苗生产企业，每年应进行《生物安全》培训。必要时还应组织选派技术人员外出学习，或请专家来企业作专题报告等。

（8）人事部门　根据《兽药GMP》对员工的任职要求，负责招聘、选拔、配备人员；与行政、培训等部门协同编制员工培训计划，并组织实施、进行考核；负责员工体检组织工作、建立职工健康档案。

（9）后勤部门　负责厂区环境卫生工作，做好生活废弃物及生产废弃物的处理工作；负责更衣室、洗消间的清洗及工作衣、帽鞋的配置和清洗；负责企业生产及职工日常生活的其他后勤保障工作。

（10）财务部门　除做好日常财务工作外，还应合理安排资金，支持生产、质量、供应等部门为提高质量必须开展的项目，还应配合有关部门做好生产及质量成本的统计分析工作。

以上列举的机构设置模式及部门职能，疫苗生产企业可以根据本企业实际情况适当调整、设置。

2. 人员　疫苗生产企业的一切工作离不开人，人员素质高低对实施兽药GMP起决定性的作用。

（1）兽药GMP对疫苗生产企业人员素质的基本要求　兽用疫苗生产管理部门和质量管理部门的负责人应具备大专以上学历和兽药、兽医或相关专业知识以及疫苗生产和质量管理工作经验，能正确判断和处理疫苗生产中的实际问题，且二者均应由专职人员担任，并不得互相兼任。生产操作人员应具备高中以上学历并经专业技术培训，具有与生物制品行业相关的基础理论知识和实际操作技能。质量检验人员应具备高中以上学历并经专业技术培训，具有与生物制品行业相关的基础理论知识和实际操作技能，上岗前经国家或省级兽药监察所培训；质量检验负责人需报省级兽药监察所备案。口蹄疫灭活疫苗生产属于接触高生物流行性、强污染性的特殊岗位，生产、操作和质量检验人员应具有高中以上学历并经相应专业技术培训，具有与口蹄疫疫苗生产相关的基础理论知识和实际操作技能，并且经过《生物安全》培训，考试合格后方可上岗。

（2）兽用疫苗生产企业人员素质的基本要求　根据《兽药GMP》，此项要求可以概括为：① 文化程度。文化水平是专业技术的基础，如不具备大专以上文化程度，企业负责人及各部门负责人就不能适应现代化生产及兽药GMP管理的要求；如不具备高中以上的文化程度，各岗位的人员就无法接受进一步的上岗技术培训，甚至不能执行各种生产指令。② 专业知识。《兽药GMP》规定兽用疫苗生产企业主管、生产管理部门负责人及质量管理部门负责人应具备大专以上文化程度以及药学、兽医或相关专业。"相关专业"指生物制品、畜牧、化工、生物、生物化工、化学工程等专业。兽用疫苗生产的特殊专业性对负责人的专业知识要求很高，否则无法胜任领导工作，无法使企业获得进一步发展，更谈不上实施GMP。③ 实践经验。《兽药GMP》规定兽用疫苗生产企业、生产管理部门，以及质量管理部门的负责人还应具备疫苗生产或质量管理的实践经验和正确判断处理质量管理中实际问题的能力。由于疫苗生产的专业性和技术上的复杂性，以及疫苗销售、使用中出现各种问题，需要这些负责人有丰富的实践经验，否则对于随时出现的各种问题会无法正确判断和做出正确的处理。④ 法规水平。疫苗是一种特殊商品，它直接关系到畜禽等动物的健康，最终关系到人类的安全。所以疫苗生产、销售及使用都应符合国家有关行政法规及技术法规的规定。因此在推行兽药GMP的同时，还需加强兽药法规的宣传和培训工作。⑤ 组织能力。实施兽药GMP归根结底是加强企业的各项管理工作，所以，一个现代化的、实施兽药GMP的疫苗生产企业，不仅需要专业技术精通的人才，还需要一批组织能力强的管理人才。

（3）人员培训　对疫苗生产企业实施兽药GMP改造工作的核心，实质是对企业员工观念的GMP改造。同时人员的培训和考核，不仅是对企业员工素质的提高过程，也是对企业员工素质的"验证"过程。

（三）《兽药GMP》对兽用疫苗企业设备的要求

设备属GMP的硬件范畴，主要指可满足疫苗生产和质量检验操作需要的各种装置或器具。

1. 选购设备的原则　兽药GMP规定兽药生产企业必须具备与所生产产品相适应的生产和检验设备，其性能和主要技术参数应能保证生产和产品质量控制的需要。为此，在选购设备时应注意以下原则：便于生产和使用、能够保证产品质量、防止污染和混药、利于维修和保洁。

2. 对设备的一般要求

（1）适用性　应与疫苗生产工艺和产品质量要求相适应。

（2）稳定性　与药品接触的表面不得与药品发生理化反应，不得释出物质或吸附产品。

（3）密闭性　不得有污染源污染产品，尤其需要润滑或冷却的部件不得与药品原料、容器塞子、中间品或疫苗本身接触。

（4）精确性　应能满足生产或检验精确度的要求。

3. 设备管理

（1）登记制度　所有设备、仪器、仪表、衡器等必须分门别类登记造册。固定资产设备必须建立台账、卡片。主要设备要逐台建立档案，并专人管理。

（2）动力系统管理制度　对所有管线、隐蔽工程绘制动力系统图，并有专人负责管理。

（3）计量管理制度　对用于生产和检验的仪器、仪表、量器、衡器等的适用范围和精密度进行按期检验，并按生产和质量检验的要求制定校正计划，定期经法定计量部门校验，合格后悬挂校验合格证，并填写校正记录。校正期要以使用频度和精度要求为依据。

（4）备品备件管理制度　对机械设备、设施常用备品、备件要确定备用数量和质量要求，并有专人管理，领用情况应记录。

（5）维修保养制度　设备维修保养的主要目的是使设备保持良好的工作状态。由于兽药生产的特殊性及复杂性，一旦设备出现故障或事故，将影响产品质量，甚至威胁员工的健康及生命，所以应实行有计划的预防性维护。预防性维护是对设备在规定的期限或一定运行时间内进行有规律的检修维护，来消除隐患，杜绝事故发生，确保其正常运行。

（6）使用管理制度　设备、仪器在使用前，由企业指定专人按说明书制定标准操作规程（SOP）及安全注意事项。操作人员须经专业培训、考核，确认能熟练操作时，才可上机操作。设备使用要定人、定机、专人管理，并做好设备运行记录和交接记录。设备应有明确的状态标志，如"运行中""检修中""待清洁"等。不合格的或不再使用的设备，如有可能，应搬出生产区，未搬出前应有明显标志。动力管理部门应定期对企业内各种设备的使用情况做出综合分析报告，报送企业分管负责人。

（四）《兽药GMP》对兽用疫苗企业物料的要求

物料是原料、辅料及包装材料的总称。原料是指用于疫苗生产的、规定质量的所有有效成分。辅料是构成药物制剂必不可少的组成部分，虽无疗效，但与制剂的成型、稳定性及成品的质量和药物代谢动力学方面都有密切的联系。在疫苗生产过程中，应将辅料与原料同样要求，并进行同样的管理。包装材料包括内外包装材料及标签、使用说明书。物料是产品的基础，优良的物料是生产出优质产品的前提和必要条件。从原料进厂到成品出厂，疫苗生产实质上是物料流转的过程，它涉及企业生产管理和质量管理的所有部门，因此做好物料管理工作至关重要。

1. 物料管理系统　物料管理系统包括销售预测，生产计划，采购计划，仓库收、贮、发物料，质量管理部门审核，质检部门检验，生产部门使用并计算物料平衡，并写出偏差报告。

2. 物料的采购　为了保证物料采购工作的顺利进行，确保物料的质量水平，必须对物料供货单位进行质量审计。这项工作应由质量管理部门与物料采购部门共同完成。供应商质量审计工作程序如下。

（1）初步选择　兽用疫苗的原辅材料、半成品及包装材料应符合《兽用生物制品规程》或《兽用生物制品质量标准》及其他有关标准的要求，不得对疫苗质量产生不良影响。

（2）索样检验　向初选合格的工厂索取小样，送质量管理部门检验。同时，将本企业的质量标准交给对方，让对方按标准进行检验，看是否能够达到质量标准要求。

（3）质量审计　小样检验合格后，初选过程中收集的资料表明供货单位很可能成为本企业值得信赖的供应商时，质量管理部门应会同物料采购部门按质量审计的要求对供货单位进行正式调查，即质量审计。

（4）工艺验证　从质量审计结果满意的单位采购少量物料进行工艺验证，注意观察生产过程中可能出现的偏差。然后将成品与正常生产的产品进行对照检查，并比较结果。必要时，进行产品贮藏稳定性的考查，符合质量要求者可判为合格。该单位即可成为本企业认可的供货商。质量管理部门应将审计结果及时向物料采购部门通报。物料采购部门从质量管理部门审计合格的单位采购原辅料和包装材料。

3. 仓库的物料管理 原辅料及包装材料管理都应该遵循以下程序：初检、检验、入库、发放。

4. 标签和使用说明书的管理 疫苗包装、标签及说明书必须按照《兽药标签和说明书管理办法》规定的要求印制、使用。

（五）《兽药GMP》对兽用疫苗企业卫生的要求

"生产处处防污染"是兽药GMP的主要内容之一。疫苗生产企业在生产中要处处防范微生物污染、异物和尘埃粒子混入产品。在兽药GMP中卫生主要是指环境卫生、厂房卫生、工艺卫生（包括设备、原辅材料、生产介质、工艺技术等）及人员卫生等。

1. 一般生产区（无洁净度级别要求区域）要求 ① 地面整洁，门窗玻璃、墙面、顶棚洁净完好无污迹、灰尘。设备、管道、管线排列整齐光洁，无灰尘，无"跑、冒、滴、漏"，定期清洁，并作清洁记录。② 设备、容器、工具按规定的管理要求放置，并应符合清洗后的卫生标准。③ 生产场所不得吸烟，禁止吸烟的标志应明显，如有必要，应在全厂区禁止吸烟。生产场所不得进食及存放食物，不得存放与生产无关的物品和私人杂物，不得种养花草。

2. 洁净度级别为三十万级及十万级区域要求 除应符合一般生产区的要求外，设备、容器、工具和管道必须保持清洁。为了避免原辅料、包装材料外包装上的尘埃和微生物污染环境，应在指定地点除去外包装，对于不能除去外包装的物料，应除去表面尘埃，并擦拭干净后才能进入生产区，外包装材料未彻底清洁前不得进入本区域。质管部门应指定专人定期检查本区工艺卫生及洁净度。检查后记录检查结果。

3. 洁净度级别为万级、百级区域 ① 除应符合一般生产区和30万级区域所规定的要求外，还必须严格执行洁净区管理制度。② 菌落测试每班一次，按要求进行。③ 需要进入洁净室的原辅料，除去外包装后，还应对直接接触药物的包装材料、容器按工艺要求进行清洗、灭菌并记录。④ 更换产品品种时，必须将顶棚、墙面、地板用消毒剂擦拭干净。接触药物的容器、器件洗涤干净后必须灭菌。工具、台板用无菌水冲洗后，再用消毒剂擦拭；⑤ 洁净室不得安排三班生产，每天必须有足够时间用于消毒。更换产品品种时必须至少有6h的间隔方可生产。

4. 洁净生产区消毒 洁净厂房应定期消毒，使用的消毒剂不得对设备、原料、包装材料、成品等产生污染。为防止耐药菌株产生，消毒剂应定期更换并规定轮换的周期、频率。为保证洁净厂房的卫生状况始终符合《兽药GMP》的要求，必须建立适用于洁净厂房的消毒（灭菌）规程。为了防止消毒剂及消毒过程本身对设备、原料、包装材料、成品等产生污染，消毒工作一般在生产完成后进行。生产疫苗的洁净室不仅要控制空气中一般的悬浮粒子，还要控制微生物数。洁净室获得无菌空气的方法大致有两类：对于流动的空气（如空调净化系统）常采用过滤介质除菌；而对于无菌室、培养室、传递窗常采用紫外灯照射、臭氧、过氧乙酸、甲醛、环氧乙烷等气体熏蒸、消毒剂喷洒等方法灭菌。

（六）《兽药GMP》对兽用疫苗企业验证的要求

验证指能证实任何程序、生产过程、设备、物料、活动或系统确能导致预期结果的有文件证明的一系列活动。验证一词最早于20世纪70年代在制药行业出现，并被一些国家引入GMP之中，现在已成为GMP不可缺少的一部分。

1. 验证的分类

（1）前验证　是正式投产前的质量活动，是指新产品、新处方、新工艺、新设备在正式投入生产使用前，必须达到设定要求的验证。

（2）同步验证　是指生产中在某项工艺运行的同时进行的验证，用实际运行中获得的数据作为依据，证明该工艺能达到预期要求。采用这种验证方式的条件是：① 有完善的取样计划，即生产及工艺条件的监控比较充分。② 有经过验证的检验方法，其灵敏度及选择性等都较好。③ 对所验证的产品或工艺已有相当的经验及把握。由于同步验证与生产同时进行，因此该验证方式可能带来产品质量方面的风险，应慎用。

（3）回顾性验证　是以历史数据的统计分析为基础，旨在证实正常生产的工艺条件适用性的验证。必须具备以下条件方可应用：① 至少有6批符合要求产品的数据，有20批以上的数据更好。② 检验方法已经过验证，检验的结果可以用数值表示，可以进行统计分析。③ 各批产品批记录符合兽药GMP要求，记录中有明确的工艺条件，且有关于偏差的分析说明。④ 有关的工艺变量是标准化的，并一直处于受控状态，如原料标准、洁净区的级别、分析方法、微生物控制等。⑤ 这种验证方式常用于非无菌产品的工艺验证，以积累的生产、检验和其他有关历史资料为依据，回顾、分析工艺控制的全过程，证实其控制条件的有效性。

（4）再验证　是对已经验证过的生产工艺，关键设施及设备、系统或物料在生产一定周期后进行的重复验证，在下列情况需进行再验证：① 关键设备大修或更换及程控设备在生产一定周期后；② 批量数量级的变更前；③ 趋势分析中发现有系统性偏差；④ 当影响产品质量的主要因素，如工艺、质量控制方法、主要原辅料、主要生产设备或主要生产介质发生改变时。

各疫苗企业应根据自身产品及工艺的特点制定再验证的周期，一般不超过2年。即使在设备及规程没有任何变更的情况下，也要求定期进行再验证。如产品的灭菌设备，在正常的情况下每年作1次再验证，又如培养基模拟分装试验每年至少验证2次。

2. 验证的对象　兽药GMP要求验证的对象主要包括：厂房与设施的验证、设备验证、检验计量的验证、清洁验证、制剂生产的验证、原料药生产的验证及计算机验证。

3. 验证的程序　无论任何企业，任何相关设施、设备，任何剂型、任何产品的验证，其基本程序都是相同的，即：建立验证小组、制订验证计划、制订验证方案、组织实施、审批验证报告、验证文件归档。

4. 厂房与设施的验证　包括空气净化系统的验证、工艺用水系统的验证、工艺用气系统的验证、其他公用工程的验证、厂房设施验证文件的内容。

5. 设备验证　设备验证是所有验证最基本的单元，设备的安装确认、运行确认及性能确认是一切验证的基础。有些企业还将设计确认验证引入到设备验证的第一步，即对设备的设计与选型进行确认，对供应商的选择放到了设备的预确认中。设备验证大致包括：安装确认、运行确认和性能确认。

6. 检验与计量的验证　检验方法和计量器具验证必须在其他验证开始之前首先完成，因为它是其他验证的重要工具和手段。

（1）验证的重点　质量管理部门重点对洁净室、无菌设施、分析测试方法、取样方法、热原测试、无菌检验、检定菌、标准品、滴定液、实验动物及仪器等进行有效的验证，并有书面记录。其中无菌验证、环境监测及检验方法的验证尤为重要。

（2）验证的内容　包括：① 精密仪器的确认。检测仪器的确认是检验方法验证的基础，因此应在正式投入使用之前进行确认，并在其他验证开始之前完成。检测仪器确认工作内容应根据仪器类型、技术性能而定，通常包括：安装确认、校正、适用性预试验和再确认。② 检验方法的适用性验证。检验方法的适用性验证包括：准确度试验、精密度测定、线性范围试验、选择性试验。③ 计量仪器的校正。计量仪器主要有衡器和量器两类，应按《计量法》的有关规定予以校正。④ 检验与计量验证文件。检验与计量验证文件的内容可参照厂房与设施验证文件的内容。

7. 清洁验证　清洁验证是指对设备、容器或工具的清洁方法有效性的验证，其目的是证明所采用的清洁方法确能避免产品的交叉污染及清洗剂残留污染。验证的内容包括：清洗方法、使用的清洁剂是否易于去除、冲洗液采样方法、残留物测定方法及限度等，验证时考虑的最差情况为设备最难清洗的部件、最难清洗的产品及主药的活性等。

（1）验证方法　① 目测法。主要检查清洗后的设备或容器内表面是否有可见残留物或残留有气味。② 最终冲洗液取样法。收集适当量最后一次清洗液作为测试样来检测其浓度。③ 棉签擦拭取样法。用蘸有适当溶剂的棉签在设备或容器的规定大小内表面上擦拭取样，然后用适当的溶剂将棉签上的样品溶出供测试。

（2）选择检测方法时的注意事项　① 与被检出物质及清洁剂的性质有特定的相关性，以保证所选定的检测方法能正确反映出被检物质的残存量。② 有足够灵敏度，其灵敏度应该与残留量限度相适应。③ 检测方法简便，一方面企业具备完成检测的条件，另一方面检测方法简单易行。

清洁验证必须连续3次清洁的结果符合要求才能算作验证通过，自动清洗程序至少每3年进行一次再验证。

8. 疫苗生产验证　疫苗生产验证应包括：生产环境、生产设备、质量控制方法及产品生产工艺过程等的验证。

（1）生产环境　根据产品要求的洁净级别，参照《厂房与设施》中相关内容择项测定，对洁净室所使用或交替使用的消毒方法也应验证。

（2）生产设备　根据产品工艺要求对设备进行安装确认和运行确认。也可选用运行确认及性能确认，结合产品工艺进行确认，按产品工艺要求制订试验项目及技术参数标准操作。

（3）质量控制方法　口蹄疫疫苗有四个质量查证点（原辅材料检验、病毒效价检测、病毒灭活检测、疫苗销售前检验），相关检验方法必须验证，主要指根据产品质量要求确定抽样方法，评判标准等是否合理。

（4）产品生产工艺过程　凡能对产品质量产生差异和影响的关键生产工艺都应进行验证。口蹄疫疫苗的关键生产工艺包括：培养液制备、培养液除菌、种毒制备、生产用病毒制备、种子细胞制备、生产用细胞制备、病毒液收集、病毒液纯化与浓缩、病毒灭活、油佐剂配制、油佐剂灭菌、疫苗乳化、疫苗分装及轧盖、疫苗包装、疫苗入库。验证的工艺条件要模拟生产实际并考虑可能遇到的条件。可以采用最差条件（指该工艺条件或状态导致工艺及产品失败的可能性比正常的工艺条件更大）或挑战性试验（指对某一工艺、设备或设施设定的苛刻条件的试验，如对灭菌程序的细菌、内毒素指示剂及无菌过滤的除菌试验等，另外还有一些工艺或过程的验证在很多剂型中都有应用）。验证后的产品质量以经过验证的检验方法进行评估。一般应连续验证三个批次以上，以证明工艺的可靠性和重现性。

（5）口蹄疫疫苗生产环境，如洁净级别、湿度、温度及其他兽药GMP要求的生产条件。

（6）口蹄疫疫苗生产中所使用的原辅材料，包括纯水、注射用水的质量验证。

（7）生产人员无菌更衣、无菌生产操作技术的培训及能力评价。

（8）产品分装中的质量控制及过程的稳定性，如装量差异的控制和生产环境无菌性监控等。

（9）最终产品质量评价，其中除产品所特有的质量标准外，应评价产品的无菌性、均一性等。

9. 计算机系统验证　与兽药GMP相关的计算机系统均需验证。一般用于控制生产过程，处理与产品制造、质量控制、质量保证等相关数据的计算机系统均应验证。

（七）《兽药GMP》对兽用疫苗企业文件的要求

兽药GMP规定疫苗生产的全过程应以文件记录的方式反映。良好的文件管理系统是质量保证体系的重要组成部分，书面文件能防止口头交流引起的差错，并使生产全过程具有可追溯性。

1. 文件、文件系统及文件管理的概念　文件一般是指由法定机关印发的，用来处理公务活动，并具有特定格式的书面文字材料。疫苗生产企业的文件是指一切涉及疫苗生产管理、质量管理的书面标准和实施中的记录结果。

疫苗生产企业的文件系统是指贯穿于疫苗生产管理全过程的连贯有序的文件。一个运行良好的疫苗生产企业不仅靠先进的厂房、设备等"硬件"的支撑，也要靠管理文件等"软件"的运作。在疫苗生产过程中，要做到一切要有文字规定，一切要按规定办事，一切活动要记录在案，一切要由数据说话，一切工作要有人签字负责。

文件管理是疫苗生产企业质量保证体系的重要部分，是指包括文件的设计、制订、审核、批准、分发、执行、归档，以及文件变更等一系列过程的管理活动。

2. 制订兽药GMP文件的意义

（1）企业运作的文字依据　兽用疫苗企业的文件系统包括所有的产品、工艺和操作直到工艺控制、中间体、中间过程控制标准及方法，原料和成品标准及检验方法，防止交叉污染的管理与操作规程等。所以它是生产运作的依据，使整个疫苗生产"有章可循"。

（2）证据　系统的记录文件可以证明：谁、什么时间、干什么、干的结果如何，谁对这一结果确认、批准，这样使得整个组织从管理到操作都处于"有据可查"的状态，对于明确责任提供了依据。

（3）质量改进的原始依据　对文件系统的分析，可以得到以下信息：对下步工艺影响的参数，对环保影响的参数，设备问题的参数，成本组成等，通过总结与分析，从中发现需要改进的地方。

（4）人员培训及评价的根据 文件可以作为员工培训教材的组成部分，根据工艺规程记录文件的统计，可以为评价操作人员是否准确地执行规定提供书面依据。

3. **文件类型** 文件分为制度、标准和记录三大类。

4. **文件的制订**

（1）制订文件的程序 生产管理和质量管理文件的制订要经过起草、审查、批准、生效、修正和废除等程序。

（2）制订文件的要求 文件的标题应能清楚地说明文件的类型；各类文件应有统一的编号和目录，以便查询；文件数据的填写应真实、清晰，不得任意涂改，若确需修改，需签名和标明日期，并应使原数据仍可辨认；文件不得使用手抄件；文件制定、审查和批准的责任应明确，并有责任人签名。

5. **文件管理的原则**

（1）各类文件应有统一编号及目录，以方便查询和管理。

（2）文件应定期审阅，及时修订。不再执行的文件应撤销，并在目录栏中注销。文件一经修订或撤销，原文件应予以废止，并不得在流通环节中出现，以免引起混乱。

（3）企业基层单位保存的文件，应有专人负责保管，保密文件不得私自带出厂区，以免丢失和泄密。

（4）各车间、岗位、班组的有关记录应做到相互连贯、一致，同一批产品的各有关记录不应自相矛盾。

（5）各种生产记录应保存三年或产品有效期（负责期）后一年，不得提前销毁，以便查证。

（6）所有文件不得使用手抄本，复印副本应与正本完全一致，以消除个人改动的可能性。

（7）所有文件的页码必须正确、齐全，不得任意撕毁、涂改。若需改正，应先划去要废除的文字（应仍能辨认原来字迹），在旁边填写修改并签名。禁止使用涂改液或刀片等修改。

（8）文件的保管与归档应符合相关规定的要求，不得随意摆放造成丢失或虫蛀等。

6. **记录填写应遵守的规定** 记录填写应遵守以下规定：内容真实，填写及时，不得追记或补记；字迹清晰、工整，不得使用铅笔，以免字迹磨灭或被任意改动；表格内容应填写齐全，不得留有空格，若无内容填写时，要用"—"表示，内容与前项相同时，应重复填写，不得用"、、"或"同上""同左"等表示；品名不得简写，不得使用自造的"简化字"；操作者、复核者等签名均写全姓名；日期一律按年、月、日顺序填写，年份按四位数填写，月、日按两位数填写。

二、口蹄疫灭活疫苗的GMP生产

（一）口蹄疫灭活疫苗的生产管理

生产管理是疫苗生产的重要环节，也是兽药GMP最重要的组成部分。合格的产品质量是设计和生产出来的，而不仅仅是检验出来的。实施兽药GMP是使企业的质量工作重点从传统的产品检验转向对生产过程的控制。为实现产品质量的万无一失，疫苗生产需要具备三个基本要素：即训练有素的人员、制定合理的文件、严格有效的过程监控。

1. 生产过程的管理　生产过程实际上包含两个过程：一是物料的加工过程，即原辅料→成品→入库的过程；二是文件的传递过程，即从生产指令→批生产文件→批生产记录→上报汇总。生产管理的作用就是在这两个互相交织的过程中，通过对文件传递过程的控制来实现对物料流转过程的控制，其中真正控制生产过程的是各级员工，人是兽药生产的主体。因此，生产过程的管理也是各级人员依据标准文件对各个生产环节的质量控制。

（1）生产指令的下达。

（2）生产前的准备　① 各工序领取原辅料、半成品（中间产品）、包装材料等，应有专人验收、记录，并办理交接手续。通过查验代号、名称、批号、清点数量等，确认收到物料的品种、批号和数量准确无误。② 对有些影响疫苗质量的原辅料，在质量、批号有所改变时，应进行产前小样试制，凭小样合格报告，经有关部门批准才能投入正式生产。③ 生产开始前，操作人员必须对工艺卫生、设备状况、管理文件等进行检查，并记录检查结果。

（3）生产过程中的工艺管理　疫苗必须严格按照《兽用生物制品规程》或农业部批准的工艺规程生产。所有的岗位操作必须严格执行工艺规程、岗位操作法或GMP的规定，不得擅自改动。与疫苗生产相关的液体从配制到灭菌（或除菌过滤）的时间间隔要有明确的规定。直接接触疫苗的包装材料、设备容器的清洗、干燥、灭菌到使用时间应进行规定。生产中的称量、计算及投料要有人复核，操作人必须严格按照SOP操作，操作人和复核人都应按实际称量数据进行记录，并签全名。各工序生产的半成品（中间品）应符合相应质量标准。车间应设立半成品（中间品）中转库。中转库中的半成品（中间品）应按合格、待检、不合格分别堆放，待中间品检验合格后才能进入下一工序，并填写半成品（中间品）交接记录。不合格的半成品（中间用）应贴上不合格标签，并不得流入下一工序。车间工艺员应按照工艺规程和质量控制要点，进行工艺查证，及时预防、发现和消除事故差错，并做好工艺查证记录。应根据不同的产品剂型特点来设计工艺查证的内容和记录表。生产中发生偏差或需要更改参数时，应有变更程序并有审批手续。生产中发生安全事故和质量事故，应按事故处理程序及时处理、报告，并作好相应的记录。

2. 批号的管理　在规定期限内具有同一性质和质量，并在同一连续生产周期中生产出来的一定数量的疫苗为一批。用于识别"批"的一组数字或字母加数字称为批号。一个批量的疫苗编为一个批号，批号的划分应具有代表性，从下达生产指令时批号已经生成，该批号将跟随生产的全过程并贯穿在生产记录中。

3. 包装管理　兽药产品质量不仅包含了内在质量，也包含了外在质量，所以包装对产品质量起到十分重要的作用。

4. 物料平衡的检查　物料平衡可以包括两个方面，一是指收得率必须在规定的限度内，二是指原辅料，包装材料的数量应与产品数量平衡。

5. 生产记录的管理　疫苗生产应有完整的操作记录，记录应根据工艺程序、操作要点等内容设计和编制。岗位操作记录必须由岗位操作人员填写，其他人员不能替代，岗位负责人或岗位工艺员审核并签字，以示负责。复核人必须对每批岗位操作记录作串联复核，必须将记录内容与工艺规程相对照，上下工序间记录的数量、质量、批号必须一致、正确，复核人应签字。

批生产记录是疫苗生产各工序全过程（包括中间产品检验）的完整记录，它由生产指令、有关岗位操作记录、清场记录、偏差调查情况、上下工序交接记录、工艺查证记录、检验报告单等汇总而成，批生产记录具有对该批产品质量和数量的可追溯性。批生产记录汇总表可以由岗位工艺员将岗位原始记录整理后分段填写，跨车间的产品由各车间分别填写，经生产部门技术人员汇总，生产部门负责人审核并签字，最后送质量管理部门审核并决定产品是否发放。批生产记录应由生产管理部门按批号归档，保存至兽药有效期后1年，未规定有效期的疫苗批生产记录至少保存3年。批包装记录是该批产品包装过程的完整记录，可单独设置，也可作为批生产记录的一部分，但建议和批生产记录一起归档。

6. 不合格品的管理　不合格品应放于规定的区域内，悬挂明显的不合格标志。必须在每一个不合格品的最小包装单元或容器上标明品名、批号、规格、日期，以防止混淆。填写不合格品处理报告单，应写明不合格品的名称、规格、批号、数量、生产日期、不合格项目和原因、检验数据、责任人等。质量管理部门会与生产管理部门共同提出书面的处理意见（返工或销毁），由质量管理部门负责人批准后执行。不合格品的处理过程应有详细的记录。生产中剔除的不合格品，必须妥善隔离存放，与正常生产的产品要有明显的区别，同时按企业制订的有关规定进行处理。对整批不合格的产品，应由生产部门写书面报告详细说明该批产品的质量情况、事故差错的原因、采取的补救措施、对其他批号的影响，以及以后防止再发生类似错误的措施等，报告经质量管理部门审核后，决定处理程序。

7. **清场管理**　清场不仅是清洁和清扫的过程，还有整理归拢的过程；场地的概念也不仅是指地面，还包括整个生产环境，从空气净化系统到设备和地面这样一个立体的空间，所以清场不是一个简单、平面的概念，而是一个具体、立体的概念。

为了防止疫苗生产中不同批号、品种、规格之间产生污染和交叉污染，各生产工序在以下情况之一时都应进行清场：① 各工序每批生产作业结束时；② 生产中更换品种或规格时；③ 更换生产批号时。

8. **防止生产中污染和混淆的措施**　防止污染和混淆是生产管理中的一项重要工作，也是为了确保疫苗质量而采取的必要措施，这个工作贯穿在疫苗生产的整个过程中。污染是指原材料或成品被微生物或外来物质所掺杂。按照污染的情况一般可分为三个方面，一是微生物引起的污染；二是由原料或产品被生产中另外的物料或产品混入引起的污染，如生产设备中的残留物，操作人员的服装引入或散发的尘埃、气体、雾状物等；三是除前述两种污染以外，由其他物质或异物等对药品造成污染。混淆指一种或一种以上的原料或成品与已标明品名的其他原辅料或成品相混，通俗的说法称为"混药"。如原辅料与原辅料、成品与成品、标签与标签、有标志的与无标志的、已灭菌与未灭菌的混淆等。

生产过程中污染和混淆的可能随时存在，必须在全过程各个环节都加强管理和监控。除了对生产中的原材料、设备、生产方法、生产环境、人员操作等五大引起污染和混淆的因素进行控制外，还应采取其他相应的措施。生产前应该认真核查生产指令、物料，确认生产环境无上批生产的遗留物，并确认设备、容器等已清洁或已灭菌。工艺布局应合理，生产流程顺向布置，缩短生产区与原料、成品存放区的距离，控制生产过程的时间，减少可能存在的微生物污染。在规定洁净度的生产场所生产，采取防止产尘的措施，控制洁净室人员流动，定期监测生产环境的洁净度。不同品种、规格、批号的产品不能在同一生产区域同时进行。数条包装线同时包装时，应有一定的间隔距离，并采取有效的隔离措施。生产过程中应防止物料和产品产生的气体、喷雾或生物体引起的交叉污染，并安装相应的防尘设备。状态标志应明确。生产过程中必须按工艺要求、质量控制要点进行中间检查，填写生产记录和检查记录，并归入批生产记录。为防止疫苗被微生物污染，可采用对原辅料、包装材料灭菌（除菌）的方法来控制。灭菌（除菌）方法以不改变原辅料的性质、质量为原则。

（二）口蹄疫灭活疫苗的质量管理

质量管理是对达到质量要求所必需的职能和活动的管理。质量管理体系是为保证产品、过程或服务质量满足规定的或潜在的要求，由组织机构、职责、程序、活动、能力资源等构成的有机体，其中组织机构、职责尤为重要。质量管理比传统的质量检验具有更全面而且更广义的内涵，质量管理是对确定和达到质量所必需的全部职能和活动的管理，它包括质量政策的制订、质量标准的确定，以及在企业内部和外部有关产品、过程或服务方面的质量保证和质量控制的组织和措施。兽药GMP规定疫苗生产企业质量管理部门负责疫苗生产全过程的质量管理和检验，受企业负责人直接领导。

1. **质量管理部门的主要职责与权限**

（1）质量管理部门的主要职责　制订企业质量责任制和质量管理及检验人员的职责；负责组织自检工作；负责验证方案的审核；制订修订物料、中间产品和成品的内控标准及检验操作规程，制订取样和留样观察制度；制订检验用设施、设备、仪器的使用及管理办法；制订实验动物管理办法及消毒剂使用管理办法等；决定物料和中间产品的使用；审核成品发放前批生产记录；审核不合格品处理程序；对物料、标签、中间产品和成品进行取样、检验、留样，并出具检验报告；定期监测洁净室（区）的尘埃数和微生物数，并监测工艺用水的质量。

（2）质量管理部门权限　对不合格产品有权制止出厂；对不合格的原辅材料、包装材料有权制止使用，对不合格的中间体有权制止投入下道工序，对包装不合格的产品有权提出返工；对工厂发生的质量事故，有权提出追查和处理意见；有权建议调整质监与质检人员；有权决定原辅材料、中间产品投料及成品出库放行；制订相应的质量管理主要文件。

2. **质量标准**　疫苗生产要面对成品、半成品（中间产品）、原料、辅料、包装材料和工艺用水六个变量。之所以称它们为变量，是由于它们中间的任何一项不符合质量标准的变化都会对其他变量产生影响，从而对产品质量产生很大的影响。企业应根据《中华人民共和国兽药典》《兽药规范》制订相应的六种质量标准。

3. **取样**　取样是质量检验的基础，必须按取样规定抽取一定数量的能代表全体被抽样产品的样本来进行质量检验，检验的结论才是可信的。取样工作由质量管理部门负责，由专职的取样员取样。

（1）取样的原则　保证样品的代表性，而且不影响所取容器内原料的原始质量；取样时尽可能将物料移至指定的取样区；对原辅料、半成品（中间体）、成品、副产品及包装材料都应制订取样办法；对易变质的原辅料，贮存期超过规定时，领用前要重新抽样。

（2）取样的程序　将预先确定的供取样的容器移至取样区；按规定清洁并随机取样；样品容器上贴签，注明必要的内容；重新关闭容器并注明"已取样"；将容器退回原处，并填写有关记录。

4. 检验　质量管理部门是唯一能批准物料合格、可供生产使用的部门，也是唯一的能批准成品经检验后销售的部门。所有的原辅料、包装材料、成品、半成品（中间体）、副产品、工艺用水的检验工作均由质量管理部门按质量标准规定的检验项目组织实施。

5. 实验动物管理　实验动物的质量直接关系到疫苗生物学试验数据的可靠性。农业部根据国家颁布的《实验动物管理条例》，结合兽用生物制品的特点，制定了兽用实验室动物标准（详见《兽用生物制品规程》或《兽用生物制品质量标准》），疫苗生产企业也应制订本企业的实验动物管理制度。

6. 质量事故管理　质量事故是指生产的中间品、成品的质量达不到质量标准的规定，生产出的中间品或成品不合格或中间品、成品的收率极低，产生大量的废品。质量管理部门负责质量事故的处理，制订质量事故管理制度。发生质量事故时质量管理部门应会同生产、技术部门分析质量事故原因，提出解决办法，并采取适当的纠正措施以避免此类事故的再次发生。重大质量事故应及时报告当地兽药监察管理部门。在未找到原因及解决办法前应暂停生产。质量事故调查的结果、建议及实施计划都应有书面报告。如果同类质量事故再次发生，则要考虑是否要对工艺过程进行重新验证。所有质量事故的处理都应有书面记录和处理报告。

（三）口蹄疫灭活疫苗生产中的自检

自检是疫苗生产企业按照《兽药GMP》对生产和质量管理进行的全面检查，是疫苗生产企业自主性开展的质量管理活动，是企业提高自身质量管理和保证能力，保证产品质量稳定控制的重要手段，企业通过开展自检活动，可以及时掌握生产各环节的工艺和质量控制情况，为企业改进产品质量提供有价值的信息。疫苗生产企业应定期组织自检，以证实企业质量管理体系的有效性，使疫苗生产过程始终得到控制，从而保证产品的安全有效。

自检内容应包括所有与疫苗GMP生产有关的内容，机构与人员情况、厂房及设施的自检、设备、物料、卫生、文件、生产管理、质量管理、产品销售和回收、投诉与不良反应报告等都应该实施自检。

三、《兽药GMP》对疫苗售后的要求

《兽药GMP》对疫苗售后的规定主要包括产品的销售和回收、投诉与不良反应报告两部分。产品的销售与回收主要涉及销售部门，销售人员通过销售工作收集市场需求信息，搞好市场调研工作，收集对本企业产品质量、服务质量以及产品不良反映的意见，同时获得竞争对手在品种、价格、质量等方面的信息，为本企业的经营策略提供决策依据。销售人员通过自身良好的素养可以为企业塑造正面的形象。

及时、妥善、正确处理顾客对疫苗质量的投诉，及时进行不良反应监察，是疫苗生产企业应尽的责任。对投诉的妥善处理有利于维护企业的信誉和利益，对不良反应监察有利于纠正生产过程中出现的差错、提高产品质量。

（一）产品销售与收回

疫苗销售执行先产先销原则，只有合格的疫苗产品方能销售。

销售部门业务员与新老客户签合同或订单时，应规定产品的品种、数量、执行标准及顾客需求等。疫苗销售订单经销售部经理批准后，业务员与顾客沟通确认，签订正式合同，作为收、发货依据。批疫苗销售均应填写销售记录。疫苗售出后，销售部门应建立顾客档案，以准确、客观、真实反映顾客情况，为用户访问及售后服务做准备。

疫苗生产企业应建立良好的售后服务管理制度，定期实施用户访问、技术服务、征求顾客对产品的意见和要求，持续改进企业的产品质量及管理。疫苗生产企业应由质量、技术及销售部门负责人具体落实售后服务工作。由销售部门带头组织质量、技术等部门人员开展用户服务，主要采用函电征询、上门访问、顾客满意度调查表、邀请顾客座谈和召开会议调研等方式，广泛征求顾客对产品质量、工作质量及服务质量的评价意见，建立顾客质量信息反馈单。用户访问内容主要包括顾客对兽药产品质量、工作质量及服务质量的评价。销售部门应设专职技术服务人员定期开展技术服务、产品调研工作，指导客户正确、安全使用疫苗并征询意见，收集产品信息及需求，作好产品开发和改进。

（二）产品收回

疫苗生产企业应建立产品退货和收回的书面程序，收回产品包括退货和企业主动收回两种。销售部门业务人员提出退货申请，由销售部经理批准退回公司，与仓库保管员交接。仓库保管员检查退货名称、批号、规格、包装等，与退货单对照准予退入货库，并填写产品退货记录。非质量问题退货，经质检部门重新检验合格后再入库，若为质量问题退货，经质检部门检验不合格销毁处理。

（三）投诉与不良反应报告处理程序

企业接到用户投诉后，由专职人员建立书面记录并分类编号，建立用户投诉及不良反应监察台账，投诉及不良反应监察记录归档长期保存，作为兽药质量改进及新产品开发的原始材料。由负责质量投诉及不良反应监察人员组织质量、技术等部门人员，组成调查组进行调查处理。

（李冬，刘在新）

第四节　口蹄疫疫苗质量控制及检验

按照兽药《GMP》的要求，疫苗企业的质量管理部门应当按照《中华人民共和国兽药典》《中华人民共和国兽用生物制品规程》和《中华人民共和国兽用生物制品质量标准》等国家标准，制订本企业的内控质量标准。有了企业内控标准，产品生产过程中质量控制和质量检验才有评价依据。企业内控质量标准一般高于国家质量标准和行业质量标准。

一、口蹄疫疫苗的质量控制

（一）原辅料、包装材料、标签的质量控制

仓库应由专人负责对进厂的原辅料进行验收、保管、收放管理，并定期填写原辅材料质量报告。车间应由专人负责车间用的原辅材料、包装材料、标签的领取、验收和使用。

（二）生产过程的质量控制

生产过程的质量控制范围应由质量管理部门和生产部门共同制订，并形成书面技术档案。为了保证生产过程的质量控制得以实施，质量管理部门和生产部门有必要对具体

实施的方法加以规定。生产过程中的质量控制点由疫苗生产企业根据生产工艺和工序对质量影响重要程度来决定。检查或检验后，应填写检查或检验记录。生产过程的质量控制与监督工作由车间（兼职质监员）与质量管理部门（专职质监员）共同完成。检验性的质量控制由质量管理部门在生产过程中实施。各级专职和兼职质量监督员，要按照疫苗的工艺要求和质量标准，检查半成品（中间体）、成品质量和工艺卫生情况并做好记录，填写半成品及成品的质量报告。

（三）批生产记录和批检验记录的管理

质量管理部负责对批生产记录和批检验记录的审核，以及配料、称量过程的复核，各工序生产记录、清场记录、中间产品质量检验结果、偏差处理和成品检验结果的复核等。

（四）产品出厂后的质量监控

1. 处理退货　质量管理部门应对退货的产品进行复检、确认，重大问题会同有关部门分析原因，提出处理意见和防范措施，记录存档，并向企业负责人提交书面报告。

2. 用户访问　质量管理部门必须按规定要求，组织开展对用户的访问或发放产品征询质量改进意见单，重视用户对产品质量的意见，制订整改措施并监督实施。

3. 留样观察　质检部门应设立留样观察室，根据留样观察制度，明确规定留样品种、批数、数量、复查项目、复查期限、留样时间等，指定专人进行留样观察，填写留样观察记录。产品留样期间如有异常质量变化，应填写留样样品质量变化通知单，报告质量管理部门负责人，由部门负责人报告有关领导及部门分析原因研究措施，并监督执行。

4. 稳定性试验　质量管理部门应开展对原料、中间产品及成品的质量稳定性考核，根据考核结果来确定物料的贮存期，为制订药品有效期提供依据。

二、口蹄疫灭活疫苗的质量检验

质量检验应包括生产前期的相关检验、生产过程的中间检验及产品最终检验和试验。生产准备和生产过程中间的检验指原辅材料、包装材料、工艺用水、中间产品的检验。所有生产过程涉及的物料必须进行检验，检验合格并提供文件证明才可以投放到生产工序中。最终检验和试验指成品必须在各工序的检验和试验合格后才能进行成品的最终检验和试验，检验合格并提供文件证明，且有关文件得到认可后成品才能出厂。满足质量标准规定全部要求的为合格品，反之为不合格品。

（一）取样

取样是指按取样规定抽取一定数量的能代表全体物料的样本来进行质量检验，检验的结论才可信。取样工作由质量管理部门负责，由专职的取样员取样。

1. 取样的原则

（1）保证样品的代表性，而且不影响所取容器内物料的原始质量，着重需要考虑微生物和理化方面的影响因素。

（2）取样时尽可能将物料移至指定的取样区。取样环境的空气洁净度级别应与生产要求一致。

（3）对原辅料、半成品（中间体）、成品、副产品及包装材料都应制订取样办法，对取样环境的洁净要求，取样人员、取样容器、取样的部位、顺序、取样方法、取样量、样品混合方法、取样容器的清洗、保管、必要的留样时间，以及对无菌或有毒物料在取样时的特殊要求都应有明确的规定，否则会失去取样的意义或影响检验结果的真实性。

2. 取样的程序

（1）将盛放物料的容器移至取样区。

（2）按清洁规定清洁并随机取样，取样数量应参照有关国家标准。

（3）样品容器上贴签，注明必要的内容，如批号、原料名称、取样员签名、取样日期。

（4）重新关闭容器，并注明"已取样"。

（5）将容器放回原处，并填写取样记录。

（二）检验

1. 质量检验标准操作规程的编写

（1）原辅料（包括工艺用水）、半成品、成品及包装材料的检验操作规程由质检室根据质量标准组织编制，经质管负责人审查，技术副厂长或总工程师批准、签章后，按规定日期起执行。

（2）检验操作规程内容应包括：检品名称（中、外文名）、代号、结构式、分子式、分子量、性状、鉴别、检验项目与限度及操作方法等。

（3）滴定溶液、标准液、指示剂、试剂、酸碱度、热原、生物效价等单项检验操作方法，参阅《中华人民共和国兽药典》或有关规定。

2. 检验 兽药生产中所有的原辅料、包装材料、半成品、成品、工艺用水的检验工作均由质量管理部门按质量标准规定组织实施。在口蹄疫疫苗生产中一般有四个最重要的质量查证点：原辅材料检验、病毒效价检测、灭活检测、成品检验。

（1）原辅料检验　对于购入的原辅料，应着重进行理化检验和无菌检验。检验结果应与供应原料的生产厂家提供的检验报告进行核对，如双方的检验结果相差较大（如供应厂家检验报告结论是合格，而购货厂家检验报告结论是不合格；或虽均为合格结论，但检验数据相差较大）时，质量管理部门必须仔细检查所收到供应厂家的检验证书的一致性和完整性。并有必要与供应厂家进行联系，共同分析检验结论不一致的原因，以取得双方检验方法、检验结果的一致性。

（2）包装材料的检验　包装材料检验项目的内容主要包括材质、外观、规格和理化性质。直接接触药品的包装材料、容器，还要对其卫生状况进行检查。检验后质检员要填写检验报告。包装材料经检验合格后，由质管部门出具合格证书，并贴上合格的标志或标签，方可使用。不合格品贴上不合格的标志，并在较短的时间内退回供应厂家。

（3）半成品的检验　半成品的检验是在生产中进行的。如病毒液的pH、颜色、病毒含量等项目的检验；疫苗灌装中要进行装量检查，灌装后要进行装量和稳定性的检查；印字后要进行内容、字迹清晰度的检验；装盒后要对装入盒内支数的抽查等。其中最重要的是病毒效价检测和灭活检测（安全性检验和无菌检验）。半成品的每一步检验，都应该由专职质检员来完成，经检验合格并由质检员签字后，方可进入下一步的生产程序。

① 牛、羊口蹄疫疫苗用病毒抗原效价的检测：将待测效价的口蹄疫病毒液用无血清细胞培养液作十倍梯度稀释，分别标记为10^{-1}、10^{-2}、…10^{-8}。取10^{-6}、10^{-7}、10^{-8}3个稀释度的病毒液分别接种到培养24～48h生长良好的细胞管中（或乳鼠）。将接毒后的细胞管置于37℃恒温培养箱中培养，每天定时观察两次。根据细胞的病变情况做好记录，连续观察72h。按各稀释度细胞病变情况计算病毒的$TCID_{50}$，$TCID_{50}$应≥7。

② 猪口蹄疫疫苗用病毒抗原效价的检测：将待测效价的口蹄疫病毒液用无血清细胞培养液作十倍梯度稀释，分别标记为10^{-1}、10^{-2}、…10^{-8}。取10^{-6}、10^{-7}、10^{-8}3个稀释度的病毒液分别接种于2日龄乳鼠（或细胞），每个稀释度接种4只，每天定时观察两次。根据小鼠病变及死亡情况做好记录，连续观察72h。按各稀释度小鼠死亡情况计算病毒的LD_{50}，LD_{50}应≥7。

③ 口蹄疫抗原灭活后的无菌检验方法：参考《中华人民共和国兽药典》。

④ 口蹄疫抗原灭活后的安全性检验方法：a.将灭活后的病毒液颈部皮下接种3～4日龄乳鼠4～5只，0.2mL/只，并设空白对照，观察7d，乳鼠不得出现口蹄疫症状和发病死亡。b.将灭活后的病毒液接种不带母源抗体未经免疫的30～40日龄仔猪，每头仔猪两侧耳根后接种5mL，观察10天应不出现口蹄疫症状和死亡。

（4）成品的检验 口蹄疫灭活疫苗在批准销售前应进行成品的理化检验、无菌检验、安全性检验和效力检验，以保证其符合企业内控标准要求。

① 口蹄疫灭活疫苗的理化检验方法：口蹄疫灭活油佐剂疫苗应为乳白色或淡粉红色、略带黏滞性的乳剂。吸取疫苗逐滴滴入盛有洁净冷水的容器，除第一滴呈云雾状扩散外，其余均不扩散。以0.12cm内径的1mL吸管吸取疫苗1mL，在室温下垂直放置，使疫苗自然跌落，放出0.4mL的时间不得超过10s。以3 000转/min离心15min，乳剂液面出油不得超过液体高度的1/10，底部出水也不得超过液体高度的1/10。

② 口蹄疫灭活疫苗的无菌检验方法：参考《中华人民共和国兽药典》。

③ 口蹄疫灭活疫苗的安全性检验：a.皮下接种豚鼠和小鼠，每只豚鼠皮下注射2mL，每只小鼠皮下注射0.5mL，接种后观察7d，应不出现口蹄疫症状和因注射疫苗引起的毒性反应。b.对于猪口蹄疫灭活疫苗，除按a步骤检验外，还应取抗体检测阴性的30～40日龄仔猪两头，每头仔猪两侧耳根后接种疫苗两头份，观察14d，应不出现口蹄疫症状和因注射疫苗引起的毒性反应。c.对于牛羊口蹄疫灭活疫苗，除按a步骤检验外，取抗体检测阴性6月龄以上牛3头，每头牛舌面皮内注射疫苗20个点，每点0.1mL，7d后颈部再注射疫苗3头份（6mL）观察10d，接种牛不得出现口蹄疫症状或因注射疫苗引起的毒性反应。

④ 口蹄疫灭活疫苗的效力检验：a. 对于猪用灭活疫苗，选体重40kg左右的健康且抗体检测阴性仔猪17头，其中15头随机分为3组，每组5头，将疫苗按1头份、1/3头份、1/9头份接种，每剂量于耳根后肌肉接种5头猪，接种后28d，连同2头对照猪，每头耳根后肌内注射1 000个半数感染量（ID_{50}）口蹄疫强毒，观察10d，对照猪均应至少一蹄出现水疱或溃疡，免疫猪出现任何口蹄疫症状，判为不保护，根据免疫猪的保护头数计算PD_{50}，每头份疫苗应不低于3个PD_{50}。b. 对牛羊用灭活疫苗，选6月龄以上健康且抗体检测阴性牛17头，其中15头随机分为3组，每组5头，将疫苗按1头份、1/3头份、1/9头份接种，每剂量颈部肌肉接种5头牛，接种后21d，连同2头对照牛，每头牛舌面分两点皮内注射1 000个半数感染量（ID_{50}）的同源口蹄疫强毒，观察10d，对照牛每头必须3个以上蹄部出现口蹄疫典型病变。免疫牛除舌面以外，不得出现任何口蹄疫病变判为保护。根据各剂量发病牛的数量计算PD_{50}，要求每剂量疫苗效力不得低于3个PD_{50}。

3. 检验记录 检验人员应按规定作好检验操作记录。检验操作记录为检验所得数据、记录、运算等原始资料。检验结果由检验人签字，专业技术负责人复核，检验报告单由质量管理部门负责人审查、签字，并建立检验台账。检验操作记录、检验报告单须按批号保存3年或产品有效期后1年。在检验中要遵守以下的记录规则：① 填写的数据必须真实，而且要及时填写。② 质量标准中要求有数据的检验项目，必须填写实测数据，不能填写"合格"或"不合格"。③ 如果数据填写错误，修改时要在错误处划一横，并在错误数字上方填写正确的数字并签名，使错误的数字仍能被辨认清楚。④ 如果检验时操作失误，要实事求是填写失误原因，并应重新进行检验操作。

（李冬，刘在新）

第五节　口蹄疫疫苗的田间应用效果评价

　　在目前已经消灭和有效控制口蹄疫的国家和地区，几乎都使用过口蹄疫灭活疫苗，灭活疫苗接种被公认是口蹄疫防控中的主要工具和有效手段。但在口蹄疫疫苗使用的历史中，因免疫失败和灭活不彻底导致的事件屡有发生。口蹄疫疫苗已成为一柄双刃剑，质量可靠并且使用得当，能够有效预防和控制口蹄疫的流行，一旦质量出现问题，也有可能造成灾难性的后果。为了进一步提高疫苗的免疫效力和安全性，农业部对疫苗生产企业采取了非常严格的管理措施和市场准入制度，规定在2005年12月31日前未获得《GMP合格证》的疫苗企业将不得再进行疫苗生产，即使获得《GMP合格证》及生产资格的疫苗企业，也要进行批签发和不定期的飞行检查。

一、中国口蹄疫疫苗生产基本状况

　　中国已经上市的口蹄疫灭活疫苗主要有：猪口蹄疫O型灭活疫苗、猪口蹄疫O型灭活疫苗Ⅱ（浓缩型）、牛口蹄疫O型-A型双价灭活疫苗、口蹄疫O型-Asia1双价灭活疫苗、口蹄疫A型灭活疫苗（AF/72株）、口蹄疫病毒O型-Asia1二价灭活疫苗（ONXC株＋JSL株）、口蹄疫O-A-Asia1型三价灭活疫、猪口蹄疫O型灭活疫苗（OZK/93株＋OR/80株）、口蹄疫O型灭活疫苗（O/MYA98/BY/2010株）、猪口蹄疫O型灭活疫苗（OZK/93株）等。

　　目前中国已批准生产口蹄疫疫苗的企业有中牧股份兰州生物药厂、金宇保灵生物药品有限公司、中农威特生物科技股份有限公司、新疆天康畜牧生物技术股份有限公司、乾元浩生物股份有限公司保山生物药厂内蒙古必威安泰生物科技有限公司和上海申联生物医药（上海）有限公司等7家企业。国内取得批准文号的口蹄疫疫苗有：猪口蹄疫O型灭活疫苗、猪口蹄疫O型灭活疫苗Ⅱ、牛口蹄疫O型-A型双价灭活疫苗、口蹄疫O型-Asia1型二价灭活疫苗、牛口蹄疫A型灭活疫苗、牛口蹄疫O型灭活疫苗、口蹄疫O型-A型-Asia1型三价灭活疫苗、猪口蹄疫O型合成肽疫苗等。口蹄疫灭活疫苗生产已注册使用的毒种包括① A型：AF/72、Re-A/WH/09株；② O型：O/MYA98/BY/2010、O/GX/09-7、O/XJ/10-11、ONX/92、O/HB/HK/99、OS/99、JMS/00、OHM/03、OZK/93、OR/80，其中OS/99、O/MYA98/BY/2010同时用于牛及猪口蹄疫O型灭活疫苗的生产，O/GX/09-7、O/XJ/10-11、OR/80、OZK/93主要用于猪O型口蹄疫灭活疫苗生产；③ Asia1型：AKT/03、LC/96、KZ/03、Asia 1/XJ/KLMY、Asia1/ JSL/HeNZK/06。各企业生产的口蹄疫疫苗总量能够满足目前防疫的需要。

二、疫苗应用效果田间评价的目的

通过开展对不同种类口蹄疫疫苗在不同规模养殖场应用后的情况进行流行病学调查、采样检测，以掌握口蹄疫疫苗强制免疫工作现状，了解疫苗的临床应用安全性及保护效果，了解疫苗临床使用环节中可能出现的问题，通过综合分析、评判，提出政策措施建议，以提升口蹄疫疫苗实际防疫效果。

三、疫苗应用效果田间评价的原则

1. 代表性原则　即在实施过程中应注意被评估的群体可以代表整体的状况。

2. 可行性原则　即拟定的实施方案符合当地畜牧业生产实际，调查内容相对全面、调查表涉及内容具有较强的可反馈性（易收集、填写），调查过程简便易行，具有可靠的组织、技术、经费及后勤等保障。为保证评估工作顺利进行，一次调查所涉及信息不宜面面俱到，调查范围应适当。

3. 一致性原则　即在开展评估时应统一调查表、调查对象，统一采样窗口期（何时采样）、抽样方法，统一样品检测方法（国家、行业标准认可的方法，或者有关技术规范中提到的方法），必要时还应统一试剂生产商。

4. 分类抽样原则　同一疫苗的注射对象可能因物种、日龄、性别等因素有所区分，因此，在评估时，应充分考虑到这些因素，按照不同养殖规模、不同日龄、不同性别等因素，采用分类、分层抽样的方法进行调查、采样。便于在调查、检测结束后，分类进行信息的归类、整理、统计及分析。

四、疫苗应用效果田间评价的内容及方法

疫苗临床使用效果评价工作的服务对象主要是各级兽医行政主管部门、动物疫病预防控制机构以及广大养殖业主（企业）。从一个区域的角度出发，开展疫苗临床使用效果评估工作，一般应包括以下主要内容。

1. 疫苗招标情况　主要包括招标口蹄疫疫苗的种类、批号、招标价格、招标数量、实际用量等。

2. 流行病学信息收集　设计统一、规范、具有可操作性的调查表格，主要包括养殖场名称、地址、养殖数量、养殖方式、饲养管理、生物安全管理、消毒保健、疫苗的运输及保存、免疫程序、免疫基数、免疫安全性、免疫保护效果等。信息收集的方式包括实地调查、电话访问、网络（电子邮件）填报等。期间，应注意调查信息的保密处理。

3. 采样检测　在收集上述基本信息的同时，对疫苗使用后的安全性、有效性进行评价。安全性评价的主要内容是，免疫后3d内被免疫群体的临床不良反应，包括免疫应激（牲畜的饮食、精神及体征等）、免疫发病、免疫死亡、免疫流产等情况，对这些数据均应详细观察并记录。此外，还应在免疫后的适当时间，如免疫后15日或30日、60日，必要时也可在免疫后90日或疫苗所注明的最长保护期进行采样。样品分两类，一是血清样品，主要用于免疫抗体水平监测；二是组织样品，主要用于评价疫苗免疫保护期内牲畜的带毒、发病情况。

4. 数据统计分析　在获得上述三个主要方面的信息后，应对全部信息进行分类、整理、统计，应用数据统计的方法进行综合分析，客观评价某种口蹄疫疫苗临床使用的安全性和有效性，并得出评价结论，用于指导免疫工作，提升口蹄疫防控效果。

（李晓成，吴发兴，刘爽，李冬）

第六节　新型疫苗

一、口蹄疫新型疫苗研发的必要性

口蹄疫灭活疫苗自诞生以来已使用70多年，实践证明灭活疫苗可以有效地限制口蹄

疫的流行范围。在与严格的政府防控政策结合时，甚至可以根除地方性口蹄疫。口蹄疫在亚洲、非洲、欧洲及美洲的许多国家都有发生，经过20世纪后半叶有效的疫苗预防接种，欧洲大多数国家和美洲部分国家都消灭了口蹄疫。目前除欧盟取消了口蹄疫灭活疫苗免疫接种政策外，南美和亚洲多数国家仍然在使用口蹄疫灭活疫苗预防和控制口蹄疫。

相比新型疫苗，口蹄疫灭活疫苗存在着免疫效果良好、生产工艺成熟等诸多优点。但是随着实践经验的积累和研究的深入，口蹄疫灭活疫苗的缺点也逐渐被人们熟知。第一，伴随着口蹄疫灭活疫苗的使用，对疫苗灭活是否彻底的争议一直在持续，有报道认为部分地区的口蹄疫流行是由口蹄疫疫苗中病毒灭活不彻底造成。因为怀疑甲醛灭活方法不可靠，人类抛弃了在疫苗生产中最为常用的甲醛灭活法，采用了乙烯亚胺类衍生物灭活法，但乙烯亚胺类衍生物会增加疫苗的毒副作用，最关键的是乙烯亚胺类衍生物对病毒灭活是否彻底依然存在争议。第二，口蹄疫灭活疫苗的生产过程中存在活病毒增殖，以及对实验动物疫苗免疫后的抗病毒攻击试验，这些环节稍有不慎就有可能使病毒扩散从而造成口蹄疫的流行。虽然按照兽药GMP的要求，以上环节都应该在负压的密闭环境中进行，但病毒粒子的扩散是无孔不入的，况且还存在人员的流动，没有人能够保证负压的密闭环境一定安全。第三，口蹄疫病毒基因组非常容易变异，一旦发生变异，使用原来流行毒株制备的疫苗对变异毒株的保护能力就会下降。为保持疫苗的保护力，学者们需要不断通过流行病学调查分析制苗毒株与流行毒株之间的差异，在差异变大时，及时更换制苗毒株，使其与流行毒株相匹配。这给科研单位和疫苗生产企业增加了巨大的工作负担。基于上述原因，新型疫苗的研发势在必行。

二、几种比较有潜力的新型疫苗的研究进展及应用情况

（一）合成肽疫苗

合成肽疫苗是以口蹄疫病毒抗原表位的蛋白质序列为依据，用人工方法合成多肽并连接到大分子载体上作为抗原，加入佐剂制备的一类疫苗。20世纪60—70年代，学者们发现口蹄疫病毒最重要的抗原决定簇位于VP1上。20世纪80年代，学者们开始尝试使用VP1蛋白作为抗原研制疫苗，试验证明VP1蛋白免疫动物具有一定效果，但还不足以保护动物免受口蹄疫强毒攻击。随着核酸测序技术和化学合成肽技术的发展，人们逐步发现VP1上的多个重要的抗原位点，于是用化学方法合成了这些抗原位点氨基酸序列，并免疫兔子和豚鼠，发现140~160肽能刺激豚鼠产生高水平中和抗体，并能保护豚鼠抵抗

强毒攻击。随后又发现，200～213氨基酸序列与140～160序列连接时具有更好的免疫效力，于是用这种合成肽制成疫苗，虽然用此疫苗免疫牛之后，其效力明显低于常规灭活疫苗，但这种方法开启了一种新疫苗的研究思路。

理想的合成肽应该有以下特点：① 具有良好的免疫原性。研究证明，合成肽具有空间构象时，能够提高在实验动物体内的应答水平；另外，合成肽的抗原表位以二聚体或者多聚体形式存在时，免疫原性比单一表位的合成肽更强。② 广泛的免疫交叉性。理想的合成肽疫苗应该是一次免疫能够预防多种血清型口蹄疫，为实现这一目标，Doel等把不同血清型口蹄疫病毒VP1蛋白141～158序列和200～213序列连接起来制成杂合体，试验证明这种杂合体序列可以诱导机体产生抗多种血清型的抗体。

研究发现，抗原表面T、B淋巴细胞表位的存在，对引发较高的中和抗体水平有重要意义，而VP1蛋白上的序列同时具有T、B淋巴细胞表位，因此有学者将几个重复的135～144序列短肽制成疫苗，可以在牛体内引发较高的抗体水平。Chan等将O型口蹄疫病毒VP1蛋白的141～160序列和200～213序列插入猪IgG分子一条重链恒定区，构建了一种嵌合体蛋白，这种蛋白在猪和小鼠体内都引发了很好的免疫反应。

近些年，中国在口蹄疫合成肽疫苗的研发方面取得了很大的成绩。2006年，由复旦大学联合中国农业科学院兰州兽医研究所等4家单位共同研制的"抗猪O型口蹄疫基因工程疫苗"获得成功，并获得农业部颁发的"一类新兽药证书"。中牧实业股份有限公司与上海申联生物医药公司共同研发了一种将口蹄疫病毒抗原表位与猪IgG重链恒定区连接，并在大肠杆菌中高效表达的蛋白作为抗原的猪口蹄疫O型合成肽疫苗。用此疫苗连续免疫猪两次，抗体阳性率可达100%，免疫群体可以抗1 000ID$_{50}$的病毒攻击目前已经开始商品化生产，并逐步在畜牧业生产中推广使用。有学者对猪口蹄疫合成肽疫苗和灭活疫苗的田间使用效果做过比较，合成肽疫苗不论在免疫后的抗体滴度或是在抗强毒保护方面效果都与灭活疫苗相当。相信随着使用范围的扩大，人们对合成肽疫苗的重视程度将会增加。

（二）基因工程亚单位疫苗

基因工程亚单位疫苗是指使用基因工程技术将编码病原微生物抗原表位的基因导入受体菌或者细胞，使其在受体中高效表达抗原，然后制备的一类疫苗。Kleid等将口蹄疫抗原基因导入大肠杆菌成功地表达了VP1融合蛋白抗原，并用此抗原制备了口蹄疫基因工程亚单位疫苗，在牛和猪体内均能诱导产生中和抗体，从此各国科学家开始广泛使用这种技术研发口蹄疫疫苗。

1979年，有学者发现A型口蹄疫病毒空衣壳在豚鼠体内的免疫原性与完整病毒粒子相同，而抗空衣壳血清与抗病毒血清也具有相同的特异性，由此开始了空衣壳亚单位疫苗研究。由于空衣壳缺少核酸，而仅有蛋白外壳，免疫动物不能产生病毒的非结构蛋白，因此应用这种疫苗免疫动物，可以利用现有的诊断病毒非结构蛋白的血清学方法，简便地区分出免疫动物和感染动物。国内外均有研发空衣壳疫苗的报道，总体来说，空衣壳疫苗虽然能提供一定的保护，但还不能达到灭活病毒所产生的保护效果，其主要原因是口蹄疫全病毒衣壳的表达量不高。

随着基因工程亚单位疫苗的研发，科学家逐步总结出研发这类疫苗的关键：① 要鉴定出病毒的主要抗原位点。② 选用合适的表达系统来表达抗原蛋白。最初学者们普遍采用原核表达系统表达抗原蛋白，后来发现原核表达的抗原蛋白引发的免疫保护很低，原因是原核表达系统对表达的蛋白进行修饰和加工的能力很有限，所以表达的蛋白常常只有线性表位而缺乏构象表位。

近几年真核表达系统越来越多地用于口蹄疫抗原蛋白的表达。开始使用较多的是酵母表达系统，后来发现昆虫细胞中表达的蛋白与哺乳动物细胞内表达的蛋白无论在结构上还是在免疫原性方面都非常相似，于是学者们把希望寄托于昆虫细胞表达系统上。然而昆虫细胞表达系统对生长环境要求很严格，需要高溶氧量才能生长，而且不耐机械搅拌和气泡冲击，因此不适于工业化大规模培养。有报道使用无血清油乳培养液悬浮培养昆虫细胞的新技术，不但能提供细胞生长所需的营养，而且能够对细胞形成保护，这种技术有可能使昆虫细胞表达系统的大规模培养成为现实。

除了以上的载体系统外，近几年有一些使用转基因植物表达口蹄疫病毒蛋白的报道。Usha等将编码口蹄疫病毒VP1抗原表位的核酸序列与豇豆花叶病毒（CPMV）的S蛋白基因连接后感染豇豆，此重组体病毒能够在豇豆细胞中复制并表达融合蛋白，这一试验揭示了使用植物生产口蹄疫疫苗的可能性。Wigdorovitz等研制出一种能够表达口蹄疫病毒VP1蛋白的转基因苜蓿，使用这种苜蓿的提取物免疫小鼠，能使小鼠抵抗口蹄疫病毒攻击，另外还发现使用苜蓿叶片直接饲喂小鼠，也能诱导小鼠产生抗口蹄疫病毒的特异性免疫反应。这一试验为可饲疫苗的研发提供了思路。潘丽等将O型口蹄疫病毒P12X-3C基因成功导入番茄和拟南芥中，该基因在植物种子中能够特异性表达，将番茄叶浸出物免疫豚鼠，可产生特异性抗体反应，并能抵抗强毒的攻击。

（三）表位疫苗

抗原表位又叫做抗原决定簇，是抗原分子中能够与T细胞表面受体（TCR）、B细胞表面受体（BCR）或者抗体分子的抗原结合片段（Fab）发生特异性结合的特殊化学基团，是引起免疫应答的物质基础。表位疫苗是利用基因工程方法体外表达或者人工合成病原微生物的抗原表位，将其作为抗原制成的疫苗。传统的口蹄疫灭活疫苗主要诱导机体产生体液免疫，而表位疫苗能够诱导细胞免疫，并且具有良好的安全性，因此成为口蹄疫疫苗研究中的一个新热点。

研制表位疫苗的前提是筛选出所需的抗原表位。过去使用蛋白质降解法确定抗原表位，但这种技术非常繁琐，而且只能获得线性表位，而无法获得构象表位。近几年随着分子生物学技术的发展，开始使用噬菌体展示肽库技术分析抗原表位，这种技术可以同时分析线性表位和构象表位。另外，还有一种使用生物信息学软件分析口蹄疫病毒基因组并预测所有可能的抗原表位，再通过试验验证的方法，实践表明这种方法能够比较精确地找到T细胞抗原表位。

表位疫苗的抗原只是一段氨基酸残基，免疫原性很差而且容易被机体降解，必须与一定的载体连接才能制备疫苗。脂质体是常用的表位疫苗载体，将抗原与脂质体连接能够增大抗原的体积，帮助其被抗原递呈细胞识别。脂质体还具有缓释剂和佐剂的作用，可以使抗原在体内长期稳定存在，在缓慢释放的同时增强免疫应答。蛋白载体也常常作为表位疫苗的载体使用。乙肝病毒的核心蛋白能够允许抗原插入其中，并能够将外源表位肽暴露于蛋白颗粒表面，因此是常见的蛋白载体。热休克蛋白也可以作为蛋白载体使用。

Bittle等合成了口蹄疫病毒O1K株VP1上的7个短肽，将其分别与KLH蛋白偶联后免疫兔子和豚鼠，结果VP1蛋白141～160位及200～213位的短肽引起机体产生较强免疫应答，从此开启了口蹄疫表位疫苗研究的序幕。理论上讲，连续的重复性表位肽能诱导更强的免疫应答，Zamorano等将口蹄疫病毒VP1蛋白135～144、135～160短肽制成多聚体后，免疫动物均能诱导机体产生高效价的中和抗体。吴绍强等利用生物信息学软件分析了SATⅡ型口蹄疫病毒可能的抗原表位，并人工合成了8条表位肽，与载体蛋白偶联后免疫接种小鼠，检测结果表明其中的6条多肽免疫小鼠后能产生抗体。Wang等发现Asia1型口蹄疫病毒VP1抗原表位第133～163位氨基酸寡肽具有良好的免疫原性，而用VP2蛋白的第1～33位氨基酸寡肽单独免疫不能诱导有效的免疫应答，但能明显加强VP1表位短肽的免疫原性。该研究表明，要研制良好的口蹄疫表位疫苗，除考虑抗原表位外，还要寻找与其他结构蛋白和非结构蛋白表位的联合，这可能有助于开发免疫原性更强的表位疫苗。Du等用腺病毒表达体系分别表达了口蹄疫病毒VP1第21～60位、141～160位和200～213位氨基酸串联多表位重组蛋白，猪α干扰素和猪α干扰素偶联口蹄疫多表位重组蛋白抗原三种蛋白，并分别免疫豚鼠和猪，结果显示猪α干扰素偶联口蹄疫多表位重组蛋白引起体液免疫和细胞免疫的能力最强，用同源病毒攻击被免疫动物，获得100%保护。杨亮等选取牛O型口蹄疫病毒VP1蛋白上的B细胞表位和T细胞表位，用多种排列方式连接组合，利用计算机预测蛋白质的三维结构，选取其中最优的结构进行构建。经大肠杆菌表达重组蛋白后免疫豚鼠，在豚鼠体内诱生了高水平的抗牛O型口蹄疫病毒的抗体。常惠芸和邵军军等利用基因操作、蛋白质表达等相关技术研制了针对猪、牛和羊的口蹄疫病毒多表位重组疫苗，该疫苗无论是在实验动物还是本动物，不仅能够诱导机体产生高水平的保护性中和抗体，而且能够诱导淋巴细胞发生增殖反应，具有良好的免疫效果。其中研制的猪O型口蹄疫广谱多表位疫苗能够保护猪抵抗目前国内流行的三个谱系毒株的攻击，100%保护，牛的Asia1型单价疫苗和Asia1/O型联苗能够保护免疫豚鼠抵抗同源病毒的攻击，羊Asia1型口蹄疫多表位疫苗对本动物羊进行加强免疫后产生了高水平的保护性中和抗体。曹轶梅和卢曾军等用3个不同谱系O型口蹄疫病毒B细胞表位和通用性型细胞表位串联表达，加入聚肌胞佐剂，使免疫猪显著提高了保护不同谱系强毒攻击的水平。

（四）病毒活载体疫苗

病毒活载体疫苗是将抗原基因插入载体病毒的特定位置上，然后用载体病毒转染细胞，载体病毒在复制的同时使抗原基因得到表达，将表达产物纯化后制成的疫苗。近年来，活载体病毒在口蹄疫疫苗研发中越来越受到重视，原因是病毒活载体疫苗具有诸多优点，例如，一个载体病毒中可同时插入多个外源基因，表达多种病原微生物的抗原，同时起到预防多种传染病的作用等。口蹄疫病毒有7种血清型，理论上可以将不同型口蹄疫病毒的抗原基因插入到同一活载体中制成多价疫苗。目前用于表达口蹄疫病毒抗原的病毒载体主要有痘病毒、腺病毒、杆状病毒、脊髓灰质炎病毒、牛鼻气管炎病毒、牛瘟病毒及烟草花叶病毒等。下面就几种常见的病毒载体做简要介绍。

痘病毒　是第一个用作载体的病毒，也是应用最广泛的载体病毒。痘病毒具有宿主范围广、体外培养可以保持较高滴度、不易丧失感染性、基因组容量大且含多个非必需区等特点，有利于进行基因工程操作，而且插入多个外源基因还能保持抗原性稳定和免疫原性。研究发现，重组痘病毒接种豚鼠能同时引发体液免疫和细胞免疫。Berinstein等构建了表达口蹄疫病毒P1基因的重组痘病毒，用此重组痘病毒接种Balb/c小鼠后，用ELISA检测出高滴度的口蹄疫病毒抗体，并能使小鼠获得抗同源病毒攻击的能力。Zheng等用鸡痘病毒作载体构建了表达口蹄疫病毒P1-2A和3C基因的重组疫苗，在小鼠和豚鼠免疫试验均表现出较好的免疫效果，并且在豚鼠攻毒试验中，可抵抗同源病毒攻毒。金明兰等将口蹄疫病毒衣壳蛋白前体P1-2A基因和蛋白酶3C基因插入鸡痘病毒表达载体中，构建重组鸡痘病毒，免疫小鼠后，可产生较高水平的特异性抗体。Ma等将口蹄疫病毒的衣壳蛋白P12A基因、3C编码区基因、猪白细胞介素18基因等导入鸡痘病毒基因组中，免疫动物后，可产生对O型口蹄疫病毒的部分保护作用。痘病毒能够感染多种动物，在一些体弱动物会引起比较强烈的病理反应，还能通过接触传播，这在一定程度上阻碍了其作为载体的相关研究。2007年，中国农业科学院兰州兽医研究所张强将中国应用广泛的山羊痘疫苗弱毒株（AV41）改造为一个痘病毒载体，表达口蹄疫病毒P1-2A3C基因获得成功，为反刍动物活载体疫苗的研究提供了新的思路。

　　腺病毒　是表达外源基因的常用载体。腺病毒可在多种细胞上生长，外源蛋白表达量高。另外，腺病毒基因以附着体形式长期存在于机体内，在此期间外源基因可以不断地表达，从而延长对机体的免疫刺激，达到更好的免疫效果。Sanz等用人IV型腺病毒疫苗株（Ad5 wt）载体构建了表达结构蛋白P1基因的重组腺病毒活载体疫苗Ad5-P1。用Ad5 wt和重组的Ad5-P1混合后经皮下或鼻内接种牛，在第二次免疫后滴鼻感染口蹄疫病毒，牛得到有效的保护。Mayr等构建了表达口蹄疫病毒结构蛋白的VI型腺病毒并制成疫苗，间隔4周，用相同剂量免疫猪群两次，可使猪群产生高水平的口蹄疫病毒中和抗体，80%以上免疫猪得到完全保护。Du等将口蹄疫病毒P1基因和猪的干扰素基因同时插入人腺病毒基因中，构建了重组腺病毒，免疫豚鼠后可产生高水平的中和抗体，并可保护豚鼠免受O型口蹄疫病毒的攻击。

　　杆状病毒（baculovirus）　是昆虫病毒，具有以下主要优点：① 病毒基因组较大，可以同时表达多个外源基因；② 杆状病毒不感染动物细胞，因此遗传学上是安全的表达载体；③ 昆虫细胞属于真核细胞，能够对表达产物加工修饰，因此绝大部分外源基因表达产物均有良好的生物活性；④ 启动子强，外源基因可得到较高表达。1993年，美国梅岛动物疾病研究中心用杆状病毒表达口蹄疫病毒的P1蛋白及部分P2蛋白和P3蛋白，免疫猪群后能使部分猪获得抗强毒攻击保护力。2008年，柳纪省等用家蚕杆状病毒表达体系表达了口蹄疫病毒Asia1型空衣壳抗原，家蚕杆状病毒载体在蚕体内复制时表达的口蹄疫病毒抗原蛋白经过修饰，在理化性质和免疫学活性等方面与口蹄疫病毒粒子的衣壳蛋白相似。用这种杆状病毒表达的空衣壳没有感染性，但可刺激机体产生体液免疫和细胞免疫反应，是理想的制苗抗原。

（五）核酸疫苗

　　核酸疫苗也称基因疫苗，是把外源的抗原基因克隆到质粒上，然后将此质粒转入动物体内，使外源基因在动物体内表达，产生蛋白抗原，诱导机体产生免疫反应的疫苗。从理论上讲，核酸疫苗成本低、免疫期长，又易于设计和构建，因此被称为免疫学上的第三次革命。最初构建的口蹄疫核酸疫苗是包含A$_{12}$株cDNA全基因组的pWRM质粒，但全基因组在表达时有可能会产生活病毒，因此在之后的研究中通常只构建表达抗原表位的核酸疫苗，而最常表达的抗原表位仍旧是衣壳蛋白VP1上的140～160及200～213氨基酸序列，但实践证明这些表位引发的免疫反应很弱。之后学者们开始把衣壳蛋白编码区基因与非编码区基因共同构建同一质粒，以期产生更强的免疫反应。Benvenisti将口蹄疫病毒完整的衣壳蛋白基因P1和非结构蛋白基因2A、3CD串联起来，同时加入心肌炎病毒内部核糖体进入位点（IRES），构建核酸疫苗，并注射到猪皮肤中，部分猪可以抵抗口蹄疫病毒强毒的攻击。Shieh等为增强免疫效果将核酸疫苗和亚单位疫苗联合使用，具体方法是首先用含有口蹄疫病毒VP1基因的质粒免疫小鼠，再用VP1蛋白抗原二次免疫，小鼠产生了高效价的中和抗体。因IgG在宿主体内有较长的生命周期，与IgG分子融合能够延长VP1抗原的半衰期，理论上能使宿主持续受到刺激，引发更强烈的免疫反应，Wong等分别构建了两种编码口蹄疫病毒VP1两个抗原位点141～160、200～213氨基酸序列及猪、小鼠免疫球蛋白IgG恒定区的质粒。用这两种质粒分别免疫猪和小鼠，小鼠同时引发了体液免疫和细胞免疫，猪获得了抗强毒攻击的保护力。

（六）基因缺失疫苗

基因工程技术的发展，使得人为突变病毒基因组或删除病毒某一蛋白编码区成为现实，因此，基因缺失疫苗应运而生。基因缺失疫苗是使用基因工程技术把病毒强毒株中与毒力相关的基因切除，使其成为弱毒或者无毒的毒株，然后制成的活疫苗。基因缺失疫苗具有安全性好、毒力不易反强、注射疫苗后机体产生的免疫应答与强毒感染几乎完全一致等诸多优点而得到很多学者的重视。另外，还可将切除的毒力基因表达后制成诊断试剂，从而区分免疫动物和自然感染动物。

McKenna等使用基因工程技术获得了一株删除VP1基因上的RGD受体结合位点的口蹄疫病毒，将此毒株接种猪和乳鼠都不致病，接种牛不会引发任何症状，但可以产生高水平的中和抗体，并对病毒攻击能产生保护力。Chinsangaram等构建了一株L蛋白酶基因缺失的A_{12}型口蹄疫病毒，该毒株可以在BHK-21细胞中正常增殖，在接种乳鼠之后无明显症状，而且不会在个体间传播，接种牛和猪能快速引发免疫反应，而且产生的保护力与灭活疫苗相似。这一毒株的L蛋白酶基因缺失使其毒力反强的可能性大大下降，而又具有无毒力且不会在动物间传播的特性，所以无论作灭活疫苗或者活疫苗都很适合。

（七）标记疫苗

经口蹄疫灭活疫苗免疫后，动物经常出现隐性感染和持续带毒的情况，一般认为灭活疫苗中除去了绝大多数非结构蛋白，免疫动物几乎不产生非结构蛋白抗体，而感染动物体内具有非结构蛋白抗体。因此经常使用检测血清中非结构蛋白抗体的方法区分疫苗免疫动物中的感染动物。新型疫苗出现后面临着与灭活疫苗同样的问题，为了便于在实验室诊断中能够区分疫苗免疫动物和感染动物，近年来出现了一些能够进行鉴别诊断的标记疫苗。口蹄疫标记疫苗，是缺失了病毒某段致病相关基因或优势表位基因的弱毒苗或灭活苗。该类疫苗保持了弱毒苗或灭活苗免疫效力最优的特性，且消除了常规疫苗多次免疫干扰鉴别诊断缺陷。利用反向遗传操作技术，即可有目的地缺失基因，构建标记病毒，同时也可修饰抗原表位基因，拓展病毒抗原谱。在研发标记疫苗的同时，也要研发相应的鉴别诊断技术。只有鉴别诊断成熟的新型疫苗才能叫做标记疫苗。刘在新等已完成口蹄疫O型标记灭活疫苗的实验室研究，进入了临床试验阶段。

理论上讲，新型疫苗都能够开发成为标记疫苗，关键的问题是如何选择与之配合的鉴别诊断技术。常用的鉴别诊断技术有很多种，与口蹄疫标记疫苗相配合的诊断技术主要有基于单克隆抗体和重组抗原的酶联免疫吸附试验（ELISA）、反转录聚合酶链式反应（RT-PCR）、基因芯片（gene chip）技术和生物传感技术。ELISA通过检验疫苗中独特的蛋白标记物的特异性抗体来做鉴别诊断。而RT-PCR技术通过扩增并直接检测口蹄疫病毒的基因来做鉴别诊断。基因芯片是分子生物学与电子芯片融合的技术，首先设计与被检测基因序列互补的探针，并将其固定于固相载体（如硅片、玻璃、塑料等）表面形成阵列，与被检测物发生反应后将信号传导给计算机，通过专用软件分析可快速、准确地做出诊断。基因芯片技术具有快速、微量、准确等优点，已逐渐发展成为新型诊断方法。生物传感技术是将特异性抗体等与口蹄疫相关的生物学作用转换为可测量信号，然后对这种信号进行检测的技术。信号转换技术包括电化学测定法、反射测定法、干扰测定法、共振测定法及荧光测定法等。由于设备成本高、单个样品分析昂贵，并且需要经专业培训的人员来进行操作，因此生物传感技术目前仅用于科研方面。

（八）病毒样颗粒疫苗

病毒样颗粒（virus like particles，VLPs）是含有某种病毒的一个或多个结构蛋白的空心颗粒，没有病毒的核酸，不能自主复制，没有感染性，其结构与病毒相似，可以通过与病毒相同的途径传递给免疫细胞，并有效地诱导机体产生免疫保护反应。随着基因工程技术的发展，多数病毒衣壳蛋白基因都已经能够在表达系统中有效表达并自我组装，这为病毒样颗粒疫苗的研发提供了便利条件。病毒样颗粒在人用疫苗的研究非常广泛，并已有商品疫苗投入市场，但在兽用疫苗领域开始相关研究的时间较短。口蹄疫病毒样颗粒的研究方面，孙世琪等用大肠杆菌原核表达系统表达了口蹄疫衣壳蛋白VP0、VP3和嵌合型VP1在体外组装出嵌合型FLAG外源多肽口蹄疫病毒样颗粒，外源蛋白的插入没有影响病毒样颗粒的空间结构，这项研究为口蹄疫病毒样颗粒疫苗的研发奠定了基础。郭慧琛等利用泛素化原核系统，研制的VLPs疫苗效力与灭活苗相当，达到了OIE和中国的口蹄疫疫苗要求标准。周国辉等将Asia1型口蹄疫病毒的Asia1/YS/CHA/05毒株的感染性cDNA序列在体外拼接亚基因组，然后将其克隆入人缺损腺病毒5型，病毒在复制的过程中能够形成口蹄疫病毒样颗粒，并在病毒传代过程中稳定表达。用这种表达Asia1型口蹄疫病毒样颗粒的重组腺病毒免疫小鼠，可诱导高水平中和抗体，并能持续较长时间。口蹄疫病毒样颗粒具有活病毒的很多免疫学活性，但是没有感染性，稳定性好，不易失活，因此口蹄疫病毒样颗粒疫苗具有广阔的发展前景。

（九）反向遗传疫苗

近年来，反向遗传学技术为研究病毒的基因结构与功能、病毒复制与表达调控机理等提供了有效的方法，与此同时，也为反向遗传疫苗的研究开创了一片新天地。反向遗传疫苗是通过反向遗传技术实现对病毒基因的改造和修饰，获得预期生物特性的毒株，以提高生产性能、抗原匹配性、免疫应答能力和生物安全性等特征。Fowler等将O_1BFS和C_3RES的VP1 G–H的130～157位点替换A_{12}毒株相应位点，并制备了单价疫苗，动物试验显示该疫苗能够对牛和猪等抵抗强度强毒攻击。郑海学等用反向遗传操作技术构建疫苗种毒Re–A/WH/09株及成功研制疫苗，解决了田间毒株产量低、抗原不稳定、不适于作为种毒的难题，将Re–A/WH/09与Asia1型和O型疫苗种毒组合，研制出口蹄疫三价灭活疫苗。该疫苗对各流行毒的PD_{50}均≥9.0，高于OIE推荐的常规疫苗≥3个PD_{50}、紧急免疫接种疫苗≥6个PD_{50}的国际标准。李平花等以O/HN/93疫苗毒株的感染性克隆为骨架，用新猪毒系病毒的部分VP3和VP1基因替换疫苗毒株的相应部分，构建了嵌合的口蹄疫病毒全长cDNA克隆。该嵌合病毒的成功拯救为口蹄疫嵌合疫苗的研制奠定了基础。Segundo等利用反向遗传技术构建的Sap突变株表现对BHK–21细胞较高的滴度，而对猪没有临床症状、无血毒症和无排毒等现象，而且SAP突变株接种动物引起较强的中和抗体反应，并能够产生早期免疫的全保护，具有发展为无致病疫苗株的潜力。Belinda Blignaut等通过在SAT1型病毒株KNP/196/91的感染性cDNA克隆中编码外部衣壳蛋白的区域（1B–1D/2A）替换SAT2型疫苗株ZIM/7/83相应位点，构建了型交叉的嵌合病毒，将亲本毒和嵌合毒制备的疫苗分别接种豚鼠后诱导产生相似的抗体反应，之后又用该嵌合病毒接种猪，也能够产生中和抗体并抵抗同源病毒的攻击。反向遗传技术虽然有诸多优点，为新疫苗的研发开辟了一条新途径，但它也存在生物安全风险，研究人员在试验设计中应当考虑如何避免病毒毒力返强的问题。

　　基因工程技术的发展为新型疫苗研发提供了思路，目前正在研发的新型疫苗有很多种，本文介绍的都是近几年研究较多而且有一定应用前景的新型疫苗。新型疫苗相比灭活疫苗在安全性上更有优势，可根据需要制备同一病毒多个成分或多价病毒疫苗，而且大幅度降低生产成本等优点，因此是未来发展的方向。但新型疫苗在免疫效果方面往往不够理想，原因是新型疫苗普遍存在抗原位点少、抗原纯度高或者抗原分子量小等问题，因此常常不能诱导较强的免疫应答。随着生物工程技术的进一步发展，新型疫苗存在的这些问题必将会一一得到解决，相信新型疫苗在未来会取得重大突破。

（李冬，刘在新）

参考文献

陈昭烈 . 1998. 动物细胞培养过程中的凋亡 [J]. 生物工程进展, 18 (6): 17–20.

董虎, 郭慧琛, 敖大, 等 . 2014. 嵌合型口蹄疫病毒样颗粒组装研究 [J]. 安徽农业科学, 42 (13)：3902–3906.

金明兰, 金宁一, 鲁会军, 等 . 2008. 重组口蹄疫鸡痘病毒 Vutl3CP1 的构建及其遗传稳定性和免疫原性 [J]. 中国生物制品学杂志, 21 (5)：360–363.

兰虎云 . 2008. 谈谈口蹄疫灭活疫苗生产质量控制 [J]. 云南畜牧兽医, 3：43.

卢永干 . 2007. 我国口蹄疫灭活疫苗生产工艺的技术进步 [C]. 第 11 次全国口蹄疫学术研讨会论文集, 辽宁大连：948–950.

宁宜宝 . 2008. 兽用疫苗学 [M]. 北京: 中国农业出版社 .

潘丽, 张永光, 王永录, 等 . 2005. 口蹄疫病毒 O/China/99 株 VP1 基因植物种子特异性表达体的构建及农杆菌的导入 [J]. 中国兽医科技, 35 (6)：413–417.

沈克飞, 曹兰, 尹继刚, 等 . 2007. 免疫佐剂研究进展 [J]. 动物医学进展, 28 (增)：34–36.

沈青, 许士杰, 沈铭强 . 2005. 简单、实用、高效的细胞培养技术 [J]. 中国兽药杂志, 39 (6)：52–53.

司菌, 曲新勇, 陆家海 . 2008. 病毒样颗粒疫苗的研究进展 [J]. 中国人兽共患病学报, 24 (1)：80–82.

孙宝权, 王昌斌, 王小新, 等 . 2013. 猪口蹄疫 O 型灭活疫苗免疫效果评价 [J]. 养猪, 01 (126)：102–104.

韦平, 秦建军 . 2008. 重要动物病毒分子生物学 [M]. 北京: 科学出版社 .

吴绍强, 李雅静, 王彩霞 . 2010. 南非Ⅱ型口蹄疫病毒抗原表位的筛选及抗原性分析 [J]. 中国兽医学报, 30 (12)：1638–1641.

薛英, 王延, 王玉红, 等 . 2008. BHK-21 细胞的悬浮驯化及其在悬培条件下对口蹄疫 A 型病毒的培养 [J]. 广东畜牧兽医科技, 1 (33)：35–36.

依颖新. 2012. 猪 O 型口蹄疫灭活疫苗与合成肽疫苗免疫抗体群体合格率比较 [J]. 现代畜牧兽医, 2: 43 – 45.

依颖新. 2012. 牛 O 型、Asia1 口蹄疫疫苗不同免疫次数免疫后群体抗体合格率比较 [J]. 现代畜牧兽医, 6: 43 – 46.

支海兵. 2009. 口蹄疫灭活疫苗的生产现状和产品质量分析 [J]. 畜牧导刊, 6 (142) : 31 – 34.

张前程, 张凤宝, 姚康德, 2002. 等. 动物细胞培养生物反应器研究进展 [J]. 化工进展, 21 (8) : 560 – 563.

张淑刚, 张永光. 2008. 口蹄疫灭活疫苗研究进展 [J]. 动物医学进展, 29 (12): 43 – 47.

周国辉, 王海伟, 王芳, 等. 2010. Asia1 口蹄疫病毒样颗粒腺病毒表达疫苗及其免疫结果 [C]. 中国微生物学术年会论文集, 79 – 80.

Barnett P V, Carabin H. 2002. A review of emergency foot-and-mouth disease (FMD) vaccines [J]. *Vaccine*, 20: 1505 – 1514.

Barteling S J.2002. Development and performance of inactivated vaccines against foot and mouth disease [J] .*RevSciTech*, 21(3): 577 – 588.

Berinstein A, Tami C, Taboga O, *et al.* 2000. Protective immunity against foot-and-mouth disease virus induced by a recombinant vaccine virus [J]. *Vaccine*, 18: 2231 – 2238.

Benvenisti L, Rogel A, Kuzentzoval L, *et al.*2001. Gene gun-mediate DNA vaccination against footmuoth disease virus[J].*Vaccine*, 19: 3885 – 3895.

Bittle J L, Houghten R A, Alexande R H, *et al.* 1982. Protect ion against foot-and-mouth disease by immunizat ion with chemically synthesized peptide predicted from the viral nucleotide sequence[J]. *Nature*, 198(5869): 30 – 33.

Blignaut B, Visseer N, Theron J, *et al.* 2011. Custom-engineered chimeric foot-and-mouth disease vaccine elicits protective immune responses in pigs[J]. *J Gen Virol*, 92(Pt 4): 849 – 859.

Brown F. 2001. Inactivation of viruses by aziridines [J]. *Vaccine*, 20: 322 – 327.

Cao Y, Lu Z, Li D, *et al.* 2014. Evaluation of cross-protection against three topotypes of serotype O foot-and-mouth disease virus in pigs vaccinated with multi-epitope protein vaccine incorporated with poly(I: C)[J]. *Vet Microbiol*, 168(2 – 4): 294 – 301.

Chan E W, Wong H T, Cheng S C, *et al.* 2000. An immunoglobulin G based chimeric protein induced foot-and-mouth disease specific immune response in swine[J]. *Vaccine*, 19(4 – 5): 538 – 546.

Chinsangaram J, Mason P W, Grubman M J. 1998. Protection of swine by live and inactivated vaccines prepared from a leader proteinase deficient serotype A12 foot-and-mouth disease virus[J]. *Vaccine*, 16: 1516 – 1522.

Di marchi R, Brooke G, Gale C, *et al.* 1986. protection of cattle against FMDV by a synthetic peptide[J]. *Science*, 232: 639 – 641.

Doel T R, Gale C, Doaaral C M, *et al.* 1990. Heterotypic protection induced by synthetic peptides corresponding to three serotypes of foot-and-mouth disease virus[J].*J Virus*, 64(5): 2260 – 2264.

Du Y, Dai J, Li Y, *et al*. 2008. Innune responses of recombinant adenovirus co-expressing VP1 of foot-and-mouth disease virus and porcine interferon alpha in mice and guinea pigs[J]. *Vet Immunol Immunopathol*, 124(3 – 4): 274 – 283.

Du Y, Li Y, He H, *et al*. 2008. Enhanced immunogenicity of multi-Ple-epitopes of foot-and-mouth disease virus fused with por-cine interferon-αin mice and protective efficacy in guinea pigs and swine[J]. *J Virol Methods*, 149(1): 144 – 152.

Francis M J, Hastings G Z, Clarke B E, *et al*.1990. Neutralizing antibodies to all seven serotypes of FMDV elicited by synthetic peptides[J]. *Immunol*, 69: 171 – 176.

Frenkel H S. 1947. La culture de virue de la fievreaphteuse sur l'epitheliue de la langue des bovides[J]. *Off. Int Epiz*, 28: 155.

Fowler V L, Paton D J, Rieder E, *et al*. 2008. Chimeric footand-mouth disease viruses: evaluation of their efficacy as potential marker vaccines in cattle[J]. *Vaccine*, 26(16): 1982 – 1989.

Guo H C, Sun S Q, Jin Y, *et al*. 2013.Foot-and-mouth disease virus-like particles produced by a SUMO fusion protein system in Escherichia coli induce potent protective immune responses in guinea pigs, swine and cattle[J]. *Vet Res*, 44: 48.

Kleid D G, Yansure D G, Small B, *et al*.1990. Cloned viral protein vaccine for foot-and-mouth disease; response in cattle and swine[J]. *Science*, 214: 1125 – 1129.

Kleid D G, Yansure D, Small B D, *et al*. 1981. Cloned viral protein vaccine for foot-and-mouth disease: responses in and swine[J]. *Science*, 214 (4525): 1125 – 1129.

Li P, Bai X, Lu Z, *et al*. 2012. Construction of a full-length infectious cDNA clone of inter-genotypic chimeric footand-mouth disease virus[J]. *Wei Sheng Wu Xue Bao*, 52(1): 114 – 119.

Li P, Bai X, Sun P, *et al*. 2012. Evaluation of a genetically modified foot-and-mouth disease virus vaccine candidate generated by reverse genetics[J]. *BMC Vet Res*, 8: 57.

Li P, Lu Z, Bai X, *et al*. 2014. Evaluation of a 3A-truncated foot-and-mouth disease virus in pigs for its potential as a marker vaccine[J]. *Vet Res*. 45: 51.

Ma M X, Jin N Y, Shen G S, *et al*. 2010. Immune responses of swine inoculated with a recombinant fowlpox virus co-expressing P12A and 3C of FMDV and swine IL-18[J].*Vet Immunol Immunopathol*, 121(1 – 2): 1 – 7.

Mayr C A, O'donnell V, Chinsangaram J, *et al*. 2001. Immune responses and protect against foot-and-muoth disease virus(FMDV) challenge in swine vaccinated with adenovirus-FMDV constructs[J]. *Vaccine*, 19: 2152 – 2162.

Mckenna T S, Lubroth J, Rieder E, *et al*. 1995. Receptor binding site-deleted foot-and-mouth disease(FMD)virus protects cattle from FMD[J]. *J Virol*, 69: 5787 – 5790.

Mowat G N, Chapman W G. 1962. Growth of food-and-mouth disease virue in a fibroblastic cell line derived from hamster kidneys[J]. *Nature*, 194: 253.

Sanz-parra A, Jimenez-clavero M A, Carcia-Briones M M, *et al.* 1999. Recombinant Viruses Expressing the Foot-and-Mouth Disease Virus Capsid Precursor Polypeptide(P1) Induce Cellular but Not Humoral Antiviral Immunity and Partial Protection in Pigs [J]. *Virology*, 259: 129 – 134.

Shao J, Wang J, Gao S, *et al.* 2014. Potency of a novel multi-epitope vaccine against foot-and-mouth disease type Asia1 in guinea pigs[J]. *Virologica Sinica*, 30(7): 692 – 697.

Shao J, Wang J, Chang H, *et al.* 2011. Immune potential of a novel multiple-epitope vaccine to FMDV type Asia 1 in guinea pigs and sheep[J]. *Virol Sin*, 26(3): 190 – 197.

Shao J, Wong C, Lin T, *et al.* 2011. Promising multiple-epitope recombinant vaccine against foot-and-mouth disease virus type O in swine[J]. *Clin Vaccine Immunol*, 18(1): 143 – 149.

Segundo F D, Weiss M, Perez-martin E, *et al.* 2012. Inoculation of swine with foot-and-mouth disease SAP-mutant virus induces early protection against disease[J]. *J Virol*, 86(3): 1316 – 1327.

Shieh J J , Liang C M, Chen C Y, *et al.* 2001. Enhancement of the immunity to foot-and-muoth disease virus by DNA priming and protein boosting immunization[J]. *Vaccine*, 19: 4002 – 4010.

Usha R, Rohll J B, Spall V E, *et al.*1993. Expression of an animal virus antigenic site on the surface of a plant virus particle[J]. *Virology*, 197(1): 366 – 374.

Vallee H, Carre H, Rinjard P. 1925. On immuneisation against FMD[J].*Rech. Med.Vet*, 101: 297 – 299.

Valliet R. 1996. Improved technique for the preparation of water-in-oil emulsions containing protein antigens [J]. *Biotechniques*, 20(5): 797 – 800.

Varan T J , Piel F, Josephs S, *et al.* 1998. A ttachment and grow th of ancho rage-dependent cells on a novel, charged-surface m icrocarrier under serum-free conditions [J].*Cyto technology*, 28: 101 – 109.

Zamorano P, Wigdorovit Z A, Perez filgueira M, *et al.* 1995. A 10-amino-acid linear sequence of VP1 of foot-and-mouth disease virus containing B-and-T-cell epitopes induces protection in mice[J] . *Virology*, 212(2): 614 – 621.

Zheng H, Guo J, Jin Y, 2013. *et al.* Engineering Foot-and-Mouth Disease Viruses with Improved Growth Properties for Vaccine Development[J]. *PLoS ONE*, 8(1): e55228.

Zheng M, Jin N Y, Zhang H Y, *et al.* 2006. Construction and immunogenicity of a recombinant fowlpox virus containing the capsid and 3C protease coding regions of foot-and-mouth disease virus[J]. *J Virol Methods*, 136 (1 – 2): 230 – 237.

第九章

口蹄疫预防
与控制

第一节 防控策略及措施

一、中国防控口蹄疫技术路线

根据中国牲畜口蹄疫疫情现状，中国口蹄疫防控技术路线由强制免疫、清除病原、净化畜群和基本消灭四个环节组成。

1. **强制免疫** 其核心是对所有易感牲畜注射免疫疫苗，辅助以检疫监管、消毒灭源、销毁发病牲畜等综合防控措施，目的是降低疫情流行强度，减少牲畜发病率，实现稳定控制疫情的战略目标。本环节成败的关键是免疫密度和免疫效果，应重点做好两种监测：一是监测免疫抗体水平，观察动物机体保护状态；二是监测病原状况，分析病毒变异情况。根据监测情况，适时调整免疫策略，确保群体处于有效免疫保护状态。

2. **清除病原** 继续采取上一环节的措施，重点开展病原和野毒抗体监测，对病原监测阳性病畜进行销毁处理，淘汰野毒抗体阳性种畜，实现免疫无疫的目标。

3. **净化畜群** 终止强制免疫，重点加强野毒抗体监测，淘汰阳性种畜，对其他阳性牲畜进行限制，实现非免疫无疫的目标。

4. **基本消灭** 通过净化阶段，采取血清学及其他相关方式持续监测确认无疫，向国际社会宣告中国基本消灭口蹄疫，向OIE申请进行无疫认证。

二、基本原则

1. **政府主导原则** 从理论上讲，扑灭动物疫病将给养殖户/企业，以及社会带来长久的利益，但对个体养殖户/企业而言，一旦实施疫病扑灭计划，他们将承担起许多责任，如报告疫情、强制免疫等。如果这些养殖企业发生疫情，还会承担一些经济损失，这是他们所不愿和不能接受的，故疫病扑灭计划必须具有一定的强制性，需要政府强有力的支持。一方面，疫病扑灭计划需要法律支持。在发达国家，几乎所有国家动物疫病扑灭计划都需以法律或法令的形式公布，其中典型的是美国和英国，它们在扑灭猪瘟、猪伪狂犬病、口蹄疫之初，都将扑灭计划提交议会，经讨论通过后，由总统或首相以总统令或法律文本的形式公布，如美国扑灭猪伪狂犬病是由克林顿总统签署的命令。在市场经济条件下，没有法律或法令的强制力，疫病扑灭计划是很难达到预期效果的。在中国，发生口蹄疫等动物疫病后，应切实按照《中华人民共和国动物防疫法》及相关条例、预案的要求，依法开展动物疫病控制工作。另一方面，动物疫病的扑灭需要多部门合作。动物疫病扑灭计划的实施是一种国家行为，发生口蹄疫等重大动物疫情后，（农业）兽医行政部门大都只是承担疫情调查、监测（诊断）、检疫、评估、技术支持、政策咨询和国际合作等技术性工作，政府其他相关部门均应依法承担相应责任，如财政部门负责资金预算、交通部门负责交通秩序维护、卫生部门负责医学监护、军警部门负责扑杀患病畜等，出于环保和野生动物保护等因素，疫病扑灭计划有时还需要环保部门及林业部门的支持。美国、英国、荷兰、澳大利亚等有关国家的扑灭计划均表明，财政支持对于疫病扑灭计划的实施至关重要，如美国消灭猪伪狂犬病时，联邦政府共出资1.52亿美元，地方和政府和企业出资更多。

2. **业界充分参与原则**　重大动物疫病通常具有传播途径多样、传播速度快等特性，口蹄疫病毒可通过风媒传播至上百公里以外，这表明，单一或几个养殖场甚至局部地区控制动物疫病对全国扑灭疫情几乎没有任何意义。因此，动物疫病的扑灭必须取得整个产业界的支持，所有养殖业主/企业采取统一措施才能成功。1949—1955年，中国中央政府在当时计划经济条件下，发动全社会力量，集中对全国的牛群实施牛瘟疫苗注射，仅仅6年时间就成功扑灭了牛瘟（比预定时间提前1年），成为兽医界的历史性创举，发动群众是中国扑灭牛瘟的一条重要经验。在市场经济条件下，采取中国的全社会动员方式往往非常艰难，但美国、澳大利亚等国家在长期的实践中也摸索出一种行之有效的办法，即市场准入制度，即只有监测合格、达到无特定动物疫病感染的农场才可将其动物及产品投放市场消费，以此促进全社会统一采取行动，达到全国扑灭疫病的目标。

3. **分阶段实施原则**　动物疫病病原是经过长期进化形成的，是自然生态的一个重要组成部分。消灭一种病原体，相当于改变这种自然平衡，必将要花费大量的人力、物力和财力，并经过一个相对漫长的过程才可能实现。如美国扑灭猪瘟花费1.4亿美元，用时16年，而扑灭牛结核病已历经近90多年。中国扑灭牛瘟也耗时7年才宣告完成。动物疫病扑灭工作的长期性，决定了重大动物疫病扑灭计划需分阶段进行。2012年，中国发布的《国家中长期动物疫病防治规划（2012—2020年）》就明确提出了这一原则。OIE在总结各国疫病扑灭计划阶段划分的基础上，通过OIE《陆生动物卫生法典》，建议各国将疫病扑灭计划定为计划扑灭（准备）阶段、暂时无疫病阶段、无临床病例阶段和无感染阶段。

（1）计划扑灭阶段　该阶段需2～3年，要做好疫病普查摸底，以及各项技术、行政和物资资源（如疫苗、诊断试剂和扑杀补偿费等）的储备工作，采取综合措施降低发病率。

（2）暂时无疫病阶段　该阶段至少需要2年，在采取免疫、检疫监督等综合控制措施的基础上，实现2年以上无临床病例发生，才可达到暂时无疫病状态。期间发生的疫情必须采取严格的扑杀清群措施。

（3）临床无疫病阶段　该阶段至少需要3年，在停止免疫接种，严格疫情监测制度的基础上，保证3年以上不出现临床病例。

（4）无感染阶段　在停止免疫接种、严格疫情监测制度的基础上，2年以上时期内监测不到易感动物带毒现象。

4. 区域化管理原则　一国内部，各地养殖模式、自然条件、经济社会发展状况不尽一致，不可能按照同一模式实施疫病防控，更不可能同步实现疫病扑灭目标。国内外重大动物疫病扑灭计划的实施，均是分阶段、分区域逐步实现的。中国消灭牛瘟、牛肺疫如此，美国、澳大利亚和欧盟也是如此。基于这种思路，OIE《陆生动物卫生法典》提出了无疫区的概念，WTO-SPS协议承认给予无疫区和低度流行区的优惠待遇。

三、防控措施

在口蹄疫防治中，中国一直采取按照"加强领导、密切配合，依靠科学、依法防治，群防群控、果断处置"的方针，坚持预防为主、免疫和扑杀相结合的综合防控措施。措施主要包括强制免疫、监测预警、检疫监管、疫情处置、外疫防范、生物安全管理及无疫评估认证。

1. **强制免疫**　进一步完善国家口蹄疫免疫政策，强化养殖者的免疫义务主体责任，突出政府部门监管职能。严格执行国家口蹄疫免疫计划，建立口蹄疫免疫退出和再进入机制，建立并实施以免疫抗体监测为主的科学免疫效果评价办法。科学运用免疫抗体监测结果，注重疫苗毒株匹配性，提高免疫针对性。疫苗生产企业积极改进疫苗生产工艺，提高疫苗质量和保护率，减少免疫不良反应，有效延长疫苗保护周期。规范疫苗免疫种类，现阶段牛羊等反刍动物用O型、Asia1型灭活疫苗免疫，奶牛、种公牛用O型、Asia1型和A型灭活疫苗免疫，猪用O型疫苗免疫。控制、净化和免疫无疫阶段使用高质量口蹄疫疫苗免疫，实施程序化免疫。当免疫无疫状态维持一定时期后，可以停止免疫，实现非免疫无疫。

2. **监测预警**　进一步完善口蹄疫疫情监测网络，严格执行国家监测和流行病学调查计划。国家参考实验室重点监测病毒变异情况，分析疫苗毒株与流行毒株的匹配性。国家专业实验室重点对口蹄疫病原分布和发病情况进行系统监测和流行病学调查，实时预警预报，省级和地市级动物疫病预防控制机构以病原学监测为主，县级动物疫病预防控制机构以抗体监测和病原学初筛为主。充分发挥各级兽医实验室作用，按照地理分布和行政区划，持续开展疫情监测工作，并与日常流行病学调查相结合。及时准确掌握病原分布和疫情动态，科学评估口蹄疫发生传播风险，及时发布预警预报。在免疫无疫区的养殖场设立哨兵动物，监测工作由动物疫病预防控制机构负责，监管由动物卫生监督机构负责。在控制、净化、免疫无疫和非免疫无疫各阶段监测重点和数量各有不同。无疫区监测频次和数量按照国家监测和流行病学调查计划相关要求执行，其他区域按照预期流行率和置信度确定年度监测采样数量。加强家畜优势产业带重点疫病防控。要重点加强优势畜牧业产业带、口蹄疫防治优势区监测工作，加大监测力度，增加监测频次和数量。在东北、中部、西南、沿海地区猪养殖优势区，中原、东北、西北、西南等肉牛肉羊优势区，东北、华北、西北及大城市郊区等奶牛优势区，设定一定数量的养殖场（户）作为固定监测点，持续开展血清学和病原学监测，及时掌握病原分布和感染状况。在海南岛、辽东半岛、胶东半岛等自然屏障条件好、畜牧业比较发达、防疫基础条件好的口蹄疫防治优势区，全面推进免疫无疫区或非免疫无疫区建设，强化监测工作，增加监测频次和数量。加强对野生易感动物出没地区和可能接触过易感野生动物的畜群的监测。对检出的病原阳性动物限制移动，并进行扑杀。

3. **检疫监管**　除种用动物外，严禁活畜从其他区域向免疫无疫或非免疫无疫区域流通。提高动物调运条件，鼓励无疫区的畜牧业生产和活畜流通，实施指定通道和准入制度，鼓励本地屠宰和产品调运，严禁疫区动物及相关动物产品调出。建立以实验室检测为依托的产地检疫机制，提升检疫科学化水平。屠宰用家畜要定期开展血清学检测；跨省调运种用和乳用动物，调运前病原学检测合格后，方可出证调运，到达目的地后经隔离观察和实验室检测合格后才能混群饲养；非结构蛋白抗体阳性动物禁止移动。加强活畜交易市场监管，严格落实监管和消毒措施。

4. **疫情处置**　落实疫情报告制度，明确养殖者和从业人员疫情报告义务。建立健全应急防控机制，强化应急准备，发生疫情后立即按照口蹄疫防治技术规范进行处置，封锁疫区，对病畜和同群畜进行扑杀和无害化处理，做到"早、快、严、小"。根据血清学监测结果，对受威胁区易感动物进行紧急免疫，开展紧急流行病学调查，对疫情进行追踪溯源和扩散风险分析。建立完善扑杀补偿价格评估机制，根据市场价格设定补偿基准价，按一定比例进行合理补偿。在变异毒株和C型、SAT1型、SAT2型、SAT3型口蹄疫新发初期，按照外来动物疫情应急处置。

5. 外疫防范　加强边境地区联防联控，完善外来动物疫病防治长效机制，严密防范输入性疫情。在边境地区建立动物防疫安全屏障，减少边境野生动物进出。采用设立围栏、划定限养隔离区、设立缓冲区等多种方式防范外疫传入。在隔离区内禁止饲养易感动物，在缓冲区内对易感动物进行高强度免疫。缓冲区内按照一定预期流行率和置信度确定监测采样数量。严格控制境外家畜及其产品的流通，加强边境地区检疫措施，严厉打击走私活动。

6. 生物安全管理　从动物生产到市场环节的全过程，特别是在动物移动与交易地实行良好的生物安全行为，形成常规的卫生、清洁与消毒制度。鼓励标准化和规范化养殖，完善动物及动物产品可追溯体系。加强家畜生产、销售各个环节中病死动物的监管，严格养殖场、屠宰场、活畜市场和兽用生物制品企业等场所的病死动物和废弃物无害化处理，严禁病死动物及其制品废弃物进入流通环节。建立病死动物无害化处理价格补偿机制，给予养殖者一定的经济补偿，由动物卫生监督机构监督其进行无害化处理。

7. 无疫评估认证　建立健全无疫评估认证制度，完善评估程序和标准。当畜群或区域达到国家规定的免疫无疫、非免疫无疫标准时，可申请开展无疫认证。无疫认证由省级人民政府负责，省级兽医主管部门具体组织实施，无疫区经农业部组织验收合格予以发布。生物安全隔离区（企业）认证由所在地县级兽医主管部门统一申报，由省级兽医主管部门认证并向农业部备案。对建成无疫区的地方和建成生物安全隔离区的企业进行政策倾斜和资金奖励，保障其维持无疫状态。

四、应急处置

消灭传染源、切断传播途径、保护易感动物是控制动物疫病的三种根本途径，从理论上讲，只要达到其中一条要求，就可以有效扑灭一起疫情。但在现实工作中，由于病原体在自然界中分布太广，野生动物普遍存在，动物及其产品贸易频繁，对于业已流行的传染病，通常采取综合性技术措施。

1. 应急准备和保障

（1）设立应急反应组织机构　突发疫情应急反应能否快速有效实施，关键在于是否具有一个强有力的指挥机构。FAO及有关方面制定的应急预案，明确要求设立跨部门协作的应急指挥机构，并建立部门间良好的沟通机制。除农业部门外，该应急机构一般要包括林业、公安、交通、军队、新闻等有关部门。除应急指挥机构外，还要设立负责紧急动物疫病反应的专门组织，承担预案制修订及沟通联络等日常工作。如美国农业部APHIS专设了紧急动物疫病反应指挥部（EPS），具体负责紧急疫病扑灭工作。

（2）提高公众认知能力　加强宣传教育，提高公众特别是目标人群（如养殖户）对相关疫病的识别能力，是确保应急反应快速实施的基础环节。为了及时获取疫情信息，中国针对口蹄疫、高致病性禽流感、小反刍兽疫等重大动物疫病群防群控工作制作了宣传挂图、明白纸，以加强对公众尤其是养殖业主的宣传教育工作，简要说明该病的危害、临床症状、报告方法等，力争使公众了解这些重大动物疫病，一经怀疑发现此病，便可迅速上报疫情，这对于疫病的早期发现和应急反应是非常有益的。

（3）制定应急反应方案（预案）　紧急反应方案是动物疫情突发后的具体行动指南。不同动物疫病具有不同的流行病学特征，应急反应的措施也有所不同，因此必须针对相关疫病制定专门的应急反应方案。清晰规定具体的疫情调查、诊断、处置程序，以及不同人员的职责、联系方式等。确保得到疫情报告后，各项工作能够有条不紊地加以展开。应急预案在制定时，一是要求具有可操作性，疫情发生后，各项工作如何做、谁来做、用什么器械设备、什么时间完成都要规定清楚。二是方案要随着认识和实践的深入，不断修订完善。三是在适当时刻组织应急演练，提高实践能力。

（4）做好物资技术储备　疫苗、诊断试剂、消毒药物、相关器械等应急物资储备，以及诊断技术、疫苗制备技术等相关技术储备，对于口蹄疫等烈性传染病、外来病及新发病的紧急扑灭工作均具有极其重要的作用。不具备这些技术和物资储备，诊断和应急反应会无所适从，并可能由此造成疫情的扩散、蔓延，造成更大的经济损失。如中国台湾省1998年发生口蹄疫时，因诊断技术不过关而未能采取针对性措施，致使疫情在较短时间内迅速扩散至全岛。

2. 处置措施　确诊疫情、消灭传染源、切断扩散途径、提高易感群体保护水平，是制定应急反应程序、实施应急反应措施的基本原则。

（1）疫情调查和诊断　相关部门接到疫情报告后，应立即进行现场流行病学调查，并派遣相关专家进行调查、采样检测，经初步临床诊断怀疑为烈性传染病，应立即送样至符合资质的实验室进行检测，并对发病场点进行调查，确诊为烈性传染病时，立即通知相关部门。

（2）流行病学调查　对疫点发生疫情前一个潜伏期内及疫情发生后进出的易感动物及其产品，以及人员、车辆等进行系统调查，分析判断潜在的传染源、传播途径、传播方式和扩散风险，据此提出可靠的应急处置方案。

（3）宣布紧急疫情　确诊疫情属于口蹄疫等国家应控制的烈性动物传染病时，应由县级以上人民政府发布封锁令，按照口蹄疫等重大动物疫病应急预案要求，授权相关组织协调各相关部门实施应急措施。

（4）实施隔离检疫和封锁措施　在宣布紧急或超紧急状态后，首先对感染农场进行隔离，对发病动物实施扑杀及清洗消毒措施。此后立即根据疫病性质、传播方式、地区大小、位置及地势等，围绕感染农场划定隔离区（高危区、缓冲区、受威胁区），这些地区应实施相关防疫安全措施如免疫接种、清洗消毒、控制动物流通等，该区域的界限应由有效的自然、人为或法律边界清楚划定，并要加强监督检查。

（5）组织应急反应 组建应急行动小组，小组人员除包括兽医人员外，还应包括法律顾问、公安或军队、评估人员、野生动物官员和环境官员等。启动储备的应急物资，如清洗消毒设备、焚烧设备、消毒过的衣物、车辆等。对需要扑杀和销毁的畜禽进行评估和补偿。该项措施对及时报告疫情、顺利启动应急反应、做好灾后恢复生产具有重要意义。各国补偿制度不尽相同，一般分为等价补偿（补偿价与市场价持平）和低价补偿（补偿价低于市场价）两类，也有的国家不予补偿。在欧美国家，赔偿数量的多少往往由独立的评估师进行专门评估，一般是按兽医行政管理部门确定对该饲养场实施清群计划之日饲养场存活的动物数量计算，之前死亡的动物不包括在内，之后死亡的动物进行补偿。

（6）扑杀和清群 对感染和暴露的畜禽进行扑杀和清群，是消灭传染源的重要措施。对于重大疫情，多数国家采取扑杀和清群措施。通常有两种方式，一种是严格的扑杀政策（stamping-out policy），即宰杀感染动物及同群可疑感染动物，并在必要时宰杀直接接触或可能引起病原传播的间接接触动物，疫点内所有易感动物，无论是否实施免疫，均应宰杀，尸体应予焚烧或深埋销毁。另一种是改良扑杀政策（modified stamping-out policy），只对感染发病动物实施扑杀，间接接触动物一般不予扑杀。中国要求对口蹄疫发病动物和同群动物实施扑杀，疫区动物不予扑杀，属于改良扑杀政策。

（7）无害化处理 选择深埋、焚毁、化制或其他适当手段，销毁畜禽死尸和污染的饲料、粪便及其他材料。深埋是无害化处理的常用方式。动物尸体最好装入密封袋，运输车辆密闭防渗，车辆和相关运输设施离开时应进行消毒，动物尸体不得与食品、活动物同车运送。掩埋点应有足够封土掩盖，土壤渗透性不高，与江河、湖泊、池塘、井水等水体，以及居民区距离100m以上，易于动物尸体运抵，避开洪水经常冲刷之地和岩石层。特定情况下，饲养场死亡动物可考虑就地掩埋。坑体体积一般为动物尸体体积的2~4倍，也可按动物尸体重量估算，坑体体积（m^3）一般为动物尸体重量（kg）的0.1%；坑体宽度一般不小于1.2m，深度不低于1m但一般不超过3m，长度要能够容纳所有死亡动物。坑底应相对平坦。如果需要多个掩埋坑，坑间距不小于1m。大、中型动物或家禽、仔猪等小动物尸体数量不大时，将尸体置于坑中后，加土覆盖，覆盖土层厚度不得低于0.7m。小动物尸体数量较大时，可分层掩埋，每层尸体厚度一般不超过0.3m，中间覆土至少0.3m，依次分层掩埋，最后覆盖土层厚度不得低于0.7m（图9-1、图9-2）。掩埋过程中，掩土不得压实，以免影响自然腐化。条件许可时，坑底和动物尸体上应铺撒生石灰。尸体掩埋后，应防止野生动物刨挖。

（8）清洗消毒　对疫点进行彻底清洗和消毒、对暴露农场及受威胁区进行彻底消毒、杀灭可能的病原体，是一项重要的辅助性措施。

（9）媒介控制　控制所有可能参与疾病传播的媒介，切断传播途径。这项措施对于虫媒传播疫病至关重要。

（10）免疫接种　免疫接种是提高易感动物抵抗力的关键措施。对受威胁的易感动物进行紧急免疫接种。

（11）疫情监测和报告　疫情监测和报告是整个扑灭行动的关键措施之一，疫情监测对判断疫情扑

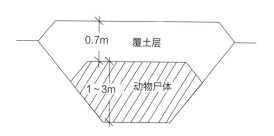

图 9-1　大动物单层掩埋示意图

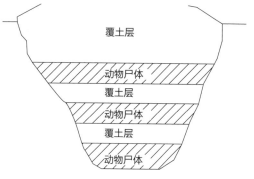

图 9-2　中小动物分层掩埋示意图

灭计划实施效果同样重要，只有清楚疫情流行和易感动物带毒情况，才能科学判断何时停止疫苗接种，何时宣布无疫情、无感染等。因此，疫情监测是疾病扑灭计划的先导，也是评估防控效果和判断无疫状态的基础。美国和澳大利亚推行的疫病扑灭计划通常含有如下几个过程：疫病普查（监测）→感染群清群→目标群监测→无感染群→持续监测→保持无感染群→疫病扑灭。从疫情扑灭行动开始到疫情扑灭，始终以疫情监测结果为依据，引导下一步的行动计划，从而保持行动的科学性。值得提出的是，在疫病扑灭计划中，疫情监测通常以主动监测为主，被动监测为辅，目标监测（target surveillance）、特定区域监测（area surveillance）、暴发监测（outbreak surveillance）、哨兵群监测（sentinel surveillance）和平行监测（parallel surveillance）等多种方法共用，以防漏检或重复检测，造成错误结论或重复劳动，这一点十分重要。

（12）检疫监管　是切断病原传播途径的主要手段。出于贸易和消费的需要，完全限制易感动物移动是不现实的，所以，各国普遍对动物及其产品实施检疫监督制度，只有达到特定卫生条件的动物及其产品才可进入市场流通。对于活动物，产地检疫，也就是动物出场启运前的检疫至关重要。对于动物产品，宰前、宰后检疫均十分重要。

3．发生疫情后生产恢复

（1）解除隔离封锁　一般情况下，疫点、疫区的隔离封锁期为该种疾病的一个潜伏期，如口蹄疫为14d、高致病性禽流感为21d。在最后1头（羽）发病畜、禽扑杀，并实施严格的清洗消毒措施后，疫点、疫区封锁应予解除，并准许当地重新恢复饲养。

（2）实施赔偿制度　应根据补偿办法和标准及时补偿相应损失。

（3）恢复消费信心　发生疫情后，如果处理不当、宣传不力，居民在相当长的时期内会出现消费信心不足，造成相关动物产品价格大幅下跌，进而严重影响产业链发展。此时，要通过加强正面宣传、政府要员表态等多种方式，逐步恢复消费者信心。

（4）推进规范化养殖　小型动物养殖场，防疫条件较差，疫情传入风险高，发生疫情后扩散风险大，提高畜禽规模化养殖程度，提高动物养殖场生物安全水平，是发达国家实现疫病防控目标的有效途径之一。对畜禽饲养场，特别是种畜禽场进行定期检测和认证注册是推进规模化程度，做好疫病防控的重要途径。种用动物健康是商品动物健康无疫的基础，种用动物感染疾病，其后代必然具有极高的感染和发病风险。基于这种理念，美国提出的生猪改良计划均是以种用动物认证注册为主。另外，畜禽饲养场注册认证要和建立动物标识及追溯体系相结合。据OIE统计，目前已有超过83%的成员国建立了动物标识和追踪体系。

（5）其他措施　如果疫情涉及范围较广，对行业影响过大，政府应考虑使用贴息贷款、出口退税等措施扶持行业发展。同时，还应考虑小农户扶贫、行业工人就业等问题。

（李秀峰，吴威，吴发兴）

第二节　国外防控模式及成功实例

近年来，世界口蹄疫流行态势发生了一些变化。欧洲经历了半个世纪的疫苗接种后，疫情得到了控制，多数西欧国家保持无疫状态，大部分的欧洲国家，已通过无疫认证，所有欧盟国家已停止口蹄疫疫苗免疫。北美洲和大洋洲继续保持无口蹄疫状态。南美洲部分国家从1987年起，开始实施口蹄疫无疫计划，并取得明显成效，而亚洲、非洲大多数地区依然是口蹄疫的重疫区。尽管口蹄疫流行态势有所变化，但总的格局依然如故，即发达国家继续享受无口蹄疫地位，发展中国家仍未摆脱口蹄疫危害。

南美洲部分国家控制口蹄疫的经验。自1987年起，作为口蹄疫的传统重灾区，南美洲国家启动了以免疫为主的口蹄疫控制和根除计划，随着计划的实施，整个南美洲大陆的病例显著减少：20世纪90年代初期，每年平均发生766起；90年代末期，减少到年均发生133起，阿根廷、智利、圭亚那、乌拉圭被国际社会承认为口蹄疫非免疫无疫国家，无疫区的牛群数量占整个南美大陆的60%。然而，2001年春，口蹄疫在阿根廷、乌拉圭重新大范围流行，巴西部分州也发生疫情。南美洲不得不对口蹄疫控制计划进行调整，即将无疫区分为非免疫无疫区和免疫无疫区进行实施。

南美洲对口蹄疫的成功控制及疫情的反复，为口蹄疫防控积累了宝贵的经验。一个成功的口蹄疫根除计划，除了高水平的免疫、有效的应急反应能力和易感动物移动控制外，还应考虑基于风险分析的区域控制，而非以国家为单位实施统一控制策略。在边境等风险区实施疫苗免疫的策略，是实现和保持区域无疫状态的关键。

国外防控口蹄疫的主要对策分为免疫为主策略和扑杀为主策略。

1. **免疫策略**　以免疫接种措施为核心，辅以扑杀、消毒等其他措施，控制疫情蔓延和流行程度的温和政策。这项措施符合大多数有口蹄疫的发展中国家；绝大多数欧洲国家及部分南美国家或地区通过大量疫苗接种战役，在20世纪后半叶完成了对口蹄疫的控制，收到了显著成效，随后由于贸易的原因停止了免疫控制政策，通过扑灭根除政策加以控制。许多非免疫无口蹄疫国家经历过被OIE认可的所谓"免疫无口蹄疫国家或地区"这个阶段。目前，疫苗接种作为控制口蹄疫的有效手段仍在广泛应用。在有口蹄疫流行的国家，每年都要进行计划免疫；无口蹄疫国家在疫苗/抗原库中储备一定数量的战备疫苗；受口蹄疫威胁国家除进行严格的进口检疫外，对边境地区亦进行定期的疫苗预防接种，建立口蹄疫免疫带。免疫控制措施的好处是可将大范围的流行在一次性支出不是很大的情况下使疫情逐步得到控制，但耗时长，畜产品长期不能进入国际市场。同时疫苗免疫持续时间不长，每6个月需要免疫1次。此外，用于生产疫苗的病毒的血清型必须与正在流行的毒株相匹配，因为口蹄疫病毒抗原变异快，在已经确认的7个血清型中的任一型又有许多亚型，这样更加降低了疫苗的有效性。从长期来看，经济损耗十分巨大。

2. **扑杀策略**　以强制扑杀全部病畜和可能感染病毒的易感动物为主，辅以限制移动、流行病学监测、进口控制，以及严厉的动物卫生等生物安全措施的政策，也称为扑灭根除政策。美国1929年最后一次暴发，英国1967—1968年、2001年及2007年的三次大流行，加拿大1951—1952年的流行都采取了扑杀策略。2000年韩国和日本也都采取了这种策略。在无口蹄疫国家或地区暴发疫情时，通常应用"扑灭"政策来控制该病。一旦疫病已被控制，在扑灭战役消灭病毒的最后阶段，也可以应用"扑灭"政策控制该病。扑杀根除策略的好处是可在短期内根除疫情，恢复无口蹄疫国家或地区地位，但一次性经济损耗巨大，需要有强大的经济实力作后盾，并有完善的兽医防疫体制和较高素质的防疫队伍。目前仅在常年无口蹄疫的发达国家采取这种政策。

（李秀峰，吴威）

第三节 中国防治计划

根据《中华人民共和国动物防疫法》等法律法规要求，为认真贯彻落实《国家中长期动物疫病防治规划（2012—2020年）》，进一步做好全国口蹄疫防治工作，有效控制和消灭口蹄疫，农业部制定了《国家口蹄疫防治计划（2012—2020年）》。

国家口蹄疫防治计划阐述了口蹄疫的危害，总结了中国防治口蹄疫取得的成效，深刻分析了当前面临的严峻形势，提出了总目标、阶段目标和工作指标。

总目标是到2020年，实现全国Asia1型口蹄疫非免疫无疫，A型免疫无疫，O型部分区域非免疫无疫或免疫无疫，其他地区维持控制标准。口蹄疫防治能力明显提升，O型、Asia1型、A型口蹄疫监测全面覆盖，有效防范境外变异毒株和C型、SAT1型、SAT2型、SAT3型口蹄疫威胁入侵，基本消除大面积发生口蹄疫疫情的风险，有效保障家畜产品供给安全、家畜产品质量安全和公共卫生安全。

阶段目标是：到2015年，A型全国达到净化标准；Asia1型全国免疫无疫；O型海南岛非免疫无疫，辽东半岛、胶东半岛免疫无疫，其他区域达到控制标准。到2020年，A型全国免疫无疫；Asia1型全国非免疫无疫；O型海南岛、辽东半岛、胶东半岛非免疫无疫，辽宁（不含辽东半岛）、吉林、黑龙江、北京、天津、上海免疫无疫，全国其他地区维持控制标准。

中国口蹄疫防控工作指标见表9-1。

防治计划提出了坚持预防为主、分型控制、因地制宜、分区防治的原则，大力推进免疫预防、疫情监测、流通监管与应急处置和无害化处理、检疫监督等措施相结合的

表 9-1　中国口蹄疫防控工作指标

	到 2015 年	到 2020 年
经费支持	防治经费纳入各级政府财政预算，得到足额落实	防治经费纳入各级政府财政预算，得到足额落实
监测	100% 的县级及以上动物疫病预防控制机构能按国家要求有效开展口蹄疫血清学监测和流行病学调查；100% 的省级和地市级动物疫病预防控制机构能按国家要求开展口蹄疫病原学监测	30% 以上的县级动物疫病预防控制机构能按国家要求有效开展口蹄疫病原学监测
免疫	免疫区域易感家畜应免尽免，免疫效果达到合格标准	免疫区域易感家畜应免尽免，免疫效果达到合格标准
检疫监管	调运报检率达到 80%，检疫到位率达到 100%	调运报检率达到 100%，检疫到位率达到 100%
宣传培训	家畜养殖集中地区县乡村干部口蹄疫防治知识知晓率达到 60% 以上，养殖人员防治知识知晓率达到 50% 以上；各级动物疫病预防控制机构与动物卫生监督机构防治人员和执业兽医口蹄疫专业知识和技能培训率达到 70% 以上	家畜养殖集中地区县乡村干部口蹄疫防治知识知晓率达到 80% 以上，养殖人员防治知识知晓率达到 90% 以上；口蹄疫非免疫无疫区和免疫无疫区所有地县乡村干部和养殖人员防治知识知晓率达到 100%，各级动物疫病预防控制机构与动物卫生监督机构防治人员和执业兽医口蹄疫专业知识和技能培训率达到 100%

综合防治策略。对 Asia1 型口蹄疫，采取全国范围内同步控制和消灭策略。首先，对所有易感牲畜使用国家指定的高质量疫苗进行强制免疫，降低疫病流行强度，减少牲畜发病率，同时开展免疫抗体监测，保证免疫质量；其次，在维持强制免疫的同时，重点开展病原学监测，清除病原检测阳性动物；第三，在继续提高强制免疫质量的基础上，扑杀感染抗体阳性动物；第四，适时逐步退出免疫，重点通过检疫监管及其他措施维持无疫，最后达到全国非免疫无疫的目标。对 A 型口蹄疫，采取全国范围内同步控制策略，技术路线与 Asia1 型口蹄疫基本相同，通过高质量疫苗强制免疫、监测清群等措施，逐步实现全国免疫无疫。对 O 型口蹄疫，采取分阶段、分区域控制策略。通过高质量强制免疫、严格流通监管、持续监测压缩阳性畜数量等措施，根据地理连片、基础条件差异较小、防治进度和目标相近等因素，引导在防疫基础条件较好的地区率先建设免疫无口蹄疫或非免疫无口蹄疫区域，最终达到全国部分地区非免疫无疫或免疫无疫，大部分地区稳定控制的目标。

防治计划还明确了七大措施，强化了技术和物资等六方面的保障。国务院兽医主管部门组织制定本计划评估指标和方案，明确评估考核的时间、机构、程序、内容和结果运用，组织分年度、分阶段考核验收，对各地区防治工作情况进行不定期检查。各省级人民政府应将口蹄疫防治工作纳入绩效管理指标，建立督导机制，结合当地防治计划进展，制定考核指标和督导方案，分年度、分阶段进行检查评估。

（李秀峰，吴威）

第四节 国际控制计划

1997年9月，世界动物卫生组织启动"东南亚口蹄疫控制行动"（SEAFMD），目的是帮助东南亚国家按照区域化原则，逐步控制和消灭口蹄疫。2010年5月，中国正式加入该计划，SEAFMD更名为"东南亚—中国口蹄疫控制行动计划"（SEACFMD）。SEACFMD现有11个成员，包括柬埔寨、印尼、老挝、马来西亚、缅甸、菲律宾、泰国、越南8个创始成员，以及中国、文莱和新加坡等3个新成员。目前，SEACFMD工作已取得重要进展，印尼、菲律宾及马来西亚部分地区已先后被世界动物卫生组织认可为口蹄疫无疫区，其他成员口蹄疫防控工作也在逐步推进。按照"东南亚2020年口蹄疫免疫无疫路线图"，SEACFMD将协调各方，力争在2020年以前实现整个区域免疫无口蹄疫的目标。SEACFMD委员会会议每年召开一次，由各成员轮流举办，会议总结分析区域内口蹄疫防控情况和防控经验，分析疫情形势，研究制定下一步防控对策。中国加入"东南亚口蹄疫控制行动"意义重大。从OIE角度看，中国的加入有利于推动世界动物卫生组织（OIE）全球口蹄疫防控战略实施。从中国的角度看，加入SEACFMD，一是可以利用OIE技术资源，提高中国口蹄疫防控工作能力；二是有利于加强与OIE合作，促进中国兽医工作与国际接轨；三是有利于促进与东南亚国家合作。中国与SEACFMD成员或陆地接壤，或隔海相望，在动物疫病防控方面利益攸关，通过SEACFMD平台，可以进一步强化兽医双边合作，完善跨境动物疫病联防联控机制，更好地保障养殖业生产和兽医公共卫生安全。

（李秀峰，吴威）

第五节 口蹄疫区域化管理

　　尽管口蹄疫的传播方式具有多样性，易感动物种类繁多，但只要通过切断传染源，防止病原体侵入易感动物，或通过免疫易感动物，让易感动物获得保护性抗体，阻止病原体在易感动物之中循环，就可以实现某一特定区域没有口蹄疫的目标。因此，口蹄疫是世界动物卫生组织最早推荐进行区域化管理的疫病。

　　早在21世纪初，世界动物卫生组织就已经制定了口蹄疫等动物疫病区域化管理的相关标准，并应成员国要求，开始进行无规定动物疫病国家和区域的国际评估认可，按评估情况将各成员动物卫生状况划分为不同类别，供国际贸易参考应用。经过近20年的发展证明，动物疫病区域化管理已经成为控制动物疫病、提高动物卫生水平和促进国际贸易的主要动物卫生措施。

　　中国根据本国国情，参照世界动物卫生组织在口蹄疫区域化管理方面的标准，从1998年开始开展口蹄疫区域化管理，建设口蹄疫无疫区，海南免疫无口蹄疫区和吉林永吉免疫无口蹄疫区通过了国家无疫评估并维持无疫。经实践证明，口蹄疫区域化管理已成为中国预防、控制和消灭口蹄疫的有效措施。

一、口蹄疫区域化管理模式

　　在一个国家或地区建立和保持某种动物疫病的无疫状态应该是所有OIE成员的最终目标。由于在全国范围内建立并保持某种动物疫病的无疫状态是非常困难的，特别是口蹄疫的流行病学特点复杂，病毒以气溶胶形式通过空气传播的速度快、距离长，导致很难通过采取措施控制其通过国家边境或区域边界传入，所以，选择恰当的措施来控制和消灭口蹄疫是极其重要的。目前，OIE《陆生动物卫生法典》中口蹄疫防控主要是采取动物疫病区域化管理的模式，并明确了区域区划和生物安全隔离区划两种区域化管理模式，这两种区划模式不但有利于国际贸易安全，而且还有助于OIE成员在其境内控制或扑灭口蹄疫。

（一）区域区划

1. 实施区域区划模式防控口蹄疫应具备的基本条件

（1）将口蹄疫纳入国家法定通报疫病　OIE在《陆生动物卫生法典》中规定了将动物疫病、感染及侵染列入名录的标准，主要标准为：证实为国际性的病原传播（通过活动物、动物产品或污染物）；至少有一个国家已经证明在易感动物群中无或暂时无此疫病或感染；已经证实人能自然传染，且感染后能够造成严重后果，或在某些国家或区域已显示该疫病在家养动物群中引起很高的患病率和死亡率，或已经显示或有科学证明该病在野生动物群中引起显著的患病率和死亡率；有检测和诊断的可靠方法和精确的病例定义以明确鉴别病例，并使这些病例与其他疫病和感染相区别；或这种疫病感染是一种具有人兽共患特性、传播迅速或具有高患病率和死亡率的新发病，且有精确的病例定义以明确鉴别病例，并使这些病例与其他疫病和感染相区别。

（2）清楚了解口蹄疫流行病学特征　需清楚地了解本国或本区域口蹄疫的发病历史、首次发现日期、感染来源、根除日期，以及口蹄疫传染源、易感动物和传播途径等。

（3）国家要有有效的兽医组织和管理机构　兽医机构的能力和资源在区域区划中具有非常重要的作用，兽医机构是区域区划有效实施的保障，这就要求兽医机构具备相应的权力和能力来开展动物疫病区域化管理。同时，兽医机构还要同畜禽养殖和生产加工行业，包括执业兽医建立良好和紧密的合作和联系、有效实施动物标识和追溯系统、动物疫病报告和监测系统、动物卫生出证等。

（4）要有必要的法律支持　兽医当局应能够表明其在一定法规的支持下能够对所有动物卫生的问题进行控制，包括口蹄疫的强制性通报、检疫、溯源系统进行的控制、设备登记、疫点/疫区隔离、实验室检测、处理、感染动物或被污染材料的销毁等。

（5）具有科学、合理、有效的地理界限　区域范围和地理界限应由兽医机构根据自然、人工和/或法律边界划定，并通过官方渠道公布。

（6）具有有效的口蹄疫监测体系和疫情报告制度　国家、地方层面均需具有完善的早期检测系统、监测体系和疫情报告体系，这对于证明和维持区域无疫状况极为重要，有效的监测数据、及时的疫情报告制度是开展区域化管理的关键。

2. 评价区域区划的关键因素　OIE虽然没有具体规定评价区域区划的因素，但在《陆生动物卫生法典》中规定了"建立和维护区域或生物安全隔离区的特定动物卫生状况，应当与特定环境相适应，并依据疫病流行病学特点、环境因素、生物安全措施和监测而定"。为了确定区域的完整性，必须根据《陆生动物卫生法典》中兽医机构评估中的要求，证明和确定兽医机构包括实验室在内的职责、组织机构及基础结构是否具有建立和维护区域无疫的能力和水平。出口国应向进口国提供详细的文献记录，证明其实施了《陆生动物卫生法典》中实施动物疫病区域区划所推荐的措施，并要求出口国兽医主管部门证明所提供信息属实。因此，评价区域区划的关键要素主要是评价开展动物疫病区域区划的国家和所在地区的兽医机构能力、组织机构及基础结构，包括实验室的技术水平、人力和财政资源情况。另外，还要评估地区内动物疫病的流行病学特点、环境因素、生物安全措施、监测、监管、追溯和应急等区域区划措施的实施情况和实施结果。

3. **区域区划类型** 在实施口蹄疫区域化管理的过程中，确定其区划类型是至关重要的，这不仅影响着疫病防控所采取的措施，更影响着动物及动物产品的国内外贸易。《陆生动物卫生法典》中规定主要的区域区划类型为无疫区域（免疫无疫区和非免疫无疫区）和感染区，而保护区、控制区等区域类型是为实现区域无疫服务的。

（1）无疫区 口蹄疫无疫区是指在某一确定区域，在规定期限内没有发生过口蹄疫疫或感染，且在该区域及其边界和外围一定范围内，对动物和动物产品的流通实施官方有效控制并经无疫评估合格的区域。无疫区建设的基本原则包括：① 合理的区划。依据口蹄疫的流行病学特点、行政或自然区域特点等建立无疫区，要求区域规模适当，有利于动物疫病的防控和管理。② 科学的区域化管理措施。包括采取科学适当的管理措施和技术措施，一方面是要消灭内源风险：采取包括监测、流行病学调查、易感动物和相关风险物质的移动控制；虫媒控制、消毒、生物安全措施，动物亚群的识别等；另一方面是为了防堵外源风险：如采取建设缓冲区、屏障体系、检疫，指定通道，边界控制等措施。③ 根据是否采取免疫措施，无疫区分为免疫无疫区和非免疫无疫区，近几年，随着动物卫生风险分析的广泛应用，有专家提出基于风险分析的免疫措施，即对实施免疫措施的无疫区采取更为灵活的免疫措施，而不是采取100%的全面免疫，通过动物卫生风险分析，对于区域内一些风险点、场、群或区域实施基于科学风险分析的免疫措施。

（2）保护区 保护区的建立是为了保护某无疫国或无疫区内的动物健康状态，免受不同动物健康状态的国家或区域影响而划定的区域；通过采取以疫病的流行病学研究为基础的措施，防止致病的病原体蔓延至无疫国或无疫区。这些措施可包括免疫接种、动物流动控制、严密的系统性检测及其他措施，可以在整个无疫地区或者在无疫区内/外的规定地区使用这些措施，措施主要如下：① 为确保保护区内动物与其他种群的清晰区分而进行的动物标识和追溯；② 所有的或易感动物的免疫接种；③ 转运动物的检测和/或免疫；④ 样品处理、运输和检测的特别程序；⑤ 加强包括清洁消毒在内的生物安全措施，尤其是对运输动物及规定运输路线的消毒；⑥ 易感野生动物及虫媒的特异性监测；

⑦ 对公众或者特定人群（饲养者、贸易相关人员、猎人和兽医工作人员等）进行知情教育。

（3）控制区　在无疫区（包括保护区）内暴发局域性口蹄疫疫情时，应在发生口蹄疫疫情的区域建立感染控制区，该区域应包含所有的口蹄疫病例。① 确定疫情是局域性的，一旦发现有疑似口蹄疫疫情，立即做出快速反应并向兽医主管部门通报。通过流行病学调查（追踪和溯源）证实口蹄疫疫情是局限在该区域内，并已确定了最先发生地，完成了可能传染源的调查、确认了所有病例间的流行病学关联。② 明确界定控制区内的易感动物群，禁止动物移动，有效控制有关动物产品的流通。③ 实施了扑杀政策，控制区内最后一个病例扑杀后，在2个潜伏期内没有口蹄疫新发病例。④ 通过实施有效的动物卫生措施，建立物理屏障或借助地理屏障，有效防止口蹄疫扩散到控制区以外的其他区域。⑤ 在控制区内开展持续监测，并强化控制区以外区域的被动和目标监测，没有发现任何感染证据。⑥ 在建立控制区之前，控制区外的无疫状况暂时停止。一旦控制区清楚地建立，控制区外的无疫状况随即恢复。

（4）非免疫无口蹄疫区的动物卫生标准　非免疫无口蹄疫区通过实施考虑物理或地理屏障的动物卫生措施，有效防止非免疫无口蹄疫区的易感动物免受具有不同动物卫生状况的国家其他区域或毗邻国家的病毒入侵的威胁。这些措施包括建立保护区。取得非免疫无口蹄疫区的资格，应具备以下条件：① 有定期和及时的动物疫病报告记录。② 向OIE递交报告，阐明在拟申请的非免疫无口蹄疫区内，具备以下条件：在过去的12个月内没有暴发过口蹄疫；在过去的12个月内没有发现口蹄疫病毒感染的证据；在过去的12个月内没有进行过口蹄疫疫苗免疫接种；该地区在停止免疫后，没有引进过免疫接种动物。③ 提供文件证明，对口蹄疫和口蹄疫病毒感染实施了监测；实施了针对口蹄疫病毒早期诊断、预防和控制的常规措施。④ 详细描述并提供文件证明在无疫区实施了以下正确的监控措施：拟申请的非免疫无口蹄疫区的边界设置；保护区的边界设置和措施；防治口蹄疫病毒入侵拟申请无疫区的系统（包括易感动物的移动控制）。

（5）免疫无口蹄疫区的动物卫生标准　通过实施考虑物理或地理屏障的动物卫生措施，有效防止免疫无口蹄疫区的易感动物免受具有不同动物卫生状况的国家其他区域或毗邻国家的病毒入侵的威胁。这些措施包括建立保护区。取得免疫无口蹄疫区的资格，应具备以下条件：① 有定期和及时的动物疫病报告记录。② 向OIE递交报告，阐明在拟申请的免疫无口蹄疫区内，具备以下条件：在过去的2年内没有暴发过口蹄疫；在过去的12个月内没有发现口蹄疫病毒循环的证据；在过去的12个月内进行过口蹄疫疫苗免疫接种。③ 提供文件证明，对口蹄疫和口蹄疫病毒感染实施了监测；实施了针对口蹄疫病毒早期诊断、预防和控制的常规措施；开展了以预防为目的的常规免疫接种，使用的疫苗符合《陆生动物卫生法典》规定的标准。④ 详细描述并提供文件证明在无疫区实施了以下正确的监控措施：拟申请的免疫无口蹄疫区的边界设置；保护区的边界设置和措施；防治口蹄疫病毒入侵拟申请无疫区的系统（包括易感动物的移动控制）。

（二）生物安全隔离区划

1. 实施生物安全隔离区划模式防控口蹄疫应具备的基本条件

（1）适用于由相关生物安全管理和养殖措施确定的动物亚群。

（2）界定生物安全隔离区的因素应由兽医主管部门根据有关标准，如生物安全相关的管理标准和养殖规范，并通过官方渠道公布。

（3）生物安全隔离区内的动物亚群，需要从流行病学角度与其他有疫病风险的动物或事物隔离、区分开来。

（4）对于生物安全隔离区而言，生物安全计划应该规定相关行业和兽医主管部门间的伙伴关系及其各自责任，也应规定其日常运作程序，提供证据证明所实施的监测、活动物标识与追溯系统、管理规范等能够满足生物安全隔离区的规定。除动物流动监控信息外，计划还应该包括畜群生产记录、饲料来源、监测结果、出生死亡记录、外来人员参观日志、发病率与死亡率记录、用药、免疫接种、相关工作人员培训及其他评估风险降低需要的标准。根据所涉及的动物和疫病，所需要的信息可能不同。

2. 无口蹄疫生物安全隔离　通过实施有效的生物安全管理体系，将无口蹄疫生物安全隔离区内的易感动物与区域外的其他易感动物隔离。建立无口蹄疫生物安全隔离区应具备以下条件。

（1）具有定期和及时的动物疫情报告记录，具有合适的口蹄疫官方防控方案和监测体系，以准确的监测一个国家和地区内口蹄疫的流行情况。

（2）在无口蹄疫生物安全隔离区内，在过去12个月内没有暴发过口蹄疫；在过去12个月内没有发现口蹄疫病毒感染的证据；禁止进行口蹄疫疫苗接种；进入生物安全隔离区内的动物、精液和胚胎必须符合《陆生动物卫生法典》对引入的有关规定；提供文件证明按规定对生物安全隔离区的口蹄疫和口蹄疫病毒感染情况实施了监测；建立了合适的动物标识和可追溯系统。

（3）详细描述生物安全隔离区内的动物亚群及控制口蹄疫和口蹄疫病毒感染的生物安全计划。

生物安全隔离区应当由兽医主管部门批准设立，首次批准时要求生物安全隔离区所在区域过去3个月内没有发生口蹄疫。

二、区域化管理措施

OIE动物疫病区域化管理的措施主要包括动物疫病监测、动物及动物产品可追溯管理和动物及动物产品流通监管等措施。

（一）监测

监测目标群旨在确定国家或地区，或生物安全隔离区内所有易感物种的疫病和感染情况。口蹄疫的影响和流行在世界上不同区域差异很大，因此OIE《陆生动物卫生法典》中规定在可接受的置信度水平上证明无口蹄疫的监测策略的制定要适应当地实情。申请无疫认可的国家或地区有义务向OIE提交文件，阐述所涉及地区的口蹄疫流行状况和所有风险因素的管理状况，以及科学的支持数据。因此，在提供可接受的置信度水平上证明无口蹄疫感染（非免疫群）或无口蹄疫流行（免疫群）的理由时，各成员国具有较大的自由度。

1. 监测计划的制订

（1）具有早期预警系统和被动监测系统　该系统要包括贯穿从生产、市场到加工链疑似动物疫病病例报告，与易感动物日常接触的工作人员和兽医必须及时报告任何易感动物疑似情况，并应直接或间接地（如通过私人兽医或兽医辅佐人员）获得政府信息计划和兽医主管部门的支持。

（2）对高风险动物群的监测　高风险动物群主要是与感染国家或地区相邻的畜群，或是在易感野生动物经常出没区域中的畜群。

（3）对疑似病例的定期跟踪和调查　有效的监测系统应对疑似病例开展定期的跟踪和调查，以确诊或排除感染。申请无疫认证时应提供疑似病例发生及进行调查和处理的详细情况，应包括实验室确诊结论和对相关动物实施控制采取的措施（包括隔离检疫、移动控制等措施）。

2. 监测方案的制订　对于为证明无口蹄疫病毒感染/流行而设计的监测方案，在设计时要仔细，在开展过程中要谨慎、小心，以避免产生监测结论不够可靠而使OIE或贸易伙伴不能接受或监测成本过高及后勤保障太复杂的情况。因此，制订任何监测方案时，均需在本领域内有能力和经验的专业技术人员参与。制订科学的监测方案应明确监测目标、监测方式、抽样方法、监测方法，以及对无疫状况的监测要求等。

（1）确定监测目标　监测目标应包括无疫国、区域或生物安全隔离区内的所有易感动物和易感群体，易感野生动物的监测也应纳入到监测方案中。

（2）确定监测方式　采取主动监测和被动监测相结合的监测方式，并将流行病学调查和结构非随机调查等监测方式纳入监测中。

（3）确定监测频率　综合考虑动物疫病流行病学状况、易感动物生产周期和国家对监测频率的相关规定，确定监测频率和监测时间。

（4）确定抽样方法　监测方案应基于随机抽样以在可接受的置信水平上证实无病毒感染或流行。随机抽样应考虑预定流行率和置信水平。如果区域内的感染率极低，相应的样本容量应足够大，以检测出感染或流行情况。样本容量和预定流行率决定了调查结果的可信度。申请无疫认证的国家或地区必须以监测目标和流行病学背景为基础证明预定流行病学和置信水平的可行性。预定流行率的确定很大程度上依赖于现行或历史的流行病学情况。

（5）确定监测方法　监测方法主要包括临床监测、血清学监测和病毒学监测。临床监测是规定动物疫病监测的基础。无论选择何种监测方案，诊断试验的灵敏性和特异性是设计方案、确定样本容量和说明诊断结果的关键因素。理想情况下，所用测试的敏感性和特异性应该以由目标群的免疫/感染历史和动物生产情况加以验证。不管使用何种诊断方法，监测方案设计时应预先估计到假阳性反应情况，如果诊断方法特性明确，则可预先计算出假阳性反应率。

（6）无疫状况的监测要求　成员国申请认证整个国家或地区无疫时应提供证据证明其拥有有效监测方案，且监测方案的设计和实施应遵循《陆生动物卫生法典》中对监测类型和方法的要求。应证明该国家或地区在规定时间内没有发生口蹄疫临床病例，并且进一步证明在规定时间内任何易感动物群均无口蹄疫病毒感染。

（二）检疫监管

检疫监管是维持整个国家、区域、生物安全隔离区无疫动物卫生状况的重要措施，对动物及动物产品的流通加以控制和规范是检疫监管工作的核心内容。区域和生物安全隔离区以外的动物及动物产品进入区域或生物安全隔离区时，应参照国家与国家之间的进出口贸易的技术要求进行。OIE《陆生动物卫生法典》中规定了"直接将口蹄疫易感动物从感染区运往无疫区屠宰、国家内部直接将口蹄疫易感动物从控制区运往无疫区屠宰的建议监管要求；从无口蹄疫国家、地区或生物安全隔离区进口易感动物及相关产品的建议；从口蹄疫感染国家或地区进口动物及产品的建议"，对兽医主管部门所出具的国际兽医证书的内容进行了明确要求，证书的内容主要包括：易感动物出口或屠宰前饲养的要求、免疫接种的要求、当地口蹄疫动物卫生状况、运输及清洗消毒等措施的要求等。

（三）动物及动物产品可追溯管理

OIE《陆生动物卫生法典》中有关动物可追溯性的规定，已经成为WTO/SPS协议下国际标准的重要组成部分，也是动物疫病区域化管理进行特定动物群体识别的主要措施。OIE《法典》中明确规定：动物疫病区域化建设和管理中，必须能够清楚识别属于"动物亚群体"的动物或畜群，兽医主管部门必须有详细的档案记载动物亚群的身份。

对区域或生物安全隔离区内相关动物的标识应能做到可追溯其移动。根据生产系统，可以分群体或个体水平进行识别。应认真记录、监管有关动物在该区域和生物安全隔离区的进入、移出。保持有效的动物标识系统是评估区域或生物安全隔离区完整性的先决条件。

（四）风险分析

OIE《陆生动物卫生法典》中规定了进口风险分析的程序，包括危害确认、风险评估、风险管理和风险交流。在进口风险分析过程中，通常需要考虑出口国现有的兽医体系、区域区划、生物安全隔离区划、疫病监测体系的评估结果，以便监视出口国的动物卫生状况。

动物疫病区域化管理是国际认可的重要动物卫生措施，是在充分考虑畜牧业经济和公共卫生的基础上，针对某一特定区域，采取包括法律、行政、经济、技术手段在内的综合措施，集中人力、物力和财力，加强动物疫病防控的基础设施建设，建立完善的屏障体系（包括地理屏障、人工屏障或生物安全屏障等），采取流行病学调查、监测、动物及动物产品流通控制等综合措施，按计划、有重点地控制和扑灭动物疫病，提升区域内动物卫生水平，促进动物及动物产品贸易。动物疫病的区域化管理适用于在整个国家不可能实现特定疫病无疫状态的动物疫病，实施动物疫病区域化管理，提高区域内动物及动物产品卫生水平，是提高动物及动物产品国际竞争力和畜产品质量安全的重要举措。

三、国内外口蹄疫区域化管理和评估实践

（一）巴西口蹄疫区域化管理

巴西自20世纪90年代初开始对口蹄疫实施区域化管理以来，全国大部分地区实现了口蹄疫无疫状况，得到了OIE和国际社会的普遍认可，无疫区建设取得了巨大成就。巴西的口蹄疫区划类别包括非免疫无疫区、免疫无疫区、缓冲区（高风险区）和疫区。区域划定主要基于行政区域，结合自然屏障。在无疫区周边的主要交通道口设置检查站，对确需从无疫区外进入无疫区的动物实施隔离检疫；在没有有效自然屏障体系的区域，在无疫区与疫区之间设置缓冲区（高风险区），进行强化监测和流通控制。巴西在实施

区域化管理时，把动物移动控制作为建设、维持和管理无疫区的重要手段。在实施移动控制时，一方面通过建立和应用屏障体系来实现动物的移动控制，另一方面，通过市场准入制度来规范动物移动，只有符合条件的动物才允许进入无疫区，免疫动物不允许进入非免疫无疫区。各州建立了动物卫生信息管理系统，可以每日更新动物饲养和发病情况，以及时了解和掌握全国的动物疫病状况。巴西在无疫区建设、管理和维持过程中，充分调动了利益相关方的积极性，全社会参与无疫区建设，特别是发挥了农场主在无疫区建设维持中的作用。

（二）中国口蹄疫区域化管理

1. **发生疫情后的扑杀**　中国《口蹄疫防治技术规范》中规定当发生口蹄疫时，由所在地县级以上畜牧兽医行政管理部分划定疫点、疫区、受威胁区。在发病畜所在的地点划为疫点，在以疫点为中心，由疫点边缘向外延伸3km内的区域划为疫区，由疫区边缘向外延伸10km的区域划为受威胁区。对疫点、疫区和受威胁区实施相应的疫情处理措施，这些措施可包括封锁、扑杀、监控、移动控制、强制免疫、监测、消毒、无害化处理等措施。

2. **口蹄疫无疫区建设**　1998年，农业部启动了第一期动物保护工作规划建设，先后在全国23个省（自治区、直辖市）的651个县开展口蹄疫等重大动物疫病的无疫区建设实践。2001年，农业部在总结动物保护工程建设经验的基础上，参考国际通行的无疫区标准，针对畜牧业养殖状况、地理特点和财政情况，将畜牧业基础好、具有良好畜牧业出口前景，以及符合动物疫病区域化管理的地理特征的区域作为建设重点，在四川盆地、松辽平原、辽东半岛、胶东半岛和海南岛等5个区域，包括四川、重庆、吉林、山东、辽宁和海南6省（直辖市）开展免疫无口蹄疫等动物疫病的无疫区示范区建设。目前，海南岛免疫无口蹄疫区、吉林永吉免疫无口蹄疫区通过了国家的评估认可，取得了显著的经济和社会效益，积累了大量的经验教训，加之国家对动物疫病防控工作的重视力度逐年加大，兽医管理体制改革持续推进，法规标准体系逐步健全完善，中长期规划正式出台，均为进一步实施口蹄疫区域化管理提供了必要条件。

根据中国当前动物疫病防控形势，在《国家中长期动物疫病防治规划（2012—2020年）》中将口蹄疫列为优先防治病种，提出了口蹄疫的防治考核标准，并明确了几个优先开展口蹄疫区域化管理的畜牧业产业带，这几个产业带主要包括东北、中部、西南、沿海地区猪优势区，中原、东北、西北、西南等肉牛、肉羊优势区和东北、华北、西北及大城市郊区等奶牛优势区等。在今后一段时期内积极开展口蹄疫区域化管理，建设口蹄疫无疫区是完成规划防控目标的关键。

3. 无口蹄疫生物安全隔离区建设　目前，虽然中国无口蹄疫生物安全隔离区的建设、管理和评估工作还处在探索阶段，但是根据OIE无口蹄疫生物安全隔离区的相关动物卫生标准，已经制定完成了无口蹄疫生物安全隔离区标准。根据国际组织规则和有关国家的经验做法，目前主要有3种类型的生物安全隔离区适合中国实际情况，一是全产业链模式，二是单独的种畜禽场模式，三是单独的商品畜禽场模式。

四、中国实施区域化管理防控口蹄疫的基本原则

通过分析OIE《陆生动物卫生法典》对口蹄疫区域化管理在模式和措施上的要求，结合国内外区域化管理和评估的实践经验，中国实施区域化管理防控口蹄疫可遵循以下基本原则。

（1）因地制宜、科学规划的原则　国家兽医主管部门应根据全国不同自然地理条件、贸易需求、动物疫病状况和流行病学规律，结合畜牧业特点、动物防疫工作基础和社会经济发展水平等多种因素，制定口蹄疫无疫区建设规划和实施计划，明确国家实施口蹄疫区域化管理的相关标准、原则和要求，参考国际规则和相关国家的经验做法，科学设计，合理规划布局，制定切实可行的实施方案，全面落实。优先将国家优势畜牧业产业带、动物疫病防治优势区和畜牧业主产区、养殖密集区等纳入无疫区建设范围，在全国范围内全面推动口蹄疫无疫区建设管理工作。

（2）优化模式、明确目标的原则　实施口蹄疫区域化管理时，应根据实施区域化管理的基本要求和各地的特点，选择不同的区域化管理模式。在具有一定的自然屏障地区，适合采取区域区划模式开展对动物疫病实行区域化管理；对于没有自然屏障的地区，可结合行政区域，在行政边界对相关动物及动物产品实行流通控制，通过设置保护区构成免疫带或监测带，形成人为的生物安全屏障；对于种畜场、畜种资源保护场、新建种畜场、家畜出口企业等养殖企业可选择生物安全隔离区模式开展口蹄疫区域化管理。依据目前中国口蹄疫的流行病学特点和分布情况，科学制定口蹄疫防治目标。

（3）完善措施、依法实施的原则　为保证口蹄疫无疫区建设有法可依，各地应在国家有关法律及农业部发布的有关规章、制度、规范、标准基础上，进一步加强区域化管理地方立法，完善相关法律法规、规章、标准和制度，明确区域范围、类型、相关部门职责分工和保障措施等，依法开展无疫区建设管理工作。进一步完善动物及动物产品的准入监管、疫病监测、动物疫病免疫（免疫无疫区）、标识追溯等动物疫病区域化管理技术措施，健全相关法律法规体系和组织体系是有效开展区域化管理的关键因素。口蹄疫防控要达到国际认可的区域化管理水平应加强三项工作：一是建立健全区域化管理相

关的法律法规标准体系，二是实行建立完善的官方兽医管理制度和提高工作人员素质，三是完善准入监管、标识追溯、监测工作。

（4）明确责任、稳步推进的原则 实施动物疫病区域化管理，建设无疫区是《动物防疫法》规定的各级人民政府的责任。各地要在当地人民政府领导下，建立由兽医主管部门牵头，发展改革、财政、交通运输、工商、商务、公安、环保、林业等多部门共同参与的无疫区建设协调机制。根据不同地区特点、不同区域化管理模式及建设目标，完善区域化管理措施，规范无疫区建设。对条件成熟的无疫区，及时申请国家评估，适时推动国际认可。

（范钦磊）

参考文献

范钦磊, 郑增忍, 蒋正军, 等 . 2008. 我国重大动物疫病区划防控的探讨 [J]. 中国动物检疫, 25 (3) .

刘俊辉, 张衍海, 郑增忍, 等 . 2009. 实施动物疫病区域化管理促进动物和动物产品国际贸 [J]. 中国动物检疫, 26 (2) .

农业部 . 2007. 无规定动物疫病区管理技术规范 [R]. 北京 .

农业部 . 2007. 无规定动物疫病区评估管理办法 [R]. 北京 .

农业部 . 2011. 国家中长期动物疫病防控战略研究 [M]. 北京: 中国农业出版社 .

农业部 . 2011. 无规定动物疫病区口蹄疫监测技术规范 (NY/T 2075 – 2011)[S]. 北京 .

世界动物卫生组织 . 2014. OIE 陆生动物卫生法典 [M]. 农业部兽医局组, 译 . 第 21 版 . 北京: 中国农业出版社 .

张衍海 . 2011. 生物安全隔离区划及我国无禽流感生物安全隔离区建设评估机制研究 [D]. 北京: 中国农业科学院 .

郑增忍, 黄伟忠, 马洪超, 等 . 2010. 动物疫病区域化管理理论与实践 [M]. 北京: 中国农业科学技术出版社: 10 – 12 .

http: //www.oie.int/animal-health-in-the-world/official-disease-status/fmd/list-of-fmd-free members/ World Organization For Animal Health (OIE) .

附　　　录

附录一　OIE《陆生动物诊断试验和疫苗标准手册》(2012年版) 2.1.5章

口蹄疫 (FMD) 是哺乳动物一种高度接触性传染病,具有对易感偶蹄动物造成严重经济损失的危害。口蹄疫病毒有7个血清型,分别为O、A、C、SAT1、SAT2、SAT3和Asia1型,动物感染一种血清型的病毒不产生对其他型的免疫力。在临床上,口蹄疫与其他水疱性疾病,包括猪水疱病 (SVD)、水疱性疹和水疱性口炎不易区别。因此,任何可疑的口蹄疫病例必须立即进行实验室诊断。

典型的口蹄疫病例,其特征是在蹄、口腔黏膜及母畜乳头上均有水疱发生。临床症状从温和型到严重型以至致死型均可发生,特别是幼畜。在某些感染中可能出现亚临床症状 (如非洲水牛感染)。适于诊断的组织是未破裂或刚破裂的水疱皮和水疱液。在不能获得水疱皮和水疱液的情况下,可采集血液和 (或) 用食道探杯从反刍兽采集的食道–咽部黏液样品或猪的咽喉拭子,这些样品中也存在病毒。对于死亡病例,可采集心肌组织或血液,但如有可能还是以水疱皮为好。

可疑病例的样品必须在安全条件下,按国际规则运输,而且只能送往指定的授权实验室。

口蹄疫的诊断可通过上皮组织或液体样品进行病毒分离,检测是否存在口蹄疫病毒抗原或核酸进行确诊。检测特异性抗体也常被用作诊断,检测非结构蛋白抗体 (NSPs) 的抗体可以确诊是否感染,而不需要考虑动物的免疫状态。

病原鉴定证明有口蹄疫病毒抗原或核酸就足以做出阳性诊断。由于口蹄疫具有高度传染性和经济重要性,病毒的实验室诊断和血清型鉴别应在符合OIE 4级病原生物安全防护 (containment group 4 pathogens) 要求的实验室进行。

酶联免疫吸附试验 (ELISA) 常用于口蹄疫病毒抗原检测和定型,金标试纸条 (Lateral flow devices, LFD) 也可以用于检测口蹄疫病毒抗原。补体结合试验 (CF) 在许多实验室已被酶联免疫吸附试验 (ELISA) 所取代,因为ELISA更特异、更敏感,且不受前补体或补体因子影响。如果样品不足或试验结果不确定,可通过反转录聚合酶链反应 (RT-PCR) 和 (或) 用敏感细胞培养或2~7日龄未断奶的小鼠对样品中可能存在的核酸或活病毒进行增殖。最适用的细胞是牛 (犊牛) 甲状腺原代细胞,但也可使用猪、羔羊、犊牛肾细胞或比较敏感的细胞系。当细胞培养物中出现彻底的细胞病变 (CPE) 时,即可用细胞培养液进行ELISA、CFT或RT-PCR。如乳鼠死亡,则将其骨骼肌组织匀浆成悬液后,进行同样的试验。

血清学试验在出现水疱症状时，若未接种疫苗的动物体内检出特异性抗体，即可做出阳性诊断。这种方法对温和型病例和不易采到水疱性上皮病料的病例十分有用。检测口蹄疫病毒的某些NSP抗体可作为以前或目前病毒感染宿主的证据，而不必考虑免疫状况。与病毒结构蛋白不同，NSP高度保守，不具有血清型特异性，因此，检测NSP的抗体不受血清型的限制。

病毒中和试验（VN）和结构蛋白抗体ELISA试验均可作为型特异性的血清学检测方法。VN试验需要组织培养，因此，稳定性比ELISA差，且检测所需时间长，易受污染。ELISA的优点是无需细胞培养、结果快，甚至可以用灭活抗原进行，对生物安全设施要求不太严格。

对疫苗和诊断用生物制品的要求。目前，市场上有各种口蹄疫灭活疫苗出售。典型的制备方法是，使用感染的病毒悬浮液或单层细胞培养液，澄清后用乙烯亚胺灭活，并与佐剂混合。许多口蹄疫疫苗为多价苗，在某些田间情况下，可预防不同血清型病毒感染。

成品疫苗需证明无活毒残留，最有效的是在体外检测配苗之前浓缩的灭活病毒液，随后通过体内和/或体外试验证实成品疫苗不含活病毒。尽管基于疫苗抗原含量，即疫苗的保护力与特异性抗体反应之间相关性而建立的血清学试验可以用来检测疫苗的免疫效力，但还需要对免疫的牛作攻毒试验，以确定疫苗的PD_{50}（50%保护剂量）值或抗蹄部感染保护率（PGP）。

口蹄疫疫苗生产设施还应符合OIE的4级病原生物安全防护（containment group 4 pathogens）要求。

标准诊断试剂可从OIE口蹄疫参考实验室或联合国粮农组织（FAO）口蹄疫世界参考实验室获得。Pirbright实验室既是FAO口蹄疫世界参考实验室，亦为OIE口蹄疫参考实验室。

（一）前言

口蹄疫（FMD）是由微RNA病毒科口蹄疫病毒属中的一种病毒引起的。口蹄疫病毒有7个血清型，即O、A、C、SAT1、SAT2、SAT3和Asia1型。任何一个血清型感染后均不产生对其他血清型的免疫力。同一血清型中，多数亚型可用生化试验和免疫学试验鉴别。

家养动物中，牛、猪、绵羊、山羊和水牛都对口蹄疫易感。此外，许多野生偶蹄类动物，如鹿、羚羊和野猪等也可感染。病毒偶尔可从其他种动物上分离到，在骆驼科，已证实双峰驼、西半球的骆驼对口蹄疫敏感，在非洲，南非型口蹄疫病毒常存在于非洲水牛中，周期性的"溢出"感染家养动物和其他野生动物。在世界其他地方的牛通常是病毒的贮存场所，尽管在某些事例中，病毒似乎特别适宜于猪，已适应猪的O型口蹄疫病毒CATHAY株需要猪源原代细胞进行分离，在田间或试验中明显不感染大型反刍动物。小反刍动物在口蹄疫传播中扮演重要角色，但目前还不清楚，在牛没有感染的情况下，病毒在这些动物中能维持多长时间，牛口蹄疫感染毒株已在野猪和鹿中分离到，有证据表明，鹿曾经发生感染是由于与感染的家养动物发生直接或间接的接触有关。迄今，除非洲水牛之外，野生动物没有证据表明可独自维持口蹄疫病毒存在超过几个月。

易感动物感染口蹄疫病毒后，在蹄、口腔及其周围和母畜的乳头上出现水疱，水疱破裂，痊愈继而引起蹄冠生长停滞，导致一侧蹄变短，损伤时间可从感染发生随时间的变化证据来估计。乳房炎在奶牛场是口蹄疫发生后的常见病。在其他部位，如鼻腔内和四肢受挤压部位（尤其是猪）也出现水疱。临床症状的严重程度随毒株、感染剂量、动物年龄和品种、宿主的种类和免疫程度的不同而异。其症状从温和型或隐性感染到严重暴发，有的可能导致死亡。幼畜常因多发性心肌炎而死亡，在其他部位也可能发生肌炎。

如果怀疑口蹄疫，在偶蹄类幼畜有突然死亡病史的牧场，应仔细检查成年牲畜，往往可以发现水疱病变。但在致死性病例中，水疱的出现变化不定。

在有水疱病史的动物中，检测水疱液、上皮组织、OP液、乳或血液等样品有口蹄疫病毒，就足以做出诊断。从死亡病例的血液、心脏或其他器官中分离到口蹄疫病毒也可做出诊断。在部分死亡病例肉眼可观察到心肌炎（称之为"虎斑心"）。

口蹄疫病毒可以存在于急性感染动物所有的分泌物和排泄物中，包括呼出的气体。很少由急性感染动物的分泌物和排泄物或未煮熟的肉品间接暴露传染给易感动物的，一般是由感染动物和易感动物间接触而传染。急性感染康复的动物，感染性病毒除了在一些反刍动物食道－咽部（OP）低水平存在外，其他所有分泌物和排泄物中的都消失了。用食道探杯采集OP液及细胞可获得活病毒和病毒RNA。口蹄疫病毒也可在淋巴结中非复制性存在。动物感染后在OP处病毒存在超过28d以上，即所谓病毒携带者。猪不能成为带毒者。有证据表明，尤其在水牛，病毒携带者很少会把病毒传染给与之密切接触的易感动物，其原因目前还不清楚。牛带毒一般不超过6个月，虽然小部分至少可带毒3年。在非洲，有的水牛体内可带毒5年以上，但个体不可能终生带毒。水牛群中，病毒可能维持24年或更长时间。家养绵羊和山羊携带口蹄疫病毒通常不超过数月。亚洲水牛病毒持续带毒状况信息很少。

由于口蹄疫的高度传染性和对许多国家经济上的重要影响，口蹄疫病毒的实验室诊断和血清型鉴定要求在确保安全的实验室中进行。其设备也应符合OIE的4级病原生物安全防护规定。没有国家或地区专业实验室的国家，应将样品送到OIE口蹄疫参考实验室。疫苗生产设施也应符合OIE的4级病原生物安全防护规定。

可以从OIE口蹄疫参考实验室获得成套或单项口蹄疫诊断液和标准试剂盒。在ELISA试验中应用灭活抗原，作为液相阻断ELISA中或固相竞争ELISA中与试验血清反应作对照，从而减少使用活毒的危险。提供的冻干或甘油或非甘油处理但冷冻保存试剂，分别在1~8℃，−30~−5℃和−90~−50℃条件下，其稳定性可以维持数年。国际原子能机构（IAEA）已制定了一本手册，其中含有推荐的试验方法和质量控制方案。有许多商业化的可供选择检测口蹄疫病毒抗原或抗体的诊断检测盒。

（二）诊断技术

实验室诊断应选择上皮组织，最好是未破裂或刚破裂的水疱皮，至少应采集1g。为了避免对采样人员的伤害和动物福利，建议在采集任何样品之前，必须对动物施行镇静措施。

上皮样品应放在由等量甘油、pH.7.2～7.6的0.04 mol/L的磷酸缓冲液（PB）中，最好加抗生素［青霉素1 000（IU），硫酸新霉素100（IU），多黏菌素B50（IU），制霉菌素100（IU）］组成的运输培养基中，如果没有0.04 mol/LPB，可以用组织培养液或磷酸盐缓冲液（PBS）代替，但甘油–缓冲液混合物的pH应在7.2～7.6范围内。样品应冷冻或冻结送至实验室。

对不能采集上皮组织的反刍动物，如感染前期或康复期的病例，或无临床症状的疑似病例，可用食道探杯（猪用喉拭子）采集食道–咽（OP）液样品，送实验室进行病毒分离或RT-PCR。病毒血症也可以用RT-PCR或病毒分离的方法检测血清样品。对于猪的喉拭子采样，应将动物背部绑定在木桩上，伸直颈部，用合适的工具（如止血钳）夹持拭子，推向口腔上颚直到咽喉。

在采集牛或大反刍兽（如水牛）的OP液样品之前，将2mL运输液［含有0.01%牛血清蛋白、0.002%酚红和抗生素（青霉素1 000IU/mL，制霉菌素100U/mL，硫酸新霉素100U/mL，多黏菌素50U/mL），pH7.2的0.08 mol/L的缓冲液］加入到可耐受干冰或液氮、体积约5mL的抗冻容器内。

采集OP液样品时，通过舌面部插入一个探杯进入口咽部，然后在食道的第一部分和咽喉的背部间来回用力抽动5～10次。目的是收集口咽部液体，特别是来自于这些部位的表面上皮细胞，包括食道近端部分、咽壁、扁桃体隐窝和软腭表面。如果样品中不含有充分的细胞碎片，就要重新进行采样。

用食道探杯采集OP液后，将内容物倒入约20mL容量的广口瓶中，检查黏液的质量，应含有可见的细胞性物质。取2mL样品加2mL运输液，轻轻振摇混合，并使其最终pH为7.6左右。被反刍内容物污染的样品，不适于培养，必须弃去。肉眼可见混有血液的样品也不完全符合要求。此时，用清水或PBS冲洗动物口腔后，再重新采样。对一群动物采样，采集每头动物的探杯必须清洗干净并消毒，然后再采下一头动物。

采集小反刍兽OP液样品时，先将2mL运输液加到约20mL容量的广口瓶内，采集后，冲洗探杯，将OP液样品吸到运输液中，然后再将其转移到5mL的容器内进行运送。这种容器应能承受干冰或液氮的低温。

OP液样品采集后，应立即冷藏或冻结，如果样品还需几小时运送，应将其放在干冰上或液氮中冷冻。冷冻前，应用密封式螺丝帽或硅胶（Silicone）仔细封口。当使用干冰时，这一点特别重要，因为二氧化碳进入OP液样品，将使pH降低，可能灭活样品中的病毒。一般不应使用玻璃容器，因为液氮渗漏进去或冻融时有产生爆炸的危险。OP液样品应在冰冻状态下送到实验室。

在国内或国际间运送易腐败的疑似口蹄疫病料时，需要采取特别的预防措施。国际空运联合会（IATA）危险品规则（DGR）对通过商业运输诊断样本的包装和运输有明确的要求。对于送样单和指导，以及探杯使用的说明可以在Pirbright OIE参考实验室的网址（http://www.wrlfmd.org/）上找到。水疱病诊断和鉴别诊断的田间样品的采集和运输程序可以在泛美口蹄疫OIE参考实验的网站（http://www.panaftosa.org.br）上找到。

1. 病原鉴定 一些样品，包括上皮组织、OP液样品和血清可能通过病毒分离或RT-PCR检测。相比之下，ELISA、CF和金标试纸条适用于检测上皮细胞悬液、水疱液和细胞培养上清，但是对于OP液样品或血清的直接检测还不够敏感。

(1) 病毒分离 从PBS/甘油中取出上皮样品，用吸水纸吸去甘油，以减少对细胞的毒性。样品称重，置于无菌研钵中，加入少量灭菌沙、组织培养液和抗生素，用无菌研槌研磨，再加入组织培养液，使最终为10%组织悬液。以2 000g离心10min，澄清。将怀疑含有口蹄疫病毒的样品接种细胞培养物中或未断奶乳鼠。敏感的细胞培养系统包括原代牛甲状腺细胞和初代的猪、犊牛和羔羊肾细胞。已建立的细胞系如幼仓鼠肾（BHK-21）和IB-RS-2细胞也可以使用，但其敏感性要比原代细胞低（对检测病毒含量低的样品）。任何细胞的敏感性应事先用标准毒株测定，常用IB-RS-2细胞分离猪源毒株是必要的，如O型CATHAY、SVDV只在猪源的细胞生长，可辅助鉴别猪水疱病（SVD）。细胞培养分离时，48h应检查致细胞病变效应（CPE）。如果没有CPE出现，细胞培养物应冻融，再接种新鲜细胞培养物，并在48h内检查CPE。也可用未断奶乳鼠代替细胞培养，但必须是2～7d的纯系小鼠。某些野毒在适应小鼠前需要连传数代。至于OP液，用同样体积的氯氟烃（CFCS）预处理，可以从免疫复合物中释放病毒，以提高病毒检出率。

(2) 免疫学方法

● 酶联免疫吸附试验（ELISA）

检测口蹄疫病毒抗原和病毒血清型的优选方法是ELISA方法。这是一种间接夹心法试验，即在多孔板的不同排，用兔抗口蹄疫病毒7个血清型的抗血清包被，这些抗血清称为"捕获"血清。然后，每排的各孔加入被检样品悬液，并设适当的对照。接着，再加每一个血清型口蹄疫病毒的豚鼠抗血清，随后，加酶标记的兔抗豚鼠血清。每一步都应充分洗涤，以去掉未结合的试剂。加酶底物后，出现颜色反应时，可判为阳性反应。强阳性反应，肉眼即可判定，也可用分光光度计在适当的波长内读取结果。在这种情况下，光吸收值比背景大0.1以上即可判为阳性反应，可鉴定口蹄疫病毒的血清型；当光吸收值接近0.1时，应重做，或用组织培养物传代增殖抗原；当出现细胞病变效应（CPE）时，检测上清液。其他提供的检测程序在格式和解释标准稍有不同。

根据样品的地区来源，可同时作猪水疱病病毒（SVDV）或水疱性口炎（VS）病毒检测试验，以便做出鉴别诊断。

口蹄疫7个血清型病毒146S抗原的兔抗血清的捕获抗体，用pH9.6的碳酸盐/碳酸氢盐缓冲液预先调整适当的浓度。

制备对照抗原，需用BHK-21细胞繁殖口蹄疫病毒7个血清型中每一型的选择株的单层培养物（如需要，还需加上SVDV和VSV或SVDV或VSV用IB-RS-2细胞的培养物）。未纯化的上清液预先在ELISA板上滴定，最后稀释度的确定是滴定曲线线形区的吸收值顶点（最适密度大约是2.0），在试验中通常使用5倍系列稀释对照抗原，读出另外两个较低的最适浓度，由此可获得滴定曲线。使用的稀释剂（PBST）为含有0.05%的吐温-20和有酚红指示剂的PBS。

检测抗口蹄疫病毒某一个血清型的146S抗原接种豚鼠，制备豚鼠抗血清（如果需要加上SVDV），用正常牛血清（NBS）阻断。预先用含0.05%的吐温-20和5%脱脂奶（PBSTM）的PBS确定最适浓度。

使用兔（或绵羊）抗豚鼠免疫球蛋白结合辣根过氧化物酶并用NBS阻断，用PBSTM预先测定最适浓度。替代豚鼠或兔抗血清，可用单克隆抗体（MABs）作为ELISA板的捕获抗体或者过氧化物酶结合检测抗体。

试验程序

i）pH9.6碳酸盐/碳酸氢盐缓冲液稀释兔抗病毒血清，将O、A、C、SAT1、SAT2、SAT3、Asia1和SVD病毒（选择使用）抗血清分别包被酶标板A到H排，每孔50μL。

ii）4℃过夜或在37℃每分钟以100～120转在涡旋振荡器中孵育1h。

iii）制备试验样品悬浮液（即10%的原始样品悬液或未稀释的、澄清的细胞培养上清液）。

iv）用PBS洗板5次。

v）每块板4、8和12列各孔加50μL PBST。另外A到H排1、2和3孔加50μL PBST，A排的第1孔加12.5μL的对照O型抗原。B排的第1孔加12.5μL的对照A型抗原，以此从C排到H排各加C, SAT 1, SAT 2, SAT 3, Asia 1 and SVDV或VS（如需要）对照抗原。从A排到H排，将第1孔抗原与稀释液混合后移出12.5μL到第2孔。混合后从第2孔移出12.5μL到第3孔，从第3孔弃去12.5μL（这时对照抗原5倍系列稀释）。每种抗原需要更换吸头。剩下的板孔加试验样品，50μL样品1加A到H排的5、6、7孔中，样品2加到A到H排的9、10、11孔中。

如果有2个以上的样品同时做试验的话，ELISA板应如下排列：

50μL PBST加到A到H排的4、8列和12列（缓冲液对照列）。注意该板不需要对照抗原。试验样品50μL分别加在A到H排的1、2、3、5、6、7、9、10、11列中。

vi）加盖，置于37℃涡旋振荡器中振荡1h。

vii）用PBS洗涤3次之后，甩去剩余的洗液，反应板用纸吸干。

viii）按顺序，每块板加入50μL豚鼠抗血清，例如，A到H排分别加O、A、C、SAT1、

SAT2、SAT3、Asia1和SVDV或VSV（如需要）血清型的抗血清。

ix）加盖，置于37℃涡旋振荡器中振荡1h。

x）再洗3次ELISA板，每孔加入50μL辣根过氧化物酶结合的兔抗豚鼠免疫球蛋白，置涡旋振荡器器，37℃下孵育1h。

xi）再洗3次反应板，每孔加入含有0.05% H_2O_2（30% w/v）的邻苯二胺或其他合适的显色剂50μL。

xii）15min后，加50μL 1.25mol/L硫酸中止反应，在联有计算机的分光光度计492nm下判读结果。

- 试纸条检测（Lateral flow device test）

目前已有商业化的试剂，但OIE还没有收到该试验确认的文件，一旦收到文件，厂商可向OIE申请注册。

- 补体结合试验

ELISA方法优于补体结合（CF）试验，因为它更特异、更敏感，并且不受前补体和抗补体因子的影响，但是，如果得不到ELISA试剂，可按下述方法作CF试验。

在南美，广泛被用于鉴定血清型或亚型，以及建立血清学关系（r值）的补体结合试验具体操作步骤如下：按照预先测定的最佳稀释度，用巴比妥钠缓冲液（VBD）或硼酸盐缓冲液（BSS）将各个血清型口蹄疫病毒的阳性血清稀释至工作浓度，取阳性血清0.2mL，加入到每个无菌管中。再加入0.2mL检测样品悬液，然后加入0.2mL 4单位补体。37℃孵育30min。然后每管加0.4mL溶血素和用VBD或BSS稀释的2%SRBC混合物。再次37℃孵育30min，然后判读。红细胞溶血低于50%的样品判定为阳性。

另外一种用微孔板操作程序如下：在滴定板的U型孔中用VBD稀释口蹄疫病毒7个血清型的每一个型的抗血清，按照1.5倍倍比稀释，梯度从1/16起始连续稀释，剩下25μL。然后加入50μL的3个单位补体，随后再加入25μL的检测样品悬液。37℃孵育1h，然后加入25μL用VBD稀释的1.4%的SRBC。最后加入5个单位的溶血素（兔抗-SRBC）。再次37℃孵育30min，随后离心滴定板读值。检测悬液、抗血清、细胞和补体应该设有适当对照。CF值表示为使50%红细胞溶解的血清稀释度的倒数。CF值≥36判定为阳性。当滴定值为24时，应该通过组织传代扩大的抗原再次检测来证实。

（3）核酸识别方法　RT-PCR可用于扩增诊断材料中口蹄疫病毒的基因组片段，包括上皮组织、奶、血清和OP液样品。Real-time RT-PCR与病毒分离相比更敏感，并且自动化的程序增加了样品检出率。鉴定血清型的PCR定型的引物已确定。供田间使用的便携式RT-PCR也正在研发中。

- RT-PCR

该方法为OIE参考实验室使用的方法。RT-PCR试验由4个连续的程序构成：从检测或对照样品中提取模板RNA；RNA反转录；反转录产物PCR扩增；用琼脂糖凝胶电泳检测PCR产物。

检测程序

1）200μL检测样品入加入含有1mL TRIzol试剂的无菌管中。储存在-70℃，供RNA提取之需。

2）吸取1mL 1）中的溶液到一个新的含有200μL氯仿的无菌管中。涡旋混匀10~15s，室温静置3min。

3）20 000g离心15min。

4）吸取500μL上清液到一个新的含有1μL糖原（20 mg/mL）的无菌管中，并加500μL的异丙醇。涡旋混匀几秒钟。

5）室温静置10min，然后20 000g离心10min。

6）倒掉每个管中的上清液，并加入1mL 70%乙醇。涡旋混匀几秒钟。

7）20 000g离心10min。

8）小心移出每个管中的上清液，注意不要吸出管底部的沉淀物。

9）室温下每个管风干2~3min。

10）向管中加20μL无核酸酶水，重悬沉淀。

11）如果要做反转录，保持提取的RNA样品在冰上，否则一直贮存在-70℃。

12）对于每个要试验的样品，向0.5mL微量离心管中加入2μL的随机引物（20μg/mL）和5μL的无核酸酶水。

13）吸取上述程序提取的RNA 5μL加入每个离心管达到12μL的体积。轻轻吹打混匀。

14）70℃孵育5min。

15）室温冷却10min。

16）在10min的孵育时，为每个样品准备下面反转录反应混合物。为做多个样品，可在无菌的1.5mL微型离心管中准备反应混合物：

> First strand buffer, 5 × conc.（4μL）；
>
> bovine serum albumin（acetylated），1 mg/mL（2μL）；
>
> dNTPs, 10 mM mixture each of dATP, dCTP, dGTP, dTTP（1μL）；
>
> DTT, 1 M（0.2μL）；
>
> Moloney Murine Reverse Transcriptase, 200 U/μL（μL）。

17）向12μL的随机引物/RNA混合物中加入8μL反应混合物。轻轻吹打混匀。

18）37℃孵育45min。

19）如果要进行PCR扩增，保持反转录产物在冰上，否则一直贮存在-20℃。

20）为每个样品准备上述的PCR混合物。建议准备批量的混合物。

Nuclease-free water（35μL）；

PCR reaction buffer，10×conc（5μL）；

MgCl$_2$，50 mM（1.5μL）；d

dNTPs，10mM mixture each of dATP, dCTP, dGTP, dTTP（1μL）；

primer 1，10 pmol/μL（1μL）；

primer 2，10 pmol/μL（1μL）；

Taq Polymerase，5 units/μL（0.5μL）。

21）向PCR板的反应孔或为每个要试验的样品的微型离心管中加入45μLPCR反应混合物，随后加入5μL的RT产物，使最终反应体积达到50μL。

22）在合适的离心机中旋转平板或离心管1min，混匀。

23）把平板放在热循环仪上进行PCR扩增，按照下面的程序：

94℃ 5min：1个循环；

94℃ 1min，55℃ 1min，72℃ 2min：30个循环；

72℃ 7min：1个循环。

24）用4μL染色液与每个PCR反应产物20μL等份混合，加入1.5%的琼脂糖凝胶。电泳后，出现328bp条带显示阳性结果，该条带与基因组5′非编码区的口蹄疫病毒序列相一致。

贮备液

1）无核酶水，TRIzol试剂，氯仿，糖原，异丙醇，乙醇，随机核苷酸引物，第一链缓冲液，牛血清白蛋白（乙酰化的），dNTPs, DTT, Moloney Murine反转录酶，PCR反应缓冲液（10x），氯化镁和Taq聚合酶都有商品可以得到。

2）10pmol/μL浓度的引物：

引物1序列：5′-GCCTG-GTCTT-TCCAG-GTCT-3′（正链）；

引物2序列：5′-CCAGT-CCCCT-TCTCA-GATC-3′（负链）。

荧光定量RT-PCR（Real-timeRT-PCR）

荧光定量RT-PCR试验可以用同样的程序，即从测试或对照的样品中提取总RNA，紧接着用提取的RNA反转录。从样品中自动提取总RNA，然后通过自动移液程序进行RT和PCR步骤，这些可以替代上述的手工操作。RT产物的PCR扩增通过不同的程序执行。也可使用RT和PCR相结合一步法。实时扩增后，并不需要琼脂糖凝胶中检测PCR产物。

1）取出反转录产物。

2）为每个样品准备PCR混合物。再次推荐要检测的批量样品整批准备混合物：

无核酶水（6μL）；

PCR反应主要混合物，2倍浓缩液（12.5μL）；

荧光定量PCR正向引物，10 pmol/μL（2.25μL）；

荧光定量PCR反向引物，10 pmol/μL（2.25μL）；

TaqMan探针，5pmol/μL（1μL）。

3）向每份试验样品的荧光定量PCR板的每个孔中加24μLPCR反应混合物，随后加入1μL的RT产物，使最终反应体积为25μL。

4）在合适的离心机中旋转平板或离心管1min，混匀每孔内容物。

5）把平板放在荧光定量PCR仪器上进行PCR扩增，按照下面的程序：

50℃ 2min：一个循环；

95℃ 10min：1个循环；

95℃ 15s，60℃ 1min：50个循环。

6）读取结果：为扩增的每个PCR反应管达到荧光阈值的循环数，赋予CT值。口蹄疫病毒阳性或阴性样品的CT值，应该由特定的实验室用适当的参考材料进行规定。例如，在Pirbright OIE参考实验室，阴性测定样品和阴性对照CT值应该大于50.0。阳性测定样品和阳性对照样品CT值应该小于40.0。CT值落在40～50范围内的样品被指定为"临界值"，可重测。强阳性口蹄疫样品的CT值在20.0以下。

为荧光定量PCR试验贮备液

1）可以购买商品化的无核酶水和荧光定量PCR反应主要混合物。

2）下面两个引物和探针组合中，任一个都可以用于口蹄疫病毒的荧光定量PCR：

5′UTR正向引物：CACYT YAAGR TGACA YTGRT ACTGG TAC；

反向引物：CAGATYCCRA GTGWC ICITG TTA；

TaqMan探针：CCTCG GGGTA CCTGA AGGGC ATCC。

3D正向引物：ACTGG GTTTT ACAAA CCTGT GA；

反向引物：GCGAG TCCTG CCACG GA；

TaqMan探针：TCCTT TGCAC GCCGT GGGAC。

分子流行病学

口蹄疫分子流行病学是根据病毒分离株不同的基因比较。基于1D基因（编码VP₁结构蛋白）序列已建立了7个血清型田间流行毒株和疫苗株之间的基因关系的系统进化树。全基因组序列的比较进一步区别毒株间的关系，用于重现田间暴发疫情的传播路径。反转录聚合酶链反应（RT-PCR）扩增口蹄疫病毒RNA，随后进行核苷酸序列测定，测序是目前的优先选择，获得这些序列数据进行比较。许多实验室建立了这方面研究的技术。目前参考实验室掌握的数据库中已超过3 000个序列。

推荐的VP1分析方法是：

i）从上皮组织悬浮液或低代次的细胞培养物中直接提取口蹄疫病毒RNA。

ii）对1D全基因进行RT-PCR（如为部分1D基因，基因3′末端更有用）。

iii）测定PCR产物核苷酸序列［在该基因的3′末端至少170个核苷酸（SAT型可选择420个）］。

可向参考实验室要求获取引物序列，或从下列网址下载: http://www.wrlfmd.org/；http://bvs.panaftosa.org.br/textoc/SerManDid17.pdf。

2. 血清学试验　口蹄疫的血清学检测主要有以下4个目的，即进出口前动物检验，确诊口蹄疫可疑病例，证实没有被感染，证明疫苗效力。根据上述提到的目的，为了区分免疫和感染，需根据动物群体是否免疫和是否已经使用了疫苗，是否已实施紧急措施或启动后续免疫程序选择方法。当适当选择不同的检测方法和检测结果的不同解释时，必须依据目的考虑选择程序的有效性。例如，检测界限应根据畜群血清学监测设计临界值，而不是为了国际贸易的目的对单个动物个体证实无感染。

口蹄疫的血清学检测有两种：检测病毒结构蛋白（SPs）的抗体和检测病毒非结构蛋白（NSPs）的抗体。

检测疫苗免疫和感染引起的特异性SP抗体，通常采用病毒中和试验（VNT）、固相竞争ELISA（SPCE）和液相阻断ELISA（LPBE）方法。如果这个检测中使用的毒株或抗原与田间流行毒株是紧密匹配的，这些方法便具有血清学特异性和高度敏感性。它们是贸易中指定的检测方法，这对于确定非免疫动物已经感染或正在感染，以及监控疫苗在田间的免疫力都是合适的。VNT需要细胞培养设施，使用活病毒，并且需要2~3d才能提供结果。ELISA利用血清型专一的单克隆抗体或多克隆抗体的阻断或竞争ELISA，具有操作更快、不需要组织培养和动用活病毒等优点。用ELISA进行筛选，少数血清会出现低滴度的假阳性，可再经VN试验确定阳性，以减少假阳性结果的出现。参考血清可校准口蹄疫SP血清学检验，这些血清可从Pirbright参考实验室获取。

口蹄疫病毒非结构（NS）蛋白抗体可检测7个血清型病毒中任何一种病毒（过去或当前）感染，以及与接种疫苗的鉴别诊断。因此，这种检测可用于确诊口蹄疫疑似病例、检测病毒感染或证实动物群有无感染。对于证明贸易中的动物，NS检测优于SP检测法，因为可以不必知道感染病毒的血清型。然而，有一些试验证据，一些免疫随后用活病毒攻击，并证明持续感染的牛，有些NSP抗体检测没被检出，而产生假阴性结果。这些检测方法通过重组技术在体外表达系统中大量生产的抗原检测非结构蛋白的抗体，多聚蛋白3AB或3ABC抗体被认为是最可靠的感染指标。在3AB或3ABC血清抗体阳性动物中，检测到抗一种或多种其他NS蛋白，可进一步确认感染。然而，在重复接种的动物中，由于疫苗制备时痕量NSP的存在，可导致假阳性反应，因此，必须重点考虑疫苗纯度。评估疫苗纯度的程序在本附录（四）的部分中陈述。

已研制出用于检测牛的国际标准血清，可从巴西和英国的OIE参考实验室得到。将来，绵羊和猪的标准血清也可以得到。牛血清平台也已建立，可以比较NSP检测的敏感性。

（1）病毒中和试验（国际贸易指定试验）　在组织培养平底微量滴定板中，用IB-RS-2、BHK-21、羔羊或猪肾细胞做口蹄疫抗体定量微量中和试验。

病毒在单层细胞培养物中繁殖，加入50%甘油后于-20℃保存（在这种情况下，病毒稳定，至少保持一年）。试验前，血清于56℃灭活30min。标准对照血清是21d的康复血清或免疫血清，最合适的培养基是加抗生素的Eagles完全培养基—加有抗生素的含酵母水解物和乳白蛋白的Hanks平衡盐液（LYH）。

该试验是50μL量的等体积试验。

- 试验程序

i）从1∶4开始，将血清在培养板上横向作2倍连续稀释，每份血清至少使用2排孔，用4排孔更好，每孔50μL。

ii）加入事先滴定好的病毒，每50μL单位体积的病毒悬液应含大约100TCID$_{50}$（50%组织培养感染量），或在一个可接受的范围之内（如32～320TCID$_{50}$）。

iii）对照：包括已知滴度的标准抗血清、阴性血清、细胞对照、培养基对照和用病毒滴定法计算试验中病毒实际滴度。

iv）盖上培养板，于37℃培养1h。

v）用含10%牛血清（无特异性抗体）的细胞生长液将细胞制成每毫升10^6个细胞的细胞悬液。每孔加50μL细胞悬液。

vi）用压力敏感的胶带封板，于37℃培养2～3d。或者，用松紧合适的盖子将板盖住，并在含3%～5%二氧化碳1个大气压的条件下，于37℃培养2～3d。

vii）48h后，显微镜下判读结果。第3天，将板固定，并作常规染色。用10%福尔马林固定30min，将培养板置于用10%福尔马林配制的0.05%亚甲基蓝溶液中浸泡30min染色，另一种固定/染色液为奈蓝黑溶液［0.4%（w/v）奈蓝黑，8%（w/v）柠檬酸盐液］。然后，将培养板冲洗。

viii）细胞层染呈蓝色是阳性（病毒被中和），不着色是阴性（病毒没有被中和）。以血清-病毒混合物的50%终点表示血清的最终滴度，当每孔使用的病毒量在Log10 1.5～2.5TCID$_{50}$范围内，且阳性标准血清在预期滴度的2倍以内时，试验有效。

ix）关于终点的确定，不同的实验室，解释不尽相同。各个实验室可用从OIE的参考实验室获得的口蹄疫标准试剂建立起自己的标准。通常，血清（在血清/病毒混合物中）最终滴度为1∶45或更高者被认为是阳性，滴度1∶（16～32）为可疑，需要进一步采样做试验。如第二次样品滴度仍然为1∶16或高于1∶16判为阳性。为了实现群体血清学监控作为统计学上有效的血清学调查的目的，1∶45作为临界值是合适的。对于评估由免疫接种保护效果的临界值，必须通过相关疫苗和目标群体的效价检测试验建立。

（2）固相竞争酶联免疫吸附试验（国际贸易规定试验）　这种方法可用于检测口蹄疫病

毒的7个血清型的抗体。合适的单抗可用于包被ELISA板作为捕获抗体或结合过氧化酶检测抗体，可替代豚鼠或兔抗血清。检测O型抗体的商品化试剂盒可以买到。使用口蹄疫病毒7个血清型146S抗原的兔抗血清作为捕获抗体，在试验前将该血清用pH9.6碳酸盐/碳酸氢盐缓冲液稀释成最适浓度。

抗原可按疫苗生产中描述的步骤，用乙烯亚胺灭活细胞增殖的病毒来制备。在加入等量稀释液后，选取滴定曲线上端的吸光值（光密度约为1.5）对应的稀释度作为选定的最终稀释度。使用含0.05%吐温-20、10% NBS、5%正常兔血清和酚红指示剂的PBS作稀释剂（封闭液）。

用每一个血清型的146S抗原接种豚鼠，并用正常牛血清（NBS）预先阻断制备豚鼠抗血清，作检测抗体。用含0.05%吐温-20、5%脱脂奶的PBS（PBSTM）将其稀释成最适浓度。

辣根过氧化物酶结合的兔（或绵羊）抗豚鼠的免疫球蛋白用NBS阻断，将其用PBSTM稀释成最适浓度。

被检血清用PBST封闭液稀释。

固相竞争ELISA比液相阻断ELISA更特异，而敏感性一样。这些方法的二级血清和工作标准血清的开发和图表分析都有描述。

• 试验程序

i）ELISA板每孔用50μL pH9.6碳酸盐/碳酸氢盐缓冲液的兔抗病毒血清包被，置湿盒内，4℃过夜。

ii）用PBS液将ELISA板冲洗5次。

iii）ELISA板每孔加入50μL阻断缓冲液的口蹄疫病毒抗原（阻断缓冲液：0.05% [W/V]吐温20、10% [v/v] NBS、5% [V/V] 正常兔血清）。加盖，置37℃混合1h。

iv）用PBS液将ELISA板冲洗5次后，每孔加入40μL阻断缓冲液，10μL被检血清（或对照血清），被检血清被稀释5倍。

v）每孔滴加50μL阻断液稀释的豚鼠抗血清，被检血清稀释10倍。

vi）加盖，置于37℃孵育1h。

vii）用PBS液将ELISA板冲洗5次后，每孔加50μL阻断液稀释的豚鼠免疫球蛋白结合物，加盖，置于37℃轨道混合器孵育1h。

viii）再次洗板，每孔加50μL底物溶液（含0.05%H_2O_2的邻苯二胺或适当的其他显色剂溶液）。

ix）10min后，加50μL 2M硫酸中止反应。将板置于连有微型计算机的分光光度计上，在492nm波长条件下读取光吸收值。

x）对照：每板2孔作为结合物（无豚鼠血清）对照，4孔对照，即强阳性、弱阳和两个阴性血清，以及4孔0%竞争对照（无检验血清）。

xi) 结果解释：通过手工或适当的计算机程序，计算每孔抑制百分比：[100-（每一检验的光密度或对照值/0%竞争的平均光密度）×100%]，该值代表了检验血清与豚鼠抗血清对ELISA板口蹄疫病毒的竞争。关于上述的临界值，各实验室应该证实，一般认为阳性与以下几点相关：所调查病毒的具体血清和毒株；监测的目的；检测的种群。在Pirbright OIE参考试验，对于O型口蹄疫病毒在所有宿主中，为了在最初的种群中证明没有感染的目的，抑制大于60%判读阳性。对于最大敏感性，例如，当确证国际贸易中的单个动物时，不确定度的范围可以设在40%～60%。

（3）液相阻断酶联免疫吸附试验（国际贸易指定试验）用BHK-21细胞培养特定的口蹄疫病毒毒株制备抗原。用未纯化的上清作2倍系列稀释进行预滴定，但血清不用作2倍系列稀释。加入等量稀释液后，将滴定曲线线性区的上端光密度值（光密度值约1.5）所对应的稀释度作为确定的最终稀释浓度。含0.05%吐温-20和酚红指示剂的PBS（PBST）作为稀释液。本试验其他试剂与固相阻断ELISA相同。测定程序的实例描述如下。温度和孵育时间可以根据程序变化。

- 试验程序

i) ELISA板每孔用50μL兔抗病毒血清包被，置湿盒内，室温过夜。

ii) 用PBS液将ELISA板冲洗3次。

iii) 在U形底的多孔（载体板）内，将每一份被检血清重复做2份，每份50μL被检血清，2倍连续稀释，起始为1：8，向每孔内加入相应的50μL同型病毒抗原，混合物于4℃过夜，或在37℃孵育1h。加入抗原使血清的起始稀释度升到1：16。

iv) 然后，将50μL血清/抗原混合物从载体板转移到兔抗血清包被的ELISA板中。置于旋转振荡器上37℃孵育1h。

v) 洗涤，每孔滴加50μL前一步使用的同型病毒抗原的豚鼠抗血清（NBS阻断的含5%脱脂奶粉的PBST稀释），置旋转振荡器上37℃孵育1h。

vi) 洗板，每孔加50μL兔抗豚鼠免疫球蛋白辣根过氧化物酶结合物（NBS阻断的含5%脱脂奶粉的PBST稀释），置旋转振荡器上37℃孵育1h。

vii) 再次洗板，每孔加50μL含0.05%H_2O_2（30%w/v）的邻苯二胺溶液。

viii) 加50μL 1.25M硫酸，中止反应15min。将板置于连有计算机的分光光度计上，在492nm波长下读取光吸收值。

ix) 最少要有4孔对照，即强阳性、弱阳性和1：32稀释度的牛阴性参考血清，以及没有血清的稀释剂等量的抗原对照孔。终点滴定试验，每批次至少一块板应包括重复2倍系列稀释阳性对照和阴性同源牛参考血清。

x) 结果解释：抗体滴度以50%终点滴度表示，例如，被检血清的光密度值等于抗原对照孔平均光密度值的50%所对应的稀释度来表示被检血清抗体滴度。抗原对照孔平均光密度值的计算方法是选2个光密度值处于中间的平均值，不用过高或过低的光密度值（或者采用对照孔之间光密度变化设定一个可接受度，然后取在容忍度范围内的这些值的平均值）。在一般血清中滴度高于或等于1：90为阳性。滴度小于1：40为阴性。对于以国际贸易为目的证实单个动物，滴度高于1：40但低于1：90时为可疑，血清样品可要求进一步测定；如果第二次样品滴度大于或等于1：40，结果判定为阳性。以畜群监测作为一个有效血清调查为目的时，1：90为临界值是合适的。对于评估通过免疫获得的免疫性保护时，临界值必须从试验中使用相关的疫苗和目标物种进行有效测定的结果来建立。

（4）非结构蛋白抗体检测　对重组表达口蹄疫病毒的非结构蛋白（如3A、3B、2B、2C、3ABC）抗体可用不同的ELISA形式或免疫印迹法检测。这些ELISA方法，或用纯化抗原直接吸附到微孔板，或用多克隆、单克隆抗体捕获半纯化抗原。泛美口蹄疫中心使用的指标筛选法在下面进行详细描述。检测牛3ABC抗体的其他的间接和竞争ELISA已经被证明有同样的诊断性能。同样的研究确证了来自泛美口蹄疫中心的初始数据，表明这些检测法的诊断性能在牛、羊和猪上是相似的。

- 间接酶联免疫吸附试验

重组抗原制备（见免疫电转移印迹试验）。

- 试验程序

i) 可溶性抗原3ABC用pH9.6碳酸盐/碳酸氢盐缓冲液稀释成1μg/mL，包被微量板，4℃过夜（每孔100μL）。3ABC抗原按酶联免疫电转移印迹试验（EITB）中所述进行表达和纯化。

ii) 用pH7.2含用0.05%吐温-20的PBS洗板6次。

iii) 试验血清用含有0.05%吐温，5%脱脂奶粉，10%马血清和0.1%大肠埃希氏菌溶解物组成的PBS阻断缓冲液稀释成1：20（每孔加100μL）。每孔应包括一组强、弱及阴性参照，并由下述国际标准血清校准。

iv) 微量板在37℃孵育30min，用PBS吐温-20洗涤6次。

v) 用阻断缓冲液稀释辣根过氧化物酶结合的兔抗该种动物的IgG为适当的浓度，每孔加100μL，微量板置于37℃孵育30min。

vi) 洗涤6次后，每孔加入用pH5.5磷酸盐/柠檬酸盐缓冲液配制的3.3′，5.5′四甲基联苯胺，加上0.004%H_2O_2（w/v）100μL。

vii) 室温孵育15min后，加入100μL 0.5M H_2SO_4中止反应，在620nm下校正，以450nm判读吸收值。

viii) 结果解释：试验结果由相当强阳性对照的阳性百分比表示[（试验光密度或对照光密度/强阳性光密度）×100]或选择对照临界相关指标对照测定。根据对畜群NSP抗体反应水平及日龄、接种次数的分析，可帮助解释接种畜群的感染状态。是否存在可疑区间值，由具体实验室兼顾检测目的与指定种群确定。不确定的结果可以再做确证试验，用EITB或另一种NSP ELISA重新检验。当设计血清监测系统时，必须考虑总检测系统的敏感性和特异性。尽管NSP ELISAs不是规定的贸易检测法，但在来源国病毒的血清型或亚型未知的情况下可能是有价值的辅助方法。

- 酶联免疫电转移印迹试验

EITB测定法已在南美广泛应用于血清学监测，以及评估动物流动风险。目前程序是间接ELISA作3ABC抗体的筛选试验，如果样品为阳性或可疑结果，再用EITB测定法确定。在大量样品进行血清学调查时，建议结合使用这两个方法，这些资料可从巴西OIE参考实验室获得。

- 重组抗原试纸条的制备

i）5种用生物工程方法生产的口蹄疫病毒NS蛋白3A、3B、2C、3D和3ABC在经热诱导E.Coli C 600表达而制得，3D多肽是完整的表达形式，其余蛋白是由MS-2多聚酶基因N端部分融合获得。

ii）表达的聚合酶经磷酸纤维素、聚（U）葡聚糖凝胶柱纯化。融合蛋白3A、3B、2C和3ABC用渐增浓度脲加工的细菌提取物经连续提取而纯化。7M融合蛋白进一步用10% SDS/PAGE（十二烷基磺酸钠/聚丙烯酰胺凝胶电泳）纯化。从凝胶中切下融合蛋白带电洗脱。

iii）20ng/mL纯化的重组多肽混合后，在12.5%的SDS/PAGE上被分离并用电泳转移到硝化纤维素膜上。

- 试验程序

i）应该确定估算需要试验条的数量，每个硝酸纤维素薄层限定一个转移凝胶，设一个阳性血清、一个弱阳性血清、一个临界和一个阴性对照血清。一般情况下，从凝胶制成24个硝化纤维素条，条宽3mm。

ii）每孔加入0.8mL饱和缓冲液（pH7.5的50mM Tris-HCl；150mM NaCl；0.2%吐温-20，5%脱脂奶粉；0.05%细菌E.Coli分解物）。包被的抗原带置于振荡器振荡阻断，并在室温下（20～22℃）搅拌30min。

iii）试验血清1：200倍稀释，和每个对照加到适当的槽中，条带必须完全淹没在液体的下面，面层向上，整个过程必须处在一定的位置。

iv）条带置于室温下振荡器中孵育60min。

v）从托盘中移出液体，每个试验条用洗涤液（pH7.5的50mM Tris-HCl、150mM NaCl和0.2%吐温-20）洗3次，搅拌5min。

vi）每个试验孔加入碱性磷酸酶结合的兔抗牛溶液，室温下振荡孵育60min。

vii）从托盘中移出液体，用上面洗液洗涤3次。

viii）底物缓冲液（100mM NaCl；5mM MgCl$_2$；和pH9.3的100mM Tris-HCl）配制底物（0.015%溴氯吲哚磷酸/0.03%的四唑氮蓝），然后加入到每个试验孔中。

ix）置于旋转混合器孵育试验带，直到临界对照出现明显的5条不同而清楚可辨的条带。

用去离子水洗涤并空气干燥。

x）结果判读：ETIB可由密度计扫描，也可凭肉眼判读。对照血清表现为对4种抗原最低限度的平行性着色。如果样本抗原3ABC、3A、3B和3D（+/-2C）的着色密度等于或高于对照密度，判读阳性。如果两个或更多抗原的着色密度低于对照密度，判读阴性。不符合上述情况的检测样品被认为不确定。

（三）疫苗的要求

防控口蹄疫是一个国家的责任。许多国家，只在允许时才可使用疫苗。

生产兽用疫苗的准则在1.1.8章《兽用疫苗生产原则》中介绍，本文介绍的是1.1.8章的一般性原则，根据各国或地区的情况进行补充。调整对质量、安全和效力满足不同国家和地区的应用的需求，以便生产商获得一个兽用疫苗的授权或许可。如果可能，生产商应该争取为他们的产品质量独立复核获得口蹄疫疫苗的许可和授权。

如果用口蹄疫病毒强毒生产疫苗，口蹄疫疫苗生产设备须在恰当的生物安全程序及操作条件下运行。设施必须符合《陆生动物手册》1.1.2章的4级病原防护要求。

许多国家只有在该病呈地方性流行时，才进行常规口蹄疫疫苗接种。与此相反，在一些无口蹄疫的国家，暴发时宁可严格控制牲畜移动，扑杀所有感染的和可能带毒的动物，也不愿使用口蹄疫疫苗。不过，许多无口蹄疫的国家可自由选择疫苗接种，并有高浓缩灭活病毒制品的战略储备。在接到通知的短期内，这种抗原储备具有按要求配制"紧急"疫苗的能力。《陆生动物手册》的1.1.10章节提供了国际疫苗库标准的指导原则。

传统口蹄疫疫苗被定义为一种含有规定量的一种或多种化学灭活的细胞培养种毒搭配一种合适的佐剂和赋形剂的固定混合物。详见《陆生动物手册》1.1.8章节，兽医疫苗生产中生物技术来源（如重组苗或合成肽苗）的原则。

抗原库被定位为抗原成分的库存，按照已完成登记注册疫苗，可以很长时间贮存在超低温条件下，当需要的时候配制成疫苗。

针对具体的目的或者在牛上使用疫苗的情况，疫苗配制，氢氧化铝皂素和油佐剂的疫苗都可以使用。对于在猪上使用的疫苗，为了疫苗效力，选择双油乳剂。

口蹄疫疫苗被分为标准效力或较高效力疫苗。标准效力疫苗配置时含有充足抗原和恰当佐剂以便确保它们能满足维持生产中要求的保质期所需的最低效力水平［在D.4.b部分被推荐为3 PD_{50}（50% protective dose）］。这种疫苗在常规接种中通常是合适的。对于控制自然种群口蹄疫的暴发，推荐接种高效力疫苗（生产中所要求的保质期是大于6 PD_{50}），因为它们具有更广泛的免疫力和快速的保护性。

传统的口蹄疫活疫苗不被接受，因为毒力返强的危险和它们的使用阻碍了接种动物中感染的检测。

因为口蹄疫病毒多血清型的存在，制备疫苗通常需要两个或更多个血清型。有时，同一血清型的多个毒株使用也是可以的，可针对流行毒株以便确保拓宽的抗原谱。

1. 种毒管理

a）种毒的特征

基础种毒应该根据它们在细胞中易于培养、病毒产量、稳定性和抗原谱来选择。准备做种毒的分离株应该被OIE口蹄疫参考实验室掌握特性并分发，应根据每个变异株流行病学重要性选择。

应该详细记录分离株的准确来源，如采集地、宿主和分离病料。应该用专有的命名鉴别口蹄疫病毒毒株。病毒的体外传代史和材料的细节应该按照《陆生动物手册》的1.1.8章节要求来记录。

b）培养方法

培养方法必须遵守《陆生动物手册》的1.1.8章节。在没有合适疫苗株的情况下，新的疫苗株应该通过分离当地田间流行毒株，并进行传代使之适应悬浮或单层细胞培养，以实现基础种毒的选择。为排除这些田间分离株污染含脂包膜病毒的风险，在适应培养前或适应培养时，推荐将田间分离株用有机溶剂处理。

c）疫苗毒株确认

根据《陆生动物手册》1.1.9章节和相应的授权机关列出的要求，基础种毒必须清晰描述，并证明是纯净的，不含任何外来物。应该建立种毒与原来候选毒株的同源性，证明对流行毒株的效力。这经常包括许多方法，最可靠的是体内保护试验。此外，也可以使用体外试验（最好是病毒中和试验），这需要得到抗这些种毒的免疫血清。

种毒应该低温存储（如−70℃）或冻干。来自基础种毒的工作种子批可扩繁1代或数代，并最终用于感染细胞培养物。

应该考虑降低海绵状脑病（TSEs）传播的风险，要确保毒株来源和病毒传代使用的任何材料不含有传染性海绵状脑病。

d）新基础种毒临时许可的紧急程序和疫苗配制

当一个新毒株侵入一个地方时，它的抗原性与现有的疫苗株不匹配，此时有必要从田间流行代表性毒株中研发一个疫苗株。一株新的疫苗株被许可之前，应该证明符合相关指导方针，如通过普通的和特异的实验证实不含相应部门列出的所有无关病原。与原始候选毒株建立同源性关系。通常在检测中为了检测无关病原，准备中和新毒株所必需的特异性血清，以及进行其他特异性检测中对特殊技术的要求所花费的时间可能是漫长的。因此，在应急状态下，没有足够的时间来完成对新毒株的全套检测，新毒株的临时许可应该依据新疫苗株受外来病原污染的可能性进行风险评估。风险评估应该考虑在建立基础毒种时，应该使用有效灭活包膜病毒的程序，而且通过具有一级动力学的化学灭活剂来灭活。进一步，通过监控灭活动力学要求和记录每个生产批次加以保障。

2. 生产方法　病毒繁殖产生抗原推荐的方法是口蹄疫病毒生长在无菌条件下的大规模悬浮培养或单层细胞系中。

牛舌上皮细胞生长在有盐但无生物类制品的培养液里，适合于疫苗生产，但要求生产方法完全遵守《陆生动物手册》1.1.8章节中的标准要求。此外，为了去除含有脂膜病毒的存在，收获的病毒悬液必须在BEI/EI灭活之前经过有效的有机溶剂处理。一个有效的程序用于确保所有可能的外来病原被灭活，每个批次应在官方实验室独立检测无外来病原。合适的程序和终端产品检测足以确保最终产品的稳定性和安全性。通过确保上皮组织的安全来源，也应该考虑降低海绵状脑病的传播风险。

使用适当毒株感染传代悬浮细胞系或单层细胞系，比如BHK-21。细胞培养物应无微生物污染。

种细胞通常在液氮中保存，需要时复苏。复苏后，在营养培养基中增容到一定体积，使其细胞密度适于接种主要培养物。

当病毒繁殖到最大量时，培养物清亮，通常经离心澄清或过滤。随后，加乙烯亚胺[EI，通常以二乙烯亚胺（BEI）形式存在]灭活病毒。使用BEI/EI时，必要的安全预防措施是重要的。

BEI加入病毒悬液，达到指定的终浓度。灭活必须充分，且记录灭活动力学和灭活控制的结果。BEI处理的时间和灭活使用的温度必须对实际条件和操作设备是有效的。

为了降低没有完全灭活留下活病毒的可能性，如EI/BEI，有必要立刻转移样品到第二系列容器中，按照有效的灭活动力学进行完全灭活，且考虑到管控需要更多的时间。

在灭活期间，通过敏感且可繁殖的技术来监控病毒滴度。灭活程序是不可靠的，除非病毒滴度呈线性降低（用对数表示），并可以推断在灭活结束后，每10 000L制备液中低于1个感染性病毒。

除去或中和灭活后在收获样中任何残余的EI/BEI，例如通过加入过量的硫代硫酸钠溶液，使其终浓度达到2%。

按照程序浓缩或纯化灭活的病毒，例如超滤、聚乙二醇沉淀或聚乙烯氧化物吸附。浓缩的灭活病毒按照程序进一步纯化，如用层析法。这些浓缩的或纯化的抗原可以配制成疫苗或储藏在低温下许多年。当需要时，通过合适的缓冲液和佐剂配制成疫苗。

传统口蹄疫疫苗经常配制成油佐剂或水佐剂。油佐剂疫苗经常通过矿物油（如白矿油和白油）配成油包水乳剂。在水相疫苗部分或全部加入之前，矿物油经常和一种乳剂按一定比例预先混合，通过使用胶体磨乳化或连续机械化或超声乳化器。

更复杂的双乳化剂（水/油/水）可通过乳化时在水相中含有小量清洁剂（如Tween 80）来生产。

水剂苗通过把病毒吸附到氢氧化铝溶胶上制备，氢氧化铝溶胶是构成最终疫苗的佐剂之一。

疫苗最终混合物可能包括其他成分，例如，防沫剂、酚红染料、乳蛋白水解物、磷酸胰蛋白胨肉汤、氨基酸、维生素，缓冲液和其他物质。有的佐剂如皂素，也可能被加入疫苗中用于防腐。

如果防腐剂的使用不影响口蹄疫病毒抗原，那么其使用就是恰当的。

在任何疫苗中，当使用新的成分，包括佐剂或防腐剂，考虑到其在食物产品中的残留状况必须评估确保足够安全，达到政府部门给予消费者的安全都是重要的。这个要求限制了在食物源物种中佐剂和防腐剂的使用。

3. 过程控制　一般情况下，细胞培养物24h左右病毒滴度达到最适水平。培养物收获时间，取决于分析的数量结果，如细胞死亡量。可以用蚀斑分析、蔗糖密度梯度离心或血清学方法来评估病毒的滴度。最好用某一方法如蔗糖密度梯度分析法来检测抗原质量，不检测抗原感染性，因为这两种特性不必要求一致。

a）灭活动力学　在病毒灭活期间，为了监控灭活过程的速率与线性关系，应有规律的定期采样。样品的病毒滴度通过接种对口蹄疫病毒高度易感的细胞培养，如BHK细胞或牛甲状腺细胞来测定。此种培养物可检测统计学上有意义的样品，并能进行重复试验。定期采样，以其感染力的对数（$\log_{10}$与时间作线性图，除非至少在图后半部应为线性斜线，推算表明灭活的终点应是每10000 L液体制备物中感染粒子少于1个；否则，灭活方法不符合要求。

b）灭活控制　无毒检测是一种程序性检测，对于每个抗原批次都应该执行。如果对于1ug的146S抗原的病毒量低于10^6 $TCID_{50}$个滴度，用细胞检测残留的活毒是不合适的。灭活后，每批次灭活抗原样品，至少200个剂量为代表用于检测是否含有感染性病毒，通过接种敏感的单层细胞，最好同样来源的样品用于抗原生产。更好地浓缩抗原的方法是，用于浓缩的材料不影响试验的敏感性和读值。在2~3d的周期内，每天检查细胞层，之后将用过的培养液转移到新鲜的单层细胞中，原来的单层细胞重新加入新鲜培养基。通过这个方法，微量的活病毒可以通过传代增殖且可以根据观察到的CPE来检测。原始毒株经2次或3次传代后通常可以使用。在这个方法中的变量是反复冻融使单层细胞释放细胞内的病毒，可以通过进一步传代检测到。

4. 终端产品的批次检验

a）无菌　大批量的灭活抗原、佐剂、稀释缓冲液和成品均应经无菌检验。可以直接检验疫苗的各成分，也可检验成品。比较好的方法是滤膜过滤被检材料，收集任何污染微生物，然后用培养基培养滤膜进行检查。第一步是除去防腐剂等，因防腐剂能抑制微生物的检出。检测更广范围生物体的技术和培养液的指导方针在《欧洲药典》（2008）中有描述（也在《陆生动物手册》1.1.9章节有描述）。

b）一致性检验 大量灭活抗原、浓缩抗原和最终的配制产品应该经过一致性检验，证明相关毒株存在。通过充分的检验，确保在疫苗中不应该含有其他未登记的口蹄疫病毒毒株。

c）病毒非结构蛋白检测 非结构蛋白是指不存在口蹄疫病毒衣壳中的蛋白。经非结构蛋白中纯化的产品必须证明其纯化的水平。除非纯化的一致性被证明，在登记档案中被批准，被批准的生产程序与《陆生动物手册》1.1.8章节中（终产品中必须证明没有活性的非结构蛋白）要求的标准一致。

疫苗纯化，应该通过检测同一批次疫苗至少接种两次且不存在非结构蛋白抗体的动物血清来证明。

d）安全性 除非产品的一致安全性被证明，在登记档案中被认可，生产程序按照1.1.8章节中指出的要求标准被批准，才进行批次安全检验。

检验终产品批次安全性，检测任何不正常的局部或系统不良反应。

为了批次发放的目的，至少两个健康阴性血清的动物按照推荐的剂量和位置接种。观察这些动物因疫苗引起的局部和全身反应，不少于14d。应该评估由疫苗引起的任何过度反应，这可能阻碍该批次疫苗的通过。如果用本动物进行效力检验，可考虑替代在此描述批次安全检验。

e）效力 效力检验是针对最终配制成的产品，或者针对抗原库中同样量灭活抗原制备成的疫苗的代表批次。

效力检验的标准是疫苗攻毒试验。然而对于批次方法，考虑到实用性和动物福利，当靶标动物保护百分率的关联系是有效时，也可以用间接检验。通常间接效力检验包括靶标动物接种后的抗体滴度，也可使用合适有效替代方法。

理论上，在靶标动物上每个疫苗株都要进行间接检验，每批疫苗都要建立间接检验结果和疫苗效力间的关联性。

i）预期保护百分率（expected percentage of protection, EPP）

EPP预计的可能性是指单次接种后用10 000个牛感染剂量攻毒后牛被保护的概率。

（1）在16或30头18~24月龄牛群中，通过全量疫苗接种后30~60d，收集单份血清。

（2）这组血清和两头对照牛的血清，平行用于检验针对同源性口蹄疫疫苗株的抗体滴度，使用更高关联性液相阻断ELISA方法（见章节 B.2.a 和 B.2.c）。

（3）在ELISA中使用的抗原通过BEI灭活。

（4）EPP是通过参考预先测定的血清学滴度和临床保护间的关联性决定的。

（5）至少含有75% EPP（接种16头牛）或至少70% EPP（接种30头牛）的批次才能满足效力。

疫苗中存在多个血清型不会降低另一个血清型抗体的产生或抗体滴度和保护性的关联性。

ii）评价保护性的其他方法

其他检验已经刊出，通过不同的ELISA方法和VNT方法间接评估疫苗的保护力。这些结果也被接受，只要被检验的疫苗株和保护力间有明显的关联，使用的血清学方法已经被系统地证明并被同行杂志发表。

5. 疫苗注册的要求

a）生产程序 关于疫苗注册，涉及疫苗生产和质量控制检验的所有相关材料都应该提交给授权部门。应该提供来自于不少于标准产业批次体积1/3的三个连续疫苗批次的信息。

b）安全性 为了获得管理批准的目的，一系列的疫苗批次应该检验局部和全身毒性，每种靶标动物通过推荐的接种途径8头进行体内检验（《欧洲药典》，2008）。应该进行针对含有最大化载荷和抗原量配制的疫苗的单剂量和重复剂量检验。重复剂量检验应该与第一次接种计划加上再次接种相对应。每次注射后，对接种动物的局部和全身反应，观察至少14d。任何由疫苗引起的不良反应都应该评估，并防止这些疫苗的批准。

c）效力 在接种的动物上直接评估疫苗效力，通过评估他们对活病毒攻毒的抵抗力。当解释它意义的时候，应该考虑在这个检验中的不确定性（《欧洲药典》，2008）。在疫苗中使用的每个被授权的疫苗株都应该确定疫苗效力。

在某种情况下，与当地使用的主要疫苗毒株相应的活的参考口蹄疫病毒应该从OIE参考实验得到。这些参考毒株储藏在超低温下；它们已经被滴定，在牛的攻毒检测中即可使用，按照严格的运输规定寄出，随带按照PD_{50}预先稀释的使用说明和PGP攻毒检测说明，后面有描述。

每次攻毒的病毒在OIE口蹄疫参考实验室准备如下：用口蹄疫病毒感染的舌组织应该从口蹄疫田间病例中获得，按照该章B部分的描述这种病例保存在甘油中寄送到参考实验。

攻牛的病毒制备按照B.1.a病毒分离部分描述的程序，目的是获得用含有10%无菌FBS的MEM稀释的10%悬液。

存储的攻毒病毒液从2头证实没有口蹄疫病毒抗体6月龄以上的牛中收集的病料中制备。用100mg/mL的甲苯噻嗪（按照使用说明）保定这些动物，然后用悬液在舌部皮内接种，大约20个点，每个点接种0.1mL。这些起泡的舌部组织在病变高峰时（大约2d后）收获。

制备2%的悬液，用0.2μm滤器过滤，等分后冻在液氮中；这组成了攻毒的病毒液。该病毒液的感染滴度在细胞中和两头牛上分别测定$TCID_{50}$和BID_{50}。两头被保定的牛，用10倍稀释液在舌部皮内注射，每个稀释度4个位点。牛上的滴度两天后判定。滴度通常是0.1mL高于10^{6} $TCID_{50}$和10^{5} BID_{50}，通过Spearman-Kärber方法计算。在牛的攻毒实验中使用的滴度是在2个0.1mL的总体积中含10 000个BID_{50}在舌部皮内注射用于PD_{50}和PGP检验。

i）PD_{50}检验

疫苗的保护剂量通过动物接种不同量疫苗抵抗活病毒的攻击来计算。用牛作效力试验，牛至少6个月龄，来自无口蹄疫地区，事先没有接种过口蹄疫疫苗，且无各个型的口蹄疫病毒中和抗体。分3组，每组不少于5头牛，按厂家推荐的常规方法接种。每组以不同的体积计算将疫苗分成不同剂量。例如，如果标明2mL的注射物相当于1个剂量，那么注射0.5mL应是1/4剂量，而注射0.2mL即应是1/10剂量，接种3周或4周后，接种牛和没有接种的2头对照牛用同源病毒悬液攻毒。该病毒悬液应具有足够的毒力，并且与疫苗相应的病毒型，10 000 BID_{50}在舌表面皮内接两个点（每点接种0.1mL）观察至少8d，没有保护的动物在接种点（而不是舌）外出现病损，对照动物必须至少3个蹄出现病损。根据每个组的动物保护数，即可计算出疫苗的PD_{50}量（50%保护量），常规预防的疫苗每个剂量对牛应至少含3个PD_{50}。

ii）PGP检验（蹄部感染保护）

关于这种方法，一组至少6月龄16头口蹄疫血清阴性的牛（和PD_{50}检测中描述的特征一样）按照说明书推荐的途径和体积的剂量接种牛。这些动物和对照组两头未接种动物在接种后4周或更长时间后用同一毒株进行攻毒，攻毒毒株是牛的病毒悬液，具有强毒力且与疫苗中对应合适的病毒型，在检测中通过在舌上表面至少两处皮内接种10 000 BID_{50}。接种后7d未保护的动物在蹄部出现损伤。对照动物至少三蹄出现损伤；如果用于常规预防，在攻毒后观察7～8d，当16头接种牛中至少12头保护时疫苗有效。该检测不提供单个疫苗具有多少保护性剂量的估算值，但是在有限的牛群中对单个商业疫苗牛源剂量注射后给出一定程度保护性检验。

iii）对其他物种的效力

在其他物种中，例如，绵羊、山羊、猪和水牛，效力检测是不同的或至今仍是不统一的。一般，在牛上成功的检测认为足以证明疫苗在其他物种中使用的质量。当一种疫苗在牛以外的物种中使用时，用该物种中检测疫苗效力是更恰当的。针对山羊、绵羊和非洲或亚洲水牛而言，因为在这些物种中一般不具有口蹄疫病毒的明显特性，所以来自于牛源检测的效力结果，与在其他物种中依赖临床症状进行的效力检测相比，结果更可靠。

d）纯化　非结构蛋白抗体的检测　OIE陆生动物健康法典规定，如果口蹄疫暴发时使用了疫苗，那么获得无口蹄疫状态的认证要求检测接种过动物不含有NSP的抗体。同样，希望被承认接种但无口蹄疫的国家也必须证实不存在病毒传播，通过证明接种的动物没有因感染而引起NSP的抗体。因此，疫苗生产抗原应该出去NSP相关成分，针对当前的生产技术，去除了大量的NSP抗原，以至于诱导少量的NSP特异性抗体。在这种情况下，NSP抗体的检测可以提供证据，接种的动物已经接触口蹄疫病毒。疫苗生产者可能希望利用这种可能性宣称它们的疫苗不诱导NSP的抗体，可以与合适的诊断检测联合使用。除了提供涉及纯化过程的记录以外，生产者应该证明不具有NSP的免疫原性作为批准程序的一部分，以便制作他们的产品材料的宣传。可以被用的推荐的检测方法是用含有被授权的最大量毒株和抗原的疫苗混合物接种不少于8头的小牛。牛应该被接种至少3次，间隔21～30d，然后在每次接种前和最后一次接种后30～60d，通过该章B.2.d部分描述的检测方法检测NSP抗体是否存在。在NSP试验中阴性结果支撑宣布，疫苗不诱导NSP抗体。这些牛和该章C.5.b部分描述的安全检测中使用的牛一样。

e）免疫持续期　口蹄疫疫苗的免疫持续期（D.O.I.）依赖于疫苗效力。作为授权程序的一部分，生产者要求证明疫苗的D.O.I.，通过攻毒或使用已经证实的另一种检测方法，例如，在保护期结束时进行血清学检测，与5.c部分一致。D.O.I.的研究应该在疫苗指明的每个物种中进行，或者生产者应该指明那个物种的D.O.I.是未知的。同样，生产者应该证明推荐疫苗剂量的效力，建议加强管理体制符合这些指南，通常经过检测血清学应答的量级和动力学来观察。

在流行或暴发状态，疫苗经常考虑作为主要措施，接种1个或2个剂量的疫苗，间隔3～4周（根据动物种群的免疫状况、疫苗效力、病毒疫苗匹配、病毒攻毒水平和其他因素），6～12个月后再次接种。再次接种的频率取决于流行状况和所使用疫苗的类型和质量。

考虑到新生动物预防接种，依据母源抗体的下降接种应该延迟。幼畜首次接种最早可在出生1周龄后。

生产者应该提供适当的接种程序以减少免疫动物母源抗体的干扰。

f）稳定性　所有疫苗的稳定性，包括油乳剂疫苗，应该被授权单位证明保质期。

传统口蹄疫疫苗的保质期在2～8℃通常是1～2年。疫苗不能冻存或者在指定温度以上储存。

g）预防措施（危害）　当前口蹄疫疫苗是无害的，对接种者不存在毒性危害。生产者应该提出足够的警告信息，当注射油乳剂疫苗时，应该遵从医学建议。

6. 浓缩抗原的储存和监控　《陆生动物手册》的1.1.10章提供了疫苗或抗原库的国际标准指导方针。

在超低温下储存浓缩抗原的程序（如C2部分的描述）是一个完善的程序，它用于建立免疫原性材料库，以便在需要时易于配成疫苗。它不仅在应急战略性储备中形成了抗原储存的基础，也允许生产商立刻得到许多不同的抗原株，可以迅速配制并发送给客户。这样的储存减少了延迟，尤其在需要多价疫苗时。另一个优势是，许多质量检测可以在交货前完成。有必要声明，浓缩抗原必须按照C.1–4部分指明的标准被监控。

a）储存条件

● 设备

重要的是，浓缩抗原储存的各个方面都要完全满足国际认可的要求，如《陆生动物手册》1.1.8章所指的那样。环境、设备和程序都应该确保储存抗原的安全，防止篡改、污染或损坏。

● 储存抗原的容器

储存的剂量数或体积是一个重要的考虑，尤其一个储存器要被OIE成员间共用，在应急时根据每个成员的需要储存的剂量数发生变化。对于仅仅需要生产几个批次的特别疫苗株的大量储存的需要，疫苗库存管理者必须考虑形成用于检测的每份代表性最终混合物的需要或在方便的时候混合单个批次用于配制或检测的需要。

用于储存浓缩抗原的容器类型是重要的。在超低温条件下，重要的是使用在温度变化时不易变碎的材料制成的容器，允许加热灭菌和冷冻保存。

● 储存抗原的标记

按照最后或成品疫苗的要求，浓缩抗原不需要贴标签，可能被标记为"处理中"的材料。在超低温条件下，标记的方法必须具有持久性。根据经验，金属标签瓶是最好的选择，使用足够大金属或塑料标签写出必要的细节，这应该包括抗原或疫苗毒株、批次数、接受日期，也应该包括单个容器或储存数。这些信息应该是清晰可读的，通过擦不掉的记号笔标记在标签上。储存记录和容器的位置应该被细心维护。

b）储存浓缩抗原的监控　非常重要的是，浓缩抗原以最佳的方式维护，且进行常规监控以便当需要时它们是有效的。因此，应该安排日常监控这些浓缩抗原，包括在必要的时候，恰当的时间间隔，检测部门确保抗原成分的完整性和成品具有满意的效力。

146S的定量、接种的血清学或攻毒实验必须被用于监控口蹄疫抗原库。这些检测被推荐在起初和随后的每五年实施。

为了进行这些检测满足抗原储存的要求，浓缩液应该包括许多代表大批样本的小样品。小份口蹄疫抗原通常含有大约1mg的抗原。这些小样品应该储存在大批抗原的旁边。

7. 通过浓缩抗原制备的疫苗的紧急发放　在紧急需要且得到授权部门的同意后，在效力测定和检测完成之前，大批疫苗可能被发放，但要求对大批灭活抗原和疫苗的所有其他成分进行无菌检测，对来自同一批灭活抗原制备的代表批次疫苗进行效力测定和安全检测。在这种情况下，一个批次不被认为具有代表性，除非它已经被制备没有剩下大量的抗原，且同样配制的批次已经被发放。

（四）疫苗匹配试验

1. 引言　选择合适的疫苗株是口蹄疫防控中重要的一部分，在受口蹄疫影响的地区有必要申请疫苗接种计划、建立和维护疫苗抗原储备，以便在新的口蹄疫入侵时使用。

接种一种口蹄疫病毒血清型与其他型无交叉保护，也可能不能完全保护同一血清型的其他毒株。最直接可靠的方法是接种相关目标动物进行交叉保护实验，用需要被保护的毒株进行攻毒。这将同时说明免疫效力和交叉反应性。

然而，这种方法需要使用活口蹄疫病毒，要求合适的生物安全程序和操作。设施应该满足4级病原生物安全防护的要求，如《陆生动物手册》1.1.2章节中描述的。除了考虑安全外，这种程序缓慢而且花费昂贵，需要OIE参考实验室给出的具体指导意见。如果可能使用体外方法代替，在这种研究中尽量避免使用动物。

新毒株的出现需要疫苗匹配，许多体外血清学方法可用于量化口蹄疫病毒毒株间抗原性差异，从而估计疫苗株和田间流行毒株间交叉保护的可能性，也可揭示遗传特性和抗原性分析，相反有可能证明分离株与已经得到疫苗匹配信息的毒株相似。这种检测应该在实验室中进行，按照OIE口蹄疫参考实验室选择《陆生动物手册》1.1.2和1.1.3章的具体标准。

样品的运输应该与《陆生动物手册》1.1.2章H和I部分，以及1.1.1章部分一致。

疫苗效力也有助于疫苗提供的抗原覆盖范围。免疫应答强的高效疫苗对不同毒株的保护比免疫应答较弱的同等交叉保护疫苗更强。因此，提高疫苗剂量可以增强效力和疫苗的抗原覆盖范围，但完全保护的起始时间可能被延迟。

2. 疫苗匹配的田间流行毒株的选择　为了疫苗匹配，应该评估来自于暴发地的多个代表株。

应该根据流行病学信息选择毒株，例如，一次疫情暴发的不同阶段的分离株，不同地理位置的分离株，和来自不同宿主的分离株。对于怀疑缺乏疫苗效力的田间证据是疫苗匹配的重要证明，通过明显的降低保护力表现出来。

田间分离株的血清型经常通过ELISA或CFT，使用特异性血清学试剂确诊，但是基于单抗或遗传图谱的方法也可使用。如果病毒数超过了实验室操作D.4部分疫苗匹配检测中描述方法的能力，应该使用预先选择的分离株。

为了降低错过相关样品的风险，所有实验室收到的分离株都应进行预选择。推荐的方法是用ELISA方法进行验证，分析抗原性。VP1序列分析可用于证明病毒分离种群的同源性。

选择与疫苗株具有重要差异的分离株用于疫苗匹配检测。

3. 匹配的疫苗毒株的选择　选择用于疫苗匹配试验的疫苗株，从病毒的血清型、田间分离株的来源地和任何特征信息，以及在当地使用的疫苗毒株都给出提示，获得具体匹配疫苗株的试剂限制了检测的范围。描述抗原的特性有两个目的：第一，选择最有效的疫苗株用于具体的情况；第二，在已有的基础上，监控疫苗的可适应维持战略性抗原储备。

4. 疫苗匹配试验　田间分离株和疫苗株间的血清学关系（r值）可以通过VNT或ELISA测定。推荐单向利用免疫抗血清的检测方法（r_1）而不是双向检测方法（r_2），这也需要匹配的田间分离株的抗血清。使用检验板滴定的VNT法将获得更准确的结果。与病毒-抗体相互作用的其他方法相比，体外中和实验可能与预测疫苗体内保护更相关。

VNT与ELISA相比是优选的方法，ELISA仅仅被用于疫苗匹配筛选。

对于VNT或ELISA，接种后的血清应该来源于接种21～30d后至少五头牛的血清。测定每份血清中疫苗株的抗体滴度。排除应答低的，血清可单独或合并使用。

a）田间分离株和疫苗株的关系　推荐的标准检测是VNT。ELISA可作为筛选方法。

i）通过二维中和检测进行疫苗匹配

这个检测使用疫苗株产生的抗血清。100个$TCID_{50}$的同源性疫苗株产生的血清的滴度和同样剂量的田间流行毒株产生的血清滴度相比较，确定田间分离株与疫苗株的相似程度。

检测程序

该程序与VNT的程序相似（见B.2.a）

其他的生物学试剂包括：接种21～30d后的单价的牛血清（在56℃灭活45～60min）、同源性疫苗株和待检测的病毒，即与疫苗株同一血清型的田间分离株。

1）田间分离株在细胞中传代，直到24h内产生100%的CPE。传代应保持最少次数。当适应后，通过终点滴定法，测定病毒滴度（$\log_{10}TCID_{50}/mL$）。

2）对于每次检测和每个疫苗毒株，疫苗血清对病毒的检验板滴定，同时进行病毒的反滴定。加入细胞，在37℃孵育48～72h，然后评价CPE。

3）疫苗株和田间分离株的免疫血清的抗体滴度通过Spearman-Kärber方法计算。每个毒株100个$TCID_{50}$的免疫血清的滴度通过回归方程计算。田间分离株和疫苗株的关系表示为r值：

$$r_1 = \frac{\text{疫苗血清与田间流行毒株中和滴度的倒数}}{\text{疫苗血清与疫苗毒株中和滴度的倒数}}$$

该结果的解释：在中和试验中一般认为，r_1值大于0.3，田间分离株与疫苗株十分相似，根据这个毒株配制的疫苗能够保护田间流行毒株的攻击。

相反，r_1值低于0.3，田间分离株明显不同于检测的疫苗株，由这个毒株配制的疫苗不能提供保护。在这种情况下，通过不同的交叉攻毒保护试验，检测田间分离株抵御疫苗株或现有的疫苗对田间分离株的保护水平。或者，将一个合适的田间分离株培育成一个新的疫苗株。

检测通常应该重复多次。对r值可以被认为表示毒株差异的信任与这个检测被重复的次数相关。实际上，建议至少三次重复。

ii）通过ELISA进行疫苗匹配

液相阻断ELISA在疫苗匹配中的使用已经被报道。

b）检测疫苗的适用性　只有当r值表明某一疫苗株不匹配时，基于这个疫苗株配制的疫苗，其适用性通过不同的交叉攻毒保护试验来证明，按照C.4.B描述的部分，动物在接种已知疫苗后用田间流行毒株进行攻毒。如果r值低于0.3，推荐检测在先前描述中的差异。在接种方面，用当地适用疫苗的一个推荐剂量至少接种7头无口蹄疫抗体的牛，在28～30d后，在同样条件下用两个商品化疫苗的剂量加强免疫所有的动物，用同样的疫苗剂量和途径接种第二组至少7头牛的动物。30d后，用已经滴定好的新毒株10 000个BID_{50}的剂量对两个实验组和对照攻毒，如果两个对照组的每头动物都是至少3蹄发病，该结果有效。最后的结果为每组动物总数中保护动物的数目，或者保护的百分率，即每组动物的总数是100%。如果一次接种组的结果显示保护水平低于75%，两次接种组的保护水平低于100%，应该推荐更恰当的疫苗株。

在不同源的情况下，不推荐使用EPP方法。这种方法通过VNT或ELISA检测接种后血清盘的反应性，建立血清学滴度和保护性的关系，通过关联对比表确定抗体滴度对同源性疫苗株的保护性关系。血清盘的关联性和攻毒检测实验的结果不可以被推广到其他的毒株上。

参考文献：略

附录二 《口蹄疫防治技术规范》

口蹄疫（foot and mouth disease, FMD）是由口蹄疫病毒引起的以偶蹄动物为主的急性、热性、高度传染性疫病，世界动物卫生组织（OIE）将其列为必须报告的动物传染病，我国将其规定为一类动物疫病。

为预防、控制和扑灭口蹄疫，依据《中华人民共和国动物防疫法》《重大动物疫情应急条例》《国家突发重大动物疫情应急预案》等法律法规，制定本技术规范。

1 适用范围

本规范规定了口蹄疫疫情确认、疫情处置、疫情监测、免疫、检疫监督的操作程序、技术标准及保障措施。

本规范适用于中华人民共和国境内一切与口蹄疫防治活动有关的单位和个人。

2 诊断

2.1 诊断指标

2.1.1 流行病学特点

2.1.1.1 偶蹄动物，包括牛科动物（牛、瘤牛、水牛、牦牛）、绵羊、山羊、猪及所有野生反刍和猪科动物均易感，驼科动物（骆驼、单峰骆驼、美洲驼、美洲骆马）易感性较低。

2.1.1.2 传染源主要为潜伏期感染及临床发病动物。感染动物呼出物、唾液、粪便、尿液、乳、精液及肉和副产品均可带毒。康复期动物可带毒。

2.1.1.3 易感动物可通过呼吸道、消化道、生殖道和伤口感染病毒，通常以直接或间接接触（飞沫等）方式传播，或通过人或犬、蝇、蜱、鸟等动物媒介，或经车辆、器具等被污染物传播。如果环境气候适宜，病毒可随风远距离传播。

2.1.2 临床症状

2.1.2.1 牛呆立流涎，猪卧地不起，羊跛行；

2.1.2.2 唇部、舌面、齿龈、鼻镜、蹄踵、蹄叉、乳房等部位出现水疱；

2.1.2.3 发病后期，水疱破溃、结痂，严重者蹄壳脱落，恢复期可见瘢痕、新生蹄甲；

2.1.2.4 传播速度快，发病率高；成年动物死亡率低，幼畜常突然死亡且死亡率高，仔猪常成窝死亡。

2.1.3 病理变化

2.1.3.1 消化道可见水疱、溃疡；

2.1.3.2 幼畜可见骨骼肌、心肌表面出现灰白色条纹，形色酷似虎斑。

2.1.4 病原学检测

2.1.4.1 间接夹心酶联免疫吸附试验，检测阳性（ELISA OIE标准方法附件一）；

2.1.4.2 RT-PCR试验，检测阳性（采用国家确认的方法）；

2.1.4.3 反向间接血凝试验（RIHA），检测阳性（附件二）；

2.1.4.4 病毒分离，鉴定阳性。

2.1.5 血清学检测

2.1.5.1 中和试验，抗体阳性；

2.1.5.2 液相阻断酶联免疫吸附试验，抗体阳性；

2.1.5.3 非结构蛋白ELISA检测感染抗体阳性；

2.1.5.4 正向间接血凝试验（IHA），抗体阳性（附件三）。

2.2 结果判定

2.2.1 疑似口蹄疫病例

符合该病的流行病学特点和临床诊断或病理诊断指标之一，即可定为疑似口蹄疫病例。

2.2.2 确诊口蹄疫病例

疑似口蹄疫病例，病原学检测方法任何一项阳性，可判定为确诊口蹄疫病例；

疑似口蹄疫病例，在不能获得病原学检测样本的情况下，未免疫家畜血清抗体检测阳性或免疫家畜非结构蛋白抗体ELISA检测阳性，可判定为确诊口蹄疫病例。

2.3 疫情报告

任何单位和个人发现家畜上述临床异常情况的，应及时向当地动物防疫监督机构报告。动物防疫监督机构应立即按照有关规定赴现场进行核实。

2.3.1 疑似疫情的报告

县级动物防疫监督机构接到报告后，立即派出2名以上具有相关资格的防疫人员到现场进行临床和病理诊断。确认为疑似口蹄疫疫情的，应在2h内报告同级兽医行政管理部门，并逐级上报至省级动物防疫监督机构。省级动物防疫监督机构在接到报告后，1h内向省级兽医行政管理部门和国家动物防疫监督机构报告。

诊断为疑似口蹄疫病例时，采集病料（附件四），并将病料送省级动物防疫监督机构，必要时送国家口蹄疫参考实验室。

2.3.2 确诊疫情的报告

省级动物防疫监督机构确诊为口蹄疫疫情时，应立即报告省级兽医行政管理部门和国家动物防疫监督机构；省级兽医管理部门在1h内报省级人民政府和国务院兽医行政管理部门。

国家参考实验室确诊为口蹄疫疫情时，应立即通知疫情发生地省级动物防疫监督机构和兽医行政管理部门，同时报国家动物防疫监督机构和国务院兽医行政管理部门。

省级动物防疫监督机构诊断新血清型口蹄疫疫情时，将样本送至国家口蹄疫参考实验室。

2.4 疫情确认

国务院兽医行政管理部门根据省级动物防疫监督机构或国家口蹄疫参考实验室确诊结果，确认口蹄疫疫情。

3 疫情处置

3.1 疫点、疫区、受威胁区的划分

3.1.1 疫点 为发病畜所在的地点。相对独立的规模化养殖场/户，以病畜所在的养殖场/户为疫点；散养畜以病畜所在的自然村为疫点；放牧畜以病畜所在的牧场及其活动场地为疫点；病畜在运输过程中发生疫情，以运载病畜的车、船、飞机等为疫点；在市场发生疫情，以病畜所在市场为疫点；在屠宰加工过程中发生疫情，以屠宰加工厂（场）为疫点。

3.1.2 疫区 由疫点边缘向外延伸3km内的区域。

3.1.3 受威胁区 由疫区边缘向外延伸10km的区域。

在疫区、受威胁区划分时，应考虑所在地的饲养环境和天然屏障（河流、山脉等）。

3.2 疑似疫情的处置

对疫点实施隔离、监控，禁止家畜、畜产品及有关物品移动，并对其内、外环境实施严格的消毒措施。

必要时采取封锁、扑杀等措施。

3.3 确诊疫情处置

疫情确诊后，立即启动相应级别的应急预案。

3.3.1 封锁

疫情发生所在地县级以上兽医行政管理部门报请同级人民政府对疫区实行封锁，人民政府在接到报告后，应在24h内发布封锁令。

跨行政区域发生疫情的，由共同上级兽医行政管理部门报请同级人民政府对疫区发布封锁令。

3.3.2 对疫点采取的措施

3.3.2.1 扑杀疫点内所有病畜及同群易感畜，并对病死畜、被扑杀畜及其产品进行无害化处理（附件五）；

3.3.2.2 对排泄物、被污染饲料、垫料、污水等进行无害化处理（附件六）；

3.3.2.3 对被污染或可疑污染的物品、交通工具、用具、畜舍、场地进行严格彻底消毒（附件七）；

3.3.2.4 对发病前14d售出的家畜及其产品进行追踪，并做扑杀和无害化处理。

3.3.3 对疫区采取的措施

3.3.3.1 在疫区周围设置警示标志，在出入疫区的交通路口设置动物检疫消毒站，执行监督检查任务，对出入的车辆和有关物品进行消毒；

3.3.3.2 所有易感畜进行紧急强制免疫，建立完整的免疫档案；

3.3.3.3 关闭家畜产品交易市场，禁止活畜进出疫区及产品运出疫区；

3.3.3.4 对交通工具、畜舍及用具、场地进行彻底消毒；

3.3.3.5 对易感家畜进行疫情监测，及时掌握疫情动态；

3.3.3.6 必要时，可对疫区内所有易感动物进行扑杀和无害化处理。

3.3.4 对受威胁区采取的措施

3.3.4.1 最后一次免疫超过一个月的所有易感畜，进行一次紧急强化免疫；

3.3.4.2 加强疫情监测，掌握疫情动态。

3.3.5 疫源分析与追踪调查

按照口蹄疫流行病学调查规范，对疫情进行追踪溯源、扩散风险分析（附件八）。

3.3.6 解除封锁

3.3.6.1 封锁解除的条件

口蹄疫疫情解除的条件：疫点内最后1头病畜死亡或扑杀后连续观察至少14d，没有新发病例；疫区、受威胁区紧急免疫接种完成，疫点经终末消毒；疫情监测阴性。

新血清型口蹄疫疫情解除的条件：疫点内最后1头病畜死亡或扑杀后连续观察至少14d没有新发病例；疫区、受威胁区紧急免疫接种完成；疫点经终末消毒，对疫区和受威胁区的易感动物进行疫情监测，结果为阴性。

3.3.6.2 解除封锁的程序：动物防疫监督机构按照上述条件审验合格后，由兽医行政管理部门向原发布封锁令的人民政府申请解除封锁，由该人民政府发布解除封锁令。

必要时由上级动物防疫监督机构组织验收。

4 疫情监测

4.1 监测主体：县级以上动物防疫监督机构。

4.2 监测方法：临床观察、实验室检测及流行病学调查。

4.3 监测对象：以牛、羊、猪为主，必要时对其他动物监测。

4.4 监测的范围

4.4.1 养殖场户、散养畜、交易市场、屠宰厂（场）、异地调入的活畜及产品。

4.4.2 对种畜场、边境、隔离场、近期发生疫情及疫情频发等高风险区域的家畜进行重点监测。

监测方案按照当年兽医行政管理部门工作安排执行。

4.5 疫区和受威胁区解除封锁后的监测临床监测持续1年，反刍动物病原学检测连续2次，每次间隔1个月，必要时对重点区域加大监测的强度。

4.6 在监测过程中，对分离到的毒株进行生物学和分子生物学特性分析与评价，密切注意病毒的变异动态，及时向国务院兽医行政管理部门报告。

4.7 各级动物防疫监督机构对监测结果及相关信息进行风险分析，做好预警预报。

4.8 监测结果处理

监测结果逐级汇总上报至国家动物防疫监督机构，按照有关规定进行处理。

5 免疫

5.1 国家对口蹄疫实行强制免疫，各级政府负责组织实施，当地动物防疫监督机构进行监督指导。免疫密度必须达到100%。

5.2 预防免疫，按农业部制定的免疫方案规定的程序进行。

5.3 突发疫情时的紧急免疫按本规范有关条款进行。

5.4 所用疫苗必须采用农业部批准使用的产品，并由动物防疫监督机构统一组织、逐级供应。

5.5 所有养殖场/户必须按科学合理的免疫程序做好免疫接种，建立完整免疫档案（包括免疫登记表、免疫证、免疫标识等）。

5.6 各级动物防疫监督机构定期对免疫畜群进行免疫水平监测，根据群体抗体水平及时加强免疫。

6 检疫监督

6.1 产地检疫

猪、牛、羊等偶蹄动物在离开饲养地之前，养殖场/户必须向当地动物防疫监督机构报检，接到报检后，动物防疫监督机构必须及时到场、到户实施检疫。检查合格后，收回动物免疫证，出具检疫合格证明，对运载工具进行消毒，出具消毒证明，对检疫不合格的按照有关规定处理。

6.2 屠宰检疫

动物防疫监督机构的检疫人员对猪、牛、羊等偶蹄动物进行验证查物，证物相符、检疫合格后方可入厂（场）屠宰。宰后检疫合格，出具检疫合格证明。对检疫不合格的按照有关规定处理。

6.3 种畜、非屠宰畜异地调运检疫

国内跨省调运包括种畜、乳用畜、非屠宰畜时，应当先到调入地省级动物防疫监督机构办理检疫审批手续，经调出地按规定检疫合格，方可调运。起运前两周，进行一次口蹄疫强化免疫，到达后须隔离饲养14d以上，由动物防疫监督机构检疫检验合格后方可进场饲养。

6.4 监督管理

6.4.1 动物防疫监督机构应加强流通环节的监督检查，严防疫情扩散。猪、牛、羊等偶蹄动物及产品凭检疫合格证（章）和动物标识运输、销售。

6.4.2 生产、经营动物及动物产品的场所，必须符合动物防疫条件，取得动物防疫合格证，当地动物防疫监督机构应加强日常监督检查。

6.4.3 各地根据防控家畜口蹄疫的需要建立动物防疫监督检查站，对家畜及产品进行监督检查，对运输工具进行消毒。发现疫情，按照《动物防疫监督检查站口蹄疫疫情认定和处置办法》相关规定处置。

6.4.4 由新血清型引发疫情时，加大监管力度，严禁疫区所在县及疫区周围50km范围内的家畜及产品流动。在与新发疫情省份接壤的路口设置动物防疫监督检查站、卡实行24h值班检查；对来自疫区的运输工具进行彻底消毒，对非法运输的家畜及产品进行无害化处理。

6.4.5 任何单位和个人不得随意处置及转运、屠宰、加工、经营、食用口蹄疫病（死）畜及产品；未经动物防疫监督机构允许，不得随意采样；不得在未经国家确认的实验室剖检分离、鉴定、保存病毒。

7 保障措施

7.1 各级政府应加强机构、队伍建设，确保各项防治技术落实到位。

7.2 各级财政和发改部门应加强基础设施建设，确保免疫、监测、诊断、扑杀、无害化处理、消毒等防治技术工作经费落实。

7.3 各级兽医行政部门动物防疫监督机构应按本技术规范，加强应急物资储备，及时培训和演练应急队伍。

7.4 发生口蹄疫疫情时，在封锁、采样、诊断、流行病学调查、无害化处理等过程中，要采取有效措施，做好个人防护和消毒工作，防止人为扩散。

附件一 间接夹心酶联免疫吸附试验（I-ELISA）

1 试验程序和原理

1.1 利用包被于固相（I，96孔平底ELISA专用微量板）的FMDV型特异性抗体（AB，包被抗体，又称为捕获抗体），捕获待检样品中相应型的FMDV抗原（Ag）。再加入与捕获抗体同一血清型，但用另一种动物制备的抗血清（Ab，检测抗体）。如果有相应型的病毒抗原存在，则形成"夹心"式结合，并被随后加入的酶结合物/显色系统（*E/S）检出。

1.2　由于FMDV的多型性，和可能并发临床上难以区分的水疱性疾病，在检测病料时必然包括几个血清型（如O、A、亚洲–1型）及临床症状相同的某些疾病，如猪水疱病（SVD）。

2　材料

2.1　样品的采集和处理

见附件四。

2.2　主要试剂

2.2.1　抗体

2.2.1.1　包被抗体：兔抗FMDV-"O""A""亚洲–1"型146S血清；及兔抗SVDV-160S血清。

2.2.1.2　检测抗体：豚鼠抗FMDV-"O""A""亚洲–1"型146S血清；及豚鼠抗SVDV-160S血清。

2.2.2　酶结合物

兔抗豚鼠Ig抗体（Ig）-辣根过氧化物酶（HRP）结合物。

2.2.3　对照抗原

灭活的FMDV-"O""A""亚洲–1"各型及SVDV细胞病毒液。

2.2.4　底物溶液（底物/显色剂）

3%过氧化氢/3.3mmol/L邻苯二胺（OPD）。

2.2.5　终止液

1.25mol/L硫酸。

2.2.6　缓冲液

2.2.6.1　包被缓冲液　0.05mol/L Na_2CO_3-$NaHCO_3$，pH9.6。

2.2.6.2　稀释液A　0.01mol/L PBS-0.05%（v/v）Tween-20，pH7.2～7.4。

2.2.6.3　稀释液B　5%脱脂奶粉（w/v）-稀释液A。

2.2.6.4　洗涤缓冲液　0.002mol/L PBS-0.01%（v/v）Tween-20。

2.3　主要器材设备

2.3.1　固相

96孔平底聚苯乙烯ELISA专用板。

2.3.2　移液器、尖头及贮液槽

微量可调移液器一套，可调范围0.5～5 000μL（5～6支）；多（4、8、12）孔道微量可调移液器（25～250μL）；微量可调连续加样移液器（10～100μL）；与各移液器匹配的各种尖头，以及配套使用的贮液槽。

2.3.3 振荡器

与96孔微量板配套的旋转振荡器。

2.3.4 酶标仪，492nm波长滤光片。

2.3.5 洗板机或洗涤瓶，吸水纸巾。

2.3.6 37℃恒温温室或温箱。

3 操作方法

3.1 预备试验

为了确保检测结果准确可靠，必须最优化组合该ELISA，即试验所涉及的各种试剂，包括包被抗体、检测抗体、酶结合物、阳性对照抗原都要预先测定，计算出它们的最适稀释度，既保证试验结果在设定的最佳数据范围内，又不浪费试剂。使用诊断试剂盒时，可按说明书指定用量和用法。如试验结果不理想，重新滴定各种试剂后再检测。

3.2 包被固相

3.2.1 FMDV各血清型及SVDV兔抗血清分别以包被缓冲液稀释至工作浓度，然后按附图2-1-1＜Ⅰ＞所示布局加入微量板各行。每孔50μL。加盖后37℃振荡2h。或室温（20～25℃）振荡30min，然后置湿盒中4℃过夜（可以保存1周左右）。

3.2.2 一般情况下，牛病料鉴定"O"和"A"两个型，某些地区的病料要加上"亚洲-1"型；猪病料要加上SVDV。

附图 2-1-1 定型 ELISA 微量板包被血清布局＜Ⅰ＞、对照和被检样品布局＜Ⅱ＞

＜Ⅰ＞	＜Ⅱ＞1	2	3	4	5	6	7	8	9	10	11	12
A FMDV "O"	C++	C++	C+	C+	C-	C-	S1	1	S3	3	S5	5
B　　"A"	C++	C++	C+	C+	C-	C-	S1	1	S3	3	S5	5
C "Asia-1"	C++	C++	C+	C+	C-	C-	S1	1	S3	3	S5	5
D SVDV	C++	C++	C+	C+	C-	C-	S1	1	S3	3	S5	5
E FMDV "O"	C++	C++	C+	C+	C-	C-	S2	2	S4	4	S6	6
F　　"A"	C++	C++	C+	C+	C-	C-	S2	2	S4	4	S6	6
G "Asia-1"	C++	C++	C+	C+	C-	C-	S2	2	S4	4	S6	6
H SVDV	C++	C++	C+	C+	C-	C-	S2	2	S4	4	S6	6

试验开始，依据当天检测样品的数量包被，或取出包被好的板子；如用可拆卸微量板，则根据需要取出几条。在试验台上放置20min，再洗涤5次，扣干。

3.3 加对照抗原和待检样品

3.3.1 布局

空白和各阳性对照、待检样品在ELISA板上的分布位置如附图1<Ⅱ>所示。

3.3.2 加样

3.3.2.1 第5和第6列为空白对照（C−），每孔加50μL稀释液A。

3.3.2.2 先将各型阳性对照抗原分别以稀释液A适当稀释，然后加入与包被抗体同型的各行孔中，C++为强阳性，C+为阳性，可以用同一对照抗原的不同稀释度。每一对照2孔，每孔50μL。

3.3.2.3 按待检样品的序号（S1、S2 ...）逐个加入，每份样品每个血清型加2孔，每孔50μL。37℃振荡1h，洗涤5次，扣干。

3.4 加检测抗体

各血清型豚鼠抗血清以稀释液A稀释至工作浓度，然后加入与包被抗体同型各行孔中，每孔50μL。37℃振荡1h。洗涤5次，扣干。

3.5 加酶结合物

酶结合物以稀释液B稀释至工作浓度，每孔50μL。

37℃振荡40min。洗涤5次，扣干。

3.6 加底物溶液

试验开始时，按当天需要量从冰箱暗盒中取出OPD，放在温箱中融化并使之升温至37℃。临加样前，按每6mL OPD加3%双氧水30μL（一块微量板用量），混匀后每孔加50μL。37℃振荡15min。

3.7 加终止液

显色反应15min，准时加终止液1.25mol/L H_2SO_4，50μL/孔。

3.8 观察和判读结果

终止反应后，先用肉眼观察全部反应孔。如空白对照和阳性对照孔的显色基本正常，再用酶标仪（492nm）判读OD值。

4 结果判定

4.1 数据计算

为了便于说明，假设附表1所列数据为检测结果（OD值）。

利用附表2−1−1所列数据，计算平均OD值和平均修正OD值（附表2−1−2）。

4.1.1 各行2孔空白对照（C−）平均OD值；

4.1.2 各行（各血清型）抗原对照（C＋＋、C＋）平均OD值；

4.1.3 各待检样品各血清型（2孔）平均OD值；

4.1.4 计算出各平均修正OD值（＝［每个（2）或（3）值］－［同一行的（1）值］。

附表 2-1-1 定型 ELISA 结果（OD 值）

	C＋＋	C＋	C-	S1	S2	S3
A FMDV "O"	1.84 1.74	0.56 0.46	0.06 0.04	1.62 1.54	0.68 0.72	0.10 0.08
B "A"	1.25 1.45	0.40 0.42	0.07 0.05	0.09 0.07	1.22 1.32	0.09 0.09
C "Asia-1"	1.32 1.12	0.52 0.50	0.04 0.08	0.05 0.09	0.12 0.06	0.07 0.09
D SVDV	1.08 1.10	0.22 0.24	0.08 0.08	0.09 0.10	0.08 0.12	0.28 0.34
	C＋＋	C＋	C-	S4	S5	S6
E FMDV "O"	0.94 0.84	0.24 0.22	0.06 0.06	1.22 1.12	0.09 0.10	0.13 0.17
F "A"	1.10 1.02	0.11 0.13	0.06 0.04	0.10 0.10	0.28 0.26	0.20 0.28
G "Asia-1"	0.39 0.41	0.29 0.21	0.09 0.09	0.10 0.09	0.10 0.10	0.35 0.33
H SVDV	0.88 0.78	0.15 0.11	0.05 0.05	0.11 0.07	0.09 0.09	0.10 0.12

附表 2-1-2 平均 OD 值 / 平均修正 OD 值

	C＋＋	C＋	C-	S1	S2	S3
A FMDV "O"	1.79/1.75	0.51/0.46	0.05	1.58/1.53	0.70/0.65	0.09/0.04
B "A"	1.35/1.29	0.41/0.35	0.06	0.08/0.02	1.27/1.21	0.09/0.03
C "Asia-1"	1.22/1.16	0.51/0.45	0.06	0.07/0.03	0.09/0.03	0.08/0.02
D SVDV	1.09/1.01	0.23/0.15	0.08	0.10/0.02	0.10/0.02	0.31/0.23
	C＋＋	C＋	C-	S4	S5	S6
E FMDV "O"	0.89/0.83	0.23/0.17	0.06	1.17/1.11	0.10/0.04	0.15/0.09
F "A"	1.06/1.01	0.12/0.07	0.05	0.10/0.05	0.27/0.22	0.24/0.19
G "Asia-1"	0.40/0.31	0.25/0.16	0.09	0.10/0.01	0.10/0.01	0.34/0.25
H SVDV	0.83/0.78	0.13/0.08	0.05	0.09/0.05	0.09/0.04	0.11/0.06

4.2 结果判定

4.2.1 试验不成立

如果空白对照（C-）平均OD值＞0.10，则试验不成立，本试验结果无效。

4.2.2　试验基本成立

如果空白对照（C–）平均OD值≤0.10，则试验基本成立。

4.2.3　试验绝对成立

如果空白对照（C–）平均OD值≤0.10，C＋平均修正OD值＞0.10，C＋＋平均修正OD值＞1.00，试验绝对成立。如附表2中A、B、C、D行所列数据。

4.2.3.1　如果某一待检样品某一型的平均修正OD值≤0.10，则该血清型为阴性。

如S1的"A""Asia-1"型和"SVDV"。

4.2.3.2　如果某一待检样品某一型的平均修正OD值＞0.10，而且比其他型的平均修正OD值大2倍或2倍以上，则该样品为该最高平均修正OD值所在的血清型。如S1为"O"型，S3为"Asia–1"型。

4.2.3.3　虽然某一待检样品某一型的平均修正OD值＞0.10，但不大于其他型的平均修正OD值的2倍，则该样品只能判定为可疑。该样品应接种乳鼠或细胞，并盲传数代增毒后再作检测。如S2"A"型。

4.2.4　试验部分成立

如果空白对照（C–）平均OD值≤0.10，C＋平均修正OD值≤0.10，C＋＋平均修正OD值≤1.00，试验部分成立。如附表2中E、F、G、H行所列数据。

4.2.4.1　如果某一待检样品某一型的平均修正OD值≥0.10，而且比其他型的平均修正OD值大2倍或2倍以上，则该样品为该最高平均修正OD值所在的血清型。例如，S4判定为"O"型。

4.2.4.2　如果某一待检样品某一型的平均修正OD值介于0.10～1.00，而且比其他型的平均修正OD值大2倍或2倍以上，该样品可以判定为该最高OD值所在血清型。例如，S5判定为"A"型。

4.2.4.3　如果某一待检样品某一型的平均修正OD值介于0.10～1.00，但不比其他型的平均修正OD值大2倍，该样品应增毒后重检。如S6"亚洲–1"型。

注意：重复试验时，首先考虑调整对照抗原的工作浓度。如调整后再次试验结果仍不合格，应更换对照抗原或其他试剂。

附件二　反向间接血凝试验（RIHA）

1　材料准备

1.1　96孔微型聚乙烯血凝滴定板（110度），微量振荡器或微型混合器，0.025mL、0.05mL稀释用滴管、乳胶吸头或25μL、50μL移液加样器。

1.2　pH7.6、0.05mol/L磷酸缓冲液（pH7.6、0.05mol/L PB），pH7.6、50%丙三醇磷酸

缓冲液（GPB），pH7.2、0.11mol/L磷酸缓冲液（pH7.2、0.11mol/L PB），配制方法见中华人民共和国国家标准（GB/T 19200—2003）《猪水疱病诊断技术》附录A（规范性附录）。

1.3 稀释液Ⅰ、稀释液Ⅱ，配制方法见中华人民共和国国家标准（GB/T 19200—2003）《猪水疱病诊断技术》附录B（规范性附录）。

1.4 标准抗原、阳性血清，由指定单位提供，按说明书使用和保存。

1.5 敏化红细胞诊断液：由指定单位提供，效价滴定见中华人民共和国国家标准（GB/T 19200—2003）《猪水疱病诊断技术》附录C（规范性附录）。

1.6 被检材料处理方法见中华人民共和国国家标准（GB/T 19200—2003）《猪水疱病诊断技术》附录E（规范性附录）。

2 操作方法

2.1 使用标准抗原进行口蹄疫A、O、C、Asia-1型及与猪水疱病鉴别诊断。

2.1.1 被检样品的稀释：把8只试管排列于试管架上，自第1管开始由左向右用稀释液Ⅰ作二倍连续稀释（即1∶6、1∶12、1∶24……1∶768），每管容积0.5mL。

2.1.2 按下述滴加被检样品和对照。

2.1.2.1 在血凝滴定板上的第1～5排，每排的第8孔滴加第8管稀释被检样品0.05mL，每排的第7孔滴加第7管稀释被检样品0.05mL，以此类推至第1孔。

2.1.2.2 每排的第9孔滴加稀释液Ⅰ0.05mL，作为稀释液对照。

2.1.2.3 每排的第10孔按顺序分别滴加口蹄疫A、O、C、Asia-1型和猪水疱病标准抗原（1∶30稀释）各0.05mL，作为阳性对照。

2.1.3 滴加敏化红细胞诊断液：先将敏化红细胞诊断液摇匀，于滴定板第1～5排的第1～10孔分别滴加口蹄疫A、O、C、Asia-1型和猪水疱病敏化红细胞诊断液，每孔0.025mL，置微量振荡器上振荡1～2min，20～35℃放置1.5～2h后判定结果。

2.2 使用标准阳性血清进行口蹄疫O型及与猪水疱病鉴别诊断。

2.2.1 每份被检样品作4排、每孔先各加入25μL稀释液Ⅱ。

2.2.2 每排第1孔各加被检样品25μL，然后分别由左至右作二倍连续稀释至第7孔（竖板）或第11孔（横板）。每排最后孔留作稀释液对照。

2.2.3 滴加标准阳性血清：在第一、三排每孔加入25μL稀释液Ⅱ；第二排每孔加入25μL稀释至1∶20的口蹄疫O型标准阳性血清；第四排每孔加入25μL稀释至1∶100的猪水疱病标准阳性血清，置微型混合器上振荡1～2min，加盖置37℃作用30min。

2.2.4 滴加敏化红细胞诊断液：在第1和第2排每孔加入口蹄疫O型敏化红细胞诊断液25μL；第3和第4排每孔加入猪水疱病敏化红细胞诊断液25μL；置微型混合器上振荡1～2min，加盖20～35℃放置2h后判定结果。

3 结果判定

3.1 按以下标准判定红细胞凝集程度："＋＋＋＋"—100%完全凝集，红细胞均匀地分布于孔底周围；"＋＋＋"—75%凝集，红细胞均匀地分布于孔底周围，但孔底中心有红细胞形成的针尖大的小点；"＋＋"—50%凝集，孔底周围有不均匀的红细胞分布，孔底有一红细胞沉下的小点；"＋"—25%凝集，孔底周围有不均匀的红细胞分布，但大部分红细胞已沉积于孔底；"－"—不凝集，红细胞完全沉积于孔底成一圆点。

3.2 操作方法2.1的结果判定：稀释液Ⅰ对照孔不凝集、标准抗原阳性孔凝集试验方成立。

3.2.1 若只第1排孔凝集，其余4排孔不凝集，则被检样品为口蹄疫A型；若只第2排孔凝集，其余4排孔不凝集，则被检样品为口蹄疫O型；以此类推。若只第5排孔凝集，其余4排孔不凝集，则被检样品为猪水疱病。

3.2.2 致红细胞50%凝集的被检样品最高稀释度为其凝集效价。

3.2.3 如出现2排以上孔的凝集，以某排孔的凝集效价高于其余排孔的凝集效价2个对数（以2为底）浓度以上者即可判为阳性，其余判为阴性。

3.3 操作方法2.2的结果判定：稀释液Ⅱ对照孔不凝集试验方可成立。

3.3.1 若第1排出现2孔以上的凝集（＋＋以上），且第2排相对应孔出现2个孔以上的凝集抑制，第3、4排不出现凝集判为口蹄疫O型阳性。若第3排出现2孔以上的凝集（＋＋以上），且第4排相对应孔出现2个孔以上的凝集抑制，第1、2排不出现凝集则判为猪水疱病阳性。

3.3.2 致红细胞50%凝集的被检样品最高稀释度为其凝集效价。

附件三 正向间接血凝试验（IHA）

1 原理

用已知血凝抗原检测未知血清抗体的试验，称为正向间接血凝试验（IHA）。

抗原与其对应的抗体相遇，在一定条件下会形成抗原复合物，但这种复合物的分子团很小，肉眼看不见。若将抗原吸附（致敏）在经过特殊处理的红细胞表面，只需少量抗原就能大大提高抗原和抗体的反应灵敏性。这种经过口蹄疫纯化抗原致敏的红细胞与口蹄疫抗体相遇，红细胞便出现清晰可见的凝集现象。

2 适用范围

主要用于检测O型口蹄疫免疫动物血清抗体效价。

3 试验器材和试剂

3.1 96孔110°V型医用血凝板，与血凝板大小相同的玻板。

3.2 微量移液器（50μL、25μL）取液塑咀。

3.3 微量振荡器。

3.4 O型口蹄疫血凝抗原。

3.5 O型口蹄疫阴性对照血清。

3.6 O型口蹄疫阳性对照血清。

3.7 稀释液。

3.8 待检血清（每头约0.5mL血清即可）56℃水浴灭活30min。

4 试验方法

4.1 加稀释液

在血凝板上1~6排的1~9孔；第7排的1~4孔第6~7孔；第8排的1~12孔各加稀释液50μL。

4.2 稀释待检血清

取1号待检血清50μL加入第1排第1孔，并将塑咀插入孔底，右手拇指轻压弹簧1~2次混匀（避免产生过多的气泡），从该孔取出50μL移入第2孔，混匀后取出50μL移入第3孔……直至第9孔混匀后取出50μL丢弃。此时第1排1~9孔待检血清的稀释度（稀释倍数）依次为：1:2（1）、1:4（2）、1:8（3）、1:16（4）、1:32（5）、1:64（6）、1:128（7）、1:256（8）、1:512（9）。

取2号待检血清加入第2排；取3号待检血清加入第3排……均按上述方法稀释，注意每取一份血清时，必须更换塑咀一个。

4.3 稀释阴性对照血清

在血凝板的第7排第1孔加阴性血清50μL，对倍稀释至第4孔，混匀后从该孔取出50μL丢弃。此时阴性血清的稀释倍数依次为1:2（1）、1:4（2）、1:8（3）、1:16（4）。第6~7孔为稀释液对照。

4.4 稀释阳性对照血清

在血凝板的第8排第1孔加阳性血清50μL，对倍数稀释至第12孔，混匀后从该孔取出50μL丢弃。此时阳性血清的稀释倍数依次为1:2~1:4 096。

4.5 加血凝抗原

被检血清各孔、阴性对照血清各孔、阳性对照血清各孔、稀释液对照孔均各加O型血凝抗原（充分摇匀，瓶底应无血球沉淀）25μL。

4.6 振荡混匀

将血凝板置于微量振荡器上1～2min，如无振荡器，用手轻拍混匀亦可，然后将血凝板放在白纸上观察各孔红细胞是否混匀，不出现血球沉淀为合格。盖上玻板，室温下或37℃下静置1.5～2h判定结果，也可延至翌日判定。

4.7 判定标准

移去玻板，将血凝板放在白纸上，先观察阴性对照血清1:16孔，稀释液对照孔，均应无凝集（血细胞全部沉入孔底形成边缘整齐的小圆点），或仅出现"＋"凝集（血细胞大部沉于孔底，边缘稍有少量血细胞悬浮）。

阳性血清对照1:2～1:256各孔应出现"＋＋"—"＋＋＋"凝集为合格（少量血细胞沉入孔底，大部血细胞悬浮于孔内）。

在对照孔合格的前提下，再观察待检血清各孔，以呈现"＋＋"凝集的最大稀释倍数为该份血清的抗体效价。例如，1号待检血清1～5孔呈现"＋＋"—"＋＋＋"凝集，6～7孔呈现"＋＋"凝集，第8孔呈现"＋"凝集，第9孔无凝集，那么就可判定该份血清的口蹄疫抗体效价为1:128。

接种口蹄疫疫苗的猪群免疫抗体效价达到1:128（即第7孔），牛群、羊群免疫抗体效价达到1:256（第8孔），呈现"＋＋"凝集为免疫合格。

5　检测试剂的性状、规格

5.1　性状

5.1.1　液体血凝抗原：摇匀呈棕红色（或咖啡色），静置后，血细胞逐渐沉入瓶底。

5.1.2　阴性对照血清：淡黄色清亮稍带黏性的液体。

5.1.3　阳性对照血清：微红或淡色稍混浊带黏性的液体。

5.1.4　稀释液：淡黄或无色透明液体，低温下放置，瓶底易析出少量结晶，在水浴中加温后即可全溶，不影响使用。

5.2　包装

5.2.1　液体血凝抗原：摇匀后即可使用，5mL/瓶。

5.2.2　阴性血清：1mL/瓶，直接稀释使用。

5.2.3　阳性血清：1mL/瓶，直接稀释使用。

5.2.4　稀释液：100mL/瓶，直接使用，4～8℃保存。

5.2.5　保存条件及保存期

5.2.5.1　液体血凝抗原：4～8℃保存（切勿冻结），保存期3个月。

5.2.5.2　阴性对照血清：-20～-15℃保存，有效期1年。

5.2.5.3　阳性对照血清：-20～-15℃保存，有效期1年。

6 注意事项

6.1 为使检测获得正确结果,请在检测前仔细阅读说明书。

6.2 严重溶血或严重污染的血清样品不宜检测,以免发生非特异性反应。

6.3 勿用90°和130°血凝板,严禁使用一次性血凝板,以免误判结果。

6.4 用过的血凝板应及时在水龙头冲净血细胞。再用蒸馏水或去离子水冲洗2次,甩干水分放37℃恒温箱内干燥备用。检测用具应煮沸消毒,37℃干燥备用。血凝板应浸泡在洗液中(浓硫酸与重铬酸钾按1∶1混合),48h捞出后清水冲净。

6.5 每次检测只做一份阴性、阳性和稀释液对照。

"−"表示完全不凝集或0~10%血细胞凝集。

"+"表示10%~25%血细胞凝集 "+++"表示75%血细胞凝集。

"++"表示50%血细胞凝集 "++++"表示90%~100%血细胞凝集。

6.6 用不同批次的血凝抗原检测同一份血清时,应事先用阳性血清准确测定各批次血凝抗原的效价,取抗原效价相同或相近的血凝抗原检测待检血清抗体水平的结果是基本一致的,如果血凝抗原效价差别很大,用来检测同一血清样品,肯定会出现检测结果不一致。

6.7 收到本试剂盒时,应立即打开包装,取出血凝抗原瓶,用力摇动,使黏附在瓶盖上的红细胞摇下,否则易出现沉渣,影响使用效果。

附件四 口蹄疫病料的采集、保存与运送

采集、保存和运输样品须符合下列要求,并填写样品采集登记表。

1 样品的采集和保存

1.1 组织样品

1.1.1 样品的选择

用于病毒分离、鉴定的样品以发病动物(牛、羊或猪)未破裂的舌面或蹄部、鼻镜、乳头等部位的水疱皮和水疱液最好。对临床健康、但怀疑带毒的动物可在扑杀后采集淋巴结、脊髓、肌肉等组织样品作为检测材料。

1.1.2 样品的采集和保存

水疱样品采集部位可用清水清洗,切忌使用酒精、碘酒等消毒剂消毒、擦拭。

1.1.2.1 未破裂水疱中的水疱液用灭菌注射器采集至少1mL,装入灭菌小瓶中(可加适量抗生素),加盖密封;尽快冷冻保存。

1.1.2.2 剪取新鲜水泡皮3～5g放入灭菌小瓶中，加适量（2倍体积）50%甘油/磷酸盐缓冲液（pH7.4），加盖密封，尽快冷冻保存。

1.1.2.3 在无法采集水疱皮和水疱液时，可采集淋巴结、脊髓、肌肉等组织样品3～5g装入洁净的小瓶内，加盖密封，尽快冷冻保存。

每份样品的包装瓶上均要贴上标签，写明采样地点、动物种类、编号、时间等。

1.2 牛、羊食道–咽部分泌物（OP液）样品

1.2.1 样品采集

被检动物在采样前禁食（可饮水）12h，以免反刍胃内容物严重污染OP液。采样探杯在使用前经0.2%柠檬酸或2%氢氧化钠浸泡5min，再用自来水冲洗。每采完一头动物，探杯要重复进行消毒和清洗。采样时动物站立保定，将探杯随吞咽动作送入食道上部10～15cm处，轻轻来回移动2～3次，然后将探杯拉出。如采集的OP液被反刍胃内容物严重污染，要用生理盐水或自来水冲洗口腔后重新采样。

1.2.2 样品保存

将探杯采集到的8～10mL OP液倒入25mL以上的灭菌玻璃容器中，容器中应事先加有8～10mL细胞培养液或磷酸盐缓冲液（0.04mol/L、pH7.4），加盖密封后充分摇匀，贴上防水标签，并写明样品编号、采集地点、动物种类、时间等，尽快放入装有冰块的冷藏箱内，然后转往−60℃冰箱冻存。通过病原检测，做出追溯性诊断。

1.3 血清

怀疑曾有疫情发生的畜群，错过组织样品采集时机时，可无菌操作采集动物血液，每头不少于10mL。自然凝固后，无菌分离血清装入灭菌小瓶中，可加适量抗生素，加盖密封后冷藏保存。每瓶贴标签并写明样品编号、采集地点、动物种类、时间等。通过抗体检测，做出追溯性诊断。

1.4 采集样品时要填写样品采集登记表

2 样品运送

运送前将封装和贴上标签，已预冷或冰冻的样品玻璃容器装入金属套筒中，套筒应填充防震材料，加盖密封，与采样记录一同装入专用运输容器中。专用运输容器应隔热坚固，内装适当冷冻剂和防震材料。外包装上要加贴生物安全警示标志。以最快方式，运送到检测单位。为了能及时准确地告知检测结果，请写明送样单位名称和联系人姓名、联系地址、邮编、电话、传真等。

送检材料必须附有详细说明，包括采样时间、地点、动物种类、样品名称、数量、保存方式及有关疫病发生流行情况、临床症状等。

附件五　口蹄疫扑杀技术规范

1　扑杀范围：病畜及规定扑杀的易感动物。

2　使用无出血方法扑杀：电击、药物注射。

3　将动物尸体用密闭车运往处理场地予以销毁。

4　扑杀工作人员防护技术要求

4.1　穿戴合适的防护衣服

4.1.1　穿防护服或穿长袖手术衣加防水围裙。

4.1.2　戴可消毒的橡胶手套。

4.1.3　戴N95口罩或标准手术用口罩。

4.1.4　戴护目镜。

4.1.5　穿可消毒的胶靴，或者一次性的鞋套。

4.2　洗手和消毒

4.2.1　密切接触感染牲畜的人员，用无腐蚀性消毒液浸泡手后，再用肥皂清洗2次以上。

4.2.2　牲畜扑杀和运送人员在操作完毕后，要用消毒水洗手，有条件的地方要洗澡。

4.3　防护服、手套、口罩、护目镜、胶鞋、鞋套等使用后在指定地点消毒或销毁。

附件六　口蹄疫无害化处理技术规范

所有病死牲畜、被扑杀牲畜及其产品、排泄物及被污染或可能被污染的垫料、饲料和其他物品应当进行无害化处理。无害化处理可以选择深埋、焚烧等方法，饲料、粪便也可以堆积发酵或焚烧处理。

1　深埋

1.1　选址：掩埋地应选择远离学校、公共场所、居民住宅区、动物饲养和屠宰场所、村庄、饮用水源地、河流等。避免公共视线。

1.2　深度：坑的深度应保证动物尸体、产品、饲料、污染物等被掩埋物的上层距地表1.5m以上。坑的位置和类型应有利于防洪。

1.3　焚烧：掩埋前，要对需掩埋的动物尸体、产品、饲料、污染物等实施焚烧处理。

1.4　消毒：掩埋坑底铺2cm厚生石灰；焚烧后的动物尸体、产品、饲料、污染物等表面，以及掩埋后的地表环境应使用有效消毒药品喷洒消毒。

1.5　填土：用土掩埋后，应与周围持平。填土不要太实，以免尸腐产气造成气泡冒出和液体渗漏。

1.6 掩埋后应设立明显标记。

2 焚化

疫区附近有大型焚尸炉的，可采用焚化的方式。

3 发酵

饲料、粪便可在指定地点堆积，密封发酵，表面应进行消毒。

以上处理应符合环保要求，所涉及的运输、装卸等环节要避免洒漏，运输装卸工具要彻底消毒后清洗。

附件七 口蹄疫疫点、疫区清洗消毒技术规范

1 成立清洗消毒队

清洗消毒队应至少配备一名专业技术人员负责技术指导。

2 设备和必需品

2.1 清洗工具：扫帚、叉子、铲子、锹和冲洗用水管。

2.2 消毒工具：喷雾器、火焰喷射枪、消毒车辆、消毒容器等。

2.3 消毒剂：醛类、氧化剂类、氯制剂类等合适的消毒剂。

2.4 防护装备：防护服、口罩、胶靴、手套、护目镜等。

3 疫点内饲养圈舍清理、清洗和消毒

3.1 对圈舍内外消毒后再行清理和清洗。

3.2 首先清理污物、粪便、饲料等。

3.3 对地面和各种用具等彻底冲洗，并用水洗刷圈舍、车辆等，对所产生的污水进行无害化处理。

3.4 对金属设施设备，可采取火焰、熏蒸等方式消毒。

3.5 对饲养圈舍、场地、车辆等采用消毒液喷洒的方式消毒。

3.6 饲养圈舍的饲料、垫料等作深埋、发酵或焚烧处理。

3.7 粪便等污物作深埋、堆积密封或焚烧处理。

4 交通工具清洗消毒

4.1 出入疫点、疫区的交通要道设立临时性消毒点，对出入人员、运输工具及有关物品进行消毒。

4.2 疫区内所有可能被污染的运载工具应严格消毒，车辆内、外及所有角落和缝隙都要用消毒剂消毒后再用清水冲洗，不留死角。

4.3 车辆上的物品也要做好消毒。

4.4 从车辆上清理下来的垃圾和粪便要作无害化处理。

5 牲畜市场消毒清洗

5.1 用消毒剂喷洒所有区域。

5.2 饲料和粪便等要深埋、发酵或焚烧。

6 屠宰加工、储藏等场所的清洗消毒

6.1 所有牲畜及其产品都要深埋或焚烧。

6.2 圈舍、过道和舍外区域用消毒剂喷洒消毒后清洗。

6.3 所有设备、桌子、冰箱、地板、墙壁等用消毒剂喷洒消毒后冲洗干净。

6.4 所有衣服用消毒剂浸泡后清洗干净，其他物品都要用适当的方式进行消毒。

6.5 以上所产生的污水要经过处理，达到环保排放标准。

7 疫点每天消毒1次，连续1周，1周后每两天消毒1次。疫区内疫点以外的区域每两天消毒1次。

附件八 口蹄疫流行病学调查规范

1 范围

本规范规定了暴发疫情时和平时开展的口蹄疫流行病学调查工作。

本规范适用于口蹄疫暴发后的跟踪调查和平时现况调查的技术要求。

2 引用文件

下列文件中的条款通过本规范的引用而成为本规范的条款。凡是注日期的引用文件，其随后所有的修改单位（不包括勘误的内容）或修订版均不适用于本规范，根据本规范达成协

议的各方研究可以使用这些文件的最新版本。凡是不注日期的引用文件，其最新版本适用于本规范。

　　NY××××　　\\口蹄疫疫样品采集、保存和运输技术规范

　　NY××××　　\\口蹄疫人员防护技术规范

　　NY××××　　\\口蹄疫疫情判定与扑灭技术规范

3　术语与定义

　　NY××××的定义适用于本规范。

3.1　跟踪调查（tracing investigation）

　　当一个畜群单位暴发口蹄疫时，兽医技术人员或动物流行病学专家在接到怀疑发生口蹄疫的报告后，通过亲自现场察看、现场采访，追溯最原始的发病患畜、查明疫点的疫病传播扩散情况，以及采取扑灭措施后跟踪被消灭疫病的情况。

3.2　现况调查（cross-sectional survey）

　　现况调查是一项在全国范围内有组织的、关于口蹄疫流行病学资料和数据的收集整理工作，调查的对象包括被选择的养殖场、屠宰场或实验室，这些选择的普查单位充当着疾病监视器的作用，对口蹄疫病毒易感的一些物种（如野猪）可以作为主要动物群感染的指示物种。现况调查同时是口蹄疫防制计划的组成部分。

4　跟踪调查

　　4.1　目的　核实疫情并追溯最原始的发病地点和患畜、查明疫点的疫病传播扩散情况，以及采取扑灭措施后跟踪被消灭疫病的情况。

　　4.2　组织与要求

　　4.2.1　动物防疫监督机构接到养殖单位怀疑发病的报告后，立即指派2名以上兽医技术人员，在24h以内尽快赶赴现场，采取现场亲自察看和现场采访相结合的方式对疾病暴发事件开展跟踪调查；

　　4.2.2　被派兽医技术人员至少3d内没有接触过口蹄疫病畜及其污染物，按《口蹄疫人员防护技术规范》做好个人防护；

　　4.2.3　备有必要的器械、用品和采样用的容器。

　　4.3　内容与方法

　　4.3.1　核实诊断方法及定义"患畜"

　　调查的目的之一是诊断患畜，因此需要归纳出发病患畜的临床症状和用恰当的临床术语定义患畜，这样可以排除其他疾病的患畜，而只保留所研究的患畜，做出是否发生疑似口蹄疫的判断。

4.3.2 采集病料样品、送检与确诊

对疑似患畜，按照《口蹄疫样品采集、保存和运输技术规范》的要求送指定实验室确诊。

4.3.3 实施对疫点的初步控制措施，严禁从疑似发病场/户运出家畜、家畜产品和可疑污染物品，并限制人员流动。

4.3.4 计算特定因素袭击率，确定畜间型

袭击率是衡量疾病暴发和疾病流行严重程度的指标，疾病暴发时的袭击率与日常发病率或预测发病率比较能够反映出疾病暴发的严重程度。另外，通过计算不同畜群的袭击率和不同动物种别、年龄和性别的特定因素袭击率有助于发现病因或与疾病有关的某些因素。

4.3.5 确定时间型

根据单位时间内患畜的发病频率，绘制一个或是多个流行曲线，以检验新患畜的时间分布。在制作流行曲线时，应选择有利于疾病研究的各种时间间隔（在x轴），如小时、天或周，和表示疾病发生的新患畜数或百分率（在y轴）。

4.3.6 确定空间型

为检验患畜的空间分布，调查者首先需要描绘出发病地区的地形图，和该地区内的和畜舍的位置及所出现的新患畜。然后仔细审察地形图与畜群和新患畜的分布特点，以发现患畜间的内在联系和地区特性，和动物本身因素与疾病的内在联系，如性别、品种和年龄。画图标出可疑发病畜周围20km以内分布的有关养畜场、道路、河流、山岭、树林、人工屏障等，连同最初调查表一同报告当地动物防疫监督机构。

4.3.7 计算归因袭击率，分析传染来源

根据计算出的各种特定因素袭击率，如年龄、性别、品种、饲料、饮水等，建立起一个有关这些特定因素袭击率的分类排列表，根据最高袭击率、最低袭击率、归因袭击率（即两组动物分别接触和不接触同一因素的两个袭击率之差），以进一步分析比较各种因素与疾病的关系，追踪可能的传染来源。

4.3.8 追踪出入发病养殖场/户的有关工作人员和所有家畜、畜产品及有关物品的流动情况，并对其作适当的隔离观察和控制措施，严防疫情扩散。

4.3.9 对疫点、疫区的猪、牛、羊、野猪等重要疫源宿主进行发病情况调查，追踪病毒变异情况。

4.3.10 完成跟踪调查表（附表2-8-1），并提交跟踪调查报告。

待全部工作完成以后，将调查结果总结归纳，形成调查报告，并逐级上报到国家动物防疫监督机构和国家动物流行病学中心。

4.3.10.1 形成假设 根据以上资料和数据分析，调查者应该得出一个或两个以上的假设：①疾病流行类型，点流行和增殖流行；②传染源种类，同源传染和多源传染；③传播方式，接触传染、机械传染和生物性传染。调查者需要检查所形成的假设是否符合实际情况，并对假设进行修改。在假设形成的同时，调查者还应能够提出合理的建议方案，以保护未感染动物和制止患畜继续出现，如改变饲料、动物隔离等。

4.3.10.2　检验假设　假设形成后要进行直观的分析和检验，必要时还要进行试验检验和统计分析。假设的形成和检验过程是循环往复的，应用这种连续的近似值方法而最终建立起确切的病因来源假设。

5　现况调查

5.1　目的　广泛收集与口蹄疫发生有关的各种资料和数据，根据医学理论得出有关口蹄疫分布、发生频率及其影响因素的合乎逻辑的正确结论。

5.2　组织与要求

5.2.1　现况调查是一项由国家兽医行政主管部门统一组织的全国范围内有关口蹄疫流行病学资料和数据的收集整理工作，需要国家兽医行政主管部门、国家动物防疫监督机构、国家动物流行病学中心、地方动物防疫监督机构多方面合作。

5.2.2　所有参与试验的人员明确普查的内容和目的，数据收集的方法应尽可能的简单，并设法得到数据提供者的合作和保持他们的积极性。

5.2.3　被派兽医技术人员要遵照4.2.2和4.2.3的要求。

5.3　内容

5.3.1　估计疾病流行情况　调查动物群体存在或不存在疾病。患病和死亡情况分别用患病率和死亡率表示。

5.3.2　动物群体及其环境条件的调查　包括动物群体的品种、性别、年龄、营养、免疫等，环境条件、气候、地区、畜牧制度、饲养管理（饲料、饮水、畜舍）等。

5.3.3　传染源调查　包括带毒野生动物、带毒牛羊等的调查。

5.3.4　其他调查　包括其他动物或人类患病情况及媒介昆虫或中间宿主，如种类、分布、生活习性等的调查。

5.3.5　完成现况调查表（附表2-8-2），并提交现况调查报告。

5.4　方法

5.4.1　现场观察、临床检查

5.4.2　访问调查或通信调查

5.4.3　查阅诊疗记录、疾病报告登记、诊断实验室记录、检疫记录及其他现成记录和统计资料。流行病学普查的数据都是与疾病和致病因素有关的数据，以及与生产和畜群体积有关的数据。获得的已经记录的数据，可用于回顾性试验研究；收集未来的数据用于前瞻性试验研究。

一些数据属于观察资料；一些数据属于观察现象的解释；一些数据是数量性的，由各种测量方法而获得，如体重、产乳量、死亡率和发病率，这类数据通常比较准确。数据资料来源如下。

5.4.3.1 政府兽医机构 国家及各省、市、县动物防疫监督机构及乡级的兽医站负责调查和防治全国范围内一些重要的疾病。许多政府机构还建立了诊断室开展一些常规的实验室诊断工作，保持完整的试验记录，经常报道诊断结果和疾病的流行情况。由各级政府机构编辑和出版的各种兽医刊物也是常规的资料来源。

5.4.3.2 屠宰场 大牲畜屠宰场都要进行宰前和宰后检验，以发现和鉴定某些疾病。通常只有临床上健康的牲畜才供屠宰食用，因此屠宰中发现的病例一般都是亚临床症状的。

屠宰检验的第二个目的是记录所见异常现象，有助于流行性动物疾病的早期发现和人畜共患性疾病的预防和治疗。由于屠宰场的动物是来自于不同地区或不同的牧场，如果屠宰检验所发现的疾病关系到患畜的原始牧场或地区，则必须追查动物的来源。

5.4.3.3 血清库 血清样品能够提供免疫特性方面有价值的流行病学资料，如流行的周期性，传的空间分布和新发生口蹄疫的起源。因此建立血清库有助于研究与传染病有关的许多问题：① 鉴定主要的健康标准；② 建立免疫接种程序；③ 确定疾病的分布；④ 调查新发生口蹄疫的传染来源；⑤ 确定流行的周期性；⑥ 增加病因学方面的知识；⑦ 评价免疫接种效果或程序；⑧ 评价疾病造成的损失。

5.4.3.4 动物注册 动物登记注册是流行病学数据的又一个来源。

根据某地区动物注册或免疫接种数量估测该地区的易感动物数，一般是趋于下线估测。

5.4.3.5 畜牧机构 许多畜牧机构记录和保存动物群体结构、分布和动物生产方面的资料，如增重、饲料转化率和产乳量等。这对某些试验研究也同样具有流行病学方面的意义。

5.4.3.6 畜牧场 大型的现代化饲养场都有自己独立的经营和管理体制，完善的资料和数据记录系统，许多数据资料具有较高的可靠性。这些资料对疾病普查是很有价值的。

5.4.3.7 畜主日记 饲养人员（如猪的饲养者）经常记录生产数据和一些疾病资料。但记录者的兴趣和背景不同，所记录的数据类别和精确程度也不同。

5.4.3.8 兽医院门诊 兽医院开设兽医门诊，并建立患畜病志以描述发病情况和记录诊断结果。门诊患畜中诊断兽医感兴趣的疾病比例通常高于其他疾病。这可能是由于该兽医为某种疾病的研究专家而吸引该种疾病的患畜的缘故。

5.4.3.9 其他资料来源 野生动物是家畜口蹄疫的重要传染源。野生动物保护组织和害虫防治中心记录和保存关于国家野生动物地区分布和种类数量方面的数据。这对调查实际存在的和即将发生的口蹄疫的感染和传播具有价值。

附表 2-8-1 口蹄疫暴发的跟踪调查表

1 可疑发病场/户基本状况与初步诊断结果

2 疫点易感畜与发病畜现场调查

2.1　最早出现发病时间：　　年　月　日　时，
发病数：　　头，死亡数：　　头，圈舍（户）编号：

2.2　畜群发病情况

圈舍（户）编号	家畜品种	日龄	发病日期	发病数	开始死亡日期	死亡数

2.3　袭击率

计算公式：袭击率＝（疫情暴发以来发病畜数÷疫情暴发开始时易感畜数）×100%

3　可能的传染来源调查

3.1　发病前15d内，发病畜舍是否新引进了畜种？

（1）是　　　　　　　　（2）否

引进畜品种	引进数量	混群情况※	最初混群时间	健康状况	引进时间	来源

注：※混群情况① 同舍（户）饲养，② 邻舍（户）饲养，③ 饲养于本场（村）隔离场，隔离场（舍）人员单独隔离

3.2　发病前15d内发病畜场/户是否有野猪、啮齿动物等出没？

（1）否　　　　　　　　（2）是

野生动物种类	数量	来源处	与畜接触地点※	野生动物数量	与畜接触频率#

注：※与畜接触地点包括进入场／户场内、畜栏舍四周、存料处及料槽等；

　　# 接触频率指野生动物与畜接触地点的接触情况，分为每天、数次、仅一次。

3.3 发病前15d内是否运入可疑的被污染物品（药品）？

（1）是 （2）否

物品名称	数量	经过或存放地	运入后使用情况

3.4 最近30d的是否有场外有关业务人员来场？（1）无 （2）有，请写出访问者姓名、单位、访问日期和注明是否来自疫区。

来访人	来访日期	来访人职业/电话	是否来自疫区

3.5 发病场（户）是否靠近其他养畜场及动物集散地？

（1）是 （2）否

3.5.1 与发病场的相对地理位置_____。

3.5.2 与发病场的距离_____。

3.5.3 其大致情况_____。

3.6 发病场周围20km以内是否有下列动物群？

3.6.1 猪_____。

3.6.2 野猪_____。

3.6.3 牛群_____。

3.6.4 羊群_____。

3.6.5 田鼠、家鼠_____。

3.6.6 其他易感动物_____。

3.7 在最近25~30d内本场周围20km有无畜群发病？（1）无 （2）有，请回答：

3.7.1 发病日期：

3.7.2 病畜数量和品种：

3.7.3 确诊/疑似诊断疾病：

3.7.4 场主姓名：

3.7.5　发病地点与本场相对位置、距离：

3.7.6　投药情况：

3.7.7　疫苗接种情况：

3.8　场内是否有职员住在其他养畜场/养畜村？（1）无　（2）有，请回答：

3.8.1　该场所处的位置：

3.8.2　该场养畜的数量和品种：

3.8.3　该场畜的来源及去向：

3.8.4　职员拜访和接触他人地点：

4　在发病前15d是否有更换饲料来源等饲养方式/管理的改变？

（1）无　　　（2）有，＿＿＿＿＿＿＿＿。

5　发病场（户）周围环境情况

5.1　静止水源——沼泽、池塘或湖泊：（1）是　（2）否

5.2　流动水源——灌溉用水、运河水、河水：（1）是　（2）否

5.3　断续灌溉区——方圆3km内无水面：（1）是　（2）否

5.4　最近发生过洪水：（1）是　（2）否

5.5　靠近公路干线：（1）是　（2）否

5.6　靠近山溪或森（树）林：（1）是　（2）否

6　该养畜场/户地势类型属于：

（1）盆地（2）山谷（3）高原（4）丘陵（5）平原（6）山区

（7）其他（请注明）＿＿＿＿＿＿＿＿。

7　饮用水及冲洗用水情况

7.1　饮水类型：

（1）自来水（2）浅井水（3）深井水（4）河塘水（5）其他

7.2　冲洗水类型：

（1）自来水（2）浅井水（3）深井水（4）河塘水（5）其他

8　发病养畜场/户口蹄疫疫苗免疫情况：

（1）不免疫（2）免疫

8.1　免疫生产厂家＿＿＿＿＿＿＿＿。

8.2　疫苗品种、批号＿＿＿＿＿＿＿＿。

8.3　被免疫畜数量＿＿＿＿＿＿＿＿。

9　受威胁区免疫畜群情况

9.1　免疫接种一个月内畜群发病情况：

（1）未见发病（2）发病，发病率＿＿＿＿＿＿＿＿。

9.2　血清学检测和病原学检测

标本类型	采样时间	检测项目	检测方法	病毒亚型

注：标本类型包括水疱、水疱皮、脾淋、心脏、血清及咽腭分泌物等。

10　解除封锁30d后是否使用岗哨动物？

(1) 否　(2) 是，简述岗哨动物名称、数量及结果＿＿＿＿＿＿＿＿＿。

11　最后诊断情况

11.1　确诊口蹄疫，确诊单位＿＿＿＿＿＿＿＿＿，病毒亚型＿＿＿＿＿＿＿＿＿。

11.2　排除，其他疫病名称＿＿＿＿＿＿＿＿＿。

12　疫情处理情况

12.1　发病畜及其同群畜全部扑杀：

(1) 是　(2) 否，扑杀范围：＿＿＿＿＿＿＿＿＿。

12.2　疫点周围受威胁区内的所有易感畜全部接种疫苗

(1) 是　(2) 否

所用疫苗的病毒亚型：＿＿＿＿＿＿＿＿＿，厂家：＿＿＿＿＿＿＿＿＿。

13　在发病养畜场/户出现第1个病例前15d至该场被控制期间出场的 (A) 有关人员，(B) 动物/产品/排泄废弃物，(C) 运输工具/物品/饲料/原料，(D) 其他 (请标出)＿＿＿＿＿＿＿＿＿，养畜场被控制日期＿＿＿＿＿＿＿＿＿。

出场日期	出场人/物(A/B/C/D)	运输工具	人/承运人/电话	目的地/电话

14　在发病养畜场/户出现第1个病例前15d至该场被控制期间，是否有家畜、车辆和人员进出家畜集散地？(1) 无　(2) 有，请填写下表，追踪可能污染物，做限制或消毒处理。

出入日期	出场人/物	运输工具	人/承运人/电话	相对方位/距离

注：家畜集散地包括展览场所、农贸市场、动物产品仓库、拍卖市场、动物园等。

15　列举在发病养畜场/户出现第1个病例前15d至该场被控制期间出场的工作人员（如送料员、销售人员、兽医等）3d内接触过的所有养畜场/户，通知被访厂家进行防范。

姓名	出场人员	出场日期	访问日期	目的地 / 电话

16　疫点或疫区家畜

16.1　在发病后1个月发病情况

（1）未见发病　（2）发病，发病率_____。

16.2　血清学检测和病原学检测

标本类型	采样时间	检测项目	检测方法	结果

17　疫点或疫区野生动物

17.1　在发病后1个月发病情况

（1）未见发病　（2）发病，发病率_____。

17.2　血清学检测和病原学检测

标本类型	采样时间	检测项目	检测方法	结果

18　在该疫点疫病传染期内密切接触人员的发病情况_____。

（1）未见发病

（2）发病，简述情况：

接触人员姓名	性别	年龄	接触方式 ※	住址或工作单位	电话号码	是否发病及死亡

注: ※接触方式: (1) 本舍 (户) 饲养员 (2) 非本舍饲养员 (3) 本场兽医 (4) 收购与运输 (5) 屠宰加工 (6) 处理疫情的场外兽医 (7) 其他接触

附表 2-8-2 口蹄疫暴发的现况调查表

1 某调查单位 (省、地区、畜场、屠宰场或实验室等) 家畜及野生动物口蹄疫的流行率

动物类别	记录数	阳性数	阳性率

2 某调查单位 (省、地区、畜场、屠宰场或实验室等) 家畜及野生动物口蹄疫的抗体阳性率

分区代号	病毒亚型	咽腭分泌物病毒分离率	平均抗体阳性率 (%)
1			
2			
3			
4			
5			

附录三 《无规定动物疫病区管理技术规范（修订稿）》（农办医函〔2014〕64号）口蹄疫部分

（一）无口蹄疫区标准

1 范围

本标准规定了无口蹄疫区的条件。

本标准适用于无口蹄疫区的建设和评估。

2 规范性引用文件

下列文件中的条款通过本标准的引用而成为本部分的条款。凡是注日期的引用文件，其随后的修改单（不包括勘误的内容）或修订版均不适用于本部分，然而，鼓励根据本部分达成协议的各方研究是否可使用这些文件的最新版本。凡是不注日期的引用文件，其最新版本适用于本部分。

《无疫区标准通则》

《口蹄疫诊断技术规范》

《规定动物疫病监测准则》

《口蹄疫防治技术规范》

3 术语和定义

除《无疫区标准通则》规定的术语和定义适用于本文件外，下列术语和定义适用于本文件。

3.1 口蹄疫病毒感染

出现以下任一情况可定义为发生了口蹄疫病毒感染：

（1）从易感动物及其产品中分离鉴定出口蹄疫病毒；

（2）从易感动物中检测出口蹄疫病毒核酸或抗原；

（3）从出现口蹄疫的临床症状，或具有与证实发生了口蹄疫或疑似暴发口蹄疫的流行病学相关性，以及与口蹄疫病毒接触或相关的易感动物中检测出不是由疫苗免疫产生的结构蛋白抗体或非结构蛋白抗体。

3.2 口蹄疫病毒循环

在免疫动物群体中，通过口蹄疫的临床症状、病毒分离或血清学证据，证明口蹄疫病毒在易感动物群中发生了传播。

4　潜伏期

口蹄疫的潜伏期为14d。

5　免疫无口蹄疫区

除遵守《无疫区标准通则》的相关规定外，还应符合下列条件：

5.1　与国内其他地区或毗邻口蹄疫感染国家间设有保护区，或具有人工屏障或地理屏障，以有效防止口蹄疫病毒入侵。

5.2　无口蹄疫区及保护区均实施免疫接种，且免疫合格率达到80%以上。所用口蹄疫疫苗符合国家规定。

5.3　具有疫情报告体系且有效运行。

5.4　区域及其外围一定范围内，防控口蹄疫的各项措施有效实施。

5.5　具有监测体系，按照《规定动物疫病监测准则》科学开展了口蹄疫监测。经监测证明在过去24个月内没有发生过口蹄疫，过去12个月内没有发生口蹄疫病毒循环。

6　非免疫无口蹄疫区

除遵守《无疫区标准通则》的相关规定外，还应符合下列条件：

6.1　与国内其他地区或毗邻口蹄疫感染国家间设有保护区，或具有人工屏障或地理屏障，以有效防止口蹄疫病毒入侵。

6.2　过去12个月内，没有进行口蹄疫免疫接种，该地区在停止免疫接种后，没有引进过免疫接种动物。

6.3　具有疫情报告体系且有效运行。

6.4　区域及其外围一定范围内，防控口蹄疫的各项措施有效实施。

6.5　具有监测体系，按照《规定动物疫病监测准则》科学开展了口蹄疫监测。经监测证明在过去12个月没有发生过口蹄疫，过去12个月内没有发生口蹄疫病毒感染。

7　免疫无FMD区转变为非免疫无FMD区时，应在免疫接种停止后等待12个月，并能提供在这段时间内没有FMD病毒感染的证据。

8　无疫区内发生局域性疫情或感染时，建立控制区的条件：

8.1　发生疫情或感染时，按照国家《口蹄疫防治技术规范》的要求划定疫点、疫区和受威胁区，并采取相应的管理技术措施。该无疫区的状态暂时中止。

8.2　开展口蹄疫流行病学调查，查明疫源，确认该起疫情仅为局域性疫情。

8.3　建立控制区。根据流行病学调查结果，结合地理特点，对具有流行病学关联的易感动物的区域建立控制区，并确认发病动物和其他周围的易感动物具有流行病学关联性。控制区应不小于受威胁区的范围，原则上以该疫点所在县级行政区域划定控制区范围。

8.4　对整个无口蹄疫区进行排查，对控制区内疫区周围的受威胁区强化主动监测。

8.5　对控制区内具有流行病学关联的易感动物进行隔离，对发病动物和同群动物进行扑杀，对其他有流行病学关联的动物及动物产品采取限制措施，不能流出控制区。

8.6　最后一例病畜处置完毕后28d，可宣布控制区建成。

9　无口蹄疫区的恢复

9.1　免疫无口蹄疫区发生口蹄疫时，恢复为免疫无疫区的条件：

9.1.1　符合8的要求，控制区建成后，除控制区外的其余区域可恢复为免疫无口蹄疫区。

9.1.2　不符合8的要求，但能采取扑杀、血清学监测、紧急免疫等措施，并经监测证明没有口蹄疫病毒感染，在最后一例感染畜扑杀后6个月。

9.2　非免疫无口蹄疫区发生口蹄疫时，恢复为非免疫无疫区的条件：

9.2.1　符合8的要求，控制区建成后，除控制区外的其余区域可恢复为非免疫无口蹄疫区。

9.2.2　不符合8的要求，但能采取扑杀、紧急免疫接种及血清学监测措施，紧急免疫的动物全部屠宰后3个月；

9.2.3　采取扑杀、紧急免疫及血清学监测措施，但紧急免疫后并不屠宰所有的免疫动物，而用检测口蹄疫病毒非结构蛋白抗体的方法进行血清学监测来证明免疫动物没有感染口蹄疫病毒时，须在最后一例感染畜扑杀和最后一次免疫后6个月以上。

9.3　控制区恢复无口蹄疫区的条件

9.3.1　免疫无口蹄疫区内建立的控制区，恢复无疫区的条件按照9.1.2规定的内容恢复为免疫无疫状态。

9.3.2　非免疫无口蹄疫区内建立的控制区，恢复无疫区的条件按照9.2.2规定的内容恢复为非免疫无疫状态。

（二）无口蹄疫生物安全隔离区标准

1　范围

本标准规定了无口蹄疫生物安全隔离区的条件及中止、撤销和恢复要求。

本标准适用于无口蹄疫生物安全隔离区的建设和评估。

2　术语和定义

口蹄疫病毒感染：存在以下任一情况时，均定义为口蹄疫病毒感染。

（1）分离并鉴定出口蹄疫病毒；

（2）鉴定出一个或多个血清型口蹄疫病毒的特异性病毒抗原或病毒核糖核酸（RNA）；

（3）鉴定出非免疫所致的口蹄疫病毒结构蛋白或非结构蛋白抗体。

3　无口蹄疫生物安全隔离区

无口蹄疫生物安全隔离区应符合下列所有条件：

3.1 符合《通则》的要求；

3.2 在过去12个月内没有发生口蹄疫疫情；

3.3 在过去12个月内没有发现口蹄疫感染的证据；

3.4 禁止进行口蹄疫疫苗免疫，且在过去12个月不存在免疫过口蹄疫疫苗的动物；

3.5 生物安全隔离区所在县级行政区域在最近3个月内没有发生口蹄疫疫情。

4 资格中止与撤销

4.1 生物安全管理体系不能正常运行，不再符合《通则》有关要求的，应立即中止无口蹄疫生物安全隔离区的资格。

4.2 发生口蹄疫疫情，或者出现口蹄疫病毒感染的，应立即撤销无口蹄疫生物安全隔离区资格。

5 资格恢复

5.1 已经中止无口蹄疫生物安全隔离区资格的，应在中止之日起30天内采取纠正措施，且后续控制措施得到有效实施后，方可恢复资格。

5.2 已发生口蹄疫疫情，或者出现口蹄疫病毒感染被撤销无口蹄疫生物安全隔离区资格的，要重新恢复无疫资格，需满足本标准3的条件。

（三）口蹄疫诊断技术规范

1 范围

本规范规定了口蹄疫（FMD）采样、临床诊断和实验室诊断的方法和技术要求。

本规范适用于口蹄疫的诊断与监测。

2 样品采集、保存和运送

2.1 样品的采集和保存

2.1.1 组织样品

2.1.1.1 样品的选择 用于病毒分离、鉴定的样品以发病动物未破裂或刚破裂的舌面或蹄部、鼻镜、乳头等部位的水疱皮和水疱液为宜。对临床健康但怀疑带毒的动物可在扑杀后采集颌下淋巴结、扁桃体、脊髓、心肌肌肉等组织样品，以及OP液（牛、羊等反刍动物咽喉/食道部分泌物）、会厌扁桃体拭子样品（猪）作为检测材料。

2.1.1.2 样品的采集和保存 样品采集部位可用清水清洗（切忌使用酒精、碘酒等消毒剂消毒、擦拭），剪取新鲜水疱皮3～5g放入灭菌小瓶中，加适量50%甘油磷酸盐缓冲液（pH7.4），加盖密封，冷冻保存；未破裂水疱中的水疱液用灭菌注射器吸出后装入灭菌小瓶中（可加适量抗生素），加盖密封，冷冻保存。

2.1.1.3 在无法采集水疱皮和水疱液时，可采集颌下淋巴结、扁桃体、脊髓、心肌肌肉等组织样品，装入洁净的小瓶内，加盖密封，冷冻保存。

2.1.2　牛、羊等反刍动物咽喉/食道部分泌物（OP液）样品

2.1.2.1　样品采集　被检动物在采样前禁食（可饮水）12h，以免反刍胃内容物严重污染OP液。采样探杯在使用前经0.2%柠檬酸或2%氢氧化钠浸泡5min，再用洁净水冲洗。每采完一头动物，探杯要进行消毒并充分清洗。采样时动物站立保定，将探杯随吞咽动作送入食道上部10～15cm处，轻轻来回移动2～3次，然后将探杯拉出。如采集的OP液被反刍胃内容物严重污染，要用生理盐水或自来水冲洗口腔后重新采样。

2.1.2.2　样品的保存　将采集到的4～5mL OP液倒入15mL灭菌容器中，容器中应事先加有4～5mL细胞培养液或磷酸盐缓冲液（0.04mol/L、pH7.4），密封后充分摇匀，冷冻保存。

2.1.3　血清

采集动物血液，每头不少于5mL。无菌分离血清装入灭菌小瓶中，加盖密封后冷藏或冷冻保存。

2.2　采样记录及标签

样品的包装瓶上均要贴上标签，标明编号，并填写采样单。

2.3　样品运送

运输时样品容器与采样记录一同装入专用运输容器中。专用运输容器应隔热坚固，内装适当冷冻剂和填充材料。外包装上要加贴生物安全警示标识。

3　诊断标准

3.1　诊断指标

3.1.1　临床指标

牛、羊、猪等易感动物在口、鼻、蹄、乳头等部位出现水疱、破溃形成烂斑。

3.1.2　病原学检测指标

采集的组织样品，用口蹄疫病毒定型ELISA检测口蹄疫病毒抗原，并用反转录-聚合酶链式反应（多重RT-PCR）或实时荧光定量RT-PCR方法或分型RT-PCR方法核酸检测。核酸检测阳性时，利用基因测序技术测定VP1基因，进行毒株分析。核酸检测为阴性时，需将样品接种3～5日龄乳鼠或细胞盲传3代进行病毒增殖，当出现致乳鼠发病死亡或致细胞病变效应（CPE）时，用发病死亡乳鼠组织或细胞培养物再进行上述抗原和核酸检测。

3.1.3　血清学诊断指标

血清样品用非结构蛋白抗体ELISA检测感染抗体，采用口蹄疫病毒5种非结构蛋白抗体斑点印迹（Dot-blot）检测方法或酶联免疫电转印迹试验（EITB）进行验证，用液相阻断-酶联免疫吸附试验或中和试验检测结构蛋白抗体。

3.2　结果判定

3.2.1　疑似口蹄疫

符合临床指标。

3.2.2　确诊口蹄疫感染

3.2.2.1　病原或核酸检测呈阳性的。

3.2.2.2　未免疫畜群病毒抗体阳性的。

3.2.3　免疫动物确诊口蹄疫病毒循环

3.2.3.1　出现疑似口蹄疫，非结构蛋白抗体ELISA检测感染抗体阳性，经Dot-blot方法或EITB方法验证仍为阳性的。

3.2.3.2　从临床健康动物群中，检测出非结构蛋白抗体阳性，经Dot-blot方法或EITB方法验证仍为阳性，在14d后再采样检测，经Dot-blot方法或EITB方法验证仍为阳性的。

3.2.3.3　非结构蛋白抗体阳性时，病原或核酸检测呈阳性的。

4　实验室诊断方法

4.1　病原诊断方法

口蹄疫病毒定型ELISA，见附录A。

口蹄疫病毒多重RT-PCR，见附录B。

口蹄疫实时荧光定量RT-PCR，见附录C。

口蹄疫病毒分型RT-PCR，见附录D。

4.2　血清诊断方法

口蹄疫病毒非结构蛋白抗体间接ELISA，见附录E。

口蹄疫病毒五种非结构蛋白抗体斑点印迹（Dot-blot），见附录F。

口蹄疫病毒液相阻断ELISA，见附录G。

口蹄疫病毒中和试验，见附录H。

附录A（规范性附录）　口蹄疫病毒定型ELISA

A.1　样品的选择

用于鉴定的样品以发病动物（牛、羊或猪）未破裂或刚破裂的舌面或蹄部、鼻镜、乳头等部位的水疱皮和水疱液为宜。对不能采到上皮组织的反刍动物，如感染前期或康复期的病例，或无临床症状的疑似病例，可采集血液或用食道探杯采集咽喉/食道部分泌物（OP液）样品，送实验室作病毒分离。

A.2　样品处理

将采集的水疱皮等动物组织样品，剪碎研磨，加0.04moL/L PBS（pH7.4）制成1∶5的悬液。置室温（20℃左右）2h以上，或4℃冰箱过夜。3 000r/min离心10min，取上清液作为检测材料。水疱液样品可直接用作检测材料。对于血液和咽喉/食道部分泌物（OP液）样品，可在传代细胞系（BHK-21）或原代牛甲状腺细胞作病毒分离，出现细胞病变效应后，培养液6 000 r/min离心10min，上清即可作为检测材料。

A.3 包被酶标板

用包被缓冲液稀释抗FMDV O、A、Asia-1型及抗SVDV兔血清至工作浓度，参照附表3-A-1分别包被ELISA板第1列到第12列（也可根据待检样品数量调整包被列数），每孔50μL，用封板膜封板，置于4℃过夜（或38±0.5℃以100～200转/min在旋转振荡器中孵育2h）。

附表 3-A-1 定型 ELISA 兔抗血清包被布局示意图

	1	2	3	4	5	6	7	8	9	10	11	12
A	O	A	Asia-1	SVDV	O	A	Asia-1	SVDV	O	A	Asia-1	SVDV
B	O	A	Asia-1	SVDV	O	A	Asia-1	SVDV	O	A	Asia-1	SVDV
C	O	A	Asia-1	SVDV	O	A	Asia-1	SVDV	O	A	Asia-1	SVDV
D	O	A	Asia-1	SVDV	O	A	Asia-1	SVDV	O	A	Asia-1	SVDV
E	O	A	Asia-1	SVDV	O	A	Asia-1	SVDV	O	A	Asia-1	SVDV
F	O	A	Asia-1	SVDV	O	A	Asia-1	SVDV	O	A	Asia-1	SVDV
G	O	A	Asia-1	SVDV	O	A	Asia-1	SVDV	O	A	Asia-1	SVDV
H	O	A	Asia-1	SVDV	O	A	Asia-1	SVDV	O	A	Asia-1	SVDV

A.4 洗涤

倾去孔中液体，往孔中加满PBS洗涤液，放置30s后倒去，重复洗涤6次后在纸巾上拍干。

A.5 加对照和样品

参照附表3-A-2，ELISA板第1列的A、B两孔加O型抗原，第2列A、B两孔加A型抗原，第3列A、B两孔加Asia-1型抗原，第4列的A、B两孔加SVDV抗原，其余孔加被检样品，每份样品每个血清型加2孔，每孔50μL。用封板膜封板，置于（38±0.5）℃旋转振荡器中振荡60min。

附表 3-A-2 定型 ELISA 阴性对照、阳性对照和被检样品的布局示意图

	1	2	3	4	5	6	7	8	9	10	11	12
A	PO	PA	PAsiaI	PSVDV	S3	S3	S3	S3	S7	S7	S7	S7
B	PO	PA	PAsiaI	PSVDV	S3	S3	S3	S3	S7	S7	S7	S7
C	S1	S1	S1	S1	S4	S4	S4	S4	S8	S8	S8	S8
D	S1	S1	S1	S1	S4	S4	S4	S4	S8	S8	S8	S8
E	S2	S2	S2	S2	S5	S5	S5	S5	S9	S9	S9	S9
F	S2	S2	S2	S2	S5	S5	S5	S5	S9	S9	S9	S9
G	N	N	N	N	S6	S6	S6	S6	S10	S10	S10	S10
H	N	N	N	N	S6	S6	S6	S6	S10	S10	S10	S10

注: 1. 阴性对照 (N) 每孔加 50μL 的稀释液 A。

2. 阳性对照 (P) 每孔加 50μL 阳性对照样品 (其中 PO 为 O 型抗原; PA 为 A 型抗原, PAsial 为 Asia-1 型抗原, PSVDV: SVDV 抗原)。

3. 检测样品 (S) 每孔加 50μL 检测样品。

A.6 洗涤

同A.4。

A.7 加豚鼠抗血清

用稀释缓冲液B将FMDV O、A、Asia-1型及SVDV各豚鼠抗血清稀释至工作浓度, 然后逐个加入与包被兔抗血清同型的各孔, 即包被O型兔抗血清的孔则加O型豚鼠抗血清, 包被A型兔抗血清的孔则加A型豚鼠抗血清, 以此类推。每孔50μL, 封板后置于 (38±0.5) ℃旋转振荡器中振荡60min。

A.8 洗涤

同A.4。

A.9 加酶标抗体

用稀释缓冲液B将酶标抗体稀释至工作浓度, 每孔50μL, 封板后 (38±0.5) ℃振荡孵育45min。

A.10　洗涤

同A.4。

A.11　OPD溶液

将分装冻存的OPD于（38±0.5）℃水浴锅中预热，将3%的H_2O_2加入OPD中混匀，每孔加50μL，封板，避光（38±0.5）℃振荡孵育15min。

A.12　加终止液，观察和判读结果

加50μL终止液，混匀后在分光光度计492nm下判读结果。

A.13　判定

A.13.1　数据计算

（1）各型阴性对照（N）平均OD值。

（2）被检样品各血清型平均OD值。

（3）相对OD值＝被检样品各血清型平均OD值－同型阴性对照（N）平均OD值。

（4）阳性相对OD值＝阳性对照（P）平均OD值－同型阴性对照（N）平均OD值。

A.13.2　结果判定

如果某型阴性对照（N）平均OD值＞0.20，试验不成立。

如果阳性对照OD值≥0.6，阴性对照≤0.20，试验成立。

在试验成立的前提下：

如果样品各型的相对OD值≤0.20，则该样品为阴性。

如果样品某型的相对OD值≥0.3，则判定该样品此血清型阳性。

如果样品某型的相对OD值＞0.2，但＜0.3，则判为可疑。

附录B（规范性附录）　口蹄疫病毒多重RT-PCR检测方法

B.1　样品处理

在无菌环境中，将采集的动物机体组织（如舌、鼻、蹄水疱皮）剪碎研磨。其他机体组织（如淋巴结、扁桃体等）除去包膜和其他结缔组织，选取内部实质部分，剪碎研磨。加0.01moL/L PBS（pH7.6～7.8）或MEM（pH7.6～7.8）制成1：5的悬液。-30～-20℃冻融2次，3 000r/min离心10min，取上清液提取总RNA。

液体样品，如水疱液和OP液直接用于提取总RNA。

B.2 试剂

溶液A：Trizol，从组织或细胞中提RNA试剂。

溶液B：三氯甲烷，分析纯。

溶液C：异丙醇，分析纯。

溶液D：无RNase dH$_2$O：每100mL水中加入DEPC（焦碳酸二乙酯）原液0.1mL，于室温下作用数小时，然后高压灭菌使DEPC失活。

溶液E（One Step RNA PCR混合液）。

溶液F（AMV Reverse Transcriptase XL，5u/μL）：反转录酶。

溶液G（RNase Inhibitor，40u/μL）：RNA酶抑制剂。

溶液H（AMV-Optimized Taq，5u/μL）Taq DNA聚合酶。

溶液I（阳性对照）。

B.3 操作程序

B.3.1 总RNA萃取

B.3.1.1 传统酚/氯仿抽提法提取核酸

（1）取500μL组织样品研磨上清液置1.5mL eppendorf管中，加等量（500μL）溶液B，快速振荡数秒，8 000r/min，4℃，离心5min。细胞毒、水疱液、阳性样品不经此步处理。

（2）取上清液200μL置1.5mL eppendorf管中，加入1 000μL溶液A，反复混匀，冰上放置5min。取阳性对照样品（100～200μL均可），同时提RNA。

（3）加200μL溶液B，小心盖上帽盖，用力摇动eppendorf管15s，室温放置5min。

（4）12 000r/min，4℃，离心15min，可见分为3层，上层水相含RNA。

（5）转移水相至一新eppendorf管，加入等量溶液C（约500μL），混匀，室温放置15min。

（6）12 000r/min，4℃，离心10min，离心后在eppendorf管边和底部可见有胶样RNA沉淀。

（7）洗RNA：弃上清，加1 000μL75%乙醇（使用前用溶液D加无水乙醇配置而成，-20℃预冷）漂洗沉淀，漂洗两次，10 000r/min，4℃，离心5min。

（8）室温充分干燥RNA沉淀。加10μL溶液D，即可用于PCR扩增。可以-20℃保存备用。

B.3.1.2 核酸提取等效方法

口蹄疫病毒核酸提取也可以采用等效的RNA提取试剂盒及其方法：如采用RNA提取试剂盒，自动化核酸抽提仪和配套核酸抽提试剂进行病毒核酸抽提。

B.3.2 一步法RT-PCR

反应总体积25μL。向0.2mL扩增管中加入下列反应物：

（1）One Step RNA PCR混合液：18.5 μL。

（2）AMV Reverse Transcriptase XL（溶液F）：0.5 μL。

（3）RNase Inhibitor（溶液G）：0.5 μL。

（4）AMV-Optimized Taq（溶液H）：0.5 μL。

（5）RNA：5 μL。

空白对照：以RNase Free dH$_2$O代替模板，同样条件下扩增。

高速离心10sec后，将反应管放入扩增仪中，指令设定程序开始工作。

反应条件：

（1）50℃，30 min。

（2）94℃，2 min。

（3）94℃，50sec；58℃，50sec；72℃，60sec；35个循环。

（4）72℃，8 min。

B.3.3　结果分析和判定

（1）1.5%琼脂糖凝胶板的制备称取1.5g琼脂糖，加入100mL 1×TAE缓冲液中。加热融化后加5 μL（10mg/mL）溴乙啶，混匀后倒入放置在水平台面上的凝胶盘中，胶板厚5mm左右。依据样品数选用适宜的梳子。待凝胶冷却凝固后拔出梳子（胶中形成加样孔），放入电泳槽中，加1×TAE缓冲液淹没胶面。

（2）加样取6～8 μL PCR扩增产物和2 μL加样缓冲液，混匀后加入一个加样孔。每次电泳同时上样标准DNA Marker和空白对照。

（3）电泳电压80～100 V，或电流40～50mA。电泳30～40 min。

结果观察和判定电泳结束后，取出凝胶板置于紫外透射仪上，打开紫外灯观察。强阳性样品电泳结果应为3条大小不一的条带，分别为634bp、483bp和278bp。如某一待检样品扩增产物的DNA带至少有一条与以上条带大小相符，同时空白对照无扩增条带，则该样品判定为阳性。

附录C（规范性附录）　口蹄疫病毒定型RT-PCR方法

C.1　主要试剂

C.1.1　总RNA提取试剂

（1）变性液：6 moL/L异硫氰酸胍或Trizol Reagent。

（2）2 moL/L乙酸钠（pH 4.0）。

（3）酚氯仿抽提液：苯酚–三氯甲烷–异戊醇（25：24：1）混合液。

（4）异丙醇：分析纯。

（5）75%乙醇：无水乙醇（分析纯）与DEPC水按3：1配制而成。

（6）DEPC水：将DEPC（焦碳酸二乙酯）按0.1%含量加入双蒸馏水（ddH$_2$O）配制而成。可用于浸泡试验所用的移液器吸头、离心管等可能带有RNA酶的试验耗材、器具。

C.1.2　RT-PCR试剂

（1）10×One Step RNA PCR Buffer。

（2）逆转录酶（AMV）：5U/μL。

（3）RNase inhibitor：40U/μL。

（4）AMV-Optimized Taq：5U/μL。

（5）dNTP Mixture：包括dATP、dTTP、dCTP、dGTP，各10mM。

（6）MgCL$_2$：25mM。

（7）引物：PAGE纯度，在PCR反应体系中的终浓度各50pM。

C.1.3　电泳试剂

（1）电泳缓冲液：50×TAE贮存液，临用时加蒸馏水配成1×TAE缓冲液。

（2）琼脂糖：制胶时用1×TAE缓冲液配成1.2%浓度，加热融化后加5μL（10 mg/mL）溴化乙锭，混匀后倒入凝胶盘中，胶板厚约5mm。

（3）电泳加样缓冲液：含溴酚蓝0.25 g，甘油30mL，双蒸水70mL。

（4）DNA Marker：分子大小范围100～1 000 bp，100bp梯度。

C.2　样品准备

在生物安全柜中，将采集到的病料组织（如舌、鼻、蹄部水疱皮）剪碎研磨，然后加0.04 moL/L PBS（pH7.4～7.6）制成1：5的悬液，置室温3～5 h或4℃冰箱过夜，再−30～−20℃冻融2次，3 000 r/min离心10 min，取上清液作为检测材料。

液体样品（如水疱液、病毒细胞培养物）可直接用于提取总RNA，而组织研磨浸毒液（若混有脂肪）在提取总RNA之前，需用等量酚氯仿抽提。

阳性对照样品：以已知病毒材料，如FMDV感染乳鼠或细胞的培养物为阳性对照。与待检病料同时提取总RNA，再进行定型RT-PCR，其扩增产物可作为电泳对照样品。

C.3　操作程序

C.3.1　总RNA提取

可采取酚/氯仿抽提法提取核酸，也可以采用商品化RNA提取试剂盒。

C.3.2　一步法RT-PCR

扩增体系的配制：采用25μL反应体系

10×One step RNA PCR buffer	2.5μL
MgCL$_2$（25mM）	5μL
dNTPs（10mM）	2.5μL
RNase inhibitor（40unit/μL）	0.5μL
AMV（5unit/μL）	0.5μL
AMV-Optimized Taq（5unit/μL）	0.5μL
下游通用引物（50pmoL/μL）	0.5μL
上游型特异性引物混合（各50 pmoL/μL）	0.5μL
总RNA水溶液	12.5μL

扩增程序：

（1）50℃，30min。

（2）94℃，4min。

（3）94℃，50sec；58～60℃，40sec；72℃，40sec；30次循环。

（4）72℃，8 min。

C.3.3　扩增产物电泳检测

琼脂糖凝胶板的制备：称取1g琼脂糖，加入100mL 1×TAE缓冲液中。加热融化后加5μL（10 mg/mL）溴化乙锭，混匀后倒入放置在水平台面上的凝胶盘中，胶板厚5mm左右。依据样品数选用适宜的梳子。待凝胶冷却凝固后拔出梳子（胶中形成加样孔），放入电泳槽中，加1 X TAE缓冲液淹没胶面。

加样：取6～8μLPCR扩增产物和2～3μL加样缓冲液，混匀后加入一个加样孔。每次电泳至少加1孔阳性样品的扩增产物作为对照。同时加DNA Marker作分子量大小对照。

电泳：在电压80～100V或电流25～40 mA条件下电泳10min。

C.3.4　结果观察和判定

电泳结束后，取出凝胶板置于紫外透射仪上，打开紫外灯观察。如阳性样品扩增产物的DNA条带与预期大小一致，说明本次试验操作正确无误。

根据PCR产物条带的大小，判断被检样品的血清型：O型样品为400bp，A型样品为730bp，C型样品为600bp，Asia1型样品为300bp。

附录D（规范性附录）　口蹄疫病毒荧光定量RT-PCR检测方法

D.1　荧光定量RT-PCR

D.1.1　样品处理

水疱皮、淋巴结、肌肉等组织样品，无菌条件下破碎组织，用0.04moL/L PBS（pH7.4）

制成1∶5～1∶10的悬液。置室温2h以上或4℃冰箱过夜浸毒。3 000r/min离心10min，取上清液待检。

水疱液、反刍动物OP液、全血等液体样品：可直接用于核酸提取。

D.1.2　主要试剂

总RNA提取试剂（盒）：各组分按照规定保存。

DEPC水

荧光定量RT-PCR试剂：各组分按照规定保存。

引物和探针：

Forward Primer/3DF: 5′-ACT GGG TTT TAC AAA CCT GTG A-3′

Reverse Primer/3DR: 5′-GCG AGT CCT GCC ACG GA-3′

Taqman Probe/3DP: 5′-FAM-TCC TTT GCA CGC CGT GGG AC-TAMRA-3′

阳性对照：灭活的FMDV细胞病毒液。

阴性对照：核酸提取洗脱用水。

D.1.3　试验方法

核酸提取：按常规方法提取被检材料RNA，同时以阳性对照和阴性对照作被检材料提核酸作为质控。

扩增体系配制：按照下列组分和体积配置反应体系。

组分	每反应体系加入量
RT-PCR 缓冲液	12.5 μL
反转录酶	0.5 μL
Taq 酶	0.5 μL
3DF（10pm）	0.5 μL
3DR（10pm）	0.5 μL
3DP（5pm）	1 μL
DEPC 水	7.5 μL
总 RNA	2 μL
合计	25 μL

扩增条件：

42℃　15min

95℃　10sec ┐

55℃　30sec ├ 40个循环

72℃　30sec ┘

在72℃ 30sec步骤时收集荧光信号。

结果判定：

（1）阳性对照扩增曲线呈标准的S形曲线，且Ct值≤30；

（2）阴性对照扩增曲线应为基线下的水平线；

（3）若样本曲线Ct值小于35为阳性，Ct值大于40为阴性，Ct值介于35~40为可疑，重新测定或换用其他方法复核检测。

附录E（规范性附录） 口蹄疫病毒非结构蛋白3ABC抗体的间接ELISA检测方法（3ABC-ELISA）

E.1 主要试剂

E.1.1 阴性对照血清，无口蹄疫病毒非结构蛋白抗体的阴性标准牛、羊与猪血清。

E.1.2 阳性对照血清，口蹄疫病毒非结构蛋白3ABC抗体阳性的标准牛、羊与猪血清。

E.1.3 25倍浓缩PBS缓冲液。

E.1.4 25倍浓缩PBST洗涤液。

E.1.5 100倍工作浓度的兔抗牛、羊或猪IgG-HRP酶结合物。

E.1.6 血清稀释液。

E.1.7 ELISA用TMB底物溶液。

E.1.8 终止液。

E.1.9 3ABC蛋白包被酶标板。

E.2 检测程序

E.2.1 血清准备

来自疫区或可疑畜群的血清需要在56℃下灭活30min。血清样品需放在恒温水浴箱内，水面要高于血清液面，但不要没过试管。

血清样本处理好后对血清样本进行编号登记，在不立即使用时，应置于-20℃冰箱内保存，长期保存应置于-70℃冰箱保存。样品采集细节情况需记录清楚。

试验前将血清样本按顺序排列于有数字标记的试管架，按顺序在样品检测记录表格上登记对应的样品号与检测板号。检测时，用笔迹持久的记号笔在血清稀释板与酶标板上标记清楚检测板号，在96孔血清稀释板上进行血清稀释。

低温冰箱冻存的血清样本应置于室温充分融化后使用，使用前应将血清混匀。

E.2.2 试剂准备

用双蒸水或超纯水将25倍浓度的PBST贮存液配成工作浓度的PBST洗涤液。

使用前将100倍浓缩的酶标抗体按1:100比例稀释于血清稀释液中，混匀，工作浓度的酶标抗体不可贮存，现配现用。可参照下表进行工作浓度酶标抗体的配制。

测试孔数	100× 酶标抗体用量（μL）	血清稀释液用量（mL）
16	20	2.0
24	30	3.0
32	40	4.0
40	50	5.0
48	60	6.0
56	70	7.0
64	80	8.0
72	90	9.0
80	100	10.0
88	110	11.0
96	120	12.0

E.2.3 操作程序

（1）在检测记录表格中登记清楚血清稀释板每孔对应的样品号；首先于血清稀释板每孔加入血清稀释液120μL，然后依次加入阳性对照血清、阴性对照血清和待检血清，每孔6μL（1:21倍稀释）；标准阴、阳性对照血清平行加两孔，待测血清加1孔，留两孔不加血清作为空白对照，轻振混匀；然后，将稀释好的血清按对应的位置转移至包被3ABC抗原的ELISA板上，每孔100μL，用封口膜封口，37℃结合30 min。

（2）取掉封口膜，每孔加满洗涤液，洗涤5次，最后一次拍干。

（3）用血清稀释液按1:100比例稀释酶标二抗，每孔加入100μL，用封口膜封口，37℃结合30min。

（4）取掉封口膜，每孔加满洗涤液，洗涤5次，最后一次拍干。

（5）每孔加入100μL TMB底物，封口膜封口，37℃避光作用10～15 min。显色过程中监测OD$_{630}$值接近0.7时终止反应。

（6）每孔加入100μL终止液（终止后测定阳性对照孔OD$_{450}$值最好应小于2.1）。

（7）轻轻摇振混匀，测定波长450 nm吸光值（OD$_{450}$值）。

（8）试验成立条件：阳性对照平均OD$_{450}$值应>0.6；阴性对照平均OD$_{450}$值应<0.2。

（9）结果计算：样品效价＝（OD$_{450}$样品－OD$_{450}$阴性）÷（OD$_{450}$阳性－OD$_{450}$阴性）。

（10）结果判定：效价<0.2，为阴性；效价≥0.2为阳性。检测3ABC抗体阳性说明动物可能感染过FMDV病毒；对阳性血清样本可采用检测五种NSP抗体的Dot-blot方法进行确认诊断。

附录F（规范性附录） 口蹄疫病毒五种非结构蛋白（NSP）抗体的斑点印迹（Dot-blot）检测方法

F.1 主要试剂

F.1.1 阴性对照血清，无口蹄疫病毒非结构蛋白抗体的阴性标准牛、羊与猪血清。

F.1.2 阳性对照血清，口蹄疫病毒非结构蛋白抗体阳性的标准牛、羊与猪血清。

F.1.3 25倍浓缩PBS缓冲液。

F.1.4 25倍浓缩PBST洗涤液。

F.1.5 100倍工作浓度的兔抗牛、羊或猪IgG-HRP酶结合物。

F.1.6 血清稀释液。

F.1.7 膜显色专用TMB底物溶液。

F.1.8 口蹄疫病毒5种NSP包被硝酸纤维素膜条。

F.2 检测程序

F.2.1 血清准备

来自疫区或可疑畜群的血清需要在56℃下灭活30min。血清样品需放在恒温水浴箱内，水面要高于血清液面，但不要没过试管。

血清样本处理好后对血清样本进行编号登记，在不立即使用时，应置于-20℃冰箱内保存，长期保存应置于-70℃冰箱。样品采集细节情况需记录清楚。

试验前将血清样本按顺序排列于有数字标记的试管架，按顺序在样品检测记录表格上登记对应的样品号与检测号。检测时，用油性记号笔在血清稀释板与印迹膜条上标记清楚检测号，在10孔血清稀释板上进行血清稀释。

低温冰箱冻存的血清样本应置于室温充分融化后使用，使用前应将血清混匀。

F.2.2 试剂准备

用双蒸水或超纯水将25倍浓度的PBST贮存液配成工作浓度的PBST洗涤液。

使用前将100倍浓缩的酶标抗体按1：100比例稀释于血清稀释液中，混匀，工作浓度的酶标抗体不可贮存，现配现用。

F.2.3 操作程序

（1）与待检血清作用 用油性防水记号笔在检测线上方将印迹膜标记检测号，用血清稀释液将待检血清及阴、阳性对照血清1∶50稀释于10孔血清稀释板中，将单个膜浸入对应的反应孔中，37℃作用60 min。然后用1×PBST洗涤液洗膜3次，每次浸泡约1 min。

（2）与酶标抗体作用 用血清稀释液配制工作浓度的酶标抗体溶液于平皿中，放入膜条，使膜条完全浸没入液面，37℃作用60 min，同前洗涤3次。

（3）加底物显色 更换新的平皿，加入适量膜显色底物溶液，将印迹膜浸入底物溶液中，37℃避光显色5～10 min，待阳性对照血清出现明显条带后，用去离子水或蒸馏水漂洗2次终止反应，取出膜自然干燥，观察并记录结果，膜条还可避光保存。

（4）试验成立的条件 凡在包被抗原点出现明显规则的蓝黑色条带者判为条带显色阳性（＋），不出现明显可见斑点者判为条带显色阴性（－）。阳性对照应出现5个条带，阴性对照无条带；若阳性对照出现5个以下条带或不出现条带者，判为无效。

（5）结果判定 有4或5点显色的血清为非结构蛋白抗体阳性，没有斑点显色或有1～3点显色者判为非结构蛋白抗体阴性。5种NSP抗体Dot-blot检测阳性，说明该动物曾经感染过FMDV，对于反刍类动物还应筛查是否有带毒或有隐性感染的情况。

附录G（规范性附录） 口蹄疫抗体液相阻断ELISA（LB-ELISA）检测口蹄疫病毒抗体

G.1 主要试剂

G.1.1 1×PBST洗涤液。

G.1.2 碳酸盐/碳酸氢盐包被缓冲液。

G.1.3 底物溶液。

G.1.4 终止液。

G.2 血清样品准备

采集动物血液不少于2mL，血液置室温或4℃自然凝固后析出上清液，移液管吸出血清，4℃或-20℃保存待用。

G.3 LB-ELISA抗原与抗体

G.3.1 FMDV灭活抗原

口蹄疫病毒于单层BHK-21细胞上繁殖，经二乙烯亚胺灭活后离心除去细胞碎片的上清液作为试验抗原。在不加血清的情况下将抗原作2倍系列稀释，加入等量稀释液（PBST）后，将滴定曲线线性区的上端光密度值（光密度值约1.5）所对应的稀释度作为确定的最终稀释度。

G.3.2　捕获抗体（兔抗血清）

由提纯的型特异FMDV146S完整病毒粒子免疫兔子制备，用pH9.6的碳酸盐缓冲溶液将兔抗血清按预先滴定的最佳使用浓度稀释。

G.3.3　检测抗体（豚鼠抗血清）

用与制备兔抗血清同源的FMD抗原纯化的146S病毒粒子免疫豚鼠，在豚鼠血清中加入等量的正常牛血清预先阻断。用含有10%正常牛血清和5%健康兔血清的PBST缓冲液稀释至预先滴定的最佳浓度。

G.3.4　HRP标记兔抗豚鼠IgG

兔抗豚鼠IgG酶结合物用正常兔血清阻断，将其用PBST稀释至最适浓度。

G.3.5　阳性对照血清

用与兔抗血清制备抗原同源的FMDV灭活疫苗免疫正常牛制备的高免血清，测定其抗体效价后作为试验中的阳性对照血清，同待检血清一起作同样稀释。

G.3.6　阴性对照血清

阴性对照血清来自健康牛，各型口蹄疫LB-ELISA抗体效价均小于1：4。

G.4　试剂准备

G.4.1　包被缓冲液

将碳酸盐/碳酸氢盐缓冲液胶囊1粒小心打开，将胶囊内粉末倒入100mL无离子水中即可，pH9.6，4℃存放。

G.4.2　底物溶液

取1片柠檬酸-磷酸盐片剂溶于100mL无离子水中，溶化后取50mL溶液，再加1片OPD片剂，充分溶解后分装（5mL/瓶或10mL/瓶），避光-20℃保存。用前避光溶化，临用时每10mL上述溶液加100μL的1.5%H_2O_2（W/V）。

G.5　试验程序

G.5.1

ELISA板每孔用50μL pH9.6碳酸盐/碳酸氢盐缓冲液稀释的兔抗血清包被，封板膜封板，置室温过夜。

G.5.2

用PBST连续洗板5次。

G.5.3

在"U"型96孔载体板内，按50μL/孔量用PBST工作液将待检血清从1：4开始做2倍连续稀释，每份待检血清都做2个重复，然后向每孔内加入相应的50μL同型病毒抗原，封板混合后置4℃过夜或37℃孵育1h。加入病毒抗原后血清的实际稀释度变为从1：8开始的2倍连续稀释度。

G.5.4　用PBST洗ELISA板5次，将各孔血清/抗原混合物从载体板转移至兔抗血清包被的ELISA板中，每孔50μL，封板，37℃孵育1 h。

G.5.5　用PBST洗ELISA板5次，将与试验抗原同源的豚鼠抗血清用含有10%新生牛血清和5%健康兔血清PBST缓冲液稀释至预定的最佳工作浓度，每孔50μL，封板，37℃孵育1 h。

G.5.6　用PBST洗ELISA板5次，每孔加50μL用PBST稀释的兔抗豚鼠免疫球蛋白辣根过氧化物酶结合物，封板，37℃孵育1 h。

G.5.7　用PBST洗ELISA板5次，每孔加50μL含0.05% H_2O_2（30%W/V）的邻苯二胺底物显色溶液。37℃温育15 min后，每孔再加50μL 1.25 moL/L H_2SO_4终止反应，将ELISA板置于连有计算机的酶标仪上，在492nm波长条件下读取光吸收值（OD_{492}）。

G.5.8　对照：8孔连续2倍稀释的阳性对照血清、2孔连续2倍稀释的阴性对照血清，以及不加血清稀释液的4孔抗原对照。

G.5.9　试验认可标准：每次试验，每块板必须设病毒抗原对照和阴阳性血清对照。病毒抗原对照至少两个孔的OD492nm值为1.0以上，最好在1.0~2.0范围内，阳性对照抗体滴度应是1∶1024±1滴度，阴性对照抗体滴度应小于1∶4。

G.5.10　结果判定：抗体滴度是以50%终点滴度表示，以病毒抗原对照50%平均值为临界值，被检血清稀释孔OD492nm值大于临界值的孔为阴性孔，小于或等于临界值的孔为阳性孔，阳性孔的OD492nm值等于临界值时所对应的稀释度为该份血清的抗体滴度。例如，病毒抗原对照平均OD492nm值为1.2，则其50%为0.6，若某一待检血清在1∶128时OD492nm值为0.6，则该份待检血清的抗体滴度为1∶128；若临界值处于两个滴度之间，如处于1∶64与1∶128之间，则抗体滴度取中间值为1∶90（karber法）。抗体滴度大于或等于1∶128判为阳性，小于1∶64判为阴性。大于或等于1∶64并小于1∶128判为可疑，可疑样品经再次测定后，如果有一个滴度为1∶64或更高可判为阳性。

附录H（规范性附录）　口蹄疫病毒中和试验方法

H.1　试剂

H.1.1　对照血清
口蹄疫中和抗体阳性血清和阴性血清。

H.1.2　待检血清
动物血清样品经56℃水浴灭活30 min。

H.1.3　病毒

　　FMDV适应于BHK-21或IB-RS-2单层细胞。收获的病毒液测定病毒滴度（$TCID_{50}/0.1mL$）后，分装于小管，$-70℃$保存备用。

　　H.1.4　细胞

　　新复苏的BHK-21或IB-RS-2传代细胞，传代培养细胞形态良好。

　　H.1.5　细胞维持液和营养液

　　H.1.5.1　细胞维持液　Eagle's MEM与含5%水解乳蛋白的Earle's液等量混合配成，pH7.6～7.8，在中和试验中作稀释液用。

　　H.1.5.2　细胞营养液　细胞维持液加10%犊牛血清（pH 7.4），培养细胞用。

H.2　操作步骤

　　H.2.1　FMDV滴度测定

　　将FMDV在96孔培养板上作10倍连续稀释，即10^{-1}，10^{-2}，10^{-3}……10^{-11}，每孔50μL病毒液，100μL细胞悬液（细胞悬液的浓度以在24 h内长满单层为度），每个稀释度8孔。每块板的最后一列设8孔细胞对照，每孔补加50μL稀释液（不加病毒）。置37℃ 5% CO_2温箱培养。适时观察CPE，72 h后将板固定，并作常规染色（先用10%福尔马林固定30 min，然后再置于用10%福尔马林配制的0.05%亚甲基兰溶液中浸泡染色30 min，然后将培养板用水冲洗）。未病变细胞呈蓝色，病变细胞脱落或不着色。依据每个稀释度下8孔CPE情况，按Reed-Muench法计算病毒滴度。

　　H.2.2　血清稀释

　　用细胞维持液将待检血清在培养板上从1∶4开始作2倍连续稀释，每份血清至少平行稀释2排孔，每孔50μL。

　　H.2.3　中和反应

　　在上述每孔中加入50μL滴度为200 $TCID_{50}/0.1mL$的病毒液，与等量血清混合，封闭培养板，37℃温箱孵育1 h。

　　H.2.4　对照设立

　　每次试验每块培养板都必须设立下列对照：

　　H.2.4.1　阳性和阴性血清对照　阳性和阴性血清对照各设2～4孔，每孔50μL。

　　H.2.4.2　正常细胞对照　为避免培养板本身引起的试验误差，在每块培养板上均设立2～4孔不接种病毒和血清的正常细胞对照，该对照应在整个试验中保持良好的生长特征。每孔50μL。

　　H.2.4.3　病毒对照　中和试验用病毒滴度为200 $TCID_{50}/0.1mL$病毒液，每孔50μL。

　　H.2.5　加入细胞

　　血清与病毒中和1 h后，取出，每孔加入50μL细胞悬液（以24 h内长满单层为度，一般每毫升100万～150万个细胞），置37℃ 5% CO_2温箱培养。对照孔体积不足150μL时，用稀释液补全体积。培养48 h后，显微镜下作适当判断，72 h后固定染色。

H.2.6 试验成立条件

正常细胞对照在整个试验中一直保持良好的生长形态，染色呈蓝色；阳性对照孔（病毒被中和）无CPE出现染色呈蓝色；阴性对照孔（病毒未被中和）出现CPE，染色不着色；病毒对照无细胞生长（或可见少量病变细胞留存）等4个对照都成立时，试验有效。否则，重新试验。

H.2.7 结果判定

被检血清孔出现100% CPE判为阴性，50%以上细胞出现保护者为阳性。

用Reed-Muench法计算出能保护50%细胞孔不产生细胞病变的血清稀释度，该稀释度为该份血清的中和抗体效价。

当被检血清（在血清/病毒混合物中）最终滴度为1∶45或更高者为阳性；最终滴度在1∶16~1∶32为可疑，需要重复试验，再次试验结果为1∶16或更高时为阳性；滴度为1∶16或更低为阴性。

（四）口蹄疫应急处置技术规范

1 范围

本规范规定了口蹄疫的疫情报告、疫情确认、应急处置、封锁解除、档案管理的相关内容。

本规范适用于我国无疫区口蹄疫疫情的应急处置工作。

2 规范性引用文件

下列文件中的条款通过本规范的引用而成为本规范的条款。凡是注明日期的引用文件，其随后所有的修改单（不包括勘误的内容）或修订版均不适用于本规范，然而，鼓励根据本规范达成协议的各方研究是否可使用这些文件的最新版本。凡是不注明日期的引用文件，其最新版本适用于本规范。

GB16548《病害动物和病害动物产品生物安全处理规程》

3 疫情报告

任何单位和个人发现疑似口蹄疫疫情时，要立即向当地兽医主管部门、动物卫生监督机构或动物疫病预防控制机构报告。当地动物疫病预防控制机构接到报告后，认定为临床怀疑疫情的，应在2h内将疫情逐级报省级动物疫病预防控制机构，并同时报所在地兽医主管部门。

省级动物疫病预防控制机构确认为疫情的，应立即向省级兽医主管部门报告。省级兽医主管部门应当在接到报告后2h内报省级人民政府和国务院兽医主管部门。

疫情涉及跨省（区）的，发生地省级兽医主管部门要在确认疫情后2h内通报相关省（区）的省级兽医主管部门。

4　疫情确认

4.1　疑似确认

动物疫病预防控制机构接到疫情报告后，立即派出两名以上具备相关资格的兽医技术人员到现场进行临床诊断，认定为疑似疫情的，当地动物疫病预防控制机构应及时采集样品，送省级动物疫病预防控制机构进行诊断。

4.2　疫情确认

省级动物疫病预防控制机构进行实验室诊断，确认为疫情的，及时派专人将采集的样品送国家口蹄疫参考实验室进行分型鉴定。

4.3　农业部根据国家口蹄疫参考实验室的最终确诊结果，确认口蹄疫疫情。

5　疫情应急处置

5.1　临时处置

发生疑似疫情时，对发病场（户）实施隔离、监控，禁止家畜及畜产品、饲料及有关物品移动，进行严格消毒等临时处置措施。在疑似疫情报告同时，对可能存在的传染源，以及在疫情潜伏期和发病期间售出的动物及其产品、对被污染或可疑污染物的物品（包括粪便、垫料、饲料），立即开展追踪调查，并按规定进行彻底消毒和无害化处理。必要时采取封锁、扑杀等措施。

5.2　确诊疫情处置

5.2.1　划定疫点、疫区和受威胁区

疫情确诊后，当地兽医主管部门应当在2h内，确定疫情级别，划定疫点、疫区和受威胁区，报请同级人民政府对疫区实行封锁。

疫点为发病动物或野生动物所在的地点。相对独立的规模化养殖场/户，以病畜所在的养殖场/户为疫点；散养畜以病畜所在的自然村为疫点；放牧畜以病畜所在的牧场、野生动物驯养场及其活动场地为疫点；病畜在运输过程中发生疫情，以运载病畜的车、船、飞机等为疫点；在市场发生疫情，以病畜所在市场为疫点；在屠宰加工过程中发生疫情，以屠宰加工厂（场）为疫点。

疫区为由疫点边缘向外延伸3km内的区域。新的口蹄疫亚型病毒引发疫情时，疫区范围为疫点边缘向外延伸5km的区域。

受威胁区为由疫区边缘向外延伸10km的区域。新的口蹄疫亚型病毒引发疫情时，受威胁区范围为疫区边缘向外延伸30km的区域。

在划定疫区、受威胁区时，应考虑当地饲养环境、天然屏障（如河流、山脉等）、人工屏障（道路、围栏等）、野生动物栖息情况，以及疫情溯源和分析评估结果。

5.2.2　封锁

疫情发生所在地县级以上兽医主管部门报请同级人民政府对疫区进行封锁，人民政府在

接到报告后，应在24h内发布封锁令。跨行政区域发生疫情时，由共同上一级兽医行政主管部门报请同级人民政府对疫区实行封锁，或者由各有关行政区域的上一级人民政府共同对疫区实行封锁。必要时，上级人民政府可以责成下级人民政府对疫区实行封锁。

5.2.3　对疫点采取的措施

5.2.3.1　扑杀并销毁疫点内所有病畜及同群畜，并对病死畜、被扑杀畜及其产品按GB16548进行无害化处理。

5.2.3.2　对被污染或可疑污染的粪便、垫料、饲料、污水等按规定进行无害化处理。

5.2.3.3　对被污染或可疑污染的交通工具、用具、圈舍、场地进行严格彻底消毒。

5.2.3.4　对发病前14d内售出的家畜及其产品进行追踪，并作扑杀和无害化处理。

5.2.4　对疫区采取的措施

5.2.4.1　在疫区周围设立警示标志，在出入疫区的交通路口设置临时动物卫生监督检查站，执行监督检查任务，对出入人员和车辆及有关物品进行消毒。

5.2.4.2　对疫区内的易感动物进行隔离饲养，开展疫情监测、流行病学调查及风险评估，并根据易感动物的免疫健康状况开展紧急免疫。一旦发现有临床症状、监测阳性的家畜，立即实施扑杀并作无害化处理。

5.2.4.3　对排泄物或可疑受污染的饲料和垫料、污水等按规定进行无害化处理，可疑被污染的物品、交通工具、用具、圈舍、场地进行严格彻底消毒。

5.2.4.4　关闭疫区内所有生猪、牛、羊等牲畜交易市场，禁止易感动物及其产品出入疫区。

5.2.5　对受威胁区采取的措施

加强对牲畜养殖场、屠宰场、交易市场的监测，及时掌握疫情动态，并根据易感动物的免疫状况开展紧急免疫。

5.2.6　对本无疫区内其他地区采取的措施

无疫区内其他地区要根据疫区疫情发生发展状况，做好启动突发重大动物疫情应急预案的准备。加强动物卫生监督，禁止从疫区、受威胁区调入猪、牛、羊等易感动物及其产品。加强牲畜养殖场、屠宰场、交易市场疫情监测与预警，及时掌握疫情发生风险，开展风险评估并做出疫情预警，根据辖区内动物健康状况，切实做好紧急免疫、消毒、检疫等各项综合防控措施的落实，防止疫情发生。做好疫情防控知识宣传，提高养殖者防控意识。

5.2.7　疫情跟踪

对疫情发生前14d内，从疫点输出的易感动物及其产品、被污染饲料垫料和粪便、运输车辆及密切接触人员的去向等，按照流行病学调查技术规范进行跟踪调查，分析疫情扩散风险。必要时，对接触的易感动物进行隔离观察，对相关动物及其产品进行消毒或无害化处理。

5.2.8　疫情溯源

对疫情发生前14d内，所有引入疫点的易感动物、相关产品来源及运输工具等，按照流行病学调查技术规范进行追溯性调查，分析疫情来源。必要时，对其他来自原产地的猪、牛、羊等畜群或与其接触的易感动物进行隔离观察，对相关动物及其产品进行消毒或无害化处理。

5.2.9　野生动物控制

了解疫区、受威胁区及本无疫区内其他地区易感野生动物分布状况和发病情况，根据流行病学调查和监测结果，采取相应措施，避免野猪、黄羊等野生偶蹄兽与人工饲养牲畜接触。当地兽医主管部门要定期与林业部门进行沟通，交流通报有关信息。

6　封锁解除

6.1　疫区解除封锁条件

要求疫点内最后一头病畜死亡或扑杀后，经过14d以上连续观察，未发现新的病例。根据疫区、受威胁区内易感动物免疫状况进行紧急免疫，易感动物免疫抗体水平达到有效保护且疫情监测为阴性，对疫点完成终末消毒。

6.2　疫区解除封锁的评估验收

疫区解除封锁时，由疫情发生地省级兽医主管部门负责组织评估验收。跨省区的，由所涉及省份省级兽医主管部门共同报请农业部组织评估验收。评估验收内容包括：

(1) 疫情基本情况；

(2) 疫情发生的主要原因、疫源追踪结论；

(3) 现场调查和实验室检测结果；

(4) 已采取的应急措施及其效果；

(5) 是否应当解除封锁的结论。

经验收合格后，由当地兽医主管部门向发布封锁令的人民政府申请解除封锁。

7　档案管理

各级人民政府兽医主管部门必须对处理疫情的全过程做好完整翔实的文字和影像记录，包括：疫情报告、疫情封锁、疫情扑灭、实验室诊断、流行病学调查、紧急免疫、消毒灭源，以及相关会议、通知等记录和资料。实施专人专档管理，各项档案记录应长期保存。

附录四　OIE《陆生动物卫生法典》（2014版）8.7章

第8.7章　口蹄疫

第8.7.1条

引言

本《陆生动物卫生法典》将口蹄疫（FMD）潜伏期定为14d。

本章所指反刍动物包括骆驼科动物（单峰驼除外）。

本章所指病例指感染口蹄疫病毒（FMDV）的动物。

本章内容不仅适用于具有临诊症状的口蹄疫病毒感染，也适用于无临诊症状的口蹄疫病毒感染。

口蹄疫病毒感染定义如下：

从动物或该动物产品中分离并鉴定出口蹄疫病毒；或从一只或多只，有或无口蹄疫临诊症状，或与确诊或疑似病例具有流行病学关联，或有理由怀疑曾与口蹄疫病毒有关联或接触的动物中，鉴定出一个或多个血清型口蹄疫病毒的特异性病毒抗原或病毒核糖核酸，或从一只或多只表现出口蹄疫临诊症状，或与确诊或疑似病例具有流行病学关联的，或有理由怀疑曾与口蹄疫病毒有关联或接触的动物中，鉴定出非免疫所致的口蹄疫病毒结构或非结构蛋白抗体。

诊断检测和疫苗标准见《陆生动物手册》。

第8.7.2条

非免疫无口蹄疫国家

非免疫无口蹄疫国家应采取动物卫生措施，保护其境内易感动物不受毗邻感染国家口蹄疫病毒的影响。保护措施应考虑到物理或地理屏障，可包括建立保护区。

欲获得非免疫无口蹄疫国家的资格，成员国须：

1）具有定期和及时的动物疫病报告记录；

2）向OIE递交报告，申明：

a．在过去12个月内未发生过口蹄疫；

b．在过去12个月内没有发现口蹄疫病毒感染的任何迹象；

c．在过去12个月内没有进行过口蹄疫免疫接种；

d．停止免疫接种后，未进口过口蹄疫免疫接种动物。

3）随报告附上文件证明：

a．根据第8.7.42～8.7.47条和第8.7.49条的规定，对口蹄疫和口蹄疫病毒感染实施了监测；

b．实施了针对口蹄疫的早期诊断、预防和控制的常规措施。

4）若适用，详细描述保护区的边界设置和管控措施。

OIE认可上述呈报的证据材料后，该成员国即被列入非免疫无口蹄疫国家名单。保留OIE名单（非免疫无口蹄疫国家）资格的条件是，每年向OIE重新提交上述第2、3、4条的信息材料，并按照本法典第1.1章的要求，向OIE报告与第3b）条和第4条规定相关的流行病学或其他重大事件情况。

第8.7.3条

免疫无口蹄疫国家

免疫无口蹄疫国家应采取有效措施，保护其境内易感动物不受毗邻感染国家口蹄疫病毒的影响，保护措施应考虑到物理或地理屏障，可包括建立保护区。

欲获得免疫无口蹄疫国家的资格，成员国须：

1）具有定期和及时的动物疫病报告记录；

2）向OIE递交报告，申明：

a．在过去2年内未发生过口蹄疫；

b．在过去12个月内没有发现口蹄疫病毒感染的任何迹象。

3）随报告附上文件证明：

a．根据第8.7.42～8.7.47条和第8.7.49条的规定，对口蹄疫和口蹄疫病毒感染实施了监测；

b．实施了针对口蹄疫的早期诊断、预防和控制的常规措施；

c．开展了预防口蹄疫的常规免疫接种；

d．所使用的疫苗符合《陆生动物手册》规定的标准；

4）若适用，详细描述保护区的边界设置和管控措施。

OIE认可上述呈报的证据材料后，该成员国即被列入免疫无口蹄疫国家名单。保留OIE名单（免疫无口蹄疫国家）资格的条件是，每年向OIE重新提交上述第2、3、4点的信息材料，并按照本法典第1.1章的要求，向OIE报告与第3b）点和第4点规定相关的流行病学或其他重大事件情况。

如果免疫无口蹄疫成员国欲获得非免疫无口蹄疫国家资格，该国口蹄疫状态在停止疫苗接种后至少12个月内保持不变，且需向OIE提供同期内没有口蹄疫病毒感染的证据。

第8.7.4条

非免疫无口蹄疫地区

非免疫无口蹄疫地区可地处免疫无口蹄疫国家内或部分地区口蹄疫感染国家内。有关非免疫无口蹄疫地区的界定应遵循本法典第4.3章提出的原则。非免疫无口蹄疫地区应具备有效措施，保护其境内易感动物不受国家内其他地区或毗邻不同动物卫生状况国家的影响。这些措施应考虑到物理或地理屏障，可包括建立保护区。

欲获得非免疫无口蹄疫地区的资格，成员国须：

1）具有定期和及时的动物疫病报告记录；

2）向OIE递交报告，申明在拟申请非免疫无口蹄疫地区资格的地区：

a. 在过去12个月内未发生过口蹄疫；

b. 在过去12个月内没有发现口蹄疫病毒感染的任何迹象；

c. 在过去12个月内没有进行过口蹄疫疫苗接种；

d. 除第8.7.10条所述情况外，该地区在停止免疫接种后，没有引进过免疫接种动物；

3）随报告附上文件证明：

a. 根据第8.7.42～8.7.47条和第8.7.49条的规定，对口蹄疫和口蹄疫病毒感染实施了监测；

b. 实施了针对口蹄疫病毒早期诊断、预防和控制的常规措施。

4）就以下各项详细说明，并提供必要的证明文件：

a. 拟申请的非免疫无口蹄疫地区的边界设置；

b. 若适用，保护区的边界设置和实施的措施；

c. 拟申请无疫区防止口蹄疫病毒传入的保护系统，包括易感动物的移动管控（尤其是如果实施了第8.7.10章所述的管控程序）。

OIE认可上述呈报的证据材料后，即将此无疫区列入非免疫无口蹄疫地区名单。

根据本法典第1.1章的要求，非免疫无口蹄疫地区需每年向OIE提交上述第2、3和4b）、4c）点的信息材料，及与第3b）点和第4点规定有关的口蹄疫流行病学状况或其他方面的明显变化。

第8.7.5条

免疫无口蹄疫地区

免疫无口蹄疫区可地处非免疫无口蹄疫国家内或部分地区口蹄疫感染国家内。有关免疫无口蹄疫地区的界定应遵循本法典第4.3章提出的原则。免疫无口蹄疫地区应具备有效措施，保护其境内易感动物不受国家内其他地区或毗邻动物卫生状况较差国家的影响。这些措施应考虑到物理或地理屏障，可包括建立保护区。

成员国欲获得免疫无口蹄疫地区的资格，须：

1) 具有定期和及时的动物疫病报告记录；

2) 向OIE递交报告，申明：

a. 该地区在过去2年中未发生过口蹄疫；

b. 在过去12个月未发现口蹄疫病毒感染的任何迹象；

3) 随报告附上文件证明：

a. 根据第8.7.42～8.7.47条和第8.7.49条的规定，对口蹄疫和口蹄疫病毒感染实施了监测；

b. 实施了针对口蹄疫早期诊断、预防和控制的常规措施。

c. 开展了以预防口蹄疫为目的的常规免疫接种；

d. 所使用的疫苗符合《陆生动物手册》规定的标准；

4) 详细描述并提供文件证明在无疫区正确实施了以下监控措施：

a. 拟申请免疫无口蹄疫地区的边界设置；

b. 若适用，保护区的边界设置和措施；

c. 拟申请无疫区防止口蹄疫病毒传入的保护系统，包括易感动物的移动管控（尤其是如果实施了第8.7.10章所述的管控程序）。

OIE认可上述呈报的证据材料后，该无疫区即被列入免疫无口蹄疫地区名单。保留OIE免疫无口蹄疫地区资格的条件是，每年向OIE重新提交上述第2、3和4b）-c）点的信息材料，并根据第1.1章的要求，向OIE报告第3b）点和第4点规定有关口蹄疫流行病学状况或其他方面的明显变化。

如果免疫无口蹄疫地区希望获得非免疫无口蹄疫地区资格认证，该地区的口蹄疫状态需要在停止疫苗免疫接种后至少12个月内保持不变，且需向OIE提供同期内没有口蹄疫病毒感染的证据。

第8.7.6条

无口蹄疫生物安全隔离区

在无口蹄疫或存在口蹄疫感染的国家或地区内，均可建立无口蹄疫生物安全隔离区，界定无口蹄疫生物安全隔离区应遵循本法典第4.3章和第4.4章规定的原则。建立该隔离区的目的是通过实施有效的生物安全管理体系，将无口蹄疫生物安全隔离区内外的易感动物隔离开来。

建立无口蹄疫生物安全隔离区应具备以下条件：

1) 具有定期和及时的动物疫情报告记录。如果为口蹄疫感染国家，应根据第

8.7.42~8.7.47条和第8.7.49条的规定，具有口蹄疫官方防控方案和监测体系，以准确监测国家或地区内口蹄疫的流行情况。

2）向OIE递交报告，申明：

a．在过去12个月内未发生过口蹄疫；

b．在过去12个月内没有发现口蹄疫病毒感染的任何迹象；

c．禁止进行口蹄疫疫苗接种；

d．在过去12个月内无口蹄疫疫苗接种动物进入生物安全隔离区内；

e．对进入生物安全隔离区内的动物、精液和胚胎严格实行本章有关规定；

f．提供证明文件，表明已根据第8.7.42~8.7.47条和第8.7.49条的规定，对生物安全隔离区内的口蹄疫和口蹄疫病毒感染情况实施了监测；

g．已按照本法典第4.1章和第4.2章的规定，建立了动物标识及可追溯系统。

3）详细描述生物安全隔离区内的动物亚群及控制口蹄疫和口蹄疫病毒感染的生物安保计划。

生物安全隔离区应由兽医主管部门批准设立，首次批准时要求隔离区在过去3个月内没有发生口蹄疫。

第8.7.7条

口蹄疫感染国家或地区

本章所指口蹄疫感染国家指既未达到非免疫无口蹄疫国家标准，又未达到免疫无口蹄疫国家标准的国家。

本章所指口蹄疫感染地区指既未达到非免疫无口蹄疫地区标准，又未达到免疫无口蹄疫地区标准的地区。

第8.7.8条

在无口蹄疫国家或地区建立控制区

在非免疫或免疫无口蹄疫国家或地区（包括保护区）暴发局域性疫情时，为了降低对整个国家/区域的冲击，可以在所有病例发生地区建立一个"控制区"。

为达到此目的及使该成员国充分利用该程序，兽医主管部门应尽快向OIE提供如下文件证明：

1）基于以下因素，疫情影响有限：

a．一旦有疑似疫情，立即做出快速反应并向OIE通报；

b．禁止动物移动，有效控制本章提到的其他商品流通；

c．开展流行病学调查（追踪和溯源）；

d. 确诊感染;

e. 查实最初和可能发生的疫源;

f. 显示所有病例在流行病学上有关联;

g. 按照第8.7.1条要求,控制区内最后一个病例扑杀后,在至少口蹄疫两个潜伏期时限内,没有新病例发生;

2) 已实施了扑杀政策;

3) 已清晰识别控制区内归属的易感动物群;

4) 按照第8.7.42~8.7.47条和第8.7.49条的要求,已加强对控制区以外其他地区的被动和定向监测,没有发现任何感染迹象;

5) 已实施有效防止口蹄疫蔓延到控制区以外其他区域的动物卫生措施,措施考虑到物理屏障和地理屏障;

6) 在控制区内开展持续监测。

在建立控制区之前,暂时取消控制区外的无疫地区资格。一旦控制区设立完成后,并符合以上第1~6点的规定,控制区外的无疫资格随即恢复,而且不必按照第8.7.9条特定动物疫病的有关要求进行。控制区的管理措施应明确表明国际贸易商品均来自控制区以外的区域。

恢复控制区的无口蹄疫状态应遵循第8.7.9条的规定。

第8.7.9条

无疫状态的恢复

1) 如在非免疫无口蹄疫国家或地区暴发口蹄疫或出现口蹄疫病毒感染,需在以下任一等待期后,才可重新恢复非免疫无口蹄疫状态:

a. 按照第8.7.42~8.7.49的要求,采取了扑杀政策和血清学监测措施,在最后一例病例被扑杀3个月后;

b. 按照第8.7.42~8.7.47条和第8.7.49条的要求,采取扑杀、紧急免疫接种及血清学监测措施,所有免疫动物被宰杀后3个月;

c. 按照第8.7.42~8.7.47条和第8.7.49条的要求,采取了扑杀、紧急免疫及血清学监测措施,但紧急免疫后并不屠宰所有免疫动物,并进行了口蹄疫病毒非结构蛋白抗体的血清学检测,证明免疫动物没有感染口蹄疫病毒,须在最后一例病例或最后一次免疫后等待6个月。

如果不实行扑杀措施,上述等待时间则不适用,需按照第8.7.2条或第8.7.4条的规定执行。

2) 如在免疫无口蹄疫国家或地区暴发口蹄疫或出现口蹄疫病毒感染的情况,需在以下任一等待期后,才可重新恢复免疫无口蹄疫状态:

a. 按照第8.7.42~8.7.47条和第8.7.49条的要求,采取了扑杀、紧急免疫、血清学监测措施，并进行了口蹄疫病毒非结构蛋白抗体的血清学检测，证明没有口蹄疫病毒感染，在最后一例病例被扑杀后6个月；

b. 不采取扑杀政策，但按照第8.7.42～8.7.47条和第8.7.49条的要求，采取了紧急免疫和血清学监测措施，并进行了口蹄疫病毒非结构蛋白抗体的血清学检测，证明没有口蹄疫病毒感染，在最后一例病例消除后18个月。

3）当无口蹄疫生物安全隔离区内暴发口蹄疫或出现口蹄疫病毒感染时，重新恢复无疫状态需符合第8.7.6条的相关规定。

第8.7.10条

将口蹄疫易感动物从感染区直接运往（免疫或非免疫）无疫区屠宰

将口蹄疫易感动物从感染区运到无疫区时，为保证不影响无疫区的无疫状态，口蹄疫易感动物离开感染区仅可直接运到最近的指定屠宰场，且符合以下条件：

1）调运前至少30d内，原产地养殖场没有引进过口蹄疫易感动物，且原产地养殖场动物没有口蹄疫临诊症状；

2）调运前动物在原产地养殖场内至少饲养了3个月；

3）调运前至少3个月内，原产地养殖场10km范围内没有发生过口蹄疫；

4）须在兽医主管部门监督下，将动物从原产地养殖场使用经过清洗消毒的车辆直接运到屠宰场，并不得与其他易感动物接触；

5）在处理感染区动物肉品期间，不得批准该屠宰场出口鲜肉；

6）在运输和屠宰操作完成后，必须立即对运输车辆和屠宰场进行彻底清洗与消毒。

肉品处理应按照第8.7.25条或第8.7.26条的规定。源自这些动物的其他产品或与其接触过的产品必须视为感染产品，并须按第8.7.34～8.7.41条的规定进行消毒处理。

因其他原因需运入无疫区的动物必须是在兽医主管部门监督之下，并须遵守第8.7.14条的规定。

第8.7.11条

在国家内直接将口蹄疫易感动物从控制区运往（免疫或非免疫）无疫区屠宰场

将口蹄疫易感动物从控制区运到无疫区时，为保证不影响无疫区的无疫状态，口蹄疫易感动物离开控制区仅可直接运到最近的指定屠宰场，且符合以下条件：

1）控制区是按照第8.7.5条的要求经官方批准设立的；

2）须在兽医主管部门监督下，将动物从原产地养殖场使用经过清洗消毒的车辆直接运到屠宰场，并不得与其他易感动物接触；

3）在处理控制区动物肉品期间，不得批准该屠宰场出口鲜肉；

4）在运输和屠宰操作完成后，必须立即对运输车辆和屠宰场进行彻底清洗与消毒。

肉品处理应按照第8.7.25条中第2点或第8.7.26条的规定。源自这些动物的其他产品或与其接触过的产品必须视为感染产品，并须按第8.7.34~8.7.41条的规定进行消毒处理。

第8.7.12条

关于从非免疫无口蹄疫国家或地区、无口蹄疫生物安全隔离区进口的建议

进口口蹄疫易感动物

兽医主管部门应要求出示国际兽医证书，证明动物：

1）在装运之日无口蹄疫临诊症状；

2）自出生起或至少过去3个月内，一直饲养在非免疫无口蹄疫国家/地区或者无口蹄疫生物安全隔离区内；

3）未进行过疫苗接种；

4）在运输到装运地的过程中，如途经口蹄疫疫区，没有接触到任何口蹄疫感染源。

第8.7.13条

关于从免疫无口蹄疫国家或地区进口的建议

进口家养反刍动物和猪

兽医主管部门应要求出示国际兽医证书，证明动物：

1）在装运之日无口蹄疫临诊症状；

2）自出生起或至少过去3个月内，一直饲养在无口蹄疫国家或地区；

3）当目的地为非免疫无口蹄疫国家或地区时，未曾进行过免疫接种，并且口蹄疫病毒抗体检测阴性；

4）在运输到装运地的过程中，如途经口蹄疫疫区，没有接触过任何口蹄疫感染源。

第8.7.14条

关于从口蹄疫感染国家或地区进口的建议

进口家养反刍动物和猪

兽医主管部门应要求出示国际兽医证书，证明动物：

1）在装运之日无口蹄疫临诊症状；

2）自出生起一直饲养在原产地养殖场

a. 若出口国实施扑杀政策，至少在过去30d饲养在原产地养殖场；

b. 若出口国不实施扑杀政策，至少在过去3个月饲养在原产地养殖场，且在原产地饲养场10km范围内，在上述a）和b）项规定期间没有发生过口蹄疫；

3）装运前在原产地养殖场内隔离饲养30d，在此期间，口蹄疫病毒检测（食道–咽部分泌物病原学检测和血清学检测）结果均为阴性；在此期间，周围10km范围内没有发生过口蹄疫；

4）装运前在检疫站滞留30d，检疫期结束时，口蹄疫病毒检测（食道–咽部分泌物病原学检测和血清学检测）结果均为阴性；在此期间，周围10km范围内没有发生过口蹄疫；

5）从检疫站到装运地的运输中没有接触过任何口蹄疫感染源。

第8.7.15条

关于从非免疫无口蹄疫国家或地区、无口蹄疫生物安全隔离区进口的建议

进口家养反刍动物和猪的新鲜精液

兽医主管部门应要求出示国际兽医证书，证明：

1）供精动物

a．在供精之日无口蹄疫临诊症状；

b．在采精之前至少3个月内，饲养在非免疫无口蹄疫国家或地区、无口蹄疫生物安全隔离区内；

2）精液采集、处理和贮存符合本法典第4.5章和第4.6章的规定。

第8.7.16条

关于从非免疫无口蹄疫国家或地区、无口蹄疫生物安全隔离区进口的建议

进口家养反刍动物和猪的冷冻精液

兽医主管部门应要求出示国际兽医证书，证明：

1）供精动物

a．在采精之日及此后30d内无口蹄疫临诊症状；

b．在采精之前至少3个月内，饲养在非免疫无口蹄疫国家或地区、无口蹄疫生物安全隔离区内；

2）精液的采集、处理和贮存符合本法典第4.5章和第4.6章的规定。

第8.7.17条

关于从免疫无口蹄疫国家或地区进口的建议

进口家养反刍动物和猪的精液

兽医主管部门应要求出示国际兽医证书，证明：

1）供精动物

a．在采精之日及此后30d内无口蹄疫临诊症状；

b．至少采精前3个月内饲养在无口蹄疫国家或地区；

c．若目的地为非免疫无口蹄疫国家或地区：i）未曾进行过免疫接种，或免疫21d之后采精，且口蹄疫病毒抗体检测结果呈阴性；ii）至少进行过2次免疫接种，采精时间距离末次免疫时间大于1个月，但不超过12个月；

2）采精前1个月内，没有对人工授精中心的其他动物进行过免疫接种；

3）精液

a．精液的采集、处理和贮存符合本法典第4.5章和第4.6章规定；

b．从采集到出口至少在原产国家贮存1个月，在此期间，供精动物所在养殖场的其他动物均无任何口蹄疫症状。

第8.7.18条

关于从口蹄疫感染国家或地区进口的建议

进口家养反刍动物和猪的精液

兽医主管部门应要求出示国际兽医证书，证明：

1）供精动物

a．在采精之日无口蹄疫临诊症状；

b．采精前30d内，动物所在养殖场没有引进动物，且精液采集前后30d内，养殖场周围10km范围内没有发生口蹄疫；

c．未曾进行口蹄疫免疫接种，或免疫21d之后采精，且口蹄疫病毒抗体检测结果呈阴性；

d．至少进行过2次免疫接种，采精时间距末次免疫时间大于1个月，但不超过12个月；

2）采精前1个月内，没有对人工授精中心的其他动物进行过免疫接种；

3）精液

a．精液的采集、处理和贮存符合本法典第4.5章和第4.6章规定；

b．若供精动物在采精前12个月之内曾进行过免疫接种，应进行口蹄疫病毒病原学检测，检测结果呈阴性；

c．从采集到出口至少在原产国家贮存1个月，在此期间，供精动物所在养殖场的其他动物均无任何口蹄疫症状。

第8.7.19条

关于进口活体牛胚胎的建议

不管出口国家、地区或者隔离区的口蹄疫情况如何，只要国际兽医证书证明胚胎的采集、加工和保存符合本法典第4.7章和第4.9章要求，兽医主管部门不应因口蹄疫而限制活体牛胚胎的进口或过境运输。

第8.7.20条

关于从非免疫无口蹄疫国家或地区、无口蹄疫生物安全隔离区进口的建议
进口体外产的牛胚胎
兽医主管部门应要求出示国际兽医证书，证明：

1）供体母牛

a. 在采集卵母细胞时无口蹄疫临诊症状；

b. 采集时一直饲养在非免疫无口蹄疫国家或地区、无口蹄疫生物安全隔离区；

2）符合第8.7.15条、第8.7.16条、第8.7.17条或第8.7.18条有关精液授精的条件；

3）严格按照本法典第4.8章和第4.9章的相关要求采集卵母细胞、加工和保存胚胎。

第8.7.21条

关于从免疫无口蹄疫国家或地区进口的建议
进口体外产的牛胚胎
兽医主管部门应要求出示国际兽医证书，证明：

1）供体母牛

a. 在采集卵母细胞时无口蹄疫临诊症状；

b. 采集前至少3个月内饲养在无口蹄疫国家或地区；

c. 如果目的地为非免疫无口蹄疫国家或地区，或口蹄疫生物安全隔离区：i）未进行免疫接种，并且口蹄疫病毒抗体检测结果呈阴性；ii）至少免疫接种过两次，采精时间距末次免疫时间大于1个月，但不超过12个月；

2）采集前1个月内，没有对供体牛所在养殖场的其他牛进行过免疫接种；

3）符合第8.7.15条、第8.7.16条、第8.7.17条或第8.7.18条有关精液授精的条件；

4）严格按照本法典第4.8.章和第4.9章的要求采集卵母细胞、加工和保存胚胎。

第8.7.22条

关于从非免疫无口蹄疫国家或地区、无口蹄疫生物安全隔离区进口的建议
进口口蹄疫易感动物鲜肉或肉制品
兽医主管部门应要求出示国际兽医证书，证明生产这批肉品的动物：

1）自出生之日一直饲养在非免疫无口蹄疫国家或地区、无口蹄疫生物安全隔离区内，或严格按照第8.7.12条、第8.7.13条或第8.7.14条的要求，从非免疫无口蹄疫国家或地区、无口蹄疫生物安全隔离区进口；

2）在批准的屠宰场宰杀，口蹄疫宰前检疫和宰后检验结果合格。

第8.7.23条

关于从免疫无口蹄疫国家或地区进口的建议

进口牛和水牛的鲜肉（不包括蹄、头和内脏）

兽医主管部门应要求出示国际兽医证书，证明生产本批肉的动物：

1) 自出生之日一直饲养在免疫无口蹄疫国家或地区，或严格按照第8.7.12条、第8.7.13条或第8.7.14条的要求进口；

2) 在批准的屠宰场宰杀，口蹄疫宰前检疫和宰后检验结果合格。

第8.7.24条

从免疫无口蹄疫国家或地区进口的建议

进口猪及除牛和水牛外反刍动物的鲜肉或肉制品

兽医主管部门应要求出示国际兽医证书，证明生产这批肉的动物：

1) 自出生后一直饲养在免疫无口蹄疫国家或地区，或严格按照第8.7.12条、第8.7.13条或第8.7.14条的要求进口；

2) 在批准的屠宰场宰杀，口蹄疫宰前检疫和宰后检验结果合格。

第8.7.25条

关于从具有包括对牛实施系统性强制免疫的口蹄疫官方管控计划的口蹄疫感染国家或地区进口的建议

进口牛和水牛的鲜肉（不包括蹄、头和内脏）

兽医主管部门应要求出示国际兽医证书，证明整批交付的鲜肉：

1) 来自动物，且这些动物：

a. 在屠宰前至少3个月内一直饲养在出口国；

b. 在此期间，国家部分牛产地一直对牛进行定期口蹄疫免疫接种，并受官方监控；

c. 至少已免疫接种两次，从末次免疫至屠宰的时间大于1个月，但不超过12个月；

d. 在过去30d内，养殖场周围10km范围内没有口蹄疫发生；

e. 用经过清洗消毒的车辆将牛直接从原产养殖场运至批准的屠宰场，其间未与不符合出口要求的其他动物接触；

f. 在批准的屠宰场屠宰，该屠宰场：i) 是官方指定出口专用屠宰场；ii) 在最后一次消毒到屠宰前期间，以及到出口装运发货期间，没有检测到口蹄疫；

g. 屠宰前后24h进行口蹄疫宰前检疫和宰后检验，结果均合格；

2）来自剔骨胴体

a. 主要淋巴结已摘除；

b. 屠宰后剔骨前置于2℃以上温度中至少熟化24h，胴体两侧背最长肌中部pH低于6.0。

第8.7.26条

关于从口蹄疫感染国家或地区进口的建议

进口家养反刍动物和猪的肉制品

兽医主管部门应要求出示国际兽医证书，证明：

1）生产该批肉制品的动物在批准的屠宰场宰杀，宰前和宰后口蹄疫检验结果合格；

2）按照第8.7.34条规定的程序之一进行加工处理，确保杀灭口蹄疫病毒；

3）加工后采取了必要措施，防止加工后肉制品接触任何口蹄疫病毒潜在源。

第8.7.27条

关于从（免疫或非免疫）无口蹄疫国家或地区、无口蹄疫生物安全隔离区进口的建议

进口供人食用的乳液和乳制品、动物饲料用、农业、工业用动物（口蹄疫易感动物）源性产品

当从（免疫或非免疫）无口蹄疫国家或地区、无口蹄疫生物安全隔离区进口供人食用的乳液和乳制品、动物饲料用、农业、工业用动物（口蹄疫易感动物）源性产品时，兽医主管部门应要求出示国际兽医证书，证明生产这些产品的动物自出生起一直饲养在无口蹄疫国家或地区、或无口蹄疫生物安全隔离区，或严格按照第8.7.12条、第8.7.13条或第8.7.14条的规定，从无口蹄疫国家或地区，或无口蹄疫生物安全隔离区进口。

第8.7.28条

关于从实施官方管控计划的口蹄疫感染国家或地区进口的建议

进口奶液、奶酪、奶粉和奶制品

兽医主管部门应要求出示国际兽医证书，证明：

1）这些产品：

a. 奶液收集来自没有口蹄疫感染或疑似口蹄疫感染的畜群；

b. 产品按照第8.7.38和第8.7.39条规定的程序之一进行加工处理，确保杀灭了口蹄疫病毒；

2）产品加工处理后采取了必要预防措施，防止接触任何口蹄疫病毒潜在源。

第8.7.29条

关于从口蹄疫感染国家进口的建议

进口血粉和肉粉（来源于家养或野生反刍动物和猪）

兽医主管部门应要求出示国际兽医证书，证明这些产品的加工工序包括产品热处理，内部温度达70℃以上，至少30min。

第8.7.30条

关于从口蹄疫感染国家进口的建议

进口毛、绒、鬃、原皮和皮张（来源于家养或野生反刍动物和猪）

兽医主管部门应要求出示国际兽医证书，证明：

1）已按照第8.7.35条、第8.7.36条和第8.7.37条规定的程序之一对这些产品进行了处理，确保杀灭口蹄疫病毒；

2）产品加工处理后采取了必要预防措施，防止接触任何口蹄疫病毒潜在源。

兽医主管部门可以授权不限制进口或过境运输半成品皮革和皮张（石灰鞣皮、浸酸裸皮、半成品皮革如湿蓝皮和坯革），条件是这些产品必须由制革厂进行过化学及物理加工。

第8.7.31条

关于从口蹄疫感染国家或地区进口的建议

进口秸秆饲料和草料

兽医主管部门应要求出示国际兽医证书，证明这些物品：

1）无明显动物源性物料污染；

2）已经过下列任一方法处理，如果秸秆饲料和草料打捆包装，则应保证处理作用能达到草捆中心：

a. 蒸汽密闭仓内处理，草捆中心温度达到80℃以上，至少10min；

b. 或用35%～40%甲醛溶液（甲醛气体）在密闭室内熏蒸，温度19℃以上，至少熏蒸8h；

3）在获准出口前，已储存至少3个月（研究中）。

第8.7.32条

从免疫或非免疫无口蹄疫国家或地区进口的建议

进口口蹄疫易感野生动物的皮张及其制品

兽医主管部门应要求出示国际兽医证书，证明生产这些产品的动物为免疫或非免疫国或地区所捕猎的动物，或从免疫或非免疫无口蹄疫国家或地区进口的动物。

第8.7.33条

关于从口蹄疫感染国家或地区进口的建议

进口口蹄疫易感野生动物的皮张及其制品

兽医主管部门应要求出示国际兽医证书，证明这些产品已严格按照第8.7.40条的程序进行了加工处理，确保灭杀口蹄疫病毒。

第8.7.34条

肉类口蹄疫病毒灭活程序

可采用下列程序之一灭活肉类中的口蹄疫病毒：

1）罐装处理

将肉品置于密封容器内，加热使内部中心温度达70℃以上，至少持续30min，或使用其他经证明与此等效的口蹄疫病毒灭活处理。

2）彻底蒸煮

肉品预先去骨去脂肪，加热处理，内部中心温度达70℃或更高，至少持续30min。

蒸煮后，在无病毒源状态下包装和处理。

3）腌制后干化

当尸僵完全时，去骨，用食盐腌制后完全干燥，必须在室温下不变质。

"干化"指水与蛋白质的比率不超过2.25∶1。

第8.7.35条

羊毛和毛发中口蹄疫病毒灭活程序

应采用下列程序之一灭活工业用羊毛和毛发中的病毒：

1）工业洗涤，把毛发浸泡在水、肥皂水、苏打水或氢氧化钾溶液中；

2）用熟石灰或硫酸钠进行化学脱毛；

3）在密封容器中用甲醛熏蒸消毒至少24h。最实用的方法是将高锰酸钾放入容器（不能用塑料或聚乙烯材料制成的容器）中，加入商品福尔马林，按每立方米加福尔马林53mL和高锰酸钾35g比例配制；

4）将毛发浸泡在60~70℃水溶性去污剂中，进行工业去污；

5）羊毛在18℃贮存4周，4℃贮存4个月，或37℃贮存8d。

第8.7.36条

鬃毛口蹄疫病毒灭活程序

应采用下列程序之一灭活工业用鬃毛中的病毒：

1）煮沸至少1h；

2）在1%甲醛溶液中至少浸泡24h，每升水加30mL商品福尔马林配制1%甲醛液。

第8.7.37条

原皮和皮张口蹄疫病毒灭活程序
工业用原皮和皮张口蹄疫病毒灭活程序：在含有2%碳酸钠的海盐中腌制至少28d。

第8.7.38条

食用奶和奶油口蹄疫病毒灭活程序
应采用下列程序之一灭活供人食用的奶液和奶油中的病毒：
1）超高温（UHT）处理（UHT＝最低温度132℃至少1s）；
2）如果奶液pH低于7.0，应采用最低72℃至少15s的灭菌工艺（高温短时巴氏消毒法）；
3）如果奶液pH为7.0或高于7.0，则应进行两次高温短时巴氏消毒（HTST）。

第8.7.39条

动物用奶的口蹄疫病毒灭活程序
应采用下列程序之一灭活动物用奶中的病毒：
1）两次巴氏消毒（HTST）；
2）巴氏消毒（HTST）与其他物理处理方法结合使用，如维持pH 6至少1h，或增加一次72℃以上热处理同时进行干燥；
3）超高温（UHT）处理结合上述第2点提到的任一物理方法。

第8.7.40条

口蹄疫易感野生动物皮张及其制品口蹄疫病毒灭活程序
应采用下列任一程序对口蹄疫易感野生动物完全剥制前的皮张和皮制饰品中的口蹄疫病毒进行灭活：
1）在沸水中加热，确保清除骨、角、蹄、爪、鹿角或牙齿以外的所有物质；
2）在室温下（20℃或更高），至少20 000戈瑞（Gray）γ射线辐照；
3）在pH 11.5或更高4%（W／V）的苏打溶液（Na_2CO_3）中搅拌浸泡至少48h；
4）在低于pH 3.0的甲酸溶液（1 000L水中加100kg氯化钠和12kg甲酸）中，搅拌浸泡至少48h；可加入加湿或修饰剂；
5）原皮至少应用含2%苏打溶液（Na_2CO_3）的海盐腌制28d。

第8.7.41条

反刍动物和猪肠衣的口蹄疫病毒灭活程序

应采用以下程序灭活反刍动物和猪肠衣中的口蹄疫病毒：

采用干盐（NaCl）或饱和盐水（AW<0.80）或磷酸盐补充干盐（重量比为氯化钠86.5%、10.7%磷酸氢二钠和2.8%磷酸钠）腌制至少30d。腌制期间温度保持在12℃以上。

第8.7.42条

监测：引言

第8.7.42条～第8.7.47条和第8.7.49条作为第1.4.章的补充，制定了口蹄疫的监测原则和指南，供各成员国寻求建立免疫或非免疫口蹄疫无疫状态时使用，同时提供了发生疫情后重新获得口蹄疫无疫国/无疫区状态资格或口蹄疫无疫隔离区的指南，还为维持口蹄疫无疫状态提供了具体指南。

鉴于在世界上不同区域口蹄疫的影响及其流行病学情况差异很大，因此，无法提供能够适应所有可能情况的建议，必须因地制宜地制定监测策略，以可接受的置信度水平证明无口蹄疫疫情。例如，在猪适应株引起的口蹄疫暴发后认证无口蹄疫的方法，应明显区别于感染宿主为非洲水牛的国家或地区的无疫认证方法。申请国有义务向OIE提交文件，阐述所涉及地区的口蹄疫流行状况和所有风险因素的管理状况，以及科学证明数据。因此，在以可接受的置信度提供无口蹄疫感染（非免疫群）或无病毒流行（免疫群）证明时，各成员国具有较大的自由度。

口蹄疫监测计划应是一个持续进行的计划，旨在保证全部或部分国家领土无口蹄疫病毒感染或病毒流行。

本章所涉病毒流行指经临诊、血清学或病毒分离诊断证明存在口蹄疫病毒传播。

第8.7.43条

监测：一般原则与方法

1）根据本法典第1.4章的规定，口蹄疫监测系统应由兽医主管部门负责。应根据《陆生动物手册》的规定，建立一个口蹄疫疑似病例样本快速采集并送交相关实验室进行口蹄疫确诊的程序。

2）口蹄疫监测计划：

a．包括一个贯穿生产、市场、加工整个产业链的口蹄疫疑似病例早期预警系统。与牲畜日常接触的工作人员和兽医必须及时报告任何口蹄疫疑似情况，并应可从政府信息系统和兽医主管部门获得直接或间接支持（如通过私人兽医或兽医辅助人员）。应立刻调查所有口蹄疫疑似病例，如果通过流行病学和临诊调查不能确定，应采样送交指定实验室。为此，监测人员需配备采样盒及其他设备，并可求助于口蹄疫诊断和控制专家团队。

b．必要时，该监测计划还应包括对高风险动物群频繁定期进行临诊检查和血清学检测，如饲养在与口蹄疫感染国家或地区（如存在口蹄疫感染的野生动物园）相邻地带的畜群。

有效的监测系统应对疑似病例开展定期的跟踪和调查，以确诊或排除口蹄疫病毒感染。可疑病例发生率因不同流行病学状况而异，因此无法进行可靠的预测。因此申请无口蹄疫感染/无病毒流行认证时，应就疑似病例的发生、所做检查和管理方法等提供详细信息，信息应包括实验室检查结果和在调查期间对相关动物实施的控制措施（隔离检疫、禁止流动等）。

第8.7.44条

监测策略

1）引言

监测目标群体应涵盖该国家、地区或生物安全隔离区内的所有易感畜种。

设计口蹄疫病毒感染/流行监测方案时需考虑周全，以避免产生因监测结论缺乏可靠性而造成不被OIE或贸易伙伴所接受、实际操作成本过高或过于复杂等情况。为此，须有经验丰富的专业技术人员参与监测方案设计。

监测策略可基于随机抽样，需以可接受的置信度证明无口蹄疫病毒感染或流行，抽样频率应视当地流行病学情况而定。监测方法可选择有针对性的定向监测（如基于某地区或种群内感染概率上升）。申请国应可证明其监测方案按照本法典第1.4章的规定，并考虑到当地流行病学具体情况，如针对可能表现出明显临诊症状的物种（如牛群或猪群）进行定向临诊监测。如果某成员国申请认可其国内特定区域无口蹄疫病毒感染或流行，监测方案和抽样程序应针对该区域内的目标畜群。

在随机调查中，设计抽样策略需考虑到疫病的预期流行率，样本容量应足够大，保证能够检出最低程度的感染或流行，调查结果可信度取决于样本容量和预期流行率。申请国必须证明其预期流行率和置信度的选择是基于监测目标和流行病学背景，并符合本法典第1.4章的要求，而且流行率的预期值完全基于当前或历史的流行病学情况。

无论调查方案如何，诊断检测方法的敏感性和特异性是设计调查方案、确定样本容量和说明诊断结果的关键因素。理想情况下，应根据目标群免疫/感染历史和动物生产类型对敏感性和特异性加以验证。

无论选择何种检测系统，设计监测方案时应预计到假阳性反应问题。如果检测系统特性明确，可预先计算出假阳性发生率。需具备进一步判断试验阳性结果的有效程序，以便在高置信水平上判定真假阳性。这其中应包括现场补充检测和后续调查，以便收集原始抽样单元和与其有流行病学关联畜群的诊断材料。

2）临诊监测

临诊监测的目的是通过对易感动物进行仔细检查确定有否口蹄疫临诊症状。尽管大规模血清学筛检的重大作用无可否认，但并不可就此低估临诊诊断的价值。临诊检查足够数量的易感动物还可使疫病监测结果达到高置信度。

应结合使用临诊监测和实验室检测两种途径来确定口蹄疫的感染状况。实验室检测可确诊临诊疑似病例，而临诊监测可有助于核实血清学阳性结果。任何出现疑似病例的采样单元均应视作存在口蹄疫感染，除非有确凿的无感染证据。开展临诊监测工作应充分考虑到临诊检查工作的繁琐程度和后勤工作难度大等多方面问题。

临诊病例的鉴定对于监测十分重要。利用这些临诊确诊病例，可进行致病病毒的分子、抗原及其他生物学特性分析。定期将口蹄疫病毒分离毒株送交区域参考实验室进行抗原和遗传特性分析也很重要。

3）病毒学监测

开展病毒学监测需依据《陆生动物手册》规定的方法，病毒学检测的主要目的为：

a．监视风险畜群；

b．确诊临诊疑似病例；

c．对血清学阳性结果开展后续监测；

d．统计在正常情况下的日死亡率，以便在免疫群或与暴发感染畜群有流行病学关联的养殖场中，尽早诊断出口蹄疫感染。

4）血清学监测

血清学监测的目的是检查动物血清中是否含有口蹄疫病毒抗体。口蹄疫病毒抗体阳性可能有下列4种原因：

a．自然感染口蹄疫病毒；

b．口蹄疫免疫；

c．来自母牛的母源抗体（牛的母源抗体持续一般不超过6个月，但对于一些个体和其他一些物种可持续相当长的时间）；

d．交叉反应。

口蹄疫病毒血清学检测的一个非常重要的作用是能检测地区近期出现的变异株（型、亚型、谱系、地域毒株等）。如不能确定口蹄疫病毒的血清型或怀疑存在外来毒株，必须应用能检测所有血清型的方法。

可以将其他调查收集的血清样本用于口蹄疫监测，但应确保符合本章规定的相应要求和指导原则，包括口蹄疫病毒统计分析方法的有效性。

应预计到会发生血清阳性反应集中出现的可能，其原因可为抽样种群特征、疫苗免疫或野毒株感染，但不局限于此。如原因是野毒株感染，则应对所有病例进行调查。如果不能排除血清阳性反应是因免疫引起的，则应使用《陆生动物手册》规定的口蹄疫病毒非结构蛋白抗体检测技术。

随机或针对性血清学监测为证明国家、地区、生物安全隔离区无口蹄疫病毒感染提供可靠证据，因此调查记录必须详尽。

第8.7.45条

成员国申请认证整个国家或地区为非免疫无口蹄疫：附加监测规程

除上述规定的一般原则外，成员国在申请整个国家或部分地区为非免疫无口蹄疫时，应提供证据证明其拥有有效的监测方案。监测方案的策略和设计应基于当地流行病学情况，并遵循本章规定的一般原则和具体方法，并证明在过去至少12个月内没有发生口蹄疫。监测工作必须具有国家级或其他指定实验室的支持，且该实验室具有按照《陆生动物手册》的规定检测病毒/抗原/基因和抗体、鉴定口蹄疫病毒感染的能力。

第8.7.46条

成员国申请认证整个国家或地区为免疫无口蹄疫：附加监测规程

除上述规定的一般原则外，成员国在申请认证整个国家或地区为免疫无口蹄疫时，应提供证据证明其拥有有效监测方案，且监测方案的设计和实施应遵循本章规定的一般原则和具体方法。应证明该国家或地区至少2年内没有发生口蹄疫临诊病例，并且在过去12个月内任何易感动物群均无口蹄疫病毒感染，实施的血清学监测应结合使用《陆生动物手册》规定的病毒非结构蛋白抗体检测技术。免疫是防控口蹄疫病的措施之一，能有效阻止口蹄疫病毒的传播。鉴于畜群免疫后达到的保护水平取决于易感畜群的规模、组成（如品种）和密度，因而难以做出详细规定，但群体免疫保护率目标应不低于80%。疫苗免疫应按照《陆生动物手册》进行，基于国家或地区的口蹄疫流行病学特点，可只对特定动物群或易感动物群的部分亚群实施免疫接种。如果采取该免疫策略，在提交给OIE的申请材料中应说明原因。

应有证据证明免疫计划的有效性。

第8.7.47条

成员国在口蹄疫暴发后重新申请免疫或非免疫无口蹄疫国家或地区：附加监测规程

除上述规定的一般原则外，成员国在申请恢复其整个国家或部分地区为免疫或非免疫无口蹄疫状况时，应提供证据证明其拥有有效的口蹄疫监测方案，并证明无口蹄疫病毒感染/流行。对于实施免疫的国家或地区，血清学监测应结合使用《陆生动物手册》规定的病毒非结构蛋白抗体检测技术。

发生口蹄疫后，OIE认可的口蹄疫病毒感染根除规划的4个策略如下：

1）屠宰所有具有临诊症状的感染动物及与其接触易感动物；

2）屠宰所有具有临诊症状的感染动物及与其接触易感动物、免疫风险动物，随后屠宰免疫动物；

3）屠宰具有临诊症状的感染动物及与其接触易感动物、免疫风险动物，不屠宰免疫动物；

4）对感染动物进行免疫而不屠宰，对免疫动物也不进行屠宰。

申请恢复无口蹄疫的批准期限取决于所采用的策略，参见本章第8.7.9条。

在所有情况下，成员国申请恢复免疫或非免疫国家或地区无口蹄疫状况时，应依据本章规定的一般原则与方法，报告开展的主动监测结果。

第8.7.48条

OIE认可的口蹄疫官方管控方案

OIE认可的口蹄疫官方管控方案的总体目标是通过实施官方管控方案，逐步改善口蹄疫状况，直至达到无口蹄疫状态。

成员国在按照本条相关规定实行口蹄疫官方管控方案时，可自愿申请OIE对其口蹄疫官方管控方案的审定。

成员国要求OIE审定其口蹄疫官方管控方案时应：

1）按照OIE《兽医机构效能评估工具》（OIE PVS工具）规定的途径，向OIE提供本国兽医机构口蹄疫管控能力证明文件；

2）提供在全国实施口蹄疫官方管控方案的文件证明；

3）具有定期且及时的动物疫情报告记录；

4）提交本国口蹄疫流行病学档案，档案内容如下：

a. 口蹄疫流行病学总体特征，重点描述当前的流行状况和存在的问题；

b. 感染控制措施；

c. 主要的畜牧业生产现行体系、口蹄疫易感动物及其产品入境或国内流动模式。

5）提交一份全国或某一地区口蹄疫管控和根除方案详细计划，包括：

a. 时间表；

b. 评估口蹄疫管控措施实效的绩效指标；

6）提供证明按照本法典第1.4章和本章规定进行口蹄疫监测的证据；

7）具有口蹄疫诊断能力和相关规程，包括向实验室提交样本，并按照《陆生动物手册》的规定进行诊断和毒株特性鉴定；

8）如果口蹄疫官方管控方案包括进行免疫接种，需提供口蹄疫强制性免疫畜群选择的依据（如法律条文）；

9）如适用，提供疫苗免疫宣传工作详情，尤其是：

a. 疫苗免疫的目标动物群体；

b. 监测接种覆盖率，包括对畜群免疫力的血清学监测；

c. 疫苗的批准程序和技术规范；

d. 完全按照《陆生动物手册》规定的标准和方法向使用疫苗过渡的时间表；

10）提供口蹄疫暴发应急预案。

OIE在审核并认可成员国提交的申请材料后，其口蹄疫官方管控方案将被列入OIE的认可方案列表。成员国需每年向OIE提交关于其官方管控方案的实施情况和有关上述几点显著变化的信息报告，才能继续保留在OIE认可的方案列表名单上。根据本法典第1.1章的要求，应报告实施官方管控方案后发现的任何有关口蹄疫流行病学或其他方面的明显变化。

如有证据表明存在以下情况，OIE可撤销对官方管控方案的认可：

计划的时限性或绩效指标不符合要求；

兽医机构效能评估存在明显问题；

口蹄疫发病率不断上升，而官方管控方案无法有效解决。

第8.7.49条

血清学检测的应用和说明（附图4-1）

《陆生动物手册》规定了口蹄疫监测的血清学检测方法。

动物感染口蹄疫后既能产生抗口蹄疫病毒结构蛋白（SP）抗体，也能产生非结构蛋白（NSP）抗体。结构蛋白抗体检测方法有SP-ELISA和病毒中和试验（VNT）。结构蛋白抗体试验为血清型特异性检测，为使抗体检测敏感度达到最佳水平，诊断抗原或毒株与待检野毒株需非常接近。与结构蛋白检测不同的是，利用《陆生动物手册》推荐的NSP I-ELISA 3ABC、电免疫印迹试验（EITB）或等效试验检测非结构蛋白抗体，能检测口蹄疫病毒的所有血清型抗体。免疫动物发生感染后产生的非结构蛋白抗体滴度一般低于非免疫动物感染。上述两种非结构蛋白抗体检测方法已广泛应用于牛群，在其他动物群的使用正在验证中。疫苗纯度应符合《陆生动物手册》规定的标准，避免对非结构蛋白抗体检测产生干扰。

血清学检测是口蹄疫监测的有力工具，血清学监测系统的选择取决于国家的免疫状况。

非免疫无口蹄疫国家可选择针对高风险动物亚群（如基于口蹄疫病毒暴露风险地理分布），开展血清学监测。如已明确某一具有严重威胁病毒的存在及其特性，可选择检测结构蛋白进行口蹄疫病毒感染/流行的血清筛检。在其他情况下，为了覆盖更多毒株和血清型，一般推荐采用非结构蛋白检测。在这两种情况下，血清学检测均有利于临诊监测。对于无免疫国家，不管使用结构蛋白还是非结构蛋白抗体检测，都应实施后续诊断规程，以排除假阳性血清学结果。

在已经接种过口蹄疫疫苗地区，可采用结构蛋白抗体检测监测疫苗的血清学反应，采用非结构蛋白抗体检测监测口蹄疫病毒的感染或流行状况。NSP-ELISAs方法可用于监测口蹄疫病毒感染或传播血清学反应，无论动物是否接受过免疫接种。对所有血清学阳性反应的畜群都要进行全面的调查。对每个阳性畜群，均应实行流行病学和辅助实验室调查，显示其口蹄疫病毒感染/流行状况。确诊试验方法应具有高度特异性，尽可能排除假阳性。确诊试验方法的敏感度应接近筛检试验。EITB和另一种OIE认可试验都可用于确诊试验。应提供关于所有试验的规程、试剂、性质和验证方面的信息。

1）非免疫情况下对阳性结果开展的后续程序，用以申请或恢复非免疫无口蹄疫状况

对于任何阳性结果（不论应用结构蛋白或非结构蛋白试验），都应立即针对阳性反应动物、同一流行病学单元内的所有易感动物和与阳性动物有接触或有流行病学相关联的所有易感动物，展开临诊、流行病学、血清学、病毒学（如可能）调查进行核实。如后续调查证明无口蹄疫感染，这些阳性反应动物应判定为阴性；在其他任何情况下包括缺乏后续调查，这些动物应判定为口蹄疫阳性。

2）免疫情况下对阳性结果开展的后续程序，用以申请或恢复免疫无口蹄疫状况

如果免疫畜群的血清学检测阳性，则需排除病毒感染的可能。因此，应遵循下列程序对血清学阳性结果的口蹄疫免疫畜群开展后续调查。

调查应审查所有证据，以证明或排除初始调查中的血清学阳性结果不是由于口蹄疫病毒感染所引起。所有有关流行病学信息应予以验证，并体现在最终报告中。

如果初始抽样单位至少有一例非结构蛋白抗体检测阳性，可应用以下策略：

a. 间隔足够时间后，在临诊检查过这些初始结果阳性动物后，再次采样进行NSP复检，前提是这些动物个体标识明确、未经免疫且容易采样。如果不存在口蹄疫病毒感染，复检动物群体结构蛋白抗体阳性率应等于或低于初检。

等待试验结果期间，采样动物应一直留养在原养殖场且个体标识明确。如果不能满足a中所述复检的3个条件，在足够的间隔时间后，应按照初始调查方案，对这些动物开展新的血清学调查，并确保这些动物个体标识明确。这些动物应一直留养在原养殖场，并不对其进行免疫，以便间隔足够时间后进行复检。

b. 针对与第一轮抽样单元有接触的易感动物，在进行临诊检查后开展血清学代表性抽样。如不存在口蹄疫病毒流行，抗体产生情况与初始试验的结果应无统计学意义上的区别。

c. 针对有流行病学关联的畜群，在临诊检查后应进行血清学检测，如无口蹄疫病毒流行，结果应无异常。

d. 可使用哨兵动物。哨兵动物可为未经免疫或母源抗体已消失的年轻动物，并与初始阳性动物种类相同。如果无病毒流行，血清学试验呈阴性。其他未免疫的易感动物品种也可作为哨兵动物，以提供血清学补充证据。

实验室结果分析应结合当地流行病学状况。有必要为血清学调查提供如下补充信息，用以评估病毒感染可能性：

——现行生产体系特征；

——疑似病例及其所在群体的临诊监测结果；

—对疫点免疫接种进行量化；

—阳性动物所在养殖场的卫生规程和疫病史；

—动物流通和标识控制；

—关于区域口蹄疫病毒传播史的重要参数。

整个调查过程应作为口蹄疫监测方案标准操作规程进行记录。

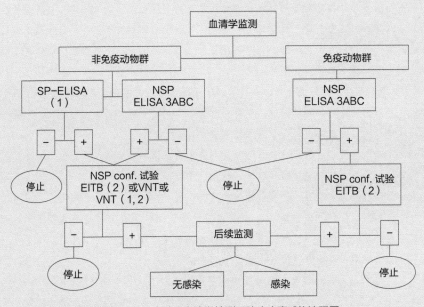

附图4-1　实验室血清学检测口蹄疫病毒感染流程图

缩写说明：

ELISA：酶联免疫吸附试验；

VNT：病毒中和试验；

NSP：口蹄疫病毒非结构蛋白；

3ABC：非结构蛋白抗体试验；

EITB：电免疫印迹技术（口蹄疫病毒的NSP抗体免疫印迹试验）；

SP：结构蛋白试验；

S：无口蹄疫病毒证据。

附录五　OIE口蹄疫专家和参考实验室名录

Dr. Eduardo Maradei
Laboratorio de Fiebre Aftosa de la Dirección
de Laboratorios y Control Técnico
Av. Sir. Alexander Fleming 1653
Martínez（1640）
Buenos Aires
ARGENTINA
Tel: ＋ 54-11 48.36.19.95
Fax: ＋ 54-11 48.36.19.95
Email: emaradei@senasa.gov.ar
Email: emaradei@yahoo.com

Dr. Rossana Allende
PANAFTOSA
Av. President Kennedy 7778
25040-0　00 Duque de Caxias
Rio de Janeiro
BRASIL
Tel: ＋ 55-21 36.61.90.64
Fax: ＋ 55-21 36.61.90.01
Email: rallende@paho.org

Dr. Emiliana Brocchi
Istituto Zooprofilattico Sperimentale della
Lombardia e dell'Emilia Romagna
（IZSLER）
Via A. Bianchi No. 9
25124 Brescia
ITALY
Tel: ＋ 390-30 229 03 10
Fax: ＋ 390-30 229 03 69
Email: emiliana.brocchi@izsler.it

Dr. Onkabetse George Matlho
Botswana Vaccine Institute
Department of Animal Health and Production
Broadhurst Industrial Site
Lejara Road
Private Bag 0031
Gaborone
BOTSWANA
Tel: ＋ 267 391 27 11
Fax: ＋ 267 395 67 98
Email: gmatlho@bvi.co.bw

Dr. Xiangtao Liu
Lanzhou Veterinary Research Institute
CAAS
National Foot and Mouth Disease Reference
Laboratory
Xujiaping No.1，Yanchangpu
Lanzhou, Gansu province 730046
CHINA（PEOPLE'S REP. OF）
Tel: ＋ 86-931 834.25.85
Fax: ＋ 86-931 834.09.77
Email: liuxiangtao@caas.cn

Dr. Valery Zakharov
Federal Governmental Institute
Centre for Animal Health（FGI-ARRIAH）
600900 Yur'evets
Vladimir
RUSSIA
Tel: ＋ 7-4922 26 06 14
Fax: ＋ 7-4922 26 38 77
Email: mail@arriah.ru

Dr. Rahana Dwarka
Onderstepoort Veterinary Institute
Transboundary Animal Diseases Programme
Private Bag X05
Onderstepoort 0110
SOUTH AFRICA
Tel: + 27-12 529.95.85
Fax: + 27-12 529.95.43
Email: DwarkaR@arc.agric.za

Dr. Donald King
Institute for Animal Health
Molecular Characterisation and Diagnostic
Group
Livestock Viral Diseases Research
Programme
Ash Road, Pirbright
Woking, Surrey, GU24 0NF
UNITED KINGDOM
Tel: + 44-1483 23.11.31
Fax: + 44-1483 23.74.48
Email: donald.king@pirbright.ac.uk

Dr. Somjai Kamolsiripichaiporn
National Institute of Animal Health
Department of Livestock Development
Pakchong
Nakhonratchasima 30130
THAILAND
Tel: + 66 44 27.91.12 ext.105
Fax: + 66 44 31.48.89
Email: somjaik@dld.go.th
Email: sjkamol@gmail.com

Dr. Consuelo Carrillo
National Veterinary Services Laboratories
USDA-APHIS-VS
Foreign Animal Disease Diagnostic
Laboratory
Plum Island Animal Disease Center
P.O. Box 848
Greenport, NY 11944
UNITED STATES OF AMERICA
Tel: + 1-631 323.32.56
Fax: + 1-631 323.33.66
Email: consuelo.carrillo@aphis.usda.gov